The Feynman Lectures on Physics（The New Millennium Edition, Volume Ⅲ）

费曼物理学讲义

（新千年版）

第 3 卷

［美］费曼（Richard Feynman）
　莱顿（Robert Leighton）　　著
　桑兹（Matthew Sands）

潘笃武　　　李洪芳　　　译

上海科学技术出版社

图书在版编目(CIP)数据

费曼物理学讲义：新千年版. 第 3 卷 / （美）费曼
(Richard Feynman)，（美）莱顿（Robert Leighton），
（美）桑兹（Matthew Sands）著；潘笃武，李洪芳译.
—上海：上海科学技术出版社，2020.3(2024.9 重印)
ISBN 978 - 7 - 5478 - 4719 - 0

Ⅰ. ①费… Ⅱ. ①费… ②莱… ③桑… ④潘… ⑤李
… Ⅲ. ①物理学—教材②量子论—教材 Ⅳ. ①O4

中国版本图书馆 CIP 数据核字(2020)第 032331 号

费曼物理学讲义(新千年版)第 3 卷

[美]费曼(Richard Feynman)　莱顿(Robert Leighton)　桑兹(Matthew Sands)　著
潘笃武　李洪芳　译

上海世纪出版(集团)有限公司
上 海 科 学 技 术 出 版 社　出版、发行
(上海市闵行区号景路 159 弄 A 座 9F - 10F)
邮政编码 201101　www.sstp.cn
上海中华印刷有限公司印刷
开本 787×1092　1/16　印张 23.75
字数 490 千字
2020 年 3 月第 1 版　2024 年 9 月第 7 次印刷
ISBN 978 - 7 - 5478 - 4719 - 0/O・85
定价 98.00 元

本书如有缺页、错装或坏损等严重质量问题，
请向工厂联系调换

译 者 序

    20世纪60年代初,美国一些理工科大学鉴于当时的大学基础物理教学与现代科学技术的发展不相适应,纷纷试行教学改革,加利福尼亚理工学院就是其中之一。该校于1961年9月至1963年5月特请著名物理学家费曼主讲一二年级的基础物理课,事后又根据讲课录音编辑出版了《费曼物理学讲义》。本讲义共分3卷,第1卷包括力学、相对论、光学、气体分子运动论、热力学、波等,第2卷主要是电磁学,第3卷是量子力学。全书内容十分丰富,在深度和广度上都超过了传统的普通物理教材。

    当时美国大学物理教学改革试图解决的一个主要问题是基础物理教学应尽可能反映近代物理的巨大成就。《费曼物理学讲义》在基础物理的水平上对20世纪物理学的两大重要成就——相对论和量子力学——作了系统的介绍,对于量子力学,费曼教授还特地准备了一套适合大学二年级水平的讲法。教学改革试图解决的另一个问题是按照当前物理学工作者在各个前沿研究领域所使用的方式来介绍物理学的内容。在《费曼物理学讲义》一书中对一些问题的分析和处理方法,反映了费曼自己以及其他在前沿研究领域工作的物理学家所通常采用的分析和处理方法。全书对基本概念、定理和定律的讲解不仅生动清晰、通俗易懂,而且特别注重从物理上作出深刻的叙述。为了扩大学生的知识面,全书还列举了许多基本物理原理在各个方面(诸如天体物理、地球物理、生物物理等)的应用,以及物理学的一些最新成就。由于全书是根据课堂讲授的录音整理编辑的,它在一定程度保留了费曼讲课的生动活泼、引人入胜的独特风格。

    《费曼物理学讲义》从普通物理水平出发,注重物理分析,深入浅出,避免运用高深繁琐的数学方程,因此具有高中以上物理水平和初等微积分知识的读者阅读起来不会感到十分困难。至于大学物理系的师生和物理工作者更能从此书中获得教益。

    1989年,为纪念费曼逝世一周年,原书编者重新出版本书,并增加了介绍费曼生平的短文和新的序言。2010年,编者根据50多年来世界各国在阅读和使用本书过程中提出的意见,对全书(3卷)存在的错误和不当之处(885处)进行了订正,并使用新的电子版语言和现代作图软件对全书语言文字、符号、方程及插图进行重新编辑出版,称为新千年版。本书就是根据新千年版翻译的。

    本书中译本1987年版本卷第1章至第15章由潘笃武翻译,其中第6章至第11章是在吴子仪译稿基础上重译,第12章在李洪芳译稿基础上重译,第15章在潘笃武、李洪芳合译的基础上重译。第16章至第21章、索引由李洪芳翻译。郑广垣、郑永令曾参与了本书译稿的校阅工作。本卷这一版由潘笃武(1—15章)、李洪芳(16—21章,索引)重新校勘。

    由于译者水平所限,错误在所难免,欢迎广大读者批评指正。

译 者

2012年10月

关于费曼

理查德·费曼(R. P. Feynman)1918年生于纽约市,1942年在普林斯顿大学获得博士学位。第二次世界大战期间,尽管当时他还很年轻,就已经在洛斯阿拉莫斯的曼哈顿计划中发挥了重要作用。以后,他在康奈尔大学和加利福尼亚理工学院任教。1965年,因在量子电动力学方面的工作和朝永振一郎(Sin-Itiro Tomonaga)及施温格尔(J. Schwinger)同获诺贝尔物理学奖。

费曼博士获得诺贝尔奖是由于成功地解决了量子电动力学的理论问题。他也创立了说明液氦中超流动性现象的数学理论。此后,他和盖尔曼(M. Gell-Mann)一起在 β 衰变等弱相互作用领域内做出了奠基性的工作。在以后的几年里,他在夸克理论的发展中起了关键性的作用,提出了高能质子碰撞过程的部分子模型。

除了这些成就之外,费曼博士将新的基本计算技术及记号法引进物理学,首先是无处不在的费曼图,在近代科学历史中,它比其他任何数学形式描述都更大地改变了对基本物理过程形成概念及进行计算的方法。

费曼是一位卓越的教育家。在他获得的所有奖项中,他对1972年获得的奥斯特教学奖章特别感到自豪。在1963年第一次出版的《费曼物理学讲义》被《科学美国人》杂志的一位评论员描写为"难啃的但却富于营养并且津津有味。25年后它仍是教师和最优秀的初学学生的指导书"。为了使外行的公众增加对物理学的了解,费曼博士写了《物理定律和量子电动力学的性质:光和物质的奇特理论》。他还是许多高级出版物的作者,这些都成为研究人员和学生的经典参考书和教科书。

费曼是一个活跃的公众人物。他在挑战者号失事调查委员会里的工作是众所周知的,特别是他的著名的O型环对寒冷的敏感性的演示,这是一个优美的实验,除了一杯冰水和C形钳以外其他什么也不需要。费曼博士1960年在加利福尼亚州课程促进会中的工作却很少为人所知,他在会上指责教科书的平庸。

仅仅罗列费曼的科学和教育成就还没有充分抓住这个人物的本质。即使是他的最最技术性的出版物的读者都知道,费曼活跃的多面的人格在他所有的工作中都闪闪发光。除了作为物理学家,他还是无线电修理工,是锁具收藏家、艺术家、舞蹈家、邦戈(bongo)鼓手,甚至玛雅象形文字的破译者。他的世界永远充满了好奇,他是一个典型的经验主义者。

费曼于1988年2月15日在洛杉矶逝世。

新千年版前言

　　自理查德·费曼在加利福尼亚理工学院讲授物理学导论课程以来,已经过去快 50 年了。这次讲课产生了这 3 卷《费曼物理学讲义》。在这 50 年中,我们对物理世界的认识已经大大改变了,但是《费曼物理学讲义》的价值仍旧存在。由于费曼对物理学独到的领悟和教学方法,费曼的讲义今天仍像第一次出版时那样具有权威性。这些教本已在全世界范围内被初学者,也被成熟的物理学家研读;它们已被翻译成至少 12 种语言,仅仅英语的印刷就有 150 万册以上。或许至今为止还没有其他物理学书籍有这样广泛的影响。

　　新千年版迎来了《费曼物理学讲义(FLP)》的新时代:21 世纪的电子出版物时代。FLP 改变为 eFLP,本文和方程式用 LaTeX 电子排字语言表示,所有的插图用现代绘图软件重画。

　　这一版的印刷本的效果并没有什么特别之处,它看上去几乎完全和学物理的学生都已熟悉并热爱的最初的红色书一样。主要的差别在于扩大并改进了的索引,以前的版本第一次印刷以来的 50 年内读者们发现的 885 处错误的改正,以及更方便改正未来的读者可能发现的错误。关于这一点我以后还要谈到。

　　这一版的电子书版本以及加强电子版不同于 20 世纪的大多数技术书籍的电子书,如果把这种书籍的方程式、插图、有时甚至包括课文,放大以后都成为多个像素。新千年版的 LaTeX 稿本有可能得到最高质量的电子书,书页上的所有的面貌特征(除了照片)都可以无限制地放大而始终保持其精确的形状和细锐度。带有费曼原始讲课的声音和黑板照相,还带有和其他资源的联接的电子版本是新事物,(假如费曼还在世的话)这一定会使他极其高兴。*

费曼讲义的回忆

　　这 3 卷书是一套完备的教科书。它们也是费曼在 1961—1964 年给本科生上物理学课的历史记录,这是加利福尼亚理工学院的一年级和二年级学生,无论他们主修什么课程,都必须上的一门课。

　　读者们可能和我一样很想知道,费曼的讲课对听课的学生的影响如何。费曼在这几本书的前言中提供了多少有些负面的看法。他写道:"我不认为我对学生做得很好。"马修·桑兹(Matthew Sands)在他的《费曼物理学讲义补编》的回忆文章中给出了完全正面的观点。出于好奇,2005 年春天,我和从费曼 1961—1964 班级(大约 150 个学生)中半随机地挑选

---

　　*　原文"What would have given Feynman great pleasure"是虚拟式的句子,中文没有相当于英语虚拟式的句法,所以加上括号内的句子。——译者注

一组17位学生通过电子邮件或面谈联系——这些学生中有些在课堂上有很大的困难,而有一些很容易掌握课程;他们主修生物学,化学,工程,地理学,数学及天文学,还包括物理学。

经过了这些年,可能已经在他们的记忆中抹上了欣快的色彩,但大约有80%回忆起费曼的讲课觉得是他们大学时光中精彩的事件。"就像上教堂。"听课是"一个变形改造的经历","一生的重要阅历,或许是我从加利福尼亚理工学院得到的最重要的东西。""我是一个主修生物学的学生,但费曼的讲课在我的本科生经历中就像在最高点一样突出……虽然我必须承认当时我不会做家庭作业并且总是交不出作业。""我当时是课堂上最没有希望的学生之一,但我从不缺一堂课……我记得并仍旧感觉到费曼对于发现的快乐……他的讲课具有一种……感情上的冲击效果,这在印刷的讲义中可能失去了。"

相反,好些学生,主要由于以下两方面问题,而具有负面的记忆。(i)"你无法通过上课学会做家庭作业。费曼太灵活了——他熟知解题技巧和可作哪些近似,他还具有基于经验和天赋的直觉,这是初学的学生所不具备的。"费曼和同事们在讲课过程中知道这一缺陷,做了一些工作,部分材料已编入《费曼物理学讲义补编》:费曼的3次习题课以及罗伯特·莱顿(Robert Leighton)和罗各斯·沃格特(Rochus Vogt)选编的一组习题和答案。(ii)由于不知道下一节课可能会讨论什么内容而产生一种不安全感,缺少与讲课内容有任何关系的教科书或参考书,其结果是我们无法预习,这是十分令人沮丧的……我发现在课堂上的演讲是令人激动但却是很难懂,但(当我重建这些细节的时候发现)它们只是外表上像梵文一样难懂。当然,有了这3本《费曼物理学讲义》,这些问题已经得到了解决。从那以后的许多年,它们就成了加州理工学院学生学习的教科书,直到今天它们作为费曼的伟大遗产还保持着活力。

改 错 的 历 史

《费曼物理学讲义》是费曼和他的合作者罗伯特·莱顿及马修·桑兹非常仓促之中创作出来的,根据费曼的讲课的录音带和黑板照相(这些都编入这新千年版的增强电子版)加工扩充而成*。由于要求费曼、莱顿和桑兹高速度工作,不可避免地有许多错误隐藏在第一版中。在以后几年中,费曼收集了加州理工学院的学生和同事以及世界各地的读者发现的、长长的、确定的错误列表。在20世纪60年代和70年代早期,费曼在他的紧张的生活中抽出时间来核实第1卷和第2卷中确认的大多数,不是全部错误,并在以后的印刷中加入了勘误表。但是费曼的责任感从来没有高到超过发现新事物的激情而促使他处理第3卷中的错误。**在1988年他过早的逝世后,所有3卷的勘误表都存放到加州理工学院档案馆,它们躺在那里被遗忘了。

---

* 费曼的讲课和这3本书的起源的说法请参阅这3本书每一本都有的《费曼自序》和《前言》,也可参看《费曼物理学讲义补编》中马修·桑兹的回忆以及1989年戴维·古德斯坦(David Goodstein)和格里·诺格鲍尔(Gerry Neugebauer)撰写的《费曼物理学讲义纪念版》特刊前言,它也刊载在2005年限定版中。

** 1975年,他开始审核第3卷中的错误,但被其他事情所分心,因而没有完成这项工作,所以没有作出勘误。

　　2002 年,拉尔夫·莱顿(Ralph Leighton)(已故罗伯特·莱顿的儿子,费曼的同胞)告诉我,拉尔夫的朋友迈克尔·戈特里勃(Michael Gottlieb)汇编了老的和长长的新的勘误表。莱顿建议加州理工学院编纂一个改正所有错误的《费曼物理学讲义》的新版本,并将他和戈特里勃当时正在编写的新的辅助材料——《费曼物理学讲义补编》一同出版。

　　费曼是我心目中的英雄,也是亲密的朋友。当我看到勘误表和提交的新的一卷的内容时,我很快就代表加州理工学院(这是费曼长时期的学术之家,他、莱顿和桑兹已将《费曼物理学讲义》所有的出版权利和责任都委托给她了)同意了。一年半以后,经过戈特里勃细微工作和迈克尔·哈特尔(Micheal Hartl)(一位优秀的加州理工学院博士后工作者,他审校了加上新的一卷的所有的错误)仔细的校阅,《费曼物理学讲义》的 2005 限定版诞生了,其中包括大约 200 处勘误。同时发行了费曼、戈特里勃和莱顿的《费曼物理学讲义补编》。

　　我原来以为这一版是"定本"了。出乎我意料的是全世界读者热情响应。戈特里勃呼吁大家鉴别出更多错误,并通过创建的费曼讲义网站 www. feynmanlectures. info 提交给他。从那时起的五年内,又提交了 965 处新发现的错误,这些都是从戈特里勃、哈特尔和纳特·博德(Nate Bode)(一位优秀的加州理工学院研究生,他是继哈特尔之后的加州理工学院的错误检查员)的仔细校对中遗漏的。这些 965 处被检查出来的错误中 80 处在《定本》的第四次印刷(2006 年 8 月)中改正了,余下的 885 处在这一新千年版的第一次印刷中被改正(第 1 卷中 332 处,第 2 卷中 263 处,第 3 卷 200 处)*,这些错误的详情可参看 www. feynman lectures. info。

　　显然,使《费曼物理学讲义》没有错误已成为全世界的共同事业。我代表加州理工学院感谢 2005 年以来作了贡献的 50 位读者以及更多的在以后的年代里会作出贡献的读者。所有贡献者的名字都公示在 www. feynmanlectures. info/flp-errata. html 上。

　　几乎所有的错误都可分为三种类型:(i)文字中的印刷错误;(ii)公式和图表中的印刷和数学错误——符号错误,错误的数字(例如,应该是 4 的写成 5),缺失下标、求和符号、括号和方程式中一些项;(iii)不正确的章节、表格和图的参见条目。这几种类型的错误虽然对成熟的物理学家来说并不特别严重,但对于初识费曼的学生,就可能造成困惑和混淆。

　　值得注意的是,在我主持下改正的 1 165 处错误中只有不多几处我确实认为是真正物理上的错误。一个例子是第 2 卷,5—9 页上一句话,现在是"……接地的封闭导体内部没有稳定的电荷分布不会在外部产生[电]场"(在以前的版本中漏掉了接地一词)。这一错误是好些读者都曾向费曼指出过的,其中包括威廉和玛丽学院(The College of William and Mary)学生比尤拉·伊丽莎白·柯克斯(Beulah Elizabeth Cox),她在一次考试中依据的是费曼的错误的段落。费曼在 1975 年给柯克斯女士的信中写道:"你的导师不给你分数是对的,因为正像他用高斯定律证明的那样,你的答案错了。在科学中你应当相信逻辑和论据、仔细推理而不是权威。你也正确阅读和理解了书本。我犯了一个错误,所以书错了。当时我或许正想着一个接地的导电球体,或别的;使电荷在(导体球)内部各处运动而不影响外部的事物。我不能确定当时是怎样做的。但我错了。你由于信任我也错了。"**

---

　　* 　原版如此。——译者注

　　** 《与习俗完全合理的背离,理查德·P·费曼的信件》288～289 页,米歇尔·费曼(Michelle Feynman)编,Basic Books,纽约,2005。

这一新千年版是怎样产生的

2005 年 11 月到 2006 年 7 月之间,340 个错误被提交到费曼讲义网站 www. feynman lectures. info。值得注意的是,其中大多数来自鲁道夫·普法伊弗(Rudolf Pfeiffer)博士一个人:当时是奥地利维也纳大学的物理学博士后工作者。出版商艾迪生·卫斯利(Addison Wesley),改正了 80 处错误,但由于费用的缘故而没有改正更多的错误:由于书是用照相胶印法印刷的,用 1960 年代版本书页的照相图出版印刷。改正一个错误就要将整个页面重新排字并要保证不产生新的错误,书页要两个不同的人分别各排一页,然后由另外几个人比较和校读——如果有几百个错误要改正,这确是一项花费巨大的工作。

戈特里勃、普法伊弗和拉尔夫·莱顿对此非常不满意,于是他们制定了一个计划,目的是便于改正所有错误,另一目的是做成电子书的《费曼物理学讲义》的加强电子版。2007 年,他们将他们的计划向作为加州理工学院的代理人的我提出,我热心而又谨慎。当我知道了更多的细节,包括《加强电子版本》中一章的示范以后,我建议加州理工学院和戈特里勃、普法伊弗及莱顿合作来实现他们的计划。这个计划得到三位前后相继担任加州理工学院物理学、数学和天文学学部主任——汤姆·汤勃列罗(Tom Tomlrello)、安德鲁·兰格(Andrew Lange)和汤姆·索伊弗(Tom Saifer)——的支持;复杂的法律手续及合同细节由加州理工学院的知识产权法律顾问亚当·柯奇伦(Adam Cochran)完成。《新千年版》的出版标示着该计划虽然很复杂但已成功地得到执行。尤其是:

普法伊弗和戈特里勃已将所有三卷《费曼物理学讲义》(以及来自费曼的课程并收入《费曼物理学讲义补编》的 1 000 多道习题)转换成 LᵃTEX。《费曼物理学讲义》的图是在书的德文译者亨宁·海因策(Henning Heinze)的指导下,为用于德文版,在印度用现代的电子方法重画的。为了将海因策的插图的非独家使用于新千年英文版,戈特里勃和普法伊弗购买了德文版[奥尔登博(Oldenbourg)出版]的 LᵃTEX 方程式的非独家的使用权,普法伊弗和戈特里勃不厌其烦地校对了所有 LᵃTEX 文本和方程式以及所有重画的插图,并必要时作了改正。纳特·博德和我代表加州理工学院对课文、方程式和图曾作过抽样调查,值得注意的是,我们没有发现错误。普法伊勃和戈特里勃是惊人的细心和精确。戈特里勃和普法伊弗为约翰·沙利文(John Sullivan)在亨丁顿实验室安排了将费曼在 1962—1964 年黑板照相数字化,以及乔治·布卢迪·奥迪欧(George Blood Audio)将讲课录音磁带数字化——从加州理工学院教授卡弗·米德(Carver Mead)获得财政资助和鼓励,从加州理工学院档案保管员谢利·欧文(Shelly Erwin)处得到后勤支持,并从柯奇伦处得到法律支持。

法律问题是很严肃的。20 世纪 60 年代,加州理工学院特许艾迪生·卫斯利发表印刷版的权利,20 世纪 90 年代,给予分发费曼讲课录音和各种电子版的权利。在 21 世纪初,由于先后取得这些特许证,印刷物的权利转让给了培生(Pearson)出版集团,而录音和电子版转让给珀修斯(Perseus)出版集团。柯奇伦在一位专长于出版的律师艾克·威廉姆斯(Ike Williams)的协助下,成功将所有这些权利和珀修斯结合在一起,使这一新千年版成为可能。

鸣　谢

我代表加州理工学院感谢这许多使这一新千年版成为可能的人们。特别是,我感谢上面提到的关键人物:拉尔夫·莱顿、迈克尔·戈特里勃、汤姆·汤勃列罗、迈克尔·哈特尔、鲁道夫·普法伊弗、亨宁·海因策、亚当·柯奇伦、卡弗·米德、纳特·博德、谢利·欧文、安德鲁·兰格、汤姆·索伊弗、艾克·威廉姆斯以及提交错误的 50 位人士(在 www.feynman lectures.info 中列出)。我也要感谢米歇尔·费曼(Michelle Feynman,理查德·费曼的女儿)始终不断的支持和建议,加州理工学院的艾伦·赖斯(Alan Rice)的幕后帮助和建议,斯蒂芬·普奇吉(Stephan Puchegger)和卡尔文·杰克逊(Calvin Jackson)给普法伊弗从《费曼物理学讲义》转为 LATEX 的帮助和建议。迈克尔·菲格尔(Michael Figl)、曼弗雷德·斯莫利克(Manfred Smolik)和安德列斯·斯坦格尔(Andreas Stangl)关于改错的讨论,以及珀修斯的工作人员和(以前版本)艾迪生·卫斯利的工作人员。

基普·S·索恩(Kip S. Thorne)
荣休费曼理论物理教授
加州理工学院
2010 年 10 月

费曼自序

　　这是我前年与去年在加利福尼亚理工学院对一二年级学生讲授物理学的讲义。当然,这本讲义并不是课堂讲授的逐字逐句记录,而是已经经过了编辑加工,有的地方多一些,有的地方少一些。我们的课堂讲授只是整个课程的一部分。全班 180 个学生每周两次聚集在大教室里听课,然后分成 15 到 20 人的小组在助教辅导下进行复习巩固。此外,每周还有一次实验课。

　　在这些讲授中,我们想要抓住的特殊问题是,要使充满热情而又相当聪明的中学毕业生进入加利福尼亚理工学院后仍旧保持他们的兴趣。他们在进入学院前就听说过不少关于物理学是如何有趣以及如何引人入胜——相对论、量子力学以及其他的新概念。但是,一旦他们学完两年我们以前的那种课程后,许多人就泄气了,因为教给他们意义重大、新颖的现代的物理概念实在太少。他们被安排去学习像斜面、静电学以及诸如此类的内容,两年过去,没什么收获。问题在于,我们是否有可能设置一门课程能够顾全那些比较优秀的、兴致勃勃的学生,使其保持求知热情。

　　我们所讲授的课程丝毫也不意味着是一门概况性的课程,而是极其严肃的。我想这些课程是对班级中最聪明的学生而讲的,并且可以肯定,这可能是对的,甚至最聪明的学生也无法完全消化讲课中的所有内容——其中加入了除主要讨论的内容之外的有关思想和概念多方面应用的建议。不过,为了这个缘故,我力图使所有的陈述尽可能准确,并在每种场合都指明有关的方程式和概念在物理学的主体中占有什么地位,以及——随着他们学习深入——应怎样作出修正。我还感到,重要的是要向这样的学生指出,他们应能理解——如果他们够聪明的话——哪些是从已学过的内容中推演出来的,哪些是作为新的概念而引进的。当出现新的概念时,假若这些概念是可推演的,我就尽量把它们推演出来,否则就直接说明这是一个新的概念,它根本不能用已学过的东西来阐明,也不可能予以证明,因而是直接引进的。

　　在讲授开始时,我假定学生们在中学已学过一些内容,如几何光学、简单的化学概念,等等。我也看不出有任何理由要按一定的次序来讲授。就是说没有详细讨论某些内容之前,不可以提到这些内容。在讲授中,有许多当时还没有充分讨论过的内容出现。这些内容比较完整的讨论要到以后学生的预备知识更齐全时再进行。电感和能级的概念就是例子,起先,只是以非常定性的方式引入这些概念,后来再进行较全面的讨论。

　　在针对那些较积极的学生的同时,我也要照顾到另一些学生,对他们来说,这些外加的五彩缤纷的内容和不重要的应用只会使其感到头痛,也根本不能要求他们掌握讲授中的大部分内容。对这些学生而言,我要求他们至少能学到中心内容或材料的脉络。即使他不理解一堂课中的所有内容,我希望他也不要紧张不安。我并不要求他理解所有的内容,只要求他理解核心的和最确切的面貌。当然,对他来说也应当具有一定的理解能力,来领会哪些是主要定理和主要概念,哪些则是更高深的枝节问题和应用,这些要过几年他才会理解。

　　在讲课过程中有一个严重困难:在课程的讲授过程中一点也没有学生给教师的反馈来指示讲授的效果究竟如何。这的确是一个很严重的困难,我不知道讲课的实际效果的好坏。整个事件实质上是一种实验。假如要再讲一次的话,我将不会按同样的方式去讲——我希望我不会再来一次! 然而,我想就物理内容来说,第一年的情形看来还是十分满意的。

　　但在第二年,我就不那么满意了。课程的第一部分涉及电学和磁学,我想不出什么真正独特的或不同的处理方法,也想不出什么比通常的讲授方式格外引人入胜的方法。因此在讲授电磁学时,我并不认为自己做了很多事情。在第二年末,我原来打算在电磁学后再多讲一些物性方面的内容,主要讨论这样一些内容如基本模式、扩散方程的解、振动系统、正交函数等等,并且阐述通常称为"数学物理方法"的初等部分内容。回顾起来,我想假如再讲一次的话,我会回到原来的想法上去,但由于没有要我再讲这些课程的打算,有人就建议介绍一些量子力学——就是你们将在第 3 卷中见到的——或许是有益的。

　　显然,主修物理学的学生们可以等到第三年学量子力学。但是,另一方面,有一种说法认为许多听我们课的学生是把学习物理作为他们对其他领域的主要兴趣的背景;而通常处理量子力学的方式对大多数学生来说这些内容几乎是无用的,因为他们必须花费相当长的时间来学习它。然而,在量子力学的实际应用中——特别是较复杂的应用中,如电机工程和化学领域内——微分方程处理方法的全部工具实际上是用不到的。所以,我试图这样来描述量子力学的原理,即不要求学生首先掌握有关偏微分方程的数学。我想,即使对一个物理学家来说,我想试着这样做——按照这种颠倒的方式来介绍量子力学——是一件有趣的事,由于种种理由,这从讲课本身或许会明白。不过我认为,在量子力学方面的尝试不是很成功,这主要是因为在最后我实际上已没有足够的时间(例如,我应该再多讲三四次来比较完整地讨论能带、概率幅的空间的依赖关系等这类问题)。而且,我过去从未以这种方式讲授过这部分课程,因此缺乏来自学生的反馈就尤其严重了。我现在相信,还是应当迟一些讲授量子力学。或许有一天我会有机会再来讲授这部分内容,到那时我将会讲好它。

　　在这本讲义中没有列入有关解题的内容,这是因为另有辅导课。虽然在第一年中,我的确讲授过三次关于怎样解题的内容,但没有将它们收在这里。此外,还讲过一次惯性导航,应该在转动系统后面,遗憾的是在这里也略去了。第五讲和第六讲实际上是桑兹讲授的,那时我正外出。

　　当然,问题在于我们这个尝试的效果究竟如何。我个人的看法是悲观的,虽然与学生接触的大部分教师似乎并不都有这种看法。我并不认为自己在对待学生方面做得很出色。当我看到大多数学生在考试中采取的处理问题的方法时,我认为这种方式是失败了。当然,朋友们提醒我,也有一二十个学生——非常出人意外地——几乎理解讲授的全部内容,并且非常积极地攻读有关材料,兴奋地、感兴趣地钻研许多问题。我相信,这些学生现在已具备了一流的物理基础,他们毕竟是我想要培养的学生。但是,"教育之力量鲜见成效,除非施之于天资敏悟者,然若此又实为多余。"[吉本(Gibbon)*]

　　但是,我并不想使任何一个学生完全落在后面,或许我曾经这样做了。我想,我们能够更好地帮助学生的一个办法是,多花一些精力去编纂一套能够阐明讲课中的某些概念的习题。习题能够充实课堂讲授,使讲过的概念更加实际,更加完整和更加易于牢记。

---

　　* Edward Gibbon (1737—1794),英国历史学家。——译者注

　　然而,我认为要解决这个教育问题就要认识到最佳的教学只有当学生和优秀的教师之间建立起个人的直接关系,在这种情况下,学生可以讨论概念、考虑问题、谈论问题,除此之外,别无他法。仅仅坐在课堂里听课或者只做指定的习题是不可能学到许多东西的。但是,现在我们有这么多学生要教育,因此我们必须尽量找出一种代替理想情况的办法。或许,我的讲义可以作出一些贡献;也许在某些小地方有个别教师和学生会从讲义中受到一些启示或获得某些观念,当他们彻底思考讲授内容,或者进一步发展其中的一些想法时,他们或许会得到乐趣。

理查德·费曼

1963 年 6 月

前　言

　　20 世纪物理学的伟大成就,量子力学理论,现在已经近 40 岁了。我们到现在一般还一直在物理学课程中给我们的学生安排物理学引论的课程(对有些学生来说还是最后的物理课)。对我们物理世界知识的这一中心部分充其量只是简单地提一提。我们应当比这做得更好一些。我的意图是在这些讲课中希望以学生能理解的方式提供给他们量子力学的基本的和最重要的概念。你们将发现这里的方法是新型的,特别是对二年级学生课程的水平来说是新的,并且我们更多的是把它当作一次实验。然而,在看到一些学生是如何容易地接受它以后,我相信实验是成功的。当然,还有需要改进的地方,这将在有更多的课堂经验以后会得到。你们在这里看到的是这第一次实验的记录。

　　从 1961 年 9 月到 1963 年 5 月在加州理工学院作为物理学引论课程,连续两年的费曼物理教程中,正当需要靠它来理解所描写的现象的时候,量子物理学的概念就被引入了。此外,第二学年的最后 12 讲全部用来更有条理地介绍一些量子力学概念。然而,在讲座接近结束的时候,才搞清楚已没有足够的时间留给量子力学了。在准备材料的时候,不断地发现其他一些重要和有兴趣的题目可以用已经发展的基本工具来处理。也担心第 12 章中薛定谔函数的过分简单的处理不能为学生在可能会去研读的许多书籍中更加传统的处理方法间架起足够的桥梁。因此决定扩展另外一组 7 次讲座;他们是在 1964 年 5 月给二年级学生讲的。这些讲演进一步解释并扩展了在前几章中已有的某些材料。

　　在这一卷中,我们将两年中的演讲汇集在一起,并将次序作了一些调整。此外,原来是给一年级讲的两次介绍量子物理学的演讲全部从第 1 卷中(在那里是第 37 和 38 章)移过来放在本卷中作为第 1、2 章——使这一卷成为独立的单位,相对独立于前面两卷。几个关于角动量量子化的概念(包括施特恩-格拉赫实验的讨论)已经在第 2 卷的第 34 和 35 章中介绍过了,我们假定对它们已经熟悉了。

　　这一系列讲座从一开始就试图阐明量子力学的最基本、最普遍的特征。第一次讲课一上来就讨论概率振幅、振幅干涉、状态的抽象符号、叠加以及状态的分解等概念——并且从一开始就使用狄拉克符号。在每一情况中,概念是和对某些特定例子详细讨论一同引进的——为使物理概念尽可能地实在。接着讨论包括确定能量状态在内的状态对时间的依赖,这些概念立即被应用于研究双态系统。氨微波激射器的详细讨论提供了引进辐射吸收及感应跃迁的框架。讲演接着进一步考虑更复杂的系统,直到讨论电子在晶体中的传播,以及对更复杂的角动量的量子力学处理。我们对量子力学的介绍在第 20 章中讨论到薛定谔波函数、它的微分方程以及对氢原子的解为结束。

　　这一卷的最后一章并不打算作为“课程”的一部分。它是关于超导的“专题讨论”,是按照前两卷中某些兴趣性的讲演的精神作的,期望给学生开启有关他们正在学习的内容与普遍物理文化的关系的宽阔视野。"费曼的结束语"是这 3 卷书的句号。

正如在第 1 卷前言中所说的,这些演讲是在物理课程修订委员会［莱顿、内尔(V. Neher)和桑兹］指导下,加利福尼亚理工学院所做的发展新的引论课程计划的一个方面。在福特基金会的资助下计划得以进行。许多人帮助准备了这一卷的技术细节:克雷顿(M. Clayton)、库乔 (J. Curcio)、哈特尔 (J. Hartle)、哈尔维 (T. Harvey)、伊斯雷尔(M. Israel)、普里乌斯(P. Preuss)、沃伦(F. Warren)和齐莫曼(B. Zimmerman)、诺伊格鲍尔(G. Neugebauer)教授和威尔兹(C. Wilts)仔细审阅了大部分手稿,使材料更加准确和清楚。

不过,你将在这里发现的量子力学故事是属于费曼的。费曼在现场讲课中所展现出的思想,使我们感受到智力的激荡,如果本书也能让读者感受到哪怕部分这种激荡,我们的努力就没有白费。

M. 桑兹

1964 年 12 月

目 录

第1章 量子行为

§1-1 原子力学

"量子力学"描述物质和光的行为的各方面细节,特别是发生在原子尺度上的事件。在微小的尺度下事物的行为一点也不像我们有着直接经验的任何事物。它们的行为既不像波动,又不像粒子,也不像云雾,或弹子球,或悬挂在弹簧上的重物,总之不像我们曾经见过的任何东西。

牛顿认为,光是由微粒构成的,但是,之后发现光的行为像波动。然而,后来(在20世纪初叶)人们发现,光的行为有时确实又像粒子。又譬如,在历史上,电子起先被认为像粒子,后来发现它在许多方面的性质像波。所以,实际上它表现得两者都不像。现在我们不再说它到底是什么,我们说:"它什么都不像。"

然而,运气总算还好:电子的行为很像光。原子客体(电子、质子、中子、光子等等)的量子行为都是相同的,它们都是"粒子波",或者随便什么你愿意称呼的名称。所以,我们所学的关于电子(我们将用它作为例子)的性质也可应用到所有的"粒子",包括光子上。

在20世纪的前四分之一,有关原子与其他小尺度粒子行为的知识逐渐积累起来,给出了微小物体是如何活动的一些线索,由此也引起了越来越多的混乱,到1926和1927年,薛定谔、海森伯与玻恩终于解决了这些问题。他们最后对微小尺度物质的行为作出了协调一致的描述。本章中我们将开始研究这种描述的主要特点。

因为原子的行为与我们的日常经验不同,所以很难适应它,而且对每个人——不管是新手,还是有经验的物理学家——都显得奇特而神秘。甚至专家们也不能以他们所想要的方式去理解原子的行为,而且这是完全有道理的,因为一切人类的直接经验和所有的人类的直觉都只适用于大的物体。我们知道大物体的行为将是如何,但是在小尺度下事物的行为却并非如此。所以我们必须用一种抽象的或想象的方式,而不是把它与我们的直接经验联系起来的方式来学习它。

在本章中,我们将直接讨论以最陌生的方式出现的神秘行为的基本特征。我们选择用来考察的现象不可能,绝对不可能,以任何经典方式来解释,但它却包含了量子力学的核心。事实上,它包含着独一无二的奥秘。我们不能通过"说明"它如何作用来消除这个奥秘。我们只是告诉你,它是怎样起作用的。在告诉你它怎样起作用的同时,我们也将告诉你所有量子力学的基本特色。

§1-2 子弹的实验

为了试图理解电子的量子行为,我们将在一个特殊的实验装置中,把它们的行为和我们较为熟悉的像子弹那样的粒子的行为以及如水波那样的波动的行为作一比较和对照。首先考虑子弹在图 1-1 中概略地画出的实验装置中表现的行为。我们有一挺机枪射出一连串子弹。但它不是一挺很好的机枪,因为它发射的子弹在相当大的角度内(随机地)散开,如图所示。在机枪的前方有一堵用铁甲板制成的墙,墙上开有两个孔,其大小正好能让一颗子弹穿过,墙的后面是一道后障(譬如说一道厚木墙),它能"吸收"打上去的子弹。在后障前面,有一个可称为"探测器"的物体。它可以是一个装着沙的箱子。进入探测器的子弹都被留在那里聚集起来。如果我们愿意的话,可以出空箱子,清点射到箱子里面的子弹数。探测器可以(沿我们称为 x 的方向)来回移动。利用这个装置,我们可以通过实验找出以下问题的答案:"一子弹通过墙上的小孔后到达后障上离中心的距离为 x 处的概率是多少?"首先,你们应当体会我们所谈的应该是概率,因为不可能肯定地说出某一特定的子弹会打到什么地方。一颗碰巧打到一个小孔上的子弹可能从孔的边缘弹开,最终打到某个地方。所谓"概率",我们指的是子弹到达探测器的机会,这可以用以下方式来量度,数一下在一定时间内到达探测器的子弹数,然后算出这个数与这段时间内打到后障上的子弹<u>总数</u>的比值。或者,如果假定在测量时间内机枪始终以同样的发射率发射子弹,那么我们所要求的概率就正比于在某个标准时间间隔内到达探测器的子弹数。

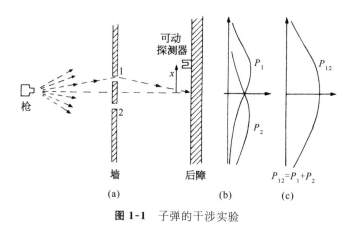

图 1-1 子弹的干涉实验

为了我们现在的目的,设想一个多少有点理想化的实验,其中子弹不是真正的子弹,而是<u>不会裂开</u>的子弹,即它们不会分裂成两半。在实验中,我们发现子弹总是整颗整颗地到达,在探测器中找到的总是一颗颗完整的子弹。如果将机枪射击的发射率弄得十分低,那么我们发现在任何给定时刻,要么没有任何东西到达,要么有一颗,并且只有一颗——不折不扣的一颗——子弹打到后障上。而且,整颗的大小也必定与机枪射击的发射率无关。我们说:"子弹<u>总</u>是以同样的整颗到达。"我们的探测器中测得的是整颗子弹到达的概率。我们测量的是作为 x 的函数的概率。用这种仪器作这样的测量的结果画在图 1-1(c)上(我们还从未曾做过这种实验,所以实际上是想象这种结果而已。),在图上,向右的水平轴表示概率的大小,垂直轴表示 x,这样 x 的坐标就对应于探测器的位置。我们称这概率为 P_{12},因为子弹可能通过孔 1,也可能通过孔 2 过来。你们不会感到奇怪,P_{12} 的值在接近图中心时大,而在 x 很大时则变小。然而,你们可能感到惊奇的是:为什么 $x=0$ 的地方 P_{12} 具有极大值。假如我们先遮住孔 2 作一次实验,再遮住孔 1 作一次实验的话,就可以理解这一点。当孔 2 被遮住时,子弹只能通过孔 1,我们就得到(b)图上标有 P_1 的曲线。正如你们会预料那样, P_1 的极大值出现在与枪口和孔 1 在一条直线上的 x 处。当孔 1 关闭时,我们得到图中所画出的对称的曲线 P_2。P_2 是通过孔 2 的子弹的概率分布。比较图 1-1 的(b)与(c),我们发现一个重要的结果

$$P_{12} = P_1 + P_2. \tag{1.1}$$

概率正好相加。两个孔都开放时的效果是各个孔单独开放时的效果之和。我们称这个结果为"无干涉"的观测,其理由不久就会明白。关于子弹我们就讲这些,它们整颗地出现,到达的概率不显示干涉现象。

§1-3 波 的 实 验

现在我们要来考虑一个水波实验。实验装置概略地画在如图 1-2 中。这里有一个浅水槽,一个标明为"波源"的小物体由马达带动作上下振动激起圆形波。在波源的后面也有一堵带两个孔的墙,墙以后又是另一堵墙。为了简单起见,设这后一墙是一个"吸收器",因而波到达这里后不被反射。吸收器可以用逐渐倾斜的"沙滩"做成,在沙滩前,放置一个可以沿 x 方向前后移动的探测器,和先前的一样。不过现在这个探测器是一个测量波动"强度"的装置。你们可以设想一种能测量波动高度的装置,但其刻度则标成与实际高度的平方成比例,这样读数正比于波的强度。于是,我们的探测器的读数正比于波携带的能量,或者更确切地说,正比于被带至探测器能量的速率。

在我们这个波动实验中,第一件值得注意的事是强度的大小可以是任意值,如果波源只作很小的运动,那么在探测器处就只有微弱的波动。当波源的振动较强时,在探测器处的强度就较大。无论如何,波的强度可以为任意值。我们不会说在波的强度上能显示出任何"颗粒性"。

现在,我们来测量不同 x 处的波的强度(保持波源一直以同样的方式振动)。我们得到图 1-2(c)上标有 I_{12} 有趣样式的曲线。

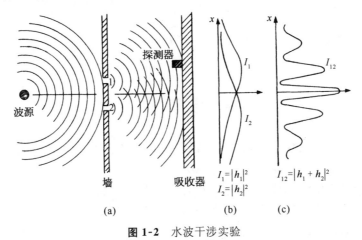

图 1-2 水波干涉实验

我们在第 1 卷中学习电磁波的干涉时,已经算出怎样会产生这种图样。在这种情况中,

我们会观察到原始波在小孔处发生衍射,新的圆形波从各个小孔向外扩展。如果我们分别一次遮住一个小孔,并且测量吸收器处的强度分布,则得到如图 1-2(b)所示的相当简单的强度曲线。I_1 是来自孔 1 的波的强度(在孔 2 被遮住时测得),I_2 是来自孔 2 的波的强度(在孔 1 被遮住时测得)。

当两个小孔都开放时所观察到的强度 I_{12} 显然不是 I_1 与 I_2 之和。我们说,两列波产生了"干涉"。在某些位置上(在那里曲线 I_{12} 有极大值)两列波"同相",其波峰相加就得到一个大的振幅,因而得到大的强度。我们说,在这些地方,两列波之间发生"相长干涉"。凡是从探测器到一个小孔的距离比到另一个小孔的距离大(或小)了波长整数倍的那些地方,都会产生这种相长干涉。

在两列波抵达探测器时相位差为 π(称为"反相")的那些地方,合成波的振幅是两列波的振幅之差。这两列波发生"相消干涉",因而得到的波的强度低。我们预料这种低的强度值出现在探测器到小孔 1 的距离与到小孔 2 的距离之差为半波长的奇数倍的那些地方。图 1-2 中 I_{12} 的低值对应于两列波相消干涉的那些位置。

你们一定会记得 I_1,I_2 与 I_{12} 之间的定量关系可以用以下方式来表示:来自孔 1 的水波在探测器处的高度瞬时值可以写成 $h_1 e^{i\omega t}$(的实部),这里"振幅"h_1 一般来说是复数。波动强度则正比于均方高度,当我们用复数表示时,则正比于 $|h_1|^2$。类似地,对来自孔 2 的波,高度为 $h_2 e^{i\omega t}$,强度正比于 $|h_2|^2$。当两个孔都开放时,由两列波的高度相加得到总高度 $(h_1 + h_2)e^{i\omega t}$ 以及强度 $|h_1 + h_2|^2$。就我们目前的要求来说,可略去比例常数,于是对相互干涉的波适用的关系就是:

$$I_1 = |h_1|^2, \quad I_2 = |h_2|^2, \quad I_{12} = |h_1 + h_2|^2. \tag{1.2}$$

你们会注意到,这个结果与在子弹的情况下所得到的结果(式 1.1)完全不同。如果将 $|h_1 + h_2|^2$ 展开,就可以看到:

$$|h_1 + h_2|^2 = |h_1|^2 + |h_2|^2 + 2|h_1||h_2|\cos\delta. \tag{1.3}$$

这里 δ 是 h_1 与 h_2 之间的相位差。用强度来表示时,我们可以写成:

$$I_{12} = I_1 + I_2 + 2\sqrt{I_1 I_2}\cos\delta. \tag{1.4}$$

式(1.4)中最后一项是"干涉项"。关于水波就讲这一些。波的强度可以有任何数值,这显示出干涉现象。

§1-4 电子的实验

现在我们想象一个用电子做的类似实验。图 1-3 中描绘了此实验的概略图。我们制造了一把电子枪,它包括一根用电流加热的钨丝,外面套有一个开有小孔的金属盒,如果钨丝相对金属盒处于负电位时,由钨丝发射出的电子将被加速飞往盒壁,其中有一些会穿过盒上的小孔。所有从电子枪出来的电子都带有(差不多)相同的能量。在枪的前方也有一堵墙(就是一块薄金属板),墙上有两个小孔。这道墙的后面有另一块作为"后障"的板。在后障的前面我们放置一个可移动的探测器。它可以是盖革计数器,或者更好一些,是一台与扩音器相连的电子倍增器。

我们应当直接了当地告诉你不要试着去做这样一个实验(虽然你可能已做过我们所描述的前面两个实验)。这个实验从未以这样的方式做过。问题在于,为了显示我们所感兴趣的效应,仪器的尺寸必须小到制造不出来的程度。我们做的是一个"理想实验"。之所以要选它,是因为它易于想象。我们知道这个实验会得到怎样的结果,因为有许多已经做过的实验,在那些实验中,已在选用的适当的尺度与比例上显示了我们将要描写的效应。

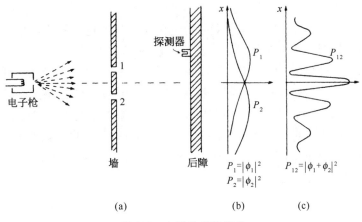

图 1-3 电子的干涉实验

在这个电子的实验中,我们注意到的第一件事是听到探测器(即从扩音器)发出尖锐的"咔嗒"声。所有的"咔嗒"声全都相同,绝没有"半咔嗒"声。

我们还会注意到"咔嗒"声的出现很不规则。比如像:咔嗒……咔嗒–咔嗒……咔嗒……咔嗒……咔嗒–咔嗒……咔嗒,等等,无疑,这就像人们听到盖革计数器工作时的声音一样。假如我们计数在足够长的时间内——譬如说在许多分钟内——听到的咔嗒声的数目,然后再在另一个相等的时间间隔内再进行一次计数,我们发现两个数值非常接近。所以,我们能够谈论"咔嗒"声出现的平均速率(平均每分钟多少次咔嗒声)。

在我们移动探测器时,声响出现的速率有快有慢,但是每次"咔嗒"声的大小(响度)总是相同的。假如我们降低枪内钨丝的温度,咔嗒声的速率就会减慢,但是每一声"咔嗒"仍然是同样响。我们还可以注意到,如果在后障前分别放置两个探测器,那么这一个或那一个将会"咔嗒"发声,但是决不会二者同时发声(除非偶尔两次"咔嗒"声在时间上非常靠近,以致我们的耳朵可能辨别不出它们是分开的响声)。因此,我们得出结论,任何到达后障的东西总是呈"颗粒"的形式。所有的"颗粒"都是同样大小:只有"整颗"到达,并且每一次只有一颗到达后障。我们说:"电子总是以完全相同的'颗粒'到达。"

与子弹的实验一样,我们现在开始从实验上寻找下列问题的答案:"'整颗'电子到达后障上离中心之距离为不同的 x 处的相对概率是多少?"像前面一样,在保持电子枪稳定工作的情况下,我们可以从观察"咔嗒"声出现的速率来得出相对概率。颗粒到达某个特定 x 位置的概率正比于该处的咔嗒声的平均速率。

我们这个实验的结果就是图 1-3(c)所画出的标有 P_{12} 的一条有趣的曲线。不错! 电子的行为就是这样。

§1-5　电子波的干涉

现在,我们来分析一下图 1-3 的曲线,看看是否能够理解电子的行为。我们要说的第一件事是,由于它们整颗整颗地出现,每一颗粒,就是所谓的电子,要么通过小孔 1,要么通过小孔 2。我们以"命题"的形式写下这一点:

命题 A:每一个电子要么通过小孔 1 要么通过小孔 2。

有了命题 A,所有到达后障的电子就可分为两类:(1)通过小孔 1 的电子;(2)通过小孔 2 的电子。这样,我们所观察到的曲线必定是通过小孔 1 的电子所产生的效应与通过小孔 2 的电子所产生的效应之和。我们用实验来检验这个想法。首先,我们测量通过小孔 1 的那些电子。我们把小孔 2 遮住,数出探测器的"咔嗒"声,由响声出现的速率,我们得到 P_1。测量的结果如图 1-3(b)中标有 P_1 的曲线所示。这个结果看来是完全合理的。以类似的方式,可以测量通过小孔 2 的电子概率分布 P_2。这个测量的结果也画在图上。

当两个小孔都打开时测得的结果 P_{12} 显然不是各个孔单独开放时的概率 P_1 与 P_2 之和。与水波实验类似,我们说:"这里发生了干涉。"

对于电子:

$$P_{12} \neq P_1 + P_2. \tag{1.5}$$

怎么会发生这样的干涉呢?或许我们应当说:"嗯,这大概意味着:整颗电子要么经过小孔 1,要么经过小孔 2 这一命题是不正确的,如果是这样的话,概率就应当相加。或许它们以一种更复杂的方式运动。它们分裂为两半,然后……"但是,不对!不可能如此。它们总是整颗地到达……。"那么,或许其中有一些电子经过小孔 1 后又转回到小孔 2,然后又转过几圈,或者按某个其他的复杂路径……于是,我们遮住小孔 2 后,就改变了从小孔 1 出发的电子最后落到后障上某处的机会……。"但是,请注意!当两个孔都开放时在某些点上只有很少电子到达,但是如果关闭一个孔时,则该处接收到许多电子,所以关闭一个孔就增加了通过另一个小孔后来到该点电子的数目。然而,必须注意在图形的中心,P_{12} 要比 $P_1 + P_2$ 还大两倍。这又像是关闭一个孔就减少了通过另一个孔到来的电子数。看来用电子以复杂方式运动这一假设是很难解释上述两种效应的。

所有这些都是极其神秘的。你考虑得越多,就越会感到神秘。人们曾经提出许多设想,试图用单个电子以复杂方式绕行通过小孔来解释 P_{12} 曲线。但是没有一个得到成功,没有一个人能由 P_1 与 P_2 得到 P_{12} 的正确曲线。

然而,足以令人惊奇的是,将 P_1 和 P_2 与 P_{12} 联系起来的数学是极其简单的。因为 P_{12} 正好像图 1-2 中的曲线 I_{12},而那条曲线是简单的。在后障上发生的情况可以用两个称为 ϕ_1 和 ϕ_2 的复数(当然它们是 x 的函数)来描述。ϕ_1 的绝对值平方给出了小孔 1 单独开放时的效应。也就是说,$P_1 = |\phi_1|^2$。同样只有小孔 2 单独开放时的效应由 ϕ_2 给出,即 $P_2 = |\phi_2|^2$。两个孔的联合效应正是 $P_{12} = |\phi_1 + \phi_2|^2$。这里的数学与水波的情形是一样的!(很难看出从电子沿着某些奇特的轨道来回穿过洞孔这种复杂的游戏中能得出如此简单的结果。)

我们的结论是:电子作为粒子总是以完整颗粒的形式到达,这些颗粒到达概率的分布则像波的强度的分布。正是从这个意义来说,电子的行为"有时像粒子,有时像波"。

顺便指出,在处理经典波动时,我们定义强度为波的振幅平方对时间的平均值,并且使用复数作为简化分析的数学技巧。但是在量子力学中结果发现振幅必须用复数表示。仅有实部是不行的。目前,这是一个技术上的问题,因为公式看上去完全一样。

既然电子穿过两个小孔到达后障的概率分布虽然并不等于 $(P_1 + P_2)$ 但仍旧如此简单,要说的一切实际上都在这里了。但是在自然界以这种方式活动的事实中,还包括了大量的精妙之处。我们现在打算向你们说明其中一些精妙之所在。首先,到达某个特定点的电子数目并不等于通过小孔 1 后到达的数目加上通过小孔 2 后到达的数目,而从命题 A 得出的推论却与此相反。所以,毋庸置疑,我们应该作出结论说,命题 A 是不正确的。电子要么通过小孔 1 要么通过小孔 2 这是不正确的。但是这个结论可以用其他实验来检验。

§1-6 监 视 电 子

现在来考虑如下的一个实验。在前述的电子仪器中我们加上一个很强的光源,放置在墙的后面,且在两个小孔之间,如图 1-4 所示。我们知道,电荷会散射光。这样,当电子通过某一小孔一路来到探测器时,无论如何它肯定是沿着某一路径来到并会将一些光散射到我们的眼睛中,因而我们可以看见电子在哪里飞过。比方说,假如电子采取经过小孔 2 的路径,如图 1-4 上画出来的,我们应当看到来自图中标有 A 的位置附近出现闪光。如果电子经过小孔 1,我们可以预料在上面的小孔附近将看到闪光。假如发生这样的情形,我们看到在两个位置上同时出现闪光,那是因为电子分成了两半……。让我们来做这个实验吧!

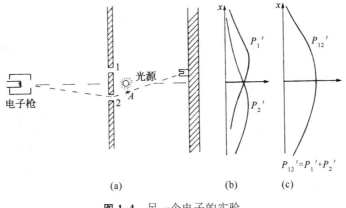

图 1-4 另一个电子的实验

我们所看到的情况是:每当听到(后障处的)电子探测器发出一声"咔嗒"时,我们要么在靠近小孔 1 处要么在靠近小孔 2 处见到闪光。但是决不会同时在两处见到!无论探测器放在哪里,我们都观察到同样的结果。我们由这样的观察得出结论,在监看电子时,我们发现,电子不是通过这个孔就是通过另一个孔。在实验上,命题 A 必然是正确的。

那么,在我们否定命题 A 的论证中,有什么不对呢?为什么 P'_{12} 不正好等于 $(P'_1 + P'_2)$?我们还是回到实验上去!让我们跟踪电子,看看它们究竟做些什么。对于探测器的每一个位置(x 坐标),我们都对到达的电子计数,同时也通过对闪光的观察记录下它们经过的是哪一个孔。可以这样来跟踪发生的过程:每当我们听到一声"咔嗒"时,如果在小孔 1 附近见到闪光,那么就在第一列中作一个记录,如果在小孔 2 附近见到闪光,那么就在第二列中作一个记录。所有抵达的电子都可分别记录在这两列中,即经过小孔 1 的一列和经过小孔 2 的一列。由第一列的记录我们可以得到电子经由小孔 1 到达探测器的概率 P_1';而由第二列的记录则可得到电子经由小孔 2 到达探测器的概率 P_2'。如果现在对许多 x 的值重复这样的测量,我们就得到图1-4(b)所画的 P_1' 与 P_2' 的曲线。

你们看,这里没有什么过分令人惊奇的事。所得到的 P_1' 与我们先前遮住小孔 2 而得到的 P_1 完全相似;P_2' 则与遮住小孔 1 所得到的 P_2 相似。所以,像两个小孔都通过这样的复杂情况是不存在的。当我们监看电子时,它们就像我们所预料的那样通过小孔。无论小孔 2 是开着还是关着,我们看到通过小孔 1 到来的电子分布都相同。

但是别忙! 现在总概率,即电子以任何途径到达探测器的概率又是多少呢? 我们已经有信息了。我们现在假装从未看到过闪光,而把先前分成两列的探测器"咔嗒"声次数归并在一起。我们只须把这些数加起来。对于电子经过随便哪一个小孔到达后障的总概率,我们确实得出 $P_{12}' = P_1' + P_2'$。这就是说,虽然我们成功地观察到电子所经过的是哪个孔,但我们再也得不到原来的干涉曲线 P_{12},而是新的、不显示干涉现象的 P_{12}' 曲线! 如果我们将灯熄灭,P_{12} 又出现了。

我们必须作出结论:当我们看着电子时,它们在屏上的分布与我们不看着它时的分布不同。也许这是由于打开光源而干扰了事态? 想必是由于电子本身非常精巧,因而光波受到电子散射时给电子一个反冲,因而改变了它们的运动。我们知道,光的电场作用在电荷上时会对它施加一个作用力。所以也许我们应当预期到运动要发生改变。不管怎样,光对电子有很大的影响。在试图"跟踪"电子时,我们改变了它的运动。也就是说,当光子被散射时电子所受到的撼动足以改变其运动,以致原来它可能跑到 P_{12} 为极大值的那些位置上,现在却反而落到 P_{12} 为极小值的那些位置上了;这就是为什么我们不再看到起伏的干涉效应的原因。

你们或许会想:"不要用这么强的光源! 将亮度调低一些! 光波变弱了,对电子的扰动就不会那么大。"无疑,若使光越来越暗淡的话,最后光波一定会弱到它的影响可以忽略。好,让我们来试一下。我们观察到的第一件事是电子经过时所散射出的闪光并没有变弱。它总是同样强的闪光。灯光暗淡后唯一发生的事情是,有时,我们听到探测器发出一声"咔嗒",但根本看不到闪光。电子在没有"被看到"的情况下跑了过去。我们所观察到的是:光的行为也像电子,我们原来就知道它是波动,但现在发现它也是"颗粒状"的。它总是以我们称为光子的整颗的形式到达或者被散射。当我们降低光源的强度时,我们并没有改变光子的大小,而只是改变了发射它们的速率。这就解释了为什么在灯光暗淡时有些电子没有被"看到"就跑了过去。当电子经过时,周围正好没有光子。

这件事使人多少有点泄气。如果真是每当我们"见到"电子,我们看到的是同样大小的闪光,那么所看到的总是受到扰动的电子。不管怎样,我们用弱的灯光来做一下实验。现在,只要听到探测器中一声"咔嗒",我们就在下述三列中的某一列记下一次:列(1)记的是在小孔 1 旁看到的电子;列(2)记的是小孔 2 旁看到的电子,根本没有看到电子时,则记在列(3)中。当我们把数据整理出来(计算概率)后可以发现这些结果:"在小孔 1 旁看到"的电子具有类似于 P_1' 的分布;"在小孔 2 旁看到"的电子具有类似于 P_2' 的分布(所以无论"在小孔 1 或者小孔 2 旁看到"的电子共同具有类似于 P_{12}' 的分布);而那些"根本没有看到"的电子则具有类似于图 1-3 的 P_{12}' 那样的"起伏的"分布！假如电子没有被看到，我们就会得到干涉现象！

这是可以理解的，当我们没有看到电子时，就没有光子干扰它，而当我们看到它时，它已经受到了光子的扰动。由于光子产生的都是同样大小的效应，所以扰动的程度也总是相同的，而且光子被散射所引起的效应足以抹掉任何干涉效应。

难道没有某种可以不干扰电子而又使我们能看到它们的方法吗？在先前的一章中，我们知道，"光子"携带的动量反比于它的波长 ($p = h/\lambda$)。无疑当光子被散射到我们的眼中时，它给予电子的扰动取决于光子所携带的动量。啊哈！如果我们只想略微扰动一下电子的话，那么降低的不应当是光的强度，而是它的频率(这与增加波长一样)。我们使用比较红的光。甚至用红外光或无线电波(如雷达)，并且借助于某种能"看到"这些较长波长的仪器来"观察"电子的行径。如果我们使用"较柔和"的光，那么或许可以不至于使电子扰动太大。

现在我们用波长较长的波来重复我们的实验。每次实验用波长越来越长的光。起先看不到什么变化。结果都是相同的。接着，可怕的事情发生了，你们会记得，当我们讨论显微镜时曾指出过，由于光的波动性质，仍旧可以分辨出是两个分离的点的两个靠近光点的距离有一个最小的极限。这个极限距离是光波波长的数量级。所以如果我们使波长大于两个小孔之间的距离，我们看到在光被电子散射时产生一团很大的模糊不清的闪光。这样就不再能说出电子通过的是哪一个孔了！我们只知道它跑到某处去！正是对这种颜色的光，我们发现电子所受到的撼动已小到使 P_{12}' 看来开始像 P_{12}——即开始出现某种干涉的效应。只有在波长远大于两个小孔之间的距离时(这时我们完全不可能说出电子经过什么地方)，光所引起的扰动足够小，因而我们又得到图 1-3 所示的曲线 P_{12}。

在我们的实验中，我们发现不可能这样安排光源，即使人们既可以说出电子穿过哪个小孔，同时又不扰动分布图样。海森伯提出，只有认为我们的实验能力有某种前所未知的基本极限，才能使当时发现的新的自然界的定律协调一致。他提出了作为普遍原理的不确定性原理，在我们的实验中，它可以这样表述："要设计出一种装置来确定电子经过哪一个小孔，同时又不使电子受到足以破坏其干涉图样的扰动是不可能的"。如果一套装置能够确定电子穿过哪一个小孔，它就不能巧妙得使图样不受到实质性的扰动。还没有一个人找到(或者甚至想出)一条绕过不确定性原理的途径。所以我们必须假设它描述的是自然界的一个基本特征。

我们现在用来描写原子，事实上也描写所有物质的量子力学的全部理论都取决于不确定性原理的正确性。由于量子力学是这样一种成功的理论，我们对于不确定性原理的信任也就加强了。但是如果一旦发现了一种能够"推翻"不确定性原理的方法，量子力学就会得出自相矛盾的结果，因此也就不再是自然界的有效的理论，而应予以抛弃。

"很好"，你们会说："那么命题 A 呢？电子要么通过小孔 1，要么通过小孔 2，这是正确的还是不正确的呢？"唯一可能作出的回答是，我们从实验上发现，为了使自己不致陷于自相矛盾，我们必须按一种特殊方式思考问题。我们所必须说的(为了避免作出错误的预测)是：如果人们观察小孔，或者更确切地说，如果人们有一套装置能够确定电子究竟通过小孔 1 还是小孔 2 的话，那么他们就能够说出电子穿过小孔 1，或者穿过小孔 2。但是，当人们不想知道电子走的是哪条路，实验中没有干扰电子的因素时，那么他们可以不去说电子通过了小孔 1 还是通过了小孔 2。如果某个人一定要这么说，并且由此作出任何推论的话，他就会在分析中造成错误。这是一条逻辑钢丝,假如我们希望成功地描写自然的话,我们就不得不走这一条钢丝。

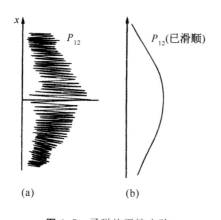

图 1-5 子弹的干涉实验

(a) 实际的图样(概图);(b) 观测到的图样

如果所有物质——包括电子——的运动都必须用波来描写,那么我们第一个实验中的子弹又怎样呢?为什么在那里我们看不到干涉图样? 我们发现:对于子弹来说,其波长是如此之短,因而干涉图样变得非常细密。事实上,图样细密到人们用任何有限尺寸的探测器都无法分辨出它的分立的极大值与极小值。我们所看到的只是一种平均,那就是经典曲线。在图1-5中,我们试图示意地表明对大尺度物体所发生的情况。其中图(a)表示应用量子力学对子弹所预期的概率分布。假设快速摆动的条纹表示对于波长极短的波所得到的干涉图案。然而,任何物理探测器都跨越了概率曲线的好几个摆动,所以通过测量给出的是图(b)中的光滑曲线。

§1-7 量子力学的第一原理

我们现在来小结一下前面实验中得出的主要结论。不过,我们将把结果表示成对于这一类的实验普遍适用的形式。假如先定义"理想实验(ideal experiment)",那么这个小结就可以较为简单一些。在"理想实验"中没有任何不确定的外来影响,即没有不稳定或其他什么我们无法考虑的事情。更确切的说法是:"理想实验是所有的实验初始条件和最终条件都完全确定的实验。"我们说的"事件",一般说来就是一组特定的初始与最终条件。(例如:"电子飞出电子枪,到达探测器,此外没有任何其他事情发生"。)下面就是我们的小结:

小   结

(1) 在理想实验中事件的概率由一个复数 ϕ 的绝对值平方给出,ϕ 称为概率幅*:

$$
\begin{aligned}
P &= 概率, \\
\phi &= 概率幅, \\
P &= |\phi|^2.
\end{aligned} \tag{1.6}
$$

(2) 当一个事件可以按几种不同的方式发生时,该事件的概率幅等于各种方式分别考虑时的概率幅之和。此时出现干涉:

$$
\begin{cases}
\phi = \phi_1 + \phi_2, \\
P = |\phi_1 + \phi_2|^2.
\end{cases} \tag{1.7}
$$

(3) 如果完成一个实验,此实验能够确定实际上发生的是哪一种方式的话,则该事件的

---

* 概率幅的英文为 probability amplitude,也可译作"概率振幅"。本书原文常简称为 amplitude,译文也照译成"振幅"。——译者注

概率等于按各个不同方式发生的概率之和。此时不发生干涉：

$$P = P_1 + P_2. \tag{1.8}$$

人们也许还想问："这是怎样起作用的？在这定律背后有什么机制？"还没有人发现定律背后的任何机制。也没有人能够"解释"得比我们勉强作出的"解释"更深入一些，更没有人会给你们对这种情况作更深刻的描述。我们没有能够推导出这些结果的更基本机制的概念。

我们要强调经典理论和量子力学之间的一个非常重要的差别。我们一直谈论在给定的情况下，电子到达的概率。我们曾暗示：在我们的实验安排中（即使是可能作出的最好的一种安排）不可能准确预言会发生什么事。我们只能预言可能性！如果这是正确的，那就意味着，物理学已放弃了要准确预言在确定的环境下会发生的事情。正是！物理学已放弃了这一点。我们不知道怎样去预言在给定的环境下会发生什么，而且我们现在相信，这是不可能的——唯一可以预言的是各种事件的概率。必须承认，这是我们早先认识自然界的理念的削弱。它或许是倒退了一步，但是还没有能看到避免这种倒退的方法。

现在，我们来评论一下人们有时提出的试图避免上述困难的一种见解。这种见解认为："或许电子有某种我们目前还不知道的内部机理——某种内变量。或许这就是我们无法预言会发生什么事情的原因。如果我们能够更仔细地观察电子，我们就能说出它会到达哪里。"就我们所知，这是不可能的。我们仍旧没有摆脱困境。假设在电子内部有某种机制能够确定电子的去向，那么这种机制也必定能够确定电子在途中将要通过哪一个孔。但是我们不要忘记，在电子内部的东西应当不依赖于我们所做的事情，特别是不依赖于我们打开或关闭哪一个孔。所以，如果电子在开始运动前已打定主意：(a)它要穿过哪一个孔，(b)它将到达哪里，我们会发现选择小孔 1 的那些电子会得出 P_1，选择小孔 2 的那些电子会得出 P_2，通过两个孔的许多电子得出的概率必定是求和 $P_1 + P_2$。看来没有别的解决方法了。但是我们从实验上已经证实情况并非如此。而现在还没有人能够解决这个难题。所以，在目前我们只能将我们自己局限于计算概率。我们说"在目前"，但是我们强烈地感觉到很可能永远如此——很可能永远无法解决这个难题——因为自然界实际上就是如此。

§1-8 不确定性原理

海森伯原来对不确定性原理的叙述是这样的：假如对任一客体进行测量，你能以不确定量 Δp 确定其动量的 x 分量，你就不可能同时测定其位置比 $\Delta x = \hbar / 2 \Delta p$ 更准确，其中 $\hbar$ 是自然界给出的确定的数。它称作"约化普朗克常量"，近似地等于 1.05×10^{-34} J·s。在任何时刻，位置的不确定量和动量的不确定量的乘积必定大于或等于约化普朗克常量的一半。上面所述的是较为一般的不确定性原理的特殊情况。比较普遍的表述是，人们不可能用任何方式设计出这样一种装置，可以用它来确定在两种可供选择的方式中采取的是哪一种方式，而同时又不破坏干涉图样。

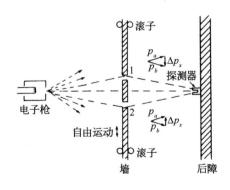

图 1-6 测出墙的反冲的实验

现在我们举一种特殊情况来说明，为了不致陷于困境海森伯给出的这种关系必须成立。我们设想对图1-3中的实验作一些修改，其中带有小孔的墙是一块装上滚子的板，这样它可以在 x 方向上自由地上下滑动，如图1-6所示。仔细观察板的运动，我们可以试着说出电子通过的是哪个小孔。想象一下当探测器放在 $x = 0$ 处时会出现什么情况。我们可以预期对经过小孔 1 的电子，板必定使它往下偏折到达探测器。由于电子动量的垂直分量被改变了，板必定会以相等的动量向相反的方向反冲。它将被推向上。如果电子通过下面的小孔，板就会受到一个向下推力。很清楚，对于探测器的每一个位置，电子经由小孔 1 与经由小孔 2 时板所得到的动量是不同的。这样！完全不必去扰动电子，只要盯着板看，我们就可以说出电子取的是哪一条路径。

现在，为了做到这一点，必须知道电子通过以前板的动量。测出电子经过后板的动量就能算出板的动量改变了多少。但是要记住，根据不确定性原理，我们不能同时以任意高的准确度知道板的位置。而如果我们不知道板的确切位置，就不能精确地说出两个孔在哪里。对于各个经过小孔的电子来说，小孔是在不同的位置上。这意味着对于每个电子来说，干涉图样的中心在不同的位置上。于是干涉图样中的起伏将被抹去。下一章我们将定量地说明，假如我们能足够准确地测定板的动量从而由反冲动量的测量来确定电子经过的是哪一个孔，那么按不确定性原理，该板的 x 位置的不确定量足以使探测器观察到的干涉图样的 x 位置上下移动一定的距离，使得干涉极大移向最近的极小值的位置上。这种无规则的移动正好将干涉图样抹平，因而观察不到干涉现象。

不确定性原理"保护"了量子力学。海森伯认识到，假如有可能以更高的准确度同时测定动量与位置的话，量子力学就将坍塌。所以他认为这肯定不可能。于是人们试图找出一个能同时准确测量二者的方法，但是没有一个人找到一种方法能够以任何更高的精确度同时测出任何东西——屏障、电子、台球弹子等等——的位置与动量。量子力学一直担着风险，但仍旧是正确的。

第 2 章 波动观点与粒子观点的关系

§2-1 概 率 波 振 幅

本章我们将讨论波动观点与粒子观点之间的关系。由上一章我们已经知道,波动观点和粒子观点都欠正确。通常,我们总是力图准确地描述事物,至少也要做到足够精确,当我们的学习更深入时无须改变这种描述——它可以扩充,但却不会改变! 然而,当我们打算谈及波动图像或粒子图像时,两者都是近似的,并且都将改变。所以,从某种意义上来说,我们在这一章中所学习的东西并不是很精确的;这里的论证是半直觉的,我们将在以后使之更为精确,但是,当我们用量子力学作出正确解释时,有一些事情将会有一点改变。我们这样做是为了在深入到量子力学的数学细节之前使你得到一些量子现象的定性感觉。而且,我们所有的经验都是关于波的和关于粒子的,因此,在我们知道量子力学振幅的完整数学描述之前,先应用波动和粒子的概念来得到一定场合下所发生的事情的理解是颇为方便的。我们在这样做时将力图阐明那些最薄弱的环节,但是其中大多数还是相当接近于正确的——这只是解释的问题。

首先,我们知道量子力学中描述世界的新方法——新的框架——是给每个可能发生的事件一个振幅,而且如果此事件涉及接收一个粒子,那么就给出在不同位置与不同时间找到该粒子的振幅。于是,找到该粒子的概率就正比于振幅绝对值的平方。一般地讲,在不同场所与不同时刻找到粒子的振幅是随着位置和时间而变化的。

在某些特殊情况下,振幅在空间与时间中像 $e^{i(\omega t - \mathbf{k} \cdot \mathbf{r})}$ 那样呈正弦式变化,其中 $\mathbf{r}$ 是从某个原点起算的矢量位置。(别忘了这些振幅是复数,不是实数。)这样的振幅按照确定的频率 ω 和波数 $\mathbf{k}$ 变化。结果发现这对应于一种经典的极限情况,我们可以认为在此情况中有一个粒子,它的能量 E 为已知,并且与频率之间的关系是

$$E = \hbar \omega, \tag{2.1}$$

而且粒子的动量 $\mathbf{p}$ 亦是已知的,它与波数 $\mathbf{k}$ 之间的关系是

$$p = \hbar \mathbf{k}. \tag{2.2}$$

(符号 $\hbar$ 表示数 h 除以 2π,即 $\hbar = h/2\pi$。)

这意味着粒子的概念受到了限制。我们如此经常使用的粒子的概念——它的位置,它的动量,等等。从某些方面说来已不再令人满意了。比如,假设在不同的位置上找到一个粒子的振幅由 $e^{i(\omega t - \mathbf{k} \cdot \mathbf{r})}$ 给出,则其绝对值的平方是常数。而这就意味着在所有的点上找到粒子的概率都相等。这就是说,我们不知道粒子究竟在何处——它可以在任何地方——粒子的位置是非常不确定的。

另一方面,如果一个粒子的位置比较确定,我们可以相当准确地预测到,那么在不同位

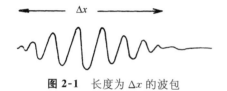

图 2-1　长度为 Δx 的波包

置上找到它的概率必定限制在一定的区域内,我们令其长度为 Δx。在此区域之外概率为零。由于这个概率是某个振幅的绝对值的平方,如果绝对值的平方为零,则振幅亦为零,于是我们就有一个长度为 Δx 的波列(图 2-1),此波列的波长(波列中波的相邻波峰或相邻波谷之间的距离)就对应于该粒子的动量。*

这里我们遇到了有关波动的一件奇妙的事情;一件很简单的、严格说来与量子力学毫无关系的事情。任何人,即使完全不懂量子力学,只要他研究过波的话就会知道:对一个短的波列,我们不可能定义一个唯一的波长。这样的波列没有一个确定的波长;存在着与有限的波列长度相关联的波数的不确定性,从而在动量上也就存在着不确定性。

§2-2　位置与动量的测量

现在我们来考虑这一概念的两个例子——即看一下如果量子力学是正确的话,为什么存在着位置与(或)动量的不确定性的理由。在前面我们已经看到,如果事情不是这样——即如果有可能同时测定任何东西的位置与动量——我们就会遇到一个佯谬;幸而这样一种佯谬并不存在,由波动图像中可以自然地得出不确定性这一事实表明,一切都很协调。

这里有一个很容易理解的例子,表明某一情况中位置与动量之间的关系。假设我们有一个单缝,一些具有一定能量的粒子从很远的地方飞来——所以它们实际上全都水平地飞来(图 2-2)。我们将集中注意动量的垂直分量。从经典的意义上,所有这些粒子都具有一定的水平动量,譬如说 p_0。所以,从经典意义上说,粒子穿过狭缝前的垂直动量 p_y 是确定知道的。图中粒子既不向上,也不朝下运动,因为它来自很远的地方——当然它的垂直动量就是零。现在我们假设这个粒子通过宽度为 B 的狭缝。当它从狭缝穿出后,我们就

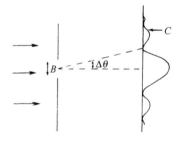

图 2-2　穿过狭缝粒子的衍射

以一定的精确度,即 $\pm B$**,知道它的垂直位置——y 坐标数值。这就是说,在位置上的不确定量 Δy 为 B 的数量级。现在我们也许想说,由于已知动量是绝对水平的,因而 Δp_y 是零;但这是错的。我们曾原来知道动量是水平方向的,但是现在再也不知道了。在粒子穿过狭缝前,我们不知道它们的垂直位置。由于粒子穿过了狭缝,现在我们就发现它的垂直位置,但却失去了该粒子垂直动量的信息! 为什么? 按照波动理论,当波通过狭缝后就会散开或衍射,像光那样。因此有一定概率,粒子出狭缝后,不严格笔直地飞行。由于衍射效应,粒子出射的图样散开,其弥散角(我们可将它定义为是第一极小值的张角)就是对粒子出射的最后角度的不确定性的一种度量。

---

　　*　原文为 the distance between nodes of the waves in the train。其中用 nodes 不恰当,故略加修改。——译者注

　　**　更精确地说,我们所知的 y 坐标的误差是 $\pm B/2$。但是我们现在只对一般的概念感兴趣,所以不必为因子 2 操心。

图样是怎样弥散开的呢？所谓弥散开就是说粒子有一定的往上或往下运动的机会，也就是说，其动量出现向上或向下的分量。我们说机会与粒子是因为可以用一个粒子计数器检测出这个衍射图样，而且当计数器在譬如说图 2-2 的 C 处接收到粒子时，接收到整个粒子，这样，从经典意义上来说，粒子要从狭缝射出往上偏至 C 处，就得具有垂直的动量。

为了对动量的弥散有一个大致的概念，垂直动量 p_y 的弥散等于 $p_0\Delta\theta$，这里 p_0 是水平动量。那么在弥散开的图样中 $\Delta\theta$ 有多大？我们知道第一极小值出现在 $\Delta\theta$ 角上，这时，从狭缝的一个边缘处传出的波必定比从另一边缘传出的波多走过一个波长——我们以前已得出这个结论（第 1 卷第 30 章）。因此 $\Delta\theta$ 为 λ/B，这样，此实验中的 Δp_y 就是 $p_0\lambda/B$。注意：如果将 B 做得更小，亦即对粒子的位置做更为准确的测量，那么衍射图样就变宽。所以，狭缝做得越窄，衍射图样就越宽，而我们发现粒子具有侧向动量的可能性就越大。这样，垂直动量的不确定量就与 y 的不确定量成反比。事实上，我们看到两者的乘积为 $p_0\lambda$。但是 λ 是波长，p_0 是动量，按照量子力学，波长乘以动量就是普朗克常量 h。因此我们得到下列规则：垂直动量的不确定量与垂直位置的不确定量的乘积约为 h 的量级：

$$\Delta y \Delta p_y \geqslant \hbar/2. \tag{2.3}$$

我们不可能造出这样一个系统，在其中既知道粒子的垂直位置，又能以比式（2.3）所表示的更大准确性来预知它的垂直运动。这就是说垂直动量的不确定量必须超过 $\hbar/2\Delta y$，这里 Δy 是我们的位置的不确定量。

有时，人们说量子力学是完全错误的。当粒子从左边飞来时，它的垂直动量是零。现在它穿过了狭缝，它的位置也就知道了。位置与动量两者看来都能以任意高的精确度知道。完全正确，我们可以接收一个粒子，在接收时确定它的位置，以及确定为了到达那里原来应具有多少动量。这些都完全正确，但这并不是不确定关系式（2.3）所谈的事。式（2.3）所说的是对一种状况的可预知性，而不是对于过去的评述。"我知道粒子穿过狭缝前的动量是多少，现在又知道它的位置"这种说法没有什么意思，因为我们现在已失去了关于动量的知识。粒子通过了狭缝这一事实已使我们不再能预言垂直动量。我们所谈的是一种预言性的理论，而不只是一种事后的测量。所以我们必须谈论能够预料的事。

现在我们从另一个角度来看一下。我们更为定量地考虑同样现象的另一个例子。在上一个例子中，我们曾以经典方法测量了动量。那就是说，我们考虑了方向、速度和角度，等等，所以是用经典分析得出动量。然而，由于动量与波数有关，所以自然界中还有另一种测量粒子（光子或其他粒子）动量的方法，它没有经典的类比，因为它利用的是式（2.2）。我们测量波的波长。我们试用这种方式来测量动量。

假设有一个有大量刻线的光栅（图 2-3），并且将一束粒子射向此光栅。我们已屡次讨论过这样一个问题：如果粒子具有确定的动量，那么，由于干涉，我们会在某个方向上得到一个十分锐细的图样。我们也讨论过在测量动量时可以精确到什么程度，也就是说，这样的光栅分辨率有多大。我们不拟再作一次推导，而只是参考第 1 卷第 30 章的结果，在那里已经得出用一个给定的光栅

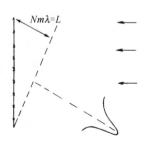

图 2-3　利用衍射光栅确定动量

能够测出的波长的相对不确定量为 $1/Nm$,其中 N 是光栅刻线数,m 是衍射图样的级数,亦即

$$\frac{\Delta\lambda}{\lambda} = \frac{1}{Nm}. \tag{2.4}$$

现在式(2.4)可以改写为

$$\frac{\Delta\lambda}{\lambda^2} = \frac{1}{Nm\lambda} = \frac{1}{L}, \tag{2.5}$$

这里 L 是图 2-3 中所示的距离。这段距离是粒子或者波,不论它是什么,从光栅底端反射后必须跑过的总路程与它们从光栅顶端反射后必须跑过的总路程的路程差。也就是说,形成衍射图样的波来自光栅的不同部分。首先到达的波是来自光栅底端的波列的起始部分,该波列的其余部分依次通过。随着来自光栅不同部分的波列也先后到达。最后到达的是来自光栅顶端的波列,它的起始部分与最先到达的(来自光栅底端的)波列上距离其起始端长度为 L 处的波动相遇。* 所以为了在我们的光谱中得到一条与一定的动量对应的锐细谱线,其不确定量由式(2.4)给出,我们必须有一列长度至少为 L 的波列。如果波列太短,我们就没有用到整个光栅。波列太短的话,形成光谱的波只是从光栅的很小一块面积上反射的波,光栅的作用没有很好发挥——我们将得到很大的角宽度。为了得到较窄的光谱线,我们必须利用整个光栅,这样至少在某些时刻所有波列都是同时从光栅的所有部分散射出来的。因此为了使波长的不确定量小于式(2.5)所给出的值,波列的长度必须为 L。顺便说一下,

$$\frac{\Delta\lambda}{\lambda^2} = \Delta\left(\frac{1}{\lambda}\right) = \frac{\Delta k}{2\pi}. \tag{2.6}$$

因此

$$\Delta k = \frac{2\pi}{L}. \tag{2.7}$$

这里 L 是波列的长度。

这意味着,如果有一长度小于 L 的波列,那么在波数上的不确定量必然超过 $2\pi/L$。或者说波数的不确定量乘以波列的长度——暂时我们称之为 Δx——将大于 2π。我们之所以称波列长度为 Δx 是因为这是粒子在位置上的不确定量。如果波列长度有限,那么,这就是说我们能在不确定的范围 Δx 以内找到粒子。波的这种性质,即波列的长度乘以相应波数的不确定量至少为 2π,是每个研究波的人都知道的,这与量子力学毫无关系。这只是说,如果我们有一长度有限的波列的话,没有办法很精确地数出波的数目。

我们试从另一途径来看看其中的道理。假定我们有一有限长度为 L 的波列;那么,由于它在两端必定减弱(如图 2-1 所示),所以在长度 L 中波的数目是不确定的,可能相差 ±1。但在长度 L 中的波的数目是 $kL/2\pi$。可见 k 是不确定的,我们又重新得出式(2.7)的结果,它只是波的一种性质。无论波是在空间传播,k 是每厘米的弧度数,L 是波列的长度,还是波在时间上展开,ω 是每秒的弧度数,T 是到达的波列持续的时间"长度",都是同样的情况。这就是说:如果只是持续一定的有限时间 T 的波列,那么频率的不确定量则由下

***
* 原文这几句话表达含糊,曾经译者重新整理,补充。——译者注

式确定:

$$\Delta\omega = \frac{2\pi}{T}. \tag{2.8}$$

我们已经着重指出,这些都只是波的性质,例如,在声学理论中就已为人们所熟知了。

问题在于,在量子力学中,我们将波数解释为按照公式 $p = \hbar k$ 对粒子动量的一种量度,这样,式(2.7)就告诉我们 $\Delta p \approx h/\Delta x$. 因此,这就表明了经典动量概念的适用极限。(显然,如果我们想用波来表示粒子的话,动量的概念必定受到某种限制!)我们发现了一条规则,给了我们经典概念何时失效的一些观念,这是件很好的事情。

§2-3 晶 体 衍 射

下面,我们考虑粒子波在晶体上的反射。晶体是一块厚厚的东西,它整个由排列成很整齐阵列的相同原子组成——我们将在后面讨论一些较复杂的情况。问题是对于一束给定的光(X 射线)、电子、中子,或者别的东西,怎样安置原子阵列才能在某个给定方向上得到强的反射极大值。为了得到强的反射,来自所有原子的散射都必须同相位。同相波的数量和反相波的数量不能相等,不然波会相互抵消掉。正如我们已经说明过的那样,解决这个问题的方法是找出等相位的区域;它们就是一些对入射方向和反射方向成相等角度的平面(图 2-4)。

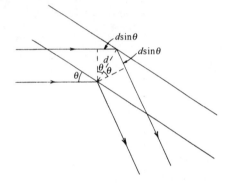

图 2-4 晶面对波的衍射

考虑图 2-4 中两个平行平面,如果从这两个平面散射的波的波前传播距离之差为波长的整数倍,则散射波的相位相同。可以看出,距离差为 $2d\sin\theta$,这里 d 是两平面间的垂直距离。于是相干反射的条件是

$$2d\sin\theta = n\lambda \quad (n = 1, 2, \cdots). \tag{2.9}$$

比方说,如果晶体中原子刚巧处在遵从式(2.9)中 $n = 1$ 条件的平面上,那么就会出现强反射。然而,如果有性质相同(密度相同)的其他原子位于原来原子的中间,这些中间平面的散射也同样强,就会与其他的散射相互干涉,致使总效果为零。所以式(2.9)中的 d 必须指相邻平面的距离;我们不能对两个相距五层的平面来应用这个公式!

有趣的是,实际的晶体通常并不那么简单,即只是以一定方式重复排列的同一类原子。假如我们作一个二维类比的话,它们更像印满了重复某种图形的墙纸。对原子来说,所谓"图形"就是多个原子的某种排列,例如,碳酸钙的图形包含有一个钙原子、一个碳原子和三个氧原子等等,也可能包含相当多的原子。但不管什么,这些图形都按一定的形式重复构成图案。这种基本图形就称为晶胞。

重复的基本图形决定了我们所称的晶格类型;通过观察反射光束并找出它们的对称性,就能立即确定晶格类型。换句话说,只要找到各个反射点,就可确定晶格类型,但是为了确定晶格的每个单元的组成,就必须考虑各个方向上的散射强度。向哪个方向散射取决于晶

格的类型,但每一束散射光有多强则由每个晶胞内有些什么来决定*。晶体的结构就是用这种方式得出的。

图 2-5 和图 2-6 是两幅 X 射线衍射图样的照片,它们分别是从岩盐与肌红蛋白的散射的衍射图。

附带提一下,如果最靠近的两个平面间的距离小于 $\lambda/2$,就会发生一件有趣的事。在这种情况下,式(2.9)对 n 就没有解。因此,如果 λ 大于相邻平面之间距离的两倍,就没有侧向衍射图样,光——或者无论它是什么——将直接穿过材料,而不被弹开或损失。所以,对于(可见)光,λ 远大于间隔的情况下,它就直接通过,而不会出现从晶体中平面反射的图样。

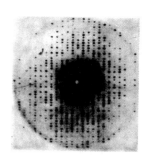

图 2-5 由一束 X 射线射在氯化钠晶体上衍射得到的图样　　**图 2-6** 肌红蛋白的 X 射线衍射图样

这个事实在产生中子的核反应堆情况下也引起有趣的结果(中子显然是粒子,任何人都这样认为!)。假如我们引出这些中子使它们进入一厚石墨块,它们就会扩散,并且奋力地穿过石墨(图 2-7)。它们之所以扩散是因为被原子弹开,但严格地说,按照波动理论,它们之所以被原子弹开是由于晶体内许多平面的衍射。结果表明,假如我们取一块厚石墨块的话,从远端跑出的中子都有长的波长!事实上,假如我们把中子强度作为波长的函数作图的话,除波长大于某个极小值外其余什么也没有(图 2-8)。换句话说,我们可以用这种方法得到极慢的中子。只有最慢的中子才会通过;它们没有被石墨的晶格平面所衍射或散射,而是像光通过玻璃一样径直穿过石墨而没有向两边散射开去。还有许多其他证据也说明中子波和别的粒子波是真实的。

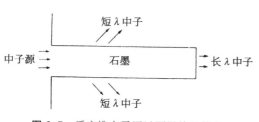
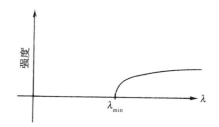

图 2-7 反应堆中子通过石墨块的扩散　　**图 2-8** 从石墨棒出来的中子强度与波长的关系

---

* 光斑组成的整个衍射图的强度分布决定于每个晶胞的结构。——译者注

§2-4　原子的大小

现在我们来看一下不确定性关系式(2.3)的另一个应用。在这里不用过分严密;概念是正确的,但所作的分析并不很精确。这个概念涉及确定原子的大小,以及按经典理论电子将不断辐射光并作螺旋运动直至最后落到原子核上这一事实。但是这在量子力学中就不是这样,假如是这样的话我们就可以同时知道每一个电子在什么地方以及它运动得有多快。

假定我们有一个氢原子,并且要测量电子的位置;我们肯定不能精确地预言电子的位置,不然动量将会扩展到无限大。每当我们观察电子时,它是在某处,但它在各个不同地方都有一定的振幅,因而在不同地方都可能找到它。这些位置不可能全都在原子核附近,我们假定位置有一定的扩展,其数量级为 a。这就是说,电子离原子核的距离通常大约为 a。我们对原子的总能量取极小值来确定 a。

由于不确定性原理,动量的弥散约为 $\hbar/a$,这样,如果我们打算用某种方式去测量电子的动量,譬如使它散射 X 射线,然后观察运动散射体引起的多普勒效应,那么可以预期并不会每次都得到零——电子并不是静止不动的——但它的动量一定为 $p \approx \hbar/a$ 的数量级,于是动能约为 $mv^2/2 = p^2/2m = \hbar^2/2ma^2$。(在某种意义上,这是一种量纲分析,用以找出动能是以何种方式依赖于约化普朗克常数,质量 m,以及原子的大小 a。我们毋需顾虑答案中 2、π 等这类因子上的出入。我们甚至还没有很精确地定义过 a。)现在,势能为 $-e^2$ 除以离原子中心的距离,即 $-e^2/a$。按第 1 卷中的定义 *,这里的 e^2 是电子电荷的平方除以 $4\pi\varepsilon_0$。要点就在于,如果 a 变小,势能就变小,但 a 越小,由于不确定性原理,要求动量增大,因而动能也增大。总能量是

$$E = \frac{\hbar^2}{2ma^2} - \frac{e^2}{a}. \tag{2.10}$$

我们不知道 a 有多大,但我们却知道原子本身会进行调整以取得某种折衷办法使能量尽可能地小。为了得到 E 的极小值,我们求 E 对 a 的微商,令此微商等于零后解出 a。E 的微商是

$$\frac{\mathrm{d}E}{\mathrm{d}a} = -\frac{\hbar^2}{ma^3} + \frac{e^2}{a^2}, ** \tag{2.11}$$

令 $\dfrac{\mathrm{d}E}{\mathrm{d}a} = 0$,求得 a 值为

$$a_0 = \frac{\hbar^2}{me^2} = 0.528 \text{ Å} = 0.528 \times 10^{-10} \text{ m}. \tag{2.12}$$

这个特殊的距离称为玻尔半径。我们因此得知原子的大小约为埃的数量级,这完全正确。这是一件挺不错的事——实际上,是令人惊奇的,因为到现在为止,我们还没有理解原子大小的基础! 从经典的观点来看,由于电子会螺旋式地运动终至落到原子核上,原子完全不可能存在。

---

* 第 1 卷 28 章和第 2 卷第 4 章。——译者注

** 计算(2.11)和(2.12)式时,e^2 要代入 $e^2/4\pi\varepsilon_0 = (1.602 \times 10^{-19} \text{ 库仑})^2 \times 8.99 \times 10^9$ 牛顿·米^2/库仑^2。——译者注

现在,如果将式(2.12)的 a_0 值代入式(2.10)求能量,结果得出

$$E_0 = -\frac{e^2}{2a_0} = -\frac{me^4}{2\hbar^2} = -13.6\ \text{eV}. \tag{2.13}$$

负能量意味着什么? 这意味着,当电子在原子中时的能量比自由状态下的能量小。这意味着它是受束缚的。也就是说,要把电子"踢出去"需要能量;要电离一个氢原子大约需要 13.6 eV 的能量。我们没有理由认为所需的能量不是这个值的 2 倍、3 倍——或它的一半,或 $(1/\pi)$,因为我们这里所用的是十分粗略的论证。然而,我们作了弊,我们这样引进所有常数,使得正好得出正确的数字! 13.6 eV 这个数字称为一个里德伯(Rydberg)能量,它是氢原子的电离能。

所以,我们现在懂得了为什么不会穿过地板掉到下面去。当我们行走时,鞋子中的大量原子带着原子的质量挤压着地板中的原子。为了把原子挤得更靠近一些,电子就要被限制在一个更小的空间中,按照不确定性原理,平均而言它们的动量将变得更大些,这就意味着能量变大;抵抗原子压缩的是一种量子力学效应,而不是经典效应。按照经典的观点,如果使所有电子与质子更为靠近,我们应预期能量会进一步降低,因此,在经典物理学中,正电荷与负电荷的最佳排列就是互相紧靠在一起。这些在经典物理学中是很清楚的,但是由于原子的存在又令人困惑。当然,早先的科学家发明过一些办法来摆脱这个困境——不过不必担心,我们现在找到了一种正确的方法!

顺便提一下,虽然眼下我们还不能理解它,我们发现在有许多电子的场合中,这些电子总是试图彼此离开。如果某个电子正占据着某一空间,那么另一个电子就不会占据同一空间。说得更精确一些,由于存在着两种自旋的情况,因此两个电子有可能紧靠在一起,一个电子沿一个方向自旋,而另一个电子则沿反方向自旋。但此后我们在该处再也不能放进更多的电子。我们必须把其他电子放到别的位置上,这就是物质具有强度的真正原因。假如我们有可能将所有电子放在同一个地方,那么它们将会比现在更为紧密。正是由于电子不可能全都紧靠在一起这个事实,才使得桌子和其他种种东西变得坚固。

十分明显,为了理解物质的性质,我们必须用量子力学,经典力学是不能满足的。

§2-5　能　　级

我们已讲过处在可能具有的最低能量状态下的原子,但是发现电子还可以做别的事,它能以更具活力的状态跳来跳去,因此原子可以有多种不同的运动状态。按照量子力学,在定态条件下,一个原子只可能有确定的能量。我们作一个图(图 2-9),其中垂直方向标绘能量,每一个允许的能量值画一条水平线。当电子是自由的时候,这时它的能量为正,能量可以具有任意值,并能以任何速度运动。但是束缚能不能取任意值。原子只能取图 2-9 所示的一系列允许值中的某一个能量值。

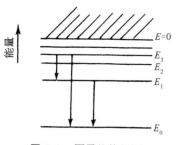

图 2-9　原子的能级图
（表示几种可能的跃迁）

现在我们称这些能量的允许值为 E_0, E_1, E_2, E_3。如果原子原来处于 E_1, E_2 等"激发态"之一时,它不会永远停

留在这状态中。它迟早会掉到较低的状态中并以光的形式辐射出能量。发射的光的频率由能量守恒加上量子力学的光的频率与光的能量之间的关系式(2.1)来确定。因此,譬如说从能量 E_3 到能量 E_1 的跃迁所辐射的光的频率为

$$\omega_{31} = \frac{E_3 - E_1}{\hbar}. \qquad (2.14)$$

这就是该原子的一个特征频率,它确定了一条发射光谱线。另一可能跃迁是从 E_3 至 E_0,这时就得到不同的频率

$$\omega_{30} = \frac{E_3 - E_0}{\hbar}. \qquad (2.15)$$

另一个可能性是,如果原子已被激发到 E_1 态,它可能掉回到基态 E_0,发射光子的频率是

$$\omega_{10} = \frac{E_1 - E_0}{\hbar}. \qquad (2.16)$$

我们举出三种跃迁的情况是为了指出一个有趣的关系。由式(2.14),(2.15)和(2.16)很容易看出

$$\omega_{30} = \omega_{31} + \omega_{10}. \qquad (2.17)$$

一般来说,如果我们找到了两条谱线,可以预料在频率之和(或之差)处将找到另一条谱线,而且通过找到一系列能级,每条谱线都对应于其中的某一对能级的能量差,那么所有的谱线就能得到解释。在量子力学出现以前人们就已注意到这种在谱线频率惊人的对应,它称为里兹组合原则。从经典的观点来看,这又是不可思议的。不过,我们别再唠叨经典力学在原子领域中的失败,看来我们已讲得足够多了。

　　前面已经谈到量子力学可以用概率幅来描述,概率幅的行为像具有一定的频率和波数的波动。让我们看一下,从振幅的观点怎样会得出原子具有确定的能量状态。根据我们前面所说过的那些是无法理解这一点的,但是我们都知道被约束的波具有确定的频率。例如,若声音约束在一个风琴管或任何类似的东西中时,声波振动的方式不止一种,但每种方式都有一个确定的频率。这样,将波约束在其中的物体有某些确定的共振频率。所以这是被约束在有限空间中的波的一种性质——这个课题我们将在以后详细地用公式来讨论——只能存在某些确定频率的波。由于振幅的频率与能量间存在着普遍关系,我们发现束缚在原子内的电子具有确定的能量就不足为奇了。

§2-6　哲　学　含　义

　　我们简单地谈谈量子力学的某些哲学含义。通常这种问题总是有两个方面:一个是作为物理学的哲学的含义,另一个是把哲学问题外推到其他领域。在把和科学有关的哲学观念引申到其他领域中去时,它们往往完全被歪曲了。因此我们将尽可能把自己的评论限制于物理学本身。

　　首先,最有兴趣的问题是不确定性原理的概念,观察影响现象。人们向来都知道进行观察要影响现象,但是问题在于,这种效应不可能依靠重新安排仪器使其可以忽略,或减到最小或任意减小。当我们观察一定的现象时,不可避免地要产生某种哪怕是最低限度的扰

动,这种扰动是观测的自洽性所必需的。在前量子物理学中,观察者有时也是重要的,但这只是非本质的问题。曾经有人提出过这样的一个问题:如果有一棵树在森林中倒了下来,而旁边没有人听到,那它真的发出了响声吗? 在真实的森林中倒下的一棵真实的树当然会发出声音,即使没有任何人在那里。但即使没有人在那里听到声音,它也会留下其他的迹象。响声会使树叶振动,如果我们够仔细的话,可以发现在某个地方有一些荆棘擦伤了树叶,在树叶上留下细小的划痕,除非我们假定树叶曾经发生振动,否则对此划痕就无法解释。所以,在某种意义上我们必须承认曾经发出过声音。我们也许会问:是否有过声音的感觉呢? 大概没有,感觉一定要意识到才有意义。蚂蚁是否有意识以及森林中是否有蚂蚁,或者树木是否有意识,这一切我们都不知道。对这个问题我们就谈到这里吧!

量子力学发展以来人们所强调的另一件事情是这样一个观念:我们不应当谈论那些我们不能够测量的事情(实际上相对论也这么说的)。如果一件事情不能通过测量来定义,它在理论上就没有地位。由于一个定域粒子的动量的精确值不能通过测量来确定,因此它在理论上就没有地位。但是,认为这是经典理论的问题是错误的。这是一种对情况所作的粗枝大叶的分析。只是因为我们不能同时精确地测量位置和动量并不是从先验的意义上说我们不能讨论它们。它的意思只是我们不需要讨论它们。在科学中情况是这样的:一个无法测量或无法直接与实验相联系的概念或观念可以是有用的,也可以是无用的。它们不必存在于理论之中。换句话说,假如我们比较世界的经典理论与世界的量子理论,并假设实验上确实只能不精确地测出位置与动量,那么问题就是一个粒子的精确位置与它的精确动量的概念是否仍然有效。经典理论承认这些概念;量子理论则不。这件事本身并不意味着经典物理是错误的。当新的量子力学刚发现时,经典物理学家——除去海森伯、薛定谔和玻恩以外所有的人——都说:"看吧,你们的理论一点也不好,因为你们不能回答这样一些问题:粒子的精确位置是什么? 它穿过的是哪一个孔? 以及一些别的问题。"海森伯的答复是:"我不用回答这样的问题,因为你们不能从实验上提出这个问题。"这就是说,我们不必要回答这种问题。考虑两种理论(a)与(b),(a)包括一个不能直接检验但在分析中用到的概念,而(b)则不包括这个概念。如果它们的预言不一致,我们不能声称:由于(b)不能解释(a)中的那个概念,因而它就是错的,因为这个概念是一个无法直接检验的东西。知道哪些观念不能直接检验总是好的,但是没有必要将它们全部去掉。认为我们只利用那些能直接实验测定的概念才能真正算作科学的这种看法是不正确的。

量子力学本身就存在着概率幅、势以及其他许多不能直接测量的概念。科学的基础是它的预测能力。预测就是说出在一个从未做过的实验中会发生什么。我们怎么去做这件事呢? 假定我们不是依靠实验要知道发生什么情况,我们只能将已有的实验外推到实验尚未达到的领域。我们必须依据我们的概念并将它们推广到这些概念还没有受到检验的领域中。如果我们不是这样做,就不会提出预测。所以,对经典物理学家来说恰当地按照这样的程序进行是完全合理的,从而假设位置——对垒球来说显然具有某种意义——对于电子来说也具有某种意义。这并不愚蠢。这是合理的步骤。今天我们说相对论定律对所有的能量都应该是正确的,但是或许有一天,有人会跑出来说我们是多么愚蠢呀! 直到我们自己惹出麻烦之前,我们实在是不知道"蠢"在哪里的,所以整个思想都是自找麻烦。唯一能发现我们错误的方法是说出我们的预测是什么。这对于建立概念是绝对必要的。

我们已对量子力学的非决定性作过一些评论。那就是我们现在还不能预测在给定尽可能仔细安排好的物理条件下会发生什么物理事件。假如有一个处于受激态的原子，并且它将发射光子，那么我们无法说出它将在什么时候发射光子。它有在任何时刻发射光子的一定振幅，我们可以预测的只是发射的概率；我们不能精确地预测未来。这引起了关于意志自由的意义的种种问题和胡说八道，还引起了世界是不确定的种种观念。

当然，我们必须强调，在某种意义上经典物理也是非决定的。人们通常认为这种非决定性，即我们不能预言未来，是重要的量子力学的特色，而且据说这可用来解释精神的行为、自由意志的感觉等等。但是假如世界真的是经典世界——假如力学定律是经典的——还是一点也不清楚精神是否也觉得多少有些相同。确实，在经典物理学中如果我们知道了世界上，或者在一盒气体中的每个粒子的位置与速度，那么就能精确地预言会发生什么。因此经典的世界是决定论的。然而，考虑到我们的精确度有限，而且不知道哪怕只是一个原子的精确位置到譬如十亿分之一。那么这个原子运动时会撞上另一个原子，由于我们知道的位置的精确度不超过十亿分之一，因此我们发现在碰撞后，位置的误差还会更大。当然，在下一次碰撞时，误差又被放大，这样，如果起先只有一点点误差的话，后来就迅速放大而出现很大的不确定性。举个例子来说：比如一道水流从堤坝上泻下时，会飞溅开来。如果我们站得很近，时不时地有水滴溅到我们的鼻子上。这一切看来完全是无规则的，然而这样一种行为能够按纯粹的经典定律来预言。所有水滴的精确位置取决于水流流过堤坝以前的精确运动。结果怎样呢？在水流落下时，极微小的不规则性都被放大了；结果就出现了完全的随机性。很明显，如果我们不能绝对精确地知道水的运动，就不能真正预知水滴的位置。

说得更明确一些，给定任一精确度，无论多么精确，都能找到一个足够长的时间，以致我们无法使对这么长的时间作出的预言有效。问题在于这段时间并不很长。如果精确度为十亿分之一，这个时间并不是数百万年。事实上，这个时间随着误差呈对数式地变化，结果发现只在非常、非常短的时间里我们就丢失了所有的信息。如果精确度提高到亿亿亿分之一——那么不管我们想要多少个亿，最后总要停在某一位数上——我们就会得出一个时间，小于这个时间的事件都在已有测量的精度下是可预言的——此时间后发生的事件就再也不能预言了！由此看来，诸如以下的说法，什么由于人类精神表面上的自由与非决定性，我们应当认识到再也不能希望用经典的"决定论的"物理学来理解它，并且欢迎量子力学将我们从"完全机械论的"宇宙下解放出来，等等，都是不公正的。因为，从实际的观点来说，在经典力学中早已存在着非决定性了。

第3章 概　率　幅

§3-1　振幅组合定律

当薛定谔最初发现量子力学的正确定律时,他写出了一个方程,描述在不同地点找到粒子的振幅。这个方程非常像经典物理学家原来就知道的某些方程——这些方程曾被用来描述空气中声波的运动、光的传播以及其他一些现象。在量子力学建立的初期,大部分时间都花在解这个方程上。但在同一个时期,特别是玻恩和狄拉克,发展了对隐藏在量子力学方程式背后的、全新的物理概念的理解。随着量子力学的进一步发展,人们又发现还有许多东西没有直接包含在薛定谔方程里——如电子自旋以及各种相对论现象。传统上所有的量子力学课程都是以同一方式开始的,即顺着这一主题的历史发展顺序讲解。一个人首先得学习大量的经典力学,这样他就会懂得如何去解薛定谔方程。然后,他花很多时间去求各种情况下薛定谔方程的解,只有在详尽地研究了这个方程之后,才接触到电子自旋这个"高深"的课题。

我们原来也曾考虑过,结束这些物理课程的正确方式是给你们讲解怎样去解复杂情况下的经典物理学方程——例如在封闭区域内声波的描述,圆柱形空腔中电磁辐射的模式等等。这是本课程的最初计划。然而,我们还是决定抛弃这个计划而代之以量子力学的导论。我们得到这样的结论:通常认为量子力学的高深部分事实上是十分简单的,这里面所用的数学特别简单,只包含简单的代数运算而且没有微分方程,至多只有一些很简单的微分方程。唯一的问题是,我们必须跃过一个裂隙,这个裂隙是我们不再能够详细描述粒子在空间的行为。所以,我们想要做的是:给你们讲解通常所谓的量子力学的"高深"部分。但是我们向你们保证,它们是极其简单的部分——从深刻意义上来说——并且也是最基本的部分。坦白地说,这是一个教学法的实验,据我们所知,以前还从来没有这样做过。

当然,在这个课题中,我们的困难是对物体的量子力学行为十分陌生,没有人曾在日常经验中有过有关物体量子力学行为的粗略的、直观的概念。有两种介绍这一课题的方法:我们可以用较为粗略的物理方式来描述可能发生的事件,多少告诉你们发生了一些什么而不给出每一事件的精确定律;或者从另一个角度,给出精确定律的抽象形式。但是,由于抽象,你们就完全不知道它们的物理意义。后一种方法不能令人满意,因为它完全是抽象的,而前一种方法给人不舒服的感觉,因为无法知道究竟哪些东西是真的,哪些是假的。怎样克服这个困难,我们尚无把握。事实上,你们会注意到,在第1和第2章里已经提出了这个问题,第1章是比较精确的,而第2章是对不同现象的特征的粗略描述。在这里,我们将尝试在这两个极端之间找到一种适当的描述方法。

在这一章里我们将首先处理一些普遍的量子力学概念。某些表述是十分精确的,另一些表述只是部分精确。当我们进行讲解的时候,很难向你们指明哪一些表述是十分精确的,哪一些是部分精确的。但是当你们学完这一本书的其余部分以后,再回过头来看一看就会知道哪些部分是严密的,哪些部分只是简略的解释。本章以后的各章将不像本章那样不够精确。事实上,在以后各章里,我们精心力求讲得更精确的理由之一是:要向你们指出量子力学中最美妙的东西之一——从很少的前提推导出很多的结论。

我们还是从讨论概率幅的叠加开始。我们将用第1章的实验作为例子,并把它重新画在图3-1上。有一个粒子(譬如说电子)源 s:后面是一堵上面有两条狭缝的墙,在墙后面有一个探测器放在某一个位置 x。我们要求在 x 处发现粒子的概率。量子力学的第一普适原理:粒子从源 s 发出到达 x 的概率能够用一个叫做概率幅的复数的绝对值的平方来定量地描述——在现在这个例子中,就是"从 s 来的粒子到达 x 的振幅"。量子力学中经常用到这个振幅,我们用一个速记符号——狄拉克发明并在量子力学中通用的——来描述这个概念。我们用这样的方式来表示概率幅。

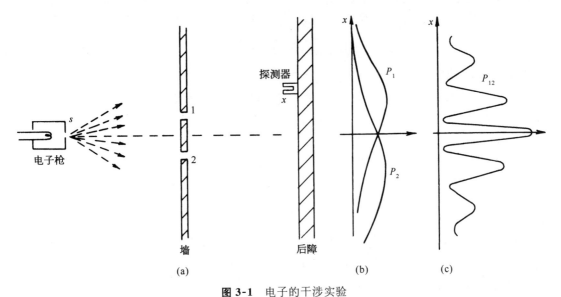

图 3-1　电子的干涉实验

$$\langle 到达\ x\ 的粒子\,|\,离开\ s\ 的粒子\rangle. \tag{3.1}$$

换言之,两个括号$\langle\rangle$是与"振幅"相当的记号,竖线右边的表式总是表示初始状况,左边的表示终了状况,为了方便,有时候可以进一步缩写,各用一个字母分别表示初始状况和终了状况。例如,有时我们可以把振幅式(3.1)写成:

$$\langle x\,|\,s\rangle. \tag{3.2}$$

我们要强调一下,这个振幅当然只是一个单独的数字——一个复数。

在第1章的讨论中,我们已经看到,粒子到达探测器有两条可能的路径时,总的概率不是两个概率之和,而必须写成两个振幅之和的绝对值的平方。两条路径都畅通的时候,电子到达探测器的概率是:

$$P_{12} = |\,\phi_1 + \phi_2\,|^2. \tag{3.3}$$

我们把这个结果用新的符号来表示。不过我们先要讲一讲量子力学第二普适原理:当一个粒子可以通过两条可能的路径到达某一给定的状态时,这个过程的总振幅是,各自独立地考

虑的两条路径的振幅之和,用新的符号表示:

$$\langle x \mid s\rangle_{\text{两个小孔都打开}} = \langle x \mid s\rangle_{\text{通过1}} + \langle x \mid s\rangle_{\text{通过2}}. \tag{3.4}$$

顺便提一下,我们必须假定小孔1和2是足够小,当我们谈及电子通过小孔的时候,我们不必讨论通过的是小孔的哪个部分。当然我们可以把每一个小孔分割成许多部分,而电子具有通过小孔的上部或通过小孔的底部或其他部分的一定振幅。我们假定小孔是足够小,从而就不必为这些细节操心。这就是所涉及的粗糙部分;我们可以使之更为精确,但是在现阶段还不需要那么做。

现在,我们要详细地写出我们对于电子通过小孔1到达位于 x 处的探测器这一过程的振幅能说些什么。在这里,我们要应用第三普适原理:如果粒子走的是某一特定的路径,对于这条路径的振幅可以写成走过部分路程的振幅以及走过其余部分路程的振幅之乘积。对于图 3-1 的装置,从 s 通过小孔1到达 x 的振幅等于从 s 到孔1的振幅乘以从孔1到 x 的振幅:

$$\langle x \mid s\rangle_{\text{通过1}} = \langle x \mid 1\rangle\langle 1 \mid s\rangle. \tag{3.5}$$

这个结果也不是完全精确的。我们还应当在振幅中包含一个关于电子通过小孔1的因子,但是,在目前的情况下,这只是一个简单的小孔,我们可令这个因子等于1。

你们要注意,式(3.5)是以相反的次序写的。它应当从右边读到左边。电子从 s 到1,然后从1到 x。总结一下,如果事件是接连发生的——就是说,如果你们能够分析粒子所走的一条路线,说它先走这一段,然后走那一段,再走另一段——则将各相继事件的振幅相乘即可求出该路线的总振幅。运用这个定律,我们可以将式(3.4)重新写成:

$$\langle x \mid s\rangle_{\text{通过1,2}} = \langle x \mid 1\rangle\langle 1 \mid s\rangle + \langle x \mid 2\rangle\langle 2 \mid s\rangle.$$

现在我们要证明,只要运用这几条原理,我们就能计算如图 3-2 所示那种更为复杂的问题。在该图中有两堵墙,一堵墙上有两个小孔1和2,另一堵墙上有三个小孔 a、b 和 c。在第二堵墙后面有探测器,位于 x 处,我们要求粒子到达这一探测器的振幅。一个你们能求出振幅的方法是计算通过这许多小孔的波的叠加,或干涉;但是你们也可这样来求,认为有6条可能的路线,把走过各条路线的振幅叠加起来。电子可以先通过小孔1,然后通过小孔 a,最后到达 x;或者它可以先通过小孔1,然后通过小孔 b,最后到达 x,如此等等。按照上述

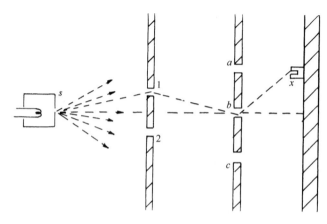

图 3-2　一个比较复杂的干涉实验

第二原理,将各条可供选择的路线的振幅相加。所以我们可以把电子从 s 到 x 的振幅写成 6 个单独振幅之和。另一方面,应用第三原理,每一个单独的振幅都能写成三个振幅的乘积。例如,其中有一个是从 s 到 1 的振幅乘以 1 到 a 的振幅再乘以 a 到 x 的振幅。采用我们的速记符号,从 s 到 x 整个振幅可写成

$$\langle x \mid s \rangle = \langle x \mid a \rangle \langle a \mid 1 \rangle \langle 1 \mid s \rangle + \langle x \mid b \rangle \langle b \mid 1 \rangle \langle 1 \mid s \rangle + \cdots + \langle x \mid c \rangle \langle c \mid 2 \rangle \langle 2 \mid s \rangle.$$

可用求和符号来节省书写

$$\langle x \mid s \rangle = \sum_{\substack{i=1,2 \\ a=a,b,c}} \langle x \mid a \rangle \langle a \mid i \rangle \langle i \mid s \rangle. \tag{3.6}$$

为了用这些方法进行各种计算,自然必须知道从一个地点到另一地点的振幅。我们将给出一个典型振幅的粗略概念,它不考虑像光的偏振和电子自旋之类的东西,但是,除了这些方面之外,它是十分准确的。有了这些概念,你们就能够解决包含多个狭缝的不同组合的问题。假设有一个具有一定能量的粒子,在真空中从位置 r_1 走到位置 r_2。换言之,这是一个不受力作用的自由粒子。除了前面还要有一个常数因子外,从 r_1 到 r_2 的振幅是:

$$\langle r_2 \mid r_1 \rangle = \frac{e^{ip \cdot r_{12}/\hbar}}{r_{12}}, \tag{3.7}$$

其中 $r_{12} = r_2 - r_1$, p 是动量,它和能量 E 由相对论方程联系起来:

$$p^2 c^2 = E^2 - (m_0 \cdot c^2)^2,$$

或者由非相对论性方程式联系起来:

$$\frac{p^2}{2m} = \text{动能}.$$

方程式(3.7)实际上表示粒子具有像波一样的性质,振幅就像一个具有波数等于动量除以 $\hbar$ 的波那样传播。

在最一般的情况下,振幅和相应的概率也包含时间。对于大多数这些初步的计算,我们假设粒子源始终发射具有特定能量的粒子,所以我们不必考虑时间问题,但是在一般的情况下,我们可能对另外一些问题感兴趣。假设有一个粒子在某一时刻,在某一地点 P 被释放,而你们想要知道它在某个晚一些的时刻到达某个位置,譬如说在 r 的振幅。这可用符号表示成振幅 $\langle r, t=t_1 \mid P, t=0 \rangle$。显然,这个振幅将依赖于 r 和 t。如果你们把探测器放在不同的位置并在不同的时刻进行测量,你们就会得到不同的结果。一般地说,这个 r 和 t 的函数满足一微分方程,这微分方程是一个波动方程。例如在非相对论的情况中,它就是薛定谔方程。于是人们就得到一个与电磁波或者气体中声波的方程式相类似的波动方程。然而必须强调指出,满足这个方程式的波函数与空间的真实的波动并不相同,我们不能像对声波那样用一种实在的图像来描绘这种波动。

虽然人们在处理一个粒子的问题的时候,很想用"粒子波"这个概念来进行思考,但这并不是一个恰当的概念。因为,如果有两个粒子,那么在 r_1 发现一个粒子并且在 r_2 发现另一个粒子的振幅并不是一个简单的三维空间的波,而是依赖于 6 个空间变量 r_1 和 r_2。例如,如果我们处理两个(或者更多的)粒子,我们还需要有下面的附加原理:假如有两个不相互作

用的粒子,一个粒子做一件事并且另一个粒子做另一件事的振幅是两个粒子分别做这两件事的两个振幅之乘积。例如,倘若$\langle a|s_1\rangle$是粒子1从s_1到a的振幅,$\langle b|s_2\rangle$是粒子2从s_2到b的振幅,则两者一起都发生的振幅是:

$$\langle a\mid s_1\rangle\langle b\mid s_2\rangle.$$

还有一个问题要强调,假定在图3-2中,我们不知道粒子到达第一堵墙的小孔1和2之前是从什么地方来的,但是只要知道到达1的振幅和到达2的振幅这两个数据,我们仍旧可以对在墙的后面将会发生些什么(例如到达x的振幅)作出预言。换言之,由于接连发生的事件振幅相乘这一事实,如式(3.6)所示,你在继续分析时所必须知道的只是两个数字——对这里的特殊情形来说就是$\langle 1|s\rangle$和$\langle 2|s\rangle$。有了这两个复数,就足够预言未来的一切了。这就是真正使得量子力学容易的地方。结果在以后的几章里当我们用两个(或少数几个)数字详细地说明初始状态后,我们所要做的就是用它来预言未来。当然,这些数字取决于粒子源的位置,并且可能还取决于仪器的其他细节。但是,这两个数字给定后我们就不再需要知道这些细节。

§3-2 双缝干涉图样

现在我们要考虑一个在第1章中已经比较详细讨论过的问题。这一次我们将要运用振幅概念的全部光辉成就来向你们说明这些结果是怎样得出的。我们采用与图3-1所示相同的实验,但现在两个小孔后面加上一个光源,如图3-3所示。在第1章里,我们曾经得到下面的有趣结果,如果我们在狭缝*1后面观察,并且看见光子从该处散射,那么在x处得到的与这些光子对应的电子的分布和狭缝2关闭着是相同的。曾经在狭缝1或在狭缝2处被"看到"的电子的总分布是单独打开狭缝1或2时的分布之和,并且和关掉小孔后面的光源时的分布完全不同。这个结果至少在我们采用足够短的波长的光线时是正确的。如果波长变长,以致我们无法确定散射过程发生在哪一个小孔附近,电子的分布就变得更像关掉小孔后面的光源时的分布了。

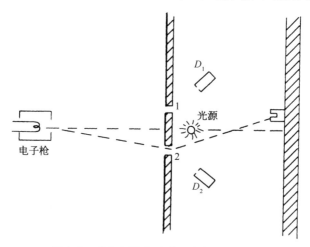

图3-3 确定电子走过哪一个小孔的实验

---

* 大约费曼在讲课时小孔(hole)和狭缝(slit)常常不分。原书中小孔和狭缝混用。译文照原文翻译,估计读者不会困惑。——译者注

我们用新的符号和振幅组合原理来仔细考虑一下会出现些什么情形。为使书写简单，我们仍然令 ϕ_1 表示电子通过小孔 1 到达 x 的振幅，即

$$\phi_1 = \langle x \mid 1 \rangle \langle 1 \mid s \rangle.$$

同样，我们令 ϕ_2 表示电子经小孔 2 到达探测器的振幅，

$$\phi_2 = \langle x \mid 2 \rangle \langle 2 \mid s \rangle.$$

这些是没有光源时通过两个小孔到达 x 的振幅。现在如果有了光源，我们要问这个问题：电子从 s 出发，光子从光源 L 发出，最后电子到达 x 而光子在狭缝 1 后面被观察到，这一个过程的振幅是什么？假定我们用一个探测器 D_1 来观察狭缝 1 后面的光子，如图 3-3 所示，并用一个同样的探测器 D_2 来对小孔 2 后面被散射的光子计数，对于一个光子到达 D_1 以及一个电子到达 x 的情形，将有一个振幅。对于一个光子到达 D_2 以及一个电子到达 x 的情形，也有一个振幅。让我们来计算这两个振幅。

虽然我们对计算中所遇到的所有因子还没有正确的数学公式，但通过下面的讨论，你们可以体会出它的精神。首先，电子从电子源跑到小孔 1 有一个振幅 $\langle 1 \mid s \rangle$。其次，我们可以假设电子在小孔 1 附近把一个光子散射到探测器 D_1 中也有一定的振幅。我们用 a 来表示这个振幅。再有，电子从狭缝 1 跑到位于 x 的电子探测器具有振幅 $\langle x \mid 1 \rangle$。于是，电子从 s 通过狭缝 1 跑到 x 并把一个光子散射到 D_1 里面的振幅是：

$$\langle x \mid 1 \rangle a \langle 1 \mid s \rangle.$$

或者用我们以前用过的符号来表示，它就是 $a\phi_1$。

通过狭缝 2 的电子将一个光子散射到 D_1 中去的情形也具有某个振幅。你们要说："这是不可能的，如果探测器 D_1 只是观测小孔 1，光子怎么会散射到 D_1 中去呢？"如果波长足够长，就有衍射效应，那就肯定可能。如果仪器做得很好，而且我们用的是短波长的光子，那么光子被通过小孔 2 的电子散射到探测器 1 中去的振幅是非常小的。但是为使讨论具有普遍性，我们应该考虑到总有一些这种振幅存在，我们称它为 b。于是，一个电子通过狭缝 2 并且把一个光子散射到 D_1 中去的振幅是：

$$\langle x \mid 2 \rangle b \langle 2 \mid s \rangle = b\phi_2.$$

在 x 位置找到电子并在 D_1 中发现光子的振幅是上面两项之和，每一项分别对应于电子的一条可能的路线。每一项又由两个因子构成。第一，电子通过一个小孔，第二，光子被这个电子散射到探测器 1 中，我们有：

$$\left\langle \begin{matrix} \text{电子到 } x \\ \text{光子到 } D_1 \end{matrix} \middle| \begin{matrix} \text{电子从 } s \text{ 发出} \\ \text{光子从 } L \text{ 发出} \end{matrix} \right\rangle = a\phi_1 + b\phi_2. \tag{3.8}$$

对于在另一个探测器 D_2 中发现光子的情况，我们可得到类似的表达式。为简单起见，假设系统是对称的，那么 a 也就是电子通过小孔 2 时把光子散射到 D_2 中的振幅，b 是电子通过小孔 1 时把光子散射到 D_2 中的振幅，相应的光子进入 D_2 而电子到 x 的总概率是：

$$\left\langle \begin{matrix} \text{电子到 } x \\ \text{光子到 } D_2 \end{matrix} \middle| \begin{matrix} \text{电子从 } s \text{ 发出} \\ \text{光子从 } L \text{ 发出} \end{matrix} \right\rangle = a\phi_2 + b\phi_1. \tag{3.9}$$

现在我们完成了。我们可以容易地算出不同情况的概率。假定我们想知道在 D_1 中有一个计数而同时在 x 处收到一个电子的概率,这就是式(3.8)所给出的振幅的绝对值的平方,即 $|a\phi_1 + b\phi_2|^2$。让我们更仔细地研究一下这个表达式。首先,如果 b 等于零——这是我们设计仪器时想要做到的——答案就是 $|\phi_1|^2$ 乘以 $|a|^2$,即总振幅缩小了因子 $|a|^2$。这就

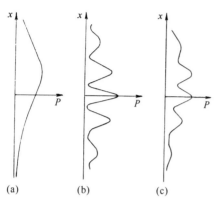

是如果只有一个小孔时所应当得到的概率分布——如图 3-4(a)的曲线所示。另一方面,如果波长很长,光子从小孔 2 后面散射到 D_1 中的振幅可能正好和从小孔 1 散射的情形相同。虽然在 a 和 b 中可能还分别包含某个相位因子,但是我们可以问一个简单的情况,即两者相位因子相等的情况。如果 a 实际上等于 b,那么总概率就成为 $|\phi_1 + \phi_2|^2$ 乘以 $|a|^2$,因为公共因子 a 可以提出来。然而,这正好就是完全没有光子的情况下我们所得到的概率分布。所以,在波长很长的情况下——从而光子探测器无效——你们又重新得到原来的显示出干涉效应的分布曲线,如图 3-4(b)所示。对于光子探测器部分有效的情况,在大量的 ϕ_1 和少量的 ϕ_2 之间存在着干涉,你将得到如图 3-4(c)上所画的那种介于两者之间的分

图 3-4 在图 3-3 的实验中,对应于进入 D 的一个光子,有一个电子到达 x 的概率:(a) 对于 $b=0$;(b) 对于 $b=a$;(c) 对于 $0<b<a$;

布。不用说,我们求进入 D_2 的光子和到达 x 的电子的符合计数,我们将会得到同样的结果,如果你们还记得第 1 章中的讨论,你们可以看出这些结果对第 1 章里所谈到的过程给出了定量的描述。

为使你们避免一个普遍的错误,我们现在要强调说明一个重要的问题。假定你只要知道电子到达 x 处的概率而不管光子是在 D_1 还是在 D_2 中计数,你们是否应把式(3.8)和(3.9)所表示的振幅相加起来呢?不!对于不同的、互相可以区别的终态的振幅,你们无论如何都不得把它们相加起来。光子一旦被某个光计数器所接收,只要我们愿意,不需要更多地去扰乱这个系统,我们总是能够确定到底是哪一种情况发生,每个情况的概率完全不依赖于另一情况。再重复一遍,不要把不同的最终情况的振幅相加,所谓"最终",指的是我们当时希望知道的概率——就是当实验"结束"的时候。在整个过程结束以前,你们的确对实验中不能区别的各个不同的过程的振幅求和。在过程的终了,你们或许会说,"不想要观察光子"。要不要对光子进行观察是你们自己的事,但是你们仍然不可以把振幅相加。自然界并不知道你们正在观察什么。无论你们是否费心记录数据,自然界都按照它自身原有的方式发展变化着,所以我们不可以把振幅相加。我们应当先求出所有可能的终态的振幅的平方,然后再把它们加起来。对于一个电子到达 x,同时一个光子到达 D_1 或到达 D_2 的情形来说,正确的结果是:

$$\left| \left\langle \begin{matrix} \text{电子到 } x \\ \text{光子到 } D_1 \end{matrix} \middle| \begin{matrix} \text{电子从 } s \text{ 发出} \\ \text{光子从 } L \text{ 发出} \end{matrix} \right\rangle \right|^2 + \left| \left\langle \begin{matrix} \text{电子到 } x \\ \text{光子到 } D_2 \end{matrix} \middle| \begin{matrix} \text{电子从 } s \text{ 发出} \\ \text{光子从 } L \text{ 发出} \end{matrix} \right\rangle \right|^2$$

$$= |a\phi_1 + b\phi_2|^2 + |a\phi_2 + b\phi_1|^2. \tag{3.10}$$

§3-3　在晶体上的散射

下一个例子是这样一个现象,在此现象中我们要比较仔细地分析概率幅的干涉。我们观察中子在晶体上的散射过程。假定我们有一块晶体,它包含大量的原子,原子的中心是原子核。这些原子核作周期性的排列,一束中子从很远的地方射来。我们用指标 i 来标记晶体中不同的原子核,i 依次代表一系列的整数,1,2,3,…,N,N 等于原子的总数。问题是要计算

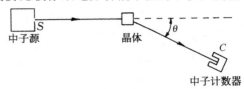

图 3-5　中子在晶体上的散射

在图 3-5 所示的装置中,计数器接收中子的概率。对于任意的一个特定的原子 i,中子到达计数器 C 的振幅等于中子从源射到原子核 i 的振幅乘以在原子核 i 上受到散射的振幅 a,再乘以中子从 i 到计数器的振幅。我们可将其写成:

$$\langle 到达 C 的中子 \mid 从 S 来的中子 \rangle_{通过 i} = \langle C \mid i \rangle a \langle i \mid S \rangle. \tag{3.11}$$

在写这个方程式时,我们已经假定散射振幅 a 对于所有的原子都是一样的。这里有大量的、表观上不能区别的路线。这些路线之所以不能区别是因为低能中子从原子核散射的时候不会把原子撞离它在晶体中原来的位置——没有留下散射的"记录"。按照以前的讨论,中子到达 C 的振幅必须包括式(3.11)对所有原子求和:

$$\langle 到达 C 的中子 \mid 从 S 来的中子 \rangle = \sum_{i=1}^{N} \langle C \mid i \rangle a \langle i \mid S \rangle. \tag{3.12}$$

因为我们是对在不同空间位置的原子的散射振幅求和,这些振幅有不同的相位,从而得到和我们以前曾经分析过的光在光栅上散射的情况中同样具有特征的干涉图样。

在这样一个中子强度为角度函数的实验里面,确实常常发现中子强度显示出巨大的变化,具有若干尖锐的干涉峰,在这些峰之间则几乎什么也没有——如图 3-6(a)所示。然而,对于某几种晶体情况就不是这样了。伴随着上面所说的干涉峰一起的还有散射到所有方向上的普遍的本底,我们必须试图去理解这个看上去似乎难以理解的原因。原来我们没有考虑中子的一个重要的性质。它具有 1/2 的自旋,因而它就有两个可能的状态:不是自旋"向上"(譬如说在图 3-5 中垂直于纸面)就是自旋"向下"。如果晶体中的原子核没有自旋,中子的自旋就没有任何效应。但是,如果晶体的原子核也具有自旋,譬如说自旋为 1/2,你们就会观察到上面所讲的模糊的散射本底。这个现象的解释如下。

如果中子的自旋在某一个方向上,并且原子核具有同样方向的自旋,在散射过程中不可能发生自旋方向的改变。如果中子和原子核具有相反的自旋,于是可能发生两种不同的散射过程,其中一个过程中的自旋方向不变;而在另一种过程中自旋的方向互相交换。这个自旋的总和不变的定则和经典定律中的角动量守恒定律相似。如果我们假定所有散射中子的原子核的自旋都按同一方向排列,我们就开始能够理解这一现象。与原子核具有相同自旋的中子受到散射时就得到预期的锐细的干涉分布曲线。对于自旋相反的中子,情况又怎样呢?如果它在散射时不发生自旋方向翻转,那么情况与上述结果没有什么两样,但是如果两者的自旋在散射过程中都翻了一个身,原则上我们就可发现,是在哪一个原子核上进行了散射。

因为这是唯一的自旋反转的原子核。既然我们可以说出是在哪一个原子核上发生了散射,其他的原子对此中子又有什么影响呢? 当然没有,这一情况就和在单个原子上散射完全一样。

为计入这种效应,式(3.12)的数学表达式必须加以修正,因为在那样的分析过程中我们还没有对状态作完全的描述。让我们从下述条件出发:从中子源来的全部中子都具有向上的自旋,而晶体中的所有原子都具有向下的自旋。首先我们要求的是:到达计数器的中子的自旋都向上并且晶体中所有原子核的自旋仍旧向下的振幅。这和我们以前的讨论没有不同。我们令 a 为散射时自旋不翻转的振幅。那么,在第 i 个原子上散射的振幅是:

$$\langle C_{向上}\text{ 晶体都向下} \mid S_{向上}\text{ 晶体都向下}\rangle = \langle C \mid i\rangle a\langle i \mid S\rangle.$$

因为所有原子核的自旋仍旧向下,各个不同的原子核(不同的 i 值)无法区别。显然不可能说出是在哪一个原子上发生了散射。对于这样的过程,所有的振幅互相干涉。

然而还有另外的情况,在这种情况下,从 S 出发的中子的自旋虽然都是向上的,但探测到有一个中子自旋却是向下的,在晶体中有一个原子核的自旋必定要改变成向上方向——我们说这是第 k 个原子。我们又假定对于自旋翻转的每一个原子都具有相同的散射振幅,称为 b。(在实际的晶体中,存在着另一种可能性,就是相反方向的自旋会转移到另外某个原子上,但是让我们只讨论这种过程的概率非常小的晶体。)于是,散射振幅就是:

$$\langle C_{向下}\text{ 原子核 }k\text{ 向上} \mid S_{向上}\text{ 晶体都向下}\rangle = \langle C \mid k\rangle b\langle k \mid S\rangle. \tag{3.13}$$

假如我们要计算发现中子自旋向下以及第 k 个原子核自旋向上的概率,它等于这个振幅的绝对值的平方,就是 $|b|^2$ 乘上 $|\langle C \mid k\rangle\langle k \mid S\rangle|^2$。第二个因子几乎与第 k 个原子在晶体中的位置无关,并且在取这个绝对值的平方时,所有的相位都消失了。从晶体中任意的原子核上发生的自旋翻转的散射概率是:

$$|b|^2 \sum_{k=1}^{N} |\langle C \mid k\rangle\langle k \mid S\rangle|^2,$$

这就显示出图 3-6(b)那样的光滑的分布曲线。

你们或许会争辩:"我不在乎哪个原子向上。"也许你不在乎,但是自然界是知道的。实际上的概率就是我们上面所得出的——没有任何干涉效应。另一方面,如果我们要求进入探测器内的中子自旋向上而所有原子的自旋仍旧向下的概率,那么我们要取下式的绝对值的平方:

$$\sum_{i=1}^{N} \langle C \mid i\rangle a\langle i \mid S\rangle.$$

因为求和号下面的各项都包含相位因子,它们要互相干涉,于是我们得到锐细的干涉图样。如果我们做实验时,不去观察被检测到的中子的自旋,那么两种情况都可能发生,两种概率就要相加。作为角度的函数的总概率(或计数率)看上去就像图 3-6(c)中的曲线那样。

我们来回顾一下这个实验的物理意义。如果你们原则上能够区别各个不同的终态(即使你们不愿费心去区别它们),要求出总的最终的概率。先要算出各个状态的概率(不是振幅),然后把它们相加即得。如果你们甚至在原则上都不能区别各个终态,在取绝对值的平方以求出实际的概率之前,必须先对概率幅求和。你们必须特别注意的是:假如仅仅用波动来描写中子的话,你们对向下自旋的中子和向上自旋的中子都会得到同样的散射分布。你们就要说:"波"来自所有的原子并且相互干涉,就像具有同样波长的向上自旋的中子那样。

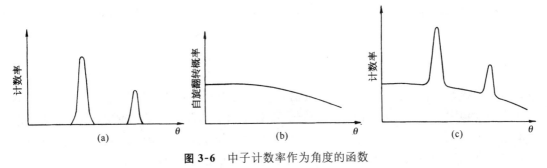

图 3-6 中子计数率作为角度的函数

（a）对于自旋为零的原子核；（b）自旋翻转的散射概率；（c）对于自旋为 1/2 的原子核所观察得到的计数率

但是我们知道实际情况并不是这样的。所以正如我们以前所讲过的，我们必须小心，不要对空间的波动赋予过多的实在性。它们对于某些问题是有用的，但不是对所有的问题都有用。

§3-4　全 同 粒 子

下面我们要描述显示量子力学的一个美妙结论的实验。这个实验再一次涉及这样的物理过程，一件事能以两种不能区别的方式发生，因此发生振幅的干涉——在这种情况下它总是正确的。我们将要讨论在比较低的能量下，一个原子核在另一个原子核上的散射。我们先考虑 α 粒子（即你们所知道的，氦原子核）轰击，譬如说，氧原子。为使我们对这个反应的分析较为容易起见，我们在质心坐标系中进行观察，在这个坐标系中氧原子核和 α 粒子的速度在碰撞以前具有相反方向，在碰撞以后也具有完全相反的方向。参看图 3-7(a)。（因为质量不同，速度的大小当然是不同的。）我们还要假定能量是守恒的，并且碰撞的能量足够低，既不发生粒子碎裂，也不会使粒子跃迁到激发态，两个粒子之所以彼此发生偏转，其原因当然是由于两者都带有正电荷，按照经典的说法，当它们靠近擦过时，存在着静电斥力。散射以不同的概率在不同的角度发生。我们要讨论的是这种散射的角度依赖关系。（当然可

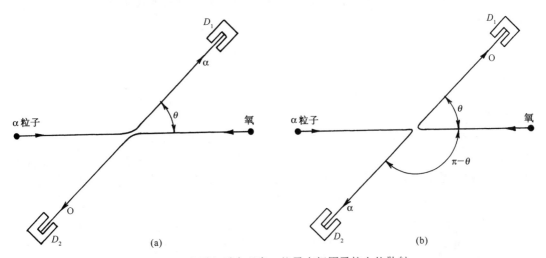

图 3-7 在质心系中观察 α 粒子在氧原子核上的散射

以按照经典物理学来计算这个关系,因为量子力学对这个问题的解答和经典的结果完全一样。这是量子力学中最意外的巧合之一,对于这一点很难理解,因为除了平方反比定律以外对其他力的情况就不是这样——所以它确实是一种巧合。)

不同方向的散射概率可以用图 3-7(a)所示的实验来进行测量。在位置 1 的计数器可以设计成只检测 α 粒子,在位置 2 的计数器设计成只检测氧原子核——这第二个探测器仅仅用来作为核对。(在实验室系统中,探测器不会在相反的方向上,但在质心系中,它们在相反的方向上。)我们的实验是测量在不同方向上的散射概率。令 $f(\theta)$ 为 α 粒子散射到放在 θ 角度上的探测器中的振幅;那么,$|f(\theta)|^2$ 就是我们由实验测得的概率。

我们还可设计另一个实验,其中所用的探测器既能对 α 粒子作出反应,也能对氧原子核作出反应。这样我们就可得到在不需要区别所计数的是哪一种粒子的情况下所发生的过程。当然,假如我们在 θ 角的位置上接收到一个氧原子,在相反的位置角度为 $(\pi-\theta)$ 上必然会接收到一个 α 粒子,如图 3-7(b)所示。所以,如果 $f(\theta)$ 是 α 粒子散射到 θ 角的振幅,则 $f(\pi-\theta)$ 是氧原子散射到 θ 角的振幅 *。于是,探测器在位置 1 接收到某种粒子的概率是:

$$\text{在 } D_1 \text{ 中接收到某种粒子的概率} = |f(\theta)|^2 + |f(\pi-\theta)|^2. \tag{3.14}$$

注意,这两个状态原则上是可以区别的。即使在这个实验中我们不去区别这两种状态,但我们是能够区别它们的。按照以前的讨论,我们必须把概率相加而不是把振幅相加。

上述结果对于许多种靶核都是正确的——α 粒子在氧原子核上的散射,在碳、铍、氢等等原子核上的散射。但是对于 α 粒子在 α 粒子上的散射,这个结果就不对了。对于两个粒子完全相同的情况,实验得出的数据与式(3.14)所预言的不一致。例如在 90° 角的散射概率正好是上述理论所预言的两倍,并且问题不在于这些粒子是不是"氦"原子核。如果靶是 He^3,而入射粒子是 α 粒子(He^4),那么实验结果就和上述理论相符合了。只有当靶是 He^4——其原子核和入射的 α 粒子全同时,粒子的散射以其独特的方式随角度变化。

或许你们已能看出对这个现象的解释。使 α 粒子进入计数器有两种方式:使轰击的 α 粒子以 θ 角散射,或者使它散射到 $(\pi-\theta)$ 角度上。我们能不能够辨别进入计数器的粒子是轰击粒子还是靶粒子呢?回答是不能。在 α 粒子对 α 粒子的情况下,这是两个无法区别的粒子。这里我们必须把概率振幅相加发生干涉,在计数器中找到 α 粒子的概率是两个振幅和的平方:

$$\text{α 粒子进入 } D_1 \text{ 的概率} = |f(\theta) + f(\pi-\theta)|^2. \tag{3.15}$$

这个结果和式(3.14)完全不同。我们可取角度 $\pi/2$ 作为一个例子,因为这很容易计算。对于 $\theta = \pi/2$,显然 $f(\theta) = f(\pi-\theta)$,所以式(3.15)的概率变为 $|f(\pi/2) + f(\pi/2)|^2 = 4|f(\pi/2)|^2$。

另一方面,如果它们不发生干涉,式(3.14)的结果只给出 $2|f(\pi/2)|^2$。所以 90° 角的散射是我们所预料的两倍。当然,在其他角度结果也是不同的,于是,你们得到了一个不寻常的结论:在粒子是全同的情况下,出现了粒子是可以区别的情况下未曾发生过的某种新的情

---

* 一般地讲,散射方向当然应该用两个角度来描写,极角 ϕ 以及方位角 θ。那么我们说氧原子核在 (θ, ϕ) 就是说 α 粒子在 $(\pi-\theta, \phi+\pi)$。然而,对于库仑散射(以及对于其他许多情况),散射振幅不依赖于 ϕ。于是在 θ 方向得到一个氧原子核的振幅和在 $(\pi-\theta)$ 方向得到一个 α 粒子的振幅是相同的。

况。在数学描述中,必须把可选择的各种过程的振幅相加,在这种过程中,粒子只是简单地交换它们扮演的角色,并且存在着干涉。

当我们用电子对电子散射,或者质子对质子散射进行同样类型的实验时,甚至会出现更为错综复杂的情况。此时以上两个结论都不正确！对于这些粒子,我们还必须引进一条新的法则,一个最为独特的法则,这个法则是这样的:当来到某一点的电子的身份和另一个电子的身份互相交换时,在这种情况中新的振幅以<u>相反的相位</u>与旧的振幅相干涉。这确确实实是干涉,只是带有一个负号。就 α 粒子而言,当把 α 粒子交换进入计数器时,相干的振幅以正号相干涉。就电子而言,交换干涉的相干振幅以负号相干涉。除了下面将要谈到的另一细节外,在与图3-8所示相类似的实验中,适合电子的方程为:

$$电子到达 D_1 的概率 = | f(\theta) - f(\pi - \theta) |^2. \tag{3.16}$$

对上面的陈述还必须加以限制,因为我们还没有考虑到电子的自旋(α 粒子没有自旋)。可以认为,电子的自旋相对于散射平面来说,不是"向上"就是"向下"。如果实验的能量足够低,由于电荷运动所产生的磁力很小,因而自旋不受到影响。我们假定现在分析的就是这种情况,所以在碰撞的时候,自旋方向不会改变。不管电子具有什么方向的自旋,它总是不变的。你们可以看到,这里有几种可能性。轰击粒子和靶粒子的自旋都向上,或者都向下,或者它们的自旋方向相反。假定两者的自旋都向上,如图 3-8 所示(或者假定它们的自旋都向下)。反冲粒子的自旋情况也同样,而且这个过程的振幅等于图 3-8(a)和(b)所表示的两种可能过程的振幅之差。于是在 D_1 中探测到电子的概率由式(3.16)给出。

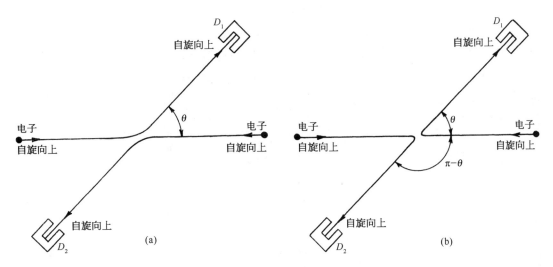

图 3-8　电子对电子的散射。如果来到的这两个电子具有互相平行的自旋,过程(a)和(b)是不能区别的

如果"轰击"粒子的自旋向上而"靶"粒子的自旋向下,进入计数器 1 的电子自旋可以向上也可以向下。通过对电子自旋的测量,我们就能够说出这个电子是来自轰击粒子束还是来自靶粒子了。这两种可能性表示在图 3-9 的(a)和(b)中,原则上它们是可以区别的,因而互不干涉——只不过是两者的概率相加。如果原来的自旋方向都反了过来——就是说,左边的自旋向下而右边的自旋向上——同样的论证仍然成立。

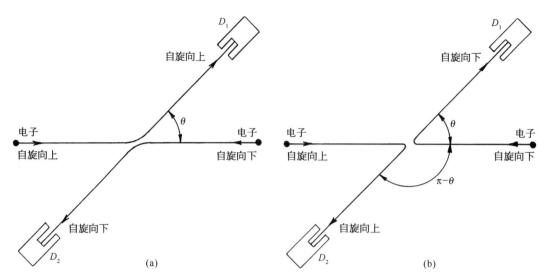

图 3-9 自旋反平行的两个电子的散射

现在如果我们随意选取电子——例如由钨丝发射的电子是完全非极化的——那么发射的任一特定电子的自旋向上还是向下的机会是 50 对 50。如果我们在实验中不去测量在任何地点电子的自旋,这就是所谓的非极化的实验。这个实验的结果最好用这样的方法来计算:把所有的各种可能性都排列成表,就像我们在表 3-1 中所做的那样,对各个可以区别的不同情况分别求出它们的概率。总的概率就等于所有各个概率的和。注意,对于非极化粒子束,$\theta = \pi/2$ 的结果是对互不依赖的粒子按经典理论求出的结果的一半。全同粒子的行为具有许多有趣的结论,我们将在下一章更为详细地讨论它们。

表 3-1 非极化的自旋为 1/2 的粒子的散射

各种情况的比率	粒子 1 的自旋	粒子 2 的自旋	到达 D_1 中粒子的自旋	到达 D_2 中粒子的自旋	概 率
$\frac{1}{4}$	向上	向上	向上	向上	$\lvert f(\theta) - f(\pi-\theta) \rvert^2$
$\frac{1}{4}$	向下	向下	向下	向下	$\lvert f(\theta) - f(\pi-\theta) \rvert^2$
$\frac{1}{4}$	向上	向下	向上 向下	向下 向上	$\lvert f(\theta) \rvert^2$ $\lvert f(\pi-\theta) \rvert^2$
$\frac{1}{4}$	向下	向上	向上 向下	向下 向上	$\lvert f(\pi-\theta) \rvert^2$ $\lvert f(\theta) \rvert^2$

总概率 $= \frac{1}{2} \lvert f(\theta) - f(\pi-\theta) \rvert^2 + \frac{1}{2} \lvert f(\theta) \rvert^2 + \frac{1}{2} \lvert f(\pi-\theta) \rvert^2$

第4章 全同粒子

§4-1 玻色子和费米子

在上一章里,我们开始考虑发生在两个全同粒子相互作用的过程中振幅干涉的特殊法则。所谓全同粒子是指像电子那样的无法将它们彼此区别开来的粒子。如果在某一个过程中包含两个全同的粒子,将到达计数器的粒子与另一粒子互相调换一下,这样调换后的状态与原来的状态是不能区别的,而且——像所有其他不能区别的情况一样——调换后的状态与原来的状态相干涉。于是事件的振幅就是两个相干振幅之和,但是,令人感到有趣的是,在某些情况下两个振幅以相同的相位相干涉,而在另一些情况下,振幅以相反的相位相干涉。

假设两个粒子 a 和 b 相互碰撞,其中 a 散射到方向 1 而 b 散射到方向 2,如图 4-1(a)所示。令 $f(\theta)$ 为这一过程的振幅,于是,观察到这个事件的概率 P_1 正比于 $|f(\theta)|^2$。当然也可能发生另一种过程,即粒子 b 散射到计数器 1 中而粒子 a 进入计数器 2 中,如图 4-1(b)所示。假设不存在由自旋之类所定义的特殊方向,这一过程的概率就是 $|f(\pi-\theta)|^2$,因为这正好等于在第一过程中把计数器 1 移到 $\pi-\theta$ 角处。你们也许会想到,第二个过程的振幅正巧等于 $f(\pi-\theta)$。但它并不一定是这样,因为还可以有一个任意的相位因子。这就是说振幅可以是

$$e^{i\delta}f(\pi-\theta).$$

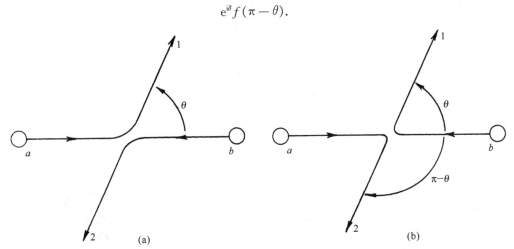

图 4-1 在两个全同粒子的散射过程中,(a)和(b)两个过程不能区别

这个振幅仍旧给出概率 P_2 等于 $|f(\pi-\theta)|^2$。

现在让我们来看一看,如果 a 和 b 是全同粒子的话,将会出现些什么情况。这时我们就不能区别图 4-1 中的两个图所表示的不同过程。对于无论 a 还是 b 进入计数器 1 而同时另

一个进入计数器 2 的情形,有一个振幅。这个过程的振幅是图 4-1 所示的两个过程的振幅之和。假使我们把第一个过程的振幅叫做 $f(\theta)$,那么第二个就是 $e^{i\delta}f(\pi-\theta)$。现在,相位因子就很重要了,因为我们要把两个振幅相加。假设当我们把这两个粒子的角色交换时,我们必须在振幅上乘以某个相位因子,如果我们把这两个粒子再交换一次,我们应该再次乘以同样的因子。可是这样一来,我们又回到了第一过程。相位因子应用两次必然回到原来的状态——相位因子的平方必定等于 1。这只存在着两种可能性:$e^{i\delta}$ 等于 $+1$ 或者等于 -1。两个粒子交换前后的振幅要么是有相同的符号,要么具有相反的符号。这两种情况在自然界中都存在,它们分别对应于不同种类的粒子。以正号相干涉的粒子称为玻色子,以负号相干涉的粒子称为费米子。光子、介子和引力子都是玻色子,电子、μ 子、中微子、核子和重子都是费米子。于是,我们得到全同粒子的散射振幅是:

玻色子:

$$（直接的振幅）+（交换后的振幅），\tag{4.1}$$

费米子:

$$（直接的振幅）-（交换后的振幅）.\tag{4.2}$$

对于具有自旋的粒子——如电子——还有一个另外的复杂情况. 我们不仅要详细说明粒子的位置,还要说明它们自旋的方向。只对于是有相同自旋状态的全同粒子相互交换时振幅才相互干涉。如果考虑非极化射束——这是不同自旋状态的混合物——的散射,还有某些特别的计算。

当两个或更多的粒子紧紧地束缚在一起的时候,将出现一个有趣的问题。例如,一个 α 粒子里面有 4 个粒子——两个中子和两个质子。当两个 α 粒子相互散射时,有几种可能性。在散射过程中,可能有一个中子从一个 α 粒子跳到另一个 α 粒子中的一定振幅,同时在另一个 α 粒子中有一个中子跳过来和它交换位置,于是散射以后的 α 粒子已经不是原来的粒子了——已经交换了一对中子。见图 4-2。交换一对中子的散射振幅和没有这种交换的散射振幅相干涉,由于这里有一对费米子相互交换,干涉必定具有负号。另一方面,如果两个 α 粒子的相对能量是如此之低,使得它们保持相当的距离——譬如说由于库仑斥力——那么

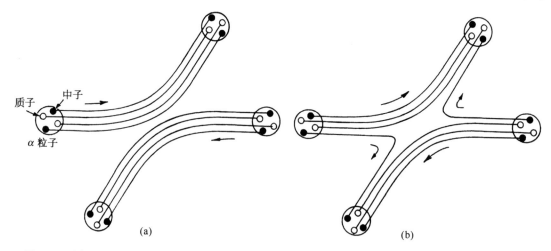

图 4-2 两个 α 粒子的散射。在(a)中,两个 α 粒子保持原来的样子不变;在(b)中,碰撞时互相交换一个中子

就不可能有交换任何内部粒子的概率。于是我们可以把 α 粒子当作结构单一的客体而不必去考虑它的内部细节。在这种情形下,只有两种情况对散射振幅有所贡献,在散射过程中要么没有粒子交换,要么 4 个粒子都交换。因为 α 粒子中的质子和中子都是费米子,任意一对粒子的交换都要改变散射振幅的符号。只要在 α 粒子之间没有内部粒子的交换,交换两个 α 粒子和交换 4 对费米子是同样的。对于每一对费米子的交换都要改变符号,其结果是振幅以正号相组合。α 粒子的行为像玻色子。

因此,关于复合粒子的法则是这样的,在复合粒子可以看成单个粒子的情况下,复合粒子的行为像费米子还是像玻色子取决于它们包含的是奇数个费米子还是偶数个费米子。

所有我们提到过的基本费米子——例如电子、质子以及中子等等——具有自旋 $j = 1/2$。如果将几个这样的费米子放在一起组成一个复合粒子,总的自旋不是整数就是半整数。例如,氦的普通同位素 He^4,它的原子核包含两个中子和两个质子,其自旋为零。而 Li^7 的原子核有 3 个质子和 4 个中子,具有 3/2 的自旋。我们以后要学习角动量的合成规则,而现在只提一下,每一个具有半整数自旋的复合粒子就像一个费米子,而每一个具有整数自旋的复合粒子就像一个玻色子。

这就提出了一个有趣的问题:为什么具有半整数自旋的粒子是费米子,它们的振幅要以负号相加;而具有整数自旋的粒子是玻色子,它们的振幅以正号相加? 很抱歉,对于这个问题我们不能给出一个简单的解释,泡利曾从量子场论和相对论的复杂的论证中作出过一个解释,他指出,量子场论和相对论必须一起应用。但是我们无法在初等的水平上找到一种方法来重复他的论证。看来这是物理学中不多的情形之一,在这些情形中具有能非常简明表述的法则,但是没有人能为它找到简单而又容易的解释。这种解释要深入到相对论量子力学中。这可能意味着我们还没有完全理解其中所包含的基本原理。目前,你们只好把它当作自然界的一个法则接受下来。

§4-2 两个玻色子的状态

现在我们来讨论关于玻色子相加法则的一个有趣的结果。这和有几个粒子出现时的行为有关。我们先考虑两个玻色子从另外两个粒子上散射的情形。我们不去关心散射机构的细节,我们只对被散射粒子发生些什么变化感兴趣。假设情况如图 4-3 所示。粒子 a 被散射到状态 1。所谓状态系指一定的运动方向和能量,或者别的某种给定的条件。粒子 b 被散射到状态 2。我们假设这两个状态 1 和 2 几乎相同。(事实上我们所要求的是两个粒子被散射到相同的方向或状态的振幅;但是最好我们先考虑一下如果两个状态几乎相同时会发生些什么,然后再解决当两个状态变为完全相同时,会发生些什么。)

假定我们只有粒子 a,它具有一定的振幅被散射到方向 1,写成 $\langle 1|a \rangle$。而粒子 b 单独存在时,它被散射到方向 2 具有振幅 $\langle 2|b \rangle$。如果两个粒子不相同,两次散射

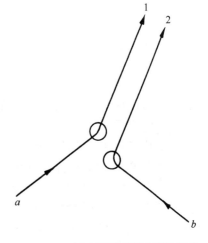

图 4-3 一对粒子被散射到靠近的终态

同时发生的振幅就是乘积

$$\langle 1|a\rangle\langle 2|b\rangle.$$

于是发生这一事件的概率为

$$|\langle 1|a\rangle\langle 2|b\rangle|^2,$$

它也等于

$$|\langle 1|a\rangle|^2|\langle 2|b\rangle|^2.$$

在目前的论证中,为了使书写方便,有时我们令

$$\langle 1\mid a\rangle=a_1,\quad\langle 2\mid b\rangle=b_2.$$

于是,双散射的概率是

$$|a_1|^2|b_2|^2.$$

也可能发生这样的情况:粒子 b 散射到方向1,而粒子 a 散射到方向2。这一过程的振幅是

$$\langle 2|a\rangle\langle 1|b\rangle.$$

这个事件的概率是

$$|\langle 2\mid a\rangle\langle 1\mid b\rangle|^2=|a_2|^2|b_1|^2.$$

现在,设想我们有一对小型计数器,可以用它们来检测这两个被散射的粒子。它们同时检测到两个粒子的概率 P_2 为

$$P_2=|a_1|^2|b_2|^2+|a_2|^2|b_1|^2. \tag{4.3}$$

现在让我们假设方向1和2非常靠近,我们期望 a 应随着方向连续地变化,所以当1和2互相靠近时,a_1 和 a_2 也必定彼此趋近。当方向1和2足够接近时,振幅 a_1 和 a_2 将相等。我们可以令 $a_1=a_2$,并把它们都称为 a,同样令 $b_1=b_2=b$。于是我们得到

$$P_2=2|a|^2|b|^2. \tag{4.4}$$

现在假设 a 和 b 是全同的玻色子。那么,a 进入1而 b 进入2的过程和相互交换后 a 进入2而 b 进入1的过程不能区别。假使这样,这两个不同过程的振幅相互干涉。两个计数器各俘获一个粒子的总振幅是

$$\langle 1\mid a\rangle\langle 2\mid b\rangle+\langle 2\mid a\rangle\langle 1\mid b\rangle. \tag{4.5}$$

在计数器中得到一对粒子的概率就是这个振幅绝对值的平方,

$$P_2=|a_1b_2+a_2b_1|^2=4|a|^2|b|^2. \tag{4.6}$$

我们得到这样的结果:两个全同玻色子被散射到同一状态的概率是假设两个粒子不相同时所计算出的概率的两倍。

虽然我们刚才考虑两个粒子在不同的计数器中被观察到,我们在下面就会知道,这并不是实质性的。我们设想沿1和2两个方向的粒子都进入放在某一距离处的一个单独的小型计数器中。我们定义方向1为正对着计数器上面积元 dS_1 的方向,方向2正对着计数器的面积元 dS_2。(我们设想计数器有一和散射线垂直的面。)现在我们不可能给出粒子将进入某一精确方向或到达空间某一特定点的概率。这种事是办不到的——进入任一精确方向的机会为零。如果我们希望说得非常具体的话,我们必须这样定义我们的振幅,它给出到达计

数器上单位面积的概率。假定我们只有粒子 a，它具有被散射到方向 1 的某个振幅。我们定义 $\langle 1 \mid a \rangle = a_1$ 是 a 被散射到在方向 1 的计数器单位面积上的振幅。换言之，a_1 的标度已选定了——我们说它已被"归一化"，于是粒子 a 被散射到面积元 dS_1 上的概率是

$$| \langle 1 \mid a \rangle |^2 dS_1 = | a_1 |^2 dS_1. \tag{4.7}$$

如果我们的计数器的总面积是 ΔS，我们使 dS_1 遍及这个面积的范围，粒子 a 被散射到计数器中的总概率是：

$$\int_{\Delta S} | a_1 |^2 dS_1. \tag{4.8}$$

和以前一样，我们假设计数器足够小，以致振幅 a_1 在计数器的整个面上没有显著的变化，那么 a_1 是一个常数振幅，我们可称它为 a。于是粒子 a 被散射到计数器中某处的概率是

$$p_a = | a |^2 \Delta S. \tag{4.9}$$

用同样的方法，我们得到粒子 b——单独存在时——被散射到某一面积元 dS_2 的概率是

$$| b_2 |^2 dS_2.$$

（我们用 dS_2 代替 dS_1，因为下面我们要使 a 和 b 进入不同的方向。）我们再使 b_2 等于常数振幅 b，于是粒子 b 在探测器中被计数的概率是：

$$p_b = | b |^2 \Delta S. \tag{4.10}$$

现在当两个粒子同时存在时，a 被散射到 dS_1 而 b 被散射到 dS_2 的概率是

$$| a_1 b_2 |^2 dS_1 dS_2 = | a |^2 | b |^2 dS_1 dS_2. \tag{4.11}$$

如果我们要求的是 a 和 b 两者都进入计数器的概率，我们将 dS_1 和 dS_2 都在 ΔS 上积分，得到

$$P_2 = | a |^2 | b |^2 (\Delta S)^2. \tag{4.12}$$

附带提一下，我们注意到它正好等于 $p_a \cdot p_b$，正如你们假定粒子 a 和 b 互相独立地行动那样。

然而，如果两个粒子是全同的，对于每一对面积元 dS_1 和 dS_2 就有两个不能区别的概率。粒子 a 进入 dS_1 而粒子 b 进入 dS_2 和粒子 a 进入 dS_2 而粒子 b 进入 dS_1 是不能区别的，所以这两个过程的概率将相互干涉。（在上面当我们有两个不同的粒子时——虽然事实上我们并不在乎到底哪一个粒子跑到计数器的哪一部分——原则上我们能够找出哪个粒子进入哪里，所以不存在干涉。而对于全同粒子，即使在原则上我们也不可能断定。）于是，我们必须把两个全同粒子到达 dS_1 和 dS_2 的概率写成

$$| a_1 b_2 + a_2 b_1 |^2 dS_1 dS_2. \tag{4.13}$$

然而，现在我们对计数器的面积求积分时，我们必须小心。如果令 dS_1 和 dS_2 都遍及整个面积 ΔS，我们就把面积上每一部分都计算了两次，因为式(4.13)包括了任何一对面积元 dS_1 和 dS_2 *

---

　* 在式(4.11)中，交换 dS_1 和 dS_2 就得到另一个不同的事件，所以两个面积元都必须遍及计数器的整个面积。在式(4.13)中，我们把 dS_1 和 dS_2 成对地处理，并且包括了可能发生的所有情况。如果积分又包含 dS_1 和 dS_2 交换后所发生的情况，各种情况就计算了两次。

可能会遇到的所有情况。如果我们把结果除以 2 来改正双重计算,我们仍然可以求这个积分。于是,对于全同玻色子,我们得到

$$P_2(玻色) = \frac{1}{2}\{4 \mid a \mid^2 \mid b \mid^2 (\Delta S)^2\} = 2 \mid a \mid^2 \mid b \mid^2 (\Delta S)^2. \tag{4.14}$$

这正好又等于式(4.12)的两倍,该式是我们对可以区别的粒子求得的。

如果我们设想一下,我们知道通道 b 已经将其粒子送入某一特定方向,我们可以说第二个粒子进入同一方向的概率等于我们把它当作独立事件计算时所预期的结果的两倍。玻色子具有这样的特性:如果已有一个粒子处于某一状态,在这同一状态中出现第二个粒子的概率等于第一个粒子不在这个状态时的两倍。这个事实常常用下面的方式来表达:如果已有一个玻色子处于一给定的状态中,再将另一全同玻色子放进这同一状态的振幅等于第一个粒子不在该状态时的 $\sqrt{2}$ 倍。(从我们所采用的物理的观点来看,这并不是表达这个结果的适当方式,但是如果始终将它当作一个法则来使用,它肯定会给出正确的结果。)

§4-3 n 个玻色子的状态

我们把上一节的结果推广到具有 n 个粒子的情况。设想图 4-4 所示的情况。我们有 n 个粒子 $a, b, c, \cdots$它们分别被散射至 1, 2, 3, $\cdots$, n 等各个方向上。所有这 n 个方向都正对着

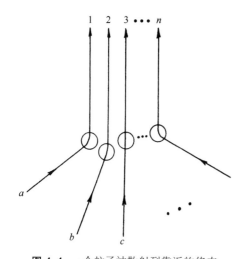

图 4-4 n 个粒子被散射到靠近的终态

放在远处的一个小计数器。和上一节一样,我们把所有的振幅都归一化,各个粒子单独行动时进入计数器上面积元 dS 的概率是:

$$\mid \langle \quad \rangle \mid^2 dS.$$

让我们先假设这些粒子都是可以区别的,于是,n 个粒子在 n 个不同的面积元上都一起被计数的概率是:

$$\mid a_1 b_2 c_3 \cdots \mid^2 dS_1 dS_2 dS_3 \cdots \tag{4.15}$$

我们再假设振幅不依赖于 dS 在计数器(假设它很小)上的位置,并把这些振幅称为 $a, b, c, \cdots$。概率式(4.15)变成:

$$\mid a \mid^2 \mid b \mid^2 \mid c \mid^2 \cdots dS_1 dS_2 dS_3 \cdots \tag{4.16}$$

将各个 dS 分别在计数器的表面 ΔS 上求积分,我们得到同时对 n 个不同粒子计数的概率 P_n(不同)为

$$P_n(不同) = \mid a \mid^2 \mid b \mid^2 \mid c \mid^2 \cdots (\Delta S)^n. \tag{4.17}$$

这正好等于各个粒子分别进入计数器的概率的乘积。它们各自独立地行动——某一粒子进入计数器的概率与另外还有多少其他粒子也进入计数器无关。

现在假设所有的粒子都是全同的玻色子。对于每一组方向:1, 2, 3, $\cdots$有许多不可分辨的可能性。例如,当只有 3 个粒子时,我们有下列几种可能性:

$$a \rightarrow 1 \qquad a \rightarrow 1 \qquad a \rightarrow 2$$
$$b \rightarrow 2 \qquad b \rightarrow 3 \qquad b \rightarrow 1$$
$$c \rightarrow 3 \qquad c \rightarrow 2 \qquad c \rightarrow 3$$

$$a \rightarrow 2 \qquad a \rightarrow 3 \qquad a \rightarrow 3$$
$$b \rightarrow 3 \qquad b \rightarrow 1 \qquad b \rightarrow 2$$
$$c \rightarrow 1 \qquad c \rightarrow 2 \qquad c \rightarrow 1$$

共有 6 种不同的组合。n 个粒子就有 $n!$ 种不同的、但是不可分辨的可能性,因此我们必须把它们的振幅相加。于是,n 个粒子在 n 个面积元上计数的概率就是

$$| \, a_1 b_2 c_3 \cdots + a_1 b_3 c_2 \cdots + a_2 b_1 c_3 \cdots$$
$$+ a_2 b_3 c_1 \cdots + \cdots + \cdots \, |^2 \mathrm{d}S_1 \mathrm{d}S_2 \mathrm{d}S_3 \cdots \mathrm{d}S_n . \tag{4.18}$$

我们再次假设所有的方向很靠近,因而我们可以设 $a_1 = a_2 = \cdots = a_n = a$,对于 b, c, $\cdots$ 也如此,式(4.18)表示的概率则成为:

$$| \, n! \, abc \cdots \, |^2 \mathrm{d}S_1 \mathrm{d}S_2 \mathrm{d}S_3 \cdots \mathrm{d}S_n . \tag{4.19}$$

当我们把各个 $\mathrm{d}S$ 对计数器的面积 ΔS 求积分时,每个可能的面积元的乘积都计算了 $n!$ 次,对此我们除以 $n!$ 来加以修正,于是得到

$$P_n(\text{玻色}) = \frac{1}{n!} \, | \, n! \, abc \cdots \, |^2 (\Delta S)^n$$

或
$$P_n(\text{玻色}) = n! \, | \, abc \cdots \, |^2 (\Delta S)^n . \tag{4.20}$$

把这个结果和式(4.17)比较,我们看到,对 n 个玻色子一起计数的概率比假设这些粒子都是可以分辨的情况下所算出的概率大 $n!$ 倍。我们可以把以上结果概括为

$$P_n(\text{玻色}) = n! P_n(\text{不同}) . \tag{4.21}$$

于是,玻色子情况的概率比假设粒子都独立行动所算出的概率大 $n!$ 倍。

下面的问题可使我们更好地看出上述结果的意义:一个玻色子进入已有 n 个其他玻色子存在的某个特殊状态的概率是什么? 我们把这个新加入的粒子叫做 w。包括 w 在内,我们共有 $(n+1)$ 个粒子,式(4.20)变成

$$P_{n+1}(\text{玻色}) = (n+1)! \, | \, abc \cdots w \, |^2 (\Delta S)^{n+1} . \tag{4.22}$$

此式可以写成

$$P_{n+1}(\text{玻色}) = \{(n+1) \, | \, w \, |^2 \Delta S\} n! \, | \, abc \cdots \, |^2 \Delta S^n$$

或
$$P_{n+1}(\text{玻色}) = (n+1) \, | \, w \, |^2 \Delta S P_n(\text{玻色}) . \tag{4.23}$$

我们可以下列方式来看待这个结果。$| w |^2 \Delta S$ 是当没有其他粒子存在时,粒子 w 进入探测器的概率,$P_n(\text{玻色})$ 是已经有了另外 n 个玻色子存在时的概率。所以式(4.23)表明,当已经有另外的 n 个全同玻色子存在于某一状态中时,在这同一个状态中再增加一个玻色子的概率增强了 $(n+1)$ 倍。由于其他粒子的存在,使得再加入一个粒子的概率增大了。

§4-4 光子的发射和吸收

在上面的整个讨论中,我们所谈的都是像 α 粒子散射这一类的过程。但这并不是本质问题。我们可以谈论粒子的产生,例如光的发射。发射光时,光子"产生"了。在这样的情况中,

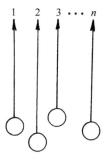

图 4-5 处于接近状态中的 n 个光子的产生

我们不需要图 4-4 中的入射线。我们只要考虑有一些原子发射 n 个光子,如图 4-5 所示。于是,我们的结果也可以表述为:如果在某一特定的状态中已经有了 n 个光子,原子再发射一个光子到这个特定状态中的概率增大了 $(n+1)$ 倍。

人们常常喜欢把这个结果概括为:当已有 n 个光子存在时,再发射一个光子的振幅增大了 $\sqrt{n+1}$ 倍。当然,这只是同一事情的另一种说法而已,因为振幅的平方就是概率。

从任何一个状态 ϕ 转变到另一个状态 χ 的振幅就是从状态 χ 变为状态 ϕ 的振幅的共轭复数:

$$\langle \chi \mid \phi \rangle = \langle \phi \mid \chi \rangle^*. \tag{4.24}$$

这在量子力学中是普遍正确的。不久我们将学习这个定律,但目前我们就假定它是正确的。我们可以用它来弄清楚光子是怎样从一个给定的状态被散射或吸收的。一个光子加入某一个已经有 n 个光子存在于其中的状态(譬如说 i)的振幅是

$$\langle n+1 \mid n \rangle = \sqrt{n+1}a, \tag{4.25}$$

其中 $a = \langle i \mid a \rangle$ 是没有其他粒子存在时的振幅。应用式(4.24),过程反方向进行——从 $(n+1)$ 个光子变为 n 个光子——的振幅是

$$\langle n \mid n+1 \rangle = \sqrt{n+1}a^*. \tag{4.26}$$

这不是通常所用的叙述方式。人们不喜欢考虑从 $(n+1)$ 到 n 这样的过程,而总喜欢从存在 n 个粒子的状态开始。于是,他们说:当有 n 个光子存在时,从其中吸收掉一个光子的振幅——换言之,从 n 到 $n-1$——是

$$\langle n-1 \mid n \rangle = \sqrt{n}a^*. \tag{4.27}$$

当然这和式(4.26)完全一样。但这样却有要努力记住何时用 $\sqrt{n}$ 或用 $\sqrt{n+1}$ 的麻烦。这里有一个记忆的方法,a 前面的因子总是出现的最大光子数的平方根,不论此数出现在反应前,还是反应后,式(4.25)和(4.26)表明这个定律实际上是对称的——只有当你们把它写成式(4.27)的形式,看上去才不对称。

从这些新的法则可以推导出许多物理的结论;我们说一下其中一个与光的发射有关的结论。假如我们设想这样一种情况,光子被包围在一个盒子里面——你们可以想象一个用反射镜做墙的盒子。现在假定在这个盒子中有 n 个光子,它们都处于同样的状态——同样的频率、同样的传播方向和偏振——所以它们是不可分辨的。此外在盒子中还有一个原子,它可把另一个光子发射到这同一状态中。这个原子发射光子的概率是

$$(n+1)\,|\,a\,|^2,\tag{4.28}$$

它吸收一个光子的概率是

$$n|a|^2,\tag{4.29}$$

其中 $|a|^2$ 是原来没有光子存在时,这个原子发射一个光子的概率。我们已经在第 1 卷第 42 章中以稍许不同的方式讨论过这些法则。式(4.29)说明原子吸收一个光子并跃迁到较高的能量状态的概率正比于照射到这个原子上的光的强度。但是,正如爱因斯坦首先指出的,原子向下跃迁到较低能量状态的概率包含两个部分,这个概率等于自发跃迁的概率 $|a|^2$ 加上感应跃迁的概率,后者正比于光的强度——即正比于出现的光子数目,即 $n|a|^2$。此外,正如爱因斯坦所说的,吸收系数和感应发射系数相等并与自发发射的概率有关。我们这里所学到的是:如果用出现的光子的数目(用它来代替每单位时间通过每单位面积的能量)来量度光的强度,吸收、感应发射以及自发发射的系数都相等。这就是第 1 卷第 42 章式(42.18)中的爱因斯坦系数 A 和 B 之间关系的实质。

§4-5 黑 体 光 谱

我们要应用关于玻色子的法则再来讨论黑体辐射的光谱(见第 1 卷第 42 章)。我们要找出在一个盒子内部,辐射与某些原子处于热平衡状态时,该盒子里面有多少光子。假设对于光的每一种频率 ω,存在着某一数量 N 的原子,这些原子具有两个能量状态,其能量间隔为 $\Delta E = \hbar\omega$。参见图 4-6。我们把较低的能量状态叫做"基"态,较高能量的状态叫做"激发"态。令 N_g 和 N_e 分别是基态和激发态上的原子平均数,那么,当这些原子处于温度为 T 的热平衡状态时,由统计力学,我们有

$$\frac{N_e}{N_g} = \mathrm{e}^{-\Delta E/kT} = \mathrm{e}^{-\hbar\omega/kT}.\tag{4.30}$$

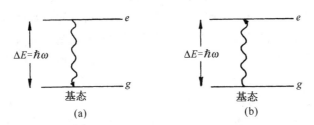

图 4-6 频率为 ω 的光子的辐射和吸收

处于基态的每一个原子都可以吸收一个光子并跃迁到激发态,激发态的每一个原子都可以发射一个光子并跃迁到基态。平衡状态下,这两个过程的速率必定相等。这速率正比于事件的概率和其中原子的数目,设 $\bar{n}$ 是处于频率为 ω 的状态中的光子的平均数。那么,从该状态中吸收的吸收率是 $N_g\,\bar{n}\,|a|^2$,光子发射到这个状态中的发射率是 $N_e(\bar{n}+1)\,|a|^2$。令这两个速率相等,我们就有

$$N_g\,\bar{n} = N_e(\bar{n}+1).\tag{4.31}$$

把此式和式(4.30)结合起来,我们得到

$$\frac{\bar{n}}{\bar{n}+1} = e^{-\hbar\omega/kT}.$$

解出 $\bar{n}$,得到

$$\bar{n} = \frac{1}{e^{\hbar\omega/kT}-1}, \tag{4.32}$$

这是在热平衡的空腔中,处于频率为 ω 的状态中光子平均数。因为每一个光子具有能量 $\hbar\omega$,在这个状态中光子的总能量是 $\bar{n}\hbar\omega$,或

$$\frac{\hbar\omega}{e^{\hbar\omega/kT}-1}. \tag{4.33}$$

附带提一下,此式和另外一章中的一个式子[第 1 卷第 41 章式(41.15)]相同。你们还记得,对于任何一种谐振子——例如弹簧上的重物——量子力学能级是以相等的间距 $\hbar\omega$ 均匀地分布的,如图 4-7 所示。如果我们令第 n 个能级的能量为 $n\hbar\omega$,我们发现,这样的振子的平均能量也由式(4.33)表示。然而这个方程在这里是通过计算粒子数对光子导出的,它也得出同样的结果,这是量子力学不可思议的奇迹之一。如果我们从考虑没有相互作用的玻色子的某种状态或条件开始(我们曾经假设光子彼此之间是没有相互作用的),然后设想在这个状态中可以放入或者零个,或者一个,或者两个⋯⋯直到任意数目 n 个粒子。人们发现,这个系统所有量子力学意义上的行为与谐振子完全一样。所谓谐振子是指一种动力学系统,譬如像弹簧上的重物或者共振腔里的驻波。这就是为什么可以用光子来描绘电磁场的理由。从某种观点来看,我们可以用大量的谐振子这一思想来分析盒子或空腔中的电磁场。根据量子力学把每一种振动模式当作一种谐振子。从另一种观点来看,我们可以对同样的物理过程,按照全同玻色子的概念来进行分析。两种方式所得出的结果总是完全一致。你们无法决定电磁场实际上应当用量子化的谐振子来描写还是用在各个状态中的光子数来说明,可以证明这两种观点在数学上是完全相同的。所以今后我们可以说盒子里处于某一特定状态的光子数目,也可以说和电磁场某一特定振动模式相联系的能级的数目。它们是描述同一事物的两种不同的方式。对于自由空间中的光子,这也同样正确,它们相当于器壁移至无穷远处的空腔中的振动。

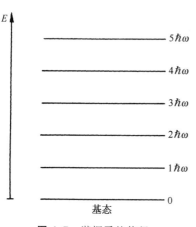

图 4-7 谐振子的能级

我们已算出在温度为 T 的盒子里任一特定的模式的平均能量。为得到黑体辐射定律,我们只需再知道一件事,即需要知道在每一种能量状态有多少模式。(我们假设,对于每一种模式,在盒子里——或者在器壁上——都有一些原子,它们具有可能辐射到这个模式的能级,从而每一模式都能达到热平衡。)黑体辐射定律的表达通常是给出:在单位体积内,在微小的频率间隔 ω 到 $\omega+\Delta\omega$ 中的光所携带的能量。所以我们需要知道盒子内部,在频率间隔 $\Delta\omega$ 中有多少个模式。虽然这个问题在量子力学中经常出现,但它纯粹是一个关于驻波的经典问题。

我们只对矩形盒子求解。对于任意形状的盒子,结果都是相同的。但是对于任意情况,计算非常复杂。而且我们只对线度比光的波长大得多的盒子有兴趣。这样就有亿万个模式。在任意小的频率间隔 $\Delta\omega$ 内也有许多模式。所以我们可以讨论频率 ω 处,任何频率间隔 $\Delta\omega$ 中的"平均数"。首先我们讨论在一维情况——就像在一条紧绷着的绳子上的波——中有多少个模式。你们都知道,每一种模式就是一个正弦波,在两个端点处必须趋于零。换言之,整个线的长度必须为整数个半波长,如图 4-8 所示。我们喜欢用波数:$k = 2\pi/\lambda$。令 k_j 为第 j 个模式的波数,我们有:

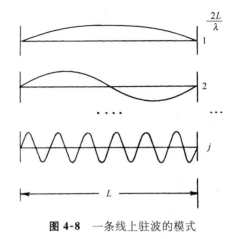

图 4-8 一条线上驻波的模式

$$k_j = \frac{j\pi}{L}, \qquad (4.34)$$

其中 j 是任意整数。相邻的模式的波数间隔 δk 是

$$\delta k = k_{j+1} - k_j = \frac{\pi}{L}.$$

我们假设 kL 如此之大,从而在很小的间隔 Δk 内就有许多模式。令 $\Delta\mathcal{N}$ 为间隔 Δk 内模式的数目,我们有:

$$\Delta\mathcal{N} = \frac{\Delta k}{\delta k} = \frac{L}{\pi}\Delta k. \qquad (4.35)$$

现在,在量子力学方面工作的理论物理学家常常喜欢用只有这个数目一半的模式数来表示。他们写作

$$\Delta\mathcal{N} = \frac{L}{2\pi}\Delta k. \qquad (4.36)$$

我们来解释一下这是为什么,他们通常喜欢用行波的概念来思考——某些波向右行进(具有正的 k),某些波向左行进(具有负的 k)。但是,所谓"模式"是对于驻波而言的。驻波是两列波之和,两列波各自在相反方向上行进。换言之,他们认为每一驻波包含了两个不同的光子"态"。如果人们喜欢用 $\Delta\mathcal{N}$ 来表示给定 k(现在 k 的范围包括从正的到负的数值)的光子态的数目,那么应该取式(4.35)$\Delta\mathcal{N}$ 的一半大小。(现在所有的积分必须从 $k = -\infty$ 积到 $k = +\infty$,从而对于任何给定 k 的绝对值算出的状态总数仍然完全正确。)当然,这样并没有很好地描写驻波,但是我们用前后一贯的方法来计算振动模式。

现在我们要把结果推广到三维情况。矩形盒子里的驻波必须沿着每一个轴都有整数个半波长。图

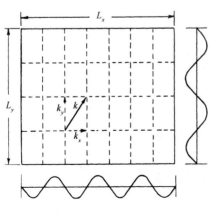

图 4-9 二维的驻波模式

4-9 所示是其中的二维情况。每个波的方向和频率都用一个波矢 $\boldsymbol{k}$ 来表示。波矢的 x, y 和 z 方向的分量必定满足类似于式(4.34)那样的方程。所以我们得到

$$k_x = \frac{j_x \pi}{L_x},$$

$$k_y = \frac{j_y \pi}{L_y},$$

$$k_z = \frac{j_z \pi}{L_z}.$$

和前面一样,具有 k_x 值在间隔 Δk_x 内的模式数为

$$\frac{L_x}{2\pi} \Delta k_x.$$

对于 Δk_y 和 Δk_z 的情况也是一样。令 $\Delta \mathcal{N}(\boldsymbol{k})$ 为波矢 $\boldsymbol{k}$ 的模式的数目,波矢 $\boldsymbol{k}$ 的 x 分量在 k_x 和 $k_x + \Delta k_x$ 之间,它的 y 分量在 k_y 和 $k_y + \Delta k_y$ 之间,它的 z 分量在 k_z 和 $k_z + \Delta k_z$ 之间。那么

$$\Delta \mathcal{N}(\boldsymbol{k}) = \frac{L_x L_y L_z}{(2\pi)^3} \Delta k_x \Delta k_y \Delta k_z. \tag{4.37}$$

乘积 $L_x L_y L_z$ 等于盒子的体积。于是我们得到一个极其重要的结果:对于高的频率(波长比盒子的线度小得多),空腔中模式的数目正比于盒子的体积 V 和"k 空间中的体积" $\Delta k_x \Delta k_y \Delta k_z$。这个结果在许多问题中反复地出现,应该将它记住:

$$\mathrm{d}\mathcal{N}(\boldsymbol{k}) = V \frac{\mathrm{d}^3 \boldsymbol{k}}{(2\pi)^3}. \tag{4.38}$$

虽然我们还没有证明过,但这个结果不依赖于盒子的形状。

我们现在应用这个结果来求光子的频率范围 $\Delta \omega$ 内的光子模式的数目。我们有兴趣的只是各个模式中的能量——对波的方向不感兴趣,我们想要知道在给定频率范围内模式的数目。真空中 $\boldsymbol{k}$ 的大小和频率的关系是

$$|\boldsymbol{k}| = \frac{\omega}{c}. \tag{4.39}$$

所以在频率间隔 $\Delta \omega$ 内,与波矢 $\boldsymbol{k}$ 相对应的模式就是与大小在 k 到 $k + \Delta k$ 之间的全部模式,它们与方向无关。在 k 到 $k + \Delta k$ 之间的"k 空间体积"是一球壳,其体积为

$$4\pi k^2 \Delta k.$$

于是模式的数目为

$$\Delta \mathcal{N}(\omega) = \frac{V 4\pi k^2 \Delta k}{(2\pi)^3}. \tag{4.40}$$

然而,由于我们现在感兴趣的是频率,我们应将 $k = \omega/c$ 代入上式,于是得到

$$\Delta \mathcal{N}(\omega) = \frac{V 4\pi \omega^2 \Delta \omega}{(2\pi)^3 c^3}. \tag{4.41}$$

这里还有一个复杂的情况。如果我们讨论的是电磁波的模式,对于任一波矢 k 可以有两个(互相正交的)偏振。因为这些模式是互相独立的,我们必须——对于光——把模式的数目加倍。所以我们得到

$$\Delta \mathcal{N}(\omega) = \frac{V\omega^2 \Delta\omega}{\pi^2 c^3}(对于光). \tag{4.42}$$

我们曾经指出,式(4.33)每一模式(或每一"状态")的平均能量是

$$\bar{n}\hbar\omega = \frac{\hbar\omega}{e^{\hbar\omega/kT} - 1}.$$

将此式乘以模式的数目,我们就得到在区间 $\Delta\omega$ 内这些模式的总能量 ΔE:

$$\Delta E = \frac{\hbar\omega}{e^{\hbar\omega/kT} - 1} \cdot \frac{V\omega^2 \Delta\omega}{\pi^2 c^3}. \tag{4.43}$$

这就是关于黑体辐射频谱的定律,我们在第 1 卷第 41 章中已经得到过这一定律。其频率谱画在图 4-10 中。你们现在看到,这个答案取决于光子是玻色子这一事实,它们具有使所有的粒子都进入同一状态的倾向(因为这样做振幅大)。你们要记住,是普朗克对黑体辐射光谱的研究(从经典物理学看来,这是很神秘的问题),以及他对式(4.43)的发现开创了量子力学整个学科。

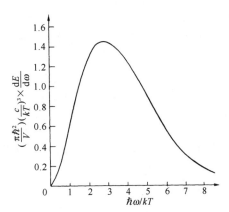

图 4-10 处于热平衡的空腔中辐射的频谱,"黑体"光谱

§4-6 液 氦

液氦在低温下有许多奇特的性质,遗憾的是我们现在不可能花时间来详细叙述,但它的许多性质起源于氦原子是玻色子这个事实。其中一个性质是,液氦在流动时没有任何黏性阻力。实际上,这就是我们在以前有一章中所讲的理想"干"水——假如速度足够低的话。其原因如下:为使液体具有黏性,就必定有内能损失;必须有某种方法使一部分液体具有与其余部分不同的运动。这就意味着必须有可能把某些原子撞击到不同于另一些原子所占据的状态中去。但是在足够低的温度下,当热运动变得非常小时,所有的原子都企图进入同样的状态中。于是,只要有一部分原子在向前运动,所有的原子都要以同样的方式一起运动。这种运动具有一种刚性,并且很难使它像在互相独立的粒子中所发生的那样分裂为不规则的湍流。所以在玻色子组成的液体中,所有原子有极强的进入同样状态的倾向——这个倾向可以用我们以前求得的因子 $\sqrt{n+1}$ 来表征。(对于一瓶液氦来说,n 当然是一个非常大的数字!)在高温下,这种合作运动不出现,因为这时有足够的热能使不同的原子进入不同的高能态。但是在足够低的温度下,突然在某一瞬间所有的氦原子都试图进入同一状态中。氦就成为超流体。顺便提一下,这个现象只出现在原子量为 4 的氦同位素中。对于原子量为 3 的氦同位素,各个原子都是费米子,其液体是正常的液体。由于超流动性只发生于 He^4,这显然是一种量子力学的效应——由于 α 粒子的玻色子性质。

§4-7 不相容原理

费米子的行为完全不同。我们来看一下,如果试图把两个费米子放到同一状态中将会发生些什么。我们回到原先的例子,求两个全同费米子被散射到几乎完全相同的方向上的振幅。粒子 a 进入方向 1 而粒子 b 进入方向 2 的振幅是

$$\langle 1|a\rangle\langle 2|b\rangle,$$

两个粒子出射方向互相交换的振幅是

$$\langle 2|a\rangle\langle 1|b\rangle.$$

因为我们讨论的是费米子,这个过程的振幅等于这两个振幅之差:

$$\langle 1|a\rangle\langle 2|b\rangle - \langle 2|a\rangle\langle 1|b\rangle. \tag{4.44}$$

我们所说的"方向 1"不仅表示粒子的某一个运动方向,还表示其确定的自旋方向。"方向 2"和方向 1 几乎完全相同,并且相当于同样的自旋方向。于是 $\langle 1|a\rangle$ 和 $\langle 2|a\rangle$ 近乎相等。(如果出射状态 1 和 2 的自旋不相同,这个结果就不一定成立,因为有某些理由可以说明为什么振幅要依赖于自旋方向。)现在如果使方向 1 和 2 互相靠近,式(4.44)中的总振幅就变成零。对于费米子所得出的结果比玻色子简单得多。两个费米子——譬如两个电子——根本不可能进入完全相同的状态。你们永远不会发现两个自旋方向相同的电子在同一个位置上。两个电子不可能具有相同的动量和相同的自旋方向。如果它们在同一位置上或具有同样的运动状态,唯一的可能性是它们必须有相反的自旋。

这有些什么后果呢?有许多十分引人注目的效应,这些效应都归结为一个事实:即两个费米子不可能同时进入同一状态。实际上,几乎物质世界的所有特性都和这个奇妙的事实有关。周期表所显示的丰富多样的元素基本上就是这一法则的结果。

当然,我们无法说出如果这个法则发生了变化,世界将要成为什么样子。因为它是量子力学的整个结构的一个部分,我们不可能说清楚如果关于费米子的法则改变了,还有别的什么东西会改变。不管怎样,让我们试着看一下,假如只有这个法则改变的话,可能会发生些什么。首先,我们可以证明,这样一来所有的原子就会多少有点相同了。我们从氢原子开始吧,它不会受到明显的影响。构成原子核的质子被球对称的电子云所包围,如图 4-11(a)所示。正如我们在第 2 章中所描述的那样,电子被吸向中心,但不确定性原理要求在空间的密集和动量的集中之间有一个平衡。这个平衡意味着必定存在着某一能量和某种弥散状态的电子分布,这种分布决定了氢原子的特征线度。

现在假定我们有一带两个单位电荷的原子核,譬如氦原子核。这个原子核要吸引两个电子,如果电子是玻色子,它们就会——除了它们之间的排斥作用外——尽可能地一齐挤向原子核。氦原子看上去就会像图 4-11(b)所画的那样。同样,锂原子具有 3 个荷电核子,它的电子分布如图 4-11(c)所示。各种原子看上去多少是相同的——一个所有电子都处在原子核附近的小圆球,没有方向性,也并不复杂。

然而,由于电子是费米子,实际情况就大不相同了。对于氢原子来说,情况基本不变。唯一的差别是电子具有自旋,这在图 4-12(a)中用一个小箭头表示。然而就氦原子而言,我

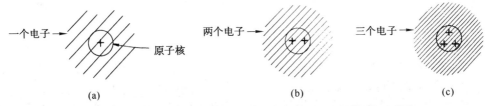

图 4-11　假如电子的行为像玻色子,原子看上去可能会是什么样的

们不能再把两个电子紧靠在一起。不过且慢,这只在两者的自旋相同时才是正确的。如果两个电子的自旋相反,它们就可以占据同一状态。所以氦原子看上去也没有很大的不同。它看上去像图 4-12(b)所画的那样。然而对于锂来说,情况就变得完全不同了。我们可以把第三个电子放在什么地方呢? 第三个电子不能再和另外两个电子紧靠在一起了,因为这一状态上的两个自旋方向都已被占据了。(你们记得,一个电子或任何一个自旋为 1/2 的粒子只有两个可能的自旋方向。)第三个电子不能靠近另外两个电子所占据的地方,所以,它只能在远离原子核的另一个状态中占据一个特殊位置,见图 4-12(c)。(这只是一种极其粗浅的说法,因为实际上这 3 个电子都是全同的。由于我们不能真正区别这个电子和那个电子,所以我们的图像只是近似的。)

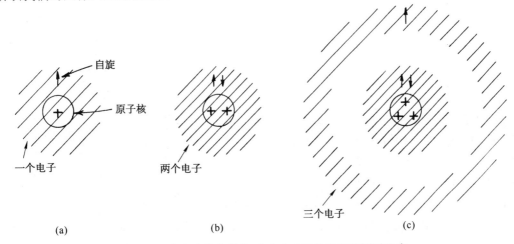

图 4-12　真实的费米型的、自旋为 1/2 的电子的原子组态

现在我们可以理解为什么不同的原子具有不同的化学性质。因为锂原子中的第三个电子离中心较远,相对地说对它的束缚比较松。从锂原子中拿走一个电子比从氦原子中拿走一个电子来得容易。(实验得到,使氦电离需要 25 eV,而使锂电离只要 5 eV。)这就说明了锂原子的价键。价键的方向性和外层电子的波的图样有关,我们暂时不去讨论它。但是我们已经能够看出所谓不相容原理——不可能在完全相同的状态(包括自旋)中找到两个电子——的重要性。

不相容原理对大尺度物体的稳定性也起着作用。我们以前曾经说物质中各个原子之所以不会坍缩是由于不确定关系,但是这不能解释为什么不能随心所欲地把两个氢原子紧紧挤压在一起——为什么所有的质子不能互相靠得很近,使一大团电子围绕着它们。答案当然是由于没有两个以上的电子——具有相反的自旋——可以大体上处在同一个位置上,氢原子之间必须保持一定的距离。所以,大尺度的物质的稳定性实际上是电子的费米子性质的结果。

当然,如果两个原子的外层电子具有相反方向的自旋,它们就能够彼此接近。实际上化学键正是这样发生的。结果是,如果两个原子之间有一个电子,则这两个原子总共具有最低能量。对两个带正电的原子核来说,这时受到的是一种指向中间的电子的静电吸引力。只要两个电子的自旋相反,就可将它们放在两个原子核的中间。最强的化学键就是这样产生的。没有比这更强的链联了,因为不相容原理不允许在两个原子之间的空间里存在着两个以上的电子。我们认为氢分子看上去多少有些像图 4-13 所示的那样。

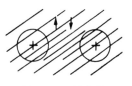

图 4-13　氢分子

我们还要讲一个不相容原理的结果。你们记得如果氦原子中的两个电子都靠近原子核,那么它们的自旋必须相反。现在假定我们设法把两个电子的自旋排列在同一个方向上——我们可以设想加上一个极强的磁场使电子的自旋排成同一方向。但是,这样一来,两个电子就不可能占据空间的同一状态,其中一个电子必须占据一个不同的几何位置,如图 4-14 所示。离原子核较远的那个电子具有较小的结合能。于是整个原子的能量就变得更大得多。换言之,当两个电子的自旋方向相反时,总的吸引力要强得多。

所以,当两个电子接近时,有一个表观上的、巨大的力试图使自旋按彼此相反的方向排列,如果两个电子试图进入同一位置,其自旋就有极其强烈的反向排列倾向。这一试图使两个自旋取向相反的表观上的力比起电子磁矩之间的微弱的力来要强得多。你们记得,在我们讲到铁磁性的时候,曾经有过这样一个不可思议的问题,为什么不同的原子中的电子具有极强的平行排列的倾向。对此虽然还没有定量的解释,但可认为其中所发生的过程是这样的:

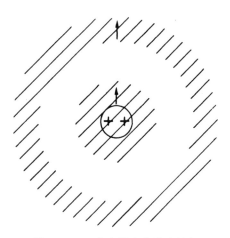

图 4-14　一个电子在高能态的氦

原子的内层电子和已经变为在整个晶体内自由运动的外层电子因不相容原理而相互作用,这种相互作用使得自由电子的自旋和内层电子的自旋的取向相反。但是只有当所有的内层电子都具有相同的自旋方向时,自由电子和内层电子的自旋才可能相反,如图 4-15 所示。

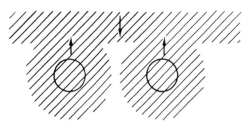

图 4-15　在铁磁体晶体中可能的机理;传导
电子反平行于不成对的内层电子

看来可能是这样的情况:不相容原理的效应通过自由电子间接地起作用,引起了在铁磁体中起作用的强烈的排列力。

我们再讲一个受不相容原理影响的例子。以前曾经讲过,中子和质子之间、质子和质子之间、中子和中子之间的核力都是相同的。为什么一个质子和一个中子可以粘在一起形成一个氘原子核,而不存在只有两个质子或者只有两个中子的原子核呢?事实上,氘原子核大约受到 2.2 MeV 的能量束缚,然而在一对质子之间却没有相应的束缚以组成原子量为 2 的氦同位素。这样的核不存在,两个质子的组合不形成束缚态。

这个问题的答案是两个效应的共同结果:第一是由于不相容原理,第二是由于核力对于自旋方向比较敏感这一事实。中子和质子之间的作用力是吸引力,而且这种力当它们的自旋相互平行时比它们的自旋相反时稍微强一些。由于两种力的这一点差别,使得中子和质子的自旋方向互相平行时,正好足以构成氘原子核;当它们的自旋方向相反时,质子和中子间的引力不足以使它们束缚在一起。由于中子和质子的自旋都是 1/2,而且在同样的方向上,因此氘原子核的自旋为 1。然而我们知道,两个自旋互相平行的质子不可能紧挨在一起。如果不是由于不相容原理,两个质子就可以束缚在一起。但是由于自旋方向相同的质子不可能在同一位置存在,因此 He^2 原子核就不存在。两个质子如果其自旋相反就可能聚集在一起,但这样就没有足够的束缚力以形成稳定的原子核,因为自旋相反时的核力太弱了,不足以把一对核子束缚在一起。自旋相反的中子和质子之间的相互吸引力可以从散射实验中观察到。对两个自旋平行的质子所做的同样的散射实验表明也存在着相应的吸引力。所以不相容原理解释了为什么氘可以存在而 He^2 却不能。

第5章 自 旋 1

§5-1 用施特恩-格拉赫装置过滤原子

本章我们才真正开始讨论量子力学本身——就是说我们将完全用量子力学方法来描述量子力学现象。我们并不想找出量子力学和经典力学之间的联系,也不为此而感到抱歉。我们要用新的语言来讲述某些新的事物。我们所要描述的特殊问题是自旋1的粒子的所谓角动量量子化。但是要等到后面我们才使用经典力学的像"角动量"之类的术语或其他概念。我们之所以选择这一个特殊的例子是由于它比较简单,虽然它可能并不是最简单的例子。不过,它也还是足够复杂因而可作为一个范例,将它推广后就可以用来描写所有量子力学现象。因此,我们所处理的虽然只是一个特例,但我们提到的所有定律都可直接推广,我们将作出这种推广,从而使你们可看到量子力学描述的一般特性。我们从施特恩-格拉赫实验中一束原子会分裂成三束这个现象开始讨论。

你们记得,如果有一个带有尖端磁极的磁铁所产生的非均匀的磁场,我们使一原子射束穿过这个磁场,粒子束就会分裂成好几束——其数目取决于原子的种类和它所处的状态。我们要讨论能分裂成三束的原子,并把这种粒子称作自旋1粒子。你们可以自己讨论五束、七束、两束等情况——只要把每一个步骤都重复一遍,在得到三项的地方,就得到了五项、七项等等。

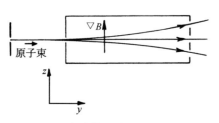

图 5-1 在施特恩-格拉赫实验中,
自旋为1的原子分裂成三束

想象这样的装置,其简图画在图 5-1 中。一束原子(或者任何种类的粒子)经过狭缝后成为准直射束,然后通过非均匀磁场,我们设此射束沿 y 方向运动,磁场和磁场梯度都沿 z 方向。从侧面观察,我们将看到射束竖直地分裂成为三束,如图所示。在磁铁的输出端可以放置一个小小的计数器,用来计算三射束中的任意一束的到达率。或者我们也可以挡住两束射束而只让第三束通过。

假设我们挡住下面两个射束,只让最上面的那一束通过并使它进入第二台同样的施特恩-格拉赫装置,如图 5-2 所示。这时将发生什么情况呢? 在第二台装置中不再出现三射束,而只有最上面的一束 *。如果你认为第二台装置只是第一台装置的延伸,这个结果将正是你所预期的。那些被向上推的原子在第二台装置中继续被向上推。

于是你们看到,第一台装置产生了一束"纯化了的"原子——在特殊的非均匀磁场中向

———————————

* 我们假定偏转角非常小。

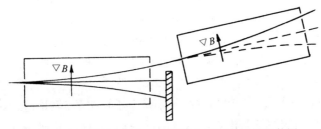

图 5-2 三束射束中的一束被送入第二台同样的装置

上偏转的原子。进入第一台施特恩-格拉赫装置的原子有三"种",这三种原子采取不同的轨道。留下其中的一种,其他两种都被滤掉后,我们获得了这样一束射束,它以后在同样的装置中的行为是确定的并且是可以预言的。我们称它为滤过射束,或者极化射束,或者已知其中所有原子都处于某一确定状态的射束。

在下面的讨论中,如果我们考虑经过某些修改的施特恩-格拉赫型装置将更为方便。虽然这种装置初看上去比较复杂,但它会使所有论证比较简单。不管怎样,既然这只是"理想实验",把仪器弄得复杂一点并不需要花费什么东西。(附带提一下,从来没有人做过我们这种方式描写的每一个实验,但是我们从量子力学定理可以知道必定会发生些什么事,当然这些定理是建立在其他类似的实验基础上的。这些其他的实验在初学时比较难以理解,所以我们要叙述一些理想的——但却是可能的——实验。)

图 5-3(a)是我们想要用的、"改装过的施特恩-格拉赫仪器"的简图,它包括一串三个高磁场强度梯度的磁铁,第一个(左边的)就是通常的施特恩-格拉赫磁铁,它把一束入射的自

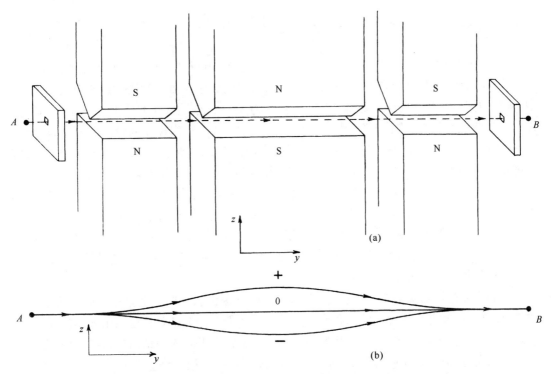

图 5-3 (a)施特恩-格拉赫装置的一个改装设想;(b)自旋 1 的原子的路径

旋1的粒子射束分开成三束。第二个磁铁和第一个磁铁有同样的截面,但是有第一个的两倍长,并且它的磁场的极性和第一个磁铁的磁场极性相反。第二个磁铁把原子磁体推向相反的方向,使其路线向轴线弯曲,如图5-3(b)中的轨迹所示。第三个磁铁和第一个完全一样,它使三束射束重新聚合在一起。从沿着轴线上的出射孔射出去。最后,我们想象在小孔A的前面有某种机构,它能使原子从静止开始运动,而在出射孔B的后面有一个减速机构,它使原子在B处回到静止状态。虽然这些并不是必不可少的,但是这意味着在分析过程中我们可以不必考虑任何像原子射出等等这样的一些运动效应,而把注意力集中于只和自旋有关的现象上。"改进"的装置的全部目的仅仅在于使所有的粒子都来到同一地点而且速度为零。

现在如果我们要做一个如图5-2所示的实验,我们可以在装置的中央放上一块挡板以挡住射束中的两束从而获得一束滤过射束,如图5-4所示。如果我们使这些极化原子穿过第二台同样的装置,所有原子都将采取上面的一条路线。这可以将同样的挡板放在第二个S过滤器中各射束的通道上,并观察粒子是否通过来证明。

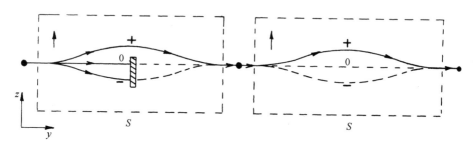

图5-4 "改进的"施特恩-格拉赫装置作为一个过滤器

假设我们把第一台装置称作S。(我们将要考虑各种可能的组合,为使条理清楚需对各台装置加上标记。)我们说在S中采取上面一条路线的原子是处在"相对于S为正的状态"中,采取中间一条路线的原子是处于"相对于S为零的状态"中,采取下面一条路线的原子是处在"相对于S为负的状态"之中。(用较为常用的语言,我们说角动量的z分量是$+1\hbar$,0和$-1\hbar$,但是我们现在不用这种术语。)在图5-4中,第二台装置的取向和第一台相同,所以经第一台装置滤过的原子进入后都将走上面的那条路线。或者如果我们挡住第一台装置中上面的和下面的射束,而只让零态原子通过,所有滤过原子都将通过第二台装置中间的那条路线。如果在第一台装置中,除了最低的那一束射束外,其余两束都被挡住,于是在第二台装置中只有下面的一束射束。我们可以说,在上述各种情况中,第一台装置产生了一束相对于S而言($+$,0或$-$)处于纯粹状态中的滤过射束,我们可以使射束通过第二台同样的装置以检验其中原子所处的状态。

我们可以这样安排第二台装置,使它只让某种特殊状态的原子通过——就像第一台装置那样,在其中放上挡板——那么我们只要看一看是否有什么东西从远端出来,就可以检验出入射射束的状态。举例说,如果我们挡住第二台装置中下面的两条路线,结果百分之百的原子都能通过,但如果我们挡住上面的路线,那么一个原子也通不过。

为使讨论容易起见,我们发明一种速记符号来表示改进的施特恩-格拉赫装置。我们用

下面的符号

$$\left\{ \begin{matrix} + \\ 0 \\ - \end{matrix} \right\}_{S}$$ (5.1)

代表一台完整的装置。(这并不是你们通常所看到的在量子力学中用的符号,它是我们为这一章的方便而发明的,它只是图 5-3 中的装置的速写符号。)因为下面我们想要同时使用好几台装置,这些装置有不同的取向,我们就在每一个符号下面写上一个字母以资识别。所以式(5.1)中的符号代表装置 S。当我们挡住其中的一束或几束粒子时,我们就用一条垂直的杠杠来表示哪一束粒子被挡住了,如:

$$\left\{ \begin{matrix} + \\ 0 \\ - \end{matrix} \right| \right\}_{S}.$$ (5.2)

图 5-5 表示我们将要使用的各种可能的组合。

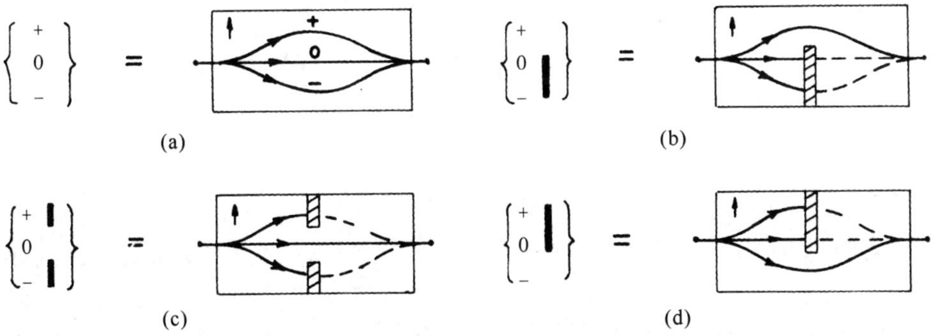

图 5-5 施特恩-格拉赫过滤器的专用速记符号

如果我们接连放置两个过滤器(如图 5-4 所示),我们就将两个符号紧接在一起,像这样:

$$\left\{ \begin{matrix} + \\ 0 \\ - \end{matrix} \right| \right\}_{S} \left\{ \begin{matrix} + \\ 0 \\ - \end{matrix} \right\}_{S}.$$ (5.3)

对于这样的装置,通过第一台的各种粒子也都能通过第二台。实际上,即使我们挡住第二台装置中的"零"和"负"通道也没什么关系,从而我们有

$$\left\{ \begin{matrix} + \\ 0 \\ - \end{matrix} \right| \right\}_{S} \left\{ \begin{matrix} + \\ 0 \\ - \end{matrix} \right| \right\}_{S},$$ (5.4)

我们仍旧得到穿过第二台装置的透射粒子为百分之百。另一方面,如果我们有

$$\left\{ \begin{matrix} + \\ 0 \\ - \end{matrix} \right| \left\{ \begin{matrix} + \\ 0 \\ - \end{matrix} \right|,$$
$$\quad\quad S \quad\quad\quad S$$

(5.5)

那么远端连一个原子都不会出来。同样,

$$\left\{ \begin{matrix} + \\ 0 \\ - \end{matrix} \right| \left\{ \begin{matrix} + \\ 0 \\ - \end{matrix} \right\}$$
$$\quad\quad S \quad\quad\quad S$$

(5.6)

什么都不出来。另外,

$$\left\{ \begin{matrix} + \\ 0 \\ - \end{matrix} \right| \left\{ \begin{matrix} + \\ 0 \\ - \end{matrix} \right\}$$
$$\quad\quad S \quad\quad\quad S$$

(5.7)

等效于

$$\left\{ \begin{matrix} + \\ 0 \\ - \end{matrix} \right|.$$
$$\quad\quad S$$

现在我们要用量子力学来描写这些实验。如果原子通过图 5-5(b)的装置,我们说该原子处在$(+S)$态中,如果原子通过(c),就处在$(0S)$态中,如果通过(d),就处在$(-S)$态*。我们令$\langle b|a \rangle$是处于状态 a 的原子通过装置后状态变为 b 的振幅。我们也可以说:$\langle b|a \rangle$是在状态 a 中的原子进入状态 b 的振幅。实验(5.4)给出:

$$\langle +S \,|+S \rangle = 1,$$

而式(5.5)给出:

$$\langle -S \,|+S \rangle = 0.$$

同样,式(5.6)的结果是:

$$\langle +S \,|-S \rangle = 0,$$

式(5.7)的结果是:

$$\langle -S \,|-S \rangle = 1.$$

只要我们处理的是"纯粹的"状态——即我们只打开一条通道——就有 9 个这样的振幅,我们可以把它们列在一张表格里面:

---

* 读法:$(+S)$ = "正 S";$(0S)$ = "零 S";$(-S)$ = "负 S"。

$$
\begin{array}{c|ccc}
 & \text{从}+S & 0S & -S \\
\hline
\text{到}+S & 1 & 0 & 0 \\
0S & 0 & 1 & 0 \\
-S & 0 & 0 & 1
\end{array}
\tag{5.8}
$$

这 9 个数字的排列——叫做矩阵——概括了我们以上所述的现象。

§5-2　过滤原子的实验

现在讨论一个重要的问题:如果使第二台装置倾侧一个角度,因而其场的轴线不再和第一台场的轴线相平行,这将会发生些什么现象呢? 第二台装置不仅可以倾侧,而且还可以指向另一方向——例如可以使射束相对于原来的方向转过 90°。为方便起见,我们先考虑一种安排,其中第二个施特恩-格拉赫实验装置绕 y 轴转过一个角度 α,如图 5-6 所示。我们称第二台装置为 T,假定我们现在做下面的实验:

$$
\left\{
\begin{array}{c}
+ \\
0 \\
-
\end{array}
\middle|
\right\}_{S}
\left\{
\begin{array}{c}
+ \\
0 \\
-
\end{array}
\middle|
\right\}_{T},
$$

或者做这样的实验:

$$
\left\{
\begin{array}{c}
+ \\
0 \\
-
\end{array}
\middle\|
\right\}_{S}
\left\{
\begin{array}{c}
+ \\
0 \\
-
\end{array}
\middle|
\right\}_{T}.
$$

在这些情况下,从远端出来的是些什么呢?

答案如下:假定原子相对于 S 处在一个确定的状态中,它们对于 T 就不是处在这一状态中——$(+S)$ 态并不就是 $(+T)$ 态。然而,发现原子在 $(+T)$ 态——或者 $(0T)$ 态,或者 $(-T)$ 态——都有一定的振幅。

换言之,尽管我们像已经做过的那样仔细地查明了所有的原子都处在确定状态,但实际情况却是当原子通过一台转过一定角度的装置时,它不得不"重新取向"——不要忘记,这个

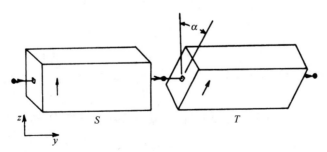

图 5-6　两个串联的施特恩-格拉赫型的过滤器,第二台相对第一台倾侧一角度 α

"重新取向"是凭运气的。我们可以使一次只有一个粒子通过,于是我们只能提出这样的问题:它通过的概率是什么?通过 S 的原子有些将进入$(+T)$态,有些将进入$(0T)$态,还有一些将进入$(-T)$态——都各有各的可能性。这种可能性可以由复数振幅绝对值的平方求得,我们需要的是表示这种振幅的一些数学方法或量子力学描述。我们所需要知道的是像

$$\langle -T \mid +S \rangle$$

之类的各种量,它表示原来在$(+S)$态的原子进入$(-T)$态的振幅(除非 T 和 S 平行排列否则这个振幅不等于零)。还有另一些振幅,如

$$\langle +T \mid 0S \rangle,\ \text{或} \langle 0T \mid -S \rangle,\ \text{等等}.$$

事实上有 9 个这样的振幅——另一个矩阵——粒子的理论应当告诉我们怎样计算它们。正如 $F=ma$ 告诉我们怎样计算一个经典粒子在任何情况下的运动状态一样,量子力学定律使我们可以决定粒子通过某个特定装置的振幅。于是,中心问题是要能够——对于任意给定的倾角 α,实际上就是对于无论什么取向——求出 9 个振幅:

$$\begin{aligned} &\langle +T \mid +S \rangle,\ \langle +T \mid 0S \rangle,\ \langle +T \mid -S \rangle, \\ &\langle 0T \mid +S \rangle,\ \ \langle 0T \mid 0S \rangle,\ \ \langle 0T \mid -S \rangle, \\ &\langle -T \mid +S \rangle,\ \langle -T \mid 0S \rangle,\ \langle -T \mid -S \rangle. \end{aligned} \tag{5.9}$$

我们已能得出这些振幅之间的一些关系。第一,按照我们的定义,绝对值的平方

$$|\langle +T \mid +S \rangle|^2$$

是 $(+S)$ 态的原子进入 $(+T)$ 态的概率。我们经常发现把这个平方数写成下列等效形式更为方便:

$$\langle +T \mid +S \rangle \langle +T \mid +S \rangle^*.$$

用同样的记号,数值

$$\langle 0T \mid +S \rangle \langle 0T \mid +S \rangle^*$$

是在 $(+S)$ 态中的原子进入$(0T)$态的概率,以及

$$\langle -T \mid +S \rangle \langle -T \mid +S \rangle^*$$

是原子进入 $(-T)$ 态的概率。但是我们的装置做成这样,凡是进入 T 装置的每一个原子一定在 T 装置的 3 个状态中的某一个状态中被发现——对于给定的这种原子没有别的地方可去,所以我们刚才写的 3 个概率的总和必定等于百分之百。我们得到下面的关系式:

$$\begin{aligned} &\langle +T \mid +S \rangle \langle +T \mid +S \rangle^* + \langle 0T \mid +S \rangle \langle 0T \mid +S \rangle^* \\ &+ \langle -T \mid +S \rangle \langle -T \mid +S \rangle^* = 1. \end{aligned} \tag{5.10}$$

当然,如果从$(0S)$或$(-S)$出发,我们可以得到另外两个类似的方程。这些都是我们能够很容易得到的方程,下面我们将继续讨论另一些普遍的问题。

§5-3　串联施特恩-格拉赫过滤器

这是一个有趣的问题:假设原子经过过滤成为 $(+S)$ 态,然后我们将这些原子送入第二

个过滤器,使之成为(0T)态,然后再通过另一个 $+S$ 过滤器。(我们称这最后一个过滤器为 S',这样我们就可把它和第一个 S 过滤器相区别。)原子是否还记得它们曾经处在 $(+S)$ 态中呢? 换句话说就是我们做下面的实验:

$$\left\{\begin{matrix}+\\0\\-\end{matrix}\right\}_{S}\left\{\begin{matrix}+\\0\\-\end{matrix}\right\}_{T}\left\{\begin{matrix}+\\0\\-\end{matrix}\right\}_{S'}. \tag{5.11}$$

我们想要知道是否所有通过 T 的原子也都通过 S'。它们并不是如此,它们一经被 T 过滤后,就丝毫不记得在它们进入 T 以前曾经处在 $(+S)$ 态中。注意,(5.11)中的第二台 S 装置的取向和第一台 S 装置的取向完全一样,所以它仍旧是 S 型过滤器。被 S' 过滤后的状态当然也是 $(+S)$,$(0S)$ 和 $(-S)$。

这里的要点是,假如 T 过滤器只能通过一束原子,通过第二台 S 过滤器的原子占进入这一台 S 过滤器原子总数的比例只取决于 T 过滤器,而与在 T 前面是些什么完全无关。相同的一些原子曾被 S 过滤器分类这个事实对它们被 T 过滤器再一次分类成为纯粹射束后的行为丝毫没有影响。它们此后进入不同状态的概率与进入 T 仪器之前的经历完全无关。

作为一个例子,我们把实验(5.11)和下面的实验相比较:

$$\left\{\begin{matrix}+\\0\\-\end{matrix}\right\}_{S}\left\{\begin{matrix}+\\0\\-\end{matrix}\right\}_{T}\left\{\begin{matrix}+\\0\\-\end{matrix}\right\}_{S'}, \tag{5.12}$$

其中只有第一个 S 改变了。设(S 和 T 之间的)角度 α 的大小正好使得(5.11)实验中通过 T 的原子有三分之一也能通过 S'。在实验(5.12)中,虽然一般说来通过 T 的原子数有所不同,但其中仍然有同样的一部分——三分之一——将通过 S'。

事实上,从以前已学过的东西我们就可证明,从 T 出来并且通过任一特定 S' 的原子的比例只取决于 T 和 S' 而与在这以前所发生的任何事情无关。我们来把实验(5.12)和

$$\left\{\begin{matrix}+\\0\\-\end{matrix}\right\}_{S}\left\{\begin{matrix}+\\0\\-\end{matrix}\right\}_{T}\left\{\begin{matrix}+\\0\\-\end{matrix}\right\}_{S'} \tag{5.13}$$

比较一下。在(5.12)的实验中,原子从 S 出来并且也能通过 T 和 S' 两者的振幅是:

$$\langle +S \mid 0T \rangle \langle 0T \mid 0S \rangle.$$

相应的概率是:

$$|\langle +S \mid 0T \rangle \langle 0T \mid 0S \rangle|^2 = |\langle +S \mid 0T \rangle|^2 |\langle 0T \mid 0S \rangle|^2.$$

实验(5.13)的概率是:

$$|\langle 0S \mid 0T \rangle \langle 0T \mid 0S \rangle|^2 = |\langle 0S \mid 0T \rangle|^2 |\langle 0T \mid 0S \rangle|^2.$$

它们的比例是:

$$\frac{|\langle 0S \mid 0T \rangle|^2}{|\langle +S \mid 0T \rangle|^2}.$$

它只取决于 T 和 S'，而与 S 所选择的射束是 $(+S)$ 还是 $(0S)$ 或是 $(-S)$ 毫无关系。(绝对数随通过 T 的原子数目多少而一起增减。) 当然，如果我们比较进入 S' 的正的或负的状态的概率，或者求进入零或负的状态的概率的比值，我们会得到同样的结果。

事实上，由于这些比值只取决于被允许通过 T 的是哪一束射束而与第一台 S 过滤器所作的选择无关，显然，甚至最后的装置不是 S 过滤器我们也会得到同样的结果。如果我们所用的第三台装置——我们现在称它为 R——相对于 T 转过一个任意的角度，我们将会发现，像 $|\langle 0R \mid 0T \rangle|^2 / |\langle +R \mid 0T \rangle|^2$ 这样的比例不依赖于第一台过滤器 S 中通过的是哪一束射线。

§5-4 基 础 态

以上的结果说明了量子力学的一条基本原理：任何原子体系都可以通过过滤将其分解为某一组所谓的基础态，在任一给定的基础态中，原子未来的行为只依赖于基础态的性质——而与其以前的任何历史无关 *。当然，基础态取决于所采用的过滤器，例如 $(+T)$，$(0T)$ 和 $(-T)$ 这 3 个状态是一组基础态，$(+S)$，$(0S)$ 和 $(-S)$ 3 个状态是另一组基础态。完全可以有许多种可能性，每一种都和其他的一样合适。

当我们说正在考虑的是的确能产生"纯粹"射束的优良过滤器时，我们须加小心。如果我们的施特恩-格拉赫装置不能把 3 束射束很好地分开，那么我们就不能用挡板把它们不含糊地分开，这样我们就不可能完全地分出各基础态。通过观察射束在另一个同类的过滤器中是否再进一步分裂，我们就能够确定是否得到了纯粹的基础态。例如，假设我们得到的射束是纯粹的 $(+T)$ 态，那么所有原子都会通过：

$$\left\{ \begin{matrix} + \\ 0 \\ - \end{matrix} \right| \Biggr\}, \quad T$$

而没有原子能通过

$$\left\{ \begin{matrix} + \\ 0 \\ - \end{matrix} \right\}, \quad T$$

也不能通过

$$\left\{ \begin{matrix} + \\ 0 \\ - \end{matrix} \right\}. \quad T$$

---

* 我们并不打算让"基础态"这个词含有比这里所说的更多的任何意思。无论如何不能认为它们具有任何"基本的"意思。我们是以描述的基础这个观念来应用基础这个词的，有点像人们所说的"以十为基础的数字"这种意思。

我们对基础态的陈述意味着射束有可能被过滤成某种纯粹的状态,以致用同样的仪器不可能再有进一步的过滤。

还必须指出,我们所说的只对颇为理想的情况才严格地正确。在任何实际的施特恩-格拉赫装置中,我们必须考虑狭缝的衍射,这会使某些原子进入对应于别的角度的状态,或者考虑射束中是否包含不同的内部激发状态的原子,等等。我们已把情况理想化了,因此所谈的只是在磁场中分裂的状态,对于与位置、动量、内部激发等有关的事情我们都忽略了。一般说来,我们还必须考虑按照这些性质分类的基础态。但是,为了保持概念简单,我们只考虑上面所说的包含三个状态的基础态组,这对于理想情况的严格处理已足够了,在这理想情况中,原子通过仪器时不会被破坏,也不会受到严重干扰,并且离开装置后就停止下来。

你们会注意到,我们开始理想实验时总是用一台只打开一条通道的过滤器,以使我们从某一确定的基础态出发。之所以这样做是因为从炉子里出来的原子具有各种状态。这些状态是由炉子中偶然发生的过程随意决定的。(它给出所谓"非极化"射束。)这种无规性包含了"经典"型的概率——类似于抛掷硬币——而与我们现在所讨论的量子力学概率不同。处理非极化的射束会使我们陷入更为复杂的情况,我们最好是避开它,一直到我们了解了极化射束的行为以后。所以现在不去考虑如果第一台装置可以让一束以上的射束通过时会发生些什么。(在本章的末了会告诉你们怎样处理这类情况。)

我们现在回过头来看一看,当从一台过滤器的一个基础态变为另一台不同的过滤器的一个基础态时,会发生些什么? 假如我们还是从

$$\begin{Bmatrix}+\\0\\-\end{Bmatrix}_S \quad \begin{Bmatrix}+\\0\\-\end{Bmatrix}_T$$

出发。从 T 出射的原子是处于基础态$(0T)$,这些原子已忘记了它们曾经处于 $(+S)$ 态中。有人会说,原子被 T 过滤时,"失去"关于以前状态 $(+S)$ 的信息,因为当我们在装置 T 中把原子分解成三束时,我们"扰乱了"它们。但这是不正确的。关于过去的信息并不是由于将原子分解成三束而失去的,而是由于放进去的挡板——这一点我们从下面的一组实验可以看出。

我们从 $+S$ 过滤器出发,并将从这个过滤器出射的原子数记作 N。如果在它的后面接着放置一个 $0T$ 过滤器,从这后一过滤器出射的原子数目是原来的原子数的一部分,令其为 αN。如果我们再放上一个 $+S$ 过滤器,只有这些原子中的一部分 β 可以从远端出射。我们可用下列方式来表示这一过程:

$$\begin{Bmatrix}+\\0\\-\end{Bmatrix}_S \xrightarrow{N} \begin{Bmatrix}+\\0\\-\end{Bmatrix}_T \xrightarrow{\alpha N} \begin{Bmatrix}+\\0\\-\end{Bmatrix}_{S'} \xrightarrow{\beta\alpha N}. \tag{5.14}$$

如果第三台装置 S' 选择另一个不同的状态,譬如说$(0S)$态,出射原子的比例就不同了,譬如这个比数是 γ。* 我们有:

---

* 用以前的符号来表示:$\alpha = |\langle 0T|+S\rangle|^2$,$\beta = |\langle +S|0T\rangle|^2$,以及 $\gamma = |\langle 0S|0T\rangle|^2$。

$$
\left\{\begin{matrix}+\\0\\-\end{matrix}\middle|\right. \xrightarrow{N} \left\{\begin{matrix}+\\0\\-\end{matrix}\middle|\right. \xrightarrow{\alpha N} \left\{\begin{matrix}+\\0\\-\end{matrix}\middle|\right. \xrightarrow{\gamma\alpha N} . \qquad (5.15)
$$

$$
\begin{matrix} S & & T & & S' \end{matrix}
$$

现在假定我们重复这两个实验,不过把 T 的所有挡板都去掉。于是我们得到引人注意的结果如下:

$$
\left\{\begin{matrix}+\\0\\-\end{matrix}\middle|\right. \xrightarrow{N} \left\{\begin{matrix}+\\0\\-\end{matrix}\right. \xrightarrow{N} \left\{\begin{matrix}+\\0\\-\end{matrix}\middle|\right. \xrightarrow{N} , \qquad (5.16)
$$

$$
\begin{matrix} S & & T & & S' \end{matrix}
$$

$$
\left\{\begin{matrix}+\\0\\-\end{matrix}\middle|\right. \xrightarrow{N} \left\{\begin{matrix}+\\0\\-\end{matrix}\right. \xrightarrow{N} \left\{\begin{matrix}+\\0\\-\end{matrix}\middle|\right. \xrightarrow{0} . \qquad (5.17)
$$

$$
\begin{matrix} S & & T & & S' \end{matrix}
$$

在第一种情况下,所有的原子都能通过 S',可是在第二种情况下,一个原子也没有通过! 这是量子力学的主要定律之一。自然界按照这种方式行动并不是不证自明的,但是从我们的理想实验所得到的结果就是从无数实验中观察到的量子力学行为。

§5-5　干 涉 的 振 幅

从实验(5.15)变为实验(5.17)——打开更多的通道——通过的原子怎么反而更少了呢? 这是量子力学的一个很老而又深奥的问题——振幅的干涉。它和我们在最初的电子双缝干涉实验中所观察到的现象属于同一类。在那里,我们曾经看到:到达某些地点的电子在两个狭缝都打开时可以比只打开一个狭缝时少。在定量上是按下述方式处理的,我们可以把原子通过(5.17)装置中 T 和 S' 的振幅写成三个振幅之和,每一个振幅相当于 T 中的一束射束,其总和等于零:

$$
\langle 0S \mid +T\rangle\langle +T\mid +S\rangle + \langle 0S \mid 0T\rangle\langle 0T\mid +S\rangle + \langle 0S \mid -T\rangle\langle -T\mid +S\rangle = 0. \quad (5.18)
$$

这三个振幅没有一个等于零——例如,第二个振幅的绝对值的平方等于 $\gamma\alpha$,见实验(5.15)——可是三项的总和为零。如果把 S' 安装成选择 $(-S)$ 态,我们会得到同样的结果。然而,在(5.16)的装置中,答案就不同了。如果令 a 为通过 T 和 S' 的振幅,则在此情况下,我们有[*]:

$$
\begin{aligned}
a &= \langle +S \mid +T\rangle\langle +T\mid +S\rangle + \langle +S \mid 0T\rangle\langle 0T\mid +S\rangle \\
&\quad + \langle +S \mid -T\rangle\langle -T\mid +S\rangle = 1.
\end{aligned} \qquad (5.19)
$$

在实验(5.16)中,一射束被分解又被重新组合。打碎的蛋又复原了。关于原来 $(+S)$ 态的信息仍被保留下来——就像 T 仪器完全不存在一样。无论把什么接在"敞开的" T 装置后面都是这个样子。我们可以在它后面接一个 R 过滤器——转过其他角度的过滤

---

　　[*] 实际上,从这个实验我们并不能推断出 $a=1$,只能断定 $|a|^2=1$,所以 a 可能等于 $e^{i\delta}$。但可以证明,如果选择 $\delta=0$ 实际上并不失去普遍性。

器——或者其他任何东西,答案总是与原子从第一台 S 过滤器直接过来一样。

这是一个重要的原理:一个挡板敞开的 T 过滤器——或者任何一种过滤器——没有引起任何改变。我们还要附加一个条件。敞开的过滤器不仅能够让 3 束射束都通过,而且对于 3 束射束不产生不相等的扰动。例如,不能使一束射束近旁有很强的电场而在另一束附近却没有。理由是:即使这个额外的扰动仍旧让所有的原子都通过过滤器,但它可以改变某些振幅的相位,那么干涉将发生变化,式(5.18)和(5.19)中的振幅也会不同。我们始终假设没有这类额外的扰动。

让我们用改进的符号把式(5.18)和(5.19)重写一下。用 i 代表 3 个状态 $(+T)$、$(0T)$ 和 $(-T)$ 中的任一个,于是方程式就可以写成:

$$\sum_{所有i} \langle 0S \mid i \rangle \langle i \mid +S \rangle = 0 \tag{5.20}$$

以及

$$\sum_{所有i} \langle +S \mid i \rangle \langle i \mid +S \rangle = 1. \tag{5.21}$$

同样地,对于用完全任意的过滤器 R 代替 S' 的实验,我们有:

$$\left\{ \begin{matrix} + \\ 0 \\ - \end{matrix} \middle| \begin{matrix} + \\ 0 \\ - \end{matrix} \right\} \left\{ \begin{matrix} + \\ 0 \\ - \end{matrix} \right\}. \tag{5.22}$$
$$\quad S \qquad T \qquad R$$

其结果总是和 T 仪器被省去时一样,只有

$$\left\{ \begin{matrix} + \\ 0 \\ - \end{matrix} \middle| \begin{matrix} + \\ 0 \\ - \end{matrix} \right\}.$$
$$\quad S \qquad R$$

或者,用数学公式表示,

$$\sum_{所有i} \langle +R \mid i \rangle \langle i \mid +S \rangle = \langle +R \mid +S \rangle. \tag{5.23}$$

这是一个基本定律,并且只要 i 代表任何过滤器的 3 个基础态,它便是普遍正确的。

你们要注意,在实验(5.22)中,S 和 R 与 T 并没有特殊的关系。而且,不论它们选择的是什么态,论证都是同样的。为了把这个方程写成普遍的形式,不必涉及 S 和 R 所选择的特定的状态,我们称 ϕ("phi")为第一个过滤器所准备的状态(在我们特定的例子中是 $+S$ 态),χ("khi")是最后一个过滤器所检验的状态(在我们的例子中是 $+R$)。于是我们可把基本定律式(5.23)用下面的形式来表述:

$$\langle \chi \mid \phi \rangle = \sum_{所有i} \langle \chi \mid i \rangle \langle i \mid \phi \rangle, \tag{5.24}$$

其中 i 遍及于某一特定过滤器的 3 个基础态。

我们要再次强调基础态的意义。它们像可以用我们的施特恩-格拉赫装置的任何一台

来选择的 3 个状态那样。基础态的一个条件是:如果有了一个基础态,那么未来就不取决于过去。另一个条件是,假如有了一组完全的基础态,式(5.24)对于任何一组初态 ϕ 和末态 χ 都是正确的。然而,基础态组并不是唯一的。我们是从考虑对于特定的装置 T 的基础态开始的。如果考虑对于 S 或对于 R 或其他* 装置的另一组基础态也同样有效。我们通常说"在某个表象中的"基础态。

在任一特定表象中的一组基础态的另一个条件是:它们都是完全不相同的。这意思是说:如果原子在 $(+T)$ 态它就不会有进入 $(0T)$ 或 $(-T)$ 态的振幅。如果我们用 i 和 j 来代表特定的一组基础态中的两个基础态,当 i 和 j 不相等时从(5.8)式有关的讨论中可以得到的普遍规律是:

$$\langle j \mid i \rangle = 0.$$

当然,我们知道:

$$\langle i \mid i \rangle = 1.$$

通常将这两个方程写成:

$$\langle j \mid i \rangle = \delta_{ji}, \tag{5.25}$$

其中 δ_{ji}("克罗内克符号")是一个符号,当 $i \neq j$ 时,它定义为零,当 $i = j$ 时则定义为1。

式(5.25)并非与我们所讲过的其他的定律相独立。我们现在对于寻找这样一个数学问题,即寻找可以把所有的定律作为其推论的最少的一组独立的公理,并没有特殊的兴趣**。只要我们有一组完全的无明显矛盾的基础态,我们就感到满意了。然而我们可证明:式(5.25)和(5.24)不是互相独立的。我们令式(5.24)的 ϕ 表示与 i 同一组基础态中的某一个基础态,譬如说第 j 个基础态,那么我们就得到:

$$\langle \chi \mid j \rangle = \sum_i \langle \chi \mid i \rangle \langle i \mid j \rangle.$$

但是式(5.25)告诉我们,除非 $i = j$,否则 $\langle i|j \rangle$ 等于零。所以求和变成只有 $\langle \chi|j \rangle$ 一项,于是我们得到一个恒等式,这就证明了两个定律不是互相独立的。

我们可看出,如果式(5.10)和(5.24)都是正确的话,振幅之间必定还有另外一个关系。式(5.10)为

$$\langle +T \mid +S \rangle \langle +T \mid +S \rangle^* + \langle 0T \mid +S \rangle \langle 0T \mid +S \rangle^* + \langle -T \mid +S \rangle \langle -T \mid +S \rangle^* = 1.$$

如果式(5.24)中的 ϕ 和 χ 都是 $(+S)$ 态,那么其左边就是 $\langle +S|+S \rangle$,显然它等于1,于是我们再一次得到式(5.19),

$$\langle +S \mid +T \rangle \langle +T \mid +S \rangle + \langle +S \mid 0T \rangle \langle 0T \mid +S \rangle + \langle +S \mid -T \rangle \langle -T \mid +S \rangle = 1.$$

只有满足下列方程式时,上面两个式子才是一致的(对于装置 T 和 S 的所有相对取向)

$$\langle +S \mid +T \rangle = \langle +T \mid +S \rangle^*,$$
$$\langle +S \mid 0T \rangle = \langle 0T \mid +S \rangle^*,$$
$$\langle +S \mid -T \rangle = \langle -T \mid +S \rangle^*.$$

由此,对于任意的状态 ϕ 和 χ:

---

* 事实上,对于有 3 个或更多基础态的原子体系来说,还存在着另外一些类型的过滤器——和施特恩-格拉赫装置完全不同的——可以用它们来选择更多的基础态组(每一组都有同样的状态数)。

** 过多的真理不会迷惑我们!

$$\langle \phi \mid \chi \rangle = \langle \chi \mid \phi \rangle^*. \tag{5.26}$$

假如这个式子不正确,概率就不会"守恒",粒子就会"丢失"。

在继续讨论之前,我们把有关振幅的三条重要的普遍定律总结一下,这就是式(5.24),
(5.25)和(5.26):

Ⅰ $$\langle j \mid i \rangle = \delta_{ji},$$

Ⅱ $$\langle \chi \mid \phi \rangle = \sum_{\text{所有} i} \langle \chi \mid i \rangle \langle i \mid \phi \rangle, \tag{5.27}$$

Ⅲ $$\langle \phi \mid \chi \rangle = \langle \chi \mid \phi \rangle^*.$$

在这些方程式里 i 和 j 代表某一表象的所有基础态,而 ϕ 和 χ 代表原子的任何可能状态。
必须注意,Ⅱ式只对遍及体系的所有基础态(在我们的情况中是 3 个: $+T$, $0T$, $-T$)求和
时才成立。关于怎样选择我们的基础态组的各个基础态,以上这些定律一点也没有谈到。
我们从应用装置 T 开始,这是一个有任意选定的某种取向的施特恩–格拉赫实验装置,但任
意别的取向,譬如 W(装置),也同样适用。我们也可把另一组不同的状态作为 i 和 j,而所
有的定律仍然适用——基础态组的选择并不是唯一的。量子力学的主要策略之一就是利用
事物都可以用一种以上的方法来计算这个事实。

§5-6　量子力学的处理方法

我们来证明为什么这些定律是有用的。假设我们有一个处于给定状态中的原子(这就
是说该原子是以某种方法制备的),我们想要知道它在某个实验中的行为。换句话说,开始
时原子处于状态 ϕ 中,我们想知道该原子通过只能接受在满足条件 χ 的原子的装置的可能
性。量子力学定律表明,我们可以用 3 个复数 $\langle \chi \mid i \rangle$ 完全地描写仪器,这 3 个复数就是各个
基础态在状态 χ 中的振幅。如果我们用 3 个数字 $\langle i \mid \phi \rangle$(即分别在 3 个基础态的每一个态中
找到初始状态原子的振幅)来描写原子的状态,我们就能说出,该原子被放进装置后会发生
些什么变化。这是一个重要的概念。

我们来考虑另一个例子。考虑下面这个问题:我们从一台 S 装置开始,接着放上一个
极其复杂的装置,我们称它为 A,后面再接上一台装置 R——就像这样:

$$\left\{ \begin{matrix} + \\ 0 \\ - \end{matrix} \right\} \quad \left\{ A \right\} \quad \left\{ \begin{matrix} + \\ 0 \\ - \end{matrix} \right\}. \tag{5.28}$$

$$S \qquad\qquad\qquad\quad R$$

A 指的是任何施特恩–格拉赫装置的复杂组合,其中有挡板或半挡板,具有特定角度的取向,
额外的电场和磁场……几乎有你想要放进去的任何东西。(做理想实验是很方便的——
不必费心去真实地建立这样一台装置!)于是我们的问题是:进入 A 的一个 $(+S)$ 态粒子从
A 出来时处于 $(0R)$ 态,从而它能通过最后的那个 R 过滤器,这个过程的振幅是什么? 对于
这样的振幅,有一个习惯的记法,它就是:

$$\langle 0R \mid A \mid +S \rangle.$$

它照例从右读到左(像希伯来文那样):

$$\langle 终结 \,|\, 经过 \,|\, 开始 \rangle.$$

如果 A 正巧不起任何作用——只是一条打开的通道——于是我们写成

$$\langle 0R \,|\, 1 \,|+S \rangle = \langle 0R \,|+S \rangle, \tag{5.29}$$

这两个符号是等效的。对于更为一般的问题,我们可以用一般的起始状态 ϕ 代替 $(+S)$,以及用一般的终了状态 χ 代替 $(0R)$,我们想要知道的是振幅

$$\langle \chi \,|\, A \,|\, \phi \rangle.$$

对于装置 A 的完整的分析必定给出对每一对初态 ϕ 和终态 χ 的振幅 $\langle \chi \,|\, A \,|\, \phi \rangle$——共有无穷多个组合!怎样才能对装置 A 的行为作出一个简明的描述呢?我们可以采用下面的方法。设想把式(5.28)的装置仪器改为:

$$\left\{ \begin{matrix} + \\ 0 \\ - \end{matrix} \middle| \right. \left. \left\{ \begin{matrix} + \\ 0 \\ - \end{matrix} \right\} \right. \left\{ A \right\} \left\{ \begin{matrix} + \\ 0 \\ - \end{matrix} \right\} \left. \left\{ \begin{matrix} + \\ 0 \\ - \end{matrix} \middle| \right. \right. \right. . \tag{5.30}$$
$$\quad S \qquad\quad T \qquad\qquad T \qquad\quad R$$

实际上根本没有改变,因为完全开放的装置 T 不起任何作用。但是它能启发我们如何来分析这个问题。原子从 S 进入 T 的 i 状态有一组振幅 $\langle i \,|+S \rangle$。于是有另一组的状态 i(对于 T)进入 A 而以状态 j(对于 T)出来的振幅。最后,有一个每一个 j 态通过最后一个过滤器成为 $(0R)$ 态的振幅。对于每一条可能的路径,有一个振幅,其形式为

$$\langle 0R \,|\, j \rangle \langle j \,|\, A \,|\, i \rangle \langle i \,|+S \rangle,$$

总振幅为从各种可能的 i 和 j 的组合所得出的各项之和。我们所要求的振幅就是:

$$\sum_{ij} \langle 0R \,|\, j \rangle \langle j \,|\, A \,|\, i \rangle \langle i \,|+S \rangle. \tag{5.31}$$

如果 $(0R)$ 和 $(+S)$ 用一般的状态 χ 和 ϕ 来代替,我们可得到同样类型的表达式,于是我们得到普遍的结果:

$$\langle \chi \,|\, A \,|\, \phi \rangle = \sum_{ij} \langle \chi \,|\, j \rangle \langle j \,|\, A \,|\, i \rangle \langle i \,|\, \phi \rangle. \tag{5.32}$$

　　注意式(5.32)的右边实际上比左边简单。这里装置 A 完全可以用 9 个数字 $\langle j \,|\, A \,|\, i \rangle$ 描述,这 9 个数字表示 A 对装置 T 的 3 个基础态的响应。只要我们知道这 9 个数字,并且把入射和出射状态 ϕ 和 χ 分别用进入 3 个基础态或从 3 个基础态出来的 3 个振幅来予以定义,我们就能够处理任何两个入射和出射状态 ϕ 和 χ。实验结果可以用式(5.32)来预言。

　　这就是对于自旋为 1 的粒子的量子力学处理方法机理。每一个状态可以用 3 个数字来描写,这 3 个数是对于某一组选定的基础态的每一基础态中的振幅。每一装置可以用 9 个数字来描写,这 9 个数字是装置中从一个基础态进入另一个基础态的振幅。任何结论都可以从这些数字计算出来。

　　描写仪器的 9 个数字常常写成方阵的形式——叫做矩阵 $\langle j \,|\, A \,|\, i \rangle$:

$$
\begin{array}{c}
\text{从} \\
\begin{array}{ccc}
+ & 0 & -
\end{array}
\end{array}
$$

到
$$
\begin{array}{c}
+ \\
0 \\
-
\end{array}
\begin{vmatrix}
\langle+|A|+\rangle & \langle+|A|0\rangle & \langle+|A|-\rangle \\
\langle 0|A|+\rangle & \langle 0|A|0\rangle & \langle 0|A|-\rangle \\
\langle-|A|+\rangle & \langle-|A|0\rangle & \langle-|A|-\rangle
\end{vmatrix}
\tag{5.33}
$$

量子力学的数学只是这个概念的推广。我们将给出一个简单的例证。假设有一台我们要进行分析的装置 C——就是说我们要计算各个 $\langle j|C|i\rangle$。例如我们想要知道在像下面这样的实验里发生些什么：

$$
\begin{Bmatrix} + \\ 0 \\ - \end{Bmatrix}
\begin{Bmatrix} C \end{Bmatrix}
\begin{Bmatrix} + \\ 0 \\ - \end{Bmatrix}.
\tag{5.34}
$$

$$
\quad S \qquad\qquad R
$$

但是后来我们注意到 C 是由 A 和 B 两台装置串联组成——粒子先通过 A 然后通过 B——所以我们可以用符号写出

$$
\{C\} = \{A\} \cdot \{B\}.
\tag{5.35}
$$

我们可以把装置 C 叫做 A 和 B 的"乘积"。我们还要假设已经知道怎样来分析这两个部分，所以我们可以写出 A 和 B(对于 T)的矩阵。我们的问题就这样解决了。对于任何入射和出射状态,我们很容易求出

$$
\langle \chi|C|\phi\rangle.
$$

我们首先写下

$$
\langle \chi \mid C \mid \phi \rangle = \sum_k \langle \chi \mid B \mid k \rangle \langle k \mid A \mid \phi \rangle.
$$

你们看得出这样写的理由吗？(提示:设想在 A 和 B 之间放进一个装置 T。)如果我们考虑一个特殊情况,ϕ 和 χ 也是(T 的)基础态,譬如说是 i 和 j,我们得到

$$
\langle j \mid C \mid i \rangle = \sum_k \langle j \mid B \mid k \rangle \langle k \mid A \mid i \rangle.
\tag{5.36}
$$

这个方程式给出以装置 A 和 B 的两个矩阵表示的"乘积"装置 C 的矩阵。数学家们把新的矩阵 $\langle j|C|i\rangle$——由两个矩阵 $\langle j|B|i\rangle$ 和 $\langle j|A|i\rangle$ 按照式(5.36)所表示的方式求和得出的——称为两个矩阵 A 和 B 的"乘积"矩阵 BA。(注意:次序很重要,$AB \neq BA$。)因此,我们可以说:两台串接的装置的矩阵等于这两台装置的矩阵的矩阵乘积(把第一台装置放在乘积的右边)。知道矩阵代数的每一个人都懂得这就是式(5.36)。

§5-7 变换到不同的基

我们要提出有关计算时所用的基础态的最后一个问题。假定我们已经选用某一特定的基——譬如说 S 基——而另一个人决定采用不同的基——譬如说 T 基——进行同一计算。为明确起见,把我们所用的基础态称做(iS)态,其中 $i = +, 0, -$。同样我们可以称他所用的基础态为(jT)。怎样把我们的工作和他的工作进行比较呢？任何测量结果的最后答案应

该相同,但是在计算过程中所用的各个振幅和矩阵却是不同的,两者的关系是怎样的呢?如果大家都从同样的初态 ϕ 出发,我们将用3个振幅 $\langle iS|\phi\rangle$ 来描写它,这个式子表示 ϕ 在 S 表象中分解为基础态,而他却用振幅 $\langle jT|\phi\rangle$ 来描写它,这表示 ϕ 分解为他所用的 T 表象的基础态。怎样证明大家所描写的实际上都是同一状态 ϕ 呢?我们可以应用式(5.27)的普遍定律Ⅱ来证明。用他的任意一个状态 jT 来代替 χ,我们得到:

$$\langle jT \mid \phi \rangle = \sum_i \langle jT \mid iS \rangle \langle iS \mid \phi \rangle. \tag{5.37}$$

为了把两个表象联系起来,我们只要给出矩阵 $\langle jT|iS\rangle$ 的9个复数。于是用这个矩阵就可以把我们的所有方程式转换为他所用的形式。它告诉我们怎么从一组基础态变换为另一组基础态。(因这个理由,$\langle jT|iS\rangle$ 有时称为"从 S 表象到 T 表象的变换矩阵"。好长的名词!)

对于自旋为1的粒子的情形,我们只有3个基础态(对于更高的自旋,就有更多的基础态),其数学运算和我们在矢量代数中所见过的很相似。每一个矢量可以用3个数来表示——沿 x,y 和 z 轴的分量。这就是说每一个矢量可以分解为3个"基础"矢量,这些"基础"矢量是沿着3个坐标轴的矢量。但是假如另一人选择另一组坐标系——x',y' 和 z',他就将用3个不同的数字来代表同一矢量。他的计算看上去和我们的不同,但最后的结果将是一样的。我们以前已经考虑过这个问题并且知道从一组坐标到另一组坐标的矢量变换法则。

你们或许希望通过某个例子来看一看量子力学变换是怎样进行的;所以我们在这里对两个过滤器 S 和 T 的各个特殊的相对取向写出(不予证明)自旋为1的粒子的振幅从 S 表象变换到 T 表象的变换矩阵。(我们将在下一章告诉你们如何导出这个结果。)

第一种情况:T 装置和 S 装置的 y 轴(粒子沿此轴运动)重合,但 T 装置绕着这个共同的 y 轴转过一个角度 α(如图5-6)。(说得明确一些,固定在 T 装置上的一组坐标轴 x',y',z' 和固定在 S 装置上的坐标 x,y,z 的关系为:$z' = z\cos\alpha + x\sin\alpha$,$x' = x\cos\alpha - z\sin\alpha$,$y' = y$),那么,变换振幅是:

$$\langle +T \mid +S \rangle = \frac{1}{2}(1 + \cos\alpha),$$

$$\langle 0T \mid +S \rangle = -\frac{1}{\sqrt{2}}\sin\alpha,$$

$$\langle -T \mid +S \rangle = \frac{1}{2}(1 - \cos\alpha),$$

$$\langle +T \mid 0S \rangle = +\frac{1}{\sqrt{2}}\sin\alpha,$$

$$\langle 0T \mid 0S \rangle = \cos\alpha,$$

$$\langle -T \mid 0S \rangle = -\frac{1}{\sqrt{2}}\sin\alpha,$$

$$\langle +T \mid -S \rangle = \frac{1}{2}(1 - \cos\alpha),$$

$$\langle 0T \mid -S \rangle = +\frac{1}{\sqrt{2}}\sin\alpha,$$

$$\langle -T \mid -S \rangle = \frac{1}{2}(1 + \cos\alpha). \tag{5.38}$$

第二种情况：T 装置和 S 装置有同一 z 轴，但 T 装置绕 z 轴转过角度 β。（坐标变换为：$z' = z$，$x' = x\cos\beta + y\sin\beta$，$y' = y\cos\beta - x\sin\beta$。）于是，变换振幅为：

$$
\begin{aligned}
\langle + T \mid + S \rangle &= \mathrm{e}^{+\mathrm{i}\beta}, \\
\langle 0T \mid 0S \rangle &= 1, \\
\langle - T \mid - S \rangle &= \mathrm{e}^{-\mathrm{i}\beta}, \\
\text{所有其他的} &= 0.
\end{aligned}
\tag{5.39}
$$

注意，T 的任何转动都可以由上述两种转动合成。

假定状态 ϕ 由 3 个数定义：

$$
C_+ = \langle + S \mid \phi \rangle, \quad C_0 = \langle 0S \mid \phi \rangle, \quad C_- = \langle - S \mid \phi \rangle, \tag{5.40}
$$

从 T 的观点来看，上述状态可用另外 3 个数来表示：

$$
C'_+ = \langle + T \mid \phi \rangle, \quad C'_0 = \langle 0T \mid \phi \rangle, \quad C'_- = \langle - T \mid \phi \rangle, \tag{5.41}
$$

那么，式(5.38)或(5.39)的系数 $\langle jT \mid iS \rangle$ 给出 C_i 和 C'_i 的变换关系。换言之，C_i 很像一个矢量的分量，从 S 和 T 的观点来看，这些分量是不同的。

仅仅对于自旋为 1 的粒子——因为它需要 3 个振幅——与矢量的对应才十分相近。在各种情况下都有随坐标的改变而以某种确定方式变换的 3 个数字。实际上，存在着一组基础态，其变换与一个矢量的 3 个分量完全相似。下列 3 个组合

$$
C_x = -\frac{1}{\sqrt{2}}(C_+ - C_-), \quad C_y = -\frac{\mathrm{i}}{\sqrt{2}}(C_+ + C_-), \quad C_z = C_0 \tag{5.42}
$$

变换到 C'_x，C'_y 和 C'_z 的方式与 x，y，z 变换到 x'，y'，z' 的方式完全一样。[你们可以用变换定律式(5.38)和(5.39)来检验一下。]现在你们可以看出，为什么自旋为 1 的粒子常常叫做"矢量粒子"。

§5-8 其 他 情 况

我们在一开始就指出，对于自旋为 1 的粒子的讨论是所有量子力学问题的典范。只要改变状态的数目就可使讨论普遍化。在任一特殊情况中可以包括 n 个基础态而不只是 3 个基础态*。我们的基本定律(5.27)式具有完全相同的形式——只是 i 和 j 要理解为遍及于所有 n 个基础态。任何现象都可以这样来分析：求出它出发时在每一基础态的振幅以及终止于另一组基础态中的振幅，然后对整个基础态组求和。任何适当的基础态组都可以采用。如果有人愿意用另外的一组也同样合适。两个基础态组可用 n 行 n 列的变换矩阵相联系，关于这种变换，我们以后还有更多的东西要讲。

最后，我们愿意谈论一下怎样处理下述情况，如果原子直接来自原子炉，经过某台装置，譬如说 A，然后用选择状态 χ 的过滤器对之进行分析。你们不知道开始时原子所处的状态 ϕ 是什么。也许最好目前不要把精力花费在这个问题上面，而是把注意力集中在从纯粹状

---

* 基础态的数目 n 可以是，而且通常是无穷的。

态出发的问题上。但是,如果你们坚持要知道的话,下面就是这个问题的处理方法。

首先,你们必须能对从炉子里出来的原子的状态分布方式作出某些合理的猜测。例如,假使炉子没有任何的"特殊性",你们可以合理地猜想原子离开炉子时"取向"是无规的。按照量子力学,这就相当于说,除了可以说有三分之一的原子在 $(+S)$ 态,三分之一在$(0S)$态,还有三分之一在 $(-S)$ 态。你们关于原子状态一点也不了解。对于 $(+S)$ 态的原子,通过整个装置的振幅是 $\langle \chi \mid A \mid +S \rangle$,通过的概率就是 $|\langle \chi \mid A \mid +S\rangle|^2$,另外两个状态也与之类似。于是总概率等于:

$$\frac{1}{3}|\langle \chi \mid A \mid +S \rangle|^2 + \frac{1}{3}|\langle \chi \mid A \mid 0S \rangle|^2 + \frac{1}{3}|\langle \chi \mid A \mid -S \rangle|^2 .$$

为什么我们用 S 而不用 T 呢?不可思议的是,对于初始分解,无论我们选取什么基础态组,答案都是一样的——只要我们所处理的情况是完全的无规取向。对于任何 χ,下式总是成立的:

$$\sum_i |\langle \chi \mid iS \rangle|^2 = \sum_j |\langle \chi \mid jT \rangle|^2 .$$

(我们把它留给你们自己去证明。)

必须注意,如果说初始的状态具有振幅 $\sqrt{1/3}$ 在 $(+S)$ 中,$\sqrt{1/3}$ 在$(0S)$中以及 $\sqrt{1/3}$ 在 $(-S)$ 中,这就不正确了;这种说法意味着可能存在着某种干涉。情况只是你们不知道初态是什么,你们不得不根据概率的观点认为体系在开始的时候处于各种可能的初始状态,然后对各种可能性取加权平均。

第 6 章　自　旋　1/2[*]

§6-1　变　换　振　幅

在上一章中,我们用自旋 1 的体系作为例子,将量子力学的普遍原理概括如下:

任何状态 ψ 都可用这个状态在一组基础态的各个态中的振幅来描述。

一般说来,从任意一个状态过渡到另一个状态的振幅可写成许多乘积的总和,每一个乘积为从初态进入某一基础态的振幅乘以从该基础态到终态的振幅,最后每个基础态的项求和:

$$\langle \chi \mid \psi \rangle = \sum_i \langle \chi \mid i \rangle \langle i \mid \psi \rangle. \tag{6.1}$$

基础态是相互正交的——一个基础态的振幅在另一个基础态中等于零:

$$\langle i \mid j \rangle = \delta_{ij}. \tag{6.2}$$

从一个状态过渡到另一个状态的振幅等于其逆过程的振幅的复共轭:

$$\langle \chi \mid \psi \rangle^* = \langle \psi \mid \chi \rangle. \tag{6.3}$$

我们还讨论了一下状态可以有不止一个基这一事实,而且我们可以用式(6.1)从一个基变换到另一个基。例如,假定在基础体系 S 的第 i 基础态中找到状态 ψ 的振幅是 $\langle iS|\psi \rangle$,但是后来我们决定宁愿用另一组基础态,譬如说用属于基础体系 T 的状态 j 来表示 ψ 这个状态。在一般公式(6.1)中,我们用 jT 代替 χ,从而得到下面的公式:

$$\langle jT \mid \psi \rangle = \sum_i \langle jT \mid iS \rangle \langle iS \mid \psi \rangle. \tag{6.4}$$

状态 ψ 在基础态 (jT) 中的振幅通过一组系数 $\langle jT|iS \rangle$ 和 ψ 在基础态 (iS) 中的振幅相联系。如果有 N 个基础态,那么就有 N^2 个这样的系数。这一组系数常常被称为"从 S 表象到 T 表象的变换矩阵"。这看上去在数学上是很棘手的,但是只要稍微改变一下名称,我们就可以看到它实际上并非如此之难。如果我们令 C_i 为状态 ψ 在基础态 iS 中的振幅——即 $C_i = \langle iS \mid \psi \rangle$ ——并令 C'_j 是对于基础体系 T 的相应的振幅——即 $C'_j = \langle jT \mid \psi \rangle$,于是式(6.4)可以写成:

$$C'_j = \sum_i R_{ji} C_i, \tag{6.5}$$

---

* 本章是比较长且抽象的一个附带观光,这里并不引进,在以后各章中也不再以其他的方式引进任何新概念。所以你们完全可以跳过这一章,如果以后感兴趣的话可以再回头过来读它。

式中 R_{ji} 就是 $\langle jT|iS\rangle$。每一个振幅 C_j' 等于振幅 C_i 乘以对应的系数 R_{ji} 后对所有 i 求和。这和矢量从一个坐标系到另一坐标系的变换有同样的形式。

为了避免过分抽象，我们曾对自旋 1 的情况举过若干个这些系数的例子，使你们能领会在实际情况中怎样应用它们。在另一方面，量子力学中有一件极其美妙的事——从存在着 3 个状态这一纯粹的事实以及转动的空间对称性出发，这些系数可以用纯粹抽象推理来推出。在此初期阶段就给你们讲解这样的论证有其不利之处，在我们"脚踏实地"之前，你们又陷入了另一个抽象问题之中。然而，这是如此之美妙，不管怎样我们还是谈一谈吧。

在本章里，我们将向你们说明，对于自旋 1/2 的粒子，怎样求出它的变换系数。我们选择自旋 1/2 的情况而不选择自旋 1 的情况是由于前者比较容易。我们的问题是，对于施特恩-格拉赫装置中分裂为两束的粒子——原子体系——确定它的系数 R_{ji}。我们要用纯粹的推理——加上一些假设——推导出从一个表象到另一个表象的所有变换系数。为了进行"纯粹的"推理，作一些假设常常是必要的！虽然这个论证是抽象的，而且比较复杂，但是所得到的结果叙述起来却比较简单并且容易理解——而结果是最重要的事情。如果你们愿意，可以把这当作一种文化游览。实际上我们是这样安排的，凡是在这一章里得到的重要结果在以后的几章中如果需要的话会用另外的方法导出。所以你们不必担心如果把这一章完全略去或留到以后某个时刻再来学习，会使你们学习量子力学时乱了头绪。我们是在这个意义上说这是"文化的"游览：即试图表明量子力学原理不仅有趣，而且如此深刻，只要再加上关于空间结构的少数几个假设，我们就能导出物理体系的许许多多性质。知道量子力学的不同结论来自何处也是重要的，因为只要我们的物理定律还是不完全的——正如我们知道它们确是如此——弄清理论和实验不一致的那些地方到底是我们的逻辑最好之处还是最糟之处，是很有趣的。直到现在为止，看来我们的逻辑最抽象的地方却总是给出正确的结果——它和实验一致。只有当我们试图提出基本粒子内部机理和它们相互作用的特殊模型时，我们才不能找到和实验符合的理论。下面要讲的理论无论在什么地方受到检验时，都和实验符合——对于奇异粒子以及对于电子、质子等都如此。

在我们继续讲下去之前，先谈一个令人烦恼但却很有趣的问题：不可能唯一地确定系数 R_{ji}，因为概率振幅始终具有某种任意性。假定你们有一组任何种类的振幅，譬如说是通过所有不同的路径到达某一地点的振幅，如果在每一个振幅上乘以同样的相位因子——例如 $e^{i\delta}$——你们就得到另一组和原来的一组同样好的振幅。所以对于任何给定的问题中，如果你愿意的话，可以任意改变所有振幅的相位。

假定你们写下多个振幅之和，譬如说是 $(A+B+C+\cdots)$，并取其绝对值的平方以计算某个概率。可是另外的某一个人应用振幅之和 $(A'+B'+C'+\cdots)$ 并取其绝对值的平方以计算同一事物的概率。如果除了因子 $e^{i\delta}$ 之外，所有各个 A'、B'、$C'\cdots$ 与 A、B、$C\cdots$ 都各各相等，那么两者取绝对值平方所得出的概率将完全相等，因为此时 $(A+B+C+\cdots)$ 等于 $e^{i\delta}(A'+B'+C'+\cdots)$。例如，假定我们要用式(6.1)计算某个东西，但是，我们突然改变了某个基础体系的所有相位。每一个振幅 $\langle i|\psi\rangle$ 都要乘以同样的因子 $e^{i\delta}$。同样，振幅 $\langle i|\chi\rangle$ 也要改变 $e^{i\delta}$，但是振幅 $\langle\chi|i\rangle$ 是振幅 $\langle i|\chi\rangle$ 的共轭复数，所以，$\langle\chi|i\rangle$ 改变因子 $e^{-i\delta}$。指数上正的和负的 $i\delta$ 相消，于是我们就得到和以前同样的表式。所以这是一个普通的规则。如果对于一个给定基础体系，我们使所有的振幅改变同一个相位——或者甚至在任意问题中我们改变所有振幅的相位——这不会影响结果。所以在我们的变换矩阵中有着某种选择相位的自

由。我们常常要作这种任意的选择——通常按照通用的惯例来作出选择。

§6-2 变换到转动坐标系

我们再来考虑上一章曾描写过的"改进的"施特恩-格拉赫装置。一束自旋 1/2 粒子从
左边进入装置,一般说来它会分裂成两束,如图 6-1
所示。(对于自旋 1 就有三束。)和以前一样,两束
粒子会重新会聚,除非其中一束被插在中间的"挡
板"挡住。在图上我们画一个箭头,它表示磁场大
小的增加方向——就是说指向有尖端的磁极。我
们用这个箭头来表示任一特定装置的"向上"坐标
轴。它相对于装置是固定的,当我们同时使用几台
装置时,可以用这个箭头表示各装置的相对取向。
我们还假设每一个磁铁中的磁场方向总是与此箭
头一致。

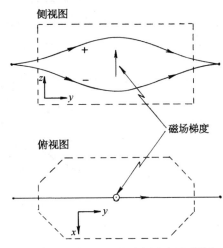

我们说:在"上"射束中的原子是处于对该装置
而言的(+)的状态中,在"下"射束中的原子是处于
(−)的状态中。(对于自旋 1/2 粒子没有"零"
状态。)

图 6-1 有自旋 1/2 粒子束通过"改进的"
施特恩-格拉赫仪器的俯视图和侧视图

现在我们把两台改进的施特恩-格拉赫装置
串接起来,如图 6-2(a)所示。第一台装置称为 S,我们可以用挡住其中的这一束或那一
束射束的方法来制备纯粹的 $(+S)$ 或纯粹的 $(−S)$ 状态,[图上所示为制备纯粹的 $(+S)$
态。]对于每一种情况,从 S 出射的粒子都有一定的振幅进入第二台装置中的 $(+T)$ 射束
或 $(−T)$ 射束。实际上,一共只有 4 个振幅:从 $(+S)$ 到 $(+T)$,$(+S)$ 到 $(−T)$,$(−S)$ 到
$(+T)$,以及 $(−S)$ 到 $(−T)$ 的振幅。这些振幅就是从 S 表象到 T 表象的变换矩阵 R_{ji} 的 4
个系数。我们可以认为:第一台装置"制备"在某一个表象中的特定状态,而第二台装置
按照第二个表象来"分析"上面得到的状态。于是,我们要解答的问题是:假定处于给定
状态——譬如说 $(+S)$ 态——的原子是用挡住 S 装置中某一射束的方法制备的,那么该
原子通过调节成(譬如说)$(−T)$ 态的第二个装置 T 的机会是多少? 当然,其结果依赖于
S 和 T 这两个系统间的角度。

我们应当解释一下:为什么我们能够希望用演绎法来求出系数 R_{ji}。你知道很难
相信如果一个粒子原来的自旋沿 $+z$ 方向排列,以后会有可能发现其自旋指向 $+x$ 方
向——或者另一个完全任意的方向。实际上,这虽然是几乎不可能的,但并不是绝对不
可能。它几乎不可能,所以只有一种方法可使上述情况发生,这就是我们可以找到这
唯一的方法的理由。

我们可以作出的第一个论证是:假定我们建立了如图 6-2(a)中的那样一套设备,其中
有两台装置 S 和 T,T 对于 S 向上翘起一个角度 α,我们只让 S 通过(+)射束,而让 T 通过
(−)射束。我们将观察到从 S 出来的粒子并通过 T 的概率有一定的数值。现在假定我们
用图 6-2(b)的装置进行另一次测量。S 和 T 的相对取向不变,但整个系统放在空间另一个

角度的位置上，我们要假设，关于对处于 S 的一个纯粹状态中的粒子进入 T 的某一特定状态的概率，这两个实验都会给出同样的数值。换言之，我们假设这种类型的任何实验的结果都是相同的——物理规律是相同的——无论整套装置在空间中如何取向。（你们会说："这是显而易见的。"不，它是一个假设，只当它符合实际情况时才能认为它是"正确的"。）这意味着系数 R_{ji} 只依赖于 S 和 T 在空间的相互关系而不依赖于 S 和 T 在空间的绝对位置。换一种说法，R_{ji} 只依赖于将 S 至 T 的转动，因为图 6-2(a)和 6-2(b)的相同之处显然是将装置 S 转到装置 T 的三维转动，当变换矩阵 R_{ji} 只依赖于转动时，这里的情形就是如此，它被称作转动矩阵。

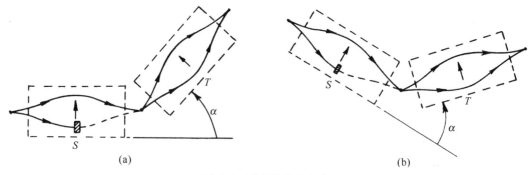

图 6-2 两个等效的实验

为下一步的讨论，我们还需要一点资料。假定我们加上第三台装置，我们称它为 U，它以任意的角度接在 T 的后面，如图 6-3(a)。（初看起来这很讨厌，但这正是抽象思维有趣之处——你们只要用划线的办法就可进行最不可思议的实验！）现在要问，$S \to T \to U$ 的变换是什么？我们实际上要做的是，当我们已知从 S 到 T 和从 T 到 U 的变换的前提下，求出从 S 的某一个状态到 U 某一个状态的振幅。我们接着要讨论的是 T 的两个通道都打开的实验，我们可连续两次运用式(6.5)来求出答案。从 S 表象到 T 表象，我们有：

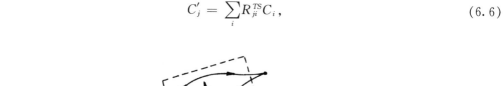

$$C'_j = \sum_i R_{ji}^{TS} C_i, \tag{6.6}$$

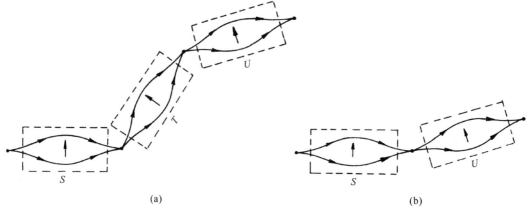

图 6-3 如果 T"敞开"，(b)和(a)等效

式中,我们在 R 上加上上标 TS 是为了和 T 到 U 的系数 R^{UT} 相区别。

假设处于 U 表象中基础态的振幅为 C_k'',我们可再一次运用式(6.5)把它和 T 振幅联系起来;我们得到:

$$C_k'' = \sum_j R_{kj}^{UT} C_j'. \tag{6.7}$$

将式(6.6)和式(6.7)结合起来,就得到直接从 S 到 U 的变换。把式(6.6)的 C_j' 代入式(6.7),我们得到:

$$C_k'' = \sum_j R_{kj}^{UT} \sum_i R_{ji}^{TS} C_i. \tag{6.8}$$

由于 i 在 R_{kj}^{UT} 中不出现,我们可把对 i 的求和符号也放到前面来,并把上式写成:

$$C_k'' = \sum_i \sum_j R_{kj}^{UT} R_{ji}^{TS} C_i. \tag{6.9}$$

这就是双重变换的公式。

可是,注意,只要所有 T 中的射束都没有被挡住,从 T 出射的粒子的状态和进入 T 时的状态是相同的。我们就可以直接从 S 表象变换到 U 表象。这应和直接把装置 U 接在 S 后面是一样的,如图 6-3(b)。在这个情况下,我们可以写出:

$$C_k'' = \sum_i R_{ki}^{US} C_i, \tag{6.10}$$

式中 R_{ki}^{US} 就是这一变换的系数。显然,式(6.9)和(6.10)应该给出同一个振幅 C_k'',并且不管给我们振幅 C_i 的初态 ϕ 是什么,这个结果都应该正确,所以,下式必定成立:

$$R_{ki}^{US} = \sum_j R_{kj}^{UT} R_{ji}^{TS}. \tag{6.11}$$

换言之,如果参考基的 $S{\rightarrow}U$ 任意转动可以看作由连续两次相继的转动 $S{\rightarrow}T$ 和 $T{\rightarrow}U$ 组成,转动矩阵 R_{ki}^{US} 可以按照式(6.11)由两次部分转动的矩阵求得。如果你们愿意,你们可以直接从式(6.1)求出式(6.11),因为它只是 $\langle kU \mid iS \rangle = \sum_j \langle kU \mid jT \rangle \langle jT \mid iS \rangle$ 的不同记法而已。

为透彻起见,我们应加上下面的附注。不过,它们并非十分重要的,如果你们不愿意看的话可以略去它直接阅读下一节。我们上面所讲的东西不是十分正确的。我们确实不能说式(6.9)和式(6.10)必须给出严格相同的振幅。只是在物理意义上应该相同;所有的振幅可以相差某个共同的相位因子 $e^{i\delta}$ 而并不改变关于真实世界的任何计算结果。所以,代替式(6.11),我们真正能够说的是:

$$e^{i\delta} R_{ki}^{US} = \sum_j R_{kj}^{UT} R_{ji}^{TS}, \tag{6.12}$$

其中 δ 是某个实常数。当然,这个额外的因子 $e^{i\delta}$ 的意义是:如果我们采用矩阵 R^{US},由此求得的所有振幅与从两次转动 R^{UT} 和 R^{TS} 所得到的振幅都可以相差同样的相位因子 $e^{-i\delta}$。我们知道如果所有的振幅都改变同样的相位是无关紧要的,所以只要我们愿意,完全可以忽略这个相位因子。然而,可以证明,假如我们用特定的方法来定义转动矩阵,这个额外的相位因子就永远不会出现——式(6.12)中的 δ 永远等于零。虽然这对于我们以后的论证并不重要,但我们可以用关于行列式的数学定理来简短地证明一下。[如果你们对行列式知道得不多,可以不为此证明烦恼而可以直接跳到式(6.15)的定义。]

第一,我们应该指出,式(6.11)是两个矩阵的"乘积"的数学定义。(说成"R^{US} 是 R^{UT} 和 R^{TS} 的乘积"可能更简便一些。)第二,有一个数学定理——对于这里的两行两列矩阵你们自己能够很容易证明它——这个定理说:两个矩阵的"乘积"的行列式等于它们的行列式的乘积。把这个定理应用于式(6.12),我们得到

$$e^{i2\delta}(\mathrm{Det}R^{US}) = (\mathrm{Det}R^{UT})(\mathrm{Det}R^{TS}). \tag{6.13}$$

(我们省略了下标,因为它们并不告诉我们任何有用的东西。)是的,2δ 是正确的。要记住我们所处理的是两行两列的矩阵;矩阵 R_{ki}^{US} 中的每一项都乘上 $e^{i\delta}$,所以行列式中的每一个乘积——它有两个因子——都要乘上 $e^{i2\delta}$。现在取式(6.13)的平方根,并用它来除式(6.12),我们得到

$$\frac{R_{ki}^{US}}{\sqrt{\text{Det}R^{US}}} = \sum_{j} \frac{R_{kj}^{UT}}{\sqrt{\text{Det}R^{UT}}} \frac{R_{ji}^{TS}}{\sqrt{\text{Det}R^{TS}}}. \tag{6.14}$$

额外的相位因子不见了。

现在已清楚,假如我们要使任意给定的表象中的所有振幅都归一化(你们还记得,归一化的意思是 $\sum_{i}\langle\phi\mid i\rangle\langle i\mid\phi\rangle=1$),转动矩阵就都有像 $e^{i\alpha}$ 的纯粹虚数指数的行列式。(我们不去证明它,你们将会看到,它们都是这样的。)所以,只要我们愿意,我们可以这样来进行选择,使 $\text{Det}R=1$,我们的转动矩阵 R 就具有唯一的相位。具体的做法是这样的,假设我们以某种任意的方式求出了转动矩阵 R,作为一条规则,我们通过定义:

$$R_{标准} = \frac{R}{\sqrt{\text{Det}R}}. \tag{6.15}$$

把 R"变换"到"标准形式"。因为我们可在 R 的每一项上乘以相同的相位因子以得到我们所要的相位,所以我们可以做到这一要求。下面我们总是假定我们的矩阵已经变换成"标准形式",于是我们可以运用式(6.11)而不需要有任何额外的相位因子。

§6-3   绕 z 轴的转动

我们现在准备找出两个不同表象之间的变换矩阵。有了合成转动的法则以及空间没有特殊方向的假设,我们就有了求出任意转动矩阵的钥匙。解答只有一个,我们从对应于绕 z 轴转动的变换开始。假设两台装置 S 和 T,串联安放在一直线上,它们的轴平行,从图指向外,如图 6-4(a)所示。我们取此方向为"z 轴"。确实,若射束的路径在 S 装置中向"上"(向着 $+z$)偏移,那么在 T 装置中也将如此。同样,如果射束在 S 装置中向下偏移,它在 T 装置也将向下。假定 T 装置被放在另一个角度上,但其轴仍旧平行于 S 的轴,如图 6-4(b)。根据直觉你们会说在 S 中的($+$)射束到达 T 中仍旧是($+$)射束,因为 S 和 T 的磁场和磁场梯度仍旧在同样的物理方向上。这是十分正确的。同样 S 中的($-$)射束在 T 中仍旧是($-$)射束。对于 T 在 S 的 xy 平面中的任意取向都可得出同样的结果。关于 $C'_+ = \langle +T\mid\psi\rangle$,$C'_- = \langle -T\mid\psi\rangle$ 以及 $C_+ = \langle +S\mid\psi\rangle$,$C_- = \langle -S\mid\psi\rangle$ 之间的关系,上面的结论可以告诉我们些什么呢?你们也许会得出这样的结论:绕"参考系"z 轴的任意转动使射束"向上"或"向下"偏移的基础态的振幅仍和先前一样。我们可以写出:$C'_+ = C_+$ 以及 $C'_- = C_-$ ——但这是不正确的。我们所能作出的结论只是:经过这样的转动之后,在 S 装置中和 T 装置中处于"向上"射束的概率相同,即:

$$\mid C'_+ \mid = \mid C_+ \mid \quad 和 \quad \mid C'_- \mid = \mid C_- \mid.$$

我们不能认为,对于图 6-4(a)和(b)中 T 装置的两个不同取向,有关 T 装置的振幅的相位不会不同。

图 6-4 的(a)和(b)中的两个装置实际上是不一样的,我们可以由下述方法看出这一点。假定我们把一台产生纯粹($+x$)态的装置放在 S 的前面。(x 轴指向图的下端。)这些粒子在 S 中会分裂成($+z$)和($-z$)射束,但是这两束射束在 S 的出口 P_1 处重新结合得到($+x$)态。在 T 中又发生同样的过程。假如在 T 后面接着放上第三台装置 U,它的轴沿着($+x$)方向,如图 6-5(a)所示,所有的粒子都将进入 U 的($+$)射束中。现在把 T 和 U 一起转过 90°到达图 6-5(b)所示的位置,设想一下将会发生些什么。同样,从 T 仪器出射的状态就是进入 T 仪器的状态,所以进入 U 的粒子是处在对于 S 为($+x$)的状态。但是现在的 U 是相对于 S 为($+y$)状态分析的,这是不同的状态。(根据对称性,我们将预期只有一半粒子通过。)

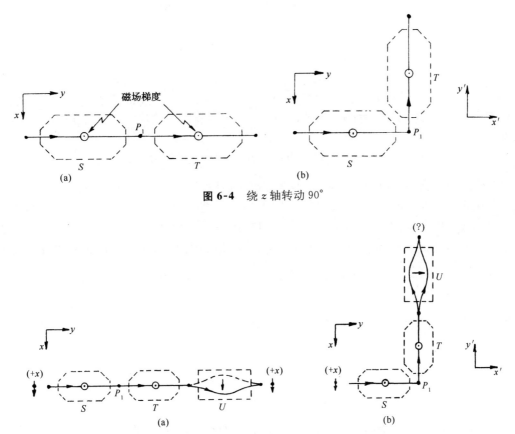

图 6-4 绕 z 轴转动 $90°$

图 6-5 处于 $(+x)$ 态的粒子在(a)和(b)中有不同的行为

什么因素变了呢？装置 T 和 U 仍处在相同的相对物理关系中。仅仅是因为 T 和 U 处在另一个不同的方向上就能使物理规律改变吗？我们原来的假设是物理规律不应改变。答案只能是这样,对于 T 的振幅在图 6-5 的两种情况下是不同的——所以在图 6-4 的两种情况下也是不同的。粒子必定有某种方法知道它在 P_1 点拐了一个弯。怎么会知道呢？我们已确定的是 C'_+ 和 C_+ 的大小在这两种情况中是相同的,但是它们可能——事实上,必定——具有不同的相位。我们得出结论,C'_+ 和 C_+ 必定由下列关系联系起来:

$$C'_+ = e^{i\lambda} C_+,$$

C'_- 和 C_- 必定由下列关系联系起来:

$$C'_- = e^{i\mu} C_-,$$

其中 λ 和 μ 是实数,它们必定以某种方式与 S 和 T 之间的角度相联系。

目前我们关于 λ 和 μ 可以说的仅仅是它们一定不相等。[除了图 6-5(a)所表示的特殊情况,这时 T 和 S 有相同的取向。]我们曾看到,所有的振幅同时改变相同的相位时不会有什么物理后果。由于同一理由,我们总可以在 λ 和 μ 上加上同样的任意数值而不改变任何东西。所以我们可以这样选择 λ 和 μ,使其分别等于某一数的正负值,即我们总可以取:

$$\lambda' = \lambda - \frac{(\lambda + \mu)}{2}, \ \mu' = \mu - \frac{(\lambda + \mu)}{2}.$$

于是

$$\lambda' = \frac{\lambda}{2} - \frac{\mu}{2} = -\mu'.$$

所以为了方便*,我们取 $\mu = -\lambda$。于是我们得到参考装置绕 z 轴转动某一角度的普遍法则,其变换是

$$C'_+ = e^{+i\lambda} C_+, \ C'_- = e^{-i\lambda} C_-. \tag{6.16}$$

振幅的绝对值不变,只是相位不同。这些相位因子造成了图 6-5 中两个实验的不同结果。

现在我们想要知道联系 λ 与 S 和 T 之间角度的定律。我们已经知道一种特殊情况的答案。如果角度为零,则 λ 也为零。现在我们假设,当 S 和 T 之间的角度 ϕ(见图 6-4)趋近于零时,相移 λ 是 ϕ 的连续函数——这仅仅看上去是合理的。换言之,如果将 T 从通过 S 的直线转过很小的角度 ϵ,这时 λ 也是一个很小的数量,譬如说等于 $m\epsilon$,m 是某一个数,因为我们可以证明 λ 必正比于 ϵ,所以我们可以这样写。假定我们在 T 后面放上另一台装置 T',它和 T 成角度 ϵ,因而就和 S 成角度 2ϵ。于是对于 T,我们得到:

$$C'_+ = e^{i\lambda} C_+,$$

对于 T',我们有:

$$C''_+ = e^{i\lambda} C'_+ = e^{i2\lambda} C_+.$$

但是我们知道,如果我们把 T' 直接接在 S 后面,我们应当得到同样的结果。这样,如果角度加倍相位也要加倍。显然我们可以把这一论证推广,并且完全可以通过一系列无限小的转动以构成任意的转动。我们得到结论:对于任意的角度 ϕ,λ 正比于转过的角度。因此我们可以写下 $\lambda = m\phi$。

于是,我们得到的一般结果是:当 T 绕 z 轴相对于 S 转过角度 ϕ 时,

$$C'_+ = e^{im\phi} C_+, \ C'_- = e^{-im\phi} C_-. \tag{6.17}$$

对于角度 ϕ 以及我们以后将要讲到的所有转动,我们采用标准的约定:正的转动是对于参考轴正方向的右手旋转,正的 ϕ 表示向正 z 方向前进的右手螺旋的转动。

我们现在要求出 m 应当等于多少? 首先,我们可以试一下这样来论证:假定 T 转过 360°,显然它正好回到原来零度的位置,我们应当有 $C'_+ = C_+$ 以及 $C'_- = C_-$,或者和这意义相同的式子:$e^{im2\pi} = 1$。我们得到 $m = 1$。这个论证是错误的! 为了看出这是错误的,我们来考虑 T 转过 180°的情况。假如 m 等于 1,我们有 $C'_+ = e^{i\pi} C_+ = -C_+$, $C'_- = e^{-i\pi} C_- = -C_-$。然而,这恰好又是原始状态,两个振幅都正好乘上 -1,于是它回复为原始的物理体系。(这又是一个共同相位变化的情况。)这意味着如果图 6-5(b)中 T 和 S 间的角度增加到 180°,这个系统(对于 T)就和 0°的情形不可区分,粒子重又通过 U 装置的($+$)状态。尽管在 180°,但 U 装置的($+$)态是原来 S 装置的($-x$)态,因而($+x$)态就变成($-x$)态。但是,我们并没

---

* 从另一个角度来看,我们只是利用式(6.15)把变换纳入§6-2 所描写的"标准形式"中。

有改变原始状态,这个答案是错误的。我们不能令 $m = 1$。

我们具有的情况必须是转动 $360°$,并且没有比 $360°$ 更小的角度能够再得到同样的物理状态。如果 $m = 1/2$ 就可以满足这个条件。这样,只有这样,再得到同样的物理状态的第一个角度是 $\phi = 360°$ * 它给出:

$$\left.\begin{array}{l} C'_+ = - C_+ \\ C'_- = - C_- \end{array}\right\} \text{绕 } z \text{ 轴转 } 360°. \tag{6.18}$$

如果你们使装置转过 $360°$,你将得到新的振幅,这是非常奇怪的说法。然而这实在不是什么新东西,因为共同改变符号并没有给出任何不同的物理状态。假定另外某一个人决定改变所有振幅的符号,因为他认为他已经把装置转过了 $360°$,这完全正确,他仍得到同样的物理状态**。于是,我们的最后答案是:如果我们已经知道自旋 1/2 粒子对于参考系 S 的振幅 C_+ 和 C_-,然后我们应用对于 T 的基础系统(T 为将 S 绕 z 轴转动 ϕ 所得出的),用旧的振幅表示的新振幅为:

$$\left.\begin{array}{l} C'_+ = \mathrm{e}^{\mathrm{i}\phi/2} C_+ \\ C'_- = \mathrm{e}^{-\mathrm{i}\phi/2} C_- \end{array}\right\} \text{绕 } z \text{ 轴转动 } \phi. \tag{6.19}$$

§6-4　绕 y 轴转动 180°和 90°

下面,我们要求 T 相对于 S 绕垂直于 z 轴的某一个轴——譬如说 y 轴——转动 $180°$ 的变换关系。(在图 6-1 中我们已规定了坐标轴。)换言之,我们从两个全同的施特恩-格拉赫设备开始,不过其中第二台装置 T 对于第一台 S 来说是"上下倒置"的,如图 6-6。现在设想粒子像一个小小的磁偶极子,处在 $(+S)$ 态的一个粒子——所以它在第一台装置中走上面的通道——在第二台装置中也走上面的通道,所以它对于 T 来说是在"负的"状态中。(在倒放的 T 装置中,场和它的梯度的方向都是倒转的。对于一个带有一定方向磁矩的粒子来说,力是不变的)。不管怎样,对于 S 来说是"向上"的,对于 T 而言就是"向

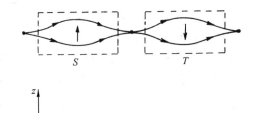

图 6-6　绕 y 轴转动 180°

下"的。那么,对于 S 和 T 这样的相对位置,我们认为变换必定给出

$$| C'_+ | = | C_- |, \quad | C'_- | = | C_+ |.$$

和以前一样,我们不能排除某个附加的相位因子,(对于绕 y 轴 $180°$ 的旋转)我们可以有

$$C'_+ = \mathrm{e}^{\mathrm{i}\beta}C_- \text{ 和 } C'_- = \mathrm{e}^{\mathrm{i}\gamma}C_+, \tag{6.20}$$

其中 β 和 γ 仍然是要求的。

---

* 可以看出 $m = -1/2$ 也行。然而,我们从式(6.17)中看到,符号的改变只是重新规定自旋向上的粒子的符号而已。

** 同样,假如某一物体经过一系列微小转动后,其净效果正好回到原来的取向,如果你们跟踪它的整个历史就可以定义它转动了 $360°$——以区别于净转动为零。(非常有趣的是,对于 $720°$ 的净转动这是不正确的。)

绕 y 轴旋转 360°又是怎样的情况呢？我们已经知道绕 z 轴旋转 360°的答案——在各个状态中的振幅都改变符号。随便绕哪一个坐标轴旋转 360°仍旧回到原来位置。对于绕任意轴旋转 360°的结果必定和绕 z 轴旋转 360°的结果相同——所有的振幅仅仅改变符号。现在我们想象绕 y 轴的两次连续旋转 180°——运用公式(6.20)——我们应当得到式(6.18)的结果，换言之，

$$C''_+ = e^{i\beta}C'_- = e^{i\beta}e^{i\gamma}C_+ = -C_+$$

以及

$$C''_- = e^{i\gamma}C'_+ = e^{i\gamma}e^{i\beta}C_- = -C_-. \qquad (6.21)$$

这两个式子意味着：

$$e^{i\beta}e^{i\gamma} = -1 \quad 或 \quad e^{i\gamma} = -e^{-i\beta}.$$

所以，绕 y 轴旋转 180°的变换就可以写成

$$C'_+ = e^{i\beta}C_-, \ C'_- = -e^{-i\beta}C_+. \qquad (6.22)$$

上面的论证同样适用于绕 xy 平面中的任意轴旋转 180°，当然，不同的轴 β 的数值是不同的。然而，这也是它们唯一可以不同之处。β 取什么数值具有一定的任意性，但是对于 xy 平面上的一个旋转轴，这个数值一经确定以后，对于同一平面上其他任意的旋转轴的数值也就确定了。习惯上对于绕 y 轴旋转 180°选取 $\beta = 0$。

为了证明我们可以作这样的选择，我们假定绕 y 轴旋转时 β 不等于零。那么我们可以证明：在 xy 平面上可以找到另外的某一个轴，绕这一个轴旋转时，相应的相位因子将等于零。图 6-7(a)上表示一个和 y 轴成 α 角的轴 A，我们求对于 A 轴的相位因子 β_A。(为了清楚起见，图上所画的 α 是一个负数，但这是无关紧要的。)假定开始的时候 T 装置和 S 装置在一直线上，然后 T 装置绕 A 轴旋转 180°，旋转以后 T 装置的 3 个坐标轴——我们用 x''，y'' 和 z'' 来标记——表示在图 6-7(a)中。于是，对于 T 的振幅是：

$$C''_+ = e^{i\beta_A}C_-, \ C''_- = -e^{i\beta_A}C_+. \qquad (6.23)$$

我们可以通过图上(b)和(c)所表示的两次连续转动，使装置转到同样的方向上。第一，我们想象装置 U 对于装置 S 绕 y 轴旋转 180°。图 6-7(b)中 x'，y' 和 z' 表示 U 的坐标轴。对于 U 的振幅由式(6.22)给出。

现在注意，我们可以通过绕 U 装置的 z 轴旋转，即绕 z' 轴旋转，从 U 到达 T，如图 6-7(c)所示。你们从图上可以看到，需要转动的角度为 α 的两倍，但是方向相反(对于 z' 而言)。应用式(6.19)的变换，令 $\phi = -2\alpha$，我们得到

$$C''_+ = e^{-i\alpha}C'_+, \ C''_- = e^{+i\alpha}C'_-. \qquad (6.24)$$

结合式(6.24)和(6.22)，我们得到：

$$C''_+ = e^{i(\beta-\alpha)}C_-, \ C''_- = -e^{-i(\beta-\alpha)}C_+. \qquad (6.25)$$

这些振幅一定和我们在式(6.23)中得到的相同。所以 β_A 与 α 及 β 必定以下式相联系：

$$\beta_A = \beta - \alpha. \qquad (6.26)$$

这个式子意味着当 A 轴和(S 的)y 轴之间的夹角 α 等于 β 时，绕 A 轴旋转 180°的变换将有

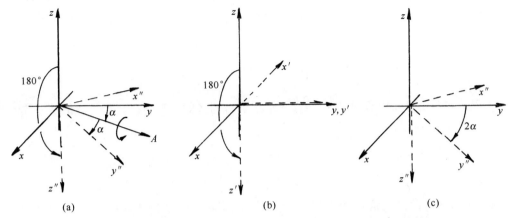

图 6-7 绕 A 轴旋转 $180°$ 等效于先绕 y 轴旋转 $180°$ 再绕 z' 轴旋转

$\beta_A = 0$。

只要垂直于 z 轴的某个轴,具有 $\beta = 0$,我们就可把它选作 y 轴。这纯粹是习惯的问题,在普通的情况中我们就采用它。我们的结果是:对于绕 y 轴作 $180°$ 的旋转,我们有

$$\left. \begin{array}{l} C'_+ = C_- \\ C'_- = -C_+ \end{array} \right\} \text{绕 } y \text{ 轴旋转 } 180°. \tag{6.27}$$

当考虑 y 轴时,我们接着来求绕 y 轴转 $90°$ 的变换矩阵。因为我们知道绕同一个轴接连两次旋转 $90°$ 等于旋转 $180°$,所以可求出这一变换矩阵。我们从把对 $90°$ 的变换写成最普遍的形式开始:

$$C'_+ = aC_+ + bC_-, \quad C'_- = cC_+ + dC_-. \tag{6.28}$$

绕同一个轴的第二次 $90°$ 旋转将具有同样的系数:

$$C''_+ = aC'_+ + bC'_-, \quad C''_- = cC'_+ + dC'_-. \tag{6.29}$$

把式(6.28)和(6.29)结合起来,得到:

$$\begin{array}{l} C''_+ = a(aC_+ + bC_-) + b(cC_+ + dC_-), \\ C''_- = c(aC_+ + bC_-) + d(cC_+ + dC_-). \end{array} \tag{6.30}$$

然而,从式(6.27)我们知道:

$$C''_+ = C_-, \quad C''_- = -C_+,$$

所以,我们必定有:

$$\begin{array}{l} ab + bd = 1, \\ a^2 + bc = 0, \\ ac + cd = -1, \\ bc + d^2 = 0. \end{array} \tag{6.31}$$

从这四个方程式足以确定所有的未知数 a,b,c 和 d。这是不难做到的。考察第二个和第四个方程式。由之推得 $a^2 = d^2$,这意味着 $a = d$,或者 $a = -d$。但是 $a = -d$ 要去掉,因为

如果这个关系成立的话第一个方程式就不正确了,所以 $d=a$。利用这一关系式我们立即可以得到 $b=1/2a$ 以及 $c=-1/2a$。现在我们把各个未知数用 a 表示。譬如,把第二个方程式全部用 a 表示:

$$a^2 - \frac{1}{4a^2} = 0 \quad \text{或} \quad a^4 = \frac{1}{4}.$$

这个方程式有四个不同的解,但其中只有两个给出行列式的标准值。我们可以取 $a=1/\sqrt{2}$;于是 *

$$a = 1/\sqrt{2}, \ b = 1/\sqrt{2},$$
$$c = -1/\sqrt{2}, \ d = 1/\sqrt{2}.$$

换言之,对于两台装置 S 和 T,T 对 S 绕 y 轴旋转 $90°$,变换式为:

$$\left. \begin{aligned} C'_+ &= \frac{1}{\sqrt{2}}(C_+ + C_-) \\ C'_- &= \frac{1}{\sqrt{2}}(-C_+ + C_-) \end{aligned} \right\} \text{绕 } y \text{ 轴旋转 } 90°. \qquad (6.32)$$

当然,我们可以从这些方程式解出 C_+ 和 C_-,这就给出绕 y 轴转动负 $90°$ 的变换。交换"撇"号,将得出结论

$$\left. \begin{aligned} C'_+ &= \frac{1}{\sqrt{2}}(C_+ - C_-) \\ C'_- &= \frac{1}{\sqrt{2}}(C_+ + C_-) \end{aligned} \right\} \text{绕 } y \text{ 轴旋转 } -90°. \qquad (6.33)$$

§6-5 绕 x 轴的转动

你们可能会想:"这样越来越荒谬。接下来他们将做些什么? 绕 y 轴旋转 $47°$,然后绕 x 轴旋转 $33°$ 等,一直这样求下去吗?"不,我们就要结束了。只用两个我们已经求出的变换——绕 y 轴旋转 $90°$。以及绕 z 轴转任意的角度(如果你还记得,我们在一开始就已经把它算出来了)——我们就完全可以做到任意的转动。

作为一个例证,我们讨论绕 x 轴旋转角度 α。我们知道如何处理绕 z 轴旋转角度 α,但是我们现在要的是绕 x 轴旋转。怎样求呢? 第一步,把 z 轴转到 x 的位置——这就是图 6-8 所示的绕 y 轴旋转 $90°$。然后绕 z' 转过角度 α。再绕 y'' 旋转 $-90°$。三次旋转的净效果和绕 x 轴旋转 α 角度是相同的。这是空间的特性。

(这些组合旋转的过程以及它们产生的结果很难直观地掌握。这是比较陌生的,虽然我们生活在三维空间中,但是这样转一转,然后那样转一转会得到些什么结果,对我们来说是很难领会的。假如我们是鱼或者是鸟,真正体会过在空中翻筋斗时发生些什么,或许我们就比较容易理解这些东西。)

---

* 另一个解改变 a, b, c 和 d 的所有符号,它相当于 $-270°$ 的旋转。

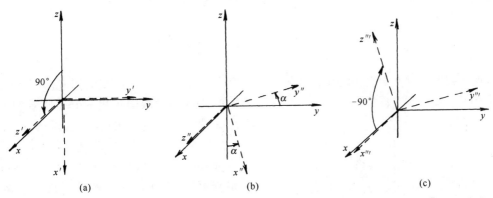

图 6-8　绕 x 轴旋转 α 等效于:(a)绕 y 旋转 $+90°$,接着(b)绕 z' 旋转 α,接着(c)绕 y'' 旋转 $-90°$

　　不管怎样,现在让我们应用已知的结论来求出绕 x 轴旋转 α 的变换关系。第一步绕 y 轴旋转 $+90°$,振幅按照式(6.32)改变。我们把旋转后的坐标轴叫做 x'、y' 和 z',第二步绕 z' 转动角度 α,我们就得到坐标系 x''、y''、z'',对此:

$$C''_+ = e^{i\alpha/2} C'_+, \quad C''_- = e^{-i\alpha/2} C'_-.$$

最后一次绕 y'' 轴作 $-90°$ 旋转使我们得到 x'''、y'''、z''',由式(6.33)

$$C'''_+ = \frac{1}{\sqrt{2}}(C''_+ - C''_-),$$

$$C'''_- = \frac{1}{\sqrt{2}}(C''_+ + C''_-).$$

把上面这两个变换式结合起来,我们得到:

$$C'''_+ = \frac{1}{\sqrt{2}}(e^{+i\alpha/2} C'_+ - e^{-i\alpha/2} C'_-),$$

$$C'''_- = \frac{1}{\sqrt{2}}(e^{+i\alpha/2} C'_+ + e^{-i\alpha/2} C'_-).$$

应用对于 C'_+ 和 C'_- 的方程式(6.32),我们得到完整的变换:

$$C'''_+ = \frac{1}{2}\{e^{+i\alpha/2}(C_+ + C_-) - e^{-i\alpha/2}(-C_+ + C_-)\},$$

$$C'''_- = \frac{1}{2}\{e^{+i\alpha/2}(C_+ + C_-) + e^{-i\alpha/2}(-C_+ + C_-)\}.$$

根据:

$$e^{i\theta} + e^{-i\theta} = 2\cos\theta, \text{ 和 } e^{i\theta} - e^{-i\theta} = 2i\sin\theta,$$

可把上面的公式写成比较简单的形式,于是得到:

$$\left. \begin{aligned} C'''_+ &= \left(\cos\frac{\alpha}{2}\right)C_+ + i\left(\sin\frac{\alpha}{2}\right)C_- \\ C'''_- &= i\left(\sin\frac{\alpha}{2}\right)C_+ + \left(\cos\frac{\alpha}{2}\right)C_- \end{aligned} \right\} \text{绕 } x \text{ 轴旋转 } \alpha. \tag{6.34}$$

这就是绕 x 轴旋转任意角度 α 的变换。它比其他的变换只是稍微复杂一点。

§6-6　任意的旋转

现在我们可以知道对于完全任意的角度应怎样进行变换。首先,我们知道,两个坐标系

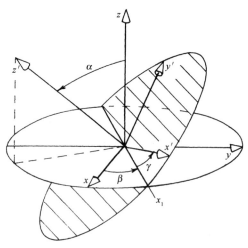

图 6-9　任意坐标系 x', y', z' 相对于另一坐标系 x, y, z 的取向可以用欧拉角 α, β, γ 来规定

之间的任意相对取向可用图 6-9 所示的 3 个角度来描写。假定我们有一组对于 x, y 和 z 而言具有完全任意取向的坐标系 x', y' 和 z',我们可用 3 个欧拉角 α, β, γ 来描写这两个坐标系之间的关系。欧拉角规定了从坐标系 x, y, z 变为坐标系 x', y', z' 的 3 次连续转动。从 x, y, z 开始,我们把坐标绕 z 轴转过角度 β, x 轴转到直线 x_1,然后绕这临时的 x 轴(即 x_1)旋转 α,把 z 转至 z'。最后,绕新的 z 轴(即 z')旋转角度 γ,就使 x 轴变为 x', y 轴变为 y' *。我们已经知道这 3 次旋转的每一次旋转的变换关系——它们由式(6.19)和(6.34)所给出。以适当的顺序把它们结合起来,我们得到:

$$C'_+ = \cos\frac{\alpha}{2}\mathrm{e}^{i(\beta+\gamma)/2}C_+ + i\sin\frac{\alpha}{2}\mathrm{e}^{-i(\beta-\gamma)/2}C_-,$$

$$C'_- = i\sin\frac{\alpha}{2}\mathrm{e}^{i(\beta-\gamma)/2}C_+ + \cos\frac{\alpha}{2}\mathrm{e}^{-i(\beta+\gamma)/2}C_-.$$

$$(6.35)$$

所以仅仅从关于空间性质的某些假设出发,我们就导出了完全任意的旋转的变换关系式。这就意味着,如果我们知道了处于任一状态的自旋为 1/2 的粒子进入坐标为 x, y, z 的施特恩-格拉赫装置 S 的两束射束的振幅,我们就可以算出这种粒子进入坐标为 x', y', z' 的装置 T 中某一射束粒子的比例。换言之,假如我们已经知道自旋为 1/2 的粒子的状态 ψ,它们在 x, y, z 坐标系中相对于 z 轴向"上"和向"下"的振幅是 $C_+ = \langle +| \psi \rangle$ 和 $C_- = \langle -| \psi \rangle$,我们也就知道了相对于另一任意坐标系 x', y', z' 的 z' 轴向"上"和向"下"的振幅。方程式(6.35)中 4 个系数是"变换矩阵"中的项,有了它们,就可把自旋为 1/2 的粒子的振幅投影到另一任意的坐标系中。

现在举几个例子来说明怎样进行这种变换。我们来讨论下面这个简单的问题。将一个自旋 1/2 的原子放入只能透过 $(+z)$ 态的施特恩-格拉赫装置中。这个原子进入 $(+x)$ 态的振幅是什么?$+x$ 轴与系统绕 y 轴旋转 90°后的 $+z'$ 轴相同。对这个问题,用式(6.32)最为简单——虽然你们也可应用式(6.35)这个完整的方程式。因为 $C_+ = 1$, $C_- = 0$,我们得

---

　　* 稍微花一点功夫你们就可以看出,通过下述绕原来的坐标轴作三次旋转也能够把 x, y, z 变换为 x', y', z':①绕原来的 z 轴旋转角度 γ;②绕原来的 x 轴旋转角度 α;③绕原来的 z 轴旋转角度 β。

到 $C'_+ = 1/\sqrt{2}$。概率就等于这些振幅的绝对值的平方,从而粒子有 50% 的机会通过选择 $(+x)$ 态的装置。如果我们问的是 $(-x)$ 态,振幅就是 $-1/\sqrt{2}$,它仍旧给出概率为 $1/2$——正如你们从空间的对称性所预期的。所以,如果粒子处于 $(+z)$ 态,它有同样的可能性进入 $(+x)$ 态和 $(-x)$ 态,只不过相位是相反的。

对于 y 轴也同样合适,在 $(+z)$ 态中的粒子进入 $(+y)$ 或进入 $(-y)$ 的机会是 50 对 50,然而,在这种情况下(应用绕 x 轴旋转 $-90°$ 的公式),振幅为 $1/\sqrt{2}$ 和 $-i/\sqrt{2}$。这一次两个振幅的相位差为 $90°$,这和 $(+x)$ 和 $(-x)$ 相位差为 $180°$ 不同。事实上,这里显示出了 x 和 y 之间的区别。

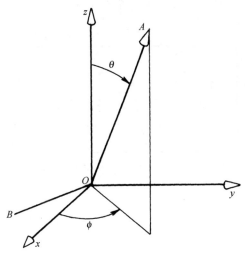

图 6-10　由极角 θ 和 ϕ 定义的 A 轴

作为最后一个例子,假定已知在状态 ψ 中的自旋为 $1/2$ 的粒子是对于某个轴 A "向上"极化的。A 轴由图 6-10 中的 θ 和 ϕ 决定。我们要求出粒子对于 z 轴"向上"的振幅 C_+ 和对于 z "向下"的振幅 C_-。我们可以这样来求这两个振幅:设想 A 是一个坐标系的 z 轴,这个坐标系的 x 轴指向随便哪一个方向——譬如 A 和 z 组成的平面上,然后可以通过 3 次旋转使 A 的坐标系和 x,y,z 重合。首先,绕 A 轴旋转 $-\pi/2$,于是 x 轴落到图上的直线 B 上,然后绕直线 B(坐标系 A 的新的 x 轴)旋转 θ 使 A 和 z 轴重合。最后,绕 z 轴旋转角度 $(\pi/2 - \phi)$。记住,我们只有对于 A 为 $(+)$ 的状态,我们得到

$$C_+ = \cos\frac{\theta}{2}e^{-i\phi/2}, \quad C_- = \sin\frac{\theta}{2}e^{+i\phi/2}. \tag{6.36}$$

最后,我们将以表格形式总结一下本章的结果,这对我们以后的工作是有用的。首先要提醒你们,式(6.35)中的主要结果可以用另外的符号来表示。注意式(6.35)和(6.4)是同一回事。这就是说,式(6.35)中的系数 $C_+ = \langle +S \mid \psi\rangle$ 和 $C_- = \langle -S \mid \psi\rangle$ 就是式(6.4)中的振幅 $\langle jT \mid iS\rangle$——处于 S 的 i 态中的粒子进入 T 的 j 态的振幅(T 相对于 S 的取向由 α,β,γ 表示)。在式(6.6)中我们也把它叫作 R_{ji}^{TS}。(我们的符号太多了!)例如,$R_{-+}^{TS} = \langle -T \mid +S\rangle$ 就是在 C'_- 的公式中 C_+ 的系数,即 $i\sin(\alpha/2)e^{i(\beta-\gamma)/2}$。因此,我们把我们的结果总结一下排列在表 6-1 中。

表 6-1　由图 6-9 的欧拉角 α,β,γ 所定义的旋转的振幅 $\langle jT \mid iS\rangle$
$R_{ij}(\alpha, \beta, \gamma)$

$\langle jT \mid iS\rangle$	$+S$	$-S$
$+T$	$\cos\dfrac{\alpha}{2}e^{i(\beta+\gamma)/2}$	$i\sin\dfrac{\alpha}{2}e^{-i(\beta-\gamma)/2}$
$-T$	$i\sin\dfrac{\alpha}{2}e^{i(\beta-\gamma)/2}$	$\cos\dfrac{\alpha}{2}e^{-i(\beta+\gamma)/2}$

将某些已经求出的简单的特殊情况的振幅列出来，在使用时往往十分方便。令 $R_z(\phi)$ 代表绕 z 轴转过角度 ϕ 的旋转。它也可以代表相应的旋转矩阵（略去下标 i 和 j，这很容易理解）。按照同样的精神，$R_x(\phi)$ 和 $R_y(\phi)$ 分别代表绕 x 轴和绕 y 轴旋转角度 ϕ。在表 6-2 中我们写出矩阵——振幅 $\langle jT|iS\rangle$ 的表——这些是从 S 坐标系投影到 T 坐标系的矩阵元，T 是从 S 经过指定的旋转得到的。

表 6-2　绕 z 轴，x 轴或 y 轴转过角度 ϕ 的旋转 $R(\phi)$ 的振幅 $\langle jT|iS\rangle$

$\langle jT\|iS\rangle$	$R_z(\phi)$		$R_x(\phi)$		$R_y(\phi)$	
	$+S$	$-S$	$+S$	$-S$	$+S$	$-S$
$+T$	$e^{i\phi/2}$	0	$\cos\phi/2$	$i\sin\phi/2$	$\cos\phi/2$	$\sin\phi/2$
$-T$	0	$e^{-i\phi/2}$	$i\sin\phi/2$	$\cos\phi/2$	$-\sin\phi/2$	$\cos\phi/2$

第7章 振幅对时间的依赖关系

§7-1 静止的原子;定态

我们现在要谈一些概率幅在时间中的行为。之所以只讲"一些",是因为时间中的实际行为必然涉及空间中的行为。因此,如果我们正确而详尽地处理这个问题,我们立刻就遇到最复杂的可能情况。我们总是处于这种困境,究竟是选用一种逻辑上严密然而颇为抽象的方式来处理问题,还是选用一种全然不严格、然而能使人对真实情况获得某种概念的方式来处理问题——将更仔细的讨论留到以后去。就能量相关性而言,我们将采用第二种做法。我们将作出一系列陈述。我们不要求严格,只是把业已发现的事实告诉你们,使你们对振幅作为时间的函数的特性得到一些感觉。当我们继续讲下去时,描述的精确性将逐渐增加,所以不要感到不安,似乎我们是在凭空捏造。当然,它确实是完全凭空的——凭借实验以及人类想象之空。但是重温历史的发展要花费太多时间,所以我们必须从其中某个阶段开始。我们可以埋头于抽象方式,并推导出一切——然而这么一来你们不易理解——或者,也可以诉诸大量实验来证实每个论述。我们选取了介于上述两者之间的做法。

虚空空间中只有一个电子时,在一定条件下,它可以有确定的能量。例如,假使它静止着(就是它不作平动,也就没有动量或动能),它具有静止能量。像原子这样较复杂的粒子在静止时也可以有确定的能量,但它也可能由于内部激发而处在另一个能级上。(我们将在以后叙述其中机理。)我们常常可以把处在激发态的原子看作具有确定的能量,但这实际上只是近似正确而已。原子不会永远停留在激发态上,因为它会通过和电磁场相互作用而释放能量。所以,就有产生新状态的振幅——原子跃迁到较低的状态,而电磁场则变为较高的激发态。系统的总能量前后不变,但原子的能量减少了。所以,一个受激原子具有确定的能量这种说法是不精确的,不过这样说常常是方便的,而且并不十分错误。

[附带提一下,为什么原子这样变化而不那样变化? 为什么原子辐射光? 答案必定与熵有关。当能量处在电磁场中时,这些能量有如此多的存在方式——有如此多的地方供它徘徊——如果我们寻求平衡条件的话,我们发现最可能的情况是电磁场受到激发增加光子,原子退激发。要经过很长的时间后光子再返回来,并且发现它会将原子重新激发。这与以下这个经典问题非常类似:为什么加速运动的电荷会辐射? 这并不意味着它"想要"丢掉能量,因为实际上当它辐射时,世界的总能量依然与辐射前一样。辐射或吸收沿着熵增加的方向进行。]

原子核也可处于不同能级,在不计电磁效应的近似下,我们可以说有一个处于激发态的原子核。虽然我们知道它不会永远停留在该状态,但是,从一种多少理想化了的而又易于思考的近似情况着手往往是有用的。在一定的情况下这种近似常常也是合理的。(当我们最初介绍自由落体的经典定律时,并没有把摩擦考虑进去,但几乎从未有过一点摩擦也没有的情况。)

还存在着一些亚核"奇异粒子",它们具有不同的质量。但较重的粒子会衰变为其他的轻粒子,因此说它们具有精确确定的能量也不正确。只当它们永远不发生变化这样说才是正确的。所以,在我们当作它们具有确定能量这一近似时,忽略了这些粒子必定分裂这一事实。目前,我们有意忘掉这种过程,以后再来学习怎样将它们考虑进去。

假设有个原子——或电子,或任何粒子——在静止时具有确定能量 E_0。所谓 E_0 指的是总质量乘以 c^2。这种质量包括了所有内能;所以受激原子具有的质量与处在基态的同样原子的质量不同。(基态的意思是能量最低。)我们称 E_0 为"静止能量"。

对于静止的原子,在各个地方找到它的量子力学振幅处处相同,它与位置无关。当然,这意味着在任何地方找到原子的概率都相同。不过,这里还有更多的含义。概率可以和位置无关,但振幅的相位则可以随着地点而改变。但对静止的粒子来说,整个振幅处处一样,然而它实际上依赖于时间。对于处在具有确定能量 E_0 的状态的粒子来说,在 (x, y, z) 处和时刻 t 找到粒子的振幅是

$$a e^{-i(E_0/\hbar)t}, \tag{7.1}$$

这里 a 是某个常数。此振幅对空间任一点都相同,但它按照式(7.1)依赖于时间。我们就假定这一法则是正确的。

当然,式(7.1)也可写成

$$a e^{-i\omega t}, \tag{7.2}$$

这里

$$\hbar\omega = E_0 = Mc^2,$$

M 是原子或粒子的静质量。这里可以用三种不同的方式来表示能量:振幅的频率,经典意义的能量,或者惯性质量。它们彼此等价,只不过是同一事物的不同说法而已。

你们可能认为,想象一个在整个空间各个地点找到它的振幅都相等的"粒子"未免太不可思议了。无论如何,我们平常总将"粒子"想象为位于"某一地点"的一个小物体。但是,不要忘记不确定性原理。如果一个粒子有确定能量,它也就有确定的动量。如果动量的不确定量为零,那么不确定性原理 $\Delta p \Delta x = \hbar$ 告诉我们,位置的不确定量必定无限大,这正是我们所说的在空间中所有各点找到粒子的振幅都相等这句话的意义。

如果原子内部具有不同总能量的不同状态,那么振幅随时间的变化就不相同。如果你不知道它究竟处于哪种状态,那么它有一定的振幅处于某一状态,也有一定的振幅处于另一状态,而这些振幅各有不同的频率。在这些不同的分量之间将出现如拍音那样的干涉现象,这将表现为变化的概率。在原子内将有某种事情"发生"——即使从质心没有漂移这个意义上来说,整个原子是"静止"的。然而,如果原子有一个确定的能量,振幅由式(7.1)给出,而其绝对值平方与时间无关。由此你们可以看出,如果一个东西有确定能量而我们去追问任何有关于它的概率问题的话,答案将与时间无关。但是如果能量确定,虽然振幅随时间而变,但它按虚指数变化,因而绝对值不变。

这就是为什么我们常说在确定能级上的原子在定态之中。假定你们对原子内部进行任何测量,你们将会发现没有一个量(的概率)会随时间而变化。为使概率随时间变化,必须使不同频率的两个振幅相干,而这就意味着我们不可能知道能量是多少。粒子将具有一定的振幅处在一种能量状态,又具有一定的振幅处在另一种能量状态。这就是当某种东西的行为随时间而变时量子力学对它的描述。

　　如果有这么一种"情况",它是两种能量不同的状态的混合,那么原来各状态的振幅就按式(7.2)随时间而变化,例如

$$e^{-i(E_1/\hbar)t} \quad \text{及} \quad e^{-i(E_2/\hbar)t}. \tag{7.3}$$

如果这二者组合起来,我们就得到干涉。但我们注意到,如在两种能量上都加上一常数,这将毫无影响。如果另外某人采用一种不同的能量标度,使所有能量增加(或减少)同一个常量,譬如说 A ——那么在他看来,两种状态的振幅将是

$$e^{-i(E_1+A)t/\hbar} \quad \text{及} \quad e^{-i(E_2+A)t/\hbar}. \tag{7.4}$$

所有振幅都将乘上同样的因子 $e^{-i(A/\hbar)t}$,因而所有的线性组合或干涉都有同样的因子。在取绝对值平方求概率时,所有的答案都相同。能量标度的原点选择不会造成任何差异,我们可以从我们想选取的任何零点起测量能量。对于相对论的要求来说,测量能量时将静质量也包括在内较好,但对许多非相对论性的情况,从出现的所有能量中都减去某个标准量值常常是有益的。例如,就原子来说,减去 $M_s c^2$ 通常较方便,这里 M_s 是所有各个单独部分——核与电子——的总质量,它当然与整个原子的质量不同。在另一些问题中,从所有能量中减去 $M_g c^2$ 较为有用,这里 M_g 是处在基态的整个原子的质量,于是出现的能量只是原子的激发能。所以,有时我们可以将能量的零点移动很大的一个常量,如果在某个计算中将所有能量都作同样数量的移动,则不会造成任何差别。关于静止粒子我们就讲这些。

§7-2　匀 速 运 动

　　如果我们认为相对论是正确的,那么在一个惯性系中静止的粒子在另一个惯性系中观察可能作匀速运动。在粒子静止的参考系中,概率振幅对所有的 x, y 及 z 都相同,但它将随时间 t 而变化。振幅的大小对所有 t 都相同,但相位则依赖于 t。如果画出作为 x 与 t 的函数关系等相位线——譬如说零相位线——我们就可得到一种表示振幅行为的图。对于静止的粒子,这些等相位线平行于 x 轴而在 t 轴上等间隔分布,如图 7-1 的虚线所示。

　　另一个不同的参考系—— x', y', z', t' ——相对于粒子在譬如说 x 方向上运动,空间任一点的坐标 x' 与 t' 通过洛伦兹变换和 x 与 t 相联系着。如图 7-1 中那样画出 x' 与 t' 轴,就可将这种变换用图来表示。(见第 1 卷第 17 章图 17-2。)你们可以看出,在 x'-t' 系中等相位 * 点沿着 t' 轴的间隔与 t 轴的不相同,因而时间变化频率是不相同的。同样,相位随 x' 也有变化,所以概率振幅必定也是 x' 的函数。

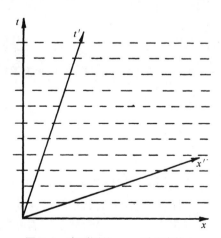

图 7-1　在不同的 x-t 系统中静止粒子振幅的相对论性变换

---

　　* 这里我们假设在两个参考系中对应的点具有相同的相位值。然而这是个微妙的问题,因为量子力学振幅的相位在很大程度上是任意的。为了完全证明这个假设,需要对两个或者多个振幅之间的干涉进行更仔细的讨论。

对以速度 v 沿着负 x 方向运动的洛伦兹变换中 t 与 t' 之间的关系是

$$t = \frac{t' - x'v/c^2}{\sqrt{1 - v^2/c^2}},$$

所以现在振幅的变化方式就是

$$\mathrm{e}^{-(i/\hbar)E_0 t} = \mathrm{e}^{-(i/\hbar)(E_0 t'/\sqrt{1-v^2/c^2} - E_0 vx'/c^2 \sqrt{1-v^2/c^2})}.$$

在带撇的系统中它既随时间变化,也随空间变化。如果我们把振幅写成

$$\mathrm{e}^{-(i/\hbar)(E'_p t' - p'x')},$$

就可以看出 $E'_p = E_0/\sqrt{1 - v^2/c^2}$ 是在经典物理含义上对一个静止能量为 E_0 而以速度 v 运动的粒子所求得的能量,而 $p' = E'_p v/c^2$ 是相应的粒子动量。

你们知道 $x_\mu = (t, x, y, z)$ 及 $p_\mu = (E, p_x, p_y, p_z)$ 都是四维矢量,而 $p_\mu x_\mu = Et - \boldsymbol{p} \cdot \boldsymbol{x}$ 是个标量不变量。在粒子的静止参考系中,$p_\mu x_\mu$ 就是 Et,所以如果变换到另一个坐标系中,Et 应代之以

$$E't' - \boldsymbol{p}' \cdot \boldsymbol{x}'.$$

于是,动量为 $\boldsymbol{p}$ 的粒子的概率幅将正比于

$$\mathrm{e}^{-(i/\hbar)(E_p t - \boldsymbol{p} \cdot \boldsymbol{x})}, \tag{7.5}$$

这里 E_p 是动量为 p 的粒子的能量,即

$$E_p = \sqrt{(pc)^2 + E_0^2}, \tag{7.6}$$

像前面一样,上式 E_0 是静能。对于非相对论性问题,

$$E_p = M_s c^2 + W_p, \tag{7.7}$$

这里 W_p 是原子各组成部分的静能 $M_s c^2$ 之外的能量。一般地讲,W_p 既包括原子动能,也包括可称之为“内”能的结合能或激发能。W_p 可以写成

$$W_p = W_内 + \frac{p^2}{2M}, \tag{7.8}$$

而振幅是

$$\mathrm{e}^{-(i/\hbar)(W_p t - \boldsymbol{p} \cdot \boldsymbol{x})}. \tag{7.9}$$

由于我们一般进行的是非相对论性计算,所以将使用概率幅的这个表达式。

注意,根据我们的相对论性变换,无须任何附加假设,就可得出在空间运动的原子的振幅变化。由式(7.9)空间变化的波数为

$$k = \frac{p}{\hbar}; \tag{7.10}$$

因而波长是

$$\lambda = \frac{2\pi}{k} = \frac{h}{p}. \tag{7.11}$$

这跟前面我们所用的动量为 p 的粒子的波长相同。德布罗意正是以这个方式首先得出这

个公式的。对一个运动粒子,振幅变化的频率仍由下式得出

$$\hbar\omega = W_p. \tag{7.12}$$

式(7.9)的绝对值平方正好是 1,所以对一个具有确定能量的运动粒子,在任何地方找到它的概率都相同,并且不随时间变化。(重要的是应当注意振幅是复数波。假如我们用的是实数正弦波表示,其平方就会随位置而变化,而这是不正确的。)

当然,我们知道存在着粒子由一处运动到另一处的情况,因而概率随位置和时间而变化。怎样来描写这种情况呢? 我们可以这样做,把振幅看成两个或两个以上的对应于确定能量状态的振幅之叠加。我们已经在第 1 卷第 48 章讨论过这种情况——即使对概率振幅而言也同样适用! 我们发现具有不同波数 k(即动量)及不同频率 ω(即能量)的两个振幅之和将给出干涉峰或拍,因此振幅的平方就随着空间与时间变化。我们也发现这些拍以下式给出的所谓"群速度"运动:

$$v_g = \frac{\Delta\omega}{\Delta k},$$

这里 Δk 与 $\Delta\omega$ 分别是两列波的波数之差与频率之差。对更复杂的波——由许多频率全都相近的振幅叠加而成——来说,群速度是

$$v_g = \frac{\mathrm{d}\omega}{\mathrm{d}k}. \tag{7.13}$$

取 $\omega = E_p/\hbar$ 及 $k = p/\hbar$,我们看到

$$v_g = \frac{\mathrm{d}E_p}{\mathrm{d}p}. \tag{7.14}$$

利用式(7.6),我们有

$$\frac{\mathrm{d}E_p}{\mathrm{d}p} = c^2\,\frac{p}{E_p}. \tag{7.15}$$

但 $E_p \approx Mc^2$,所以

$$\frac{\mathrm{d}E_p}{\mathrm{d}p} \approx \frac{p}{M}, \tag{7.16}$$

这正是粒子的经典速度。或者,如果使用非相对论性表达式(7.7)和(7.8),我们有

$$\omega = \frac{W_p}{\hbar} \quad \text{和} \quad k = \frac{p}{\hbar},$$

以及

$$\frac{\mathrm{d}\omega}{\mathrm{d}k} = \frac{\mathrm{d}W}{\mathrm{d}p} = \frac{\mathrm{d}}{\mathrm{d}p}\left(\frac{p^2}{2M}\right) = \frac{p}{M}, \tag{7.17}$$

这样又得到了经典速度。

于是我们的结果是,如果有几个能量几乎相同的纯能量状态的振幅,它们的干涉将产生概率"团",以具有同样能量的粒子的经典速度在空间运动。然而,应当说明,当我们说将两列波数不同的波叠加所得到的拍对应于运动粒子的时候,我们已经引进了不能由相对论推出的某种新的东西。我们讲过静止粒子的振幅如何,还要推知如果粒子运动,振幅又将如何。但由这样的论证不可能推论出当两列波以不同速度移动时会发生些什么。如果我们使

其中一列停下,就不能停止另一列。所以我们无形中添加了额外的假设,即不仅式(7.9)是个可能的解,而且对于同样的系统还存在具有各种动量 p 的解,并且这些不同的项会发生干涉。

§7-3 势能;能量守恒

现在我们来讨论当粒子能量可以变化时将出现什么情况。我们从下述问题开始考虑。粒子在一个可用势描述的力场中运动,首先讨论势是常数的效应。假设有个大金属盒,将其静电势升高到 ϕ,如图 7-2 所示。如果在盒内有带电体,它们的势能将是 $q\phi$(我们称之为 V),完全与位置无关。因为恒势对盒内所发生的任何事情都没有影响,因此在盒内的物理状况不会发生任何变化。我们既然没法推知答案是什么,那就必须进行猜测。你们多少会料到一个合理的猜测是:能量必定是势能 V 与能量 E_p 的和,这里 E_p 本身就是内能与动能的和。于是,振幅正比于

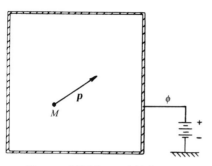

图 7-2 质量为 M,动量为 p 的粒子处在一个恒势区域中

$$e^{-(i/\hbar)[(E_p+V)t-p\cdot x]}. \tag{7.18}$$

一般的原则是:t 的系数(可称之为 ω)总是由系统的总能量给出,即内能(或"质量")加动能再加势能:

$$\hbar\omega = E_p + V. \tag{7.19}$$

或者,对非相对论性情况有

$$\hbar\omega = W_{内} + \frac{p^2}{2M} + V. \tag{7.20}$$

现在,盒内会出现什么物理现象呢? 如果存在着几个不同的能量状态,我们将得到什么结果? 对每个状态的振幅都有一个相同的附加因子

$$e^{-(i/\hbar)Vt},$$

其余的因子都是 $V=0$ 时的项。这只不过好像改变了能量标度的零点。它使所有的振幅都产生相同的相位变化,但我们在前面已经看到,这并不会使概率有任何改变。所有的物理现象都相同。(我们假定讨论的是同一个带电体的不同状态,因此 $q\phi$ 对所有的状态都一样。如果带电体由一个状态变到另一个状态时电荷也会变化,那就会有完全不同的结果,但电荷守恒防止了这种情况的出现。)

至此,我们的假设与我们对参照能级的变化所预期的情况是相符的。但如它确实正确,那就应当对势能不是恒量的情况亦成立。一般而言,V 可以随空间与时间两者以任意方式变化,有关振幅的完整结果必须借微分方程求得。我们不打算立刻就来处理这种一般情况,而只想对某些事情怎样发生获得一些概念,所以我们将考虑只随空间作极缓慢变化而对时间为恒定的势场,这样我们就可以将经典概念与量子概念作一比较。

设想如图 7-3 所示的情况:有两个分别具有恒势 ϕ_1 与 ϕ_2 的盒子。假设在它们之间的

区域中势从一个值平滑地变化到另一个值,我们
设想在任何一个区域中都有找到某个粒子的振
幅,并假定粒子的动量足够大,以至在任何有很多
波长的小区域内势几乎是恒定的。于是我们会认
为在空间的任何部分,振幅应具式(7.18)那样
的形式,而其中的 V 取所在的该部分空间的值。

让我们考虑一个 $\phi_1 = 0$ 的特殊情况,因而此
处势能为 0,但 $q\phi_2$ 为负值,所以按照经典观点,在
第二个盒子内的粒子具有更多的能量。按照经典
观点,粒子在第二个盒内将跑得快些——它将具
有更多能量,从而有更大的动量。现在来看一下
怎样能从量子力学来得出这个结论。

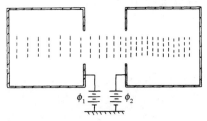

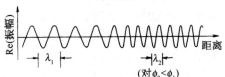

图 7-3　粒子由一个势场转移
至另一个势场的振幅

依照所作的假设,在第一个盒中的振幅将正比于

$$e^{-(i/\hbar)[(W_{内}+p_1^2/(2M)+V_1)t-p_1\cdot x]}, \tag{7.21}$$

而在第二个盒内的振幅正比于

$$e^{-(i/\hbar)[(W_{内}+p_2^2/(2M)+V_2)t-p_2\cdot x]}. \tag{7.22}$$

(这里认为内能不变,因而在两个区域中都相同。)现在的问题是这两个振幅在两盒子之间的
区域中如何相匹配?

我们假设势不随时间变化,即所有条件都不发生变化。于是我们就可假定各处不同的
振幅(即其相位)都有相同的频率——可以说在"介质"中没有任何事情与时间有关。如果空
间中没有任何变化,我们可以认为在一个区域中的波在全部空间中"产生"出子波,它们全都
以相同频率振动——就像光波通过几种静止的材料时不改变它们的频率一样。如果式
(7.21)和(7.22)中的频率相同,就必定有

$$W_{内} + \frac{p_1^2}{2M} + V_1 = W_{内} + \frac{p_2^2}{2M} + V_2. \tag{7.23}$$

两边都正好等于经典的总能量,故式(7.23)就是能量守恒的表述。换言之,与能量守恒的经
典表述相等价的量子力学表述是:如果条件不随时间变化,则粒子的频率到处都相同。这一
切都与 $\hbar\omega = E$ 这个概念相符合。

在上述特例中 $V_1 = 0$,而 V_2 为负。式(7.23)给出 p_2 大于 p_1,所以区域 2 中波的波长
较短。等相面由图 7-3 中虚线表示出来。我们也画出了振幅的实部图,它再次显示出由区
域 1 至区域 2 波长减少的情况。波的群速度 p/M 也按照我们由经典的能量守恒关系所预
期的方式增加,因为经典能量守恒律由式(7.23)所表示。

有一种有趣的特殊情况是:V_2 很大以至 $V_2 - V_1$ 大于 $p_1^2/(2M)$,这时,由公式

$$p_2^2 = 2M\left[\frac{p_1^2}{2M} - V_2 + V_1\right] \tag{7.24}$$

给出的 p_2^2 为负值。这意味着 p_2 是个虚数,譬如说 ip',按照经典的观点我们会说粒子绝不
会进入区域 2,它没有足够的能量越过势垒。然而,在量子力学上,振幅仍由式(7.22)给出,

它随空间的变化方式仍是

$$e^{(i/\hbar)p_2 \cdot x}.$$

但如 p_2 是虚数,空间相关性变为实指数形式。譬如说粒子原先沿+x 方向运动,那么振幅则按

$$e^{-p'x/\hbar} \tag{7.25}$$

而变化,它随着 x 的增加而迅速减小。

设想这两个具有不同势的区域互相非常靠近,这样势能从 V_1 突然变为 V_2,如图 7-4(a)所示。如果我们画出振幅的实部,就得到图 7-4(b)中所示的曲线。在区域 1 中的波对应于试图进入区域 2 的粒子,但在进入区域 2 后振幅就迅速衰减了。在区域 2 中还是有可以观察到粒子的机会——在经典(观念)上它是根本不可能达到该区域的——但除去紧靠边界处外,振幅是非常小的。这种情况与我们在光的全内反射情况中所见到的极为相像。这时光没有像通常那样射出,但若在离表面的一两个波长的地方放上某种东西,我们就可以观察到光。

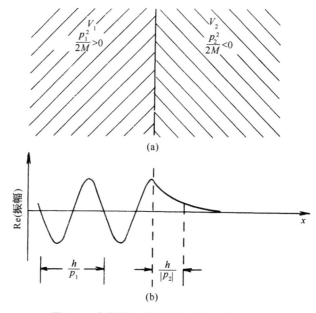

图 7-4 向很强的推斥势运动的粒子的振幅

你们一定还记得,如果将另一个表面紧靠着光全反射的那个边界面,就会发现有一些光透射到了第二块材料中。在量子力学中粒子也发生相类似的情况。如在一个狭小区域中有一个颇大的势 V 以至于使经典意义上的动能为负,按照经典的观点粒子绝不会通过这个区域。但在量子力学中,指数衰减的振幅可以通过这个区域,给出在动能重新为正的另一边找到粒子的微小概率,情况如图 7-5 所示。这个效应就称为量子力学的"势垒穿透"效应。

量子力学振幅的势垒穿透对铀核的 α 粒子衰变作出了解释——或者说描述。如图 7-6(a)所示为 α 粒子的势能作为离铀核中心之距离的函数。如果我们打算把一个能量为 E 的 α 粒子射入铀核,它将会受到来自核电荷 Z 的静电斥力,按照经典力学,它不可能靠得比距离

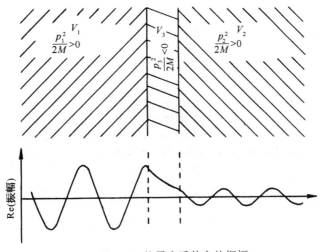

图 7-5 粒子穿透势垒的振幅

r_1 更近,在 r_1 处它的总能量与势能 V 相等。然而,在原子核内部,因为短程核力的强烈吸引,势能就大为降低。那么,在放射衰变中我们发现具有能量 E 的 α 粒子由核内射出,这是怎么回事呢?原因是它们带有能量 E 从核内出发,并"透"过势垒。概率幅大致如图7-6(b)所示。当然实际上指数衰减要比图中画的大得多。事实上,令人非常惊异的是,铀核中的 α 粒子的平均寿命长达 45 亿年,而核内的固有振动极快——约为 10^{22} Hz!怎么可能由 10^{-22} s 得出 10^9 年这样一个数呢?答案在于指数提供了约为 e^{-45} 这样极其微小的因子,这就得到了极其微小的、然而是确定的渗漏概率。一旦 α 粒子处在核中,在外部几乎就没有找到它的振幅,然而,如果你们取许多铀核,并且等待足够长时间的话,你们就可能有幸发现一个 α 粒子跑了出来。

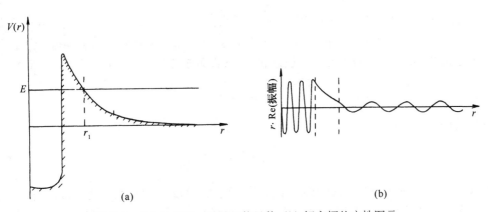

图 7-6 (a)铀核中 α 粒子的势函数;(b)概率幅的定性图示

§7-4 力;经典极限

假设有个运动粒子穿过一个区域,在该区域内,存在着一个在垂直于运动方向上变化的势场。按照经典的观点我们可以用图 7-7 来描述这种情况。如粒子沿 x 方向运动,进入一个势

随 y 而变化的区域,那么这个粒子将从力 $F=-\partial V/\partial y$ 得到一个横向的加速度。如果只是在宽为 w 的有限区域中存在力的作用,那么作用时间只是 w/v。粒子获得的横向动量就将是

$$p_y = F\frac{w}{v},$$

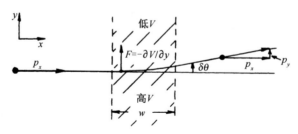

图 7-7　在横向势梯度作用下粒子的偏转

而偏转角 $\delta\theta$ 就是

$$\delta\theta = \frac{p_y}{p} = \frac{Fw}{pv},$$

这里 p 是初始动量。用 $-\partial V/\partial y$ 代 F,就有

$$\delta\theta = -\frac{w}{pv}\frac{\partial V}{\partial y}. \tag{7.26}$$

现在我们该来看一下,所设想的式(7.20)那样的波是否能解释这样的结果。我们从量子力学角度来看这同一件事,假设每样东西的尺度与概率幅波的波长相比都非常大。在任何小区域内我们可以说振幅依下式变化

$$e^{-(i/\hbar)[(W+p^2/(2M)+V)t-p\cdot x]}. \tag{7.27}$$

我们是否能由此看出当 V 具有横向梯度时上式会造成粒子的偏转呢? 在图 7-8 中我们描绘了概率波的样子。我们所画的是一系列"等相位"线,你们可将它们看作振幅的相位为零的面。在每个小区域中,相邻等相位线之间的距离,即波长是

$$\lambda = \frac{h}{p},$$

p 与 V 之间的关系是

$$W + \frac{p^2}{2M} + V = 常数. \tag{7.28}$$

在 V 较大区域中,p 较小,波长就较长。因此等相位线之间的角度就发生变化,如图中所示。

为求出波的等相位线的角度的变化,我们注意到,对于图 7-8 中 a 和 b 两条路径而言,存在着势差 $\Delta V=(\partial V/\partial y)D$,所以两条路径上就有动量差 Δp,这可由式(7.28)得出:

$$\Delta\left(\frac{p^2}{2M}\right) = \frac{p}{M}\Delta p = -\Delta V. \tag{7.29}$$

因此,沿两条路径上的波数 $p/\hbar$ 是不同的,这意味着相位以不同的速率前进。相位增加率的差值是 $\Delta k=\Delta p/\hbar$,于是经过距离 w 后的总的相位差是

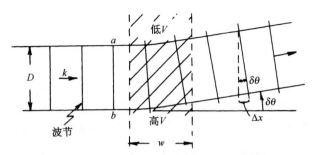

图 7-8　在具有横向势梯度的区域中的概率幅波

$$\Delta(相位) = \Delta k \cdot w = \frac{\Delta p}{\hbar}w = -\frac{M}{p}\frac{1}{\hbar}\Delta V \cdot w. \qquad (7.30)$$

这就是当波离开狭条阴影区时沿路径 b 的相位"超前"于沿路径 a 的相位的数量。而在狭条外的区域中,这一数量的相位超前对应于等位相线超前的数量为

$$\Delta x = \frac{\lambda}{2\pi}\Delta(相位) = \frac{\hbar}{p}\Delta(相位)$$

或

$$\Delta x = -\frac{M}{p^2}\Delta V \cdot w. \qquad (7.31)$$

参考图 7-8,我们看到新的波前将偏转 $\delta\theta$, $\delta\theta$ 可由下式得出

$$\Delta x = D\delta\theta, \qquad (7.32)$$

于是我们有

$$D\delta\theta = -\frac{M}{p^2}\Delta V \cdot w. \qquad (7.33)$$

如果用 v 代替 p/M,用 $\partial V/\partial y$ 代替 $\Delta V/D$,上式就与式(7.26)相同。

我们刚才所得结果只是在势缓慢而光滑变化的情况下(我们称此为经典极限)才是正确的。我们证明了在这些条件下,假如势 V 对概率幅相位的贡献是 $Vt/\hbar$ 的话,我们将得出与由 $F = ma$ 所得的同样的粒子运动。在经典极限下,量子力学与牛顿力学相一致。

§7-5　自旋 1/2 粒子的"进动"

注意,我们还不曾对势能作过任何特殊的假定——它只是个由其导数可求出力的能量。例如在施特恩-格拉赫实验中,能量是 $U = -\boldsymbol{\mu} \cdot \boldsymbol{B}$,如果 $\boldsymbol{B}$ 在空间中变化,由 U 就能求出力来。如果我们要作一个量子力学描述,就可以说一束粒子的能量按一种方式变化,另一束粒子的能量则按相反的方式变化。(我们可以将磁能 U 归入势能 V 中,也可以归入"内"能 W 中,这并没有什么关系。)由于能量的变化,波被折射,粒子束往上或往下偏转。(现在我们看到量子力学所给出的弯曲和由经典力学计算所得的结果相同。)

从振幅对势能的依赖关系,我们也可以预期:如果粒子处在沿 z 方向均匀的磁场中,它的概率幅必定按

$$e^{-(i/\hbar)(-\mu_z B)t}$$

而随时间变化。(事实上,我们可以把这作为 μ_z 的定义。)换言之,假如我们把一个粒子置于均匀磁场 B 中,经过一段时间 τ,其概率幅将为无磁场时的概率幅乘以

$$e^{-(i/\hbar)(-\mu_z B)\tau}.$$

由于对自旋 1/2 粒子来说,μ_z 可以是某个数 μ 的正值或负值,因而在匀磁场中这两种可能状态的相位将有同样的变化率,但沿着相反的方向。两种振幅分别要乘以

$$e^{\pm(i/\hbar)\mu B\tau}. \tag{7.34}$$

这个结果会得出一些有趣的结论:假定有个自旋 1/2 粒子处于某个不完全朝上或朝下的状态,我们可以用处于纯粹朝上和纯粹朝下状态的振幅来描述这一状态,但在磁场中,这两个态的相位将有不同的变化率。所以如果要问一些有关振幅的问题,那么答案将取决于它在磁场中已停留了多长时间。

作为一个例子,我们考虑 μ 子在磁场中的衰变。当 μ 子作为 π 介子衰变的产物而形成时,它们是极化的(换言之,它们有着优先的自旋取向)。接着,μ 子衰变——平均约为 2.2 μs——发射出一个电子及两个中微子:

$$\mu \longrightarrow e + \nu + \bar{\nu}.$$

发现在这个衰变中(至少在最高能量下)电子优先在与 μ 子自旋方向相反的方向上发射出来。

假设我们考虑一个如图 7-9 所示的实验安排。如果极化的 μ 子从左方射入而在一块材料的 A 中停了下来,稍过一会儿它们就会衰变。一般地说,电子将向一切可能方向飞出。然而,假定当 μ 子进入这块停在 A 处的物质时,全都带有沿 x 方向的自旋。如果没有磁场的话,将会在衰变方向上存在某种角分布,我们想要知道的是磁场的存在怎样改变这种分布。我们预期分布会以某种方式随时间而变。通过求出任何时刻在 $(+x)$ 态找到 μ 子的振幅,我们就可以知道发生了什么。

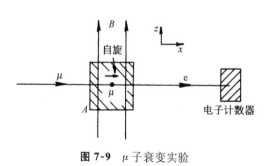

图 7-9　μ 子衰变实验

这个问题可以表述为:已知一个 μ 子在 $t = 0$ 时其自旋沿 $+x$ 方向,那么在 τ 时刻它处在同一自旋态的振幅为何? 关于自旋 1/2 粒子处在与自旋相垂直的磁场中的行为,我们现在还没有任何法则,但我们知道磁场对于自旋朝上或朝下的状态所产生的影响——它们的振幅需乘以式(7.34)的因子。于是我们的办法就是选择这样一种表象,其中的基础态对 z 方向(场方向)而言为自旋朝上和自旋朝下。任何问题都可参照这两个态的振幅来表达。

让我们设 $\psi(t)$ 表示 μ 子状态。当它进入块状物 A 时,其状态为 $\psi(0)$,我们想知道晚些时刻 τ 的 $\psi(\tau)$。如果用 $(+z)$ 与 $(-z)$ 表示两个基础态,我们知道 $\langle +z \mid \psi(0) \rangle$ 及 $\langle -z \mid \psi(0) \rangle$ 这两个振幅——我们知道这些振幅,因为我们知道 $\psi(0)$ 表示自旋沿 $(+x)$ 方向的状态。由

上一章所得的结果,这些振幅是 *

$$\langle +z \mid +x \rangle = C_+ = \frac{1}{\sqrt{2}}$$

及 （7.35）

$$\langle -z \mid +x \rangle = C_- = \frac{1}{\sqrt{2}}.$$

它们正好相等。由于这些振幅涉及的是 $t = 0$ 时的状况,让我们称它们为 $C_+(0)$ 及 $C_-(0)$。

现在我们知道这两个振幅将如何随时间变化。利用式(7.34),我们有

$$C_+(t) = C_+(0)e^{-(i/\hbar)\mu Bt}$$

及

$$C_-(t) = C_-(0)e^{+(i/\hbar)\mu Bt}. \tag{7.36}$$

但如我们求得了 $C_+(t)$ 及 $C_-(t)$,也就知道了在时刻 t 的一切状况。唯一的困难在于我们想要知道的是在 t 时刻自旋沿 $+x$ 方向的概率。然而,我们的一般法则可以处理这个问题。我们将 t 时刻处在 $(+x)$ 状态的振幅记为 $A_+(t)$,

$$A_+(t) = \langle +x \mid \psi(t) \rangle = \langle +x \mid +z \rangle\langle +z \mid \psi(t) \rangle + \langle +x \mid -z \rangle\langle -z \mid \psi(t) \rangle$$

或

$$A_+(t) = \langle +x \mid +z \rangle C_+(t) + \langle +x \mid -z \rangle C_-(t). \tag{7.37}$$

再利用前章的结果——或者最好用第 5 章的等式 $\langle \phi \mid x \rangle = \langle x \mid \phi \rangle^*$ ——我们知道

$$\langle +x \mid +z \rangle = \frac{1}{\sqrt{2}},$$

$$\langle +x \mid -z \rangle = \frac{1}{\sqrt{2}}.$$

于是我们就知道了式(7.37)中的所有量,从而得到

$$A_+(t) = \frac{1}{2}e^{(i/\hbar)\mu Bt} + \frac{1}{2}e^{-(i/\hbar)\mu Bt},$$

或

$$A_+(t) = \cos\frac{\mu B}{\hbar}t.$$

这是多么简单的一个结果! 注意这个答案与我们预期的 $t = 0$ 时的结果一致。我们得到 $A_+(0) = 1$,这是正确的,因为我们假设 $t = 0$ 时 μ 子就处在 $(+x)$ 态中。

在 t 时刻找到 μ 子处在 $(+x)$ 态的概率 P_+ 是 $(A_+)^2$,即

$$P_+ = \cos^2\frac{\mu Bt}{\hbar}.$$

---

* 如果你们跳过了第 6 章,可以在此刻把式(7.35)作为尚未推导过的法则。我们在后面(第 10 章)将对自旋进动作更全面的讨论,包括把这些振幅推导出来。

概率在 0 与 1 之间振荡，如图 7-10 所示。注意当 $\mu Bt/\hbar = \pi$（不是 2π）时概率回到 1。因为我们已将余弦函数平方，概率以频率 $2\mu B/\hbar$ 自身重复。

于是我们发现，图 7-9 中的电子计数器捕获衰变电子的机会随 μ 子处于磁场中的时间作周期变化。变化频率与磁矩 μ 有关。事实上，μ 子的磁矩正是以这种方式测得的。

当然，我们可以利用同样的方法来回答有关 μ 子衰变的任何其他问题。比方说，在与 x 方向成 90°但仍与磁场方向垂直的 y 方向上检测到衰变电子的机会如何随时间 t 而变？如果你们把它求出来，处在 $(+y)$ 态的概率将按 $\cos^2\{(\mu Bt/\hbar) - \pi/4\}$ 随时间变化，它的振动周期与前相同，但是晚了四分之一周期才达到最大值，即当 $\mu Bt/\hbar = \pi/4$。事实上所出现的情况是，随着时间的推移，μ 子经历一系列状态，它们对应着在绕着 z 轴的不断转动的方向上的完全极化，我们可以这样来描述这种情况：自旋以频率

$$\omega_p = \frac{2\mu B}{\hbar} \tag{7.38}$$

作进动。

你们开始看到，在描述事物如何随时间而变的行为时量子力学所采取的表述方式是怎样的。

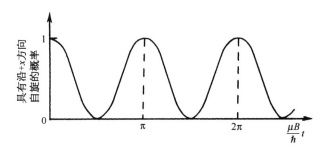

图 7-10　自旋 1/2 粒子对于 x 轴处于 $(+)$ 态的概率与时间的关系

第8章 哈密顿矩阵

§8-1 振幅与矢量

在开始讲述本章的主题前,我们想来描述一些在量子力学文献中用得很多的数学概念。了解它们会使你们阅读这方面的其他书籍或论文时更为方便。第一个概念是:量子力学的方程与两个矢量的标积方程数学上十分相似。你们记得,如果 χ 和 ϕ 是两个状态,那么从 ϕ 态开始而终止于 χ 态的振幅,可以写成由 ϕ 进入一组完全的基础态中各个基础态,再由各基础态进入 χ 态之振幅,最后对这一组全部基础态求和:

$$\langle \chi \mid \phi \rangle = \sum_{\text{所有} i} \langle \chi \mid i \rangle \langle i \mid \phi \rangle. \tag{8.1}$$

我们曾用施特恩-格拉赫装置解释这点,但要提醒你们注意:这里并不需要有这种装置。式(8.1)是数学定律,不论我们是否装上过滤设备,它总是正确的——不用老是想象有仪器在那儿。我们可以简单地把它看作振幅 $\langle \chi \mid \phi \rangle$ 的一个公式。

我们把式(8.1)与两个矢量 $\boldsymbol{B}$ 及 $\boldsymbol{A}$ 的点积公式作个比较。如果 $\boldsymbol{B}$ 与 $\boldsymbol{A}$ 是三维空间中的普通矢量,我们可以将点积写成

$$\sum_{\text{所有} i} (\boldsymbol{B} \cdot \boldsymbol{e}_i)(\boldsymbol{e}_i \cdot \boldsymbol{A}), \tag{8.2}$$

这里符号 $\boldsymbol{e}_i$ 表示沿 x, y 及 z 方向的 3 个单位矢量。于是 $\boldsymbol{B} \cdot \boldsymbol{e}_1$ 就是通常所说的 B_x;$\boldsymbol{B} \cdot \boldsymbol{e}_2$ 则是通常说的 B_y;等等。这样,式(8.2)就等同于

$$B_x A_x + B_y A_y + B_z A_z,$$

这就是 $\boldsymbol{B} \cdot \boldsymbol{A}$ 的点积。

比较式(8.1)与(8.2),可以看出下述类似点:态 χ 与 ϕ 对应于两个矢量 $\boldsymbol{B}$ 与 $\boldsymbol{A}$,诸基础态 i 对应于一些特定的矢量 $\boldsymbol{e}_i$,我们用这些矢量来表示所有其他矢量。任何矢量都可表示成 3 个“基矢”$\boldsymbol{e}_i$ 的线性组合。而且,如果你知道该组合中每个“基矢”的系数——矢量的 3 个分量——你就知道了这个矢量的一切。类似地,任何量子力学状态可以用处在各个基础态的振幅 $\langle i \mid \phi \rangle$ 完全地表示出来,如果知道了这些系数,也就知道了有关此态的一切。因为存在着这样切近的类比,我们也常常将“态”称为“态矢量”。

由于基矢 $\boldsymbol{e}_i$ 都互相垂直,就有关系式

$$\boldsymbol{e}_i \cdot \boldsymbol{e}_j = \delta_{ij}, \tag{8.3}$$

这与各基础态 i 之间的关系式(5.25)相对应:

$$\langle i \mid j \rangle = \delta_{ij}.\tag{8.4}$$

现在你们可以明白,为什么人们说基础态 i 全都"正交"。

在式(8.1)与点积之间有个小小的差别。我们知道

$$\langle \phi \mid \chi \rangle = \langle \chi \mid \phi \rangle^{*},\tag{8.5}$$

但在矢量代数中,

$$\boldsymbol{A} \cdot \boldsymbol{B} = \boldsymbol{B} \cdot \boldsymbol{A}.$$

由于在量子力学中使用了复数,我们必须始终保持各项的先后次序,而在点积中,次序是无关紧要的。

现在来考虑下列矢量等式:

$$\boldsymbol{A} = \sum_{i} \boldsymbol{e}_i \cdot (\boldsymbol{e}_i \cdot \boldsymbol{A}).\tag{8.6}$$

这种写法有点与众不同,但它是正确的。它的含义与下式相同:

$$\boldsymbol{A} = \sum_{i} A_i \cdot \boldsymbol{e}_i = A_x \boldsymbol{e}_x + A_y \boldsymbol{e}_y + A_z \boldsymbol{e}_z.\tag{8.7}$$

不过请注意,式(8.6)涉及到一个不同于点积的量。点积只是数,而式(8.6)是矢量方程。矢量分析的一大诀窍就是从方程中抽象出矢量概念本身。或许有人也同样想从量子力学公式(8.1)中抽象出一个类似于"矢量"的东西来——这的确可以。我们将式(8.1)的两边移去 $\langle\chi|$,从而写出如下方程(别怕,这只是个记法,不一会儿你们就会弄清符号的含义):

$$\mid \phi \rangle = \sum_{i} \mid i \rangle\langle i \mid \phi \rangle.\tag{8.8}$$

人们将括号 $\langle\chi|\phi\rangle$ 分为两半。后半个括号 $|\phi\rangle$ 常称为右矢(ket),前半个括号 $\langle\chi|$ 称为左矢(bra)[放在一起,就构成"左-右"("bra-ket")——这是狄拉克提出的符号],半括号 $\langle\chi|$ 及 $|\phi\rangle$ 也称为态矢量。无论如何,它们不是数,而一般来说,我们希望计算所得的结果为数,所以这些"未完成"的量只是计算中的过渡步骤。

实际上,迄今我们的所有结果都用数表示。我们是怎样设法避开矢量的呢?有意思的是,即使在通常的矢量代数中,我们也能够使所有的方程只包括数。譬如,我们总可以将矢量方程

$$\boldsymbol{F} = m\boldsymbol{a}$$

改写为

$$\boldsymbol{C} \cdot \boldsymbol{F} = \boldsymbol{C} \cdot (m\boldsymbol{a}).$$

于是我们就有了一个对任何矢量 $\boldsymbol{C}$ 都成立的点积方程。但是,如果对一切 $\boldsymbol{C}$ 都成立,那么写出 $\boldsymbol{C}$ 来就没有什么意思了!

现在来看看式(8.1)。它是对任何 χ 都成立的方程。所以为简化书写起见,我们正可以拿走 χ 而将它改写为式(8.8)。该式与式(8.1)具有同样多的信息,只要我们理解到,它总是要在两边"左乘"某个 $\langle\chi|$(这只不过是重新拼上括号而已)才得以"完成"。所以式(8.8)的意义不多不少正好与式(8.1)相同。当你想要数字时,就把合适的 $\langle\chi|$ 放进去。

或许你已对式(8.8)中的 ϕ 感到疑惑。既然这式对任何 ϕ 成立,为什么我们还要保留

它？的确，狄拉克提议，ϕ 也一样可以抽掉，于是我们就只有

$$| = \sum_i | i \rangle \langle i |. \tag{8.9}$$

这就是量子力学的伟大定律！（在矢量分析中没有与这类似的公式。）它表示如果在方程式等号两边从左、右两侧各放进任何两个态 χ 和 ϕ，就回到式(8.1)。这种表达实际上并非很有用处，但它很巧妙地提示了方程对任何两个态都成立。

§8-2 态矢量的分解

让我们再来看一下式(8.8)；可以用下述方式来考虑它。任何态矢量 $|\phi\rangle$ 可以表示为一组具有适当系数的基"矢"的线性组合——或者，只要你喜欢，也可表示为一些比例恰当的"单位矢量"的叠加。为了强调系数 $\langle i | \phi \rangle$ 只是普通的（复）数，我们可以假设

$$\langle i | \phi \rangle = C_i.$$

那么式(8.8)就等同于

$$| \phi \rangle = \sum_i | i \rangle C_i. \tag{8.10}$$

我们可以对任何别的态矢量，例如 $|\chi\rangle$，写下类似的关系式，当然，其中的系数不同——譬如说为 D_i。于是就有

$$| \chi \rangle = \sum_i | i \rangle D_i, \tag{8.11}$$

这里 D_i 就是振幅 $\langle i | \chi \rangle$。

假定我们一开始已从式(8.1)抽去 ϕ，那就有

$$\langle \chi | = \sum_i \langle \chi | i \rangle \langle i |. \tag{8.12}$$

我们记得 $\langle \chi | i \rangle = \langle i | \chi \rangle^*$，故可将上式写为

$$\langle \chi | = \sum_i D_i^* \langle i |. \tag{8.13}$$

有趣的是，只要将式(8.13)与式(8.10)相乘，就能回到 $\langle \chi | \phi \rangle$。在相乘时，必须注意求和指标，因为在两式中它们是完全不同的。让我们先把式(8.13)重新写为

$$\langle \chi | = \sum_j D_j^* \langle j |,$$

这当然不会改变什么。然后将它与式(8.10)相乘，就有

$$\langle \chi | \phi \rangle = \sum_{ij} D_j^* \langle j | i \rangle C_i, \tag{8.14}$$

不过，记住 $\langle i | j \rangle = \delta_{ij}$，因而在求和中只留下 $j = i$ 的项。于是得到

$$\langle \chi | \phi \rangle = \sum_i D_i^* C_i, \tag{8.15}$$

当然，这里 $D_i^* = \langle i | \chi \rangle^* = \langle \chi | i \rangle$，而 $C_i = \langle i | \phi \rangle$。由此我们又一次看到与点积

$$\boldsymbol{B} \cdot \boldsymbol{A} = \sum_i B_i A_i$$

非常相似。唯一的差别在于取了 D_i 的复数共轭。这样式(8.15)就说明如果态矢量$\langle\chi|$及$|\phi\rangle$在基矢$\langle i|$或$|i\rangle$上展开，那么由 ϕ 到 χ 的振幅就可由式(8.15)的那种类型的点积得到。当然，这个表式只是用不同符号写的式(8.1)罢了。我们就这样为了习惯新的记号而兜了一个圈子。

或许我们应当再一次强调，三维空间的矢量是用3个相互正交的单位矢量来描写的，而量子力学状态的基矢$|i\rangle$则必须遍布在适用于任何特定问题的完整的集合内。按具体情况，基础态可以有两个、三个、五个或无限多个。

我们也曾谈到当粒子通过一个仪器时发生的情况。假如让粒子从某个定态 ϕ 开始，通过一台仪器，然后来测量它们是否处在 χ 态，其结果可由以下振幅来表示：

$$\langle\chi|A|\phi\rangle. \tag{8.16}$$

在矢量代数中没有与这个符号相近的类似符号。(它更接近于张量代数，但这种类比没有特别的用处。)由第5章式(5.32)可知，我们可将式(8.16)写为

$$\langle\chi|A|\phi\rangle = \sum_{ij}\langle\chi|i\rangle\langle i|A|j\rangle\langle j|\phi\rangle. \tag{8.17}$$

这正是两次使用基本法则式(8.9)的一个例子。

如果在 A 后面再放进另一台仪器 B，则有

$$\langle\chi|BA|\phi\rangle = \sum_{ijk}\langle\chi|i\rangle\langle i|B|j\rangle\langle j|A|k\rangle\langle k|\phi\rangle. \tag{8.18}$$

这又是直接由狄拉克记号(8.9)得到的——只要记得我们总可以在 B 与 A 之间划一个竖线($|$)，它正犹如因子1。

顺便提一下，我们可以用另一种方法理解式(8.17)。设想处在 ϕ 态的粒子进入仪器 A，而离开时则处在 ψ("psi")态。换句话说，我们可以向自己提出这样的问题:能否找到这样的一个 ψ 态，使得从 ψ 态到 χ 态的振幅在任何时刻和任何地点都恒等于振幅$\langle\chi|A|\phi\rangle$? 答案是肯定的。我们想用下式代替式(8.17)：

$$\langle\chi|\psi\rangle = \sum_i\langle\chi|i\rangle\langle i|\psi\rangle. \tag{8.19}$$

显然，只要

$$\langle i|\psi\rangle = \sum_j\langle i|A|j\rangle\langle j|\phi\rangle = \langle i|A|\phi\rangle, \tag{8.20}$$

就可以从它确定 ψ。但你们会说:"这没有确定 ψ，只确定$\langle i|\psi\rangle$。"然而，$\langle i|\psi\rangle$的确确定了 ψ。因为，如果你已知道 ψ 与各个基础态 i 相联系的所有系数的话，ψ 就唯一地被定义了。事实上，可以利用我们的记法将式(8.20)的最后一项写成

$$\langle i|\psi\rangle = \sum_j\langle i|j\rangle\langle j|A|\phi\rangle. \tag{8.21}$$

这么一来，由于上式对所有 i 成立，我们就可简写为

$$|\psi\rangle = \sum_j|j\rangle\langle j|A|\phi\rangle. \tag{8.22}$$

于是我们可以说:"ψ 态就是从 ϕ 态开始,通过仪器 A 后所得到的态。"

再举最后一个应用这一诀窍的例子。我们还是从式(8.17)出发。既然它对任何 χ 与 ϕ 成立,我们可以将两者都扔掉! 于是可得 *

$$A = \sum_{ij} | i \rangle \langle i | A | j \rangle \langle j |. \tag{8.23}$$

它表示什么意思呢? 它的含义和把 ϕ 与 χ 代回去所得到的一样不多不少。写成式(8.23)时,它是个"开放"的未完成的方程。如果将它"右乘"$| \phi \rangle$,就变为

$$A | \phi \rangle = \sum_{ij} | i \rangle \langle i | A | j \rangle \langle j | \phi \rangle, \tag{8.24}$$

这正好回到式(8.22)。事实上,我们正可从式(8.22)略去对 j 求和而写成

$$| \psi \rangle = A | \phi \rangle. \tag{8.25}$$

符号 A 既不是振幅,也不是矢量,它是一种称为算符的新东西,是一种"作用在"一个态上以产生一个新态的东西——式(8.25)就表示$| \psi \rangle$是 A 作用到$| \phi \rangle$上所得到的结果。这又是个开放方程,直到将某个左矢如$\langle \chi |$乘之才得以完成

$$\langle \chi | \psi \rangle = \langle \chi | A | \phi \rangle. \tag{8.26}$$

当然,如果利用任一组基矢给出振幅矩阵$\langle i | A | j \rangle$——也可写为 A_{ij}——那么就完全描写出算符 A(的特性)了。

对这一新的数学记法,我们实际上没有加入任何新东西。之所以要面面俱到地讨论这一记号方法,是要把各种方程的书写方式告诉你们,因为你们会在许多书上发现以不完全的形式书写的方程,而在遇到它们时你没有理由对之束手无策。如果你愿意,总可以加入一些略去的部分使方程成为表示数量间关系的形式,这样看来更熟悉些。

正如你们将看到的,"左矢"与"右矢"是一种十分方便的记法。首先,从现在开始我们可以用态矢量来表示一个状态。当我们想要表述一个具有确定动量 p 的状态时,就可说:"状态$| p \rangle$。"我们也可说某个任意态$| \psi \rangle$。为前后一致起见,我们将总是用右矢(记为$| \psi \rangle$)来表示一个态。(当然,这是个随意的选择,我们同样可以选用左矢$\langle \psi |$表示态。)

§8-3 世界的基础态是什么?

我们已经发现世界上的任何状态可以用基础态的叠加——具有适当系数的线性组合——表示出来。你们可能首先会问,这些基础态是什么? 这里存在着许多不同的可能性,例如,你可以将自旋投影到 z 方向或别的某个方向上。存在着许许多多不同的表象,这跟人们可以用不同的坐标系来表示通常的矢量相类似。其次,你们要问用哪些系数? 这取决于物理状况。不同的系数集合对应于不同的物理条件。重要的是要知道你在其中研究的"空间"是什么,换句话说,基础态的物理意义是什么。所以,一般来说,你必须知道的第一件

---

* 你们可能想我们得写上$| A |$而不只是 A。但这个符号看起来像"A 的绝对值"符号,所以两条竖线通常略去了。一般来说,竖线($|$)的作用很像因子 1。

事情是基础态是什么样子的,然后才能够知道如何用这些基础态来描写一个状态。

我们想在这里根据现在流行的物理观念,略微提前谈一点自然界的一般量子力学描述是怎样的。首先,人们得选定一种基础态的特定表象——不同的表象总是可能的。例如,对自旋1/2粒子,可以利用相对于 z 轴的正和负两种态。但 z 轴本身并无任何特殊之处——你可随意取任何别的轴。然而为前后一贯起见我们总是采用 z 轴。假定我们从一个电子的情况开始。除了电子自旋的两种可能性(沿着 z 轴“朝上”和“朝下”)外,还有电子的动量。我们选取一组基础态,每个基础态对应于动量的一个值。那么,假如电子没有确定的动量怎么办呢? 这没有关系,我们说的只是基础态是什么。如果电子没有确定的动量,它总有取某一个动量的一定振幅,取另一个动量有另一振幅,等等。而如果电子并非一定朝上自旋,它总有一定振幅以这个动量朝上自旋,有另一个振幅以那个动量朝下自旋,等等。就我们现在所知,对一个电子的完全描述,只需要用动量和自旋来描写的基础态就可以了。所以对单个电子而言,一组令人满意的基础态 $|i\rangle$ 就是指动量的不同数值,以及自旋究竟朝上还是朝下的振幅的不同组合——即系数 C 的不同组合描写不同的状况。对任何特定电子的行为,可以这样来描写:它的自旋朝上或朝下的振幅是多少,对所有可能的动量值而言,它具有某个动量值或另一个动量值的振幅又是多少。于是你们可以看到单个电子的完全量子力学描述包括些什么内容。

对多于一个电子的系统又如何呢? 那时基础态变得较为复杂。假设有两个电子,首先,自旋有 4 种可能状态,即:两电子自旋均朝上,第一个朝下而第二个朝上,第一个朝上而第二个朝下,或两者都朝下。另外我们也必须标出第一个电子具有动量 p_1,第二个电子具有动量 p_2。对两个电子而言的基础态需要指明两个动量和两个自旋的性质。对于 7 个电子,我们则必须指明 7 个动量和 7 个自旋的性质。

如果有一个质子和一个电子,我们必须标出质子的自旋方向及其动量,以及电子的自旋方向及其动量。至少这是近似正确的。我们并不真正知道这个世界的正确表象是什么。如果从一开始就能够指明电子自旋及其动量,对质子也有同样的参数,你就会有一组基础态。能够这样那就很好。但对质子的“内部”怎么办呢? 让我们这样来看这个问题。在氢原子中有一个质子和一个电子,我们有许多不同的基础态来描述它——质子及电子朝上和朝下的自旋,质子和电子的种种可能的动量。于是就存在着振幅 C_i 的不同组合,它们合在一起描写处在不同状态中的氢原子的性质。但是,假定我们将整个氢原子看作一个“粒子”,如果我们不知道氢原子由一个质子及一个电子组成,也许会一开始就说:“噢,我知道基础态是什么——它们对应于氢原子的特定的动量。”错了,因为氢原子具有内部结构,于是,它可以具有不同内能的各种状态,从而,描写真实的性质就需要更多的细节。

问题是:质子是否有内部结构? 我们是否一定要通过给出质子、介子和奇异粒子的所有可能状态来描写质子? 我们不知道。而即使我们假设电子是简单的,我们对它必须要讲的只是它的动量和自旋,但可能明天我们发现了电子也有内部齿轮和轮子。那就意味着我们的表示是不完全的,或错的,或者是近似的——这跟只用动量来描写氢原子的表示是不完全一样的,因为那种表示忽略了氢原子内部有可能成为激发态这样的事实。假如电子内部也可能激发而转变为其他某个东西,譬如说,一个 μ 子,那么对它的描写不仅要给出新粒子的状态,而且大概还要利用某些更复杂的内部机构来描写它。今天在基本粒子研究中的主要问题,就是要揭示什么是描述自然界的正确表象。在目前,我们猜想,对电子来说指明其动量与自旋就够了。我们也猜想存在着理想质子,还有它的一些 π 介子,K 介子,等等,而所有这些都得指明。共有几十种粒子——真是迷人！哪些是基本粒子，哪些不是基本粒子的问题——关于这些你们现在听得很多——就是要发现在世界的最终量子力学描述中最后的表象究竟是什么样的。电子的动量将来是否仍旧是描述自然的正确东西？甚至于整个问题到底是否该这么提！这个问题在任何科学研究中必然会一再被提出来。无论如何，我们看到了问题——如何去找到表象。我们不知道答案是什么，甚至还不知道我们是否提出了"正确"的问题，但如问题正确，我们必须首先要查明任一特定的粒子是否"基本的"粒子。*

在非相对论量子力学中——假定能量不太高，以致你们不会干扰奇异粒子等等的内部过程——你们可以不必考虑这些细节而做出一些相当好的工作来。你尽可以只说明电子和核的动量及自旋，就会一切顺利。在大多数化学反应及其他低能事件中，核内不发生什么变化，它们不受到激发。再者，如果一个氢原子缓慢运动并轻轻地与其他氢原子相撞——根本不会引起内部激发或辐射，或任何类似的复杂情况，它的内部运动始终是处于基态能量——你可以应用这样的近似，即将整个氢原子视为一整个客体或粒子，而不必担心它的内部可能发生某种变化。只要在碰撞中动能比 10 eV（使氢原子激发到另一种内部状态所需的能量）低得多，上述近似就是个颇好的近似。我们将经常作这种不包含内部运动可能性的近似，从而减少必须纳入基础态的细节的数目。当然，这一来就忽略了在某些高能情况下（通常）会出现的一些现象，但利用这种近似我们得以大大简化物理问题的分析。例如，我们可以讨论低能下两个氢原子的碰撞或任何化学过程而不必顾虑原子核也可能被激发这个事实。概而言之，当我们可以略去粒子的任何内部激发态的效应时，我们就可选择一组基础态，这些基础态就是具有确定动量以及角动量 z 分量的状态。

于是，描写自然界的一个问题就是找出基础态的一种适当的表象。但这只是开始。我们还要能够说出会"发生"什么。假如我们知道了某个时刻世界的"状态"，就想知道下一个时刻的状态。所以我们还须找到决定事物如何随时间而变的规律。现在我们就来论述量子力学框架中的第二部分——状态怎样随时间而变化。

§8-4　状态怎样随时间而变

我们已经谈过如何表示让某个东西通过一个装置的情形。现在考虑一种方便而令人愉快的"装置"，它只是等候几分钟；就是说，先提供一个状态 ϕ，在你分析它之前，就只要让它待几分钟。或许你会让它待在某个特殊的电场或磁场中——它依赖于世界中的物理环境。总而言之，无论条件如何，你都让该物体从时间 t_1 待到时间 t_2。假设它在 t_1 从第一个装置出来时处在状态 ϕ，然后它通过一台"装置"，但该"装置"只是把时间推延到 t_2。在这段延迟过程中，可能发生着种种情况——有外力作用或其他把戏——于是就会发生某些事情。在时间推延的末了，在某个态 χ 中找到这东西的振幅与没有延迟时所具有的振幅不再完全相同了。既然"等待"只是一种特别的"装置"，我们就可以使用与式（8.17）同样的表式给出振幅以描写所发生的事情。因为"等待"这种操作特别重要，我们将称之为 U 而不称为 A，并标明起始和末了时刻 t_1 与 t_2，将它记为 $U(t_2, t_1)$。于是所求的振幅就是

---

* 从 20 世纪 70 年代以来，粒子物理学有很大的进展。关于粒子构造最流行的是"标准模型"。但它也还存在不少问题。有兴趣的读者可参阅有关书籍和文献。——译者注

$$\langle \chi | U(t_2, t_1) | \phi \rangle. \tag{8.27}$$

像任何其他这样的振幅一样,可以用某一种或另一种基础态系统表示它而将上式写为

$$\sum_{ij} \langle \chi | i \rangle \langle i | U(t_2, t_1) | j \rangle \langle j | \phi \rangle, \tag{8.28}$$

于是 U 就可由一组完整的振幅,即由以下矩阵完全描写:

$$\langle i | U(t_2, t_1) | j \rangle. \tag{8.29}$$

顺便指出,矩阵 $\langle i | U(t_2, t_1) | j \rangle$ 提供了比所需的更多的细节。第一流的高能理论物理学家考虑下列一般性质的一些问题(因为这正是通常进行实验的方式)。他从一对粒子开始,譬如说从无穷远来到一起的两个质子。(在实验室中,通常一个粒子静止,而另一个来自某个加速器,就原子尺度而言加速器实际上在无穷远处。)两个粒子碰撞后,结果在某些方向上得到具有一定动量的许多粒子,譬如两个 K 介子,6 个 π 介子及两个中子等。出现这种情况的振幅有多大?这可用下面的数学公式来描写:用 ϕ 态表示入射粒子的自旋与动量。χ 态则是待求的出射状态。例如,朝这个或那个方向运动的 6 个介子及各带着自己的自旋朝一定方向出射的两个中子的振幅有多大,等等。换句话说,χ 态将由给出最终产物的所有动量和自旋等等来表征。接着,理论物理学家的工作就是计算振幅式(8.27)。然而,他实际上只对 t_1 为 $-\infty$ 和 t_2 为 $+\infty$ 的这种特殊情况感兴趣。(对过程的细节没有什么实验数据,有的只是关于入射粒子和出射粒子的数据。)当 $t_1 \to -\infty$ 和 $t_2 \to +\infty$ 时,$U(t_2, t_1)$ 的极限情况称为 S,于是他要知道的就是

$$\langle \chi | S | \phi \rangle,$$

或者,利用式(8.28),他要计算矩阵

$$\langle i | S | j \rangle.$$

上式称为 S 矩阵。所以,如果你看到一个理论物理学家一面在地板上踱来踱去,一面说道:"我所要做的就是计算 S 矩阵。"你就知道他所操心的是什么了。

如何分析或阐明关于 S 矩阵的定律是个有趣的问题。在高能相对论量子力学中,采用了一种做法,而在非相对论量子力学中则可采用另一种非常方便的做法。(这另一种做法也可用在相对论情况下,但那样做并不很方便。)这种方法是算出小的时间间隔的情况下——即 t_2 与 t_1 十分靠近时的 U 矩阵。如果对于相继的时间间隔可以找到一系列这样的 U 矩阵,我们就能够观察到情况如何随时间变化。你们马上会意识到这种做法对相对论的情况并不那么合适,因为你们大概不想去做那种对发生在不同地点的每一种事件是否"同时"都得逐一说明的工作吧。但我们不必担心这事——我们这里只打算考虑非相对论力学。

假定我们考虑一个由时刻 t_1 推延到 t_3 的 U 矩阵,而 t_3 大于 t_2。换句话说,取三个相继时刻:t_1 小于 t_2,t_2 小于 t_3。然后我们断言从 t_1 到 t_3 的矩阵是从 t_1 推延到 t_2,然后再从 t_2 推延到 t_3 的两个矩阵的连乘积。这正如 B 和 A 两个装置串联的情形一样。于是,根据 §5-6 的记法,可以写出

$$U(t_3, t_1) = U(t_3, t_2) \cdot U(t_2, t_1). \tag{8.30}$$

换言之,我们能够分析任何时间间隔,只要能够分析该时间间隔中的一系列短时间间隔。只需将所有小段连乘在一起就行,这就是非相对论量子力学的分析方法。

于是,我们的问题就是弄清无穷小时间间隔下的矩阵 $U(t_2, t_1)$,这里 $t_2 = t_1 + \Delta t$。我们

自问:如果现在有个态 ϕ,那么在无穷小时间 Δt 后它变成什么样? 让我们想一想怎么来写出它。称时刻 t 的态为 $|\psi(t)\rangle$(我们写出 ψ 的时间依赖关系非常明确,就表明我们说明了时刻 t 的状况)。现在我们要问,在很短的时间间隔 Δt 后情况如何呢? 答案是

$$|\psi(t+\Delta t)\rangle = U(t+\Delta t,\ t)\,|\psi(t)\rangle. \tag{8.31}$$

此式的含义与式(8.25)相同,就是说,在时刻 $(t+\Delta t)$ 找到 χ 态的振幅是

$$\langle\chi\,|\,\psi(t+\Delta t)\rangle = \langle\chi\,|\,U(t+\Delta t,\ t)\,|\,\psi(t)\rangle. \tag{8.32}$$

由于我们尚不大擅长于这些抽象的东西,让我们把振幅投影到一个确定的表象中。如果将式(8.31)两边都乘上 $\langle i|$,就有

$$\langle i\,|\,\psi(t+\Delta t)\rangle = \langle i\,|\,U(t+\Delta t,\ t)\,|\,\psi(t)\rangle. \tag{8.33}$$

我们也可将 $|\psi(t)\rangle$ 分解为基础态:

$$\langle i\,|\,\psi(t+\Delta t)\rangle = \sum_j \langle i\,|\,U(t+\Delta t,\ t)\,|\,j\rangle\langle j\,|\,\psi(t)\rangle. \tag{8.34}$$

可以这样来理解式(8.34):如果用 $C_i(t) = \langle i\,|\,\psi(t)\rangle$ 表示时刻 t 处在基础态 i 的振幅,那我们就可把这个振幅(记住,这只是一个数!)看成随时间而变。每个 C_i 成为 t 的一个函数。而且我们对这振幅怎样随时间而变也有些了解。每一个 $(t+\Delta t)$ 时刻的振幅跟 t 时刻的所有其他振幅与一组系数的乘积之和成比例。将 U 矩阵表为 U_{ij},意即

$$U_{ij} = \langle i\,|\,U\,|\,j\rangle.$$

那就可将式(8.34)写成

$$C_i(t+\Delta t) = \sum_j U_{ij}(t+\Delta t,\ t)C_j(t). \tag{8.35}$$

这就是量子力学的动力学方程的样式。

但是,除去一件事外我们对 U_{ij} 知道得还不多。我们知道当 Δt 趋于零时,不会发生任何变化——我们应该得到原有状态。所以,$U_{ii} \to 1$;而对 $i \neq j$, $U_{ij} \to 0$。换句话说,如 $\Delta t \to 0$, $U_{ij} \to \delta_{ij}$。我们也可认为,对小的 Δt,每个系数 U_{ij} 与 δ_{ij} 的差应当是个与 Δt 成比例的量,于是可以写出

$$U_{ij} = \delta_{ij} + K_{ij}\Delta t. \tag{8.36}$$

然而,由于某些历史的与其他方面的原因,通常由系数 K_{ij} 中提出因子 $(-i/\hbar)$*,我们喜欢将式(8.36)写成

$$U_{ij}(t+\Delta t,\ t) = \delta_{ij} - \frac{i}{\hbar}H_{ij}(t)\Delta t. \tag{8.37}$$

当然,这与式(8.36)相同,如果你们愿意的话,它正好定义系数 $H_{ij}(t)$。H_{ij} 项正是系数 $U_{ij}(t_2,\ t_1)$ 对 t_2 的导数在 $t_2 = t_1 = t$ 时的值。

将 U 的这种形式用于式(8.35),我们有

$$C_i(t+\Delta t) = \sum_j \left[\delta_{ij} - \frac{i}{\hbar}H_{ij}(t)\Delta t\right]C_j(t). \tag{8.38}$$

---

* 这里在符号上遇到一些麻烦。在因子 $(-i/\hbar)$ 中,i 的意思是虚数单位 $\sqrt{-1}$,而不是表示第 i 个基础态的指标 i!我们希望你们不致混淆。

对 δ_{ij} 项求和,正好得 $C_i(t)$,可将它移到方程式左边。再除以 Δt,我们就看出是一个导数的式子

$$\frac{C_i(t+\Delta t)-C_i(t)}{\Delta t}=-\frac{\mathrm{i}}{\hbar}\sum_j H_{ij}(t)C_j(t)$$

或

$$\mathrm{i}\,\hbar\frac{\mathrm{d}C_i(t)}{\mathrm{d}t}=\sum_j H_{ij}(t)C_j(t). \tag{8.39}$$

你们记得,$C_i(t)$ 就是(时刻 t)在基础态中的一个 i 找到状态 ψ 的振幅 $\langle i|\psi\rangle$。所以式 (8.39)告诉我们每个系数 $\langle i|\psi\rangle$ 怎样随时间变化。但这等于说式(8.39)告诉我们态 ψ 如何随时间变化,因为我们就是用振幅 $\langle i|\psi\rangle$ 来描写 ψ 的。ψ 随时间的变化由矩阵 H_{ij} 来描写,H_{ij} 当然必定包括能使系统发生变化而给予它的性质。H_{ij} 包括作用的物理意义,而且一般说来,可能依赖于时间,如果我们知道了它,我们对系统随时间变化的行为就可以有完整的描述。所以式(8.39)就是世界的动力学的量子力学定律。

(应指出,我们所取的总是一组固定的、不随时间变化的基础态。有人用的是会变化的基础态。这类似于在力学中使用转动坐标系,我们不想陷入这种复杂的情况。)

§8-5　哈 密 顿 矩 阵

描述量子力学世界的思路是,我们需要选取一组基础态 i,并通过给出系数为 H_{ij} 的矩阵来写出物理定律。于是我们就有了一切——我们就可以回答关于会发生什么事情的任何问题。所以必须知道求出在任何物理条件下的 H 的法则——这些物理条件是指磁场或电场,等等。这是最困难的部分。例如,对新的奇异粒子,我们根本不知道该用什么 H_{ij}。换句话说,没有人知道整个世界的完全的 H_{ij}。(部分困难是,当人们甚至不知道基础态是什么时,当然很难指望他会找到 H_{ij}!)对非相对论性现象及某些其他的特殊情况,我们确已有了很好的近似。特别是,我们已经有了描写原子中电子运动所需的方法——可以用于描写化学。但我们不知道对于全宇宙而言全部的正确的 H 是什么。

系数 H_{ij} 称为哈密顿矩阵,或简称为哈密顿。(活跃于 19 世纪 30 年代的哈密顿怎么会命名在一个量子力学矩阵上,有一段历史故事。)把它称为能量矩阵更恰当,其理由到我们应用它时就会明白。所以问题就是:找出你的哈密顿!

哈密顿有一个可以直截了当地推得的性质,那就是

$$H_{ij}^*=H_{ji}, \tag{8.40}$$

此性质来自以下的条件:系统处在某个态的总概率不会改变。如果起初有一个粒子——一个物体或整个世界,那么随着时间的流逝你得到的仍然是它。在任何地方找到它的总概率是

$$\sum_i |C_i(t)|^2,$$

它必定不会随时间而变。如果这对任何初始状况 ϕ 正确,那么式(8.40)也必定正确。

作为第一个例子,我们取一个物理环境不随时间变化的情况,意思就是外界物理条件与时间无关,于是 H 与时间无关。没有什么人将电磁铁通上电流或关掉。我们还取一个只要用一个基础态描写的系统。这是一种近似,对于静止氢原子或与之类似的体系所可以作的

一种近似。于是式(8.39)就成为

$$i \hbar \frac{dC_1}{dt} = H_{11} C_1,$$ (8.41)

只有一个方程——就是这些！如果 H_{11} 是常数，这个微分方程很容易解得：

$$C_1 = （常数）e^{-(i/\hbar)H_{11}t}.$$ (8.42)

这就是具有确定能量 $E = H_{11}$ 的状态与时间的关系。你们已看到为什么应该称 H_{ij} 为能量矩阵了。它不过是能量概念对于更复杂情况的推广。

接着，为了再多理解一点有关方程的含义，我们来研究具有两个基础态的系统。这时式(8.39)成为

$$i \hbar \frac{dC_1}{dt} = H_{11} C_1 + H_{12} C_2,$$
$$i \hbar \frac{dC_2}{dt} = H_{21} C_1 + H_{22} C_2.$$ (8.43)

如各个 H 仍旧与时间无关，你们会很容易解出这个方程组。为提高兴趣，我们将这留给你们去尝试一下，后面我们将回过来解这个问题。的确，只要 H 系数与时间无关，你们就能够在不知道 H 的情况下解量子力学问题。

§8-6 氨 分 子

现在我们要来向你们说明怎样使用量子力学的动力学方程去描写某个特定的物理系统。我们选取一个有趣而又简单的例子，在这个例子中通过对哈密顿作一些合理的猜测，我们可以求得某些重要的——并且是实用的——结果。我们打算考虑的是可用两个态描写的情况：氨分子。

氨分子有 1 个氮原子和 3 个氢原子，氢原子都位于氮原子下面的一个平面上，于是这个分子成金字塔形，就如图 8-1(a)中所示的那样。这个分子像任何其他分子一样有无穷多个状态。它可以绕任何可能的轴自转，可以朝任何方向运动，可以在内部发生振动，等等，等等。因此，它根本不是个双态系统。但我们要作个近似，即认为所有其他态都固定不变，因为它们并不包括在我们目前考虑的问题里。我们只考虑分子绕其对称轴的自转（如图所示），它的平动动量为零，并且它的振动尽可能地小。这就限定了所有的条件，只有一点除外：<u>对氮原子来说仍然存在着两种可能的位置</u>——氮原子可以在氢原子平面的一侧或另一侧，如图 8-1(a)及(b)所示。所以我们把分子当作双态系统来讨论。这就是说，我们实

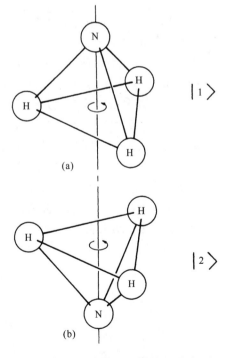

图 8-1 氨分子的两种等价的几何构形

际上考虑的只有两个状态,而假设所有其他状态都保持不变。你们看到,即使我们知道分子以一定角动量绕对称轴自转,以一定的动量运动,以及以确定的方式振动,但仍然存在着两种可能的状态。氮原子在"上面",如图 8-1(a)那样,我们就说分子处在态 $|1\rangle$,而当氮原子在"下面",如图 8-1(b)那样,就说分子处在态 $|2\rangle$。我们将把态 $|1\rangle$ 及 $|2\rangle$ 取作分析氨分子行为的一组基础态。任何时刻分子的实际状态 $|\psi\rangle$ 可由 $C_1 = \langle 1 \mid \psi\rangle$ 即处于态 $|1\rangle$ 的振幅,及 $C_2 = \langle 2 \mid \psi\rangle$ 即处于态 $|2\rangle$ 的振幅表示出来。于是,利用式(8.8),可以把态矢量 $|\psi\rangle$ 写作

$$|\psi\rangle = |1\rangle\langle 1 \mid \psi\rangle + |2\rangle\langle 2 \mid \psi\rangle$$

或

$$|\psi| = |1\rangle C_1 + |2\rangle C_2. \tag{8.44}$$

有趣的是,如果知道在某个时刻分子处在某态,那么稍过一会儿它就将不再处于同一态了。两个 C 系数将依式(8.43)而随时间变化,该式对任何双态系统都成立。例如,假定你进行过某种观察——或者对分子进行挑选——因此你知道分子起初处在态 $|1\rangle$。在稍后一时刻,会有一定机会在态 $|2\rangle$ 中找到它。为了求出机会有多大,我们必须去解那个告诉我们振幅如何随时间变化的微分方程。

唯一的麻烦是我们不知道在式(8.43)中系数 H_{ij} 怎样得到。然而,我们能够讲出一些东西来。假设分子一旦处在态 $|1\rangle$,它就不再有机会进入态 $|2\rangle$,反之亦然。于是 H_{12} 及 H_{21} 都应为零,从而式(8.43)变为

$$i\hbar\frac{dC_1}{dt} = H_{11}C_1, \qquad i\hbar\frac{dC_2}{dt} = H_{22}C_2.$$

很容易解出这两个方程,我们得到

$$C_1 = (\text{常数})e^{-(i/\hbar)H_{11}t}, \qquad C_2 = (\text{常数})e^{-(i/\hbar)H_{22}t}. \tag{8.45}$$

这正是具有能量 $E_1 = H_{11}$,$E_2 = H_{22}$ 的定态的振幅。然而,我们注意到,对氨分子来说,两个态 $|1\rangle$ 及 $|2\rangle$ 有确定的对称性。假如自然界真是合理的话,矩阵元 H_{11} 与 H_{22} 应当相等。我们都用 E_0 来表示这两者,因为它们对应着如果 H_{12} 与 H_{21} 等于零时状态所具有的能量。但式(8.45)并没告诉我们氨分子的真实行为。原来氮原子有可能穿过 3 个氢原子中央而翻到另一边去。这是十分困难的,越过一半路程也需要大量能量。如果氮原子没有足够的能量那它怎么能翻过去呢?这里存在着它能穿透势垒的若干振幅。在量子力学中有可能很快地穿透一个从能量来看是被禁止的区域。所以,确实有一个很小的振幅使开始处于态 $|1\rangle$ 的分子变为态 $|2\rangle$。系数 H_{12} 与 H_{21} 并非真正为零。由对称性,它们也应当相等——至少在大小上如此。事实上,我们已经知道,一般来说,H_{ij} 必须等于 H_{ji} 的共轭复数,所以它们只可能在相位上有差别。结果表明,正如你们将会明白的,即使让它们彼此相等也并不失一般性。为以后的方便,我们让它们都等于一个负数,即取 $H_{12} = H_{21} = -A$。于是就有下列一对方程:

$$i\hbar\frac{dC_1}{dt} = E_0 C_1 - AC_2, \tag{8.46}$$

$$i\hbar\frac{dC_2}{dt} = E_0 C_2 - AC_1. \tag{8.47}$$

这个方程组足够简单,可以用多种方法去解。有一种方便的解法如下。取两式之和,得到

$$\mathrm{i}\,\hbar\frac{\mathrm{d}}{\mathrm{d}t}(C_1 + C_2) = (E_0 - A)(C_1 + C_2),$$

它的解是

$$C_1 + C_2 = a\mathrm{e}^{-(i/\hbar)(E_0 - A)t}. \tag{8.48}$$

然后，再取式(8.46)与(8.47)的差，就有

$$\mathrm{i}\,\hbar\frac{\mathrm{d}}{\mathrm{d}t}(C_1 - C_2) = (E_0 + A)(C_1 - C_2),$$

由此得

$$C_1 - C_2 = b\mathrm{e}^{-(i/\hbar)(E_0 + A)t}. \tag{8.49}$$

我们称两个积分常数为 a 与 b；当然，它们必须选得使对任何特定的物理问题都能给出适当的初始条件。通过(8.48)与(8.49)两式的加减，我们得到 C_1 与 C_2：

$$C_1(t) = \frac{a}{2}\mathrm{e}^{-(i/\hbar)(E_0 - A)t} + \frac{b}{2}\mathrm{e}^{-(i/\hbar)(E_0 + A)t}, \tag{8.50}$$

$$C_2(t) = \frac{a}{2}\mathrm{e}^{-(i/\hbar)(E_0 - A)t} - \frac{b}{2}\mathrm{e}^{-(i/\hbar)(E_0 + A)t}. \tag{8.51}$$

它们除第二项的符号外都相同。

我们求出了解，但它们的意义是什么呢？（量子力学中的麻烦不仅在于求解方程，而且在于理解求出的解的意义是什么！）首先，注意到若 $b = 0$，两项具有相同的频率 $\omega = (E_0 - A)/\hbar$。如果一切都以同一频率变化，就意味着系统处在某个确定的能量状态中——在这里能量是 $(E_0 - A)$。所以存在着一个具有这种能量的定态，这时两个振幅 C_1 与 C_2 相等。我们得到如下结果：如果氮原子"在上"或"在下"两个状态具有相同的振幅，则氨分子就有确定的能量 $(E_0 - A)$。

当 $a = 0$ 时，还有另一个可能的定态，这时两个振幅都有频率 $\omega = (E_0 + A)/\hbar$。所以，若两个振幅等值反号，即 $C_2 = -C_1$，则存在另一种具有确定能量 $(E_0 + A)$ 的定态。这些是两个仅有的具有确定能量的状态。下章中我们将更详细地讨论氨分子的状态，这里我们只提两件事。

我们得到结论，因为氮原子有一定的机会从一个位置翻转到另一个位置，所以分子的能量并不正好是我们原来所预料的 E_0，而是有 $(E_0 + A)$ 与 $(E_0 - A)$ 两个能级。不管分子具有怎样的能量，它的每一个可能的状态都"分裂"成两个能级。我们说每一个状态，是因为你们记得，我们当初挑出了一个特定的转动态、内能态，等等。对这样的每一个可能情况，由于分子的翻转，都出现了双重能级。

现来问下面一个有关氨分子的问题。假设 $t = 0$ 时，我们知道分子处在态 $|1\rangle$，换句话说，$C_1(0) = 1$，$C_2(0) = 0$。那么在时刻 t 发现分子处在态 $|2\rangle$ 的概率有多大，或者，在时刻 t 发现分子仍处在态 $|1\rangle$ 的概率有多大？初始条件告诉我们式(8.50)及(8.51)中的 a 与 b 是什么。令 $t = 0$，就有

$$C_1(0) = \frac{a + b}{2} = 1. \qquad C_2(0) = \frac{a - b}{2} = 0.$$

显而易见 $a = b = 1$。将这些值代入 $C_1(t)$ 及 $C_2(t)$ 的表式，经整理后有

$$C_1(t) = e^{-(i/\hbar)E_0 t}\left(\frac{e^{(i/\hbar)At} + e^{-(i/\hbar)At}}{2}\right),$$

$$C_2(t) = e^{-(i/\hbar)E_0 t}\left(\frac{e^{(i/\hbar)At} - e^{-(i/\hbar)At}}{2}\right).$$

以上两式可改写为

$$C_1(t) = e^{-(i/\hbar)E_0 t}\cos\frac{At}{\hbar}, \tag{8.52}$$

$$C_2(t) = ie^{-(i/\hbar)E_0 t}\sin\frac{At}{\hbar}, \tag{8.53}$$

两振幅随时间作简谐式变化。

时刻 t 在态 $|2\rangle$ 找到分子的概率是 $C_2(t)$ 的绝对值平方:

$$|C_2(t)|^2 = \sin^2\frac{At}{\hbar}. \tag{8.54}$$

这个概率开始是 0(理应如此),增大到 1,然后在 0 和 1 之间来回摆动,如图 8-2 的曲线 P_2 所示。分子处在 $|1\rangle$ 态的概率当然不会一直保持为 1。概率"倾泻"入第二状态直至在第一状态中找到分子的概率为零,如图 8-2 的曲线 P_1 所示。概率就这样在 0 和 1 之间摆荡。

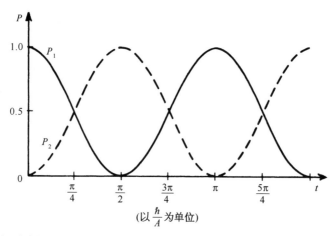

图 8-2 $t = 0$ 时处于 $|1\rangle$ 态的氨分子在 t 时刻仍处在 $|1\rangle$ 态的概率是 P_1;P_2 是在 $|2\rangle$ 态发现氨分子的概率

很早之前我们见到过两个弱耦合的相同的摆所发生的情况(见第 1 卷第 49 章)。当我们将其中一个拉向一边然后放开,它就会摆动,但渐渐地另一个也开始摆起来。不一会第二个摆获得了所有能量。接着,过程逆转,第一个摆又获得能量。这和上述情况完全相类似。能量来回交换的速率取决于两摆之间的耦合——即"振动"得以漏过去的速率。你们该还记得,对两个摆的组合有两种特殊运动——每种都有确定频率——我们称之为基本模式。如果将两个摆一起向一边拉开,它们就以同一频率一起摆动。另一方面,将一摆向一边拉开而将另一摆向另一边拉开,就会有另一种稳定模式,它也具有确定的频率。

你看,这里我们有类似的情况——在数学上氨分子就像一对摆。这里有两个频率——$(E_0 - A)/\hbar$ 及 $(E_0 + A)/\hbar$,各对应于它们一起振动和反相振动。

摆的类比并不比同样方程具有同样的解这条原理深奥多少。振幅的线性方程式(8.39)非常像谐振子的线性方程。(事实上,这就是经典折射率理论成功的原因,在这种理论中,我们用谐振子代替了量子力学的原子,即使从经典上说这也不是一种对于电子绕核转动的合理观点。)如果你将氨原子拉向一边,你就会得到这两个频率的叠加,从而得到一种拍现象,因为系统不再处于这个或那个有确定频率的状态了。然而,氨分子的能级分裂全然是一种量子力学的效应。

氨分子的能级分裂有重要的实际应用,我们将在下章中讨论。我们终于有了个能利用量子力学来理解的实际物理问题的例子!

第 9 章 氨微波激射器

§9-1 氨分子的状态

本章我们打算讨论量子力学在一个实用的器件——氨微波激射器上的应用。你们也许会奇怪为什么我们打断量子力学讨论的正规进程去研究一个特殊问题,但是,你们会看到,这个特殊问题的许多特征在量子力学的一般理论中相当普遍,如果仔细考察了这个问题,你们将学到许多东西。氨微波激射器是产生电磁波的器件,其工作原理系建立在我们上一章简单讨论过的氨分子性质的基础上。让我们先把上章已经得到的结果概括一下。

氨分子有许多状态,但我们只将其视为双态系统,即只考虑分子处于任何一种特定的转动或平动状态时所发生的事情。双态的物理模型可以描绘如下。设想氨分子绕通过氮原子并垂直于氢原子组成的平面的轴转动,如图 9-1 所示,其中仍然存在着两种可能的状态——氮原子可以在氢原子平面的这边或那边。我们称这两个状态为 $|1\rangle$ 及 $|2\rangle$。这两个态就取为我们分析氨分子行为的一组基础态。

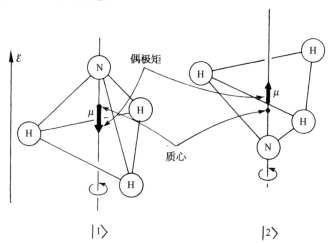

图 9-1 氨分子双基础态的物理模型。这种状态具有电偶极矩 μ

在一个具有两种基础态的系统中,系统的任何态 $|\psi\rangle$ 总可用这两个基础态的线性组合来描写;这就是说,存在着处于一种基础态的一定振幅 C_1 以及处于另一基础态的振幅 C_2。可以把系统的态矢量写成

$$|\psi\rangle = |1\rangle C_1 + |2\rangle C_2, \tag{9.1}$$

式中

$$C_1 = \langle 1 | \psi \rangle, \quad C_2 = \langle 2 | \psi \rangle.$$

　　这两个振幅随时间变化的关系满足哈密顿方程式(8.43)。利用氨分子的两种状态的对称性,可取 $H_{11} = H_{22} = E_0$,及 $H_{12} = H_{21} = -A$,从而得到解[见式(8.50)及(8.51)]

$$C_1 = \frac{a}{2}e^{-(i/\hbar)(E_0-A)t} + \frac{b}{2}e^{-(i/\hbar)(E_0+A)t}, \tag{9.2}$$

$$C_2 = \frac{a}{2}e^{-(i/\hbar)(E_0-A)t} - \frac{b}{2}e^{-(i/\hbar)(E_0+A)t}. \tag{9.3}$$

　　我们现在要更仔细地考察这两个一般解。假设分子原先处在系数 b 为零的态 $|\psi_{\mathrm{II}}\rangle$ 中。那么当 $t = 0$ 时,处于态 $|1\rangle$ 及 $|2\rangle$ 的振幅相同,并且它们一直保持这种状态。它们的相位以同样的方式,即以同样的频率 $(E_0-A)/\hbar$ 随时间变化。类似地,如果我们将分子置于 $a = 0$ 的状态 $|\psi_{\mathrm{I}}\rangle$,振幅 C_2 等于 C_1 的负值,这个关系也将一直保持下去。两个振幅都以频率 $(E_0+A)/\hbar$ 随时间变化。以上所述就是 C_1 与 C_2 之间的关系与时间无关的仅有的两种可能状态。

　　我们已经找到了振幅的大小不变而它们的相位以相同频率变化的两个特解,按 §7-1 的定义,它们是定态,意即具有确定能量的状态。态 $|\psi_{\mathrm{II}}\rangle$ 具有能量 $E_{\mathrm{II}} = E_0 - A$,而态 $|\psi_{\mathrm{I}}\rangle$ 具有能量 $E_{\mathrm{I}} = E_0 + A$。这两者是存在的仅有的两种定态,所以我们发现分子有两个能级,能量差为 $2A$。(当然,我们指的是相对于原先假设中所给定的转动和振动状态而言的两个能级。)*

　　如果氮原子没有上下翻转的可能性,就得取 A 等于零,于是两个能级将在能量 E_0 处彼此重叠在一起。但实际能级并不是这样,它们的平均能量是 E_0,但它们分裂,离开 E_0 距离为 $\pm A$,在两个状态的能量之间有 $2A$ 的间隔。实际上,由于 A 非常小,能量差也非常小。

　　从原子内部激发一个电子所需要的能量比这高得多——需要可见光或紫外光光子。为了激发分子的振动,需要红外光光子。至于转动的激发,状态的能量差就对应于远红外光的光子。但能量差 $2A$ 低于上述任何值,事实上,它低于红外波段进入了微波区域。实验发现,有一对间隔是 10^{-4} eV——相当于频率 24 000 MHz——的能级。显然这意味着 $2A = hf$,即 $f = 24\,000$ MHz(对应的波长是 1.25 cm)。所以,这种分子在跃迁时发射的不是通常意义下的光,而是微波。

　　为以下的讨论,我们要稍稍改进一下对这两种具有确定能量的状态的描述。假设我们取两个数 C_1 与 C_2 的和而得到一个振幅 C_{II}:

$$C_{\mathrm{II}} = C_1 + C_2 = \langle 1 \mid \Phi \rangle + \langle 2 \mid \Phi \rangle. \tag{9.4}$$

此式的意义是什么? 这正是在某个新的状态 $|\mathrm{II}\rangle$ 中找到态 $|\Phi\rangle$ 的振幅,而在这个新的状态中,原有基础态的振幅是相等的。如果把 C_{II} 写成 $\langle \mathrm{II}|\Phi\rangle$,则可从式(9.4)中抽出 $|\Phi\rangle$——因为此式对任何 Φ 成立,从而可得

$$\langle \mathrm{II} \mid = \langle 1 \mid + \langle 2 \mid,$$

_____

　　* 往后你自己在阅读或与别人交谈时,如果有个区分阿拉伯数字 1 及 2 和罗马数字 Ⅰ 及 Ⅱ 的简便方法将是有益的。我们觉得对阿拉伯数字保留"one"和"two"的名称,而用"eins"及"zwei"来称呼 Ⅰ 及 Ⅱ 是方便的(虽然称作"unus"及"duo"也许更合理些!)。(以上外文分别是英文、德文和意大利文"一"和"二"的意思。——译者注)

此式同下式意义相同

$$| \mathrm{II} \rangle = | 1 \rangle + | 2 \rangle, \tag{9.5}$$

态 $| \mathrm{II} \rangle$ 处于态 $|1\rangle$ 的振幅是

$$\langle 1 | \mathrm{II} \rangle = \langle 1 | 1 \rangle + \langle 1 | 2 \rangle,$$

显然这正好是 1,因为 $|1\rangle$ 及 $|2\rangle$ 是基础态。态 $| \mathrm{II} \rangle$ 处在态 $|2\rangle$ 的振幅也是 1,所以态 $| \mathrm{II} \rangle$ 是一个在两个基础态 $|1\rangle$ 及 $|2\rangle$ 中具有相等振幅的状态。

但是,我们碰到了一点麻烦。态 $| \mathrm{II} \rangle$ 处在这个或那个基础态的总概率大于 1。不过这只是意味着该态矢量未适当地"归一化"。只要记住令 $\langle \mathrm{II} | \mathrm{II} \rangle = 1$,(这对任何态都必须成立)那我们就能够消除这个麻烦。利用一般关系式

$$\langle \chi | \Phi \rangle = \sum_i \langle \chi | i \rangle \langle i | \Phi \rangle,$$

设 Φ 及 χ 都是态 II,并对基础态 $|1\rangle$ 及 $|2\rangle$ 求和,就有

$$\langle \mathrm{II} | \mathrm{II} \rangle = \langle \mathrm{II} | 1 \rangle \langle 1 | \mathrm{II} \rangle + \langle \mathrm{II} | 2 \rangle \langle 2 | \mathrm{II} \rangle.$$

要使这个式子等于 1,只要改变式(9.4)中 C_{II} 的定义,将 C_{II} 写为

$$C_{\mathrm{II}} = \frac{1}{\sqrt{2}} [C_1 + C_2].$$

同样,我们可以构造出一个振幅

$$C_{\mathrm{I}} = \frac{1}{\sqrt{2}} [C_1 - C_2],$$

或

$$C_{\mathrm{I}} = \frac{1}{\sqrt{2}} [\langle 1 | \Phi \rangle - \langle 2 | \Phi \rangle]. \tag{9.6}$$

这个振幅是态 $|\Phi\rangle$ 在一个新态 $| \mathrm{I} \rangle$ 上的投影,这个新态处在态 $|1\rangle$ 的振幅与处在态 $|2\rangle$ 的振幅差一符号。即式(9.6)的意义与下式相同:

$$\langle \mathrm{I} | = \frac{1}{\sqrt{2}} [\langle 1 | - \langle 2 |],$$

或

$$| \mathrm{I} \rangle = \frac{1}{\sqrt{2}} [| 1 \rangle - | 2 \rangle], \tag{9.7}$$

由此可得

$$\langle 1 | \mathrm{I} \rangle = \frac{1}{\sqrt{2}} = -\langle 2 | \mathrm{I} \rangle.$$

我们做所有这一切的原因在于表明态 $| \mathrm{I} \rangle$ 及 $| \mathrm{II} \rangle$ 可以取作一组新的基础态,用它描写氨分子的定态特别方便。你们记得,作为一组基础态要满足

$$\langle i | j \rangle = \delta_{ij}.$$

我们已使

$$\langle\, \mathrm{I} \mid \mathrm{I}\,\rangle = \langle\, \mathrm{II} \mid \mathrm{II}\,\rangle = 1.$$

由式(9.5)及(9.7)很容易证明

$$\langle\, \mathrm{I} \mid \mathrm{II}\,\rangle = \langle\, \mathrm{II} \mid \mathrm{I}\,\rangle = 0.$$

任何态 Φ 处在我们的新基础态 $|\,\mathrm{I}\,\rangle$ 及 $|\,\mathrm{II}\,\rangle$ 中的振幅 $C_{\mathrm{I}} = \langle\,\mathrm{I}\mid\Phi\,\rangle$ 及 $C_{\mathrm{II}} = \langle\,\mathrm{II}\mid\Phi\,\rangle$ 也必须满足式(8.39)形式的哈密顿方程。事实上,若将式(9.2)减式(9.3)然后再对 t 求导,就有

$$\mathrm{i}\,\hbar\frac{\mathrm{d}C_{\mathrm{I}}}{\mathrm{d}t} = (E_0+A)C_{\mathrm{I}} = E_{\mathrm{I}}C_{\mathrm{I}}. \tag{9.8}$$

如取式(9.2)及(9.3)的和再对 t 求导,就得

$$\mathrm{i}\,\hbar\frac{\mathrm{d}C_{\mathrm{II}}}{\mathrm{d}t} = (E_0-A)C_{\mathrm{II}} = E_{\mathrm{II}}C_{\mathrm{II}}. \tag{9.9}$$

用 $|\,\mathrm{I}\,\rangle$ 和 $|\,\mathrm{II}\,\rangle$ 作基础态,哈密顿矩阵具有简单的形式

$$H_{\mathrm{I,I}} = E_{\mathrm{I}}, \qquad H_{\mathrm{I,II}} = 0,$$
$$H_{\mathrm{II,I}} = 0, \qquad H_{\mathrm{II,II}} = E_{\mathrm{II}}.$$

注意式(9.8)与(9.9)看起来都正好跟§8-6中在单态系统下所得的方程相像。对应于单一的能量它们具有简单的随时间作指数式变化的关系。处在各个态的振幅各自独立地随时间变化。

当然,我们上面所找到的两个定态 $|\psi_{\mathrm{I}}\rangle$ 及 $|\psi_{\mathrm{II}}\rangle$ 是方程式(9.8)及(9.9)的解。对于态 $|\psi_{\mathrm{I}}\rangle$(这时 $C_1 = -C_2$)有

$$C_{\mathrm{I}} = \mathrm{e}^{-(i/\hbar)(E_0+A)t}, \; C_{\mathrm{II}} = 0. \tag{9.10}$$

而对态 $|\psi_{\mathrm{II}}\rangle$(这时 $C_1 = C_2$)则有

$$C_{\mathrm{I}} = 0, \; C_{\mathrm{II}} = \mathrm{e}^{-(i/\hbar)(E_0-A)t}, \tag{9.11}$$

还记得式(9.10)中的振幅就是

$$C_{\mathrm{I}} = \langle\,\mathrm{I}\mid\psi_{\mathrm{I}}\,\rangle,\text{以及 } C_{\mathrm{II}} = \langle\,\mathrm{II}\mid\psi_{\mathrm{I}}\,\rangle;$$

从而式(9.10)和下式相同:

$$|\psi_{\mathrm{I}}\rangle = |\,\mathrm{I}\,\rangle\mathrm{e}^{-(i/\hbar)(E_0+A)t}.$$

这就是说,定态的态矢量 $|\psi_{\mathrm{I}}\rangle$ 与基础态的态矢量 $|\,\mathrm{I}\,\rangle$ 的差别只在于有个与状态的能量相应的指数因子。事实上,当 $t=0$ 时

$$|\psi_{\mathrm{I}}\rangle = |\,\mathrm{I}\,\rangle,$$

态 $|\,\mathrm{I}\,\rangle$ 的物理组态与能量为 (E_0+A) 的定态相同。同样,对第二个定态我们有

$$|\psi_{\mathrm{II}}\rangle = |\,\mathrm{II}\,\rangle\mathrm{e}^{-(i/\hbar)(E_0-A)t},$$

态 $|\,\mathrm{II}\,\rangle$ 正是 $t=0$ 时能量为 (E_0-A) 的定态。于是我们的两个新基础态 $|\,\mathrm{I}\,\rangle$ 及 $|\,\mathrm{II}\,\rangle$ 在物理

上与具有确定能量但去掉了指数时间因子的状态形式上相同,因而它们可以成为与时间无关的基础态。(下面我们会发现不去区别定态$|\psi_\text{I}\rangle$和$|\psi_\text{II}\rangle$以及它们的基础态$|\text{I}\rangle$和$|\text{II}\rangle$是方便的,因为它们的差别只在于明显的时间因子。)

总之,态矢量$|\text{I}\rangle$及$|\text{II}\rangle$是一对基矢,它们适合于描写氨分子的确定能量的状态。它们与我们原来的基矢的关系是

$$|\text{I}\rangle = \frac{1}{\sqrt{2}}[|1\rangle - |2\rangle], \quad |\text{II}\rangle = \frac{1}{\sqrt{2}}[|1\rangle + |2\rangle]. \tag{9.12}$$

处在$|\text{I}\rangle$及$|\text{II}\rangle$中的振幅与C_1, C_2的关系是

$$C_\text{I} = \frac{1}{\sqrt{2}}[C_1 - C_2], \quad C_\text{II} = \frac{1}{\sqrt{2}}[C_1 + C_2]. \tag{9.13}$$

任何状态都可用$|1\rangle$及$|2\rangle$的线性组合表示——系数为C_1与C_2,或者用确定能量的基础态$|\text{I}\rangle$及$|\text{II}\rangle$的线性组合表示——系数为C_I与C_II。于是

$$|\Phi\rangle = |1\rangle C_1 + |2\rangle C_2,$$

或

$$|\Phi\rangle = |\text{I}\rangle C_\text{I} + |\text{II}\rangle C_\text{II}.$$

第二种形式给出了在能量为$E_\text{I} = E_0 + A$的状态或在能量为$E_\text{I} = E_0 - A$的状态找到态$|\Phi\rangle$的振幅。

§9-2 静电场中的分子

若氨分子处在两个确定能态之一,我们以某种频率ω扰动它,ω满足$\hbar\omega = E_\text{I} - E_\text{II} = 2A$,这时系统就可能由一个态跃迁到另一个态。或者,如果它原来处在较高能态,它就可能变到较低能态而发出一个光子。但是为了诱发这种跃迁,必须与状态发生物理上的联系——某种扰动系统的方法。必须有某种外部机制如磁场或电场来影响该状态。在现在所讨论的特定情况下,这些态对于电场较敏感。所以,接下来我们来考察氨分子处在外电场中的行为。

为讨论电场中的行为,我们将回到原来的基础态$|1\rangle$及$|2\rangle$,而不使用$|\text{I}\rangle$及$|\text{II}\rangle$。假设在垂直于氢原子组成的平面的方向上存在一个电场。暂时不去考虑氮原子上、下翻转的可能性,那么对于氮原子的两种位置,这个分子的能量是否相同? 一般说来并不相同。由于电子更倾向于靠近氮原子核而不是氢原子核,所以氢原子略带正电。真实的能量取决于电子分布的详细状况。要精确描写出该分布的情况是个复杂的问题,但无论如何,净效应是氨分子具有一个电偶极矩,如图 9-1 所示。我们可以在不知道电荷位移的方向与大小的详细情况下继续进行我们的分析。但为了跟其他人的记号一致,让我们假设电偶极矩是$\boldsymbol{\mu}$,方向从氮原子垂直指向氢原子平面。

当氮原子由一边翻转到另一边时,质心并不移动,但电偶极矩反转。由于这个偶极矩的存在,分子处在电场$\mathscr{E}$中的能量将取决于分子的取向。* 按照上面所作的假定,如氮原子的

---

* 很抱歉,我们不得不引进一个新的记号,因为我们已经用 p 和 E 来表示动量和能量,所以不想再用它们来表示偶极矩和电场。记住,在这一节中 μ 是电偶极矩。

指向沿着场的方向,势能就高,如与场方向相反,势能就低,两者能量的间隔是 $2\mu\mathscr{E}$。

在到此为止的讨论中,我们只假设了 E_0 与 A 的值而不知道怎么去计算它们。根据正确的物理理论,应有可能根据所有原子核和电子的位置与运动来计算出这些常数。但从没有人作过这种计算。这样一个系统包括 10 个电子和 4 个原子核,这种计算实在是太复杂的问题。事实上,关于这个分子的情况,别人知道的比我们的也多不了许多。人们所能够说的只是,当电场存在时,两种状态的能量是不同的,其差值正比于电场。我们令比例系数为 2μ,但其值必须由实验确定。我们也可以说分子翻转的振幅是 A,但它也必须由实验测定。没有人会告诉我们 μ 和 A 的精确理论值,因为详细计算实在太复杂。

对于处在电场中的氨分子,我们的描写必须有些改变。如果不考虑分子由一个位形翻转到另一个位形的振幅,我们可以预料这两个态 $|1\rangle$ 与 $|2\rangle$ 的能量是 $(E_0 \pm \mu\mathscr{E})$。按照上一章的做法,我们取

$$H_{11} = E_0 + \mu\mathscr{E}, \quad H_{22} = E_0 - \mu\mathscr{E}. \tag{9.14}$$

我们还假定施加的电场不会显著地影响分子的几何形状,因此,也不会影响氨分子从一位置跳至另一位置的振幅。于是可以认为 H_{12} 与 H_{21} 没有变化,即

$$H_{12} = H_{21} = -A. \tag{9.15}$$

现在我们必须来解具有这些新的 H_{ij} 值的哈密顿方程式(8.43)。我们本可以像过去那样来解方程,但因为以后有几种场合需要求双态系统的解,让我们对一般情况下的任意 H_{ij}——只假定它们不随时间变化——劳永逸地求出方程的解来。

我们要求下列一对哈密顿方程的一般解:

$$i\hbar\frac{dC_1}{dt} = H_{11}C_1 + H_{12}C_2, \tag{9.16}$$

$$i\hbar\frac{dC_2}{dt} = H_{21}C_1 + H_{22}C_2. \tag{9.17}$$

由于这些是常系数线性微分方程,我们总可找到依赖于变量 t 的指数函数的解。我们得先来求对 C_1 与 C_2 两者来说有相同时间相关性的解;可以用尝试函数

$$C_1 = a_1 e^{-i\omega t}, \quad C_2 = a_2 e^{-i\omega t}.$$

因为这样一个解对应于能量 $E = \hbar\omega$ 的状态,我们可以直接写出

$$C_1 = a_1 e^{-(i/\hbar)Et}, \tag{9.18}$$

$$C_2 = a_2 e^{-(i/\hbar)Et}. \tag{9.19}$$

这里 E 仍然未知,要求使微分方程式(9.16)及(9.17)得到满足来给予确定。

将式(9.18)及(9.19)的 C_1 与 C_2 代入微分方程式(9.16)及(9.17)中,导数项正好给出 $-iE/\hbar$ 乘以 C_1 或 C_2,所以左边就是 EC_1 和 EC_2。消去公共指数因子,我们得到

$$Ea_1 = H_{11}a_1 + H_{12}a_2, \quad Ea_2 = H_{21}a_1 + H_{22}a_2,$$

经整理之后得到

$$(E - H_{11})a_1 - H_{12}a_2 = 0, \tag{9.20}$$

$$-H_{21}a_1 + (E - H_{22})a_2 = 0. \tag{9.21}$$

这齐次代数方程组,只有在 a_1 与 a_2 的系数行列式为零,即当

$$\mathrm{Det} \begin{pmatrix} E - H_{11} & -H_{12} \\ -H_{21} & E - H_{22} \end{pmatrix} = 0 \tag{9.22}$$

时,a_1 和 a_2 才有非零解。

然而,当只有两个方程和两个未知数时,我们无需这种深奥的概念。两个方程式(9.20)与(9.21)中的每个都给出两个系数 a_1 与 a_2 的比,这两个比必须相等。由式(9.20)有

$$\frac{a_1}{a_2} = \frac{H_{12}}{E - H_{11}}, \tag{9.23}$$

由式(9.21)有

$$\frac{a_1}{a_2} = \frac{E - H_{22}}{H_{21}}. \tag{9.24}$$

这两个比值相等,我们得到 E 必须满足的方程

$$(E - H_{11})(E - H_{22}) - H_{12}H_{21} = 0.$$

这与解式(9.22)得到的结果相同。不论哪种解法都得到一个 E 的二次方程,它有两个解

$$E = \frac{H_{11} + H_{22}}{2} \pm \sqrt{\frac{(H_{11} - H_{22})^2}{4} + H_{12}H_{21}}, \tag{9.25}$$

能量 E 有两个可能值。注意两个解对能量都给出实数,因为 H_{11} 与 H_{22} 是实数,而 $H_{12}H_{21} = H_{12}H_{12}^* = |H_{12}|^2$,都是正实数。

利用与前面同样的约定,我们称较高的能量为 E_{I},较低的能量为 E_{II}。于是

$$E_{\mathrm{I}} = \frac{H_{11} + H_{22}}{2} + \sqrt{\frac{(H_{11} - H_{22})^2}{4} + H_{12}H_{21}}, \tag{9.26}$$

$$E_{\mathrm{II}} = \frac{H_{11} + H_{22}}{2} - \sqrt{\frac{(H_{11} - H_{22})^2}{4} + H_{12}H_{21}}, \tag{9.27}$$

在式(9.18)及(9.19)中分别使用这两个能量值,就得到两个定态(确定能量的状态)的振幅。如果没有外来扰动,系统原先处在两态中某一个态,就将一直处在该态,只是相位会改变。

可以对两种特殊情况验证我们的结果。如 $H_{12} = H_{21} = 0$,就有 $E_{\mathrm{I}} = H_{11}$ 及 $E_{\mathrm{II}} = H_{22}$。这无疑是正确的,因为这时式(9.16)与(9.17)之间没有耦合,分别表示能量为 H_{11} 和 H_{22} 的状态。其次,如令 $H_{11} = H_{22} = E_0$ 及 $H_{21} = H_{12} = -A$,我们就会得到先前得到过的解:

$$E_{\mathrm{I}} = E_0 + A \text{ 和 } E_{\mathrm{II}} = E_0 - A.$$

对一般情况,两个解 E_{I} 和 E_{II} 对应于两个状态,这两个状态又可以写成

$$|\psi_{\mathrm{I}}\rangle = |\mathrm{I}\rangle e^{-(i/\hbar)E_{\mathrm{I}}t} \text{ 和 } |\psi_{\mathrm{II}}\rangle = |\mathrm{II}\rangle e^{-(i/\hbar)E_{\mathrm{II}}t}.$$

这两个态就有式(9.18)及(9.19)给出的 C_1 与 C_2,其中 a_1 与 a_2 仍待定。它们的比值由式(9.23)或(9.24)给出。它们还需满足一个条件。如果已知系统处在定态之一,那么在 $|1\rangle$ 或

|2⟩中找到它的概率之和必定等于 1,即必须有

$$| C_1 |^2 + | C_2 |^2 = 1, \tag{9.28}$$

或等价地

$$| a_1 |^2 + | a_2 |^2 = 1. \tag{9.29}$$

这些条件并没有唯一地确定 a_1 与 a_2,它们仍有个不确定的任意的相位,即有 $e^{i\delta}$ 这样一个因子未确定。虽然可以写出各个 a 的一般解*,但算出每一种具体情况下各 a 的值通常更方便些。

　　现在让我们回到电场中的氨分子这一特例上去。利用式 (9.14) 与 (9.15) 所给定的 H_{11},H_{22} 及 H_{12} 的值,我们得到两个定态的能量

$$E_{\text{I}} = E_0 + \sqrt{A^2 + \mu^2 \mathscr{E}^2}, \ E_{\text{II}} = E_0 - \sqrt{A^2 + \mu^2 \mathscr{E}^2}, \tag{9.30}$$

这两个能量作为电场强度 $\mathscr{E}$ 的函数画在图 9-2 中。当电场为零时,两个能量当然正好是 $E_0 \pm A$。在施加电场之后,两个能级之间的分裂增加。这种分裂起先随 $\mathscr{E}$ 缓慢增大,但最后变为与 $\mathscr{E}$ 成正比。(曲线是双曲线。)在极强的电场中,能量成为

$$E_{\text{I}} = E_0 + \mu \mathscr{E} = H_{11}, \ E_{\text{II}} = E_0 - \mu \mathscr{E} = H_{22}. \tag{9.31}$$

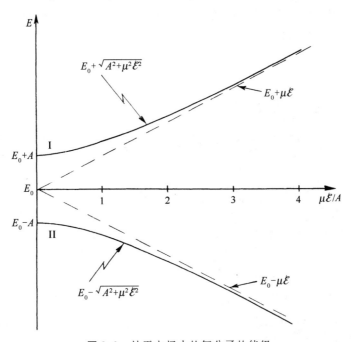

图 9-2　处于电场中的氨分子的能级

当氮原子在两个位置上的能量相差非常大时,它在两个位置之间来回翻转的振幅就不起什么作用了。这是个有趣的问题,我们后面还要谈到它。

---

* 例如,下面就是一组可能的解,你很容易验证它们:

$$a_1 = \frac{H_{12}}{[(E - H_{11})^2 + H_{12} H_{21}]^{1/2}}, \ a_2 = \frac{E - H_{11}}{[(E - H_{11})^2 + H_{12} H_{21}]^{1/2}}.$$

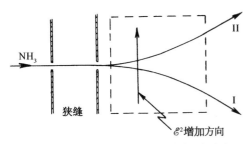

图 9-3 氨分子束可以用电场分离,在该电场中 $\mathscr{E}$ 具有垂直于分子束方向上的梯度

我们终于可以理解氨微波激射器的工作原理了。其概念如下。首先,我们要找到一种把处在 $|\text{I}\rangle$ 态的分子和处在 $|\text{II}\rangle$ 态的分子分离开的方法*。然后,使处于较高能态 $|\text{I}\rangle$ 的分子通过一个共振频率为 24 000 MHz 的谐振腔。分子会把能量交给谐振腔——交的方式将在后面讨论——从而在离开腔时分子处在态 $|\text{II}\rangle$ 之中。每一个发生这样跃迁的分子都把 $E = E_\text{I} - E_\text{II}$ 的能量交给谐振腔。来自分子的能量将在腔内表现为电能。

我们如何使两种状态的分子分离?一种办法是:使氨气由细小喷嘴射出,连续通过两个狭缝后形成一细束,如图 9-3 所示,然后让细束通过一个具有颇大横向电场的区域。产生电场的电极形状要做得使电场在横越分子束方向上迅速地变化。于是电场的平方 $\mathscr{E} \cdot \mathscr{E}$ 在垂直于分子束的方向上有很大的梯度。而处在 $|\text{I}\rangle$ 态的分子所具有的能量随 $\mathscr{E}^2$ 而增大,因此这部分分子束将向 $\mathscr{E}^2$ 较低的区域偏转。相反,处在 $|\text{II}\rangle$ 的分子将向 $\mathscr{E}^2$ 较大的区域偏转,因为它的能量随 $\mathscr{E}^2$ 增大而减小。

附带提一下,对实验室中所能产生的电场来说,能量 $\mu\mathscr{E}$ 总是远小于 A。在这样的情况下,式(9.30)中的平方根可以近似取为

$$A\left(1 + \frac{1}{2}\frac{\mu^2\mathscr{E}^2}{A^2}\right). \tag{9.32}$$

所以,就实用的目的而言,能级是

$$E_\text{I} = E_0 + A + \frac{\mu^2\mathscr{E}^2}{2A} \tag{9.33}$$

及

$$E_\text{II} = E_0 - A - \frac{\mu^2\mathscr{E}^2}{2A}. \tag{9.34}$$

而能量的变化近似地与 $\mathscr{E}^2$ 成线性关系。于是作用在分子上的力是

$$F = \frac{\mu^2}{2A}\nabla\mathscr{E}^2. \tag{9.35}$$

许多分子在电场中具有正比于 $\mathscr{E}^2$ 的能量。比例系数就是分子的极化率。由于分母中的 A 值很小,氨分子具有异常高的极化率。所以,氨分子对电场异常敏感。(你估计一下氨气的介电系数是多少?)

§9-3 在随时间变化的场中的跃迁

在氨微波激射器中,处在态 $|\text{I}\rangle$ 且具有能量 E_I 的分子束被送入一个共振腔,如图9-4

---

* 从现在起我们写 $|\text{I}\rangle$ 与 $|\text{II}\rangle$ 来代替 $|\psi_\text{I}\rangle$ 与 $|\psi_\text{II}\rangle$。你们必定记得实际的态 $|\psi_\text{I}\rangle$ 与 $|\psi_\text{II}\rangle$ 是能量的基础态乘以适当的指数因子。

所示。而另一分子束则被丢弃。在腔内有一个随时间变化的电场,于是我们要讨论的下一个问题就是分子处在随时间变化的电场中的行为。我们碰到了完全不同类型的问题——具有随时间变化的哈密顿的问题。由于 H_{ij} 依赖于 $\mathscr{E}$,H_{ij} 也就随时间而变,于是我们必须确定系统在这种情况下的行为。

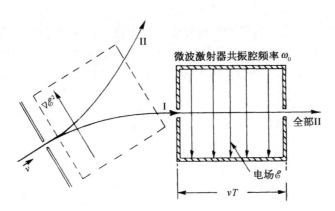

图 9-4　氨微波激射器示意图

首先,我们写下待解的方程:

$$i\,\hbar\frac{\mathrm{d}C_1}{\mathrm{d}t} = (E_0 + \mu\mathscr{E})C_1 - AC_2,$$

$$i\,\hbar\frac{\mathrm{d}C_2}{\mathrm{d}t} = -AC_1 + (E_0 - \mu\mathscr{E})C_2. \tag{9.36}$$

为明确起见,我们设电场作正弦式变化,于是可以写出

$$\mathscr{E} = 2\mathscr{E}_0\cos\omega t = \mathscr{E}_0(\mathrm{e}^{\mathrm{i}\omega t} + \mathrm{e}^{-\mathrm{i}\omega t}). \tag{9.37}$$

在实际操作中频率 ω 与分子跃迁的共振频率 $\omega_0 = 2A/\hbar$ 极为接近,但此刻我们想使问题保持普遍性,所以还是设它具有任意值。解上述方程的最好方法是像先前那样构成 C_1 与 C_2 的线性组合。于是我们将两个方程相加,除以 2 的平方根,再利用式(9.13)中 C_{I} 及 C_{II} 的定义。就得到

$$i\,\hbar\frac{\mathrm{d}C_{\mathrm{II}}}{\mathrm{d}t} = (E_0 - A)C_{\mathrm{II}} + \mu\mathscr{E}C_{\mathrm{I}}, \tag{9.38}$$

你们会注意到这与式(9.9)相同,只是多了一个由电场引起的额外项。类似地,将式(9.36)中的两个方程相减,可得

$$i\,\hbar\frac{\mathrm{d}C_{\mathrm{I}}}{\mathrm{d}t} = (E_0 + A)C_{\mathrm{I}} + \mu\mathscr{E}C_{\mathrm{II}}. \tag{9.39}$$

现在的问题是,怎样解这些方程?它们比先前的那组方程更难解,因为 $\mathscr{E}$ 依赖于 t,而事实上,对于一般的 $\mathscr{E}(t)$,其解无法用初等函数表示。然而,只要电场很小,我们可以得到一个很好的近似解。首先我们写出

$$C_{\mathrm{I}} = \gamma_{\mathrm{I}}\,\mathrm{e}^{-\mathrm{i}(E_0+A)t/\hbar} = \gamma_{\mathrm{I}}\,\mathrm{e}^{-\mathrm{i}(E_{\mathrm{I}})t/\hbar},$$

$$C_{\mathrm{II}} = \gamma_{\mathrm{II}}\,\mathrm{e}^{-\mathrm{i}(E_0-A)t/\hbar} = \gamma_{\mathrm{II}}\,\mathrm{e}^{-\mathrm{i}(E_{\mathrm{II}})t/\hbar}. \tag{9.40}$$

如果不存在电场,那么只要选取 γ_I 与 γ_{II} 为两个复常量,这些解就是正确的,事实上,因为处在态 $|I\rangle$ 的概率是 C_I 的绝对值平方,而处在态 $|II\rangle$ 的概率是 C_{II} 的绝对值平方,处在态 $|I\rangle$ 或态 $|II\rangle$ 的概率正好是 $|\gamma_I|^2$ 或 $|\gamma_{II}|^2$。例如,系统开始时处于态 $|II\rangle$,那么 γ_I 为零而 $|\gamma_{II}|^2$ 是 1,这种状况将一直继续下去。如果分子本来处在态 $|II\rangle$,那么就没有机会变为态 $|I\rangle$。

注意,我们将方程写成式(9.40)的形式的思路是,如果 $\mu\mathscr{E}$ 比 A 小,那么解答依然可写成这种形式,只是 γ_I 与 γ_{II} 变成随时间缓慢变化的函数了。所谓"缓慢变化"是指与指数函数相比较而言。这就是诀窍。我们利用 γ_I 与 γ_{II} 变化缓慢这个事实来得到近似解。

现在我们要把式(9.40)中的 C_I 代入微分方程式(9.39),但必须记住 γ_I 也是 t 的函数。我们有

$$i\hbar\frac{\mathrm{d}C_I}{\mathrm{d}t} = E_I\gamma_I\,\mathrm{e}^{-\mathrm{i}E_I t/\hbar} + i\hbar\frac{\mathrm{d}\gamma_I}{\mathrm{d}t}\mathrm{e}^{-\mathrm{i}E_I t/\hbar}.$$

微分方程就变成

$$\left(E_I\gamma_I + i\hbar\frac{\mathrm{d}\gamma_I}{\mathrm{d}t}\right)\mathrm{e}^{-(\mathrm{i}/\hbar)E_I t} = E_I\gamma_I\,\mathrm{e}^{-(\mathrm{i}/\hbar)E_I t} + \mu\mathscr{E}\gamma_{II}\,\mathrm{e}^{-(\mathrm{i}/\hbar)E_{II} t}. \tag{9.41}$$

类似地,$\mathrm{d}C_{II}/\mathrm{d}t$ 的微分方程成为

$$\left(E_{II}\gamma_{II} + i\hbar\frac{\mathrm{d}\gamma_{II}}{\mathrm{d}t}\right)\mathrm{e}^{-(\mathrm{i}/\hbar)E_{II} t} = E_{II}\gamma_{II}\,\mathrm{e}^{-(\mathrm{i}/\hbar)E_{II} t} + \mu\mathscr{E}\gamma_I\,\mathrm{e}^{-(\mathrm{i}/\hbar)E_I t}. \tag{9.42}$$

现在你们会注意到每个方程的两边都有相等的项。我们先将它们消去,再将第一个方程乘以 $\mathrm{e}^{+\mathrm{i}E_I t/\hbar}$,将第二个方程乘以 $\mathrm{e}^{+\mathrm{i}E_{II} t/\hbar}$。要记住 $(E_I - E_{II}) = 2A = \hbar\omega_0$,最后就有

$$i\hbar\frac{\mathrm{d}\gamma_I}{\mathrm{d}t} = \mu\mathscr{E}(t)\mathrm{e}^{\mathrm{i}\omega_0 t}\gamma_{II},$$
$$i\hbar\frac{\mathrm{d}\gamma_{II}}{\mathrm{d}t} = \mu\mathscr{E}(t)\mathrm{e}^{-\mathrm{i}\omega_0 t}\gamma_I. \tag{9.43}$$

现在我们有了一对外观上简单的方程——当然,它们仍然是精确的。一个变量的导数是时间函数 $\mu\mathscr{E}(t)\mathrm{e}^{\mathrm{i}\omega_0 t}$ 乘以第二个变量,第二个变量的导数则是类似的一个时间函数乘以第一个变量。尽管不能得出这些简单方程的一般解,我们仍将就某些特殊情况求解这些方程。

我们只对振动电场的情况感兴趣,至少当前是这样。将 $\mathscr{E}(t)$ 取为式(9.37)的形式,我们发现 γ_I 与 γ_{II} 的方程变为

$$i\hbar\frac{\mathrm{d}\gamma_I}{\mathrm{d}t} = \mu\mathscr{E}_0[\mathrm{e}^{\mathrm{i}(\omega+\omega_0)t} + \mathrm{e}^{-\mathrm{i}(\omega-\omega_0)t}]\gamma_{II},$$
$$i\hbar\frac{\mathrm{d}\gamma_{II}}{\mathrm{d}t} = \mu\mathscr{E}_0[\mathrm{e}^{\mathrm{i}(\omega-\omega_0)t} + \mathrm{e}^{-\mathrm{i}(\omega+\omega_0)t}]\gamma_I. \tag{9.44}$$

如果 $\mathscr{E}_0$ 足够小,γ_I 与 γ_{II} 的变化率也就小。两个 γ 随时间 t 的变化不会很大,特别是跟指数项所引起的迅速变化相比而言。这些指数项具有实部及虚部,它们以频率 $(\omega+\omega_0)$ 或 $(\omega-\omega_0)$ 振荡。以 $(\omega+\omega_0)$ 振荡的这一项在平均值零上下变化得很快,因此,对 γ 的变化率的平均值贡献并不很大。这样,我们就可以合理地取一个很好的近似,即用它们的平均值,也就是零,来代替这些项。只要舍去它们,即可取作我们的近似式:

$$\mathrm{i}\,\hbar\frac{\mathrm{d}\gamma_{\mathrm{I}}}{\mathrm{d}t} = \mu \mathscr{E}_0 \mathrm{e}^{-\mathrm{i}(\omega-\omega_0)t}\gamma_{\mathrm{II}},$$

$$\mathrm{i}\,\hbar\frac{\mathrm{d}\gamma_{\mathrm{II}}}{\mathrm{d}t} = \mu \mathscr{E}_0 \mathrm{e}^{+\mathrm{i}(\omega-\omega_0)t}\gamma_{\mathrm{I}}. \qquad (9.45)$$

即使剩下的其指数与 $(\omega-\omega_0)$ 成比例的那一项也变化得很快,除非 ω 接近于 ω_0。只有这时右边的变化才会足够缓慢,以至当我们将方程对 t 求积分时才能得到可觉察到的量值。换句话说,对弱电场而言,只有那些靠近 ω_0 的频率才是重要的。

在得到式(9.45)所作的近似下,方程才可以精确地解出,但解法仍颇复杂,所以我们现在不想解它,而要等到以后碰到同样类型的另一个问题时再说。现在我们只求出近似解——或更确切地说,我们将找出完全共振,即 $\omega=\omega_0$ 时的精确解,以及频率接近于共振频率时的近似解。

§9-4　共振跃迁

首先让我们考虑完全共振的情况。如果取 $\omega=\omega_0$,则式(9.45)的两个方程的指数均等于 1,于是便有

$$\frac{\mathrm{d}\gamma_{\mathrm{I}}}{\mathrm{d}t} = -\frac{\mathrm{i}\mu\mathscr{E}_0}{\hbar}\gamma_{\mathrm{II}}, \quad \frac{\mathrm{d}\gamma_{\mathrm{II}}}{\mathrm{d}t} = \frac{-\mathrm{i}\mu\mathscr{E}_0}{\hbar}\gamma_{\mathrm{I}}. \qquad (9.46)$$

如果先从这些方程中消去 γ_{I},然后消去 γ_{II},我们就发现每个 γ 都满足简谐运动的微分方程:

$$\frac{\mathrm{d}^2\gamma}{\mathrm{d}t^2} = -\left(\frac{\mu\mathscr{E}_0}{\hbar}\right)^2\gamma. \qquad (9.47)$$

这些方程的一般解可由正弦和余弦函数组成。很容易验证,下列方程式就是一种解:

$$\gamma_{\mathrm{I}} = a\cos\left(\frac{\mu\mathscr{E}_0}{\hbar}\right)t + b\sin\left(\frac{\mu\mathscr{E}_0}{\hbar}\right)t,$$

$$\gamma_{\mathrm{II}} = \mathrm{i}b\cos\left(\frac{\mu\mathscr{E}_0}{\hbar}\right)t - \mathrm{i}a\sin\left(\frac{\mu\mathscr{E}_0}{\hbar}\right)t, \qquad (9.48)$$

式中 a 与 b 是根据特定的物理条件来定的常数。

例如,设 $t=0$ 时分子系统处在较高能态 $|\mathrm{I}\rangle$,由式(9.40)可知,这要求 $t=0$ 时 $\gamma_{\mathrm{I}}=1$ 及 $\gamma_{\mathrm{II}}=0$。在这种情况下,就要求 $a=1$,$b=0$。往后某时刻 t 分子处在态 $|\mathrm{I}\rangle$ 的概率是 γ_{I} 的绝对值平方,即

$$P_{\mathrm{I}} = |\gamma_{\mathrm{I}}|^2 = \cos^2\left(\frac{\mu\mathscr{E}_0}{\hbar}\right)t. \qquad (9.49)$$

类似地,分子处于态 $|\mathrm{II}\rangle$ 的概率是 γ_{II} 的绝对值平方,即

$$P_{\mathrm{II}} = |\gamma_{\mathrm{II}}|^2 = \sin^2\left(\frac{\mu\mathscr{E}_0}{\hbar}\right)t. \qquad (9.50)$$

只要 $\mathscr{E}$ 很小,并且处于共振情况下,概率就由简单的振荡函数给出。处在态 $|\mathrm{I}\rangle$ 的概率由 1 下降为 0,然后再回升到 1,同时,处在态 $|\mathrm{II}\rangle$ 的概率则由 0 上升到 1,再下降。两种概率随时间的变化曲线如图 9-5 所示。不用说,两概率的和总是等于 1,分子总得处在某个状态之中!

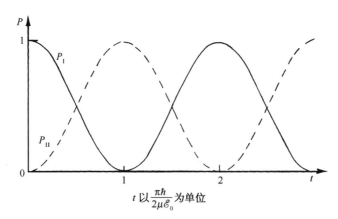

图 9-5 在正弦型电场中的氨分子处于两种状态的概率

设氨分子通过共振腔需要时间 T。如果使腔长正好满足 $\mu\mathscr{E}_0 T / \hbar = \pi/2$，那么进腔时处在态 $|\mathrm{I}\rangle$ 的分子离开时必处于态 $|\mathrm{II}\rangle$。如果它进入空腔时处于高能态，离开腔时就处于低能态。换句话说，它的能量减少了，能量不可能丢失到其他地方，只可能进入产生场的机制中去。你们可以看到分子能量怎么馈入共振腔的振荡中去的有关细节是不简单的，不过，我们不必去研究这些细节，因为我们可以利用能量守恒原理。(如果我们一定要研究这些细节，那么除了原子的量子力学外我们还要考虑共振腔中场的量子力学。)

概括一下：分子进入共振腔后，以正好恰当的频率振荡的腔内电场诱发分子从高能态跃迁至低能态，而所释放的能量则馈入振荡电场。在一个工作着的微波激射器中，分子提供足够的能量以维持腔的振荡——不仅提供足够功率以弥补腔内损耗，还提供少量可从腔中引出的额外功率。于是，分子能量被转换为外界的电磁场能量。

记住，在分子束进入共振腔之前，必须使用一个分离分子束的过滤装置，只让高能态的分子进入腔内。不难证明，如果你在开始时用的是低能态的分子，整个过程将沿相反方向进行，从腔中取出能量。如果使未过滤的分子束进入，那么有多少分子取走能量就有多少分子释放能量，最终什么也不发生。当然，在实际运行中，不必使 $(\mu\mathscr{E}_0 T / \hbar)$ 正好是 $\pi/2$。对任何其他值(除去正好是 π 的整数倍外)，都有一定概率从态 $|\mathrm{I}\rangle$ 跃迁至态 $|\mathrm{II}\rangle$。但对其他值来说，器件的效率不是 100%；许多离腔时本来应该把一些能量交给空腔的分子并没有把能量交给腔。

在实际情况中，所有分子的速度并不都相同，它们具有某种形式的麦克斯韦分布。这意味着不同分子的理想的时间周期不相同，因此不可能同时对所有分子都获得 100% 的效率。此外，还存在另一种容易想到的复杂性，但此刻我们不想为此费心。大家记得腔内的电场通常在腔中处处不同。因此，当分子通过共振腔时，分子所处的电场以比我们所假设的随时间作简谐式振荡更为复杂的方式变化。显然，必须用更繁复的积分来精确计算这个问题，但其基本概念仍然相同。

还有另外一些制造微波激射器的方法，代替用施特恩-格拉赫装置分离态 $|\mathrm{I}\rangle$ 的分子和态 $|\mathrm{II}\rangle$ 的分子，也可以将原子(像气体或固体)预先放在腔内，用某种方法使原子从态 $|\mathrm{II}\rangle$ 变到态 $|\mathrm{I}\rangle$。一种方法是在所谓三态* 微波激射器中使用的方法。为此，所用的原子系统要

---

* 本书原文 three‐state,译作"三态"。现在普遍使用的术语是"三能级"three‐level。——译者注

有 3 个能级,如图 9-6 所示,它们具有下列特性。系统会吸收频率为 $\hbar\omega_1$ 的辐射(如光),从最低能级 E_{II} 跳到高能级 E',然后迅速发射光子 $\hbar\omega_2$ 而落到能量 E_1 的态 $|\text{I}\rangle$。态 $|\text{I}\rangle$ 有长的寿命,因而这个态的布居数会增多,这样,就会达到于态 $|\text{I}\rangle$ 与态 $|\text{II}\rangle$ 之间发生微波激射的条件。虽然这种器件称为"三态"微波激射器,它的工作方式实际上和我们所描写的双态系统完全一样。

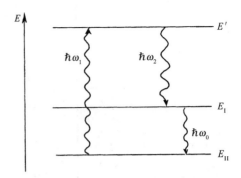

图 9-6 "三态"微波激射器的能级

激光(Light Amplification by Stimulated Emission of Radiation)只不过是一种工作在光学频率的激射器。激光的"共振腔"通常由两块反射镜组成,在两反射镜之间建立起驻波。

§9-5 偏离共振的跃迁

最后,我们想要搞清在共振腔频率接近、但不严格等于 ω_0 的情况下状态如何变化。我们能够精确解答这个问题,但我们并不打算这样做,而讨论一种重要情况,即电场较弱,而且时间间隔 T 也较小,从而 $\mu\mathscr{E}_0 T/\hbar$ 远小于 1。这样,即使在我们刚计算过的完全共振的情况下,产生跃迁的概率也较小。假设我们仍从 $\gamma_{\text{I}} = 1$ 及 $\gamma_{\text{II}} = 0$ 开始。在时间 T 内我们预料 γ_1 仍然保持近似等于 1,而 γ_{II} 则保持远小于 1。这样问题就很容易。我们可以从式(9.45)的第二个方程来计算 γ_{II},取 γ_{I} 等于 1,并从 $t = 0$ 积分到 $t = T$。我们得到

$$\gamma_{\text{II}} = \frac{\mu\mathscr{E}_0}{\hbar}\left[\frac{1 - e^{i(\omega-\omega_0)T}}{\omega - \omega_0}\right]. \tag{9.51}$$

将此 γ_{II} 值用于式(9.40)中即给出时间间隔 T 内从态 $|\text{I}\rangle$ 跃迁至态 $|\text{II}\rangle$ 的振幅。发生跃迁的概率 $P(\text{I} \to \text{II})$ 是 $|\gamma_{\text{II}}|^2$,即

$$P(\text{I} \to \text{II}) = |\gamma_{\text{II}}|^2 = \left[\frac{\mu\mathscr{E}_0 T}{\hbar}\right]^2 \frac{\sin^2[(\omega-\omega_0)T/2]}{[(\omega-\omega_0)T/2]^2}. \tag{9.52}$$

将在一定时间间隔内跃迁的概率作为共振腔频率的函数作图是很有意义的,从这可以看出在共振频率 ω_0 附近跃迁概率对频率依赖的灵敏程度。我们将这样的 $P(\text{I} \to \text{II})$ 曲线画在图9-7中。(通过将纵坐标表示的概率除以 $\omega = \omega_0$ 处的概率值,峰值的纵坐标被调整到1。)我们在衍射理论中已见到过这样的曲线,所以你们对它应该已经熟悉了。当 $(\omega-\omega_0) = 2\pi/T$ 时,曲线相当迅速地下降至零,而对更大的频率偏差,再也不能重新达到可观的数值。事实上,曲线下面积的绝大部分位于 $\pm\pi/T$ 的区间之内,可以证明* 曲线下的面积正好是 $2\pi/T$,并等于图中所画的阴影矩形的面积。

让我们就一个真实的微波激射器来考察上述结果的含义。假设氨分子在腔内呆了适当长的时间,比方说 1 ms。那么对 $f_0 = 24\,000$ MHz,我们可以求出频率偏差为 $(f - f_0)/f_0 = $

---

* 利用公式 $\int_{-\infty}^{\infty} \dfrac{\sin^2 x}{x^2}\mathrm{d}x = \pi$。

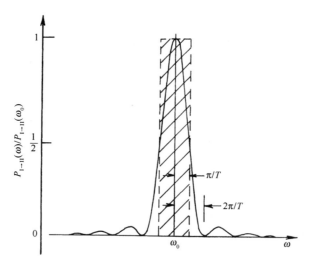

图9-7 氨分子跃迁概率与频率的函数关系

$1/f_0 T$，这个数值为 5×10^{-8} 时，跃迁概率下降为零。显然频率必须非常接近于 ω_0 才能得到可观的跃迁概率。这一效应是能够用"原子"钟获得极高精度的基础，而原子钟就是根据微波激射器原理工作的。

§9-6 光 的 吸 收

上面的处理方法适用于比氨微波激射器更普遍的情况。我们处理过分子在电场的影响下的行为，不论场是否局限于腔内。所以我们可以简单地把一束"光"——微波频率——照射到分子上，并求发射或吸收的概率。我们的方程同样适用于这种情况，但我们用辐射的强度而不是用电场作为参数来重新写出那些方程。如果定义强度 $\mathscr{I}$ 为每秒钟通过单位面积的平均能量，则由第 2 卷第 27 章，我们可以写出

$$\mathscr{I} = \epsilon_0 c^2 \mid \mathscr{E} \times \boldsymbol{B} \mid_{平均} = \frac{1}{2} \epsilon_0 c^2 \mid \mathscr{E} \times \boldsymbol{B} \mid_{极大} = 2\epsilon_0 c \mathscr{E}_0^2.$$

（$\mathscr{E}$ 的最大值是 $2\mathscr{E}_0$。）于是跃迁概率为

$$P(\text{I} \rightarrow \text{II}) = 2\pi \left[\frac{\mu^2}{4\pi\epsilon_0 \hbar^2 c} \right] \mathscr{I} T^2 \frac{\sin^2 [(\omega - \omega_0) T/2]}{[(\omega - \omega_0) T/2]^2}. \tag{9.53}$$

通常照射在这样一种系统上的光并不是严格单色的。因此，值得再求解一个问题——就是计算光的频率分布在包括 ω_0 在内的一定宽度区间上的跃迁概率，令每单位频率间隔的光强为 $\mathscr{I}(\omega)$。这时，从 $\mid \text{I} \rangle$ 至 $\mid \text{II} \rangle$ 跃迁的概率成为一个积分：

$$P(\text{I} \rightarrow \text{II}) = 2\pi \left[\frac{\mu^2}{4\pi \epsilon_0 \hbar^2 c} \right] T^2 \int_0^\infty \mathscr{I}(\omega) \frac{\sin^2 [(\omega - \omega_0) T/2]}{[(\omega - \omega_0) T/2]^2} d\omega. \tag{9.54}$$

一般来说，$\mathscr{I}(\omega)$ 随 ω 的变化将远比尖锐的共振项来得缓慢。两个函数也许就像图 9-8 所示那种样子。在这种情况下，我们就可以将 $\mathscr{I}(\omega)$ 用它在尖锐的共振曲线中央位置处的值

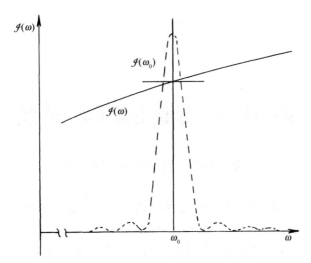

图 9-8　光谱强度 $\mathscr{I}(\omega)$ 可以近似地用它在 ω_0 处的值表示

$\mathscr{I}(\omega_0)$ 来代替,并将它提出积分号外。所留下的正是图 9-7 的曲线下的积分,如我们所知此积分正好等于 $2\pi/T$。我们得到如下结果

$$P(\mathrm{I} \to \mathrm{II}) = 4\pi^2 \left[\frac{\mu^2}{4\pi\epsilon_0\hbar^2 c}\right]\mathscr{I}(\omega_0)T. \qquad (9.55)$$

这是个重要的结果,因为它是光被任何分子或原子系统吸收的普遍理论。尽管我们是从考虑态 $|\mathrm{I}\rangle$ 比态 $|\mathrm{II}\rangle$ 能量高的情况开始的,但我们的讨论中没有任何依赖这个事实的地方。如果态 $|\mathrm{I}\rangle$ 具有的能量比态 $|\mathrm{II}\rangle$ 低,式(9.55)仍然成立;这时 $P(\mathrm{I}\to\mathrm{II})$ 就表示从入射电磁波吸收能量发生跃迁的概率。任何原子系统对光的吸收总是与能量差为 $E = \hbar\omega_0$ 的两个状态之间在振荡电场中发生跃迁的振幅有关。所以,对任何特定情况,此振幅总是用我们这里所用的方法计算,并可得到如式(9.55)那样的表式。因此,我们要强调指出这个结果的下列几个特点。首先,概率正比于 T。换句话说,单位时间发生跃迁的概率是常数。其次,这个概率正比于入射到系统上的光强。最后,跃迁概率正比于 μ^2。你们该记得,$\mu\mathscr{E}$ 决定了由电场 $\mathscr{E}$ 所引起的能量变化。正因为这一点,$\mu\mathscr{E}$ 作为耦合项也出现在式(9.38)及(9.39)中,就是它引起原来是定态的两个状态 $|\mathrm{I}\rangle$ 与 $|\mathrm{II}\rangle$ 之间的跃迁。换句话说,对于我们所考虑的小的 $\mathscr{E}$,$\mu\mathscr{E}$ 就是哈密顿矩阵元中联系着态 $|\mathrm{I}\rangle$ 与 $|\mathrm{II}\rangle$ 的所谓"微扰项"。在一般情况下,我们要用矩阵元 $\langle\mathrm{II}|H|\mathrm{I}\rangle$ 代替 $\mu\mathscr{E}$(见 §5-6)。

在第 1 卷 §42-5 中我们讲过用爱因斯坦系数 A 与 B 表示的光的吸收,受激发射,及自发发射之间的关系。现在,我们终于有了计算这些系数的量子力学程序了。我们所说的双态氨分子的 $P(\mathrm{I}\to\mathrm{II})$ 正好对应于爱因斯坦辐射理论的吸收系数 B_{nm}。对于复杂的氨分子——无论什么人要对它进行计算都太困难——我们已将矩阵元 $\langle\mathrm{II}|H|\mathrm{I}\rangle$ 取作为 $\mu\mathscr{E}$,并讲明 μ 要由实验得到。对简单的原子系统,属于任何特定跃迁的 μ_{mn} 可由以下定义计算出:

$$\mu_{mn}\mathscr{E} = \langle m|H|n\rangle = H_{mn}, \qquad (9.56)$$

这里 H_{mn} 是包括弱电场效应的哈密顿矩阵元。这样计算出的 μ_{mn} 称为电偶极子矩阵元。所以,光的吸收与发射的量子力学理论就归结为对特定原子系统计算这些矩阵元。

我们对简单的双态系统的研究就这样使我们得以理解光的吸收与发射的普遍问题。

第 10 章 其他双态系统

§10-1 氢分子离子

上一章我们在把氨分子看作双态系统的近似下讨论了氨分子的一些特性。当然,氨分子实际上不是双态系统——还存在着转动、平动、振动等等许多状态,但由于氮原子的上下翻转,这些运动状态的每一个都要分解成两种内部状态。这里,我们要考虑在某种近似下可视为双态系统的另一些例子。有许多问题都是近似的,因为总是有许多其他状态存在,在更精确的分析中应当把它们考虑进去。但在所举的每个例子中,仅仅考虑两个状态我们还是能学到许多东西。

因为我们只处理双态系统,所以所需要的哈密顿就与上一章所用过的一样。当哈密顿与时间无关时,我们知道有两个具有确定——通常不相同的——能量的定态。我们的分析所用的一组基础态通常不是这些定态,而是可能具有其他某种简单物理意义的态。于是,系统的定态将用这些基础态的线性组合来表示。

为方便起见,我们总结一下第 9 章中重要的方程式。设原来选取的基础态是 $|1\rangle$ 及 $|2\rangle$。那么任何态 $|\psi\rangle$ 可以表示为如下的线性组合

$$|\psi\rangle = |1\rangle\langle 1|\psi\rangle + |2\rangle\langle 2|\psi\rangle = |1\rangle C_1 + |2\rangle C_2. \tag{10.1}$$

振幅 C_i(就是指 C_1 或 C_2)满足两个线性微分方程

$$i\hbar\frac{dC_i}{dt} = \sum_j H_{ij}C_j, \tag{10.2}$$

这里 i 与 j 都取值 1 及 2。

当哈密顿的各项 H_{ij} 不依赖于 t 时,具有确定能量的两种状态(定态),即我们称为

$$|\psi_{\rm I}\rangle = |{\rm I}\rangle e^{-(i/\hbar)E_{\rm I}t} \text{ 和 } |\psi_{\rm II}\rangle = |{\rm II}\rangle e^{-(i/h)E_{\rm II}t}$$

的状态具有能量

$$E_{\rm I} = \frac{H_{11}+H_{22}}{2} + \sqrt{\left(\frac{H_{11}-H_{22}}{2}\right)^2 + H_{12}H_{21}},$$
$$E_{\rm II} = \frac{H_{11}+H_{22}}{2} - \sqrt{\left(\frac{H_{11}-H_{22}}{2}\right)^2 + H_{12}H_{21}}. \tag{10.3}$$

这两种状态的两个振幅 C 具有相同的时间的依赖关系。与定态相联系的态矢量 $|{\rm I}\rangle$ 及 $|{\rm II}\rangle$ 与原来的基础态 $|1\rangle$ 及 $|2\rangle$ 之间有以下关系

$$|{\rm I}\rangle = |1\rangle a_1 + |2\rangle a_2,$$
$$|{\rm II}\rangle = |1\rangle a_1' + |2\rangle a_2'. \tag{10.4}$$

这些 a 都是复数,它们满足

$$|a_1|^2 + |a_2|^2 = 1,$$

$$\frac{a_1}{a_2} = \frac{H_{12}}{E_{\mathrm{I}} - H_{11}}, \tag{10.5}$$

$$|a_1'|^2 + |a_2'|^2 = 1,$$

$$\frac{a_1'}{a_2'} = \frac{H_{12}}{E_{\mathrm{II}} - H_{11}}. \tag{10.6}$$

如 H_{11} 与 H_{22} 相等——比方说都等于 E_0——而 $H_{12} = H_{21} = -A$,那么 $E_{\mathrm{I}} = E_0 + A$,$E_{\mathrm{II}} = E_0 - A$,从而态 $|\mathrm{I}\rangle$ 及 $|\mathrm{II}\rangle$ 就特别简单:

$$|\mathrm{I}\rangle = \frac{1}{\sqrt{2}}[|1\rangle - |2\rangle], \quad |\mathrm{II}\rangle = \frac{1}{\sqrt{2}}[|1\rangle + |2\rangle]. \tag{10.7}$$

　　现在我们要利用这些结果来讨论一些取自化学和物理学领域中的有兴趣例子。第一个例子是氢分子的离子,一个带正电的电离氢分子由两个质子及一个电子组成,这个电子在两个质子周围运行。如果两个质子相距很远,我们预期这样的系统会有什么状态呢?答案很清楚:电子将靠近一个质子而形成一个处于最低能态的氢原子,而另一个质子则独自成为一个正离子。所以,如果两个质子离得很远,我们可想象这样一种物理状态,即电子"附着"在其中一个质子上。显然,还有另一种与之对称的状态,即电子靠近另一个质子,而第一个质子就成为一个离子。我们将取这两种态作为基础态,而称它们为 $|1\rangle$ 及 $|2\rangle$。两种态画在图 10-1 中。当然,一个电子靠近一个质子的状态实际上有许多,因为这种组合可以以任何一种氢原子的激发态存

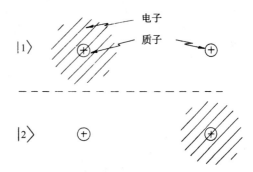

图 10-1　两个质子及一个电子的一组基础态

在。目前我们对这些各种各样的态并不感兴趣;我们只考虑氢原子处在最低能态——基态——的情况,而且我们暂时不考虑电子的自旋。我们可以假设在所有状态中电子都具有沿 z 轴*"朝上"的自旋。

　　从氢原子中移去一个电子需要 13.6 eV 能量。只要氢分子离子的两个质子相距很远,将电子移至靠近两质子中点某处也差不多需要这么多能量——在我们现在的问题中这是很大的能量。所以从经典物理的观点来看,电子从一个质子跳往另一个质子是不可能的。然而,在量子力学中这是可能的——尽管可能性不很大。仍有一定的小的振幅使电子从一个质子跑向另一个质子。作为第一级近似,我们令每个基础态 $|1\rangle$ 与 $|2\rangle$ 都有能量 E_0,这正是一个氢原子加一个质子的能量。我们可以取哈密顿矩阵元 H_{11} 与 H_{22} 都近似等于 E_0。对另外的矩阵元 H_{12} 与 H_{21}(它是电子往来跳动的振幅)我们仍记为 $-A$。

　　你们会发现这里的事情与上两章所玩的是同样的把戏。如果不考虑电子能够来回跳动

_____

　　*　只要磁场不起作用,这种情况就能满足,我们将在本章后面讨论磁场对电子的效应,第 12 章中讨论自旋在氢原子中的极小效应。

的事实,我们就有能量完全相同的两个态。然而,由于电子有来回跳动的概率,这个能级就分裂为两个能级,跃迁的概率越大,分裂就越大。这样,系统的两个能级就是 E_0+A 及 E_0-A,带有这两个确定能量的状态就由式(10.7)给出。

从解答中我们看出,如果使质子与氢原子靠近,电子就不会总待在其中一个质子一边,而要在两个质子间来回跳动。如果它开始处在其中一个质子旁,那它就将在态$|1\rangle$及$|2\rangle$之间来回振荡,即给出一个随时间变化的解。为了得到最低能量的解(这解不随时间变化),开始时此系统中的电子围绕各个质子的振幅就必须相等。记住,这里不是两个电子——我们并没有说围绕每个质子各有一个电子。总共只有一个电子,它在任一个质子旁的位置上都具有相同的振幅,其大小为 $1/\sqrt{2}$。

本来靠近一个质子的电子跑到另一个质子旁的振幅 A 依赖于质子之间的距离。质子靠得越近,振幅就越大。你们记得我们在第 7 章中谈到过在经典(观念)上不可能有电子"穿透势垒"的振幅。这里我们有同样的情况,电子穿透的振幅在距离大时大致上随距离增大而指数式减少。既然质子靠近时跃迁概率(从而 A)变大,能级的分离也就增大。如果系统在态$|\text{I}\rangle$,能量 E_0+A 随着距离的减小而增大,所以这样的量子力学效应将产生一种排斥力使质子分离。相反,若系统处在态$|\text{II}\rangle$,那么如让质子靠近,总能量将减少;有个吸引力将质子拉到一起。两种能量随质子之间距离而变化的情况大致如图 10-2 所示。于是我们对使 H_2^+ 离子结合在一起的结合力就有了一个量子力学解释。

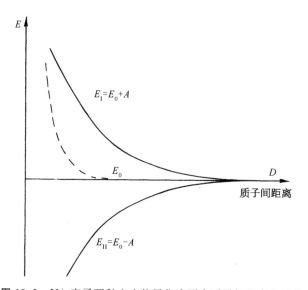

图 10-2 H_2^+ 离子两种定态能量作为两个质子间距离的函数

但是,我们忘了一件事。除了我们刚才所描写的力外,在两个质子间还存在着静电斥力。当两个质子相隔较远时——如图 10-1 中的那种情况——"裸"质子只见到一个中性原子,因此静电力可以忽略不计。但当距离十分靠近时,"裸"质子开始进入电子的分布区"内部",就是说,平均而言,氢原子核离另一个质子比离电子为近。这样便开始出现一些额外的静电能,当然是正的。这个能量——也随距离而变化——应包括在 E_0 之中。所以我们应当取图 10-2 中的虚曲线表示 E_0,当距离小于氢原子半径时,它迅速上升。我们应当由 E_0

加上及减去翻转能量 A。这样做以后,能量 E_I 及 E_{II} 就将如图 10-3 所示那样随着质子间距离而变。[在这个图上我们画的是经过更详细计算的结果。质子间距离以 1 nm(10^{-9} m)为单位标出。超过一个质子加上一个氢原子的能量 ΔE,则以氢原子束缚能——所谓"里德伯"能量 E_H 13.6 eV——为单位标出。]我们看到态 $|II\rangle$ 有一个能量极小点,这就是 H_2^+ 离子的平衡位形,即最低能量态。这点的能量低于一个分离的质子与一个氢离子的能量,所以系统是束缚着的。单个电子起着使两个质子结合在一起的作用。化学家称之为"单电子键"。

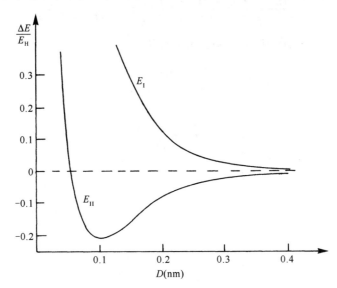

图 10-3　H_2^+ 离子能级作为质子间距离 D 的函数 ($E_H = 13.6$ eV)

　　这类化学键联也常称为"量子力学共振"(用我们先前描述过的两个耦合着的单摆作类比)。但这种称呼听起来比事情本身更神秘些。其实,只有当你从对基础态的不恰当选择出发——正如我们也做过的那样,它才"共振"! 假如你选了态 $|II\rangle$,你就会有最低的能态——情况就是如此。

　　我们可以用另一种方式来看一下为什么这样一个状态具有比一个质子与一个氢原子低的能量。让我们设想一个电子靠近彼此相距某个固定但不太远的距离的两个质子。你们还记得,当只有一个质子时,由于不确定性原理,电子是"弥散"的。电子在具有低的库仑势能和不要被束缚在太小的空间两者之间寻求一种平衡。因为由于不确定性关系 ($\Delta p \Delta x \approx \hbar$),电子被束缚在小的空间内则它的动能就要增高。如果有两个质子,就有更多的空间使电子具有较低的势能。它可以在不加大势能的条件下弥散开来——从而降低动能。净结果就是得到低于一个质子和一个氢原子的能量。那么为什么另一种态 $|I\rangle$ 具有较高能量? 请注意,这个态是态 $|1\rangle$ 及 $|2\rangle$ 的差。由于 $|1\rangle$ 及 $|2\rangle$ 的对称性,它们的差使得在两个质子的半当中找到电子的振幅必定为零。这意味着电子在某种程度上被束缚得更紧,这就导致较大的能量。

　　应该指出,一旦两个质子之间的距离近到图 10-3 中曲线的极小值时,把 H_2^+ 离子视为双态系统的近似处理就完全失效了,因而这时不能得到实际结合能的精确值。对于小间距,我们在图 10-1 中所设想的两种"态"的能量不再恰好等于 E_0,需要一种更精确的量子力学处理方法。

假定我们现在问,如果不是两个质子,而是两个不同的客体,比方说一个质子与一个正的锂离子(两个粒子仍都带有单位正电荷),情况又会怎样? 在这种情况下,两项哈密顿量 H_{11} 与 H_{22} 不再相等;事实上,它们将很不一样。如果出现了差 $(H_{11} - H_{22})$ 的绝对值远大于 $A = -H_{12}$ 的情况,吸引力就变得非常微弱,这可由下面看出。

如果将 $H_{12}H_{21} = A^2$ 代入式(10.3),就有

$$E = \frac{H_{11} + H_{22}}{2} \pm \frac{H_{11} - H_{22}}{2} \sqrt{1 + \frac{4A^2}{(H_{11} - H_{22})^2}}.$$

当 $(H_{11} - H_{22})^2$ 远大于 A^2 时,平方根就近似地等于

$$1 + \frac{2A^2}{(H_{11} - H_{22})^2},$$

于是两个能量就是

$$\begin{aligned} E_{\text{I}} &= H_{11} + \frac{A^2}{H_{11} - H_{22}}, \\ E_{\text{II}} &= H_{22} - \frac{A^2}{H_{11} - H_{22}}. \end{aligned} \tag{10.8}$$

它们非常接近于孤立原子的能量 H_{11} 与 H_{22},只是由于翻转振幅 A 而略有差别。

能量差 $E_{\text{I}} - E_{\text{II}}$ 是

$$(H_{11} - H_{22}) + \frac{2A^2}{H_{11} - H_{22}}.$$

来自电子振荡的附加能级分裂不再等于 $2A$,而小了一个因子 $A/(H_{11} - H_{22})$,该因子我们现在假设为远小于 1。此外,$E_{\text{I}} - E_{\text{II}}$ 对两个原子核间距的依赖关系也比 H_2^+ 离子小得多 —— 也减小因子 $A/(H_{11} - H_{22})$。现在我们明白了为什么不对称双原子分子的键联一般很微弱。

在我们的 H_2^+ 离子理论中我们已经发现了对两个质子共有的一个电子实际上提供了两质子间的吸引力这种机制的解释,这种吸引力即使在质子相距较远时也能存在。此吸引力来自电子从一个质子跳到另一个质子的可能性所造成的系统能量的减少。在这种跳跃过程中,系统由一种位形(氢原子,质子)变到另一种位形(质子,氢原子),或者反过来。我们可以用符号来表示这种过程

$$(\text{H}, \text{p}) \rightleftharpoons (\text{p}, \text{H}).$$

由于这个过程产生的能量偏移正比于振幅 A,A 即能量为 $-W_{\text{H}}$(电子在氢原子中的结合能)的电子可从一个质子跑到另一个质子的振幅。

当两个质子的间距离 R 较大时,电子在其跳跃过程中必须通过的大部分空间中静电势能都接近于零。因而在这些地方,电子就像自由粒子在真空中那样运动——但带有负的能量! 我们在第 3 章式(3.7)中已知道,具有确定能量的粒子从一个地点跑到距离 r 的另一地点的振幅正比于

$$\frac{e^{(i/\hbar)pr}}{r},$$

这里 p 是与确定能量对应的动量。在现在的情况下(用非相对论公式),p 由下式给定

$$\frac{p^2}{2m} = -W_H,\tag{10.9}$$

这意味着 p 是虚数，

$$p = i\sqrt{2mW_H}.$$

（带负号根式在这里没有意义。）

于是我们预期，当两个质子间距离 R 大时，H_2^+ 离子的振幅 A 将按下式变化

$$A \propto \frac{e^{-(\sqrt{2mW_H}/\hbar)R}}{R}.\tag{10.10}$$

由电子键联而产生的能量偏移正比于 A，于是就有一个力将两个质子拉近，此力在 R 大的情况下正比于式(10.10)对 R 的导数。

最后，为完备起见，我们应当指出对双质子和单电子的系统还有另一种给出能量对 R 相关的效应。迄今为止我们都忽略了这点，因为通常它是不很重要的——例外只在距离很大时出现，这时交换项 A 的能量已指数地衰减为很小的值。我们所考虑的新效应是质子对氢原子的静电吸引，这种吸引的产生方式与任何带电体吸引一个中性物体的情况一样。裸质子在中性氢原子处产生一个电场 $\mathscr{E}$（随 $1/R^2$ 变化）。原子便极化而形成一个正比于 $\mathscr{E}$ 的感生偶极矩 μ。偶极子的能量是 $\mu\mathscr{E}$，它正比于 $\mathscr{E}^2$ 或 $1/R^4$。因而在系统的能量中有随距离的 4 次方而衰减的一项。（它是对 E_0 的校正。）此能量随距离的减少比式(10.10)给出的 A 的改变来得慢；在大距离 R 处它就成为仅剩的给出能量随 R 而变的重要项，因此也就是仅剩的力。注意对两个基础态来说静电项都有相同的符号（力是引力，故能量为负），对两个定态也是如此，而电子交换项 A 对两种定态则给出了相反的符号。

§10-2　核　　力

我们已经看到，一个氢原子与一个质子的系统具有由交换单个电子引起的相互作用能，它在距离 R 大时的变化是

$$\frac{e^{-\alpha R}}{R},\tag{10.11}$$

这里 $\alpha = \sqrt{2mW_H}/\hbar$。（人们常说当电子——就像在这里——跃过它在其中具有负能量的空间时就是一次"虚"电子的交换。更明确地说，"虚交换"的意思是这种现象包含了在交换态与非交换态之间的量子力学干涉。）

现在我们可以问以下问题：在其他种类粒子之间的作用力是否可能也有类似的起源？例如，一个中子与一个质子，或两个质子之间的核力是否也相类似？ 在试图解释核力的本性时，汤川提出两个核子间的力起因于类似的交换效应，只是在这种情况中，不是起因于电子的虚交换，而是起因于他称为"介子"的新粒子的虚交换。今天，我们认为质子或其他粒子在高能碰撞中所产生的 π 介子与汤川介子是同一种粒子。

作为一个例子，让我们来看看，在质子与中子之间交换一个质量为 m_π 的正 π 介子(π^+) 时，预期会出现哪一种力。就像氢原子 H^0 可以放弃一个电子 e^- 而成为质子 p^+：

$$H^0 \longrightarrow p^+ + e^-,\tag{10.12}$$

质子可以释放一个 π^+ 介子而变成一个中子 n^0：

$$p^+ \longrightarrow n^0 + \pi^+. \tag{10.13}$$

所以,如果 a 点有一个质子,b 点有一个中子,相距为 R。在质子可以通过发射一个 π^+ 成为中子,而 b 处中子吸收这个 π^+ 后就成为一个质子。在双核子(加上 π 介子)系统中存在一种相互作用能,它依赖于 π 介子交换的振幅 A——正像我们在 H_2^+ 离子中看到的电子交换情况一样。

在式(10.12)的过程中,H^0 原子的能量比质子能量小 W_H(作非相对论计算,并忽略电子的静能 mc^2),于是电子具有负动能——或虚动量——如式(10.9)所示。在核过程(10.13)式中,质子与中子具有几乎相等的质量,所以 π^+ 的总能量为零。对质量为 m_π 的 π 介子,其总能量 E 与动量 p 之间的关系是

$$E^2 = p^2 c^2 + m_\pi^2 c^4,$$

因为 E 为零(或至少与 m_π 相比可忽略),动量又是虚的了:

$$p = i m_\pi c.$$

利用我们对束缚电子穿透两质子间的空间中的势垒之振幅所作的同样论证,得到在核情况下的交换振幅 A,在 R 大时,它应为

$$\frac{e^{-(m_\pi c/\hbar)R}}{R}. \tag{10.14}$$

相互作用能正比于 A,所以也以同样方式变化。我们得到了以所谓汤川势形式表示的两核子间的能量变化关系。顺便提一下,我们早先曾直接从自由空间中 π 介子的运动微分方程得到过这同一公式[见第 2 卷第 28 章式(28.18)]。

按同样的思路,我们可以讨论由交换一个中性 π 介子(π^0)而产生的两个质子(或两个中子)间的相互作用。现在基本过程是

$$p^+ \longrightarrow p^+ + \pi^0. \tag{10.15}$$

一个质子可以发射一个虚 π^0 介子,而仍旧是一个质子。如果我们有两个质子,1 号质子可以发射一个虚 π^0 介子,这个 π^0 介子被 2 号质子吸收。结果,我们仍然有两个质子。这多少与 H_2^+ 离子有些不同。在那里 H^0 在发射一个电子后变为另一种状态——质子。而现在我们假设质子可以发射一个 π^0 而不改变它的性质。事实上在高能碰撞中可观察到这种过程。它类似于一个电子发射一个光子后仍然是电子的情况:

$$e \longrightarrow e + 光子. \tag{10.16}$$

在光子被发射前或被吸收后我们并没有在电子内部"见到"它们,它们的发射也不改变电子的"性质"。

现在回到两个质子的问题上,存在一种相互作用能,它是由下述过程的振幅 A 引起的:一个质子发射一个中性 π 介子,该介子(带有虚动量)抵达另一个质子并被其吸收。A 也正比于式(10.14),式中 m_π 是中性 π 介子的质量。完全同样的论证给出两个中子之间同样的相互作用能。由于中子与质子、质子与质子、中子与中子之间的核力(与电效应无关)相同,我们可以推断带电的及中性 π 介子的质量应当相同。实验表明,它们的质量确实很接近于相等,微小的差别可以预料是来自电自能的校正(见第 2 卷第 28 章)。

还有其他种类的粒子——如 K 介子——也可以在两个核子间交换。两个 π 介子同时交换也是可能的。但所有这其他的交换"物体"都具有比 π 介子质量 m_π 大的静止质量 m_x，在交换振幅中都出现依下式变化的项

$$\frac{e^{-(m_x c/\hbar)R}}{R}.$$

随着 R 的增加，这些项衰减得比单介子项快。今天，还没有人知道怎么去计算这些较高质量项，但对于足够大的 R 值而言，只有单 π 介子项才保留下来。而实际上，那些核相互作用的实验确实表明相互作用能只在距离大时才如单 π 介子交换理论所预言的那样。

在电磁学的经典理论中，库仑静电相互作用与加速电荷产生的光辐射密切相关，都可用麦克斯韦方程组说明。我们在量子论中已看到光可以用箱子中经典电磁场的简谐振动的量子激发来描述。另一方面，可以用服从玻色统计的粒子——光子来描写光，由此建立起量子理论，我们在 §4-5 中曾强调指出这两种可供选择的观点总是给出同样的预言。那么，第二种观点是否可以始终贯彻包括所有的电磁效应？特别是，如果我们想纯粹用玻色粒子——即用光子——来描写电磁场的话，那么库仑力由什么而产生？

从"粒子"的观点看，两个电子之间的库仑相互作用来自虚光子的交换。一个电子发射一个光子——就像式(10.16)中的反应——这个光子跑到第二个电子那里，在同样反应的逆过程中被吸收。于是相互作用又能用式(10.14)那样的公式给出，但现在 m_π 由光子的静止质量——等于零——代替。所以两个电子间光子的虚交换给出与电子间距 R 成简单反比关系的相互作用能——这正是通常的库仑势能！在电磁学的"粒子"理论中，虚光子交换过程引起所有的静电现象。

§10-3　氢　分　子

作为下一个双态系统的例子，我们来考察一下中性氢分子 H_2。当然，由于它有两个电子，理解起来更复杂些。我们还是从考虑两个质子分得相当开时所发生的情况开始。只是现在要加上两个电子。为了追踪它们，称其中一个为"电子 a"，另一个为"电子 b"。我们仍旧设想两种可能的状态。一种可能性是"电子 a"围绕第一个质子，"电子 b"围绕第二个质子，如图 10-4(a)所示。这时就只有两个氢原子。我们称此为状态 $|1\rangle$。另外还有一种可能性："电子 b"围绕第一个质子，而"电子 a"则围绕第二个质子。称此为状态 $|2\rangle$。由情况的对称性，这两种可能性能量应该相等，只是(如我们将见到的)系统的能量不正好就是两个氢原子的能量。我们应当指出还存在其他许多可能性。例如，"电子 a"可能靠近第一个质子，而"电子 b"则可能在围绕同一个质子另一种状态中。但我们不去考虑这种情况，因为，它无疑具有较高的能量(由于两个电子间大的库仑斥力)。如要求更高的精确性，就得包括这些态，但是只要考虑图 10-4 中的两种状态，我们就能懂得分子键联的本质。在这种近似下，我们可以通过给出处在态 $|1\rangle$ 的振幅 $\langle 1|\phi\rangle$ 及处在态 $|2\rangle$ 的振幅 $\langle 2|\phi\rangle$ 来描写任何状态 ϕ。换句话说，态矢量 $|\phi\rangle$ 可以写成线性组合

$$|\phi\rangle = \sum_i |i\rangle\langle i|\phi\rangle.$$

接下去，像往常那样，我们假设有电子通过两个质子之间的空间交换位置的一定振幅 A。

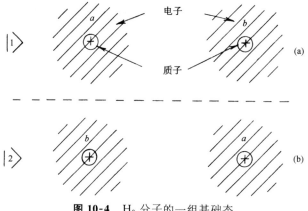

图 10-4 H₂ 分子的一组基础态

这种交换的可能性意味着系统的能量要分裂,就像我们在别的双态系统中已经见到的那样。像氢分子离子的情况一样,当质子间距较大时,分裂很小。当质子彼此靠近时,电子来回跑的

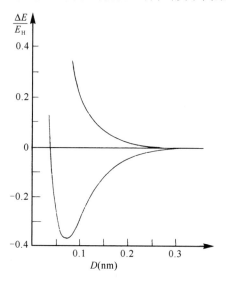

图 10-5 对不同质子间距离 D 的 H₂ 分子的能级 $(E_H = 13.6 \text{ eV})$

振幅增大,因此分裂加大。低能态的降低意味着存在将原子拉在一起的吸引力。当两个质子靠得非常近时,由于库仑斥力,能级又将升高。最终净结果是两种定态具有如图 10-5 所示那样的随着分开的距离而变的能量。在距离约为 0.74 Å(1 Å=0.1 nm)时,低能级达极小值,这就是真实氢分子的质子间的距离。

此刻你也许正想到一个反对意见,怎么处理两个电子是全同粒子这件事呢?我们一直称它们为"电子 a"与"电子 b",但实际上根本无法说出谁是谁。在第 4 章中我们曾说过,对于电子——它们是费米子——来说,如果通过交换电子引起的事件有两种可能的方式,两者的振幅将以负号相互干涉。这意味着如果我们把这个电子与那个电子互换,振幅的符号必须反过来。但是,我们刚才已得出结论,氢分子的束缚态应该是(当 $t = 0$ 时)

$$|\,\text{II}\,\rangle = \frac{1}{\sqrt{2}}(|\,1\,\rangle + |\,2\,\rangle).$$

而根据第 4 章的法则,这种状态是不允许的。如果我们交换两个电子,就得到状态

$$\frac{1}{\sqrt{2}}(|\,2\,\rangle + |\,1\,\rangle),$$

这一来,符号就相同而不是相反。

如果两个电子具有相同的自旋,上述论证是正确的。确实,如两个电子自旋都朝上(或二者自旋都朝下),唯一允许的态就是

$$|\,\text{I}\,\rangle = \frac{1}{\sqrt{2}}(|\,1\,\rangle - |\,2\,\rangle).$$

对这种态来说,两个电子的交换得到

$$\frac{1}{\sqrt{2}}(|2\rangle - |1\rangle),$$

这正是 $-|I\rangle$,符合要求。所以如果我们让两个氢原子彼此靠近而它们电子自旋的方向相同,它们就会进入态 $|I\rangle$ 而不是 $|II\rangle$。但请注意态 $|I\rangle$ 是个较高能态。它的能量-间距曲线没有极小值。这两个氢原子总是互相排斥而不能形成一个分子。所以我们得出结论,氢分子不可能以两个电子的自旋平行的方式存在。这是符合事实的。

另一方面,态 $|II\rangle$ 对两个电子来说是完全对称的。事实上,如果互换我们称为 a 的电子与我们称为 b 的电子,就恰好回到同一状态。在 §4-7 中我们曾看到,如果两个费米子处在同一状态,它们必定有相反的自旋。所以束缚而成的氢分子必定有一个自旋朝上的电子和一个自旋朝下的电子。

如果我们将质子的自旋包括在内的话,氢分子的整个描述就真的更复杂了。那样把分子视为双态系统就不再正确了。事实上应当将它看作为八态系统——对于态 $|1\rangle$ 和 $|2\rangle$ 的每一个状态各有 4 种可能的自旋配置。由此可见我们略去自旋使事情简单一些。但最终的结论还是正确的。

我们发现 H_2 分子的最低能态——唯一的束缚态——有自旋相反的两个电子。电子的总自旋角动量是零。另一方面,带有平行自旋——因而具有总角动量 $\hbar$——的两个靠近的氢原子必定处在较高(非束缚)能量的状态;两个原子相互排斥。在自旋与能量间有一种有趣的相关。这里为以前讨论过的情况提供了另一个实例,由于自旋平行的情况具有比自旋相反的情况有更高的能量,由此看来在两个自旋之间存在一种"相互作用"能。在某种含义上你可以说自旋试图达到一种反平行状况,而在这样做的过程中它具有释放出能量的潜力——这不是因为存在着较大的磁力,而是因为不相容原理。

我们在 §10-1 中看到,单个电子所造成的两个不同离子的键联很可能是十分微弱的。若用两个电子键联的话,情况就不是如此了。假设图 10-4 中的一对质子被任意两个离子(闭合的内电子壳层和一个离子电荷)所代替,而一个电子在两个离子上的结合能是各不相同的。态 $|1\rangle$ 和 $|2\rangle$ 的能量仍然相等,因为在每个这样的态中,都是一个电子与一个离子相结合。因此,我们总是有与 A 成比例的能量分裂。两个电子结合是普遍存在的,它是最常见的价键。化学键通常就是这种两个电子玩的翻转游戏。虽然也可以只用一个电子来键合两个原子,但那是相对少见的,因为它需要恰恰正好的条件。

最后我们想谈一下,如果电子与一个原子核的吸引能量远比与另一个核的能量高,那么早先所说的忽略其他可能的状态的讲法就不再正确了。假设核 a(也可以是一个正离子)对电子的吸引力远大于核 b 对电子的吸引力。那就可能发生即使两个电子都在核 a 旁而没有电子在核 b 旁时,总能量仍然相当低的情况。强吸引作用可能比补偿两个电子的相互排斥作用所需的还多。如果是这样,在最低的能态中,就可能有较大的振幅在核 a 旁找到两个电子(形成一个负离子),而只有很小的振幅在核 b 旁找到任何电子。这种情况就好像一个负离子和一个正离子。事实上,这正是 NaCl 这样的"离子"分子中所发生的情况。你可以看出,在共价键与离子键之间各种渐变的键合形式都是可能的。

现在你已开始看到,许多化学事实怎样借助于量子力学的描述而获得最清楚的理解。

§10-4 苯 分 子

化学家们发明了一些精美的图式来表示复杂的有机分子。现在我们要来讨论其中最有

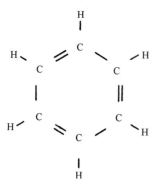

图 10-6 苯分子 C_6H_6

趣的图式之一——如图 10-6 所示的苯分子。它由对称排列的 6 个碳原子与 6 个氢原子组成。图中的每根短线表示一对自旋相反的电子,它们起着共价键作用。每个氢原子提供 1 个电子而每个碳原子提供 4 个电子,总共包含有 30 个电子。(每个碳原子核近旁还有组成第一壳层或 K 壳层的两个电子。由于这些电子紧紧地受到束缚以至在共价键形成中并没有起明显作用,故在图中没有画出。)所以图上的每条短线表示一个键,或一对电子,而双键则意味着每隔一对碳原子间有两对电子。

这种苯分子有个奥妙的地方。由于化学家们已经测量了各种含有几个苯环的化合物的能量(例如,他们通过研究乙烯而得知双键的能量,等等),所以我们可以计算为形成这样的化合物所需要的能量。这样我们就能计算我们预期的苯分子的总能量。然而,苯环的实际能量要远小于由这种计算所得的值;比起根据所谓"未饱和双键系统"而预期的情况而言,苯环的结合要紧密得多。通常不处在这样一个环上的双键系统因其有相对较高的能量而在化学上容易被破坏,这种双键很容易被外加的其他氢原子断开。但苯中的环则十分稳固而难以打断。换句话说,苯所具有的能量要比由键的图像所算出的数值低得多。

另外还有一个奥妙。假设我们用两个溴原子代替两个相邻的氢原子以形成邻二溴苯分子。有两种方式组成这种分子,如图 10-7 所示。溴原子可以像图(a)中的那样联在双键的两端,也可像图(b)中那样联在单键的两端。人们会以为邻二溴苯分子应有两种不同的形式,但事实并非如此。只有一种这样的化合物[*]。

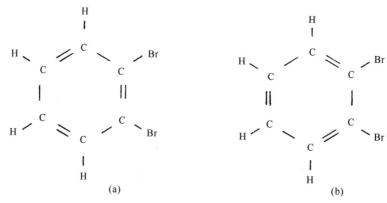

(a)   (b)

图 10-7 邻二溴苯的两种可能组态。两个溴原子可相隔一个单键或一个双键

---

[*] 我们将事情稍微简单化了。原来,化学家认为应当有 4 种形式的二溴苯:两种形式是溴原子连在相邻的碳原子上(邻二溴苯),第三种形式是溴原子相间地连在碳原子上(间二溴苯),而第四种形式是两个溴原子彼此相对(对二溴苯)。然而,他们只找到 3 种形式——只有 1 种形式的邻位溴苯分子的形式。

现在我们来解答这些奥秘——或许你们已经猜到如何来做了,当然,要注意到苯环的"基态"实际上是个双态系统。我们可以设想苯中的键可以取图 10-8 所示两种配置的任一形式。你会说,"它们实际上是相同的,它们应当有相同的能量。"确实应当如此,正因为如此,必须将它们作为双态系统来分析。每个态表示全体电子的不同的位形,整个结构有某个振幅 A 从这种配置转换到另一种配置——电子有机会由一种位形翻转到另一种位形。

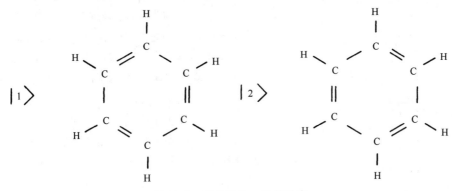

图 10-8 苯分子的一组基础态

我们已知道,这种翻转的可能性就造成了一个混合态,它的能量比分别按图 10-8 中的两幅图案所作的计算结果来得低。这一来,就有两种定态——一种的能量值大于预期值,另一种则小于预期值。因此,实际上图 10-8 所示的两种可能状态都不是苯的真正的正常状态(最低能量),而是它处于图示的每种态的振幅都是 $1/\sqrt{2}$。这是常温下苯化学中所涉及的唯一状态。附带说一下,较高能态也是存在的,我们知道它的存在是因为苯对于频率为 $\omega = (E_{\mathrm{I}} - E_{\mathrm{II}})/\hbar$ 的紫外线有强烈的吸收。你们记得,在氨分子中,来回翻转的是 3 个质子,而其能量的差在微波区域。对苯分子,翻转的是电子,由于它们轻得多,就更容易来回翻转,这就使系数 A 大得多。结果能量差也大得多,约为 1.5 eV,这相当于紫外光子的能量 *。

如果用溴原子代替会发生什么情况? 图 10-7 中的(a)与(b)两种"可能性"仍表示两种不同的电子位形。唯一的差别在于开始时所取的两种基础态所具有的能量略有不同。能量最低的定态仍是两种态的线性组合,但具有不相等的振幅。比方说,处在态 $|1\rangle$ 的振幅可能会取 $\sqrt{2/3}$ 这样的值,而处在态 $|2\rangle$ 的振幅的大小就可能是 $\sqrt{1/3}$。如没有更多的信息,我们就不能说得十分确切,但只要两种能量 H_{11} 与 H_{22} 不再相等,那么振幅 C_1 与 C_2 就不会再有相同的数值。当然,这意味着,图中的两种可能状态中有一种可能性大些,但由于电子的活动性足够大,因而两种情况都具有一定振幅。不过另一种状态具有不同的振幅(如 $\sqrt{1/3}$ 及 $-\sqrt{2/3}$),但处于较高能量上。只有一个最低能态,不像旧的固定化学键的理论所假设的有两个。

---

* 我们的说法会造成一点误解。把苯作为双态系统时,紫外线的吸收很微弱,因为两种态之间的偶极矩的矩阵元是零[两种状态是电学对称的,所以在我们的跃迁概率公式(9.55)中,偶极矩 μ 为零,因而不吸收光。]如这些态是仅有的状态,较高能态的存在就应当用其他方式来证实。然而,取较多基础态(诸如具有相邻双键的态)的苯分子的更完全理论表明,真正的苯分子定态比我们所谈到的略有变形。最后所得的偶极矩将允许发生课文中所说的由于吸收紫外线而造成的跃迁。

§10-5　染　　料

我们再举一个化学中双态现象的例子——这次是在较大的分子尺度上。它与染料的理

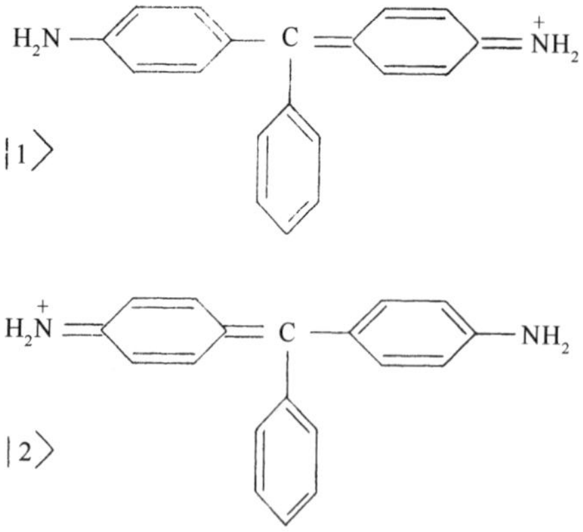

图 10-9　品红染料分子的两个基础态

论有关。许多染料——事实上是大多数人造染料——的特性十分有趣;它们具有某种对称性。图 10-9 表示一种称为品红的特殊染料的离子,这染料呈现紫红颜色。它的分子是三个环状结构,其中两个是苯环。第三个环跟苯环不完全相同,因为环中只有两个双键。图上画出了两幅同样圆满的图案,我们会猜想它们具有相同的能量。但存在所有的电子都从一种状态翻转至另一种状态一定的振幅,而将"空"位挪到另一端。由于包括了这么多电子,翻转振幅要比苯的情况略低些,故两种定态间的能量差就要小些。然而,仍存在着通常的两种定态 $|\mathrm{I}\rangle$ 及 $|\mathrm{II}\rangle$,它们是图中两种基础态的和与差。得

到的 $|\mathrm{I}\rangle$ 与 $|\mathrm{II}\rangle$ 的能量差值等于可见光区光子的能量。如果将光照射在分子上,在某一频率上就会出现很强的吸收,从而显示出明亮的色彩。这就是染料的成因!

这种染料分子的另一个有趣特性是,在图示的两个基础态中,电荷中心处于不同的位置。结果,分子将受外电场的强烈影响。在氨分子中我们就见过类似的效应。显然,只要知道 E_0 与 A 的数值,就可以用完全相同的数学方法对它进行分析。一般来说,E_0 与 A 的数值是通过汇集实验数据得到的。如果对许多染料进行测量,就往往可能猜出某个相关的染料分子的情况。由于电荷中心的大位移,式(9.55)中的 μ 值就较大,从而材料吸收特征频率为 $2A/\hbar$ 的光的概率就大。因此,染料不仅有颜色,而且颜色非常强——少量的材料就能吸收大量的光。

翻转率——从而 A——对整个分子的结构非常敏感。改变 A,能量分裂以及与此相关的染料颜色就要变化。还有,分子也不必是完全对称的。即使存在着微小的不对称,我们仍看到同样的基本现象,只是稍有不同。所以,可以通过在分子中造成一点非对称性来改变颜色。例如,另一种重要染料孔雀绿就与品红十分相似,只是其中两个氢原子被 CH_3 所代替。由于 A 改变了,翻转率也改变了,所以它就有另一种颜色。

§10-6　磁场中自旋1/2粒子的哈密顿

现在我们讨论包含自旋 1/2 粒子的双态系统。我们所要讲的有些内容已在以前的几章中讨论过,但再讲一次有助于将某些不明白的地方弄得更清楚些。我们可以把一个静止电子视为双态系统。尽管本节谈论"一个电子",但所得到的东西对任何自旋 1/2 粒子都是正确的。假设我们选 $|1\rangle$ 与 $|2\rangle$ 作为基础态,它们分别为电子自旋的 z 分量是 $+\hbar/2$ 及 $-\hbar/2$。

当然,这些态与我们在前几章中称为(+)态及(-)态的是同样的态。尽管如此,为使本章的记号前后一致,我们称"正"自旋态为 $|1\rangle$,"负"自旋态为 $|2\rangle$,这里"正"与"负"指的是沿

z 轴的角动量。

电子的任何可能状态 ψ 可以像式(10.1)那样通过给出电子处在态 $|1\rangle$ 的振幅 C_1 及处在态 $|2\rangle$ 的振幅 C_2 来描写。为了处理这个问题,我们需要知道这个双态系统——即处在磁场内的电子的哈密顿。我们从磁场沿 z 方向这种特殊情况开始讨论。

假设矢量 $\boldsymbol{B}$ 只有 z 分量 B_z。由两个基础态的定义(即自旋平行于和反平行于 $\boldsymbol{B}$)知道它们已经是磁场中有确定能量的定态了。态 $|1\rangle$ 对应于 $-\mu B_z$ 的能量*,而态 $|2\rangle$ 则对应于 $+\mu B_z$ 的能量。在这种情况下,由于处在态 $|1\rangle$ 的振幅 C_1 不受 C_2 的影响,反之亦然,所以哈密顿必定十分简单:

$$
\begin{aligned}
\mathrm{i}\,\hbar\frac{\mathrm{d}C_1}{\mathrm{d}t} &= E_1 C_1 = -\mu B_z C_1,\\
\mathrm{i}\,\hbar\frac{\mathrm{d}C_2}{\mathrm{d}t} &= E_2 C_2 = +\mu B_z C_2.
\end{aligned}
\tag{10.17}
$$

对于这种特殊情况,哈密顿是

$$
\begin{array}{ll}
H_{11} = -\mu B_z, & H_{12} = 0,\\
H_{21} = 0, & H_{22} = +\mu B_z.
\end{array}
\tag{10.18}
$$

所以我们知道对于沿 z 方向磁场的哈密顿是什么,并且也知道定态的能量。

现在假定磁场不在 z 方向上,那么哈密顿是什么呢? 如果场不沿 z 方向,矩阵元变成什么样子? 我们要提出一个假设,即哈密顿各项服从一种叠加原理。更具体地说,我们要假设:如果两个磁场叠加在一起,那么,哈密顿的各项只要相加——如果知道仅有 B_z 时的 H_{ij},也知道仅有 B_x 时的 H_{ij},那么,当 B_z 及 B_x 两者都一同存在,H_{ij} 就只是两者分别存在情况下之和。如果我们考虑的只是沿 z 方向的场,上述结论肯定正确——因为若使 B_z 加倍,所有的 H_{ij} 也都加倍。所以我们假设在场 $\boldsymbol{B}$ 中 H 是线性的。这就是为了对任何磁场都能求出 H_{ij} 所需的一切了。

假定有个恒定均匀磁场 $\boldsymbol{B}$,我们完全可以选取 z 轴沿着磁场方向,从而就会找到能量为 $\mp\mu B$ 的两个定态。但是仅仅沿不同方向选取坐标轴并不会改变物理实质。这时我们定态的描述将会不同,但它们的能量将仍为 $\mp\mu B$,即

$$
E_{\text{I}} = -\mu\sqrt{B_x^2 + B_y^2 + B_z^2}
$$

和
$$
E_{\text{II}} = +\mu\sqrt{B_x^2 + B_y^2 + B_z^2}.
\tag{10.19}
$$

剩下的事情是容易的。这里已有了能量公式。我们需要一个与 B_x,B_y,B_z 成线性关系的哈密顿,将它代入一般公式(10.3)中就给出这些能量。问题是:找到哈密顿。首先,注意到能级分裂是对称的,其平均值为零。从式(10.3)我们可以直接看出,这要求

$$
H_{22} = -H_{11}.
$$

(注意这与我们已经知道的当 B_x,B_y 都为零时的情况相符,在该情况下 $H_{11} = -\mu B_z$ 及 $H_{22} = +\mu B_z$。)现在,如果使式(10.3)的能量与从式(10.19)得出的能量相等,就有

---

* 我们将静止能量 $m_0 c^2$ 取作我们能量的"零点",并且将电子的磁矩 μ 取作负数,因为 μ 的指向与自旋相反。

$$\frac{(H_{11} - H_{22})^2}{4} + | \, H_{12} \, |^2 = \mu^2 (B_x^2 + B_y^2 + B_z^2). \qquad (10.20)$$

(我们还利用了 $H_{21} = H_{12}^*$ 的事实,所以 $H_{12} H_{21}$ 也可写成 $|H_{12}|^2$。)再回到对于场沿 z 方向的特殊情况,上式给出

$$\mu^2 B_z^2 + | \, H_{12} \, |^2 = \mu^2 B_z^2.$$

显见在这种特殊情况下 $|H_{12}|$ 必须为零,这意味着 H_{12} 中不可能有任何 B_z 的项。(记住,我们曾说过,所有的项必须与 B_x,B_y,B_z 成线性关系。)

至此我们已发现 H_{11} 与 H_{22} 中有含 B_z 的项,而 H_{12} 及 H_{21} 则没有。我们可以作一个满足式(10.20)的简单猜测,即只要设

$$\begin{aligned} H_{11} &= -\mu B_z, \\ H_{22} &= \mu B_z, \end{aligned} \qquad (10.21)$$

及

$$| \, H_{12} \, |^2 = \mu^2 (B_x^2 + B_y^2).$$

结果发现这是唯一可行的办法!

"等一等"——你们会说——"H_{12} 与 B 并不成线性关系,式(10.21)给出 $H_{12} = \mu \sqrt{B_x^2 + B_y^2}$。"未必。还有另一种确实是线性关系的可能形式,那就是

$$H_{12} = \mu(B_x + iB_y).$$

实际上,这样的可能性有好几种,最一般地,我们可以写为

$$H_{12} = \mu(B_x \pm iB_y) e^{i\delta},$$

这里 δ 是某个任意的相位。我们应当用哪个符号及什么相位?结果发现你可以任选一种符号,任选相位,而物理结果总是相同的。所以符号及相位的选择只是一种约定。在我们之前已有人选择了负号,并取 $e^{i\delta} = -1$。我们可以照着做,并写下

$$H_{12} = -\mu(B_x - iB_y), \ H_{21} = -\mu(B_x + iB_y).$$

(附带地说一下,这些约定与第 6 章中所作的几种随意选择有关系,并且与它们相一致。)

这样,处在任意磁场中的电子的完整哈密顿是

$$\begin{aligned} H_{11} &= -\mu B_z, \ H_{12} = -\mu(B_x - iB_y), \\ H_{21} &= -\mu(B_x + iB_y), \ H_{22} = +\mu B_z. \end{aligned} \qquad (10.22)$$

而振幅 C_1 与 C_2 的方程组就是

$$\begin{aligned} i\hbar \frac{dC_1}{dt} &= -\mu [B_z C_1 + (B_x - iB_y) C_2], \\ i\hbar \frac{dC_2}{dt} &= -\mu [(B_x + iB_y) C_1 - B_z C_2]. \end{aligned} \qquad (10.23)$$

这样我们就找到了在磁场中电子的"自旋态的运动方程"。利用一些物理论证我们猜到了它们,但任何哈密顿的真正检验在于它应当作出与实验吻合的预言。至今所做过的任何检验都表明,这些方程是正确的。事实上,尽管我们的讨论只是恒定场,但所写出的哈密顿

对于随时间变化的磁场也一样正确。所以我们现在可以用式(10.23)来考察种种有趣问题了。

§ 10-7 磁场中自旋的电子

第一个例子:我们从一个沿 z 方向的恒定磁场开始。这里只有能量为 $\mp\mu B_z$ 的两个定态。假定我们在 x 方向上加上弱磁场。于是方程组看起来与原来的双态问题相像。我们又一次碰到翻转问题,而能级又稍稍分开一些。现在使场的 x 分量随时间变化,譬如按 $\cos\omega t$ 变化。于是方程就与第 9 章中我们在氨分子上施加一个振荡电场后所得到的方程相同。你们可以用同样方法求出详细解答。你将得到这样的结果:当水平电场在共振频率 $\omega_0 = 2\mu B_z/\hbar$ 附近振荡时,振荡电场会引起从 $+z$ 态至 $-z$ 态——或者相反——的跃迁。这就是我们在第 2 卷第 35 章中所描写的磁共振现象的量子力学理论。

也可以利用自旋 1/2 的系统造成一种微波激射器。利用施特恩-格拉赫装置产生一束沿(比方说)$+z$ 方向极化的粒子,再将其送入在恒定磁场中的空腔。腔内的振荡电场与磁矩耦合而诱发跃迁,从而将能量递交给空腔。

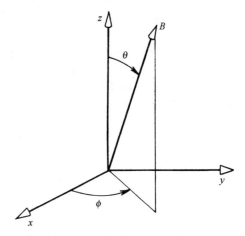

图 10-10 B 的方向用极角 θ 和方位角 ϕ 确定

现在让我们来考察下面的问题。假设有磁场 $\boldsymbol{B}$,它指向极角为 θ 和方位角为 ϕ 的方向,如图 10-10 所示。此外还假定有一个电子,而且我们已使它的自旋方向与磁场方向相同。这一电子的振幅 C_1 与 C_2 是什么? 换句话说,令电子状态为 $|\psi\rangle$,我们可以写出

$$|\psi\rangle = |1\rangle C_1 + |2\rangle C_2,$$

这里 C_1 与 C_2 为

$$C_1 = \langle 1 | \psi\rangle,\quad C_2 = \langle 2 | \psi\rangle,$$

这里用 $|1\rangle$ 与 $|2\rangle$ 表示与我们习惯称为 $|+\rangle$ 及 $|-\rangle$(相对于所选的 z 轴而言)的相同的状态。

这个问题的答案也包括在双态系统的一般方程中。首先我们知道,由于电子自旋平行于 $\boldsymbol{B}$,它处在能量 $E_{\mathrm{I}} = -\mu B$ 的定态中。因此 C_1 与 C_2 两者都必定像式(9.18) 那样,按 $e^{-iE_{\mathrm{I}}t/\hbar}$ 变化,而它们的系数 a_1 与 a_2 则由式(10.5)给定,即

$$\frac{a_1}{a_2} = \frac{H_{12}}{E_{\mathrm{I}} - H_{11}}, \tag{10.24}$$

一个附加条件是 a_1 与 a_2 应当归一化,使 $|a_1|^2 + |a_2|^2 = 1$。从式(10.22) 中取出 H_{11} 及 H_{12},并利用

$$B_z = B\cos\theta,\quad B_x = B\sin\theta\cos\phi,\quad B_y = B\sin\theta\sin\phi.$$

就有

$$\begin{aligned}
H_{11} &= -\mu B\cos\theta,\\
H_{12} &= -\mu B\sin\theta(\cos\phi - i\sin\phi).
\end{aligned} \tag{10.25}$$

附带提一下,第二个式子中的最后一个因子是 $e^{-i\phi}$,所以这样写更简单些:

$$H_{12} = -\mu B \sin\theta e^{-i\phi}. \tag{10.26}$$

在式(10.24)中代入这些矩阵元,并从分子和分母中消去 $-\mu B$,我们发现

$$\frac{a_1}{a_2} = \frac{\sin\theta e^{-i\phi}}{1-\cos\theta}. \tag{10.27}$$

利用这个比值及归一化条件,就可求得 a_1 与 a_2。这并不困难,但我们可以利用小小的技巧来走一下捷径。注意到:

$$1 - \cos\theta = 2\sin^2\frac{\theta}{2},$$

$$\sin\theta = 2\sin\frac{\theta}{2}\cos\frac{\theta}{2}.$$

于是式(10.27)等同于

$$\frac{a_1}{a_2} = \frac{\cos\dfrac{\theta}{2}e^{-i\phi}}{\sin\dfrac{\theta}{2}}. \tag{10.28}$$

一个可能的答案是

$$a_1 = \cos\frac{\theta}{2}e^{-i\phi}, \ a_2 = \sin\frac{\theta}{2}, \tag{10.29}$$

因为它符合式(10.28)。同时也满足

$$\mid a_1 \mid^2 + \mid a_2 \mid^2 = 1.$$

正像你们知道的,a_1 与 a_2 都乘以一个任意的相位因子不会改变任何东西。人们一般喜欢将式(10.29)的两者都乘上 $e^{i\phi/2}$ 而使它们更对称些,所以常用的形式就是

$$a_1 = \cos\frac{\theta}{2}e^{-i\phi/2}, \ a_2 = \sin\frac{\theta}{2}e^{+i\phi/2}. \tag{10.30}$$

这就是我们问题的答案。当我们知道电子的自旋沿着极角为 θ、方位角为 ϕ 的方向时,a_1 与 a_2 的数值就是电子自旋沿着 z 轴朝上或朝下的振幅。(振幅 C_1 与 C_2 只是 a_1 与 a_2 乘以 $e^{-iE_i t/\hbar}$。)

现在我们注意到一件有趣的事。在式(10.30)中任何地方都不出现磁感应强度 B。显然,在 B 趋向于零的极限情况下,结果也一样。这意味着我们已经一般地回答了怎么来表示一个自旋沿任意方向的粒子的问题了。式(10.30)的振幅是自旋 1/2 粒子的投影振幅,此投影振幅相当于我们在第 5 章中[式(5.38)]所给出的自旋 1 粒子的投影振幅。现在我们能够求得自旋 1/2 的已过滤的粒子束经过任何特定的施特恩-格拉赫装置的振幅了。

设 $|+z\rangle$ 表示自旋沿 z 轴朝上的态,$|-z\rangle$ 则表示自旋朝下的态。如 $|+z'\rangle$ 表示自旋沿 z' 轴朝上的态,而 z' 轴与 z 轴成极角 θ 和方位角 ϕ,那么按第 5 章的记号,我们有

$$\langle +z \mid +z'\rangle = \cos\frac{\theta}{2}e^{-i\phi/2}, \ \langle -z \mid +z'\rangle = \sin\frac{\theta}{2}e^{+i\phi/2}. \tag{10.31}$$

这些结果与第 6 章中我们利用纯几何论证求得的式子(6.36)等价。(所以如果你已经决定

跳过第 6 章的话,现在也得到了主要结果。)

　　作为最后一个例子,我们再来考察一件多次提到过的事情。我们考虑以下问题。我们从有某个给定自旋方向的电子开始,接着加上沿 z 方向的磁场 25 分钟,然后撤去磁场。最后的状态是什么? 我们还是用线性组合来表示该状态 $|\psi\rangle = |1\rangle C_1 + |2\rangle C_2$。然而,对这个问题,具有确定能量的态也就是我们的基础态 $|1\rangle$ 及 $|2\rangle$。所以 C_1 与 C_2 只在相位上变化。我们知道

$$C_1(t) = C_1(0)\mathrm{e}^{-\mathrm{i}E_\mathrm{I} t/\hbar} = C_1(0)\mathrm{e}^{+\mathrm{i}\mu B t/\hbar},$$

$$C_2(t) = C_2(0)\mathrm{e}^{-\mathrm{i}E_\mathrm{II} t/\hbar} = C_2(0)\mathrm{e}^{-\mathrm{i}\mu B t/\hbar}.$$

起初我们就已说过电子自旋沿着给定方向。这意味着原先的 C_1 与 C_2 是式(10.30)所给出的两个数。当我们等待了一段时间 T 之后,新的 C_1 与 C_2 就是原先两个数分别乘以 $\mathrm{e}^{\mathrm{i}\mu B_z T/\hbar}$ 和 $\mathrm{e}^{-\mathrm{i}\mu B_z T/\hbar}$。那是什么态? 这不难回答。这正是方位角 ϕ 减少了 $2\mu B_z T/\hbar$,而极角 θ 保持不变的态。那意味着在时间 T 的终了,态 $|\psi\rangle$ 表示自旋的方向与原来方向的不同只是绕 z 轴转动了一个角度 $\Delta\phi = 2\mu B_z T/\hbar$。因为这个角度正比于 T,我们也可说自旋的方向以角速度 $2\mu B_z/\hbar$ 绕 z 轴作进动。这个结果我们以前曾以不那么完全和严格的方式讨论过好几次。现在,我们已对原子磁体的进动得到了一个完整与精确的量子力学描述。

　　有趣的是,刚才对磁场中自旋的电子所用过的数学概念可适用于任何双态系统。这就是说,通过与自旋电子作数学类比,有关双态系统的任何问题都可用纯几何的方法加以解决。做法是,首先,移动能量的零点使得 $(H_{11} + H_{22})$ 等于零,因而有 $H_{11} = -H_{22}$。于是任何双态问题在形式上与处在磁场中的电子的问题相同。你必须做的一切就是把 $-\mu B_z$ 等同于 H_{11},把 $-\mu(B_x - \mathrm{i}B_y)$ 等于 H_{12}。不管原先的物理内容如何——氨分子或其他什么东西——你都可以将它转换为相应的电子的问题。所以,只要我们能够一般地解决了电子的问题,我们就能解决所有的双态问题。

　　而我们已经有了对电子问题的一般解答! 假设电子起初在自旋对某方向“朝上”的状态,而你们指向另外某个方向施加指向的磁场 $\boldsymbol{B}$。你只要将自旋方向绕 $\boldsymbol{B}$ 的方向以某个角速度矢量 $\boldsymbol{\omega}(t)$ 旋转,$\boldsymbol{\omega}(t)$ 等于一个常数乘以矢量 $\boldsymbol{B}$(即 $\boldsymbol{\omega} = 2\mu B/\hbar$)。若 $\boldsymbol{B}$ 随时间变化,你要始终使转轴平行于 $\boldsymbol{B}$,并改变转动速率以使它总是与 $\boldsymbol{B}$ 的强度成正比。参见图 10-11。如果你坚持这样做,最后就会得到自旋的最终确定指向,而振幅 C_1 与 C_2 就可以由将式(10.30)在你所用坐标系内投影求得。你看,这正好是个几何学问题:跟踪着所有的转动之后

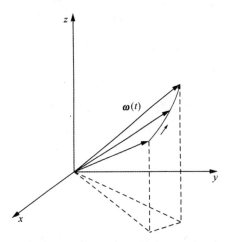

图 10-11　在变化磁场 $\boldsymbol{B}(t)$ 中电子自旋的方向以频率 $\boldsymbol{\omega}(t)$ 绕一平行于 $\boldsymbol{B}$ 的轴进动

到达的最终位置。尽管弄清所涉及的内容并不难,但在一般情况下直接而明了地解出这个几何问题(求出以变化的角速度矢量进行转动的最终结果)并不容易。但是,无论如何,在原则上我们已知道了任何双态问题的一般解。下一章里,我们将进一步考察用来处理自旋 $1/2$ 粒子这一重要情况——也可用来处理一般的双态系统——的数学技巧。

第 11 章　再论双态系统

§11-1　泡利自旋矩阵 *

我们现在继续讨论双态系统。上一章末了我们讨论了处在磁场中的自旋 1/2 粒子。我们用自旋角动量的 z 分量为 $+\hbar/2$ 的振幅 C_1 和自旋分量为 $-\hbar/2$ 的振幅 C_2 描写粒子的自旋态。在前几章中我们曾称这些基础态为 $|+\rangle$ 及 $|-\rangle$，现在我们再回过来用这种记号法。虽然有时我们会觉得交替使用 $|+\rangle$ 或 $|1\rangle$），$|-\rangle$ 或 $|2\rangle$ 较为方便。

在上一章中我们看到，当磁矩为 μ 的自旋 1/2 粒子在磁场 $\boldsymbol{B}=(B_x,\ B_y,\ B_z)$ 中，振幅 $C_+(=C_1)$ 和 $C_-(=C_2)$ 由下列微分方程联系起来：

$$i\hbar\frac{dC_+}{dt}=-\mu[B_zC_++(B_x-iB_y)C_-],$$
$$i\hbar\frac{dC_-}{dt}=-\mu[(B_x+iB_y)C_+-B_zC_-]. \tag{11.1}$$

换言之，哈密顿矩阵 H_{ij} 是

$$
\begin{aligned}
H_{11}&=-\mu B_z, & H_{12}&=-\mu(B_x-iB_y),\\
H_{21}&=-\mu(B_x+iB_y), & H_{22}&=+\mu B_z.
\end{aligned}\tag{11.2}
$$

因而，(11.1)式就等同于

$$i\hbar\frac{dC_i}{dt}=\sum_j H_{ij}C_j, \tag{11.3}$$

这里 i 与 j 取 $+$ 与 $-$（或 1 与 2）。

电子自旋这一双态系统是如此重要，因而书写上使用更简洁的方法是非常有用的。我们现在要离题讲一点数学，告诉你人们通常是怎么写双态系统方程的。可以这样来做：首先，注意哈密顿矩阵中的每一项都正比于 μ 以及 $\boldsymbol{B}$ 的某些分量，于是我们可以——纯粹形式地——写出

$$H_{ij}=-\mu[\sigma_{ij}^x B_x+\sigma_{ij}^y B_y+\sigma_{ij}^z B_z], \tag{11.4}$$

这里毫无新的物理内容，上式只意味着，系数 σ_{ij}^x，σ_{ij}^y，σ_{ij}^z（它们共有 $4\times3=12$ 个）都可以求出来，所以式(11.4)和式(11.2)完全相同。

让我们看看它们必须取什么值。从 B_z 开始，由于 B_z 只出现在 H_{11} 与 H_{22} 中，只要取

$$
\begin{aligned}
\sigma_{11}^z&=1, & \sigma_{12}^z&=0,\\
\sigma_{21}^z&=0, & \sigma_{22}^z&=-1.
\end{aligned}
$$

---

* 在第一次阅读这本书的时候这一节可以跳过。这一节的内容比适合于第一级课程的材料要更深一些。

那就一切都解决了。我们常常将矩阵 H_{ij} 写成这样一个小表格：

$$H_{ij} = \begin{matrix} & j\rightarrow \\ i\downarrow & \begin{pmatrix} H_{11} & H_{12} \\ H_{21} & H_{22} \end{pmatrix} \end{matrix}.$$

对一个处在磁场 B_z 中的自旋 $1/2$ 粒子的哈密顿来说，上式就和

$$H_{ij} = \begin{matrix} & j\rightarrow \\ i\downarrow & \begin{pmatrix} -\mu B_z & -\mu(B_x - \mathrm{i}B_y) \\ -\mu(B_x + \mathrm{i}B_y) & +\mu B_z \end{pmatrix} \end{matrix}.$$

一样。用同样方法，我们可以把系数 σ_{ij}^z 写成矩阵

$$\sigma_{ij}^z = \begin{matrix} & j\rightarrow \\ i\downarrow & \begin{pmatrix} 1 & 0 \\ 0 & -1 \end{pmatrix} \end{matrix}. \tag{11.5}$$

看一下 B_x 的系数，我们得到 σ_x 的各项必须是

$$\begin{aligned} \sigma_{11}^x = 0, && \sigma_{12}^x = 1, \\ \sigma_{21}^x = 1, && \sigma_{22}^x = 0; \end{aligned}$$

或简写为

$$\sigma_{ij}^x = \begin{pmatrix} 0 & 1 \\ 1 & 0 \end{pmatrix}. \tag{11.6}$$

最后，看一看 B_y，我们得到

$$\begin{aligned} \sigma_{11}^y = 0, && \sigma_{12}^y = -\mathrm{i}, \\ \sigma_{21}^y = \mathrm{i}, && \sigma_{22}^y = 0; \end{aligned}$$

或

$$\sigma_{ij}^y = \begin{pmatrix} 0 & -\mathrm{i} \\ \mathrm{i} & 0 \end{pmatrix}. \tag{11.7}$$

有了这 3 个 σ 矩阵，式(11.2)就与式(11.4)恒等。我们将 x，y，z 作为 σ 的上标，指明哪个 σ 与哪个 $\boldsymbol{B}$ 的分量相对应，而将下标留给 i 与 j。但通常 i，j 略去不写——因为不难想象它们是在哪儿——而把 x，y，z 写作下标。这样式(11.4)就写成

$$H = -\mu(\sigma_x B_x + \sigma_y B_y + \sigma_z B_z). \tag{11.8}$$

因为 σ 矩阵非常重要（它们一直被专家们使用着），我们在表 11-1 中将它们汇总在一起。（任何打算从事量子物理学工作的人都一定得记住它们。）人们也以发明这些矩阵的物理学家的名字将它们命名为泡利自旋矩阵。

在这张表上我们还多加了一个 2×2 矩阵，如果我们要处理一个含有带同样能量的两个自旋态的系统，或者想选择一个不同零点能量的话，就需要那样一个矩阵。在这些情况下我们必须在式(11.1)的第一个方程中加上 $E_0 C_+$，而在第二个方程中加上 $E_0 C_-$。如果定义单位矩阵"1"为 δ_{ij}，

表 11-1　泡利自旋矩阵

$$\sigma_z = \begin{pmatrix} 1 & 0 \\ 0 & -1 \end{pmatrix} \qquad \sigma_y = \begin{pmatrix} 0 & -i \\ i & 0 \end{pmatrix}$$

$$\sigma_x = \begin{pmatrix} 0 & 1 \\ 1 & 0 \end{pmatrix} \qquad 1 = \begin{pmatrix} 1 & 0 \\ 0 & 1 \end{pmatrix}$$

$$1 = \delta_{ij} = \begin{pmatrix} 1 & 0 \\ 0 & 1 \end{pmatrix}, \tag{11.9}$$

并将式(11.8)改写为

$$H_{ij} = E_0 \delta_{ij} - \mu(\sigma_x B_x + \sigma_y B_y + \sigma_z B_z), \tag{11.10}$$

就能把以上两项包括在我们的新记法中。通常不用说明就会明白任何像 E_0 那样的常数都自动地与单位矩阵相乘,于是上式简写为

$$H = E_0 - \mu(\sigma_x B_x + \sigma_y B_y + \sigma_z B_z). \tag{11.11}$$

自旋矩阵之所以有用,其中一个理由是,任何 2×2 矩阵都能用它们表示。任何一个你能写出的这种矩阵中都有 4 个数,比方说

$$M = \begin{pmatrix} a & b \\ c & d \end{pmatrix},$$

它们总可以写为 4 个矩阵的线性组合。例如:

$$M = a\begin{pmatrix} 1 & 0 \\ 0 & 0 \end{pmatrix} + b\begin{pmatrix} 0 & 1 \\ 0 & 0 \end{pmatrix} + c\begin{pmatrix} 0 & 0 \\ 1 & 0 \end{pmatrix} + d\begin{pmatrix} 0 & 0 \\ 0 & 1 \end{pmatrix}.$$

有许多这种组合法,但有一种特殊方法是将 M 看作一定量的 σ_x 加一定量的 σ_y,等等,形如

$$M = \alpha 1 + \beta \sigma_x + \gamma \sigma_y + \delta \sigma_z,$$

这里"数量"α, β, γ 与 δ 一般来说可以是复数。

既然任何 2×2 矩阵都可用单位矩阵与 σ 矩阵表示,我们就有了处理任何双态系统所需要的一切了。不管双态系统是什么——氨分子、品红染料或者其他任何东西——哈密顿方程都可用 σ 矩阵写出。虽然在电子处于磁场中这种物理条件下可以看出 σ 矩阵具有几何意义,但也可以将它们看作只是些适用于任何双态问题的有用矩阵而已。

例如,在某种看法下,可以把质子与中子看作为处于两种状态之一的同一种粒子,我们说核子(质子或中子)是双态系统——在这种情况下,两个态是就关系到它们是否带电荷。照这种观点,态 $|1\rangle$ 可表示质子,而态 $|2\rangle$ 可表示中子。人们便说核子有两个"同位旋"状态。

由于我们要使用 σ 矩阵作为双态系统量子力学的"算术",所以让我们很快地复习一下矩阵代数的一些规则。所谓两个或几个矩阵的"和"的意义在式(11.4)中很明显。一般说,如果将两个矩阵 A 与 B"相加",那么它们的"和"C 就意味着其每一项 C_{ij} 由下式给出:

$$C_{ij} = A_{ij} + B_{ij}.$$

C 的每一项是 A 与 B 中同样位置的两项之和。

在 §5-6 中我们已接触到矩阵"积"的概念。这个概念也同样用于处理 σ 矩阵。一般而言，两个矩阵 A 和 B（按此顺序）的"积"定义为矩阵 C，它的元素是

$$C_{ij} = \sum_k A_{ik} B_{kj}. \tag{11.12}$$

这是从 A 的第 i 行及 B 的第 j 列取出相应一对元素相乘然后求和。如果矩阵写成图 11-1 那样的表格形式，就有一个求出积矩阵各项很好的"系统"。假定你要计算 C_{23}，将你的左手食指顺着 A 的第二行依次移动，右手食指顺着 B 的第三列向下依次移动，将移动时所遇到的每一对相乘，再相加。我们已试着在图中说明具体做法。

$$\begin{pmatrix} A_{11} & A_{12} & A_{13} & A_{14} \\ A_{21} & A_{22} & A_{23} & A_{24} \\ A_{31} & A_{32} & A_{33} & A_{34} \\ A_{41} & A_{42} & A_{43} & A_{44} \end{pmatrix} \cdot \begin{pmatrix} B_{11} & B_{12} & B_{13} & B_{14} \\ B_{21} & B_{22} & B_{23} & B_{24} \\ B_{31} & B_{32} & B_{33} & B_{34} \\ B_{41} & B_{42} & B_{43} & B_{44} \end{pmatrix} = \begin{pmatrix} C_{11} & C_{12} & C_{13} & C_{14} \\ C_{21} & C_{22} & C_{23} & C_{24} \\ C_{31} & C_{32} & C_{33} & C_{34} \\ C_{41} & C_{42} & C_{43} & C_{44} \end{pmatrix}$$

$$C_{ij} = \sum_k A_{ik} B_{kj}$$

例　　　　$$C_{23} = A_{21} B_{13} + A_{22} B_{23} + A_{23} B_{33} + A_{24} B_{43}$$

图 11-1　两个矩阵相乘

当然，对 2×2 矩阵来说特别简单。例如，如果我们将 σ_x 乘 σ_x，就得到

$$\sigma_x^2 = \sigma_x \cdot \sigma_x = \begin{pmatrix} 0 & 1 \\ 1 & 0 \end{pmatrix}\begin{pmatrix} 0 & 1 \\ 1 & 0 \end{pmatrix} = \begin{pmatrix} 1 & 0 \\ 0 & 1 \end{pmatrix},$$

这正是单位矩阵 1。或举另一个例子，我们来算出 $\sigma_x \sigma_y$：

$$\sigma_x \sigma_y = \begin{pmatrix} 0 & 1 \\ 1 & 0 \end{pmatrix} \cdot \begin{pmatrix} 0 & -i \\ i & 0 \end{pmatrix} = \begin{pmatrix} i & 0 \\ 0 & -i \end{pmatrix}.$$

参照表 11-1，可看出乘积正是 i 乘上矩阵 σ_z。（请记住一个数与矩阵相乘，就是该数与矩阵的每一项相乘。）因为一次求两个 σ 矩阵的积很重要，也相当有趣，所以我们已将这些积全部列在表11-2内。你可以像求 σ_x^2 及 $\sigma_x \sigma_y$ 那样求出它们来。

表 11-2　自旋矩阵的积

$\sigma_x^2 = 1 \quad \sigma_y^2 = 1 \quad \sigma_z^2 = 1$
$\sigma_x \sigma_y = -\sigma_y \sigma_x = i\sigma_z$
$\sigma_y \sigma_z = -\sigma_z \sigma_y = i\sigma_x$
$\sigma_z \sigma_x = -\sigma_x \sigma_z = i\sigma_y$

关于这些 σ 矩阵，还有一个十分重要而有趣之点。如果愿意，我们可以设想 3 个矩阵 σ_x，σ_y 及 σ_z 类似于某个矢量的 3 个分量——有时把它称为"σ 矢量"——而记为 $\boldsymbol{\sigma}$。它确实是个"矩阵矢量"或"矢量矩阵"。它是 3 个不同的矩阵，每一个矩阵分别和 x，y 或 z 轴中的一个相联系。由此，我们可把系统的哈密顿以在任何坐标系内都成立的简洁形式写出：

$$H = -\mu\boldsymbol{\sigma} \cdot \boldsymbol{B}. \qquad (11.13)$$

虽然这 3 个矩阵是在这样的表示中写下的,在该表示中"朝上"与"朝下"是对 z 轴而言的(因而 σ_z 特别简单)。但我们也可以求出在其他某个表示中这些矩阵的形式。尽管需要作许多代数运算,你能够证明这些矩阵之间的变换就像一个矢量的分量的变换一样。(然而,我们此刻不想去操心证明这点,如果你愿意,你可以验证这一点。)你们可以在不同的坐标系下应用 $\boldsymbol{\sigma}$,就仿佛它是个矢量一样。

你们记得在量子力学中 H 与能量有关。事实上,在只有一个态的简单状况下,H 正好等于能量。即使对电子自旋的双态系统,当我们将哈密顿写成式(11.13)那样时,它非常像一个磁矩为 μ 的小磁体处在磁场 $\boldsymbol{B}$ 中的能量的经典公式。在经典物理学中,我们有

$$U = -\boldsymbol{\mu} \cdot \boldsymbol{B}, \qquad (11.14)$$

这里 $\boldsymbol{\mu}$ 是物体的性质,$\boldsymbol{B}$ 是外磁场。如果用哈密顿代替经典的能量,用矩阵 $\mu\boldsymbol{\sigma}$ 代替经典的 $\boldsymbol{\mu}$,我们可以看出式(11.14)能够转换为式(11.13)。于是,根据这种纯粹形式的代换,我们将结果解释为矩阵方程。有时人们说,对经典物理中的每个量,量子力学中都有一个矩阵与之对应,实际上更确切的说法是哈密顿矩阵对应着能量,而任何可以通过能量来定义的量都有着相应的矩阵。

例如,磁矩可以通过能量来定义,只要指出它在外场 $\boldsymbol{B}$ 中的能量是 $-\boldsymbol{\mu} \cdot \boldsymbol{B}$. 这就定义了磁矩矢量 $\boldsymbol{\mu}$。然后我们考察处在磁场中的真实(量子)客体的哈密顿的公式,并试着去辨别这些矩阵与经典公式中相对应的各种物理量。这就是有时可以找到和经典物理量对应的量子力学物理量的技巧。

如果愿意的话,你们可以试试看去弄清一个经典矢量怎么会跟一个矩阵 $\mu\boldsymbol{\sigma}$ 相等,或许你们会发现一些东西——但切勿为之太伤脑筋。那个想法不妥当——它们并不相等。量子力学是另一种类型的描述世界的理论。只是碰巧存在着一定的对应关系,但这至多是记忆的工具——用它来帮助记忆。就是说,当你学习经典物理时,你记住了式(11.14);因而如果你记得对应关系 $\mu \rightarrow \mu\boldsymbol{\sigma}$,你就容易记住式(11.13)了。当然,自然界遵循量子力学,而经典力学只是近似;因此,毫不奇怪在经典力学中会有量子力学定律的某种影子——量子力学定律正是经典力学的基础。用任何直接方式从影子重建原物是不可能的,但影子确实会帮助你记住原物像什么样子。式(11.13)是真理,而式(11.14)是影子。因为我们先学习经典力学,所以希望能由它得到量子力学公式,但这样做时根本不存在什么肯定成功的方案。我们必须一再回到真实世界以发现正确的量子力学方程。如得到的方程跟经典物理中的某个东西相像,就是我们的幸运。

如果上述有关经典物理与量子物理之间关系的告诫显得太啰嗦,并且在你们看来都是毋庸待言的自明之理,那就请你们原谅这位教授的条件反射吧,他通常是对进研究生院前并没听说过泡利自旋矩阵的学生讲授量子力学。这些学生总像是抱着某种希望,希望量子力学是他们几年前已透彻学过的经典力学逻辑发展的结果。(或许他们想避免不得不学习新东西这件事吧。)你们只是在几个月前学习了经典公式(11.14)——并且接着又被提醒说它并不是合适的公式——所以你们大概不会很不愿意将量子力学公式(11.13)来作为基本的真理吧。

§11-2 作为算符的自旋矩阵

当我们正讨论数学记号这一题目时,我们想再描写一下另一种书写方法,这种写法很常用,因为它非常简洁。它直接由第 8 章所引进的记法得到。假定我们有个处在随时间变化的状态 $|\psi(t)\rangle$ 的系统,我们可像在式(8.34)中所做的那样把系统于时刻 $t+\Delta t$ 在态 $|i\rangle$ 的振幅写成

$$\langle i \mid \psi(t+\Delta t)\rangle = \sum_j \langle i \mid U(t+\Delta t, t) \mid j\rangle\langle j \mid \psi(t)\rangle.$$

矩阵元 $\langle i|U(t+\Delta t, t)|j\rangle$ 是在时间间隔 Δt 内基础态 $|j\rangle$ 转变为基础态 $|i\rangle$ 的振幅。于是我们可以写出下式来定义 H_{ij}:

$$\langle i \mid U(t+\Delta t, t) \mid j\rangle = \delta_{ij} - \frac{i}{\hbar}H_{ij}(t)\Delta t,$$

我们已经证明各振幅 $C_i(t) = \langle i \mid \psi(t)\rangle$ 之间由下列微分方程组相联系:

$$i\hbar\frac{dC_i}{dt} = \sum_j H_{ij}C_j, \tag{11.15}$$

假如明确写出振幅 C_i,那么上式成为

$$i\hbar\frac{d}{dt}\langle i \mid \psi\rangle = \sum_j H_{ij}\langle j \mid \psi\rangle. \tag{11.16}$$

但矩阵元 H_{ij} 也是振幅,可以将它写为 $\langle i|H|j\rangle$;所以我们的微分方程就变为这样:

$$i\hbar\frac{d}{dt}\langle i \mid \psi\rangle = \sum_j \langle i \mid H \mid j\rangle\langle j \mid \psi\rangle. \tag{11.17}$$

我们看到 $(-i/\hbar)\langle i|H|j\rangle dt$ 就是在 H 所描写的物理条件下态 $|j\rangle$ 在时间 dt 内将"产生"出态 $|i\rangle$ 的振幅。(所有这些都已隐含在 §8-4 的讨论之中。)

现在依照 §8-2 的思路,我们可以丢掉式(11.17)中的公共项 $\langle i|$——因为此式对任何态 $|i\rangle$ 都成立——而把该方程简写为

$$i\hbar\frac{d}{dt} \mid \psi\rangle = \sum_j H \mid j\rangle\langle j \mid \psi\rangle. \tag{11.18}$$

或再进一步,我们还可去掉 j 而写为

$$i\hbar\frac{d}{dt} \mid \psi\rangle = H \mid \psi\rangle. \tag{11.19}$$

在第 8 章里我们曾指出,表式写成这种形式时,在 $H|j\rangle$ 或 $H|\psi\rangle$ 中的 H 称为算符。从现在开始我们要给算符戴上一顶小帽子(∧)来提醒你这是个算符而不是个数字。我们以后写成 $\hat{H}|\psi\rangle$。虽然两个方程式(11.18)及(11.19)和式(11.17)或(11.15)的意义完全相同,我们却可以用不同的方式看待它们。例如,我们可以这样来描写式(11.18):"态矢量 $|\psi\rangle$ 对时间的导数乘以 $i\hbar$ 等于将哈密顿算符 $\hat{H}$ 作用于每个基础态后,乘上 ψ 在某一态 j 中的振幅 $\langle j|\psi\rangle$,然后再对所有 j 求和所得的结果。"而式(11.19)可以这样来描写:"态 $|\psi\rangle$ 对时间的导

数(乘上 $i\hbar$)等于用哈密顿算符 $\hat{H}$ 作用在态矢量 $|\psi\rangle$ 上所得到的结果。"这只是对式(11.17)中内容的一种简短说法而已,但是,你们会看到,那是十分便利的。

如果我们高兴,还可以把"抽象"的思想再往前推进一步。方程式(11.19)对任何状态 $|\psi\rangle$ 都正确。等式左边的 $i\hbar d/dt$ 也是个算符——它是"对 t 求导再乘上 $i\hbar$"的运算。所以式(11.19)也可以认为是算符之间的一个方程,即算符方程

$$i\hbar\frac{\mathrm{d}}{\mathrm{d}t} = \hat{H}.$$

哈密顿算符(除一个常数因子之外)作用到任何态上所得的结果与 d/dt 的作用相同。请记住这个方程——像式(11.19)一样——并非 $\hat{H}$ 算符恰与 $i\hbar d/dt$ 是恒等运算的表述。这些方程是自然界量子体系的动力学定律,即运动定律。

为用这些概念做些练习,我们给你证明可以换一种方法得到式(11.18)。你们知道,我们可以用一个态 $|\psi\rangle$ 在某一组基础态上的投影来表示这个态[参见式(8.8)],

$$|\psi\rangle = \sum_i |i\rangle\langle i|\psi\rangle. \tag{11.20}$$

态 $|\psi\rangle$ 怎样随时间变化呢?只要求它的导数:

$$\frac{\mathrm{d}}{\mathrm{d}t}|\psi\rangle = \frac{\mathrm{d}}{\mathrm{d}t}\sum_i |i\rangle\langle i|\psi\rangle. \tag{11.21}$$

设基础态 $|i\rangle$ 不随时间变化(至少我们总是把它们取为确定不变的态),但振幅 $\langle i|\psi\rangle$ 是个可能变化的数。于是式(11.21)变为

$$\frac{\mathrm{d}}{\mathrm{d}t}|\psi\rangle = \sum_i |i\rangle\frac{\mathrm{d}}{\mathrm{d}t}\langle i|\psi\rangle. \tag{11.22}$$

从式(11.16)可以知道 $d\langle i|\psi\rangle/dt$,所以我们得到

$$\begin{aligned}
\frac{\mathrm{d}}{\mathrm{d}t}|\psi\rangle &= -\frac{i}{\hbar}\sum_i |i\rangle\sum_j H_{ij}\langle j|\psi\rangle \\
&= -\frac{i}{\hbar}\sum_{ij} |i\rangle\langle i|H|j\rangle\langle j|\psi\rangle \\
&= -\frac{i}{\hbar}\sum_j H|j\rangle\langle j|\psi\rangle.
\end{aligned}$$

这就是式(11.18)。

所以我们有多种看待哈密顿的方法。可以把一组系数 H_{ij} 看作为只是一组数字,或把哈密顿算符看作"振幅" $\langle i|H|j\rangle$,或看作"矩阵" H_{ij},或看作"算符" $\hat{H}$。它们全都表示同一事物。

现在让我们回到双态系统上来。假如我们用 σ 矩阵(带有适当的数值系数,如 B_x 等等)表示哈密顿,我们也能把 σ_{ij}^x 明确地看作振幅 $\langle i|\sigma_x|j\rangle$,或者,简言之就是算符 $\hat{\sigma}_x$。如果使用算符的概念,我们可以把磁场中的态 $|\psi\rangle$ 的运动方程写成

$$i\hbar\frac{\mathrm{d}}{\mathrm{d}t}\mid\psi\rangle=-\mu(B_x\hat{\sigma}_x+B_y\hat{\sigma}_y+B_z\hat{\sigma}_z)\mid\psi\rangle. \tag{11.23}$$

当我们想要"使用"这样一个方程时,通常必须用基矢表示态 $|\psi\rangle$(这就像要用特定的数值来表示空间矢量就一定要求出空间矢量的分量一样)。所以我们通常把式(11.23)写成展开式:

$$i\hbar\frac{\mathrm{d}}{\mathrm{d}t}\mid\psi\rangle=-\mu\sum_i(B_x\hat{\sigma}_x+B_y\hat{\sigma}_y+B_z\hat{\sigma}_z)\mid i\rangle\langle i\mid\psi\rangle. \tag{11.24}$$

现在你们会明白为什么算符概念是如此简洁了。为了利用式(11.24),我们要知道 $\hat{\sigma}$ 算符作用在各个基础态上会得到什么结果。让我们求出它们来。假定我们求 $\hat{\sigma}_z\mid+\rangle$,它是某个矢量 $|?\rangle$,但是,是什么矢量呢? 别急,让我们在 $\hat{\sigma}_z\mid+\rangle$ 上左乘 $\langle+|$,那就有

$$\langle+|\hat{\sigma}_z\mid+\rangle=\sigma^z_{11}=1.$$

(利用表 11-1),所以我们知道

$$\langle+|?\rangle=1. \tag{11.25}$$

现在,让我们在 $\hat{\sigma}_z\mid+\rangle$ 上左乘 $\langle-|$,我们得到

$$\langle-|\hat{\sigma}_z\mid+\rangle=\sigma^z_{21}=0,$$

所以

$$\langle-|?\rangle=0. \tag{11.26}$$

只有一个态矢量同时满足(11.25)和(11.26)两式,这就是 $|+\rangle$。于是我们发现

$$\hat{\sigma}_z\mid+\rangle=\mid+\rangle. \tag{11.27}$$

利用这样的论证,你们很容易证明 σ 矩阵的所有性质可以用表 11-3 所列的一组法则以算符记号来描写。

表 11-3

$\hat{\sigma}$ 算符的性质		
$\hat{\sigma}_z\mid+\rangle=\mid+\rangle$	$\hat{\sigma}_x\mid+\rangle=\mid-\rangle$	$\hat{\sigma}_y\mid+\rangle=i\mid-\rangle$
$\hat{\sigma}_z\mid-\rangle=-\mid-\rangle$	$\hat{\sigma}_x\mid-\rangle=\mid+\rangle$	$\hat{\sigma}_y\mid-\rangle=-i\mid+\rangle$

如果我们求 σ 矩阵的乘积,它们就变为求算符的乘积。当两个算符作为乘积一起出现时,你们要先将最靠右的算符进行运算。例如,对 $\hat{\sigma}_x\hat{\sigma}_y\mid+\rangle$,我们必须理解为 $\hat{\sigma}_x(\hat{\sigma}_y\mid+\rangle)$,由表 11-3,求得 $\hat{\sigma}_y\mid+\rangle=i\mid-\rangle$,所以

$$\hat{\sigma}_x\hat{\sigma}_y\mid+\rangle=\hat{\sigma}_x(i\mid-\rangle). \tag{11.28}$$

而对任何数——譬如 i——只要从算符中移出就可以了(算符只作用在态矢量上),所以式(11.28)与下式相同:

$$\hat{\sigma}_x\hat{\sigma}_y\mid+\rangle=i\hat{\sigma}_x\mid-\rangle=i\mid+\rangle.$$

如果对 $\hat{\sigma}_x\hat{\sigma}_y\mid-\rangle$ 作同样运算,你们就得到

$$\hat{\sigma}_x \hat{\sigma}_y |-\rangle = -\mathrm{i}|-\rangle.$$

查一下表 11-3，你们会看出 $\hat{\sigma}_x \hat{\sigma}_y$ 作用在 $|+\rangle$ 或 $|-\rangle$ 上正好得到 $\hat{\sigma}_z$ 作用其上的结果再乘以 $-\mathrm{i}$。所以我们可以说 $\hat{\sigma}_x \hat{\sigma}_y$ 的作用与 $\mathrm{i}\hat{\sigma}_z$ 的作用相同，并把这个表述写为算符方程：

$$\hat{\sigma}_x \hat{\sigma}_y = \mathrm{i}\hat{\sigma}_z. \tag{11.29}$$

注意这个方程与表 11-2 中所列的矩阵方程之一相同。所以我们又一次见到了矩阵观点和算符观点之间的对应性。因而表 11-2 中的每个方程都可以看作是关于 σ 算符的方程。你们可以验证一下它们确实可由表 11-3 得到。在作这些验证时，最好不要去管 σ 或 H 这些量究竟是算符还是矩阵。不论从哪种观点来看，所有的方程都相同，所以表 11-2 既适用于 σ 算符，也适用于 σ 矩阵，随你的便。

§11-3 双态方程的解

现在我们可用多种形式写出双态方程。例如可写为

$$\mathrm{i}\hbar\frac{\mathrm{d}C_i}{\mathrm{d}t} = \sum_j H_{ij}C_j,$$

也可写为

$$\mathrm{i}\hbar\frac{\mathrm{d}|\psi\rangle}{\mathrm{d}t} = \hat{H}|\psi\rangle, \tag{11.30}$$

它们表示同一回事。对处在磁场中的一个自旋 1/2 粒子，哈密顿 H 由式(11.8)或式(11.13)给出。

如果磁场沿 z 方向，那么——正像到现在为止我们已屡次见到的那样——解就是态 $|\psi\rangle$（不管它是什么）绕着 z 轴进动（就好像你取一个物体，使它整个地绕着 z 轴旋转一样），它的进动角速度等于场强乘以 $\mu/\hbar$ 的两倍。当然，当磁场沿其他任何方向时，情况同样如此，因为物理规律与坐标系无关。假如有这样一种状况，磁场以复杂的方式随着时间变化，那么我们可以用下述方式加以分析。假定开始时自旋沿着 $+z$ 方向，而磁场沿 x 方向。自旋就开始转向。接着如果 x 方向磁场撤销，自旋就停止转向。如果这时加上一个 z 方向磁场，自旋就绕着 z 轴进动，等等。所以根据磁场按时间变化的方式，你可以描绘出终态是什么——它将指向哪个轴的方向。然后你就可用第 10 章（或第 6 章）的投影公式变换回到原先的对于 z 轴的 $|+\rangle$ 态与 $|-\rangle$ 态来表示这个态。如果终态的自旋的指向沿着 (θ, ϕ) 方向，它就会有一个朝上的振幅 $\cos(\theta/2)\mathrm{e}^{-\mathrm{i}\phi/2}$ 和一个朝下的振幅 $\sin(\theta/2)\mathrm{e}^{+\mathrm{i}\phi/2}$。这就解决了任何问题。这是微分方程解法的语言描述。

刚才所述的求解方法相当普遍，可以处理任何双态系统。我们不妨取氨分子为例子——其中还包括电场的效应。假如我们用态 $|\mathrm{I}\rangle$ 及 $|\mathrm{II}\rangle$ 描写系统，方程式(9.38)和(9.39)就写成：

$$\begin{aligned}
\mathrm{i}\hbar\frac{\mathrm{d}C_{\mathrm{I}}}{\mathrm{d}t} &= +AC_{\mathrm{I}} + \mu\varepsilon C_{\mathrm{II}}, \\
\mathrm{i}\hbar\frac{\mathrm{d}C_{\mathrm{II}}}{\mathrm{d}t} &= -AC_{\mathrm{II}} + \mu\varepsilon C_{\mathrm{I}}.
\end{aligned} \tag{11.31}$$

你们会说:"不对,我记得里面还有个电场 E_0 。"不错,但我们已移动了能量的原点,使 E_0 为 0。(通过使两个振幅改变同样的因子 $e^{iE_0T/\hbar}$ 总可做到这一点——为了去掉任何常数能量。)既然相应的方程总有相同的解,那我们实在不必再去解一次方程。假如我们看一下这些方程,再看一下方程式(11.1),那我们就可进行下述判断。我们可称 $|\mathrm{I}\rangle$ 为态 $|+\rangle$, $|\mathrm{II}\rangle$ 为态 $|-\rangle$ 。这并不意味着我们把氨分子在空间排列起来,也不是 $|+\rangle$ 及 $|-\rangle$ 与 z 轴有任何关系。这纯粹是人为的。我们有一个人造的空间,可以称为"氨分子表示空间"或别的什么名称——一个三维的"构图",其中的"朝上"对应于分子处在 $|\mathrm{I}\rangle$ 态,而沿着假想的 z 轴"朝下"则表示分子处在 $|\mathrm{II}\rangle$ 态。这样,对这些方程就可作如下的理解。首先,你知道哈密顿可用 σ 矩阵表示为

$$H = + A\sigma_z + \mu\varepsilon\sigma_x. \tag{11.32}$$

或者,换一种方式说,式(11.1)中的 μB_z 对应于式(11.32)中的 $-A$,而 μB_x 对应于 $-\mu\varepsilon$ 。于是,在我们的"模型"空间中,有一个沿 z 方向的恒定 B 场。如果我们有一个随时间而变的电场 $\mathscr{E}$,那我们就有一个沿 x 方向按比例变化的 B 场。所以,处在一个 z 方向分量保持不变而 x 方向振荡分量的磁场中的电子的行为,数学上类似于并且完全对应于一个处在振动电场中的氨分子的行为。遗憾的是,我们没有时间进一步讨论这种对应的详情,也没有时间讨论任何技术细节。我们只想指出,所有双态系统,都与一个在磁场中进动的自旋 1/2 粒子相类似。

§11-4　光子的偏振态

还有另外许多双态系统研究起来很有趣,我们要谈的第一个新系统是光子。为了描写一个光子,我们必须首先给出它的动量矢量。对自由光子,频率由动量决定,所以我们无须再说它的频率是多少。然而,除动量外我们还须考虑一个称为偏振的性质。设想有个确定单色频率的光子向着你射来(频率在这一讨论中始终保持不变,所以没有许多种不同的动量态)。就有两个偏振方向。在经典理论中,光可以描写为具有(譬如说)一个水平振动的电场和一个垂直振动的电场,这两类光称为 x 偏振光及 y 偏振光。光也可能沿其他某个方向偏振,这可以由沿 x 方向的场与沿 y 方向的场的叠加构成。或者,如果你使 x 分量与 y 分量之间的相位相差 $90°$,就会得到一个旋转的电场——这样的光是椭圆偏振光。(这只不过是对我们在第 1 卷第 38 章所学过的偏振光经典理论的简单回顾。)

现在假设我们有单个光子——只是一个。这里不存在可以用同样方法讨论的电场,我们所有的只是一个光子。但是光子必定有经典偏振现象的类似的性质。必定存在至少两种不同的光子。起先你可能会以为应当有无限多种——因为电矢量可以指向各种方向。但我们可以把光子的偏振作为双态系统来描写。光子可以处在 $|x\rangle$ 态或处在 $|y\rangle$ 态。 $|x\rangle$ 态指的是在经典物理学中是沿 x 方向振动的一束光线里的每个光子的偏振态。而 $|y\rangle$ 态指的是沿 y 方向振动的光束中的每个光子的偏振态。* 我们可以把 $|x\rangle$ 与 $|y\rangle$ 作为具有指向你的给定

---

　　*　为明确起见,并且为符合现在国内偏振光的通用命名法则,我们将原文 x - polarized light 译成沿 x 方向振动的光,振动方向就是电磁波电场的方向。——译者注

动量——我们将称该指向为 z 方向——的光子的基础态。所以有 $|x\rangle$ 与 $|y\rangle$ 两个基础态,它们就是描写任何光子所需要的一切。

举例来说,如果我们有块偏振片,其取向能让沿 x 轴振动的偏振光通过,我们往这偏振片射去一个我们已知道是 $|y\rangle$ 态的光子,它将被偏振片吸收。假如射去一个我们知道是 $|x\rangle$ 态的光子,它将径直通过偏振片后仍旧是 $|x\rangle$。如果我们取一块方解石,它让一束偏振光分解为一个 $|x\rangle$ 光束及一个 $|y\rangle$ 光束,这块方解石完全类似于把一束银原子分裂为 $|+\rangle$ 及 $|-\rangle$ 两种状态的施特恩-格拉赫装置。所以先前我们对粒子和施特恩-格拉赫装置所做的每一件

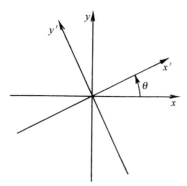

图 11-2 与光子的动量
矢成直角的坐标

事都能重新用在光和方解石上。那么,当光透过一块透振方向角度为 θ 的偏振片时,会出现什么情况呢?是否变成另一种状态?是的,它的确是另一种状态。我们称偏振片的透振轴为 x',以便跟我们的基础态的轴区分开来。参见图 11-2。射来的光子将处在 $|x'\rangle$ 态。但任何态都可以用基础态的线性组合来表示,这里,组合的公式是

$$|x'\rangle = \cos\theta\,|x\rangle + \sin\theta\,|y\rangle. \qquad (11.33)$$

这就是说,如果光子通过一块透振方向(和 x 轴的)夹角为 θ 的偏振片后,它仍可以(比方说,用一块方解石)分解为 $|x\rangle$ 束与 $|y\rangle$ 束。或者,如果愿意,你可以只在想象中把它分解为 x 分量与 y 分量。无论用哪种方法,你都将得到处在 $|x\rangle$ 态的振幅是 $\cos\theta$,处在 $|y\rangle$ 态的振幅是 $\sin\theta$。

现在我们问这一问题。假设一个光子通过角度为 θ 的偏振片后得到沿着 x' 方向振动的偏振光,而后到达一块角度为零的偏振片——如图 11-3 所示,那会发生什么情况呢?它将有多大的概率通过?答案如下:当它通过第一片偏振片后,它一定处在 $|x'\rangle$ 态,第二片偏振片只让 $|x\rangle$ 态的光子通过(吸收 $|y\rangle$ 态的光子)。所以我们要问,出现处在 $|x\rangle$ 态光子的概率有多大?我们可从 $|x'\rangle$ 态的光子在 $|x\rangle$ 态的振幅 $\langle x|x'\rangle$ 的绝对值的平方得到此概率。$\langle x|x'\rangle$ 是什么?只要把式(11.33)左乘以 $\langle x|$ 就得到

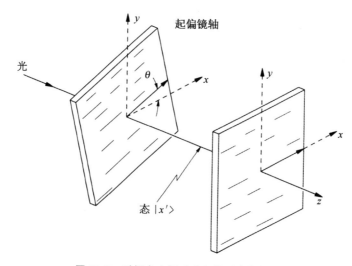

图 11-3 透振方向间成 θ 角的两个偏振片

$$\langle x \mid x' \rangle = \cos\theta \langle x \mid x \rangle + \sin\theta \langle x \mid y \rangle.$$

而从物理意义得知，$\langle x \mid y \rangle = 0$——如果$\mid x \rangle$和$\mid y \rangle$是基础态的话就必须如此——而$\langle x \mid x \rangle = 1$。所以得到

$$\langle x \mid x' \rangle = \cos\theta,$$

概率就是$\cos^2\theta$。举例来说，如果第一片偏振片角度为30°，那么一个光子有3/4的机会得以穿过，而有1/4的机会光子被偏振片所吸收而将它加热。

现在我们来看一下在同样情况下按经典理论会发生什么。我们有一束光，它的电场以不定的方式变化着——我们就说这束光是"非偏振"的。当它通过第一片偏振片后，电场沿x'方向振动，而大小为$\mathscr{E}$，我们可以在如图11-4那样的图上把电场画成峰值为$\mathscr{E}_0$的振动矢量。当光到达第二片偏振片时，只有电场的x分量$\mathscr{E}_0\cos\theta$得以通过。光强与电场的平方成正比，因此与$\mathscr{E}_0^2\cos^2\theta$成正比。所以从第二片偏振片出射时能量比进入时的能量减弱一个$\cos^2\theta$因子。

经典图像和量子图像给出了相同的结果。如果你往第二片偏振片注射100亿个光子，每个光子通过的平均概率比方说是3/4，那你就可以指望100亿光子中有3/4得以通过。类似地，它们所携带的能量也只是你注入能量的3/4。

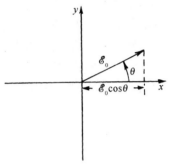

图 11-4　电矢量$\mathscr{E}$的经典图像

经典理论不说事件的统计意义——它只是说通过的能量正好是你送入的能量的3/4。当然，如果只有一个光子的话，这就不可能了，不存在3/4个光子那样的东西。它要么整个在那里，要么根本不在那里。量子力学则告诉我们，有3/4的机会它整个在那里。两种理论的关系是清楚的。

那么，对另一类偏振呢？比方说右旋圆偏振又如何？在经典理论中，右旋圆偏振有着大小相等而相位差为90°的x振动分量及y振动分量。在量子理论中，右旋圆偏振（RHC）光子在偏振态$\mid x \rangle$及$\mid y \rangle$有相等的振幅，而振幅间相位差为90°。称 RHC 光子为$\mid R \rangle$态，左旋圆偏振（LHC）光子为$\mid L \rangle$态，我们可以写出（参见第1卷§33-1）

$$\mid R \rangle = \frac{1}{\sqrt{2}}(\mid x \rangle + \mathrm{i} \mid y \rangle),$$

$$\mid L \rangle = \frac{1}{\sqrt{2}}(\mid x \rangle - \mathrm{i} \mid y \rangle). \tag{11.34}$$

因子$1/\sqrt{2}$是为了使态归一化而引进的。用这些态并利用量子理论的定律，你可以计算任何你想研究的滤光或干涉效应。如果愿意你也可以选择$\mid R \rangle$与$\mid L \rangle$为基础态，而用它们表示任何状态。只要先证明$\langle R \mid L \rangle = 0$——取上式中第一个方程的共轭式[参见式(8.13)]，然后乘以第二个方程，就可证明这一点。你可以将光分解为x向振动和y向振动，或分解为x'向振动和y'向振动，也可以分解为右旋圆偏振及左旋圆偏振等作为基础态。

作为一个例子，我们来试一下把公式掉转过来。能不能把态$\mid x \rangle$表示为右旋态与左旋态的线性组合呢？可以，这就是

$$|x\rangle = \frac{1}{\sqrt{2}}(|R\rangle + |L\rangle),$$

$$|y\rangle = -\frac{i}{\sqrt{2}}(|R\rangle - |L\rangle). \tag{11.35}$$

证明:将式(11.34)中的两式相加与相减即可。很容易从一种基础态变到另一种基础态。

然而,必定会出现一个奇特的情况。如果光子是右旋圆偏振的,它不应跟 x 及 y 轴有任何关系。如果我们从一个绕光子飞行方向转过某一角度的坐标系来看同一个现象的话,光应当仍然是右旋圆偏振的,对左旋圆偏振光,情况也一样。右旋和左旋圆偏振光对任何转动都不变,它们的定义与 x 方向怎么选择无关(只是光子的方向业已给定)。定义左、右旋不需要定任何坐标轴,这岂非好事,这要比取定 x 和 y 方便多了。但另一方面,当你把右旋与左旋加在一起时,可以求得 x 方向,这不很奇怪吗? 如果"右"旋和"左"旋丝毫不依赖于 x,那我们把它们重新放到一起时又怎么能得到 x? 在某种程度上我们可以这样来回答上述问题:在 x',y' 坐标系中写出表示 RHC 偏振光子的态矢量 $|R'\rangle$,在这个坐标系中,你可以写出:

$$|R'\rangle = \frac{1}{\sqrt{2}}(|x'\rangle + i|y'\rangle).$$

这样一个态在 x,y 坐标系中又显得怎样呢? 只要用式(11.33)代 $|x'\rangle$ 并用相应的表式代 $|y'\rangle$——我们未曾将它写出来,但它就是 $(-\sin\theta)|x\rangle + (\cos\theta)|y\rangle$。于是就有

$$|R'\rangle = \frac{1}{\sqrt{2}}[\cos\theta|x\rangle + \sin\theta|y\rangle - i\sin\theta|x\rangle + i\cos\theta|y\rangle]$$

$$= \frac{1}{\sqrt{2}}[(\cos\theta - i\sin\theta)|x\rangle + i(\cos\theta - i\sin\theta)|y\rangle]$$

$$= \frac{1}{\sqrt{2}}(|x\rangle + i|y\rangle)(\cos\theta - i\sin\theta).$$

第一项正是 $|R\rangle$,而第二项是 $e^{-i\theta}$;我们的结果就是

$$|R'\rangle = e^{-i\theta}|R\rangle. \tag{11.36}$$

态 $|R'\rangle$ 与 $|R\rangle$ 除了一个相位因子 $e^{-i\theta}$ 外完全相同。如果你对 $|L'\rangle$ 作同样的计算,就会得到 *

$$|L'\rangle = e^{+i\theta}|L\rangle. \tag{11.37}$$

现在你看到发生了什么情况。如果我们将 $|R\rangle$ 与 $|L\rangle$ 相加,就得到跟 $|R'\rangle$ 与 $|L'\rangle$ 相加不同的结果。譬如说,一个 x 偏振光子是[式(11.35)]$|R\rangle$ 和 $|L\rangle$ 的和,但一个 y 偏振光子则是把 $|R\rangle$ 的相位后移 $90°$,把 $|L\rangle$ 的相位前移 $90°$ 后的两者之和。这正是在特殊的角度 $\theta = 90°$ 的情况下对 $|R'\rangle$ 与 $|L'\rangle$ 求和所得的结果。这是正确的。在带"撇"的参考系中的 x 偏振跟

---

* 这类似于我们(在第 6 章)对自旋 1/2 粒子所得到的结论。当我们把坐标轴绕 z 轴转动,就得到相位因子 $e^{\pm i\phi/2}$。事实上,这正是我们在 §5-7 对自旋 1 粒子的 $|+\rangle$ 态与 $|-\rangle$ 态所写下的结果——这并非巧合。光子是个自旋为 1 的粒子,但它没有"零"态。

原来参考系的 y 偏振相同,所以,认为圆偏振光子在任何坐标系中看来都相同这种说法不完全正确。它的相位(右旋与左旋圆偏振态的相位关系)始终保持着 x 方向的关系。

§11-5　中性 K 介子*

我们现在要来描写奇异粒子世界中的一个双态系统——一个量子力学对之作出了最令人惊异的预言的系统。要完全地描述这一系统,我们就得涉及许多有关奇异粒子的知识,所以,很遗憾,我们将不得不说得简短些。我们只能对某个发现的获得过程作出大致的描绘——把所包括的推理方式告诉你们。这是从盖尔曼(Gell-Mann)和西岛(Nishijima)发现奇异性概念以及新的奇异性守恒定律开始的。正是当盖尔曼和佩斯(Pais)分析这些新概念所得的结果时,他们提出了我们正要描写的一个最令人惊异的现象的预言。然而,首先我们得谈一点"奇异性"。

我们必须从核粒子之间的所谓强相互作用开始。这种作用是强核力相互作用的根源,它和相对较弱的电磁相互作用不同。作用"强"指的是,如果两个粒子靠得足够近而产生相互作用,它们的作用非常强烈,并且很容易产生其他粒子。核粒子之间也存在着所谓的"弱相互作用",由此也会发生某些现象,诸如 β 衰变,但是用核的时间尺度来衡量,发生作用总是非常缓慢——弱作用的大小要比强作用弱许许多多数量级,甚至比电磁相互作用还弱得多。

当人们用大型加速器对强相互作用进行研究时,惊奇地发现有些"应当"发生的事——预期会发生的事——却没有发生。譬如,在某些相互作用中,某种类型的粒子没有像原先预料的那样出现。盖尔曼和西岛注意到,如果提出一条新的守恒定律——奇异性守恒,这许多奇异现象就能马上得到解释。他们提出,每个粒子都具有一种新的属性——他们称之为"奇异"数,而在任何强相互作用过程中,"奇异性的数量"是守恒的。

举例来说,假定一个高能负 K 介子(譬如说带有几十亿电子伏特能量)与一个质子相碰撞。这样的相互作用会产生许多别的粒子:π 介子,K 介子,Λ 粒子,Σ 粒子,即列于第 1 卷表 2-2 中的各种介子或重子。人们观察到只出现某些组合,另外一些组合则不出现。已经知道某些守恒定律在这里是起作用的。首先,能量和动量总是守恒的,事件后的总能量和总动量必定与事件前的相同。其次,有电荷守恒,这就是说,所产生的粒子的总电荷必定等于原有粒子所带的总电荷。在我们这个 K 介子与质子相碰撞的例子中,以下的反应确实发生了:

$$K^- + p \longrightarrow p + K^- + \pi^+ + \pi^- + \pi^0$$
或
$$K^- + p \longrightarrow \Sigma^- + \pi^+. \tag{11.38}$$

由于电荷守恒,我们永远不会得到

$$K^- + p \longrightarrow p + K^- + \pi^+$$
或
$$K^- + p \longrightarrow \Lambda^0 + \pi^+. \tag{11.39}$$

---

* 我们现在感到这节的材料对眼下的课程来说是过于冗长和困难了。我们建议你们跳过这节继续阅读 §11-6 节。如果你们有雄心而又有时间的话,以后也许要再回到这一节来。我们把这一节留在这里,因为这是取自高能物理新近成果的一个美妙例子,说明用我们关于双态系统的量子力学公式能够做出些什么结果来。

我们也知道,重子数是守恒的。反应后的重子数必定等于反应前的重子数。在这条定律中,重子的反粒子作为一个负重子来计算。这意味着我们可以——也确实——见到这样的反应:

$$K^- + p \longrightarrow \Lambda^0 + \pi^0$$

或

$$K^- + p \longrightarrow p + K^- + p + \bar{p}. \tag{11.40}$$

(这里 $\bar{p}$ 是反质子,它带一个负电荷。)但是我们从没有见到

$$K^- + p \longrightarrow K^- + \pi^+ + \pi^0$$

或

$$K^- + p \longrightarrow p + K^- + n. \tag{11.41}$$

(即使能量很大也是如此),因为上式中重子数不守恒。

然而,这些定律不能解释这样一件奇特的事实,即下列反应:

$$K^- + p \longrightarrow p + K^- + K^0$$

或

$$K^- + p \longrightarrow p + \pi^- \tag{11.42}$$

或

$$K^- + p \longrightarrow \Lambda^0 + K^0$$

也从未观察到过,而这些反应初看起来跟式(11.38)或式(11.40)的某些反应并无多大的差别。对此的解释是奇异性守恒。每个粒子都有一个数,即奇异数 S,而在任何强相互作用中,都存在着这样一条定律:反应后的总奇异数必定等于反应前的总奇异数。质子和反质子 $(p, \bar{p})$,中子和反中子 $(n, \bar{n})$,以及 π 介子 (π^+, π^0, π^-) 的奇异数全都为0,K^+ 与 K^0 介子奇异数为 $+1$;K^- 与 $\bar{K}^0$(K^0 的反粒子),Λ^0 与 Σ 粒子($+$,0,$-$)奇异数为 -1。还有一种粒子 Ξ 粒子("ξ"的大写)的奇异数为 -2,或许还有其他奇异数尚不知道的粒子。我们已把这些奇异数列在表 11-4 中。

表 11-4　强相互作用粒子的奇异数

	S			
	-2	-1	0	$+1$
重　子	Ξ^0 Ξ^-	Σ^+ Λ^0, Σ^0 Σ^-	p n	
介　子		$\bar{K}^0$ K^-	π^+ π^0 π^-	K^+ K^0

注:π^- 为 π^+ 的反粒子(反之亦然)。

让我们看看在已写出的某些反应中,奇异性守恒是怎么起作用的。如果开始时是一个 K^- 和一个质子,总的奇异数为 $(-1+0) = -1$。奇异性守恒要求反应后产物的奇异数的总和也必须是 -1。你们看到式(11.38)及(11.40)满足这一要求。但在式(11.42)的反应中,右边的奇异性在三种情况中都是0。这些反应前后奇异性不保持守恒,因而不会发生。为什么?没人知道,没人知道得比我们刚才告诉你的有关情况更多一些。自然界正是以这种方式运行着。

现在我们来看一看下列反应:一个 π^- 撞击一个质子。你也许(比方说)得到一个 Λ^0 粒子加一个中性 K 粒子——两个中性粒子。但会得到哪一种中性 K?因为 Λ 粒子有奇异数 -1,而 π 与 p^+ 的奇异数为0,并且由于这是个快速产生的反应,奇异性必定不变。K 粒子

一定要有奇异数＋1，所以它必须是 K^0。这反应是

$$\pi^- + p = \Lambda^0 + K^0,$$

而

$$S = 0 + 0 = (-1) + (+1) \text{（守恒）}.$$

如果在这里用 $\overline{K}^0$ 代替 K^0，右边的奇异数就会是 -2，而这是自然界所不允许的，因为左边的奇异数为 0。不过，$\overline{K}^0$ 可以在别的反应中产生，诸如

$$n + n \longrightarrow n + \overline{p} + \overline{K}^0 + K^+,$$
$$S = 0 + 0 = 0 + 0 + (-1) + (+1)$$

或

$$K^- + p \longrightarrow n + \overline{K}^0,$$
$$S = -1 + 0 = 0 + (-1).$$

你们或许会想，"这完全是些废话，因为你怎么知道它是 $\overline{K}^0$ 还是 K^0？它们看起来完全相同。它们互为反粒子，它们有完全相等的质量，而电荷又都是 0。你们怎么来区分它们？"回答是通过它们所发生的反应。例如，一个 $\overline{K}^0$ 可以跟物质作用产生一个 Λ 粒子，如

$$\overline{K}^0 + p \longrightarrow \Lambda^0 + \pi^+,$$

但 K^0 却不行。当 K^0 与普通的物质（质子和中子）相互作用时，不会使它产生 Λ 粒子 *。所以 K^0 和 $\overline{K}^0$ 之间的实验鉴别就是它们之中有一个能产生 Λ 粒子，另一个却不能。

这样，奇异性理论的预言之一就是，如果在一个高能 π 介子的实验中，产生了一个 Λ 粒子与一个中性 K 介子，然后这个中性 K 介子撞到另一些物质时决不会产生 Λ 粒子。实验可以这样来进行，把一束 π^- 介子射入一个巨大的氢气泡室，π^- 的径迹消失了，但另外某个地方出现了一对径迹（一个质子和一个 π^-），这表明一个 Λ 粒子衰变了**（见图 11-5）。这样你就知道在某个地方有个你不能看到的 K^0。

但你可以利用动量和能量守恒求出它往哪里去。[它后来会衰变为两个带电粒子而显现出来，如图 11-5(a) 所示。] 当 K^0 向前飞行时，可能跟一个氢核（质子）发生相互作用，也许产生一些别的粒子。而奇异性理论的预言是，它绝不会在下述类型的简单反应中产生一个 Λ 粒子：

$$K^0 + p \longrightarrow \Lambda^0 + \pi^+,$$

而 $\overline{K}^0$ 是可以发生这种反应的。这就是说，在气泡室中，一个 $\overline{K}^0$ 可以产生如图 11-5(b) 所描画的事件——其中的 Λ 由于衰变而被看到，但 K^0 却不能产生这种过程。这就是我们故事的第一部分，这就是奇异性守恒。

不过，奇异性守恒不是完美无缺的。奇异粒子可以发生极缓慢的衰变——衰变时间长到约 10^{-10} s***，这时奇异性不再守恒，这些衰变称为"弱"衰变。例如，K^0 衰变为一对寿命

---

* 当然，除非它还产生两个 K^+ 或总奇异数为 $+2$ 的其他一些粒子。我们可以认为在上述反应中没有足够能量来产生这些更多的奇异粒子。

** 自由 Λ 粒子经过一弱相互作用而缓慢衰变（故奇异性不必守恒）。衰变产物是一个 p 及一个 π^-，或一个 n 及一个 π^0。寿命为 2.2×10^{-10} s。

*** 强相互作用的典型时间差不多是 10^{-23} s。

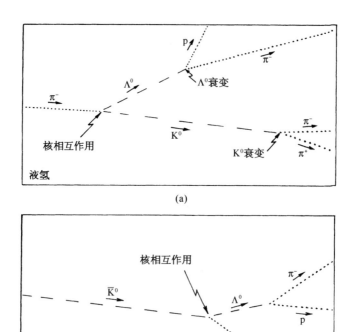

图 11-5 在氢气泡室观察到的高能事件:(a)一个 π^- 介子与一个氢核(质子)
相互作用产生一个 Λ^0 粒子和一个 K^0 介子。两个粒子都在气泡室中衰变。
(b)一个 $\overline{K}^0$ 介子和一个质子相互作用产生一个 π^+ 介子和一个 Λ^0 粒子,然后
Λ^0 衰变(中性粒子没有留下径迹,它们推测出的轨迹如图中断续线所示)

为 10^{-10} s 的 π 介子(+及-)。事实上,这是首次见到 K 粒子的方法。注意衰变反应

$$K^0 \longrightarrow \pi^+ + \pi^-$$

中奇异性并不守恒,所以它不可能通过强相互作用而"很快"发生,只可能通过弱衰变过程进行。

注意 $\overline{K}^0$ 也以同样方式衰变为一个 π^+ 及一个 π^- 而且也有同样的寿命,

$$\overline{K}^0 \longrightarrow \pi^- + \pi^+.$$

这也是一个弱衰变,因为它奇异性并不保持守恒。有一条原理:对任何反应,总对应地存在一个用"反物质"代替"物质"的反应,反之亦然。由于 $\overline{K}^0$ 是 K^0 的反粒子,它应当衰变为 π^+ 与 π^- 的反粒子,但 π^+ 的反粒子是 π^-。(或者,如果你乐意,反过来说也可以。结果发现对 π 介子来说,你们称哪一个为"物质"都无所谓。)所以作为弱衰变的一个结果,K^0 和 $\overline{K}^0$ 可以变为同样的最终产物。当我们通过衰变来"见到"它们时——如同气泡室中那样——它们看上去是同一种粒子。只是它们的强相互作用不同。

我们终于可以来描述盖尔曼和佩斯的工作了。他们首先注意到,既然 K^0 及 $\overline{K}^0$ 都能转变成两个 π 介子的状态,必定存在某个 K^0 转变为 $\overline{K}^0$ 的振幅,并且也有一定 $\overline{K}^0$ 转变为 K^0

的振幅。像在化学中所做那样写出反应方程式，有

$$K^0 \leftrightarrows \pi^- + \pi^+ \leftrightarrows \overline{K}^0. \tag{11.43}$$

这些反应意味着，每单位时间内，K^0 通过弱相互作用衰变成两个 π 介子再转变为 $\overline{K}^0$ 有一定的振幅，这振幅写成 $-i/\hbar$ 乘以 $\langle \overline{K}^0 | W | K^0 \rangle$。对于逆反应来说，也有相应的振幅 $\langle K^0 | W | \overline{K}^0 \rangle$。由于物质与反物质的行为完全相同，这两个振幅在数值上相等，我们把它们都称为 A，

$$\langle \overline{K}^0 | W | K^0 \rangle = \langle K^0 | W | \overline{K}^0 \rangle = A. \tag{11.44}$$

盖尔曼和佩斯说，这里出现一个有趣的情况。人们一向所说的世界的两个不同的状态——K^0 与 $\overline{K}^0$——实际上应当被看作为是一个双态系统，因为从一个态到另一个态有一定的振幅。当然，做完全的处理时，必须处理两个以上的态，因为也还存在着一些像两个 π 介子的态，等等；但是既然他们主要对 K^0 与 $\overline{K}^0$ 的关系感兴趣，就不必把事情搞得太复杂，而可以作双态系统的近似。其他态在某种程度上已经考虑到，它们的效应已隐含在式(11.44)的振幅中。

因而盖尔曼和佩斯把这个中性粒子作为一个双态系统来进行分析。他们首先把 $|K^0\rangle$ 和 $\overline{K}^0\rangle$ 态取为两个基础态。(这样，事情非常像氨分子的情况。)这样，中性 K 粒子的任何态 $|\psi\rangle$ 就可用它处在两个基础态的振幅来描写。我们将称这两个振幅为

$$C_+ = \langle K^0 | \psi \rangle, \ C_- = \langle \overline{K}^0 | \psi \rangle. \tag{11.45}$$

下一步就是要写下这个双态系统的哈密顿方程。如果 K^0 与 $\overline{K}^0$ 之间没有耦合，方程就只是

$$i\hbar \frac{dC_+}{dt} = E_0 C_+,$$
$$i\hbar \frac{dC_-}{dt} = E_0 C_-. \tag{11.46}$$

但由于有 $\overline{K}^0$ 转变为 K^0 的振幅 $\langle K^0 | W | \overline{K}^0 \rangle$ 存在，所以应当还有一项

$$\langle K^0 | W | \overline{K}^0 \rangle C_- = A C_-$$

加在第一个方程的右边。类似地，$A C_+$ 项应该加到 C_- 随时间变化的方程中去。

但还不止这些。当考虑到双 π 介子效应时，还存在 K^0 通过以下过程变为自身的附加振幅，

$$K^0 \longrightarrow \pi^- + \pi^+ \longrightarrow K^0.$$

我们将用 $\langle K^0 | W | K^0 \rangle$ 来表示的这个附加振幅，它正好等于振幅 $\langle \overline{K}^0 | W | K^0 \rangle$，因为对于 K^0 和 $\overline{K}^0$ 来说，它们变为一对 π 介子与由一对 π 介子变回自身的振幅是完全相同的。如果需要，可以详细写出这个论证。首先，我们写下 *

和

$$\langle \overline{K}^0 | W | K^0 \rangle = \langle \overline{K}^0 | W | 2\pi \rangle \langle 2\pi | W | K^0 \rangle$$
$$\langle K^0 | W | K^0 \rangle = \langle K^0 | W | 2\pi \rangle \langle 2\pi | W | K^0 \rangle.$$

由于物质和反物质的对称性，

---

* 这里我们作了点简化。2π 系统可以具有对应于不同的 π 介子动量的许多状态，所以我们应当将方程的右边写成对 π 介子的不同基态求和。完整的处理仍导致同样的结论。

以及
$$\langle 2\pi \mid W \mid K^0 \rangle = \langle 2\pi \mid W \mid \bar{K}^0 \rangle,$$
$$\langle K^0 \mid W \mid 2\pi \rangle = \langle \bar{K}^0 \mid W \mid 2\pi \rangle.$$

由此得到 $\langle K^0 \mid W \mid K^0 \rangle = \langle \bar{K}^0 \mid W \mid K^0 \rangle$，以及 $\langle \bar{K}^0 \mid W \mid K^0 \rangle = \langle K^0 \mid W \mid \bar{K}^0 \rangle$，这就是我们前面所说过的。不管怎么说，两个都等于 A 的附加振幅 $\langle K^0 \mid W \mid K^0 \rangle$ 和 $\langle \bar{K}^0 \mid W \mid \bar{K}^0 \rangle$，应当包括在哈密顿方程中。第一个给出的一项 AC_+ 加在 dC_+/dt 的方程的右边，第二个给出的是加在 dC_-/dt 的方程右边新的一项 AC_-。通过这样论证，盖尔曼与佩斯推断 $K^0\bar{K}^0$ 系统的哈密顿方程应当是

$$i\hbar \frac{dC_+}{dt} = E_0 C_+ + AC_- + AC_+,$$
$$i\hbar \frac{dC_-}{dt} = E_0 C_- + AC_+ + AC_-. \tag{11.47}$$

现在我们必须对前几章中所说的作一些纠正：像 $\langle K^0 \mid W \mid \bar{K}^0 \rangle$ 和 $\langle \bar{K}^0 \mid W \mid K^0 \rangle$ 这样两个互相逆转的振幅总是互为复共轭。这只有在讨论中不发生衰变的粒子时才成立。而如果粒子可以衰变——因此，也就可能"消失"——那么两个振幅不一定是复共轭。所以等式(11.44)并不意味着振幅是实数，事实上，它们是复数。所以，系数 A 是复数，这样我们不能把它归到能量 E_0 中去。

在经常跟电子自旋以及诸如此类的事情打交道后，我们的主人公看出哈密顿方程组(11.47)意味着存在另外一对基础态，它们也可用来表示 K 粒子系统，而且具有特别简单的性质。他们说："让我们将两个方程相加与相减，并且以 E_0 为零点测量所有有关能量，并使用使 $\hbar = 1$ 的能量与时间的单位。"（这是近代理论物理学家常做的事，这样并不改变物理实质，但使方程的形式变得简单些。）他们的结果是：

$$i \frac{d}{dt}(C_+ + C_-) = 2A(C_+ + C_-), \quad i \frac{d}{dt}(C_+ - C_-) = 0. \tag{11.48}$$

显然，振幅的组合 $(C_+ + C_-)$ 与 $(C_+ - C_-)$ 互相独立地起着作用。（显然，它们相当于我们早就研究过的定态。）所以，他们断定，用 K 粒子的另一种不同的表示会更为方便。他们定义两个态

$$\mid K_1 \rangle = \frac{1}{\sqrt{2}}(\mid K^0 \rangle + \mid \bar{K}^0 \rangle), \quad \mid K_2 \rangle = \frac{1}{\sqrt{2}}(\mid K^0 \rangle - \mid \bar{K}^0 \rangle). \tag{11.49}$$

他们说，用 K_1 与 K_2 两个"粒子"（就是"态"）来代替 K^0 和 $\bar{K}^0$ 两个介子也同样可以。（当然，这两个态对应着我们通常称为 $\mid I \rangle$ 与 $\mid II \rangle$ 的态，我们不用老的记号是因为我们现在要用原作者的记号——你们将在物理讨论会上见到的记号。）

但盖尔曼和佩斯做所有这些并不只是为了给粒子起个不同的名称，这里还存在某种令人惊奇的新的物理内容。假设 C_1 及 C_2 是某个态 $\mid \psi \rangle$ 表现为 K_1 或 K_2 介子的振幅：

$$C_1 = \langle K_1 \mid \psi \rangle, \quad C_2 = \langle K_2 \mid \psi \rangle.$$

由式(11.49)，

$$C_1 = \frac{1}{\sqrt{2}}(C_+ + C_-), \quad C_2 = \frac{1}{\sqrt{2}}(C_+ - C_-). \tag{11.50}$$

于是式(11.48)变为

$$i\frac{dC_1}{dt} = 2AC_1, \; i\frac{dC_2}{dt} = 0, \tag{11.51}$$

其解为

$$C_1(t) = C_1(0)e^{-i2At}, \; C_2(t) = C_2(0). \tag{11.52}$$

显然,这里 $C_1(0)$ 和 $C_2(0)$ 为 $t = 0$ 时的振幅。

这些式子表明如果一个中性 K 粒子在时刻 $t = 0$ 时从态 $|K_1\rangle$ [这样 $C_1(0) = 1$ 而 $C_2(0) = 0$] 出发,那么,在时刻 t 的振幅是

$$C_1(t) = e^{-i2At}, \; C_2(t) = 0.$$

注意到 A 是复数,不妨取 $2A = \alpha - i\beta$,(由于发现 $2A$ 的虚部是个负值,我们把它写成负 $i\beta$)。代入 $C_1(t)$ 后,可以写成

$$C_1(t) = C_1(0)e^{-\beta t}e^{-i\alpha t}. \tag{11.53}$$

在时刻 t 找到 K_1 粒子的概率是这个振幅的绝对值平方,即 $e^{-2\beta t}$。而由式(11.52),在任何时刻找到 K_2 态的概率为零。这就是说,如果你让一个 K 粒子起先处在 $|K_1\rangle$ 态,在同一态中找到它的概率将随时间指数下降——但你永远不会在态 $|K_2\rangle$ 中找到它。那么它跑到哪里去了呢? 它以平均寿命 $\tau = 1/2\beta$ 衰变为两个 π 介子了,实验测得 τ 为 10^{-10} s。我们前面说 A 是复数时就是为此作了准备。

另一方面,式(11.52)说明,如果使一个 K 粒子完全处在 K_2 态,它就将永远这样待下去。当然,这实际上是不对的。实验上观察到这个 K 粒子衰变为 3 个 π 介子,不过其速率要比刚才描写过的双 π 介子衰变慢 600 倍。可见,在我们的近似中扔掉了其他一些小项。但只要我们考虑的只是双 π 介子衰变,K_2 就将"永远"存在下去。

现在继续讲完盖尔曼和佩斯的故事。他们继续考虑在强相互作用下产生一个 K 粒子与一个 Λ^0 粒子时会发生什么事。由于 K 粒子必须具有奇异数 +1,所以它产生时必须处在 K^0 态。这样,在 $t = 0$ 时,它既不是 K_1 也不是 K_2,而是一个混合态。初始条件是

$$C_+(0) = 1, \; C_-(0) = 0.$$

但是根据式(11.50),这意味着

$$C_1(0) = \frac{1}{\sqrt{2}}, \; C_2(0) = \frac{1}{\sqrt{2}},$$

而由式(11.52)和(11.53),有

$$C_1(t) = \frac{1}{\sqrt{2}}e^{-\beta t}e^{-i\alpha t}, \; C_2(t) = \frac{1}{\sqrt{2}}. \tag{11.54}$$

注意 K^0 和 $\overline{K}^0$ 都是 K_1 和 K_2 的线性组合。在式(11.54)中,已选定振幅,使 $t = 0$ 时 $\overline{K}^0$ 部分由于干涉而相互抵消,只留下 K^0 态。但 $|K_1\rangle$ 态随时间而变,而 $|K_2\rangle$ 态则不随时间而变。在 $t = 0$ 以后,C_1 与 C_2 的干涉将使 K^0 与 $\overline{K}^0$ 都具有一定的振幅。

所有这些意味着什么? 让我们回过去想一下如图 11-5 所示的一个实验。一个 π^- 介子产生一个 Λ^0 粒子和一个 K^0 介子,这个 K^0 介子嘟嘟地穿过气泡室中的氢。当它向前跑的

时候,它有某种很小的但一定的机会与一个氢核碰撞。起先我们认为奇异性守恒将阻止 K 粒子在这样的相互作用中产生一个 Λ^0 粒子。然而,现在我们看到这是不对的。虽然 K 粒子开始时为 K^0——它不可能产生一个 Λ^0——但它不会永远这样。过一会儿,就有一定的振幅使它跳变到 $\overline{K}^0$ 态。所以我们可以预期沿着 K 粒子的踪迹有时会看到产生一个 Λ^0。这件事发生的机会由振幅 C_- 给定,而 C_- 可以与 C_1 和 C_2 联系起来[倒过来利用式(11.50)]。它们的关系是

$$C_- = \frac{1}{\sqrt{2}}(C_1 - C_2) = \frac{1}{2}(e^{-\beta t} e^{-i\alpha t} - 1). \qquad (11.55)$$

当 K 粒子向前飞行时,它"出现像 $\overline{K}^0$ 那样行为"的概率等于 $|C_-|^2$,其值为

$$|C_-|^2 = \frac{1}{4}(1 + e^{-2\beta t} - 2e^{-\beta t} \cos \alpha t). \qquad (11.56)$$

真是个复杂而奇特的结果!

于是,盖尔曼和佩斯就作了这样一个惊人的预言:当一个 K^0 产生后,它转变为 $\overline{K}^0$——这可由能够产生一个 Λ^0 来显示——的概率按式(11.56)随时间变化。得出这个预言所用的只是纯粹的逻辑推理和量子力学的基本原理——而根本不知道 K 粒子的内部机理。由于没有人知道任何有关内部机理的情况,盖尔曼和佩斯最多也只能走到这一步。他们不能给出 α 与 β 的任何理论值。直到目前也没有能给出这两个值。他们由实验观察到的衰变为两个 π 介子的速率能得出一个 β 值 ($2\beta = 10^{10}$ s^{-1}),但关于 α,他们什么也说不出。

在图 11-6 中我们对于两个 α 值画出了式(11.56)的函数的曲线图。你们可以看到图形和 α 与 β 的比值有很大关系。起先 $\overline{K}^0$ 的概率为 0,然后它增大。如果 α 大,概率将具有大的振荡。如果 α 小,振荡就小,或者没有振荡——概率只平滑地上升至 1/4。

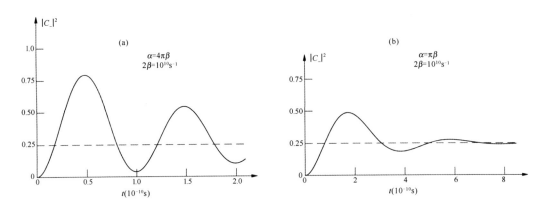

图 11-6 式(11.56)的函数图像:(a)设 $\alpha = 4\pi\beta$,(b) 设 $\alpha = \pi\beta$ ($2\beta = 10^{10}$ s^{-1})

通常,K 粒子以接近于光速的恒定速度飞行。图 11-6 的曲线因而也表示沿着轨迹观察到 $\overline{K}^0$ 的概率,其典型距离为几个厘米。你们可以看出为什么这个预言这样离奇。在产生一个粒子后,它不仅会衰变,也会发生别的事情。有时它衰变,有时它又转变为另一种粒子。它产生某种效应的特征概率随着它的行进而以一种奇特的方式变化着。在自然界里没有别

的东西与它相像。而作出这个极为令人惊奇的预言所依据的只是关于振幅干涉的论证。

如果有一个地方,我们有机会以最纯粹的方式检验量子力学的主要原理——振幅的叠加原理是否成立?——这个地方就是这里。尽管这个效应的预言至今已有好几年了,还没有非常清楚的实验判决。只有一些粗略的结果表明 α 不是零,不过这种效应确实出现了,这些结果表明 α 在 2β 和 4β 之间。这些都是实验得到的。如能精确地检验一下曲线,看一看在奇异粒子这样的神秘世界中,叠加原理是否确实仍然成立,这将是件非常美妙的事情——对奇异粒子来说,我们不知它们为什么衰变,也不知它们为什么有奇异性。

我们刚才所做的分析方法表明了目前在探索解释奇异粒子的研究中所用的量子力学方法的特点。所有你们可能听到的有关的复杂理论无非都是这类利用叠加原理和同一水平的其他量子力学原理来玩的骗人把戏而已。有些人声称他们已拥有能够计算 α 和 β,或者至少在给定 β 时能算出 α 的理论,但这些理论都是完全无用的。比方说,有个在给出 β 后能预言 α 值的理论告诉我们 α 值应是无穷大。他们开始所用的方程组包括两个 π 介子,而后又从两个 π 介子回到了一个 K^0,等等。在计算全都完成后,确实得到一对类似于我们这里所写的方程,但是由于两个 π 介子的动量有无穷多个状态,对所有这些可能性求积分后得出 α 值是无穷大。但是,自然界的 α 并不是无穷大。所以这个动力学理论是错的。在奇异粒子世界中完全能被预言的现象竟能从你们现在所学到的水平的量子力学原理得出,这实在是非常惊奇的。

§11-6 对 N 态系统的推广

我们已经讲完了所有想谈的关于双态系统的问题。在下面几章里我们将继续研究具有更多状态的系统。把我们就双态所得到的概念推广到 N 态系统去是直截了当的事,可以按下面这样方式来做。

如果一个系统有 N 个不同的态,我们可把任何态 $|\psi(t)\rangle$ 表示成任何一组基础态 $|i\rangle(i=1, 2, \cdots, N)$ 的线性组合,

$$| \psi(t)\rangle = \sum_{\text{所有}i} | i\rangle C_i(t). \tag{11.57}$$

系数 $C_i(t)$ 就是振幅 $\langle i|\psi(t)\rangle$。振幅 C_i 随时间的变化方式由下列方程组决定

$$i\hbar \frac{\mathrm{d}C_i(t)}{\mathrm{d}t} = \sum_j H_{ij}C_j, \tag{11.58}$$

这里能量矩阵 H_{ij} 描写问题的物理条件。这看上去和双态系统相同。只是现在 i 和 j 都必须遍及所有 N 个基础态,而能量矩阵 H_{ij}——或者,你愿意称之为哈密顿也可——是带有 N^2 个数的 $N \times N$ 矩阵。像以前一样,$H_{ij}^* = H_{ji}$——只要粒子数守恒——而对角元 H_{ii} 是实数。

当能量矩阵为常数(不依赖于 t)时,我们已经求得双态系统的系数 C 的一般解。当 H 与时间无关时,也不难解出 N 态系统的方程组(11.58)。我们仍从寻找振幅全都有相同时间依赖性的可能解开始。试解

$$C_i = a_i \mathrm{e}^{-(i/\hbar)Et}, \tag{11.59}$$

在把这些 C_i 代入式(11.58)后,导数 $\mathrm{d}C_i(t)/\mathrm{d}t$ 就是 $(-i/\hbar)EC_i$。消掉所有各项的公共指数

因子,得到

$$Ea_i = \sum_j H_{ij} a_j,\tag{11.60}$$

这是有 N 个未知数 a_1, a_2, $\cdots$, a_N 的 N 元线性代数方程组,只有在碰巧时,即所有 a_i 的系数行列式为零时,才存在一个解。但是并不一定要用这种复杂的方法求解,你们可以随便用什么方法来着手解方程组,你们会发现只有对一定的 E 值才能解出它们。(注意 E 是我们方程组中唯一可调节的量。)

但如果你们想用规范的方法求解,可以把式(11.60)写为

$$\sum_j (H_{ij} - \delta_{ij} E) a_j = 0.\tag{11.61}$$

接下来你们可以利用这条规则(如果你们知道的话),即只有对那些 E 值满足下式的方程组才有解,

$$\mathrm{Det}(H_{ij} - \delta_{ij} E) = 0.\tag{11.62}$$

行列式的每一项正好是 H_{ij},只是对每个对角元要减去 E。式(11.62)就是

$$\mathrm{Det}\begin{bmatrix} H_{11} - E & H_{12} & H_{13} & \cdots \\ H_{21} & H_{22} - E & H_{23} & \cdots \\ H_{31} & H_{32} & H_{33} - E & \cdots \\ \vdots & \vdots & \vdots & \cdots \end{bmatrix} = 0,\tag{11.63}$$

当然,这只是 E 的代数方程的一种特殊写法,这个方程是行列式所有各项按一定方式乘积之和。这些乘积将给出 E 的所有幂次,直到 E^N。

所以我们就有一个等于 0 的 N 次多项式,一般说来它有 N 个根。(但要记住其中有些可以是重根,就是说两个或更多的根彼此相等。)不妨称 N 个根为

$$E_{\mathrm{I}},\ E_{\mathrm{II}},\ E_{\mathrm{III}},\ \cdots,\ E_n,\ \cdots,\ E_N,\tag{11.64}$$

(我们将利用 $\boldsymbol{n}$ 表示第 n 个罗马数字,这样 $\boldsymbol{n}$ 取值为 I,II,$\cdots$,N。)其中有些能量可能相等,比方说 $E_{\mathrm{II}} = E_{\mathrm{III}}$,但我们仍用不同的名字称呼它们。

方程组(11.60)或(11.61)对每个 E 值有一个解。假如将任何一个 E 值(譬如 E_n)代入式(11.60)并求解 a_i,就得到一组属于能量 E_n 的解。我们将称这组解为 $a_i(\boldsymbol{n})$。

在式(11.59)中代入这些 $a_i(\boldsymbol{n})$ 值,我们就有了某确定能态中处在基础态 $|i\rangle$ 的振幅 $C_i(\boldsymbol{n})$。设 $|\boldsymbol{n}\rangle$ 表示 $t = 0$ 时这个确定能态的态矢量,我们可写出

$$C_i(\boldsymbol{n}) = \langle i \mid \boldsymbol{n} \rangle \mathrm{e}^{-(i/\hbar)E_n t},$$

其中

$$\langle i \mid \boldsymbol{n} \rangle = a_i(\boldsymbol{n}).\tag{11.65}$$

于是有完全确定能量的状态 $|\psi_{\boldsymbol{n}}(t)\rangle$ 可以写成

$$|\psi_{\boldsymbol{n}}(t)\rangle = \sum_i |i\rangle a_i(\boldsymbol{n}) \mathrm{e}^{-(i/\hbar)E_n t}$$

或

$$|\psi_n(t)\rangle = |n\rangle e^{-(i/\hbar)E_n t}. \tag{11.66}$$

态矢量 $|n\rangle$ 描述确定能量状态的位形，而时间相依性被提出在外。这样它们就是常矢量，如果愿意的话，它们可以用来作一组新的基。

每个态 $|n\rangle$ 都有个性质，——你能很容易地予以证明——当它们被哈密顿算符 $\hat{H}$ 作用后，就正好得到 E_n 乘以同一个态：

$$\hat{H}|n\rangle = E_n|n\rangle. \tag{11.67}$$

这样，能量 E_n 就是描写哈密顿算符 $\hat{H}$ 的特征的一个数值。我们已经见到，一般说，一个哈密顿有几个特征能量。在数学家的术语中，这些数称为矩阵 H_{ij} 的"特征值"。物理学家常称它们为 $\hat{H}$ 的"本征值"。（"Eigen"是德文的"特征"或"本征"。）对 $\hat{H}$ 的每个本征值——换句话说对每个能量——都存在着确定能量的状态，我们已称它们为"定态"。物理学家通常称 $|n\rangle$ 为"$\hat{H}$ 的本征态"。每个本征态对应着一个特定的本征值 E_n。

一般来说，态 $|n\rangle$（有 N 个）也可用来作为一组基础态。要做到这点，所有的态必须相互正交，意即对其中任何两个态，$|n\rangle$ 和 $|m\rangle$，有

$$\langle n \mid m\rangle = 0. \tag{11.68}$$

如果所有能量都互不相同，那么上式将会自动满足。我们也可以将所有的 $a_i(n)$ 乘以一个适当的因子，而使所有的态归一化。归一化后对所有的 n 就有

$$\langle n \mid n\rangle = 1. \tag{11.69}$$

当式(11.63)恰巧有两个（或更多）具有相同能量的根时，问题就稍有点复杂。首先，存在两组不同的 a_i 具有相同的能量，但是它们所给出的态可能<u>不正交</u>。假设你们通过归一化手续找到了两个具有同样能量的定态——称它们为 $|\mu\rangle$ 及 $|\nu\rangle$ 态。不幸它们不正交，就是说

$$\langle \mu \mid \nu\rangle \neq 0,$$

但我们总可以造出两个新的态，我们称为 $|\mu'\rangle$ 和 $|\nu'\rangle$，它们具有相同的能量，而且也正交，即

$$\langle \mu' \mid \nu'\rangle = 0. \tag{11.70}$$

$|\mu\rangle$ 和 $|\nu\rangle$ 适当的线性组合可以作出 $|\mu'\rangle$ 和 $|\nu'\rangle$，并适当选择系数，使式(11.70)成立。做到这点总是不难的。我们一般假定这点已经做到，因而总认为我们的本征能态 $|n\rangle$ 全都相互正交。

为提高兴趣，我们来证明当两个定态有不同的能量时它们的确正交。对具有能量 E_n 的态 $|n\rangle$，我们有

$$\hat{H}|n\rangle = E_n|n\rangle. \tag{11.71}$$

这个算符方程实际上表示有个数字方程。补上没写出的部分，它的意义与下式相同

$$\sum_j \langle i \mid \hat{H} \mid j\rangle\langle j \mid n\rangle = E_n\langle i \mid n\rangle. \tag{11.72}$$

如果取这式的复共轭，就得

$$\sum_j \langle i \mid \hat{H} \mid j\rangle^*\langle j \mid n\rangle^* = E_n^*\langle i \mid n\rangle^*. \tag{11.73}$$

注意振幅的复共轭是逆振幅,所以式(11.73)可以重新写为

$$\sum_j \langle n \mid j \rangle \langle j \mid \hat{H} \mid i \rangle = E_n^* \langle n \mid i \rangle. \tag{11.74}$$

因为这个方程对任何 i 成立,它的"简短形式"是

$$\langle n \mid \hat{H} = E_n^* \langle n \mid, \tag{11.75}$$

这称为式(11.71)的伴随式。

现在很容易证明 E_n 是个实数。将式(11.71)乘$\langle n \mid$就得到

$$\langle n \mid \hat{H} \mid n \rangle = E_n, \tag{11.76}$$

因为 $\langle n \mid n \rangle = 1$。然后我们将式(11.75)右乘$\mid n \rangle$,得

$$\langle n \mid \hat{H} \mid n \rangle = E_n^*. \tag{11.77}$$

比较式(11.76)和(11.77),显然可见

$$E_n = E_n^*, \tag{11.78}$$

这意味着 E_n 是个实数。我们可以擦掉式(11.75)中 E 上的星号。

我们终于可以证明不同的能量状态是正交的了。设 $\mid n \rangle$ 和 $\mid m \rangle$ 是任意的两个有确定能量的基础态。对 $\mid m \rangle$ 态应用式(11.75),并乘以 $\mid n \rangle$,我们得到

$$\langle m \mid \hat{H} \mid n \rangle = E_m \langle m \mid n \rangle.$$

但如果用 $\langle m \mid$ 乘以式(11.71),得到

$$\langle m \mid \hat{H} \mid n \rangle = E_n \langle m \mid n \rangle.$$

因为这两个等式左边相等,所以右边也相等,

$$E_m \langle m \mid n \rangle = E_n \langle m \mid n \rangle. \tag{11.79}$$

如果 $E_m = E_n$,上式没告诉我们什么。但如果两个态 $\mid m \rangle$ 和 $\mid n \rangle$ 的能量不同 $(E_m \neq E_n)$,式(11.79)就表明 $\langle m \mid n \rangle$ 必定为零,这正是我们要证明的。只要 E_n 和 E_m 在数值上不同,两个态必然正交。

第 12 章　氢的超精细分裂

§12-1　由两个自旋 1/2 粒子组成的系统的基础态

在这一章中,我们来着手讨论氢的"超精细分裂"问题,因为这是一个我们已经能够用量子力学处理的、物理学中有兴趣的例子。这是一个具有两个以上的态的例子,可以用它说明量子力学应用到稍为复杂一些问题上的方法。这个问题也足够复杂,你懂得了处理它的方法后就能立即推广到各种问题上去。

如你们所知,氢原子包含有一个位于质子附近的电子,它可以处于许多分立的能量状态中的任何一个状态,在每一个能量状态中电子的运动图式都不相同。例如,第一激发态位于基态之上 3/4 里德伯能量,或者大约 10 eV 处。但是由于电子和质子都具有自旋,即使是氢的所谓基态,其实也不是具有单一的确定能量的态。正是它们的自旋造成了能级的"超精细结构",将所有的能级都分裂成几个靠近的能级。

电子可以具有或者"朝上"或者"朝下"的自旋,质子的自旋也可以"朝上"或者"朝下"。因此,原子的每一种动力学条件下都存在着 4 种可能的自旋态。这就是说,当人们谈到氢原子的"基态"时,实际上是指这"4 个基态",而不是指能量最低的态。这 4 种自旋态并不都具有完全相同的能量,它们对于无自旋时的能量稍有移动。但是与基态到第一激发态之间 10 eV 左右的能量差相比这种能量的移动是非常非常小的。因此,每个动力学状态的能级都分裂成一组彼此非常靠近的能级,这就是所谓的超精细分裂。

这 4 个自旋态之间的能量差就是我们在本章中要计算的。超精细分裂是由电子和质子磁矩之间的相互作用引起,这种相互作用对于各个自旋态给出稍微不同的磁能。这些能量移动大约只有 10^{-7} eV——与 10 eV 相比实在是太小了!正因为能级之间有很大的差距,所以我们把氢原子的基态看作是一个"四态"系统,而不必为实际上有很多更高能量的状态这一事实操心。这里我们只限于研究氢原子基态的超精细结构。

就我们的目的而言,我们对电子和质子空间位置的细节丝毫不感兴趣,因为它们的位置由原子结构决定——原子进入基态本身就决定了它们的位置。我们需要知道的只是电子和质子以某种确定的空间关系彼此靠近。此外,它们的自旋可以有多种不同的相对取向。我们要研究的只是自旋的效应。

我们一定要回答的第一个问题是:这系统的基础态是什么?但这个问题表述不正确。没有规定的基础态,因为你们可选取的基础态组不是唯一的。将老的一组线性组合就可以构成新的一组。基础态总是有多种选择,这些选择都同样的合法。所以问题并不是这组基础态是什么,而是什么可以作为基础态。我们可以按我们的方便选取想要的任何一组基础态。通常最好以一组物理意义最明确的基础态作为开始。它可能不是任何问题的解,也可能不具有任何直接的意义,但它一般会使产生的物理现象易于理解。

我们选择下列 4 个基础态：

态 1：电子和质子的自旋都"朝上"，

态 2：电子自旋"朝上"，质子自旋"朝下"，

态 3：电子自旋"朝下"，质子自旋"朝上"，

态 4：电子和质子的自旋都"朝下"。

对于这 4 个态，要有一种简便的记法，为此，我们将用下面这种方式来表示它们：

态 1：$|++\rangle$，电子朝上，质子朝上，

态 2：$|+-\rangle$，电子朝上，质子朝下，

态 3：$|-+\rangle$，电子朝下，质子朝上，   (12.1)

态 4：$|--\rangle$，电子朝下，质子朝下。

你一定得记住，第一个＋或－号表示电子，而第二个则表示质子。为便于参考，我们已把这些记法总结在图 12-1 中。有时也把这些态方便地记为 $|1\rangle$，$|2\rangle$，$|3\rangle$ 和 $|4\rangle$。

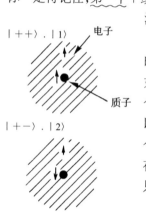

你或许会说："但是这些粒子有相互作用，可能这些态不是恰当的基础态。听起来好像你把这两个粒子看作是相互独立的。"确实如此！相互作用产生了问题：系统的哈密顿是什么？但如何描述这个系统并不涉及相互作用。我们选取什么作为基础态可以不涉及以后发生的情况。一个原子即使它一开始处于这些基础态中的一个态，它也不可能永远保持这个态。这是另外一个问题。问题是：在一个特殊(固定)基础态中的振幅如何随时间变化？选取基础态只是为我们的描述选取"单位矢量"而已。

趁讨论这个课题时，让我们来看一下在多于一个粒子的情况中如何寻求一组基础态这样一个普遍性的问题。你们已知道关于单个粒子的基础态。例如，对现实生活——不是我们这种简化的情况，而是现实生活——中的一个电子的完整描述是给出它在下列各个态中的振幅：

$$|\text{动量为 } \boldsymbol{p} \text{ 的自旋"朝上"的电子}\rangle$$

或 $$|\text{动量为 } \boldsymbol{p} \text{ 的自旋"朝下"的电子}\rangle.$$

实际上存在两组无限多态，每个 $\boldsymbol{p}$ 值一个态。这就是说，如果你们知道了所有的振幅

$$\langle +, \boldsymbol{p} \mid \psi \rangle \quad \text{及} \quad \langle -, \boldsymbol{p} \mid \psi \rangle,$$

图 12-1 氢原子基态的一组基础态

则一个电子的状态 $|\psi\rangle$ 就被完全描述了。式中＋和－表示角动量沿某个轴——通常指 z 轴——的分量，$\boldsymbol{p}$ 为动量矢量。因此，对每个可能的动量，必定存在两个振幅(一组多重无限基础态)。对单个粒子的描述就是这些。

当存在一个以上粒子时，其基础态可用类似的方式写出。例如，若有一个电子和一个质子处在比我们考虑的更为复杂的情况下，其基础态可能是如下的类型：

$$|\text{一个自旋"朝上"、以动量 } \boldsymbol{p}_1 \text{ 运动的电子和一个自旋"朝下"、以动量 } \boldsymbol{p}_2 \text{ 运动的质子}\rangle.$$

其他自旋组合以此类推。如果存在两个以上的粒子——同样的思路。所以，你们看到，要写出可能的基础态实际上是很容易的。唯一的问题是：哈密顿是什么？

就研究氢原子基态而言,我们不需要用到全部不同动量的基础态。当我们说"基态"时,我们是指特定的质子和电子的动量状态。组态——所有动量基础态的振幅——的细节是可以计算的,但这是另一个问题。现在所关心的只是自旋效应,因此可只取式(12.1)的 4 个基础态。接下来的问题是:对于这组基础态的哈密顿是什么?

§12-2　氢原子基态的哈密顿

我们马上就来回答这个问题。但首先应提醒你们一件事:任何态总能够写成基础态的线性组合。对于任何一个态 $|\psi\rangle$ 我们可以写成

$$|\psi\rangle = |++\rangle\langle++|\psi\rangle + |+-\rangle\langle+-|\psi\rangle + |-+\rangle\langle-+|\psi\rangle + |--\rangle\langle--|\psi\rangle. \quad (12.2)$$

请记住,完整的括号只不过是复数,所以我们也可以把它们写成常用的形式 C_i,其中 $i=1$,2,3 或 4,因而式(12.2)可以写成

$$|\psi\rangle = |++\rangle C_1 + |+-\rangle C_2 + |-+\rangle C_3 + |--\rangle C_4. \quad (12.3)$$

只要给出了 4 个振幅 C_i,我们就能完整地描述自旋态 $|\psi\rangle$。如果这 4 个振幅随时间而变化,事实上也是如此,则它们的时间变化率由算符 $\hat{H}$ 给出。于是,问题在于找出 $\hat{H}$。

如何写出一个原子体系的哈密顿并没有一个普遍的规则可循,而找到一个正确的公式比起找到一组基础态来更需要技巧。我们可以告诉你们一个普遍规则,据此可写出任何关于一个电子和一个质子问题的一组基础态,但是在目前的水平上要去描述这种组合的一般的哈密顿却是太难了。因此,我们将通过某种启发式的论证给你们导出一个哈密顿,而你们一定要承认它是正确的哈密顿,因为用它所得出的结果与实验观察一致。

你们应记得,在上一章中我们可以用 σ 矩阵——或与之完全等价的 σ 算符——来表示单个自旋 1/2 粒子的哈密顿。这些算符的性质概括在表 12-1 中。这些算符——它们只是表述 $\langle+|\sigma_z|+\rangle$ 这种类型的矩阵元的一种简略而方便的方式——适用于描述自旋 1/2 的单个粒子的行为。问题是:我们是否能找到一种类似的记号来描述具有两个自旋粒子的体系?答案是肯定的,而且非常简单,具体如下。我们发明一种称之为"σ 电子"的东西,用矢量算符 $\boldsymbol{\sigma}^e$ 来表示,它具有 x,y 和 z 的分量 σ_x^e,σ_y^e,σ_z^e。现在我们作出一个约定,当这些算符中任何一个作用到氢原子的 4 个基础态之一时,它只作用于电子的自旋,而且其作用完全像电子单独存在时一样。例如,$\sigma_y^e|-+\rangle$ 是什么? 由于 σ_y 作用于"朝下"电子得出 $-i$ 乘以相应的电子"朝上"的态,即

$$\sigma_y^e|-+\rangle = -i|++\rangle.$$

(当 $\boldsymbol{\sigma}_y^e$ 作用于组合态时,它使电子的自旋倒转,而对质子不起作用,再对结果乘以 $-i$。)σ_y^e 作

表 12-1

$\sigma_z|+\rangle = +|+\rangle$	$\sigma_z|-\rangle = -|-\rangle$
$\sigma_x|+\rangle = +|-\rangle$	$\sigma_x|-\rangle = +|+\rangle$
$\sigma_y|+\rangle = +i|-\rangle$	$\sigma_y|-\rangle = -i|+\rangle$

用于其他的态给出

$$\sigma_y^e \mid++\rangle = i \mid-+\rangle,$$
$$\sigma_y^e \mid+-\rangle = i \mid--\rangle,$$
$$\sigma_y^e \mid--\rangle = -i \mid+-\rangle.$$

要记住算符 $\boldsymbol{\sigma}^e$ 只作用于第一个自旋符号——即作用于电子的自旋。

接着，我们定义质子的自旋相应的"σ 质子"算符。它的 3 个分量 σ_x^P，σ_y^P，σ_z^P 的作用方式与 $\boldsymbol{\sigma}^e$ 相似，只作用在质子自旋上。例如，如果我们把 σ_x^P 作用于 4 个基础态的每一个上，我们得到——仍旧利用表 12-1——

$$\sigma_x^P \mid++\rangle = \mid+-\rangle,$$
$$\sigma_x^P \mid+-\rangle = \mid++\rangle,$$
$$\sigma_x^P \mid-+\rangle = \mid--\rangle,$$
$$\sigma_x^P \mid--\rangle = \mid-+\rangle.$$

你可以看到，这并不很困难。

在最一般的情况下，事情可能更复杂一些。例如，我们可能有像 $\sigma_y^e \sigma_z^P$ 这样的两个算符的乘积。当我们碰到这种乘积的运算时，我们先作右边算符的运算，然后再作另一个算符的运算*。例如，我们有

$$\sigma_x^e \sigma_z^P \mid+-\rangle = \sigma_x^e(\sigma_z^P \mid+-\rangle) = \sigma_x^e(-\mid+-\rangle) = -\sigma_x^e \mid+-\rangle = -\mid--\rangle.$$

注意这些算符对纯数没有任何作用——我们在写出 $\sigma_x^e(-1) = (-1)\sigma_x^e$ 时就利用了这一事实。我们说这些算符与纯数"对易"，或者说一个数"可以移到算符另一边"。作为练习，你可以证明一下乘积 $\sigma_x^e \sigma_z^P$ 对 4 个基础态给出下列结果：

$$\sigma_x^e \sigma_z^P \mid++\rangle = +\mid-+\rangle,$$
$$\sigma_x^e \sigma_z^P \mid+-\rangle = -\mid--\rangle,$$
$$\sigma_x^e \sigma_z^P \mid-+\rangle = +\mid++\rangle,$$
$$\sigma_x^e \sigma_z^P \mid--\rangle = -\mid+-\rangle.$$

如果我们取所有可用的算符，每一种算符仅用一次，则有 16 种可能性。是的，16 种——倘若我们把"幺正算符"$\hat{1}$ 也包括进去。首先是 3 个：σ_x^e，σ_y^e，σ_z^e。然后是 σ_x^P，σ_y^P 和 σ_z^P 3 个，总共有 6 个。此外，还有 9 个 $\sigma_i^e \sigma_j^P$ 这种形式的乘积，使总数达到 15 个。另外，还有一个使任何态不变的"幺正算符"。总共 16 个。

现在注意，一个 4 个态的系统的哈密顿矩阵必定是一个系数的 4×4 矩阵——它有 16 项。不难证明，任何一个 4×4 的矩阵——特别是哈密顿矩阵——都可以写成与我们刚才写出的一组算符相对应的 16 个双自旋矩阵的线性组合。因此，对于一个电子与一个质子之间仅仅涉及自旋的相互作用来说，我们能预期其哈密顿算符可以写成同样的 16 个算符的线性组合。问题仅在于如何写。

首先，我们知道相互作用不依赖于坐标轴的选取。如果没有外界扰动——如磁场之

---

* 对于这几个特定的算符，你会注意到这些算符的次序是无所谓的。

类——来确定空间的独特方向,哈密顿就不可能与我们选取的 x, y 和 z 轴的方向有关。这意味着从哈密顿不应具有孤零零的 σ_x^e 这样的项。否则用不同的坐标系将得出不同的结果,这显然是荒谬的。

唯一的可能性是含幺正矩阵的项,例如常数 a(乘上 $\hat{1}$),以及不依赖于坐标的 σ 算符的某种组合——某种“不变”组合。两个矢量的唯一标量不变组合是标积,对我们的 $\boldsymbol{\sigma}$ 来说就是

$$\boldsymbol{\sigma}^e \cdot \boldsymbol{\sigma}^p = \sigma_x^e \sigma_x^p + \sigma_y^e \sigma_y^p + \sigma_z^e \sigma_z^p. \tag{12.4}$$

这个算符对坐标系的任何转动都是不变式。所以具有特定的空间对称性的哈密顿,只可能是一常数乘以幺正矩阵加上一个常数乘以上述标积,即

$$\hat{H} = E_0 + A\boldsymbol{\sigma}^e \cdot \boldsymbol{\sigma}^p. \tag{12.5}$$

这就是我们所要求的哈密顿。只要不存在外场,根据空间对称性它是唯一的可能。常数项没有多大意义,它仅取决于我们选取来测量能量的起始能级。我们完全可以取 $E_0 = 0$。第二项才告诉我们求氢原子能级分裂所需知道的一切。

要是你愿意的话,你可以不同的方式来考虑这哈密顿。如果有两个磁矩为 $\boldsymbol{\mu}_e$ 和 $\boldsymbol{\mu}_p$ 且彼此靠得很近的磁体,相互作用能量依赖于 $\boldsymbol{\mu}_e \cdot \boldsymbol{\mu}_p$——包括在其他各种能量中。而且你记住,我们曾发现经典的 $\boldsymbol{\mu}_e$ 在量子力学中以 $\mu_e \boldsymbol{\sigma}_e$ 的形式出现。同样,经典理论中的 $\boldsymbol{\mu}_p$ 通常在量子力学中表示为 $\mu_p \boldsymbol{\sigma}_p$(这里 μ_p 是质子的磁矩,它比 μ_e 约小 1 000 倍,且符号相反)。所以式(12.5)表明相互作用能和两个磁体之间的相互作用能相同——不过不是完全相同,因为两磁体之间的相互作用能取决于它们之间的径向距离。但是式(12.5)是——并且事实上也确实是——某种平均相互作用能。电子在原子内部各处运动,我们的哈密顿只给出平均相互作用能。总之,按照经典物理学,对于在空间以一定方式排列的电子和质子之间有一个正比于这两个磁矩之间夹角余弦的能量。这种经典的定性图像也许会帮助你们理解它的来源,但是重要的是,式(12.5)是正确的量子力学公式。

两磁体间经典相互作用能的数量级是两磁矩的乘积除以它们之间距离的立方。氢原子内电子与质子间的距离,粗略地说,为原子半径的一半,即 0.5 Å。因此我们可以作一个粗略估计:式中的常数 A 大致应等于两个磁矩 μ_e 和 μ_p 的乘积除以 0.5 Å 的立方。这种估计所给出的数值还是可以的。当你们了解了氢原子全部量子理论——至今我们还没有讲到——就知道可以准确地算出 A。实际上计算精确度已达到大约百万分之三十。所以,与氢分子的翻转常数 A 不同,它还不能由理论很好地计算出来,而氢的常数 A 可以由更为精确的理论算得。不过没关系,为了目前的目的,我们把 A 看作是一个能由实验确定的数,然后分析这种情况的物理意义。

取式(12.5)的哈密顿,我们可以将它和方程

$$i\hbar \dot{C}_i = \sum_j H_{ij} C_j \tag{12.6}$$

一同用来求出自旋相互作用对能级的影响。为此,我们需要找出与式(12.1)的 4 个基础态中每一对相对应的 16 个矩阵元 $H_{ij} = \langle i |H| j \rangle$。

我们先对 4 个基础态中的每一个求出 $\hat{H} |j\rangle$。例如,

$$\hat{H}\,|++\rangle = A\boldsymbol{\sigma}^{\mathrm{e}}\cdot\boldsymbol{\sigma}^{\mathrm{P}}\,|++\rangle = A\{\sigma_x^e\sigma_x^P + \sigma_y^e\sigma_y^P + \sigma_z^e\sigma_z^P\}\,|++\rangle. \qquad (12.7)$$

利用稍早一些时候讲过的方法——如果已记住表 12-1 的话,就很容易了——我们求出每对 σ 作用于 $|++\rangle$ 的结果。答案为

$$\sigma_x^e\sigma_x^P\,|++\rangle = +|--\rangle,$$
$$\sigma_y^e\sigma_y^P\,|++\rangle = -|--\rangle, \qquad (12.8)$$
$$\sigma_z^e\sigma_z^P\,|++\rangle = +|++\rangle.$$

所以式(12.7)变为

$$\hat{H}\,|++\rangle = A\{|--\rangle - |--\rangle + |++\rangle\} = A\,|++\rangle. \qquad (12.9)$$

因为我们的 4 个基础态都是互相正交的,立即可得

$$\langle++|\,H\,|++\rangle = A\langle++|++\rangle = A,$$
$$\langle+-|\,H\,|++\rangle = A\langle+-|++\rangle = 0,$$
$$\langle-+|\,H\,|++\rangle = A\langle-+|++\rangle = 0, \qquad (12.10)$$
$$\langle--|\,H\,|++\rangle = A\langle--|++\rangle = 0.$$

由于 $\langle j\,|\,H\,|\,i\rangle = \langle i\,|\,H\,|\,j\rangle^*$,我们已经能够写出振幅 C_1 的微分方程:

$$i\hbar\dot{C}_1 = H_{11}C_1 + H_{12}C_2 + H_{13}C_3 + H_{14}C_4$$

或
$$i\hbar\dot{C}_1 = AC_1. \qquad (12.11)$$

就这些! 我们仅得到一项。

表 12-2　氢原子的自旋算符

$\sigma_x^e\sigma_x^P\,|++\rangle = +|--\rangle$	$\sigma_y^e\sigma_y^P\,|++\rangle = -|--\rangle$	$\sigma_z^e\sigma_z^P\,|++\rangle = +|++\rangle$
$\sigma_x^e\sigma_x^P\,|+-\rangle = +|-+\rangle$	$\sigma_y^e\sigma_y^P\,|+-\rangle = +|-+\rangle$	$\sigma_z^e\sigma_z^P\,|+-\rangle = -|+-\rangle$
$\sigma_x^e\sigma_x^P\,|-+\rangle = +|+-\rangle$	$\sigma_y^e\sigma_y^P\,|-+\rangle = +|+-\rangle$	$\sigma_z^e\sigma_z^P\,|-+\rangle = -|-+\rangle$
$\sigma_x^e\sigma_x^P\,|--\rangle = +|++\rangle$	$\sigma_y^e\sigma_y^P\,|--\rangle = -|++\rangle$	$\sigma_z^e\sigma_z^P\,|--\rangle = +|--\rangle$

为了获得哈密顿方程中的其余项,我们必须用相同的步骤把 $\hat{H}$ 作用到其他态上去。首先,作为练习,请你核对一下我们在表 12-2 中写出的所有 σ 的乘积,然后我们可以利用它们得出

$$\hat{H}\,|+-\rangle = A\{2\,|-+\rangle - |+-\rangle\},$$
$$\hat{H}\,|-+\rangle = A\{2\,|+-\rangle - |-+\rangle\}, \qquad (12.12)$$
$$\hat{H}\,|--\rangle = A\,|--\rangle.$$

然后依次对每一项在左边乘上所有其他的态矢量,我们就得到如下的哈密顿矩阵 H_{ij}

$$H_{ij} = {}^{i\downarrow}\overset{\overset{j}{\longrightarrow}}{\begin{bmatrix} A & 0 & 0 & 0 \\ 0 & -A & 2A & 0 \\ 0 & 2A & -A & 0 \\ 0 & 0 & 0 & A \end{bmatrix}}. \qquad (12.13)$$

当然,这意思仅仅是表明 4 个振幅 C_i 的微分方程为:

$$i\hbar \dot{C}_1 = AC_1,$$
$$i\hbar \dot{C}_2 = -AC_2 + 2AC_3,$$
$$i\hbar \dot{C}_3 = 2AC_2 - AC_3, \tag{12.14}$$
$$i\hbar \dot{C}_4 = AC_4.$$

在解这些方程之前,我们忍不住要告诉你们一个由狄拉克得出的巧妙规则——它将使你们感到自己真正获得了很大的进步——虽然我们现在的工作并不需要它。由方程式(12.9)及(12.12),我们得到

$$\boldsymbol{\sigma}^e \cdot \boldsymbol{\sigma}^p \, |{+}{+}\rangle = |{+}{+}\rangle,$$
$$\boldsymbol{\sigma}^e \cdot \boldsymbol{\sigma}^p \, |{+}{-}\rangle = 2\,|{-}{+}\rangle - |{+}{-}\rangle,$$
$$\boldsymbol{\sigma}^e \cdot \boldsymbol{\sigma}^p \, |{-}{+}\rangle = 2\,|{+}{-}\rangle - |{-}{+}\rangle, \tag{12.15}$$
$$\boldsymbol{\sigma}^e \cdot \boldsymbol{\sigma}^p \, |{-}{-}\rangle = |{-}{-}\rangle.$$

请看,狄拉克说:我也可以把第一和最后的方程写成

$$\boldsymbol{\sigma}^e \cdot \boldsymbol{\sigma}^p \, |{+}{+}\rangle = 2\,|{+}{+}\rangle - |{+}{+}\rangle,$$
$$\boldsymbol{\sigma}^e \cdot \boldsymbol{\sigma}^p \, |{-}{-}\rangle = 2\,|{-}{-}\rangle - |{-}{-}\rangle;$$

于是这 4 个方程就十分相像了。现在我发明一个新的算符,我称它为 $P_{\text{自旋交换}}$,并且定义它有如下性质[*]:

$$P_{\text{自旋交换}} \, |{+}{+}\rangle = |{+}{+}\rangle,$$
$$P_{\text{自旋交换}} \, |{+}{-}\rangle = |{-}{+}\rangle,$$
$$P_{\text{自旋交换}} \, |{-}{+}\rangle = |{+}{-}\rangle,$$
$$P_{\text{自旋交换}} \, |{-}{-}\rangle = |{-}{-}\rangle.$$

该算符的作用是交换两个粒子的自旋方向。这样,我就可把式(12.15)中的全部方程写成一个简单的算符方程:

$$\boldsymbol{\sigma}^e \cdot \boldsymbol{\sigma}^p = 2P_{\text{自旋交换}} - 1. \tag{12.16}$$

这就是狄拉克的公式。他的"自旋交换算符"提供了一个演算 $\boldsymbol{\sigma}^e \cdot \boldsymbol{\sigma}^p$ 的简便规则。(你们看现在你们什么都可以做了。大门打开了。)

§12-3　能　　级

现在我们已准备就绪,可以通过解哈密顿方程式(12.14)来算出氢原子基态的能级了。我们要求定态的能量。这就是说我们要找到那些特定的状态 $|\psi\rangle$,对它们来说,属于 $|\psi\rangle$ 的一组振幅 $C_i = \langle i\,|\,\psi\rangle$ 的每一个均有相同的时间依赖关系——即 $e^{-i\omega t}$。这个态具有能量 $E = \hbar\omega$。所以我们所要的一组振幅为

---

　[*]　这算符现在称为"泡利自旋交换算符"。

$$C_i = a_i \mathrm{e}^{(-i/\hbar)Et} , \tag{12.17}$$

式中 4 个系数 a_i 与时间无关。为了看出能否获得这组振幅,我们把式(12.17)代入方程式(12.14),看看有何结果。方程式(12.14)中的每个 $i\hbar\,dC/dt$ 变为 EC,并且——消去共同的指数因子后——各个 C 都变成了 a,我们得到:

$$\begin{aligned}
Ea_1 &= Aa_1, \\
Ea_2 &= -Aa_2 + 2Aa_3, \\
Ea_3 &= 2Aa_2 - Aa_3, \\
Ea_4 &= Aa_4,
\end{aligned} \tag{12.18}$$

我们从这些方程解出 a_1,a_2,a_3 和 a_4。正好第一个方程与其他方程无关——这意味着我们立即可以看出一个解。若我们取 $E = A$,则

$$a_1 = 1, \ a_2 = a_3 = a_4 = 0,$$

是一个解。(当然,若取所有 a 的值均为零也是一个解,但这表示根本没有任何态存在。)让我们把这第一个解称为态 $|\mathrm{I}\rangle$*:

$$|\mathrm{I}\rangle = |1\rangle = |++\rangle, \tag{12.19}$$

它的能量为

$$E_{\mathrm{I}} = A.$$

有了这一线索,你们立即可从式(12.18)中最后一个方程看出另一个解:

$$a_1 = a_2 = a_3 = 0, \ a_4 = 1,$$
$$E = A.$$

我们称该解为态 $|\mathrm{II}\rangle$:

$$\begin{aligned}
|\mathrm{II}\rangle &= |4\rangle = |--\rangle, \\
E_{\mathrm{II}} &= A.
\end{aligned} \tag{12.20}$$

现在要稍微困难些了,式(12.18)中余下的两个方程是混合的。但是以前我们也碰到同样的情况。将此两式相加,我们得到

$$E(a_2 + a_3) = A(a_2 + a_3), \tag{12.21}$$

将两式相减,得

$$E(a_2 - a_3) = -3A(a_2 - a_3). \tag{12.22}$$

通过观察——并回忆氨的情况——我们看到存在两组解:

$$a_2 = a_3, \ E = A;$$

及

$$a_2 = -a_3, \ E = -3A. \tag{12.23}$$

它们是 $|2\rangle$ 和 $|3\rangle$ 的混合物。把这两个态称为 $|\mathrm{III}\rangle$ 和 $|\mathrm{IV}\rangle$,并乘上一个因子 $1/\sqrt{2}$,使这两个态归一化,我们得到

$$|\mathrm{III}\rangle = \frac{1}{\sqrt{2}}(|2\rangle + |3\rangle) = \frac{1}{\sqrt{2}}(|+-\rangle + |-+\rangle),$$

---

* 此态实际上为 $|\mathrm{I}\rangle \mathrm{e}^{-(i/\hbar)E_{\mathrm{I}}t}$,但我们通常用常数矢量来表示,该矢量等于 $t = 0$ 时的完全矢量。

$$E_{\text{III}} = A, \tag{12.24}$$

及

$$|\text{IV}\rangle = \frac{1}{\sqrt{2}}(|2\rangle - |3\rangle) = \frac{1}{\sqrt{2}}(|+-\rangle - |-+\rangle),$$

$$E_{\text{IV}} = -3A, \tag{12.25}$$

我们得出了 4 个定态及其能量。顺便提一下,注意到这 4 个态是相互正交的,所以如果我们愿意,也可以把它们作为基础态。我们的问题完全解决了。

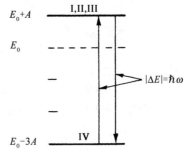

上述 4 个态中 3 个态的能量为 A,而第 4 个态的能量为 $-3A$。其平均能量为 0——这意味着如果我们在式(12.5)中取 $E_0 = 0$,就是我们选择以平均能量为基准来量度所有能量。我们可以把氢原子基态能级图画在图 12-2 中。

态 $|\text{IV}\rangle$ 与其他任何一个态之间的能量差为 $4A$。一个处于态 $|\text{I}\rangle$ 的原子,可能从该态落至态 $|\text{IV}\rangle$ 并发光。但不是光学光子,因为能量太小了——它将发射出一个微波量子。或者,若用微波照射氢气,当处在态 $|\text{IV}\rangle$ 的原子获得能量,并跃迁至上能态时,我们将发现能量的吸收——但

图 12-2 氢原子基态的能级图

只吸收频率 $\omega = 4A/\hbar$。这个频率已经由实验测得,最近所得到的最好结果[*] 为:

$$f = \frac{\omega}{2\pi} = (1\,420\,405\,751.800 \pm 0.028)\ \text{Hz}. \tag{12.26}$$

其误差仅为一千亿分之二! 大概没有一个基本物理量测得比它还精确的了——它是物理学中最最精确的测量之一。理论家对于他们能把能量计算到 $3/10^5$ 的准确度感到非常高兴,而此时它却被测量至 $2/10^{11}$ 的准确度——比理论准确 100 万倍。所以实验物理学家大大领先于理论家。在氢原子基态理论方面,你已不比别人差。你也完全可以从实验中求得自己的 A 值,这也是每个人最后必须做的工作。

你以前大概已听说过氢的"21 cm 谱线"这件事吧,这就是氢的两个超精细态之间 1 420 兆周谱线的波长。星系中的氢原子气体发射或吸收这一波长的辐射。所以用调谐至 21 cm 波(或约 1 420 MHz)的射电望远镜,我们就能观察氢原子气体浓集处的位置和速度。通过强度的测量,我们可以估计氢的数量;从测量多普勒效应引起的频移,我们可以求出星系中气体的运动情况。这是射电天文学的宏大计划之一。所以我们现在谈论的是完全真实的事情——它并不是一个臆造的问题。

§12-4 塞 曼 分 裂

虽然我们已经完成了求氢原子基态能级的问题,但是我们还要再进一步研究这一有趣的系统。为了对此系统有更多的了解——例如,为了计算氢原子吸收和发射 21 cm 的射电波的速率——我们必须知道原子受到扰动时发生的情况。我们要照我们求解氨分子那样去

---

[*] Crampton, Kleppner, and Ramsey; *Physical Review Letters*, Vol. **11**, 338(1963).

做——在求出能级后进一步研究氨分子在电场中的情形。于是我们就能够计算出射电波的电场所产生的效应。对氢原子来说,电场除了使所有的能级都移动一个与电场的平方成正比的常量外,别无作用——由于它并不改变能量差,故不必注意。现在重要的是磁场。所以接下来就是要写出原子处在外磁场中这种更为复杂的情况的哈密顿。

那么哈密顿是什么呢? 这里我们只告诉你们答案,除了说原子的行为就是这样外不再给你们任何"证明"。

哈密顿为

$$\hat{H} = A(\boldsymbol{\sigma}^e \cdot \boldsymbol{\sigma}^p) - \mu_e \boldsymbol{\sigma}^e \cdot \boldsymbol{B} - \mu_p \boldsymbol{\sigma}^p \cdot \boldsymbol{B}. \tag{12.27}$$

它由三部分组成。第一项 $A\boldsymbol{\sigma}^e \cdot \boldsymbol{\sigma}^p$ 表示电子和质子间的磁相互作用——即使没有磁场也同样有这一项。这是我们原来就有的项;磁场对常数 A 的影响可忽略不计。外磁场的影响反映在最后两项中。第二项 $-\mu_e \boldsymbol{\sigma}^e \cdot \boldsymbol{B}$,是电子单独处于外磁场中具有的能量*,同样,最后一项 $-\mu_p \boldsymbol{\sigma}^p \cdot \boldsymbol{B}$ 是质子单独存在于磁场中具有的能量。在经典理论中两个粒子共同的总能量是它们两个的能量之和,在量子力学中也同样如此。在磁场中,由于磁场所产生的相互作用能,就是电子同外磁场的相互作用能与质子同外磁场的相互作用能之和——两者都用 σ 算符来表示。在量子力学中,这些项并不真正是能量,但是按经典的能量公式去想象它们是记住写出哈密顿规则的一种方法。不管怎样,式(12.27)是正确的哈密顿。

现在我们必须回到起点,再从头来解这一问题。但是有许多工作已经完成了——我们只需把新的项产生的效应加进去,我们令恒定磁场 $\boldsymbol{B}$ 沿 z 方向,于是必须在我们的哈密顿算符中加进两个新的项——我们可以称之为 $\hat{H}'$:

$$\hat{H}' = -(\mu_e \sigma_z^e + \mu_p \sigma_z^p)B.$$

利用表 12-1,我们立即得到

$$\begin{aligned}
\hat{H}' |{++}\rangle &= -(\mu_e + \mu_p)B |{++}\rangle, \\
\hat{H}' |{+-}\rangle &= -(\mu_e - \mu_p)B |{+-}\rangle, \\
\hat{H}' |{-+}\rangle &= -(-\mu_e + \mu_p)B |{-+}\rangle, \\
\hat{H}' |{--}\rangle &= (\mu_e + \mu_p)B |{--}\rangle.
\end{aligned} \tag{12.28}$$

多么方便! $\hat{H}'$ 作用于每个态只是得到一个数乘以这个态。因此,矩阵 $\langle i|H'|j\rangle$ 只有对角元——我们只要直接把式(12.28)中的系数加到式(12.13)中相应的对角项上去,于是哈密顿方程式(12.14)变为:

$$\begin{aligned}
i\hbar \frac{dC_1}{dt} &= \{A - (\mu_e + \mu_p)B\}C_1, \\
i\hbar \frac{dC_2}{dt} &= -\{A + (\mu_e - \mu_p)B\}C_2 + 2AC_3, \\
i\hbar \frac{dC_3}{dt} &= 2AC_2 - \{A - (\mu_e - \mu_p)B\}C_3, \\
i\hbar \frac{dC_4}{dt} &= \{A + (\mu_e + \mu_p)B\}C_4.
\end{aligned} \tag{12.29}$$

---

* 请记住,在经典理论中 $U = -\boldsymbol{\mu} \cdot \boldsymbol{B}$,所以当磁矩沿着磁场方向时能量最低。对于带正电荷的粒子,磁矩平行于自旋,带负电荷的粒子则相反。所以在式(12.27)中 μ_p 是正数,而 μ_e 是负数。

方程的形式并没有什么不同——只是系数不同而已。只要 B 不随时间变化,我们就可以继续照以前那样去做。将 $C_i = a_i \mathrm{e}^{-(i/\hbar)Et}$ 代入,我们得到——式(12.18)的变形——

$$
\begin{aligned}
Ea_1 &= A\{-(\mu_e + \mu_p)B\}a_1, \\
Ea_2 &= -\{A + (\mu_e - \mu_p)B\}a_2 + 2Aa_3, \\
Ea_3 &= 2Aa_2 - \{A - (\mu_e - \mu_p)B\}a_3, \\
Ea_4 &= \{A + (\mu_e + \mu_p)B\}a_4.
\end{aligned}
\tag{12.30}
$$

很巧,上式中第一和第四个方程仍旧与其他方程无关,所以我们仍可用同样的技巧求解。

态 $|\mathrm{I}\rangle$ 是一个解,对于这个解 $a_1 = 1$,$a_2 = a_3 = a_4 = 0$,或

$$
|\mathrm{I}\rangle = |1\rangle = |++\rangle,
\tag{12.31}
$$

以及

$$
E_{\mathrm{I}} = A - (\mu_e + \mu_p)B.
$$

另一个解是
以及

$$
|\mathrm{II}\rangle = |4\rangle = |--\rangle,
\tag{12.32}
$$

$$
E_{\mathrm{II}} = A + (\mu_e + \mu_p)B.
$$

在剩下的两个方程中,因为系数 a_2 和 a_3 不再相等,所以稍微复杂些。但是它们和我们曾得到过的氨分子的一对方程很像。回顾一下式(9.20),我们就能作出如下类比(记住那里的指标 1 和 2 相当于这里的 2 和 3)

$$
\begin{aligned}
H_{11} &\longrightarrow -A - (\mu_e - \mu_p)B, \\
H_{12} &\longrightarrow 2A, \\
H_{21} &\longrightarrow 2A, \\
H_{22} &\longrightarrow -A + (\mu_e - \mu_p)B.
\end{aligned}
\tag{12.33}
$$

于是能量由式(9.25)给出,它们是

$$
E = \frac{H_{11} + H_{22}}{2} \pm \sqrt{\frac{(H_{11} - H_{22})^2}{4} + H_{12}H_{21}},
\tag{12.34}
$$

将式(12.33)代入上式,能量表达式就成为

$$
E = -A \pm \sqrt{(\mu_e - \mu_p)^2 B^2 + 4A^2}.
$$

虽然我们在第 9 章中把这两个能量称为 E_{I} 和 E_{II},而在目前的问题中我们把它们称为 E_{III} 和 E_{IV},

$$
\begin{aligned}
E_{\mathrm{III}} &= A\left\{-1 + 2\sqrt{1 + \frac{(\mu_e - \mu_p)^2 B^2}{4A^2}}\right\}, \\
E_{\mathrm{IV}} &= -A\left\{1 + 2\sqrt{1 + \frac{(\mu_e - \mu_p)^2 B^2}{4A^2}}\right\}.
\end{aligned}
\tag{12.35}
$$

所以我们就找到了氢原子处在恒定磁场中的 4 个定态的能量。让我们令 B 趋向于零以核对上述结果是否与上节所得的能量相同。你们就可以看到我们会得到预期结果。当 $B = 0$ 时,能量 E_{I},E_{II} 和 E_{III} 等于 $+A$,而 E_{IV} 等于 $-3A$。甚至态的标号也和以前的一致,可是当加上磁场时,各项能量以不同的方式改变。让我们来看看它们如何变化。

首先,我们必须记住,电子的 μ_e 是负值,质子的 μ_p 为正值,而且 μ_e 约比 μ_p 大 1 000 倍。所以 $\mu_e + \mu_p$ 和 $\mu_e - \mu_p$ 都是负数,且接近相等。让我们把它们称为 $-\mu$ 和 $-\mu'$:

$$\mu = -(\mu_e + \mu_p), \quad \mu' = -(\mu_e - \mu_p), \tag{12.36}$$

(这里 μ 和 μ' 两者都是正数,差不多等于 μ_e 的大小——约为一个玻尔磁子。)于是我们的 4 个能量分别为

$$
\begin{aligned}
E_{\mathrm{I}} &= A + \mu B, \\
E_{\mathrm{II}} &= A - \mu B, \\
E_{\mathrm{III}} &= A\left\{ -1 + 2\sqrt{1 + \frac{\mu'^2 B^2}{4A^2}} \right\}, \\
E_{\mathrm{IV}} &= -A\left\{ 1 + 2\sqrt{1 + \frac{\mu'^2 B^2}{4A^2}} \right\}.
\end{aligned}
\tag{12.37}
$$

能量 E_{I} 从 A 开始,随 B 线性增加——斜率为 μ。能量 E_{II} 也是从 A 开始,但是它随 B 的增加而线性地减少——其斜率为 $-\mu$。这两个能级随 B 的变化情况如图 12-3 所示。我们还在图中画出了能量 E_{III} 和 E_{IV}。但它们与 B 的依赖关系不同。当 B 很小时,它们依赖于 B 的平方,所以开始时其斜率是水平的,然后变成曲线,当 B 很大时,它们趋近于斜率为 $\pm\mu'$ 的直线,该直线的斜率与 E_{I} 和 E_{II} 的斜率几乎相等。

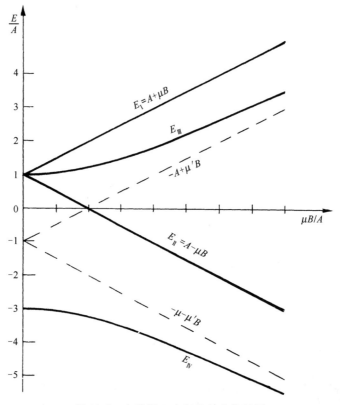

图 12-3 在磁场 B 中氢的基态能级图

由于磁场而引起的原子能级的移动称为塞曼效应。我们说,图 12-3 中的曲线表示氢原子基态的塞曼分裂。当不存在磁场时,我们仅得到氢超精细结构的一条谱线。态 $|\text{IV}\rangle$ 与其他任何一个态之间的跃迁,会吸收或发射一个光子,其频率 1 420 兆周为 $1/h$ 乘以能量差 $4A$。但是,当原子处在磁场 B 中时,则有更多的谱线。4 个态中任何两个态之间的跃迁都是可能的。所以如果在所有 4 个态上都有原子,则在图 12-4 中 6 个垂直的箭头所示的任何一个吸收或发射能量的跃迁都可能发生。这其中的许多跃迁都可以用我们在第 2 卷 §35-3 所叙述的拉比(Rabi)分子束技术观察到。

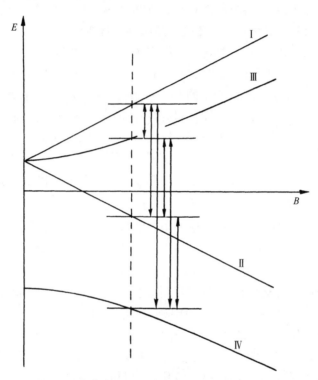

图 12-4　在特定磁场 B 中氢的基态能级之间的跃迁

引起这种跃迁的原因是什么呢? 如果我们在稳定的强磁场 B 中再加上一个随着时间变化的小的扰动磁场,就会发生这种跃迁。就像我们把变动着的电场加到氨分子上所看到的那样。只是这里是磁场与磁矩相耦合而变的把戏。但是理论与我们计算氨时所用的方法相同。如果我们在 xy 平面内转动微扰磁场则理论将最简单——虽然任何水平的振动磁场都行。你把这个微扰磁场作为附加项加到哈密顿中去,就得到振幅随时间变化的解——正如我们在讨论氨分子时所求得的那样。所以你可以很容易地精确计算出从一个态到另一个态的跃迁概率。你会发现它们与实验完全一致!

§12-5　在磁场中的态

现在我们要讨论图 12-3 中曲线的形状。首先,对于强磁场情况下的能量是易于理解的,而且相当有趣。当磁场 B 足够强时(即 $\mu B/A \gg 1$),我们可以忽略式(12.37)中的 1。这 4 个能量变为

$$E_{\text{I}} = A + \mu B, \quad E_{\text{II}} = A - \mu B,$$
$$E_{\text{III}} = -A + \mu' B, \quad E_{\text{IV}} = -A - \mu' B. \quad (12.38)$$

这就是图 12-3 中 4 条直线的方程式。我们可以用下述方式去理解这些能量的物理意义。磁场为零时定态的性质完全由两个磁矩的相互作用确定。在定态 $|\text{III}\rangle$ 和 $|\text{IV}\rangle$ 中,基础态 $|+-\rangle$ 和 $|-+\rangle$ 的混合就是由于这种相互作用。但是在强的外磁场中,质子和电子几乎一点也不受对方的场影响;它们各自都像独自处在外场中一样。于是——正如我们多次看到的那样——电子的自旋不是平行于外磁场就是与外磁场相反。

假定电子的自旋"朝上"——也就是沿着磁场方向,它的能量为 $-\mu_e B$。而质子仍旧可以有两种不同的方向。如果质子的自旋也是"朝上",它的能量为 $-\mu_p B$。两者之和为 $-(\mu_e + \mu_p)B = \mu B$。这正是我们所得出的 E_{I}——很好,因为我们正在描述态 $|++\rangle = |\text{I}\rangle$。仍存在一个表示电子和质子自旋平行时的相互作用能的微小附加项 A(现在 $\mu B \gg A$)。(原先我们取 A 为正,因为我们所用到的理论表明它应该是正的,而实验证明它确是这样。)另一方面,质子的自旋也可以朝下,于是它在外磁场中的能量为 $+\mu_p B$,因此它与电子能量之和为 $-(\mu_e - \mu_p)B = \mu' B$。而它们的相互作用能变为 $-A$。两者之和正好就是式(12.38)中的能量 E_{III}。所以在强磁场中态 $|\text{III}\rangle$ 必定变成态 $|+-\rangle$。

现在假定电子自旋"朝下",它在外磁场中的能量为 $\mu_e B$。如果质子自旋也"朝下",两者合在一起具有能量 $(\mu_e + \mu_p)B = -\mu B$,加上它们的相互作用能 A——因为它们的自旋平行。这正好就是式(12.38)中的能量 E_{II},且相应于态 $|--\rangle = |\text{II}\rangle$——这很妙。最后,若电子自旋"朝下"而质子自旋"朝上",我们得到能量 $(\mu_e - \mu_p)B - A$(相互作用能取为负 A 是因为两个自旋相反),它刚好就是 E_{IV},而相应的态为 $|-+\rangle$。

"但是,等一下!"你或许会说,"态 $|\text{III}\rangle$ 和 $|\text{IV}\rangle$ 并非是态 $|+-\rangle$ 和 $|-+\rangle$;它们是后两者的混合。"有道理,但不全面。当 $B=0$ 时它们的确是两者的混合态,但是我们还没有计算出它们在强磁场 B 时的情况。我们在第 9 章中用推导(12.33)式类似的方法计算了定态能量,现在也可以用第 9 章的公式求相应的振幅。从式(9.24)得到

$$\frac{a_2}{a_3} = \frac{E - H_{22}}{H_{21}}.$$

当然,比值 a_2/a_3 就是 C_2/C_3。代入式(12.33)给出的相应的量,得

或

$$\frac{C_2}{C_3} = \frac{E + A - (\mu_e - \mu_p)B}{2A}$$
$$\frac{C_2}{C_3} = \frac{E + A + \mu' B}{2A}, \quad (12.39)$$

式中的 E 可以采用适当的能量——E_{III} 或 E_{IV}。例如,对态 $|\text{III}\rangle$ 来说,我们有

$$\left(\frac{C_2}{C_3}\right)_{\text{III}} \approx \frac{\mu' B}{A}. \quad (12.40)$$

对于强磁场 B, 态 $|\text{Ⅲ}\rangle$ 的 $C_2 \gg C_3$, 该态几乎完全成了态 $|2\rangle = |+-\rangle$。同样, 如果在式 (12.39) 中代入 $E_{\text{Ⅳ}}$, 则得 $(C_2/C_3)_{\text{Ⅳ}} \ll 1$; 强场中态 $|\text{Ⅳ}\rangle$ 正好成为态 $|3\rangle = |-+\rangle$。你们看到构成定态的基础态的线性组合的系数与 B 有关。我们称为 $|\text{Ⅲ}\rangle$ 的态在极弱磁场的情况下是 $|+-\rangle$ 和 $|-+\rangle$ 的 50-50 的混合态, 但是在强场中就完全转移到 $|+-\rangle$。同样, 态 $|\text{Ⅳ}\rangle$ 在弱场中也是 $|+-\rangle$ 和 $|-+\rangle$ (具有相反的符号) 的 50-50 的混合态, 但当自旋在强的外场中解耦合后态 $|\text{Ⅳ}\rangle$ 就趋向态 $|-+\rangle$。

我们还特别提请你们注意在极弱磁场下所发生的情况。有一个能级——在 $-3A$ 处——在加上弱磁场时并不发生变化。而另一个能级——在 $+A$ 处——在加上弱磁场时分裂成 3 个不同的能级。对于弱场, 能量随 B 的变化如图 12-5 所示。假定我们用某种方法选出一束氢原子, 它们全都具有 $-3A$ 的能量。如果我们用它们做施特恩-格拉赫实验——所用的场不太强——我们将发现它们沿直线通过实验装置。(因为它们的能量与 B 无关, 根据虚功原理——它们在磁场梯度中不受力的作用。)另外, 假定我们选取具有能量 $+A$ 的原子束, 并使它们通过施特恩-格拉赫装置——譬如说 S 装置。(同样装置中的磁场也不应太强, 不影响原子的内部。也就是说磁场应足够小, 使能量随 B 线性变化。)我们将会发现出来的原子分成 3 束。态 $|\text{Ⅰ}\rangle$ 和 $|\text{Ⅱ}\rangle$ 受到相反的作用力——它们的能量随 B 以斜率 $\pm\mu$ 作线性变化, 所以该力就与作用于磁矩为 $\mu_z = \mp\mu$ 的磁偶极子的力一样。但是态 $|\text{Ⅲ}\rangle$ 沿直线通过。所以我们正好

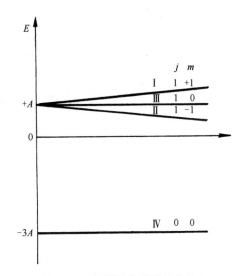

图 12-5 氢原子在弱磁场中的态

回到了第 5 章。一个能量为 $+A$ 的氢原子是一个自旋 1 粒子。这个能量状态属于一个 $j=1$ 的"粒子", 它可以用第 5 章中用的 3 个基础态 $|+S\rangle$, $|0S\rangle$, $|-S\rangle$ 来描写——对于空间的一组轴。另一个方面, 当氢原子具有能量 $-3A$ 时, 它是一个自旋零的粒子。(记住, 上面所说的情况仅对无限小的磁场才严格成立。)所以我们可以把零磁场下氢原子的态以下列方法归类:

$$
\left.\begin{array}{l}
|\text{Ⅰ}\rangle = |++\rangle \\[2mm]
|\text{Ⅲ}\rangle = \dfrac{|+-\rangle + |-+\rangle}{\sqrt{2}} \\[2mm]
|\text{Ⅱ}\rangle = |--\rangle
\end{array}\right\} \text{自旋} 1
\left\{\begin{array}{l}
|+S\rangle \\
|0S\rangle \\
|-S\rangle
\end{array}\right.
\tag{12.41}
$$

$$
|\text{Ⅳ}\rangle = \frac{|+-\rangle - |-+\rangle}{\sqrt{2}} \quad \text{自旋} 0.
\tag{12.42}
$$

我们在第 2 卷第 35 章中曾说过, 任何一个粒子沿任何轴的角动量分量只可能具有相差为 $\hbar$ 的某些值。角动量的 z 分量 J_z 可以是 $j\hbar$, $(j-1)\hbar$, $(j-2)\hbar$, $\cdots$, $(-j)\hbar$, 这里 j 为粒子的自旋 (可取整数或半整数)。虽然我们在这里不这么说, 但人们通常写成

$$
J_z = m\hbar,
\tag{12.43}
$$

式中 m 代表 $j, j-1, j-2, \cdots, -j$ 等数中的一个。所以,你们会看到,人们在书中用所谓量子数 j 和 m[j 常称为"总角动量量子数",m 常称为"磁量子数"]来标记氢原子的 4 个基态。于是他们把状态表示成 $|j, m\rangle$。而不是写成我们的态符号 $|\text{I}\rangle$,$|\text{II}\rangle$ 等等。所以他们把磁场为零时式(12.41)和(12.42)表示的态写用表 12-3 中所示的符号标记。这并不是什么新的物理,它只是记号的问题。

表 12-3 在零场时氢原子的态

态 $|j, m\rangle$	j	m	我们的记号
$|1, +1\rangle$	1	+1	$|\text{I}\rangle = |+S\rangle$
$|1, 0\rangle$	1	0	$|\text{III}\rangle = |0S\rangle$
$|1, -1\rangle$	1	-1	$|\text{II}\rangle = |-S\rangle$
$|0, 0\rangle$	0	0	$|\text{IV}\rangle$

§12-6 自旋 1 粒子的投影矩阵*

我们现在要用我们的氢原子的知识去解决一些特殊问题。在第 5 章中我们曾讨论过一个自旋 1 粒子对于一特定取向的施特恩-格拉赫装置——譬如说一个 S 装置——处于基础态 $(+, 0$ 或 $-)$ 之一,则该粒子对于不同空间取向的 T 装置具有一定的振幅处于其 3 个态的各个态中。这样的振幅 $\langle jT|iS\rangle$ 有 9 个,它们组成投影矩阵。在 §5-7 中我们未加证明地给出了 T 相对 S 具有不同取向时投影矩阵中的各项。现在我们将告诉你们一种能够推导出这些项的方法。

在氢原子中我们曾经有一个由两个自旋 1/2 粒子组成的自旋 1 的系统。我们在第 6 章中就已经解决了如何变换自旋 1/2 的振幅。我们可以利用这种知识去计算自旋 1 的变换。方法是这样的:我们有一个系统——一个能量为 $+A$ 的氢原子——其自旋为 1。假定我们让它通过一施特恩-格拉赫过滤器 S,因此我们知道它处于 S 的基础态中的一个,譬如说 $|+S\rangle$。而它对 T 装置中的某一基础态,譬如 $|+T\rangle$ 态的振幅将是什么呢? 如果我们把 S 装置的坐标系称为 x, y, z 系统,$|+S\rangle$ 态就是我们曾称之为 $|++\rangle$ 的态。但是,假定另一个人把他的 z 轴取在 T 的轴上。他以我们称为 x', y', z' 的参考系来表示他的态。他的电子和质子的"朝上"和"朝下"的态将与我们的不同。他的"正-正"态——我们写成 $|+'+'\rangle$,相对于带撇参考系——是自旋 1 粒子的 $|+T\rangle$ 态。我们想要的是 $\langle +T|+S\rangle$,这只是振幅 $\langle +'+'|++\rangle$ 的另一种写法。

我们可用下述方法求振幅 $\langle +'+'|++\rangle$。在我们的参考系中,处在 $|++\rangle$ 态的电子具有"朝上"的自旋。这意味着在他的参考系中具有"朝上"的振幅 $\langle +'|+\rangle_e$,以及"朝下"的振幅 $\langle -'|+\rangle_e$。同样,处在 $|++\rangle$ 态的质子在我们的参考系中自旋"朝上",而在带撇的参考系中,具有自旋"朝上"和"朝下"的振幅分别为 $\langle +'|+\rangle_p$ 和 $\langle -'|+\rangle_p$。既然我们现在谈论的是两个不同的粒子,因此这两个粒子在他的参考系中一同"朝上"的振幅为上述两个振幅的乘积,即

$$\langle +'+'|++\rangle = \langle +'|+\rangle_e \cdot \langle +'|+\rangle_p. \tag{12.44}$$

为明确起见,我们在振幅 $\langle +'|+\rangle$ 后面加上下标 e 和 p。但是它们都只是自旋 1/2 粒子的变

---

* 凡是没有读过第 6 章的人也应略过本节。

换振幅,所以实际上它们是完全相同的数。事实上,它们就是第 6 章里称为 $\langle +T\,|+S\rangle$ 的振幅,也就是该章末尾表中所列的。

但是,现在我们在记号方面即将遇到麻烦了。我们必须能把对自旋 1/2 粒子的振幅 $\langle +T\,|+S\rangle$ 和对自旋 1 粒子的、我们也称为 $\langle +T\,|+S\rangle$ 的振幅区分开来——这两种振幅是完全不同的!我们希望它不至于过分混淆,但是至少在目前,对自旋 1/2 振幅,我们不得不用一种不同的符号。为简捷起见,我们将新的记号概括于表 12-4 中。对自旋 1 粒子的态,我们将继续使用记号 $|+S\rangle$, $|0S\rangle$ 和 $|-S\rangle$。

表 12-4　自旋 1/2 粒子的振幅

本　章	第 6 章
$a = \langle +'\,|+\rangle$	$\langle +T\,|+S\rangle$
$b = \langle -'\,|+\rangle$	$\langle -T\,|+S\rangle$
$c = \langle +'\,|-\rangle$	$\langle +T\,|-S\rangle$
$d = \langle -'\,|-\rangle$	$\langle -T\,|-S\rangle$

用我们现在的新记号,式(12.44)就变成

$$\langle +'\,+'\,|++\rangle = a^2,$$

而这正好就是自旋 1 的振幅 $\langle +T\,|+S\rangle$。现在让我们假定,另一个人的坐标系——即 T 或带"撇"的装置——相对于我们的 z 轴旋转了角度 ϕ,那么从表 6-2 得:

$$a = \langle +'\,|+\rangle = e^{i\phi/2}.$$

所以由式(12.44),我们得到自旋 1 粒子的振幅为

$$\langle +T\,|+S\rangle = \langle +'\,+'\,|++\rangle = (e^{i\phi/2})^2 = e^{i\phi}. \tag{12.45}$$

你们可以看出它是怎样得出的。

现在我们将求出对所有态的普遍情况。如果质子和电子在我们的参考系——S 系——中两者都"朝上",则在另一个人的参考系——T 系——中,它处于 4 个可能态中任一个态的振幅为:

$$\begin{aligned}
\langle +'\,+'\,|++\rangle &= \langle +'\,|+\rangle_e\langle +'\,|+\rangle_p = a^2,\\
\langle +'\,-'\,|++\rangle &= \langle +'\,|+\rangle_e\langle -'\,|+\rangle_p = ab,\\
\langle -'\,+'\,|++\rangle &= \langle -'\,|+\rangle_e\langle +'\,|+\rangle_p = ba,\\
\langle -'\,-'\,|++\rangle &= \langle -'\,|+\rangle_e\langle -'\,|+\rangle_p = b^2.
\end{aligned} \tag{12.46}$$

于是我们可以把态 $|++\rangle$ 写成如下的线性组合:

$$|++\rangle = a^2\,|+'\,+'\rangle + ab\{|+'\,-'\rangle + |-'\,+'\rangle\} + b^2\,|-'\,-'\rangle. \tag{12.47}$$

我们注意到:$|+'\,+'\rangle$ 是态 $|+T\rangle$,$\{|+'\,-'\rangle + |-'\,+'\rangle\}$ 就是 $\sqrt{2}$ 乘以态 $|0T\rangle$——参看式(12.41)——而 $|-'\,-'\rangle = |-T\rangle$。换句话说,式(12.47)可以改写成

$$|+S\rangle = a^2\,|+T\rangle + \sqrt{2}\,ab\,|0T\rangle + b^2\,|-T\rangle. \tag{12.48}$$

用类似的方法你们可以很容易地证明:

$$|-S\rangle = c^2\,|+T\rangle + \sqrt{2}cd\,|\,0T\rangle + d^2\,|-T\rangle. \tag{12.49}$$

对于 $|0S\rangle$，要稍为复杂些，因为

$$|0S\rangle = \frac{1}{\sqrt{2}}\{|+-\rangle + |-+\rangle\}.$$

但是，我们可以用带"撇"的态表示态 $|+-\rangle$ 和 $|-+\rangle$，然后取其和。这就是

$$|+-\rangle = ac\,|+'+'\rangle + ad\,|+'-'\rangle + bc\,|-'+'\rangle + bd\,|-'-'\rangle \tag{12.50}$$

及

$$|-+\rangle = ac\,|+'+'\rangle + bc\,|+'-'\rangle + ad\,|-'+'\rangle + bd\,|-'-'\rangle. \tag{12.51}$$

以 $1/\sqrt{2}$ 乘以这两者之和，得

$$|0S\rangle = \frac{2}{\sqrt{2}}ac\,|+'+'\rangle + \frac{ad+bc}{\sqrt{2}}\{|+'-'\rangle + |-'+'\rangle\} + \frac{2}{\sqrt{2}}bd\,|-'-'\rangle.$$

由之得：

$$|0S\rangle = \sqrt{2}ac\,|+T\rangle + (ad+bc)\,|\,0T\rangle + \sqrt{2}bd\,|-T\rangle. \tag{12.52}$$

现在我们已经得到了所要的全部振幅。式(12.48)，(12.49)及(12.52)中的系数就是矩阵元 $\langle jT|iS\rangle$。让我们把它们都放在一起：

$$\langle jT\mid iS\rangle = \begin{array}{c} iS \\ \longrightarrow \end{array} \quad jT\downarrow \begin{bmatrix} a^2 & \sqrt{2}ac & c^2 \\ \sqrt{2}ab & ad+bc & \sqrt{2}cd \\ b^2 & \sqrt{2}bd & d^2 \end{bmatrix}. \tag{12.53}$$

我们已经用自旋 $1/2$ 的振幅 a，b，c 和 d 表示了自旋 1 的振幅变换。

例如，如果 T 参考系相对于 S 系绕 y 轴旋转 α 角——如图 5-6 所示——表 12-4 中的各个振幅正好就是表 6-2 中 $R_y(\alpha)$ 的矩阵元。

$$a = \cos\frac{\alpha}{2},\ b = -\sin\frac{\alpha}{2},$$

$$c = \sin\frac{\alpha}{2},\ d = \cos\frac{\alpha}{2}. \tag{12.54}$$

把这些代入式(12.53)，我们就得到(5.38)的公式，我们在那里未加证明给出了该式。

态 $|\text{IV}\rangle$ 又是怎样呢?! 它是一个自旋零的系统，所以只有一个态——它在所有坐标系中都是相同的。我们可以通过取式(12.50)和(12.51)的差来核对每一个结果，我们得到：

$$|+-\rangle - |-+\rangle = (ad-bc)\{|+'-'\rangle - |-'+'\rangle\}.$$

但是，$(ad-bc)$ 是自旋 $1/2$ 矩阵的行列式，所以它等于 1。对于两个具有任意相对取向的坐标系来说，我们得到

$$|\text{IV}'\rangle = |\text{IV}\rangle.$$

第 13 章 在晶格中的传播

§13-1 电子在一维晶格中的状态

乍看起来,你可能以为低能电子很难穿过固态晶体。晶体中的原子挤在一起,中心相距只有几个 Å (1 Å = 10⁻¹⁰ m),而且原子对电子散射的有效直径大致也是 1 Å 左右。这就是说,比起它们之间的间距来,原子是很大的。因此你可以估计出两次碰撞之间的平均自由程是几个 Å 的数量级——实际上这是微不足道的,你可能会料到电子几乎动一动就撞在这个或那个原子上。然而,自然界中普遍存在着的现象却是:假如晶格是完美的,电子能轻而易举顺畅地通过晶体——几乎和在真空中的情形一样。正是这个奇妙的事实使得金属导电如此容易,也使得许多实用器件的开发成为可能。例如,它使晶体管模拟无线电电子管成为可能。在无线电电子管中电子自由地穿过真空,而在晶体管中电子自由地穿过晶格。晶体管行为的内部机理将在这一章中叙述;而这些原理在各种实用器件中的应用则放到下一章去讲解。

电子在晶体中的传导只是一种非常普遍的现象的一个例子。不仅电子可以穿过晶体,其他的"东西"像原子的激发也能够以同样的方式运动。所以我们要讨论的现象以多种形式出现在固态物理学的研究中。

你们还记得我们曾经讨论过双态系统的许多例子。现在让我们想象一个电子可以处在两个位置中的任一位置上,在每个位置上它都是处在相同的环境中。我们还假定电子具有一定的振幅从一个位置跑到另一个位置,当然,它也具有同样的振幅跑回来,就像我们在 §10-1 中对氢分子离子的讨论那样。量子力学定律给出下面的结果,对电子来说有两个可能的具有确定能量的状态。每一个状态可以用电子在这两个基础位置的振幅来描写。对于每一个能量确定的状态,振幅的大小都不随时间变化,而两者的相位以同一频率随时间变化。另一方面,如果开始时电子在一个位置,以后它会跑到另一个位置,再过一会它又会回到第一个位置。其振幅和两个耦合摆的运动相似。

现在来考虑完美晶体,我们想象其中一个电子处于某一特定原子的某种"陷阱"中,并具有某个特定的能量。还假定电子具有一定振幅运动到邻近另一个原子陷阱中。这有点像双态系统——但是更复杂些。当电子到达邻近的原子后,还可以继续运动到下一个新的位置,也可以回到原来的位置。现在的情形并不是类似两个耦合的摆,而是类似于无限个耦合在一起的单摆。这有点像你们在第一学年物理课上看到过的那种用来演示波的传播的机械——在扭转金属线上装有一长串杆棒。

假如你有一个谐振子,它被耦合到另一个谐振子上,而后者再耦合到下一个谐振子上,等等……,假如你在某一个位置上扰动一下,这个扰动会像波一样沿线传播。假如你把一个电子放在一长串原子中的一个原子上也会出现同样的情况。

通常,分析这种力学问题最简单的方法不是去考虑在某个地点发出一个脉冲后会发生什么,而是去考虑稳态波的解。存在着某种位移的图样,它作为单一的不变频率的波在晶体中传播。基于同一理由,对电子也发生同样的情况——因为在量子力学中两者用相似的方程式描述。

然而,你必须懂一件事:电子在一个地点的振幅是振幅而不是概率。如果电子像水流过小孔那样只是简单地从一处渗漏到另一处,它的行为就会完全不同。譬如说,假如有两个水槽,我们用管子将其连通,使水能够从一个水槽流到另一个水槽中去,那么两个水槽中的水平面将会按指数规律相互趋近。但是对于电子,所发生的是振幅的流动而不是单纯的概率流动。这是虚数项——量子力学微分方程中的 i——的特点,它使指数解变成振荡解。于是所发生的过程就完全不同于两个连通的水槽之间的渗漏。

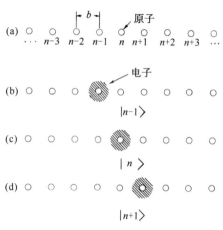

图 13-1 一维晶体中电子的基础态

现在我们来定量地分析这量子力学情况。设想由一长串原子组成的一维体系如图 13-1(a)所示。(当然,晶体是三维的,但它们的物理原理完全相同,你一旦理解了一维的情形,就能理解三维中所发生的过程。)下一步,我们来看一下如果把一个电子放到这一串原子上将会发生什么情况。当然,在真实的晶体中原来就已经有亿万个电子了。但是它们中的大多数(对于绝缘的晶体则几乎是所有的)都以某种方式围绕着它自己的原子运动——一切都十分稳定。然而,我们现在要考虑的是放进一个额外的电子后会发生些什么。我们不考虑其他的电子正在做什么,因为我们假定改变它们的运动状态需要很高的激发能量。加上一个电子就好像制造出一个受到微弱束缚的负离子。在观察这一个额外的电子行为的时候,我们事实上取一个近似,即忽略原子内部的结构。

当然电子可以运动到另一个原子上,从而使负离子转移到另一个地点。就像电子可以在两个质子之间跳跃一样。我们假设电子具有从一个原子跳跃到在它任何一边的相邻原子上的一定的振幅。

我们现在怎样描写这样的体系呢? 合理的基础态是什么? 假如你还记得当我们只有两个可能的位置时我们曾经是怎样做的,你就能猜出我们将会怎么办。假设这一原子串中各个的间距都相等,我们把原子依次编号如图 13-1(a)所示。一个基础态是电子在第 6 号原子上,另一基础态是电子在第 7 号原子上或在第 8 号原子上,依此类推。我们可以说电子位于第 n 个原子处就表示第 n 基础态。让我们称它为基础态 $|n\rangle$。图 13-1 表示

$$|n-1\rangle, \ |n\rangle, \text{以及} \ |n+1\rangle$$

这 3 个基础态指的是什么。我们可以用这些基础态来描述我们的一维晶体中电子的任何状态 $|\phi\rangle$,只要给出 $|\phi\rangle$ 在每一基础态的振幅 $\langle n|\phi\rangle$——即电子位于某一特定原子的振幅。于是我们可以将状态 $|\phi\rangle$ 写成所有基础态的叠加:

$$|\phi\rangle = \sum_n |n\rangle\langle n|\phi\rangle. \tag{13.1}$$

下面我们假设电子位于某一原子时具有一定的振幅渗漏到任何一边的原子中。我们将取最简单的情况,电子只能渗漏到紧邻的原子中——要到达次邻近的原子,它必须走两步。我们令电子从一个原子跳跃到下一个原子的振幅为 $iA/\hbar$(每单位时间)。

我们目前把电子位于第 n 个原子的振幅 $\langle n|\phi\rangle$ 写成 C_n。于是式(13.1)就要写成:

$$|\phi\rangle = \sum_n |n\rangle C_n. \tag{13.2}$$

假如我们已经在给定时刻的各个振幅 C_n 取它们的绝对值的平方,就能得到在该时刻观察第 n 个原子时发现电子的概率。

在以后的某个时刻情况将会怎样呢? 与我们已经研究过的双态系统相类似,我们认为这种系统的哈密顿方程组应当由下面这样的方程式组成:

$$i\hbar\frac{dC_n(t)}{dt} = E_0 C_n(t) - AC_{n+1}(t) - AC_{n-1}(t). \tag{13.3}$$

右边的第一个系数 E_0 的物理意义是电子如果不能离开一个原子所具有的能量。(我们把什么叫作 E_0 是无所谓的,正像我们已经见到过多次,它只不过表示我们对零点能的选择。)第二项表示电子在单位时间从第($n+1$)个陷阱漏到第 n 个陷阱的振幅,最后一项是从($n-1$)个陷阱漏入的振幅。像往常那样,我们假设 A 是常数(不依赖于 t)。

为了完全描写任意状态 $|\phi\rangle$ 的行为,对每一个振幅 C_n 都要有像式(13.3)那样的一个方程。因为我们要考虑具有大量原子的晶体,我们假设有无限多数目的状态——原子在两个方向上都延伸到无限。(对于有限的情况,我们必须特别注意在端点所发生的过程。)如果基础态的数目 N 是无限大,那么全部哈密顿方程的数目也是无限大! 我们只写下典型的例子:

$$\begin{aligned}
&\vdots \qquad\qquad\qquad\qquad \vdots \\
i\hbar\frac{dC_{n-1}}{dt} &= E_0 C_{n-1} - AC_{n-2} - AC_n, \\
i\hbar\frac{dC_n}{dt} &= E_0 C_n - AC_{n-1} - AC_{n+1}, \\
i\hbar\frac{dC_{n+1}}{dt} &= E_0 C_{n+1} - AC_n - AC_{n+2}, \\
&\vdots \qquad\qquad\qquad\qquad \vdots
\end{aligned} \tag{13.4}$$

§13-2　确定能量的状态

我们可以研究许多有关晶格中电子的问题,但我们首先来试试求解有确定的能量的状态。正像我们在早先几章中所看到的,这意味着我们必须找到一种情况,如果振幅要随时间改变的话全都要以同样的频率改变。我们预料解的形式为:

$$C_n = a_n e^{-iEt/\hbar}, \tag{13.5}$$

复数 a_n 是发现电子在第 n 个原子的振幅不随时间改变的部分。假如我们把这个试解代入方程式(13.4)中去试一下,所得结果为

$$Ea_n = E_0 a_n - Aa_{n+1} - Aa_{n-1}. \tag{13.6}$$

对于无限个未知数 a_n 我们有无限个这样的方程式——吓坏人的。

所有我们必须做的是取行列式……可是且慢！当有 2，3 或 4 个方程的时候采用行列式是个好方法。但如果有大量——或无限多——的方程式，行列式就不很方便了。我们最好试试看直接解这些方程式。首先让我们按照其位置来标记这些原子，我们说原子 n 在 x_n 处，原子 $n+1$ 在 x_{n+1} 处。假如原子的间距等于 b——如图 13-1 中那样——我们就有 $x_{n+1} = x_n + b$。把原点选在第零号原子上，我们有 $x_n = nb$。我们可以把式(13.5)重新写成：

$$C_n = a(x_n)e^{-iEt/\hbar}, \tag{13.7}$$

方程式(13.6)就变成

$$Ea(x_n) = E_0 a(x_n) - Aa(x_{n+1}) - Aa(x_{n-1}). \tag{13.8}$$

或者，利用 $x_{n+1} = x_n + b$ 这个事实，我们也可写下

$$Ea(x_n) = E_0 a(x_n) - Aa(x_n + b) - Aa(x_n - b). \tag{13.9}$$

这个方程与微分方程有点类似。它告诉我们一个量 $a(x)$ 在某一点(x_n)的数值和某些相邻点($x_n \pm b$)处的同一物理量的关系。(微分方程把一个函数在某一点上的数值和无限靠近的点上的数值联系了起来。)或许我们经常用来解微分方程的方法在这里也有效,让我们来试试看。

常系数线性微分方程总能以指数函数作为解。这里我们可以试试同样的解法,我们取试解

$$a(x_n) = e^{ikx_n}. \tag{13.10}$$

于是方程式(13.9)变成

$$Ee^{ikx_n} = E_0 e^{ikx_n} - Ae^{ik(x_n+b)} - Ae^{ik(x_n-b)}. \tag{13.11}$$

我们现在可以消去公因子 e^{ikx_n},得到

$$E = E_0 - Ae^{ikb} - Ae^{-ikb}. \tag{13.12}$$

最后两项正好等于($2A\cos kb$),所以

$$E = E_0 - 2A\cos kb. \tag{13.13}$$

我们发现任意选择一个常数 k 都可以得到一个解,其能量由上式决定。有许多依赖于 k 的可能的能量,并且每一个 k 对应于一个不同的解。一共有无穷数目的解——这不足为奇,因为我们开始时就有无穷数目的基础态。

我们来看一看这些解意味着什么。对于每一个 k, a 由式(13.10)给出。于是振幅 C_n 为

$$C_n = e^{ikx_n} e^{-(i/\hbar)Et}, \tag{13.14}$$

这里你们应当记住按照式(13.13)能量 E 也依赖于 k。振幅与空间有关的部分是 e^{ikx_n}。当我们从一个原子走到下一个原子时振幅随之振荡。

我们说在空间中,振幅就像复数振荡——在每一个原子处,振幅的大小都相同,但是在某一给定的时刻的相位则是一个原子比下一个原子超前一个量(ikb)。像我们在图 13-2 中所画的那样,用竖线来表示每一个原子处振幅的实部,这样我们就可以形象地描绘发生的过

程。显然,这些竖线的包络线(如虚线所示)是余弦曲线。C_n 的虚部也是振荡函数,但相位移动了 $90°$,所以绝对值的平方(就是实数部分和虚数部分的平方和)对所有的 C 都相等。

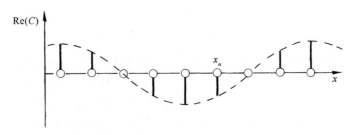

图 13-2 C_n 实部随 x_n 的变化

这样,如果我们选定一个 k,我们就得到一个具有特定能量 E 的定态。而对于任一个这样的状态,电子在每一个原子处都同样可能被发现——对于任何一个原子都不偏爱。对于不同的原子只有相位的不同。随着时间的流逝相位也在改变。由式(13.14),实数部分和虚数部分以波的形式沿着晶体传播——即表达式

$$e^{i[kx_n-(E/\hbar)t]} \tag{13.15}$$

的实数和虚数部分。此波可向正 x 或负 x 传播,取决于我们所选择的 k 的符号。

要注意,我们一直把试解式(13.10)中的数字 k 假设为一个实数。现在我们可以看出,为什么对于无限长的一串原子必须如此。假定 k 是虚数,譬如说 ik'。那么振幅 C_n 就成为 $e^{k'x_n}$,这意味着当我们向正 x 方向——或者负 x 方向,如果 k' 为负数——前进时振幅会变得越来越大。假如我们处理的是一串有终点的原子链,这样的解倒是很好,但对于无限的原子链,它就不是有物理意义的解了。它会给出无限大的振幅——因此就是无限大的概率——它不可能是实际情况的描述,以后我们将会看到虚数 k 真的是有意义的例子。

式(13.13)所给出的能量 E 和波数 k 之间的关系画在图 13-3 上。从图上可以看出,能量可从 $k=0$ 处的 (E_0-2A) 变化到 $k=\pm\pi/b$ 处的(E_0+2A)。这个图是对正的 A 画的,如果 A 是负数,曲线只要颠倒过来,但范围仍相同。意味深长的结果是,在一定范围或能"带"内的任何能量都是可能的,但是不可能具有其他能量。按照我们的假设,如果电子在晶体内处于定态,除了这个带内的数值外不可能具有其他的能量值。

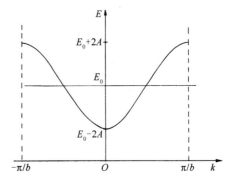

图 13-3 作为参量 k 的函数的定态能量

按照式(13.13),最小的 k 对应于低能态——$E\approx(E_0-2A)$。当 k 的数值(向正值或负值方向)增加,能量先是增加,然后在 $k=\pm\pi/b$ 处达到最大值,如图 13-3 所示。当 k 大于 π/b 时,能量开始减小。但我们并不真正需要考虑 k 的这些数值,因为它们并不给出新的状态——它们只是重复我们在较小的 k 值已经得出的那些状态。用下面的方法我们可以看出这一点。考虑 $k=0$ 的最低能量状态。系数 $a(x_n)$ 对所有的 x_n 都是相同的。现在对 $k=2\pi/b$ 我们将得到同

样的能量。由方程式(13.10)我们有

$$a(x_n) = e^{i(2\pi/b)x_n}.$$

然而，取 x_0 为原点，我们令 $x_n = nb$，于是 $a(x_n)$ 变成

$$a(x_n) = e^{i2\pi n} = 1.$$

用这些 $a(x_n)$ 描写的状态在物理上和 $k = 0$ 状态完全相同。它并不代表不同的解。

作为另一个例子，假定 k 为 $-\pi/4b$。$a(x_n)$ 的实部如图 13-4 中曲线 1 所表示的那样变化。如果 k 增大为 7 倍（$k = 7\pi/4b$），$a(x_n)$ 的实部就像图中曲线 2 那样变化。（当然，整个余弦曲线并无任何意义，有意义的是它们在 x_n 点的数值。曲线只是帮助你了解事情是怎样的。）你看到了 k 的两个值在所有的 x_n 处都给出同样的振幅。

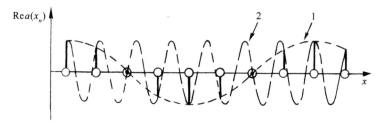

图 13-4　描写同一物理情况的 k 的两个数值，曲线 1 是 $k = -\pi/4b$，曲线 2 是 $k = 7\pi/4b$

结论是，我们只要取某个有限范围内的 k 就得到问题的所有可能的解。我们取 $-\pi/b$ 到 $+\pi/b$ 这一范围——图 13-3 所示的范围。在这个范围内定态能量随 k 的大小的增加而增加。

你们会注意到一个附带的问题。假如电子不是只能以振幅 $iA/\hbar$ 跳到最靠近的原子，并且还可能以另外某个振幅 $iB/\hbar$ 直接跳到下一个近邻原子。你们会发现也可以把解写成 $a_n = e^{ikx_n}$ 的形式——这种形式的解是普适的。你们还会发现具有波数 k 的定态具有能量（$E_0 - 2A\cos kb - 2B\cos 2kb$）。这表明 E 对 k 的曲线的形状不是普遍的，而取决于问题的具体假设。它并不一定是余弦曲线——甚至不一定对某一水平线对称。然而，曲线在 $-\pi/b$ 到 π/b 的区间外一定重复它在这一区间内的形状，所以你不必为其他的 k 值操心。

让我们更为仔细地考察一下 k 值很小的情形——即当振幅从一个 x_n 到下一个的变化十分缓慢的情形。假定我们通过定义 $E_0 = 2A$ 来选择能量的零点，那么图 13-3 中曲线的最小值就在能量为零处。对于足够小的 k，我们可以把 $\cos kb$ 写成

$$\cos kb \approx 1 - \frac{k^2 b^2}{2},$$

式(13.13)的能量就变成

$$E = Ak^2 b^2. \tag{13.16}$$

我们得到状态的能量正比于波数的平方，这波数描写振幅 C_n 的空间变化。

§13-3　与时间有关的状态

在这一节中我们想较为详细地讨论一下一维晶格中的状态的行为。假如一个电子在

x_n 处的振幅是 C_n，找到它在那儿的概率是 $|C_n|^2$。对于式(13.14)描写的定态，这个概率对所有的 x_n 都相同并且不随时间变化。我们怎样来表示一个具有确定能量的电子处在某一定的区域这样的状态呢？这个电子在某个地方比在另外的地方更容易被找到。我们可以用好几个像式(13.14)那样但 k 值略微不同——因而能量略微不同——的解的叠加来表示。那么由于各项之间的干涉至少在 $t = 0$ 时振幅 C_n 将随位置而变。就像不同波长的波叠加时产生拍(我们在第1卷第48章已讨论过这一情形)。所以我们可以用中心占优势的 k_0，以及 k_0 附近的其他波数构成一个"波包"*。

在我们的定态叠加中，不同 k 的振幅代表能量稍微不同的状态，也就是频率稍有不同的状态，因此总的 C_n 的干涉图样将随时间而变——就会出现"拍"的图样。我们在第1卷第48章中已经看到，拍的峰 $[|C(x_n)|^2$ 大的地方]将随时间沿着 x 运动，它们以我们称之为"群速度"的速率运动。我们发现这个群速度与 k 随频率变化的关系为：

$$v_{群} = \frac{d\omega}{dk}, \tag{13.17}$$

这一关系在此同样有效。成为一"团"的电子态——即 C_n 在空间的变化像图13-5中的波包那样——沿着我们的一维"晶体"以等于 $d\omega/dk$ 的速率 v 运动，其中 $\omega = E/\hbar$。对能量 E 应用式(13.16)，我们得到(略去 $v_{群}$ 的下标写成 v)

$$v = \frac{2Ab^2k}{\hbar}. \tag{13.18}$$

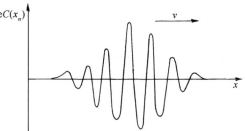

图 13-5 对于能量相近的几个状态的叠加的 $C(x_n)$ 的实部作为 x 的函数(在图中 x 的标度上间隔 b 非常小。)

换句话说，电子以正比于中心 k 值的速率运动。式(13.16)表明这种电子的能量正比于它的速度的平方——它表现像个经典粒子。只要我们在足够大的尺度上进行考察而不去计较精细结构，我们的量子力学图像就开始给出经典物理那样的结果。事实上，假如我们由方程式(13.18)解出 k 并把它代入式(13.16)，我们可将能量 E 写成：

$$E = \frac{1}{2}m_{有效}v^2, \tag{13.19}$$

其中 $m_{有效}$ 是一个常数。就像经典粒子那样波包中电子的额外"运动能量"取决于速度。常数 $m_{有效}$——称作"有效质量"——由

$$m_{有效} = \frac{\hbar^2}{2Ab^2} \tag{13.20}$$

给出。并且注意，我们可以写出

$$m_{有效}v = \hbar k. \tag{13.21}$$

如果我们把 $m_{有效}v$ 叫做"动量"，它和波数 k 的关系就和我们以前讲过的自由粒子的情况一样。

---

* 倘若我们不想使波包太窄。

不要忘记 $m_{有效}$ 和电子的实际质量并没有什么关系,它们可以很不相同——虽然在实际晶体中,它们往往同数量级,有效质量大约是自由空间电子质量的 2 到 20 倍。

我们现在已经说明了一个奇怪而不可思议的事件——晶体中的电子(例如放进锗里的一个额外电子)怎么能一直穿过晶格运动,即使它与所有的原子碰撞也能完全自由地流动。它是这样的:电子的振幅噼叭–噼叭–噼叭地从一个原子跳到下一个原子,奋力挤过晶体。这就是固体能导电的缘故。

§13-4 三维晶格中的电子

让我们花一点时间来考察一下怎样能把同样的概念应用到三维晶格中电子的运动上。我们发现其结果与一维情况十分类似。假设我们有一原子的长方格,在 3 个方向上的格点间隔分别为 a, b, c。(如果你要一个立方格就取 3 个间隔相等。)假设在 x 方向跳到相邻原子上的振幅是 $(iA_x/\hbar)$,在 y 方向跳跃是 $(iA_y/\hbar)$,在 z 方向跳跃是 $(iA_z/\hbar)$,现在我们应该如何描写基础态呢?就像一维情况那样,一个基础态代表电子在位于 x, y, z 处的原子上,这里 (x, y, z) 是晶格的一个格点。把原点选在一个原子上,所有这些点都位于

$$x = n_x a, \quad y = n_y b, \text{ 以及 } z = n_z c.$$

其中 n_x, n_y, n_z 是任意 3 个整数。现在我们用 x, y 和 z 而不用下标来表示这种点,把它们理解为只取晶格上的数值。于是,基础态由符号 |电子在 x, y, z⟩ 来表示,在某一状态 $|\psi\rangle$ 的电子处在此基础态中的振幅 $C(x, y, z) = \langle$电子在 x, y, $z|\psi\rangle$。

像以前一样,振幅 $C(x, y, z)$ 可以随时间改变。按照我们的假设,哈密顿方程应为:

$$\begin{aligned}
i\hbar \frac{dC(x, y, z)}{dt} = &\ E_0 C(x, y, z) - A_x C(x+a, y, z) - A_x C(x-a, y, z) \\
&- A_y C(x, y+b, z) - A_y C(x, y-b, z) \\
&- A_z C(x, y, z+c) - A_z C(x, y, z-c).
\end{aligned} \tag{13.22}$$

它看起来相当长,但你能理解其中各项是怎样来的。

我们可以再来试求这样的定态,其中所有的 C 都以同样方式随时间变化。其解仍是指数式:

$$C(x, y, z) = e^{-iEt/\hbar} e^{i(k_x x + k_y y + k_z z)}. \tag{13.23}$$

如果把这个式子代入式(13.22),你就会看出它是合适的解,如果能量 E 以下面的方式和 k_x, k_y 和 k_z 相联系就可以了:

$$E = E_0 - 2A_x \cos k_x a - 2A_y \cos k_y b - 2A_z \cos k_z c. \tag{13.24}$$

现在能量依赖于3个波数 k_x, k_y, k_z。顺便提一下,它是三维矢量 $\boldsymbol{k}$ 的分量。事实上,我们可以用矢量记法来表示式(13.23):

$$C(x, y, z) = e^{-iEt/\hbar} e^{i\boldsymbol{k} \cdot \boldsymbol{r}}, \tag{13.25}$$

振幅的变化就像在 $\boldsymbol{k}$ 的方向上运动的三维复平面波,具有波数 $k = (k_x^2 + k_y^2 + k_z^2)^{1/2}$。

与这些定态相联系的能量按式(13.24)给出的复杂方式依赖于 $\boldsymbol{k}$ 的 3 个分量。E 随 $\boldsymbol{k}$

变化的性质依赖于 A_x，A_y 和 A_z 的相对的符号和大小。如果这 3 个数都是正的，并且我们只对小的 k 值感兴趣，它们的关系就比较简单。

像以前得出式(13.16)时所做的那样，我们把余弦展开，就能得到

$$E = E_{\min} + A_x a^2 k_x^2 + A_y b^2 k_y^2 + A_z c^2 k_z^2. \tag{13.26}$$

对于格点间隔为 a 的简单立方格，我们认为 A_x，A_y 和 A_z 都相等——譬如说正好都是 A——我们就有

$$E = E_{\min} + A a^2 (k_x^2 + k_y^2 + k_z^2)$$

或

$$E = E_{\min} + A a^2 k^2, \tag{13.27}$$

这恰巧和式(13.16)相同。按照这里所采用的论据，我们断定：三维的电子波包(由近乎相等的许多能量的状态叠加而成)也像具有某一有效质量的经典粒子一样运动。

在对称性较立方形为低的晶体中(或者即使在立方晶体中但每个原子上的电子状态不对称)3 个系数 A_x，A_y 和 A_z 是不同的。那么，电子的局限在一个小范围内的"有效质量"依赖于它的运动方向。例如，它在 x 方向运动和在 y 方向运动就可能有不同的惯性。(这种情形的细节常用所谓"有效质量张量"来描写。)

§13-5　晶格中的其他状态

按照式(13.24)，我们所讨论的电子状态只能具有某一能"带"中的能量，其能量范围从最小能量

$$E_0 - 2(A_x + A_y + A_z)$$

到最大能量

$$E_0 + 2(A_x + A_y + A_z).$$

其他能量也是可能的，但它们属于另一级电子状态。对于我们已经描述过的状态，我们设想的基础态是电子位于在某种特定状态，例如最低能量状态的晶体中的一个原子上。

假定在虚空空间中有一个原子，加上一个电子就构成一个离子，这个离子可以按多种方式形成。电子的加入可以构成最低能量的状态，也可以构成离子的其他各种可能"激发态"，每一个激发态的能量都高于最低能量。同样的情形在晶体中也会发生。让我们假定上面选定的能量 E_0 相当于离子处于最低的可能能量的基础态的能量。我们也可以设想一组新的基础态，其中电子以一种不同的方式位于第 n 个原子附近——即离子的一个激发态——所以现在能量 E_0 较前高得多。像以前一样，电子有某一振幅 A(与前面的不同)从一个原子的激发态跳到相邻原子的同一激发态。整个分析过程和以前一样，我们找到中心能量较高的可能的能带。一般地说，可以有许多这样的能带，每一能带相当于一个不同的激发能级。

也有另外一些可能性。电子也可能具有一些振幅从一个原子的激发态跳到相邻原子的非激发态。(这称为能带间的相互作用。)当你计入越来越多的能带，加进越来越多的可能的状态之间的漏泄系数，其数学理论就变得越来越复杂。然而，这里并没有提出新的概念，方程式的建立仍和我们在简单的例子中所做的一样。

我们还应当指出,关于出现在上述理论中的各个系数,诸如振幅 A 等,没有更多的可说了。一般说来,这些系数是很难计算的,所以在实际情况中理论上关于这些参数所知极少,对于任何特定的实际情况,我们只能通过实验测定数值。

还有另一些情况,其中的物理和数学与我们对晶体中运动的电子所得出的几乎完全一样,但其中运动的"客体"却完全不同。例如,假定我们开始时讨论的晶体——或者更确切地说线型晶格——是排成一直线的中性原子,每一个原子都有一个束缚得很松的外层电子。设想我们去掉一个电子,哪一个原子失去了它的电子呢?用 C_n 表示从位于 x_n 的原子上失去电子的振幅。一般说来,相邻原子——譬如说第 $(n-1)$ 个原子——上的电子具有振幅 $iA/\hbar$ 跳到第 n 个原子上而留下一个失去电子的第 $(n-1)$ 个原子。这等于说"失去的电子"具有振幅 A 从第 n 个原子跳到第 $(n-1)$ 个原子。你们可以看到方程式将会完全相同——当然,A 的数值不必要和我们前面的相同。我们又会得到能级的、有关式(13.18)表示的群速度通过晶体运动的概率"波",以及关于有效质量等等同样的公式。只不过现在的波描写失去的电子——就是所谓的"空穴"——的行为。所以"空穴"就像具有确定质量 $m_{有效}$ 的粒子那样行动。你们可以看出这种粒子表现出带有正电荷。关于这种空穴,在下一章我们还将进一步讨论。

作为另一个例子,我们考虑在排成一线的相同中性原子,其中有一个原子已经处在激发态——就是说它具有比正常的基态更高的能量。令 C_n 是第 n 个原子激发的振幅。它能和邻近的原子作用,把过多的能量移交给邻近的原子而回到基态。把这种过程的振幅叫做 $iA/\hbar$。你可以看出有关的数学和以前的完全相同。现在运动的客体被称为激子。它的行为就像一个中性"粒子",带着激发能量穿过晶体运动。这类运动可以发生在某些生物学的过程中,像视觉或光合作用。我们猜想在视网膜中吸收了一个光子产生一个"激子",它穿过某种周期性构造(如我们在第 1 卷第 36 章中描写的视杆细胞中的层状结构图 36-5)运动,并且被积聚到某个特殊位置,能量在此地被用来引起化学反应。

§13-6　在不完整的晶格上的散射

我们现来考虑在不完美的晶体中的单个电子。我们以前的分析表明,完美晶体具有极好的传导性——电子可以无摩擦地滑过晶体,就像在真空中一样。能使不停地运动着的电子停下来的最重要因素是晶体中的不完整性或不规则性。作为一个例子,如果晶体中某一个地方少掉一个原子,或者如果某一个人在某个原子的位置上摆错了一个原子,从而比之于其他的原子位置来这里的情况就不同了。譬如说能量 E_0 或振幅 A 就会不同。那么我们怎样来描写所发生的事呢?

为明确起见,我们回到一维的情况,并且假设第"零"号原子是一个"杂质"原子。它具有和其他原子不同的 E_0 值,我们令这个能量是 $(E_0 + F)$。会发生些什么呢?当电子到达"零"号原子处时,电子有向后散射的概率。假设一个波包向前运动,当它来到一个情况稍有不同的地方,波包的一部分继续前进,而另一部分则被反弹回去。这一情形很难用波包来分析,因为每样东西都随时间变化。用定态解来处理就方便多了。所以我们用定态来处理,我们将发现定态可以由透射和反射两部分连续波构成。在三维空间中,我们把反射部分称为散射波,因为它可向各个方向散开。

我们从和式(13.6)类似的一组方程式开始,只是其中 $n=0$ 的方程式和所有其余的方程都不同。对于 $n=-2$, -1, 0, $+1$ 和 $+2$ 的 5 个方程式是这样的:

$$
\begin{aligned}
&\vdots \qquad\qquad\qquad \vdots \\
Ea_{-2} &= E_0 a_{-2} - Aa_{-1} - Aa_{-3}, \\
Ea_{-1} &= E_0 a_{-1} - Aa_0 - Aa_{-2}, \\
Ea_0 &= (E_0 + F)a_0 - Aa_1 - Aa_{-1}, \\
Ea_1 &= E_0 a_1 - Aa_2 - Aa_0, \\
Ea_2 &= E_0 a_2 - Aa_3 - Aa_1, \\
&\vdots \qquad\qquad\qquad \vdots
\end{aligned}
\tag{13.28}
$$

当然,所有其他方程式的 $|n|$ 都大于 2。它们看起来都与式(13.6)相同。

对于一般的情况,我们对电子跳向和跳离"零"号原子的振幅实际上应该用不同的 A,但从所有的 A 都相等的简化例子中还是能够看到所发生过程的主要面貌。

式(13.10)仍可作为所有的方程式的解,只是"零"号原子的方程式除外——它对这个方程式不适用。我们需要一个不同的解,我们能用下面的方法把它打造出来。式(13.10)表示沿正 x 方向进行的波。沿负 x 方向进行的波也是同样好的解,它可以写成:

$$
a(x_n) = e^{-ikx_n}.
$$

式(13.6)的最普遍的解将是向前和向后的波的组合,即

$$
a_n = \alpha e^{ikx_n} + \beta e^{-ikx_n},
\tag{13.29}
$$

这个解表示一振幅为 α 沿 $+x$ 方向传播的复波和一振幅为 β 沿 $-x$ 方向传播的波。

现在看一看我们新的问题的一组方程式——在式(13.28)中的以及所有其他原子的那些方程。包含 $n \leqslant 1$ 的 a_n 的方程式都能被式(13.29)满足,只要 k 和 E 以及和晶格间隔 b 的关系满足下述条件:

$$
E = E_0 - 2A\cos kb,
\tag{13.30}
$$

其物理意义是,振幅为 α 的"入射"波从左边趋向"零"号原子("散射原子"),振幅为 β 的"散射"或"反射"波向左边退回去。假如我们令入射波的振幅 α 等于 1 并不会失去任何普遍性。而一般说来 β 是一个复数。

关于 $n \geqslant 1$ 的 a_n 的解我们也可同样处理。但系数可能是不同的,所以我们有

$$
a_n = \gamma e^{ikx_n} + \delta e^{-ikx_n}, \text{对于 } n \geqslant 1.
\tag{13.31}
$$

其中 γ 是向右传播的波的振幅,δ 是从右边来的波。我们考虑这种物理情况,波起初只从左边发出,并且从散射原子——或者说杂质原子——后面出射的只有"透射"波。我们试求 $\delta = 0$ 的解。我们肯定能用下面的试解使除了式(13.28)中间的 3 个式子以外的所有 a_n 的方程式都满足

$$
\begin{aligned}
a_n(\text{对于 } n < 0) &= e^{ikx_n} + \beta e^{-ikx_n}, \\
a_n(\text{对于 } n > 0) &= \gamma e^{ikx_n}.
\end{aligned}
\tag{13.32}
$$

我们所谈论的情形画在图 13-6 中。

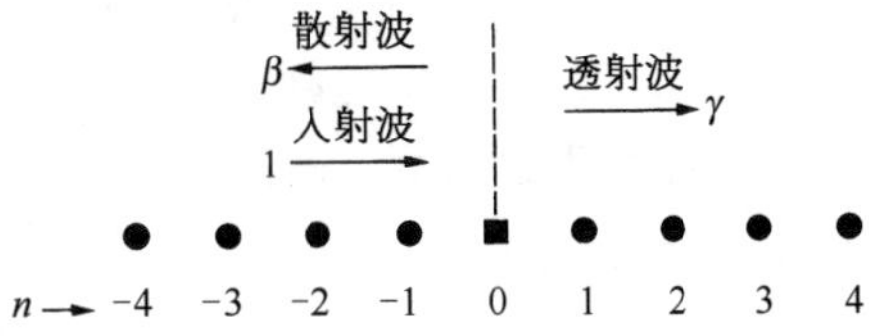

图 13-6　在 $n=0$ 处有一个"杂质"原子的一维晶格中的波

将式(13.32)中的公式用于 a_{-1} 和 a_{+1}，我们可以从式(13.28)中间的 3 个方程解出 a_0 和两个系数 β 和 γ。从而我们就得到完整的解。设 $x_n = nb$，我们需要解 3 个方程式：

$$(E - E_0)\{e^{ik(-b)} + \beta e^{-ik(-b)}\} = -A\{a_0 + e^{ik(-2b)} + \beta e^{-ik(-2b)}\},$$
$$(E - E_0 - F)a_0 = -A\{\gamma e^{ikb} + e^{ik(-b)} + \beta e^{-ik(-b)}\}, \qquad (13.33)$$
$$(E - E_0)\gamma e^{ikb} = -A\{\gamma e^{ik(2b)} + a_0\}.$$

记住 E 是通过式(13.30)用 k 来表示的。如果你把 E 的这个值代入方程式，并且记住 $\cos x = \dfrac{1}{2}(e^{ix} + e^{-ix})$，从第一个方程式得到

$$a_0 = 1 + \beta, \qquad (13.34)$$

以及从第三个方程式得到

$$a_0 = \gamma, \qquad (13.35)$$

要上面两个式子一致，必须：

$$\gamma = 1 + \beta. \qquad (13.36)$$

这个式子表明，透射波(γ)正好等于原来的入射波(1)，加上反射波(β)。这并不总是正确的，只是对一个原子的散射碰巧如此。如果有一群杂质原子，加到向前传播的波上的数量就不一定和反射波相同。

我们可以从式(13.33)中间的方程式得到反射波的振幅 β，我们求得

$$\beta = \frac{-F}{F - 2iA\sin kb}. \qquad (13.37)$$

我们得到了具有一个异常原子的晶格的完全解。

你可能会感到奇怪，从式(13.34)中表示出，透射波怎么会比入射波"更多"。但是记住 β 和 γ 是复数，并且波中的粒子数目(更确切地说是找到粒子的概率)正比于振幅绝对值的平方。事实上，仅当

$$|\beta|^2 + |\gamma|^2 = 1 \qquad (13.38)$$

时才会有"电子守恒"。你可以证明我们的解满足这一关系。

§13-7 被晶格的不完整性陷俘

假如 F 是负数就会出现另一个有趣的情况。如果电子的能量在杂质原子(在 $n = 0$)中比在其他任何地方都低，那么电子可能被这个原子捕获。这就是说，如果$(E_0 + F)$ 低于能带底$(E_0 - 2A)$，那么电子可能被"陷俘"在 $E < E_0 - 2A$ 的状态中。按照我们到现在为止所讨论过的内容是得不出这样的解的。然而，如果我们在所取的试解式(13.10)中允许 k 为虚数，我们就能求得这一解。设 $k = i\kappa$。同样，对于 $n < 0$ 和 $n > 0$ 仍可有不同的解。对 $n < 0$ 的一个可能解是

$$a_n(\text{对于 } n < 0) = ce^{+\kappa x_n}. \qquad (13.39)$$

我们应当在指数上取正号，否则 n 为大的负值时，振幅将会变为无限大。同样，对于 $n > 0$

的一个可能解将是

$$a_n(对于 n > 0) = c' e^{-\kappa x_n}. \tag{13.40}$$

如果我们把这些试解代入式(13.28),假如

$$E = E_0 - A(e^{\kappa b} + e^{-\kappa b}), \tag{13.41}$$

则除了中间的 3 个式子,其余的式子都可满足。因为两个指数项的和总是大于 2,这个能量在正常能带的下面,而这正是我们所要求的。如果 $a_0 = c = c'$,并按下式来选定 κ:

$$A(e^{\kappa b} - e^{-\kappa b}) = -F, \tag{13.42}$$

式(13.28)中余下的 3 个方程式皆可满足。把这个方程式和式(13.41)结合起来,我们就能得到被陷俘的电子的能量,我们得到

$$E = E_0 - \sqrt{4A^2 + F^2}, \tag{13.43}$$

陷俘电子有单值的能量——在稍低于导带的地方。

注意,式(13.39)和式(13.40)所给出的振幅并不表示陷俘电子正好位于杂质原子上。在附近的原子中找到电子的概率正比于这些振幅的平方。对于特别选择的一组参数,它可能像图 13-7 中的长条图那样变化。在杂质原子上找到电子的概率最大。对于附近的原子,概率随着离开杂质原子的距离的增加指数式地下降。这是"势垒穿透"的又一个例子。从经典物理学的观点来看,电子并没有足够的能量能从陷俘中心的能量"空穴"中跑出来。但是按照量子力学它却可以泄漏跑出一小段距离来。

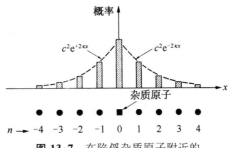

图 13-7　在陷俘杂质原子附近的原子上找到陷俘电子的相对概率

§13-8　散射振幅和束缚态

最后,我们的例子可以用来说明当前在高能粒子物理学中一个很有用的观点。这牵涉到散射振幅和束缚态之间的关系问题。假定我们已经发现了——通过实验和理论分析—— π 介子被质子散射的方式。于是一个新的粒子被发现了,并且有人怀疑这是否只是 π 介子和质子结合在一起形成的某种束缚态(和电子束缚在质子周围组成氢原子的方式相似)。所谓束缚态我们指的是一种组合,具有比两个自由粒子更低的能量。

有一个普遍的理论,它告诉我们具有这样的能量将存在束缚态:如果用代数方法外推(数学名称叫"解析延拓")到所允许能带的能量范围以外时散射振幅变为无穷大。

这一理论的物理思路如下:束缚态是这样一种状态,它只有束缚在一定位置上的波而不是由外来的波激起的,它只是自身存在着。所谓"散射"或产生的波和被"送入"的波的相对比例是无限大。我们可以在我们这个例子中检验这个观念。让我们直接用被散射粒子的能量 E(而不用 k)来写出表示散射振幅的表式(13.37)。因为式(13.30)可以写成:

$$2A \sin kb = \sqrt{4A^2 - (E - E_0)^2},$$

散射振幅为

$$\beta = \frac{-F}{F - i\sqrt{4A^2 - (E - E_0)^2}},\qquad(13.44)$$

根据我们推导过程的要求,这个方程式只适用于真实状态——那些能量处在能带 $E = E_0 \pm 2A$ 之中的状态。但是假定我们忘记了这个事实并且把公式扩展到 $|E - E_0| > 2A$ 的"非物理的"能量区域。对于这些非物理的区域我们可以写出 * :

$$\sqrt{4A^2 - (E - E_0)^2} = i\sqrt{(E - E_0)^2 - 4A^2}.$$

于是"散射振幅"(不管它意味着什么)就是:

$$\beta = \frac{-F}{F + \sqrt{(E - E_0)^2 - 4A^2}}.\qquad(13.45)$$

现在我们要问:有没有使得 β 变成无限大的能量(即在这个能量对 β 的表达式有一个"极点")? 有的,只要 F 是负数,当

$$(E - E_0)^2 - 4A^2 = F^2$$

时,或者

$$E = E_0 \pm \sqrt{4A^2 + F^2},$$

式(13.45)的分母就是零。由上式的负号所给出的能量正是我们在式(13.43)中得出的陷俘能量。

正号表示什么呢? 由它给出的能量高于允许的能带。的确,那里有另一个束缚态,我们在求解式(13.28)时没有考虑到它。我们把求这个束缚态的能量和振幅 a_n 作为一个智力测验留给你们。

对于探求当前新的奇异粒子的实验观察的解释,散射和束缚态之间的关系提供了一个最有用的线索。

---

* 这里根号前符号的选择是与式(13.39)和式(13.40)中允许的 κ 的符号有关的技术问题。我们在这里不作讨论。

第14章 半导体

§14-1 半导体中的电子和空穴 *

近年来一个引人注目的发展是把固体科学应用于像晶体管之类的电器件的技术发展。对半导体的研究导致它们的有用性质以及大量的实际应用的发现。这个领域的变化如此之快以至于我们今天告诉你们的东西到了明年就可能不再正确了。它肯定是不完善的。非常清楚,由于对这些材料的不断研究,随着时间的推移将会出现许多新的和更惊人的事物。为了学习这一卷中以后各章的内容,你们不一定非要弄懂这一章不可。但是,看到所学的内容中至少有一部分与现实世界有关时你们会感兴趣的。

已知的半导体种类很多,但我们将着重于现在有最大技术应用价值的半导体。这些也是了解得最清楚的,了解了它们,对其他许多半导体也将会得到一定的了解。今天最常用的半导体物质是硅和锗。这些元素结晶形成金刚石晶格,这是一种立方结构,其中一个原子和最靠近的 4 个原子形成四面体键。虽然在室温下它们多少有点导电,但在很低的温度时——近于绝对零度——它们是绝缘体,它们不是金属;它们被称作半导体。

假如我们以某种方法在处于低温的硅或锗晶体中放入一个额外的电子,我们就遇到上一章中所描写的那种情况。这个电子会在晶体中游荡,从一个原子跳到下一个原子。实际上我们只讨论过长方格中的电子,而对于真实的硅或锗的晶格,方程式多少有点不同。不过,所有的基本特征都可用长方格的结果来说明。

正如我们在第 13 章中曾经看到的,这些电子只能具有某一定能带——叫做导带——中的能量。在这个带中,能量和概率幅 C 的波数 $\mathbf{k}$ 的关系(见式 13.24)是

$$E = E_0 - 2A_x \cos k_x a - 2A_y \cos k_y b - 2A_z \cos k_z c. \tag{14.1}$$

式中的 A 是在 x, y 和 z 方向上跳跃的振幅,a, b 和 c 是这些方向上的晶格间隔。

当能量近于能带底时,可以取式(14.1)的近似(参见§13-4):

$$E = E_{\min} + A_x a^2 k_x^2 + A_y b^2 k_y^2 + A_z c^2 k_z^2. \tag{14.2}$$

如果我们考虑电子在某个特殊方向上运动,使得 $\mathbf{k}$ 的 3 个分量总有相同的比例。能量是波数的二次函数——和电子的动量的关系一样。我们可以写成:

$$E = E_{\min} + \alpha k^2, \tag{14.3}$$

其中 α 是某一常数。我们可以画出 E 对 $\mathbf{k}$ 的函数图。如图 14-1 所示。我们把这种图称为

---

* 参考: C. Kittel, Introduction to Solid State Physics, John Wiley and Sons. Inc., New York. 2nd ed, 1956 chapters 13, 14 and 18. ——译者注

"能量图"。一个处于特定能量和动量状态的电子可以用图上的一点(如 S 点)来表示。

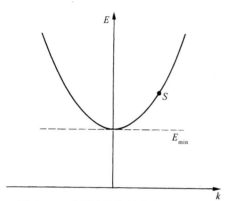

图 14-1 电子在绝缘晶体中的能量图

正像我们在第 13 章中也曾讲过的,如果我们从中性绝缘体上取走一个电子,我们就有类似的情况。于是,一个电子可以从附近的原子上跳过来填充这个"空穴",而在原来的原子处留下了另一个"空穴"。我们可以通过写出在任一特定原子处找到空穴的振幅,以及说明空穴可以从一个原子跳到下一个原子来描写它的行为。(显然,空穴从原子 a 跳到原子 b 的振幅 A 正好和原子 b 上的一个电子跳进原子 a 的空穴的振幅相同。)对于空穴和对于额外的电子,它们的数学式子完全相同。我们再次得出空穴的能量和它的波数的关系由和式(14.1)或式(14.2)相同的方程式表示出来。当然振幅 A_x、A_y 和 A_z 的数值是不同的。空穴的能量和它的概率幅的波数有关。它的能量处在有限能带中。在能带底附近,它的能量随波数——或动量——的平方变化,如图 14-1 所示。按照 §13-3 的论证,我们将发现空穴的行为也像具有一定的有效质量的经典粒子一样,——只是在非立方晶体中质量依赖于运动的方向。所以空穴就像一个在晶体中运动的带正电的粒子。空穴粒子的电荷是正的。因为它在于失去电子的位置;当它在一个方向上运动时,实际上是电子在相反的方向上运动。

假如我们在中性晶体中放进几个电子,它们将像低气压气体中的原子那样四处活动。假如电子不很多,它们之间的相互作用不十分重要。如果我们在晶体上加上电场,电子就开始运动,于是有电流流过。最终电子都被拉向晶体的一边,如果那里有一个金属电极,电子都要被电极收集,而晶体又变成中性。

同样我们可以把很多空穴放进晶体。在没有外加电场时,它们将随机地到处活动。在电场作用下它们要向负端流动并被"收集"——实际上发生的是它们被自金属电极来的电子中和。

晶体中也可以同时存在空穴和电子。如果它们的数目不多,它们将各自独立地运动。加上电场,它们都对电流作出贡献。由于明显的理由,电子被称为负载流子,空穴被称作正载流子。

到现在为止,我们考虑的电子是从外面放进晶体的,或把电子取走造成空穴。我们也可以这样来"创造"一个电子-空穴对:从一个中性原子上取走一个被束缚的电子并把它放到同一晶体中一定距离外的地方。于是我们就有一个自由电子和一个自由空穴,两者都能像我们已经描写过的那样运动。

把一个电子放进状态 S——我们说"产生"状态 S——所需的能量就是图 14-2 中所标出的能量 E^-。它是高于 $E^-_{\min}$ 的某个能量。"产生"处于某一状态 S' 的一个空穴所需的能量是图 14-3 中的能量 E^+,它是比 $E^+_{\min}$ 大的某个能量,如果现在我们要产生在状态 S 和 S' 的电子空穴对,所需的能量就等于 $E^- + E^+$。

电子空穴对的产生是一个共生的过程(我们以后将会看到),所以很多人喜欢把图 14-2 和图 14-3 放在同一张图上——把空穴能量向下画,虽然它实际上是正能量。我们用这种方式把两个图合起来画在图 14-4 中。这种图的好处是产生处于 S 中的电子和处于 S' 中的空穴这一电子-空穴对所需的能量 $E_偶 = E^- + E^+$ 正好等于 S 和 S' 间的垂直距离,如图 14-4 所示。产生一个电子-空穴对所需的最小能量称为"隙"能,它等于 $E^-_{\min} + E^+_{\min}$。

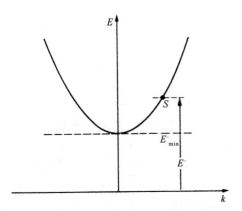

图 14-2　"产生"一个自由电子需要能量 E^-

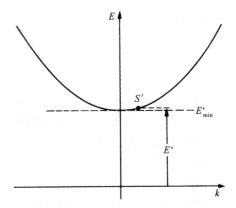

图 14-3　"产生"一个在 S' 态的空穴需要能量 E^+

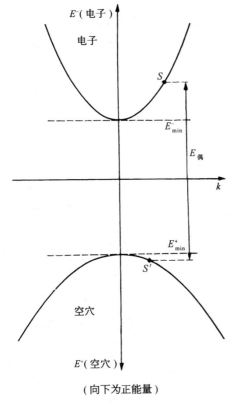

（向下为正能量）

图 14-4　电子和空穴画在一起的能量图

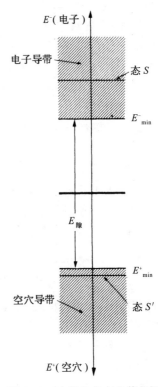

图 14-5　电子和空穴的能级图

　　有时你会看到一种比较简单的图,称作能级图。当人们对变量 k 不感兴趣时就画这种图。这样的图——如图 14-5 所示——只表示电子和空穴的可能的能量*。

---

　　* 在很多书上以不同的方式解释这种能量图。能量标度只是对电子的能量而言。他们想象占据着空穴的电子应具有的能量而不是空穴的能量。这个能量比自由电子的能量低——事实上,所低的数值正好是你在图 14-5 中所看到的。按照这种对能量标度的解释,隙能是使电子从束缚态跃迁到导带所必须给予电子的最低能量。

怎样创造出电子-空穴对呢？有几种方法。例如，吸收光或 X 射线的光子，如果光子能量高于隙的能量就会产生电子-空穴对。电子-空穴对的产生率正比于光的强度。如果在晶片两边镀上两片电极并加上"偏置"电压，电子和空穴就会被拉向电极。电路中的电流将正比于光的强度。这就是产生光电导现象和光电导管作用的机理。

电子-空穴对也可用高能粒子来产生。当快速运动的带电粒子——例如能量为几十或几百 MeV 的质子或 π 介子——穿过晶体时，它的电场会把电子从它的束缚态撞击出来产生电子-空穴对。在径迹的每 1 毫米路程上会发生几十万次这样的事件。粒子通过以后，载流子能够被收集起来，这样就得到一个电脉冲。这就是近来在核物理实验中使用的半导体计数器的作用机理。这类计数器并不一定需要半导体，也可以用晶态绝缘体制造。事实上，第一个这种计数器是用金刚石晶体制造的，它在室温下是绝缘体。如果要使电子和空穴能够自由地运动到电极上而不被陷俘，就需要非常纯的晶体。采用半导体硅和锗是因为能将它们制造成高纯度的适当大小（厘米的线度）的晶体。

迄今为止我们只涉及温度接近绝对零度的半导体晶体。在任何有限的温度下，还有另一种产生电子-空穴对的机理。产生电子-空穴对的能量可由晶体的热能提供，晶体热振动可以把它们的能量转移给电子-空穴对——引起"自发"产生。

单位时间内，像隙能 $E_{隙}$ 那样大的能量聚集到一个原子的位置上的概率正比于 $e^{-E_{隙}/kT}$，其中 T 是温度，k 是玻尔兹曼常数（参见第 1 卷第 40 章）。在绝对零度附近没有可以觉察的概率，但随着温度的增加，产生电子-空穴对的概率就增加。在任何有限的温度下，对的产生以恒定的速率不断继续下去，负的和正的载流子越来越多。当然，这是不会发生的，因为过了一会儿，电子和空穴会偶然地相遇——电子落进空穴并把多余的能量交给晶格。我们说电子和空穴"湮没"了。在单位时间内空穴和电子有一定的概率相遇，于是它们互相湮没。

假定单位体积的电子数为 N_n（n 表示负载流子），正载流子的密度是 N_p。单位时间内一个电子和一个空穴相遇并湮没的机会正比于乘积 $N_n N_p$。在平衡时，这个速率必定等于电子-空穴对的产生速率。你们知道，在平衡时 N_n 和 N_p 的乘积应等于某一常数乘上玻尔兹曼因子：

$$N_n N_p = 常数 \cdot e^{-E_{隙}/kT}. \tag{14.4}$$

当我们说常数时，我们指的是近似常数。更完整的理论——包含有关空穴和电子彼此如何"相遇"更多的细节——表明"常数"稍稍依赖于温度，但对温度的主要依赖是在指数上。

作为一个例子，我们考虑原来是中性的纯净材料。在有限的温度下，你会料到正的和负的载流子的数目相同，$N_n = N_p$。它们各自都按 $e^{-E_{隙}/2kT}$ 随温度变化。半导体的性质——例如电导率——的许多变化主要决定于指数因子，因为所有其他因子随温度的变化要慢得多。锗的隙能大约是 0.72 eV，硅是 1.1 eV。

在室温下 kT 大约是 1 eV 的 1/40。在这样的温度下有足够的空穴和电子给出可观的电导率，而在譬如说 30 K——室温的十分之一——电导率是难以觉察的。金刚石的隙能是 6～7 eV，在室温下金刚石是好的绝缘体。

§14-2 掺杂的半导体

到现在为止我们已经谈论过将额外电子放入理想完整的晶体的晶格中的两种方法。一种方法是从外源注入电子,另一种方法从一个中性原子上敲出一个束缚电子同时产生一个电子和一个空穴。还可以用别的方法把电子放到晶体的导带里面。假定我们想象锗晶体中一个锗原子被一个砷原子所代替。锗原子是 4 价,晶体的结构由 4 个价电子控制。另一方面,砷是 5 价。我们发现一个砷原子能占据锗晶格中的一个位置(因为它的大小大致合适),但这样一来它必须表现得和 4 价原子一样——用它的 4 个价电子形成晶体键,于是还有一个电子剩了下来。这个多余的电子只是很松地束缚着——结合能大约只有一个电子伏特的 1/100。在室温下电子很容易从晶体的热能中获得这样多的能量,并且独自离开——像自由电子那样在晶格中运动。像砷那样的杂质原子被称作<u>施主位</u>,因为它能放出一个负载流子到晶体中。假如锗晶体是从加进非常少量的砷的熔融金属中生长出来的,砷施主位将分布在整个晶体中,于是在晶体中将建立起一定的负载流子密度。

你们也许认为只要对晶体加上任意小的电场,就会将这些载流子扫出去。然而,事实并非如此,因为晶体内的每个砷原子都带有正电荷。如果晶体要保持中性,负载流子电子的平均密度必须等于施主位的密度。如果你在晶体的两边加上电极,并把它们联结到电池上,就会有电流流动。但当载流电子从一端被扫出,新的传导电子必定从另一端的电极进入,结果传导电子的平均密度保持和施主位的密度差不多相等。

因为施主位带正电荷,当导电电子在晶体中扩散时有被它们俘获的趋势。所以,施主位相当于我们在上一节中讨论过的陷阱。但如果陷俘能量足够小——砷就是这样——在任一时刻被陷俘的载流子数目只是总数的一小部分。要完全理解半导体的行为,人们必须把这种陷俘作用考虑进去。然而,在我们讨论的其余部分中,我们将假定陷俘能量足够低,并且温度足够高,从而所有的施主位都已失去了它们的电子。当然这只是一种近似。

也可以在锗的晶体中掺入一些 3 价的杂质原子,例如铝。铝原子试图窃取一个额外的电子并表现得像 4 价原子那样。它从某个邻近的锗原子窃得一个电子,结果成为一个有效价数为 4 的带负电的原子。当然,当它从锗原子窃得一个电子后,就在那里留下一个空穴,这个空穴能作为正载流子在晶体中游荡。能用这种方法产生空穴的杂质原子称为<u>受主</u>,因为它"接受"一个电子。假如锗或硅晶体是从加进少量杂质铝的熔融材料中生长的,晶体内部就具有一定的内建空穴密度,空穴就相当于正载流子。

当施主或受主杂质加进半导体中后,我们说材料被"掺杂"了。

当具有内建施主杂质的锗晶体处于室温时,由激发感应产生的电子-空穴对以及施主位都贡献出一些传导电子。自然,从这两个来源产生的电子是相等的,在达到平衡的统计过程中起作用是总数 N_n。如果温度不太低,施主杂质原子提供的负载流子的数目大致等于晶体中的杂质原子的数目。平衡时式(14.4)必定仍旧有效;给定温度条件下,乘积 $N_n N_p$ 是一定的。这意味着,假如我们加入一些使 N_n 增加的施主杂质,正载流子的数目 N_p 必定减少一定数量以使 $N_n N_p$ 不变。如果杂质浓度足够高,负载流子数目 N_n 由施主位的数目决定并且几乎不依赖于温度——所有指数因子上的变化由 N_p 提供,虽然它比 N_n 少得多。在另一些有少量施主杂质的纯净的晶体中,大多数载流子是负载流子,这种材料叫做"n 型"半导体。

假如在晶格中加入受主型杂质,一些新的空穴将到处漂移,并与一些由热起伏产生的自由电子发生湮没。这一过程将一直继续到式(14.4)被满足。在平衡条件下,正载流子数目将增加而负载流子数目将减少以保持它们的乘积为常数。正载流子较多的材料称为"p 型"半导体。

假如我们把两个电极放在一块半导体晶体上并把它们联结到电势差的电源上去。晶体中将建立起电场。电场会使正的和负的载流子运动,于是有电流流动。我们首先来考虑在 n 型材料中会发生什么过程,这种材料中绝大多数是负载流子。对于这类材料,我们可以不理会其中的空穴,因为它们是如此之少,对电流几乎没有贡献。在理想的晶体中载流子将不受阻碍地运动。然而,在实际晶体中,在有限的温度下——特别是在有一些杂质的晶体中——电子的运动并不是完全自由的,它们不断地发生碰撞,被撞离原来的轨道,即改变它们的动量。这些碰撞就是我们在上一章中谈到的散射,在晶格中任何具有不规则性的地方都会发生这种散射。在 n 型材料中,散射主要就是由产生载流子的施主位引起的。因为传导电子在施主位上有略微不同的能量,概率波就从这些点上散射。然而,即使在完全纯净的晶体中,(在有限的温度下)热振动也要在晶格中引起不规则性。按照经典的观点,我们可以说原子并不是准确地排列在规则的晶格上,在任何瞬间由于热振动都要稍稍离开原位。在第 13 章所介绍的理论中,和每一格点相联系的能量 E_0 随位置变化而略有变化,所以概率振幅波并不是完全透射而是以不规则的方式被散射。在非常高的温度下,对非常纯净的材料,这种散射可能变得很重要。但在实际的器件所用的大多数掺杂材料中,在杂质原子上的散射起主要作用。我们现在要对这种材料的电导率作一个估算。

当外电场加到 n 型半导体上,每一个负载流子在电场中被加速,它的速度不断增加直到在一个施主位上被散射。这意味着平时具有热能,以随机方式运动着的载流子将沿着电场力线的方向获得一个平均漂移速度,形成电流流过晶体的。与典型的热运动速度相比,漂移速度一般是很小的,所以我们可以通过假定载流子在两次散射之间的平均时间是常数来估算电流。我们设负载流子具有有效电荷 q_n。在电场 $\mathscr{E}$ 中,作用于载流子的力是 $q_n\mathscr{E}$。在第 1 卷 §43-3 中,我们曾计算了在这种情形下的平均漂移速度,并得到漂移速度由 $F\tau/m$ 给出,其中 F 是作用于电荷上的力,τ 是两次碰撞间的平均自由时间,m 是质量。我们应当用上一章算出的有效质量,但因为只要作粗略的估算,我们假定有效质量在各个方向上都是相等的。这里我们把它称作 m_n。在这个近似下,平均漂移速度是:

$$v_{\text{漂移}} = \frac{q_n \mathscr{E} \tau_n}{m_n}. \tag{14.5}$$

知道了漂移速度我们就能求出电流。电流密度 j 等于单位体积内载流子的数目 N_n 乘以平均漂移速度,再乘以每个载流子的电荷。因此这里电流密度是

$$j = N_n v_{\text{漂移}} q_n = \frac{N_n q_n^2 \tau_n}{m_n} \mathscr{E}. \tag{14.6}$$

我们看到电流密度正比于电场,这样的半导体材料遵从欧姆定律。j 和 $\mathscr{E}$ 的比例系数,即电导率 σ 是

$$\sigma = \frac{N_n q_n^2 \tau_n}{m_n}. \tag{14.7}$$

对于 n 型半导体,电导率相对地不依赖于温度。首先,多数载流子的数目 N_n 主要决定于晶体中施主的密度(只要温度不是那么低使得太多的载流子被陷俘)。其次,碰撞之间的平均时间 τ_n 主要由杂质原子的密度控制,当然它不依赖于温度。

我们可以把完全相同的论证应用于 p 型材料,只要改变一下式(14.7)中的参量的数值。

假如同时存在的负的和正的两种载流子的数目可以相比较,我们必须把两种载流子的贡献加起来。总电导率由下式给出

$$\sigma = \frac{N_n q_n^2 \tau_n}{m_n} + \frac{N_p q_p^2 \tau_p}{m_p}. \tag{14.8}$$

对于非常纯净的材料,N_p 和 N_n 近于相等,它们比掺杂材料中的要小,所以电导率要小一些。可是它们随温度变化得很快(正像我们已经看到过的按照 $e^{-E_隙/kT}$ 变化),所以电导率随温度而极快地变化。

§14-3 霍 尔 效 应

只有电子是相对自由的客体的材料中,也会有行为像正粒子的空穴所运载的电流,这确实是一件难以理解的事。因此,我们要描写一个实验,这实验能十分明确地证明电流的载流子绝对肯定是正的。假设我们有一块半导体材料——也可以是金属——我们在上面加上电场,从而在某个方向引起电流,例如水平方向,如图 14-6 所示。现在假设我们在这块材料上再加上磁场,其指向和电流方向成直角,譬如说指向图的里面。运动着的载流子会感受到磁力 $q(\boldsymbol{v} \times \boldsymbol{B})$ 的作用。由于平均漂移速度不是向右就是向左——取决于载流子上电荷的符号——作用于载流子上的平均磁力不是向上就是向下。不,这是不对的! 对于我们所假定的电流和磁场方向,作用于运动电荷上的磁力总是向上的。正电荷在 $\boldsymbol{j}$ 的方向上运动(向右)会受到向上的力。如果电流由负电荷运载,它们向左运动(对于同样符号的传导电流),于是它们也会受到向上的力。然而,在稳定情况下,载流子并没有向上的运动,因为电流只能从左边流到右边。所发生的过程是,开始时有一些电荷向上流动,在半导体的上表面形成面电荷密度——在晶体的下表面上留下相等但相反的面电荷密度。电荷聚集在上表面和下表面上,直到它们作用于运动着的电荷上的电力正好和(平均的)磁力完全相抵消,因此稳恒电流照旧水平地流动。上表面和下表面上的电荷将产生一个垂直跨过晶体的电势差,可以用高电阻伏特计来测量这电势差,如图 14-7 所示。伏特计记录的电势差的符号取决于形成电流的载流子的电荷的符号。

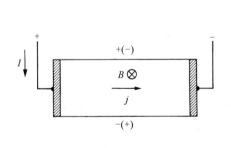

图 14-6 霍尔效应来自作用于载流子的磁力

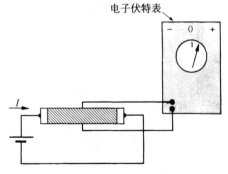

图 14-7 测量霍尔效应

在第一次做此实验时,正像对负的传导电子所预期的那样,人们预期电势差的符号将是负的。因此,当人们发现对于某些材料电势差的符号与预期的相反就感到十分奇怪。这表

明载流子是带正电荷的粒子。从我们关于掺杂半导体的讨论中可以理解,n 型半导体应当产生与负的载流子相应的电势差符号,而 p 型半导体应当给出相反的电势差,因为电流是由带正电的空穴负载的。

霍尔效应中电势差的反常符号最初是在金属中而不是在半导体中发现的。曾经假定金属都是电子导电的,然而,对于铍却发现其电势差的符号恰好相反。现在了解了,在金属中和在半导体中一样,这也是可能的,在一定的条件下,起传导作用的"客体"是空穴。虽然,归根结底运动的是晶体中的电子,然而动量和能量的关系以及对外场的反应却正是我们对电流由正粒子载运时所预期的那样。

我们来看一看是否能对霍尔效应预言的电势差的大小作一个定量的估计。假如图14-7的伏特计中的电流可以忽略,那么半导体内的电荷一定从左向右运动,并且垂直的磁力一定精确地被垂直的电场力抵消,我们把这垂直的电场记作 $\mathscr{E}_{tr}$("tr"表"横向")。假如此电场抵消磁力,必须:

$$\mathscr{E}_{tr} = -v_{漂移} \times B, \tag{14.9}$$

应用式(14.6)给出的漂移速度和电流密度的关系,我们得到

$$\mathscr{E}_{tr} = -\frac{1}{qN}jB.$$

晶体上面和下面的电势差当然等于电场强度乘以晶体的高度。晶体中的电场强度 $\mathscr{E}_{tr}$ 正比于电流密度和磁场强度。比例常数 $1/qN$ 称为霍尔系数,通常用符号 R_H 表示。霍尔系数只取决于载流子的密度——倘若某一符号的载流子是绝大多数,因此,霍尔效应的测量是一种确定半导体中载流子密度的方便的实验方法。

§14-4　半　导　体　结

我们现在来讨论如果取两块具有不同内部特性——例如掺有不同种类或不同数量的杂质——的锗或硅,并把它们放在一起做成一个"结",这时将发生什么情形。让我们从所谓的

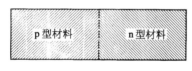

图 14-8　p-n 结

p-n 结开始,在结上边界的一边是 p 型锗,边界的另一边是 n 型锗——如图 14-8 所示。实际上,把分开的两块晶体放在一起并使它们在原子的尺度上均匀接触是不实际的。实际上,结是在一块单晶上做出来的,将单晶做成两个分隔的区域。一个方法是当晶体生长到一半的时候在"熔体"中掺入一些适当的杂质。另一种方法是在表面上涂一点杂质元素,然后加热晶体使一些杂质原子扩散到晶体的内部。用这些方法制成的结没有明显的边界,但是边界可以做到 10^{-4} cm 左右那样薄。对于下面的讨论,我们将考虑理想的情况,即晶体这两个具有不同性质的区域有明显的边界隔开。

在 p-n 结的 n 型一边有可以运动的自由电子,还有使总电荷平衡的固定的施主位。在 p 型的一边有自由空穴运动着,并有等量的受主位使电荷平衡。实际上这描写的是我们使两种材料相互接触之前的状况。一旦它们联结在一起,靠近交界处的情况就改变了。当 n 型材料中的电子到达边界时,它们并不像在自由表面上那样被反射回去,而可以一直进入 p

型材料。因此,n 型材料中的一些电子会扩散到电子比较少的 p 型材料中。这过程不会一直进行下去,因为当 n 型的一边失去电子后净的正电荷就要增加,直到最后建立起一个电压以阻止电子扩散到 p 型一边去。同样,p 型材料中的正载流子通过结扩散进入 n 型材料中。当它们这样做时,在后面留下了过量的负电荷。在平衡条件下,净扩散电流必定等于零。这是由电场造成的,因为所建立的电场要把正载流子拉回 p 型材料。

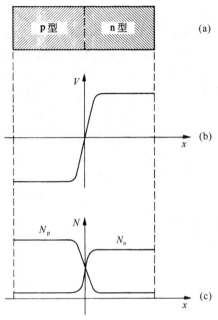

我们这里描写的两种扩散过程是同时进行的。你们要注意,这两个过程都使 n 型材料带正电,使 p 型材料带负电。由于半导体材料的有限的电导率,从 p 的一边到 n 的一边电势的变化只在靠近边界比较窄的区域内发生,在每块材料的主体部分中,电势仍然是均匀的。我们设 x 轴的方向垂直于边界表面。那么电势将随 x 而变化,如图 14-9(b)所示。我们还在图(c)中画出了预计的 n 载流子密度 N_n 和 p 载流子密度 N_p 的变化。在离结远的地方,载流子密度 N_p 和 N_n 应当正好等于同样温度下两块材料各自的平衡密度。(图中所画的结的两边 p 型材料比 n 型材料掺杂更重。)由于结处的电势梯度,正载流子必须爬过一电势坡才能到达 n 型的一边。这意味着在平衡条件下在 n 型材料中比在 p 型材料

图 14-9 在未加偏压的半导体结上的电势和载流子密度

中有较少的正载流子。回忆一下统计力学的定律,我们预期两边的 p 型载流子数目的比由下面的方程给出:

$$\frac{N_{\mathrm{p}}(\text{n 边})}{N_{\mathrm{p}}(\text{p 边})} = \mathrm{e}^{-q_{\mathrm{p}}V/kT}, \tag{14.10}$$

指数的分子中乘积 $q_{\mathrm{p}}V$ 就是使电荷 q_{p} 通过电势差 V 所需的能量。

对 n 型载流子密度我们有完全相同的方程式:

$$\frac{N_{\mathrm{n}}(\text{n 边})}{N_{\mathrm{n}}(\text{p 边})} = \mathrm{e}^{-q_{\mathrm{n}}V/kT}. \tag{14.11}$$

假如我们已知在两种材料内各自的平衡密度,我们可以用上面两个方程式的任何一个来测定给两边的电势差。

注意,假如方程式(14.10)和(14.11)给出同样的电势差 V 数值,乘积 N_pN_n 无论在 p 的一边还是在 n 一边必定相同。(记住 $q_n = -q_p$。)然而,我们前面已经看到,这一乘积只依赖于温度和晶体的隙能。假定晶体的两边都处于同样的温度,这两个方程式中的电势差具有同一数值。

因为从结的一边到另一边有一个电势差,它看上去有些像一个电池。假如我们从 n 型的一边到 p 型一边联结一根导线或许会获得电流。真是这样的话,确实十分美妙,因为如果真是这样的话电流就会一直流下去而不会消耗掉任何材料,于是我们就有一个违背热力学

第二定律的无穷无尽的能源!然而,如果你从 p 的一边接一根导线到 n 的一边,实际上不会有电流。其理由很容易看出来的。假定我们先设想一根由未掺杂的材料制成的导线。当我们把这根导线联结到 n 型的一端时,我们就有了一个结。在结的两边就会产生电势差。我们假定这正好等于从 p 型材料到 n 型材料的电势差的一半。当我们把未掺杂的导线联结到结的 p 型一边,在这个结上也有电势差——也等于 p-n 结上电势降落的一半。在所有结上,电势差会自动调整到使得电路中没有净电流。不论你用哪一种导线联结 n-p 结的两边,你都造出两个新的结,只要所有的结都在同样的温度下,在结上的电势跃变都互相补偿,从而电路中没有电流。不过——假如你仔细研究一下——如果有一些结和另一些结的温度不同,结果就会有电流流动。其中有一些结会被这电流加热而另一些将被冷却,于是热能就转化为电能。测量温度的热电偶以及温差发电机就是利用这一效应工作的。同一效应也用于制造小型制冷机。

如果我们不能测量 n-p 结两边的电势差,我们怎样才能肯定图 14-9 所示的电势梯度确实存在呢?一个方法是用光来照射结。光子被吸收后会产生电子-空穴对。在结处存在的强电场(等于图 14-9 的电势曲线的斜率)中,空穴会被驱赶到 p 型区域,而电子会被驱赶到 n 型区域。现在如果把结的两边联结到外电路中,这些额外的电荷会产生电流。在结上,光能会转换为电能。使某些人造卫星运转的产生电功率的太阳能电池就是按照这个原理工作的。

在关于半导体结的作用的讨论中,我们一直假定空穴和电子的行为或多或少是相互独立的——除了它们以某种方式达到适当的统计平衡。当我们描写光照在结上产生电流时,我们假定在结区产生的电子或空穴在被相反极性的载流子湮没之前就进入了晶体的主体部分。在紧靠结的区域内,两种符号的载流子的密度近似地相等,电子-空穴湮没效应(也常称之为“复合”)是重要的效应,在对半导体结的详尽分析中必须认真考虑这个效应。我们还假定在结区内产生的电子或空穴在复合之前有很多的机会进入晶体体内。对于典型的半导体材料,电子或空穴找到其异号的伴侣并湮没的典型时间在 $10^{-3} \sim 10^{-7}$ s 范围之内。顺便说说,这个时间远远长于我们分析电导率时所采用的与晶体中的散射中心的两次碰撞之间的平均自由时间。在典型的 n-p 结中,在结区中形成的电子或空穴被扫至晶体内部所需的时间一般大大短于复合时间。因此,大多数电子-空穴对都将对外电流作出贡献。

§14-5 半导体结的整流

下面我们要说明 p-n 结为何可以用作整流器。如果我们在结两边加上电压,当极性为某一方向时会有很大的电流流过,但在相反的方向上加上同样的电压时,却只有很小的电流。假如在结上加的是交流电压,净电流只沿一个方向流动——电流被“整流”。让我们再来看一看图 14-9 所描绘的平衡条件下发生些什么。在 p 型材料中有很大的正载流子浓度 N_p,这些载流子向各处扩散并且每秒内有一定数量到达结处。到达结的正载流子电流正比于 N_p。然而,其中的大多数被结处高的电势坡挡了回去,只有约为 $e^{-qV/kT}$ 的一部分能通过。从另一边也有正载流子电流来到结处。这个电流也正比于 n 型区域的正载流子密度,但这里的载流子密度大大低于 p 型一边的密度。当正的载流子从 n 型一边来到结处时,它们遇到的是具有负的坡度的电势坡并立即滑下斜坡到结的 p 型一边。我们把这电流称为 I_0。在平衡时从两个方向来的电流相等。我们认为下面的关系式成立:

$$I_0 \propto N_p(\text{n 边}) = N_p(\text{p 边}) e^{-qV/kT}. \tag{14.12}$$

你们会注意到这个方程实际上和式(14.10)完全一样。我们只是用了不同的方法导出它。

不过,假定我们使结的 n 边的电压降低一个数量 ΔV——我们可以通过在结上加上外电势差来做到这一点。现在电势坡两面的电势差不再是 V 而是 $V - \Delta V$。从 p 边到 n 边的正载流子电流的表式中这个电势差在指数因子中出现。令这个电流为 I_1,我们有

$$I_1 \propto N_p(\text{p 边}) e^{-q(V-\Delta V)/kT}.$$

这个电流比 I_0 正好大了一个因子 $e^{q\Delta V/kT}$。所以 I_1 和 I_0 之间有如下的关系:

$$I_1 = I_0 e^{+q\Delta V/kT}. \tag{14.13}$$

来自 p 边的电流随着外加电压 ΔV 指数式地增加。然而,只要 ΔV 不太大,从 n 边来的正载流子的电流保持不变。当它们来到势垒,这些载流子还是会发现向下的电势坡并且全部降落到 p 边。(如果 ΔV 大于自然电势差 V,情形就不同了,但是我们不去考虑在这样高的电压下会发生些什么。)穿过结的正载流子的净电流 I 就是两边来的电流之差:

$$I = I_0(e^{+q\Delta V/kT} - 1). \tag{14.14}$$

空穴的净电流 I 流进 n 型区域。从那里空穴扩散到 n 型区域的体内,最终被多数 n 型载流子——电子——湮没。在这湮没过程中损失的电子将由从 n 型材料外端来的电子电流补偿。

当 ΔV 为零,式(14.14)中的净电流为零。对于正的 ΔV,电流随外加电压很快增加。对于负的 ΔV,电流改变符号,但是指数项很快变为可忽略,并且负的电流永远不会超过 I_0——按照我们的假设这 I_0 是相当小的。这个反向电流 I_0 被结的 n 边少数 p 型载流子很小的密度所限制。

如果你对流过结的负载流子的电流作完全相同的分析,首先对没有电势差的情形,然后对小的外加电势差 ΔV,你会再次得到完全和式(14.14)一样的净电子电流的方程式。因为总电流是两种载流子贡献的电流之和,倘若我们认为 I_0 是加上反向电压时可能流过的最大电流,那么式(14.14)完全可用总全电流。

式(14.14)的电压-电流特性曲线如图 14-10 所示。它表示固体二极管(诸如现代的计算机中用的那种二极管)的典型性质。我们应当看到式(14.14)只对小的电压是正确的。当电压和自然的内部电势差 V 不相上下或者比它更大时,其他的效应就要起作用了,电流不再遵从这一简单的式子。

顺便说说,你们还记得在第 1 卷第 46 章讨论"力学整流器"——棘轮和掣爪——的时候,我们曾得到和这里得出的式(14.14)完全相同的式子。我们之所以在这两种情况中得到同样的式子是因为两者的基本物理过程十分相似。

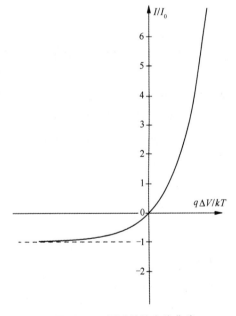

图 14-10 通过结的电流作为结两端电压的函数

§14-6 晶 体 管

或许半导体最重要的应用是晶体管。晶体管由两个互相靠得非常近的半导体结组成。

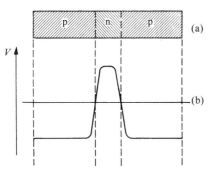

图 14-11 没有加外电压时晶体管中的电势分布

它的工作原理有一部分与我们刚才描写的关于半导体二极管即整流结的原理相同。假设我们制造一小块锗,上面有 3 个不同的区域,一个 p 型区域,一个 n 型区域,以及另一个 p 型区域,如图 14-11(a)所示。这一组合称作 p-n-p 晶体管。晶体管中的这两个结的行为都和我们在上一节中所描写的一样。特别是每一个结上都有一个电势梯度,从 n 型区域到每一个 p 型区域都有一定的电势降落。假如两个 p 型区域有同样的内部性质,我们沿着晶体观察,测量到的电势变化就如图 14-11(b)所示。

现在让我们设想,把 3 个区域的每一个都加上外电压,如图 14-12(a)所示。我们以接在左方 p 区的端点作为所有电压的参考点,所以按照定义这点为零电势。我们把这一端称为发射极。n 型区域称为基极,它联接到小的负电势上。右方的 p 型区域称为集电极,并联接到较大的负电势上。在这样的情形下晶体上的电势变化就如图 14-12(b)所示。

我们先来看一看正载流子的情形,因为主要是它的行为控制着 p-n-p 晶体管的工作。既然发射极相对于基极是处在正电势,正载流子的电流就会从发射极区流入基极区。由于结在“正向电压”作用下——相应于图 14-10 中图的右半部分——流过的电流比较大。在这样的条件下,正载流子或空穴从 p 型区域被“发射”到 n 型区域。你可能想象这个电流会通过基极的端点 b 流出 n 型区域。然而,现在接触到了晶体管的奥秘了。n 型区域做得非常薄——典型的厚度是 10^{-3} cm 或更小,大大小于它们的横向线度。这意味着当空穴进入 n 型区域后,在和 n 型区域中的电子湮没之前有很大的机会扩散到另一个结。当它们到达 n 型区域的右方边界时,它们遇到急剧下降的电势坡并立即落入右

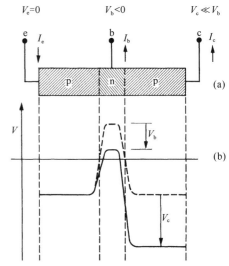

图 14-12 晶体管工作时的电势分布

方的 p 型区域。晶体的这一边称为集电极,因为它“收集”扩散穿过 n 型区域的空穴。在一个典型的晶体管中,除了很小的百分比以外,离开发射极并进入基极的空穴电流大多在集电极区域被收集起来,其余只有很少一部分贡献净的基极电流。基极和集电极电流之和显然等于发射极电流。

现在想象一下,假如我们稍稍改变一下基极端的电势 V_b 会发生些什么。因为我们是在图 14-10 的曲线的相对陡峭的部分,电势 V_b 很小的变化会引起发射极电流 I_e 很大的变

化。因为集电极电压 V_c 大大负于基极电压,电势的微小变化不会显著地影响基极和集电极之间陡峭的电势坡。发射到 n 区域的大多数正载流子仍旧被集电极俘获。于是当我们改变基极电势时,集电极的电流 I_c 就会有相应的变化。不过,根本的一点是基极电流 I_b 始终只是集电极电流的一小部分。晶体管是一个放大器,基极上引入小电流 I_b 在集电极上给出大电流——大 100 倍左右。

迄今为止我们一直忽略了的负载流子——电子——又怎样呢?首先,我们并不认为任何值得注意的电子电流在基极和集电极之间流动。集电极上加有大的负电压时,基极中的电子不得不爬上很高的势能高坡,而这样做的概率是很小的。只有很小的电子电流流向集电极。

在另一方面,基极中的电子确实能够进入发射极区域。事实上,你可能会料到在这个方向的电子电流比得上从发射极到基极的空穴电流。但是这种电子电流不仅没有用,而且还有害,因为对于一定的集电极空穴电流,它使所需的基极总电流增大。所以,设计晶体管时要把发射极的电子电流减到最小。电子电流正比于 N_n(基极),即基极材料中的负载流子密度,而从发射极来的空穴电流取决于 N_p(发射极),即发射极区中的正载流子密度。对 n 型材料进行低掺杂,N_n(基极)可以做得比 N_p(发射极)小得多。(非常薄的基区也有很大的帮助,因为集电极扫除了这个区域内的空穴,从而大大地增加了从发射极进入基极的平均空穴电流,而电子电流却保持不变。)最后结果是穿过发射极–基极结的电子电流比空穴电流小得多,所以在 p-n-p 晶体管的运作中电子并没有起任何重要的作用。电流受空穴运动所支配,晶体管则如前所述表现得像个放大器。

将图 14-11 中的 p 型和 n 型材料对换也可以做成晶体管。于是我们得到所谓的 n-p-n 晶体管。在 n-p-n 晶体管中,大部分电流由电子携带,这些电子从发射极流入基极并由此流到集电极。显然,如果将电极的电势选取相反的符号,我们关于 p-n-p 晶体管的所有论证同样适用于 n-p-n 晶体管。

第 15 章 独立粒子近似

§15-1 自 旋 波

在第 13 章中,我们已经求出了关于一个电子或某些其他"粒子",譬如一个原子的激发,穿过晶格传播的理论。上一章,我们把这个理论应用于半导体。但是每当我们讨论有许多电子存在的情形时,我们总是忽略它们之间的相互作用,当然这样做只是一种近似。在本章里我们将进一步讨论电子间的相互作用可以忽略这一概念。我们还将趁此机会向读者进一步介绍粒子传播理论的某些应用。既然我们一般仍旧忽略粒子间的相互作用,所以在本章中除了一些新的应用以外,实际上没有什么新的内容。我们首先要考虑的例子是,当存在着一个以上的"粒子"时,仍能相当精确地写出其正确方程的情形。虽然我们不去仔细分析这个问题,但是通过这些例子我们能看出这种忽略相互作用的近似方法是如何做出的。

作为第一个例子我们考虑铁磁晶体中的自旋波。在第 2 卷第 36 章中我们讨论过铁磁性理论。在绝对零度时所有铁磁晶体内对磁性有贡献的电子自旋都是平行排列的。这些自旋之间存在着相互作用能,当所有自旋都向下时,这一相互作用能最低。但是当温度不为零时,其中一部分自旋就有机会转向上。在第 2 卷第 36 章中我们近似计算了这一概率。现在我们将叙述其量子力学理论,这样你可以看出,如果要更严格地求解这个问题,你应该做些什么。(这里我们仍旧要作一些理想化,假设这些电子被限定在各自的原子中,而且只有相邻的自旋之间才有相互作用。)

我们考虑这样一种模型,该模型中每个原子的电子除一个以外其余都是成对的,因此所有的磁效应都来自每个原子中的一个自旋为 1/2 的电子。我们进一步设想这些电子被定域在晶格的原子座上,这个模型大致对应于金属镍。

我们再假定任何两个相邻的自旋电子间有相互作用存在,这个相互作用对整个体系的能量给出了这样一项

$$E = -\sum_{i,j} K\boldsymbol{\sigma}_i \cdot \boldsymbol{\sigma}_j, \tag{15.1}$$

式中 $\boldsymbol{\sigma}$ 表示电子的自旋,而求和遍及所有相邻的电子对。当我们考虑氢原子中由于电子和质子磁矩的相互作用而引起的超精细分裂时,就曾经讨论过这种类型的相互作用能。那时我们把它表示为 $A\boldsymbol{\sigma}_e \cdot \boldsymbol{\sigma}_p$。现在,对于给定的一对电子,譬如说位于原子 4 和原子 5 的一对电子,其哈密顿为 $-K\boldsymbol{\sigma}_4 \cdot \boldsymbol{\sigma}_5$。对每一对这样的电子都有这样的一项,而哈密顿(正如对经典能量所预期的)就是各对相互作用项之和。由于能量含有 $-K$ 的因子,所以正 K 将相当于铁磁性,也就是说,当相邻自旋平行时总能量最低。在实际晶体中,可能还有次近邻的相互作用项等等,但在现阶段我们没有必要考虑这种复杂的情形。

有了式(15.1)的哈密顿我们就有了——在我们的近似条件下——对铁磁体的完整描

述,并且应可由之导出磁化的性质,我们也应能计算由于磁化的热力学性质。如果我们能够求出全部能级,则在温度 T 时晶体的各种性质可以由下述统计力学原理求得,即系统处在给定能量为 E 的状态的概率与 $e^{-E/kT}$ 成正比。这个问题至今尚未被完全解出。

我们举一个所有原子都排成一条直线即一维晶格的简单例子来说明一些问题。你们很容易将这些概念推广到三维的情形。在每一个原子的位置上都有一个电子,每个电子都有两个可能的状态,不是自旋朝上就是自旋朝下,整个系统可通过说明所有自旋是如何排列的来描述。我们取体系的哈密顿作为相互作用的能量算符。将式(15.1)中的自旋矢量解释为 σ 算符(或 σ 矩阵),对于线性晶格我们可写出:

$$\hat{H} = \sum_n -\frac{A}{2}\hat{\boldsymbol{\sigma}}_n \cdot \hat{\boldsymbol{\sigma}}_{n+1}. \tag{15.2}$$

为方便起见,在上式中我们将常数写成 $A/2$。(这样一来,以后的一些式子将和第 13 章的式子完全相同。)

现在我们要问,什么是这个体系的最低能量状态呢？体系的最低能量状态是所有自旋都平行的状态,譬如说所有自旋都向上 * 的态。我们可以把这个态写成 $|\cdots++++\cdots\rangle$,或 $|\text{gnd}\rangle$,就是“基态”或最低能量态。我们不难算出这个态的能量。一种办法是用 $\hat{\sigma}_x$,$\hat{\sigma}_y$ 和 $\hat{\sigma}_z$ 表示出所有 $\boldsymbol{\sigma}$ 矢量,再仔细算出哈密顿的每一项在基态时的值,然后把结果相加。其实我们也可使用一个好而简捷的方法。在 §12-2 中我们已经知道,$\hat{\sigma}_i \cdot \hat{\sigma}_j$ 可以用泡利自旋交换算符来表示,如

$$\hat{\boldsymbol{\sigma}}_i \cdot \hat{\boldsymbol{\sigma}}_j = (2\hat{P}_{ij}^{\text{自旋交换}} - 1), \tag{15.3}$$

式中算符 $\hat{P}_{ij}^{\text{自旋交换}}$ 的作用是交换第 i 个电子与第 j 个电子的自旋。把这个表示式代入式(15.2),哈密顿就成为:

$$\hat{H} = -A\sum_n \left(\hat{P}_{n,n+1}^{\text{自旋交换}} - \frac{1}{2} \right). \tag{15.4}$$

现在要计算不同态的情形就容易了。例如,若 i 和 j 这两个电子的自旋同时向上,则交换自旋并不会引起任何变化,那么 $\hat{P}_{ij}$ 作用于该态上又回到同一态,这与乘以 $+1$ 等价。因此表示式 $(\hat{P}_{ij} - 1/2)$ 正好等于 $1/2$。(从现在开始我们省去 $\hat{P}$ 的上标。)

对于所有自旋都向上的基态;如果你们交换一对特定的自旋,你们仍旧回到原来的态。基态是一个定态。如果把哈密顿作用在这个态上,得到的又是这个态再乘上一个求和项,每一对自旋态提供 $-A/2$。这就是说,在体系的基态能量中每个原子提供 $-A/2$。

下面我们考虑某些激发态的能量。相对于基态来测量能量是很方便的,这就是说选择基态作为我们的能量零点。为了做到这一点,我们可以对哈密顿中的每一项加上能量 $A/2$。这样正好把式(15.4)中的“$1/2$”变成“1”,因此新的哈密顿为

$$\hat{H} = -A\sum_n (\hat{P}_{n,n+1} - 1). \tag{15.5}$$

---

* 这里的基态实际上是“简并”的,还有其他的状态也具有同样的能量,例如所有自旋都朝下,或者都指向任意别的方向。在 z 方向上加一很小的外磁场后将使所有这些状态具有不同的能量,那么我们这里所选取的状态就是真正的基态。

使用这个哈密顿,体系最低态的能量为零,(对于基态来说)自旋交换算符相当于乘以1,正好把每一项中的"1"消去。

为了描述基态之外的其他态,我们需要一组适当的基础态。一种较方便的处理方法是这样的,按照一个电子自旋向下,或两个电子自旋向下……对态进行分组。当然,一个电子自旋向下的态有很多,这个向下自旋可能位于原子"4",或原子"5",或原子"6"……事实上我们可以选这样的态作为我们基础态,我们可以把它们写成:$|4\rangle$,$|5\rangle$,$|6\rangle$……但是为了以后方便,我们也可用其坐标 x 来标记这个具有自旋向下电子的"特别的原子"。也就是说,我们把态 $|x_5\rangle$ 定义为:除了位于 x_5 处的原子的电子自旋向下外,所有其他电子的自旋都向上(参看图 15-1)。一般说来,$|x_n\rangle$ 是有一个向下自旋的态,该向下自旋位于第 n 个原子的坐标 x_n 处。

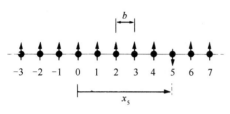

图 15-1 一线性排列的自旋体系的基础态 $|x_5\rangle$。其中除位于 x_5 的一个自旋向下外,其余的自旋都向上

(15.5)式的哈密顿对态 $|x_5\rangle$ 的作用结果是什么呢?譬如说哈密顿算符中 $-A(\hat{P}_{7,8}-1)$ 这一项,其中算符 $\hat{P}_{7,8}$ 是交换7、8两个相邻原子的自旋,而在态 $|x_5\rangle$ 中这两个原子的自旋都是向上的,所以它的作用并没有改变什么,$P_{7,8}$ 只相当于乘以1:

$$\hat{P}_{7,8}|x_5\rangle = |x_5\rangle.$$

由此得到

$$(\hat{P}_{7,8}-1)|x_5\rangle = 0.$$

于是,哈密顿中除了包含原子5的那些项以外,其余所有的项作用于 $|x_5\rangle$ 后都为0。算符 $\hat{P}_{4,5}$ 对态 $|x_5\rangle$ 的作用使原子4的自旋(向上)和原子5的自旋(向下)作了交换,结果得到除了原子4的自旋向下外,其余所有原子的自旋都向上的态,即

$$\hat{P}_{4,5}|x_5\rangle = |x_4\rangle.$$

同理

$$\hat{P}_{5,6}|x_5\rangle = |x_6\rangle.$$

因此,哈密顿中只留下 $-A(\hat{P}_{4,5}-1)$ 和 $-A(\hat{P}_{5,6}-1)$ 两项,它们对 $|x_5\rangle$ 的作用,分别得到 $-A|x_4\rangle+A|x_5\rangle$ 和 $-A|x_6\rangle+A|x_5\rangle$,最后的结果为

$$\hat{H}|x_5\rangle = -A\sum_n(\hat{P}_{n,n+1}-1)|x_5\rangle = -A\{|x_6\rangle+|x_4\rangle-2|x_5\rangle\}. \quad (15.6)$$

当哈密顿作用在态 $|x_5\rangle$ 上时,它给出了一些处在态 $|x_4\rangle$ 和 $|x_6\rangle$ 的振幅,这就意味着向下的自旋跳跃到相邻原子上具有一定振幅。由于自旋之间的相互作用,如果开始时某一个自旋向下,那么在以后的时刻,另一个原子代替它变成自旋向下就有一定的概率。将哈密顿作用在一般态 $|x_n\rangle$ 上就给出:

$$\hat{H}|x_n\rangle = -A\{|x_{n+1}\rangle+|x_{n-1}\rangle-2|x_n\rangle\}. \quad (15.7)$$

这里要特别注意,如果我们所取的是只有一个自旋向下的态的完全集,则它们将只在它们本身之间混合。哈密顿绝不会把这些态同其他具有多于一个自旋向下的态混合。你们只能交

换自旋,你们就绝不要改变总的向下自旋的数目。

使用哈密顿的矩阵记法是方便的,譬如说 $H_{n,m} = \langle x_n \mid \hat{H} \mid x_m \rangle$;方程式(15.7)等效于

$$H_{n,n} = A,$$
$$H_{n,n+1} = H_{n,n-1} = -A, \tag{15.8}$$
$$H_{n,m} = 0, \text{ 当 } | n-m | > 1.$$

现在我们要问,对于具有一个自旋向下的那些态的能级是怎样的呢? 和往常一样,我们令 C_n 为某个态 $|\psi\rangle$ 处于态 $|x_n\rangle$ 的振幅。如果 $|\psi\rangle$ 是一个具有确定能量的态,则所有的 C_n 必定以相同的方式随时间变化,即

$$C_n = a_n \mathrm{e}^{-iEt/\hbar}. \tag{15.9}$$

我们可以把这个试解代入通常的哈密顿方程中

$$i\hbar \frac{\mathrm{d}C_n}{\mathrm{d}t} = \sum_m H_{nm} C_m. \tag{15.10}$$

同时使用式(15.8)的矩阵元。当然我们得到无限多个方程,但可以把它们都写成如下形式:

$$Ea_n = 2Aa_n - Aa_{n-1} - Aa_{n+1}. \tag{15.11}$$

这样我们又得到了与在第 13 章中已解出的完全相同的问题,不过那里是 E_0 而现在是 $2A$。相应于振幅 C_n 的解(自旋向下的振幅)是以传播常量 k 和能量为

$$E = 2A(1 - \cos kb) \tag{15.12}$$

的沿晶格传播的波。式中 b 是晶格常数。

具有确定能量的解与自旋向下的"波"——称为"自旋波"——相对应,对于每个波长,有一个相应的能量。对于长波长(小的 k),其能量按下式变化

$$E = Ab^2 k^2. \tag{15.13}$$

和以前一样,我们可以考虑一个定域的波包(不过其中只包含长波长),它相当于在晶格中某一部分的一个自旋向下的电子。这个向下自旋表现得像一个"粒子"。因为它的能量与 k 的关系由式(15.13)描写,这个"粒子"具有有效质量:

$$m_{有效} = \frac{\hbar^2}{2Ab^2}. \tag{15.14}$$

有时我们把这些"粒子"称为"磁波子"。

§15-2　双 自 旋 波

现在我们讨论存在两个向下自旋的情形。我们还是要选取一组基础态,选择在两个原子的位置上有向下自旋的那些态,如图 15-2 所示。我们可以用两个向下自旋的位置的坐标 x 来表示这个态,图 15-2 中所示的态可写成 $|x_2, x_5\rangle$。一般说来,基础态为 $|x_n, x_m\rangle$,这是

图 15-2　具有两个向下自旋的状态

一个二重无限集！在这套描述体系中,态 $|x_4,x_9\rangle$ 和态 $|x_9,x_4\rangle$ 是完全相同的态,因为这两个态都只是说在位置 4 和位置 9 处各有一个向下的自旋,它们的次序并没有什么意义。此外,态 $|x_4,x_4\rangle$ 是无意义的,并不存在这种情况。我们可以这样来描述任何一个态 $|\psi\rangle$：即给出它在每个基础态的振幅。如此,$C_{m,n}=\langle x_m,x_n\mid\psi\rangle$ 表示处于态 $|\psi\rangle$ 的系统在第 m 个原子和第 n 个原子同时具有向下自旋这种态中的振幅。现在所出现的这种复杂性并不是概念上的复杂,仅仅是簿记的复杂性而已。（量子力学的一个复杂性就在于登录记号法。随着向下自旋越来越多,我们所用的记号也因含有大量标记而变得越来越复杂,方程式也总是令人望而生畏,其实概念并不比最简单的情形复杂多少。）

这个自旋系统的运动方程是一组关于 $C_{n,m}$ 的微分方程。它们是

$$i\hbar\frac{\mathrm{d}C_{n,m}}{\mathrm{d}t}=\sum_{ij}(H_{nm,ij})C_{ij}. \tag{15.15}$$

假定我们希望求出该系统的定态,和往常一样,把对时间的微商变成 E 乘上振幅,而 $C_{m,n}$ 可以用系数 $a_{m,n}$ 代替。接下来我们必须仔细地算出 H 对自旋 m 和 n 向下的这个态作用的结果。这种计算并不困难。暂时假定 m 和 n 相距甚远,这样我们就不必为显而易见的麻烦而操心。对位于 x_n 处的向下自旋的交换操作是将向下自旋或者转移到第 $n+1$ 个原子或者移到第 $n-1$ 个原子上去。所以有一个振幅是现在的态来自态 $|x_m,x_{n+1}\rangle$,也有一个振幅来自态 $|x_m,x_{n-1}\rangle$。或者也可能是另一个自旋在交换,就是 $C_{m,n}$ 来自 $C_{m+1,n}$ 或 $C_{m-1,n}$,都有一定的振幅。所有这些效应都应是相等的。最后关于 $C_{m,n}$ 的哈密顿方程为

$$Ea_{m,n}=-A(a_{m+1,n}+a_{m-1,n}+a_{m,n+1}+a_{m,n-1})+4Aa_{m,n}. \tag{15.16}$$

这个方程是正确的,但下面两种情况除外：如果 $m=n$,则方程根本不存在；如果 $m=n\pm1$,则方程式(15.16)中有两项应去掉。我们将不去考虑这些例外情形。我们暂不理会这些方程中有少数要稍加改动这一事实。毕竟我们假定晶体是无限的,而且我们有无限多项,所以忽略很少几个不会有多大关系。那么作为粗略的一级近似,让我们忘掉那些改动过的方程,换句话说,我们假定方程式(15.16)对所有 m 和 n,即使它们相差 1 也无所谓。这就是我们的近似方法的本质部分。

方程的求解并不难,我们立即得到

$$C_{m,n}=a_{m,n}\mathrm{e}^{-iEt/\hbar}, \tag{15.17}$$

而

$$a_{m,n}=（常数）\mathrm{e}^{ik_1x_m}\mathrm{e}^{ik_2x_n}, \tag{15.18}$$

式中

$$E=4A-2A\cos k_1b-2A\cos k_2b. \tag{15.19}$$

至此我们可以想一想,如果我们有两个独立的、分别对应于 $k=k_1$ 和 $k=k_2$ 的单自旋波（如上一节中的情况）,将会出现什么情况呢？根据式(15.12),它们具有能量

$$\epsilon_1=(2A-2A\cos k_1b)$$

及

$$\epsilon_2=(2A-2A\cos k_2b).$$

注意,式(15.19)中的能量 E 只是它们之和,即

$$E = \epsilon(k_1) + \epsilon(k_2). \tag{15.20}$$

换句话说,我们可以这样来考虑我们所得到的解:有两个粒子,也就是两个自旋波,一个粒子具有以 k_1 描述的动量,另一个粒子具有用 k_2 表示的动量,体系的能量就是这两个粒子能量之和,这两个粒子的作用是完全独立的。对于这个体系就只有这些。

当然,我们已经做了某些近似,但是我们现在并不想讨论答案的精确性。不过,你们也许猜想到,在一个适当大小的晶体中包含着数十亿个原子,因此在哈密顿中就有数十亿项,丢掉几项并不会造成很大的误差。要是我们有很多向下的自旋,以致向下自旋的密度相当大,那么我们就得考虑修正了。

[有趣的是:如果只有两个向下自旋,就可以写出精确的解。这结果并不特别重要,但是引起兴趣的是对于这种情况的方程可以精确求解。这一解为:

$$a_{m,n} = \exp[ik_c(x_m + x_n)]\sin(k \mid x_m - x_n \mid), \tag{15.21}$$

而能量为: $\qquad E = 4A - 2A\cos k_1 b - 2A\cos k_2 b,$

波数 k_c, k 与 k_1, k_2 的关系为:

$$k_1 = k_c - k, \quad k_2 = k_c + k. \tag{15.22}$$

这个解包含了这两个自旋的"相互作用",它说明当两个自旋互相靠近时就有一定的散射机会,自旋表现得很像具有相互作用的粒子。但是,有关它们散射的详细理论超出了我们想要在这里讨论的范围。]

§15-3　独 立 粒 子

在上节中,我们已经写出了两个粒子系统的哈密顿式(15.15)。然后取近似,这近似相当于忽略两个粒子间任何"相互作用",我们求得了由式(15.17)和(15.18)所描述的定态,这个态正好就是两个单粒子态的乘积。然而,我们对于式(15.18)中 $a_{m,n}$ 的解实在并不满意。我们早就谨慎地指出,态 $|x_9, x_4\rangle$ 与 $|x_4, x_9\rangle$ 并无区别——x_m 和 x_n 的次序没有什么意义。一般来说,如果我们交换 x_m 和 x_n 的值,振幅 $C_{m,n}$ 的代数表达式必须不变。因为这种交换并不改变状态,不管怎么说,它应代表在 x_m 处及 x_n 处各找到一个向下自旋的态的振幅。但是要注意,由于 k_1 和 k_2 通常是不同的,式(15.18)对 x_m 和 x_n 并不对称。

问题在于我们没有使式(15.15)的解一定要满足这个附加条件。幸好这个问题很容易解决。首先我们注意到,该哈密顿方程的一个解

$$a_{m,n} = K e^{ik_2 x_m} e^{ik_1 x_n} \tag{15.23}$$

与式(15.18)一样好,甚至其能量也与式(15.18)所得的能量相同。式(15.18)和式(15.23)的任何线性组合也是一个很好的解,其能量仍由式(15.19)给出。由于对称性要求,我们所应选取的解就是式(15.18)和式(15.23)之和:

$$a_{m,n} = K[e^{ik_1 x_m} e^{ik_2 x_n} + e^{ik_2 x_m} e^{ik_1 x_n}]. \tag{15.24}$$

现在,给定任何 k_1 和 k_2,振幅 $C_{m,n}$ 和我们安置 x_m 和 x_n 的方式无关——如果我们恰巧把 x_m 和 x_n 规定反了,我们仍然得到相同的振幅。我们用"磁波子"解释方程式(15.24)结果就不同,我们不能再说该方程表示波数为 k_1 的一个粒子和波数为 k_2 的第二个粒子。振幅式(15.24)表示具有两个粒子(磁波子)的一个态。这个态的特征由两个波数 k_1 和 k_2 来表征。我们的解看上去很像是由一个动量为 $p_1 = \hbar k_1$ 的粒子和另一个动量为 $p_2 = \hbar k_2$ 的粒子组成的复合态,但是我们不能在这个态中指出哪个粒子是哪一个。

至此,读者应该从这些讨论中回忆起第 4 章以及我们关于全同粒子的描述。我们刚才正好证明自旋波粒子——磁波子——的行为像全同玻色子。所有的振幅对两个粒子的坐标来说必须是对称的——这等于说,如果我们"交换两个粒子",我们将回到同样的振幅并且具有相同的符号。但是,你们可能会想,为什么我们在构成式(15.24)时选取两项相加的方式?为什么不把这两项相减?采用减号时,交换 x_m 和 x_n 只不过改变 $a_{m,n}$ 的符号,这并没有什么关系。但是交换 x_m 和 x_n 并没有引起任何改变——晶体中的所有电子仍旧位于原来的地方,甚至振幅的符号也没有理由要改变。由此可见,磁波子的行为像玻色子 *。

上面的讨论主要有两点:第一,告诉你们一些有关自旋波之事;第二,向读者揭示一种态,它的振幅是两个振幅的乘积,它的能量是相应于这两个振幅的能量的和。对于独立粒子来讲,振幅相乘,能量相加。你们不难理解为什么能量是求和。能量是虚指数中 t 的系数,它与频率成正比。如果有两个粒子正在做某些事情,一个具有振幅 $e^{-iE_1 t/\hbar}$,而另一个具有振幅 $e^{-iE_2 t/\hbar}$,如果这两件事情一起发生的振幅是各个振幅之积,在这乘积中就出现一个频率,它是两个频率之和,与振幅乘积相对应的能量是两个能量之和。

我们通过相当冗长的论证来向你们说明一件简单的事情,当你们不考虑粒子间的任何作用时,就可以把每个粒子看成是独立的。这些粒子可以各自存在于它们单独存在时所具有的各种不同的状态中,每个粒子都贡献出它们单独存在时所具有的能量。然而你们必须记住,如果它们是全同粒子,则它们会表现为不是玻色子就是费米子,这由具体问题来定。例如,把两个额外的电子加到晶体里去,它们就会表现得像费米子。当交换这两个电子的位置时,其振幅必定改变符号。在相应于式(15.24)的方程中,在右边的两项中间就应该有一个负号。因而两个费米子不可能处在完全相同的情况中——具有相同的自旋和相同的 k。这种态的振幅为零。

§15-4 苯 分 子

虽然量子力学提供了确定分子结构的基本定律,但是这些定律只能精确地用在最简单的化合物上。因此化学家们设计出各种近似方法来计算复杂分子的某些性质。现在我们要对你们说明的是有机化学家们是怎样应用独立粒子近似的。我们从讨论苯分子开始。

在第 10 章中我们从另一种观点讨论苯分子,在那里我们对分子采用的是双态系统的近似图像,它具有如图 15-3 所示的两个基础态。苯分子有一个由 6 个碳构成的环,每个碳原

---

* 一般说来,我们所讨论的这类准粒子,其行为或者像玻色子,或者像费米子,而对自由粒子来说,具有整数自旋的粒子是玻色子,具有半整数自旋的粒子是费米子。"磁波子"代表一个自旋向上的电子转成自旋向下,它自旋的变化为 1。磁波子具有整数自旋,它是玻色子。

子上键联着一个氢原子。按照惯用的价键图像,我们必须假设碳原子之间半数是双键,而在最低能量的条件下,双键的分布有如图所示的两种可能形式。当然还有别的能量较高的态。当我们在第 10 章讨论苯分子时,我们只采用这两个态,并没有考虑别的态。我们发现分子的基态能量并不是图中所示的任一态的能量,而是比这个态的能量低了一个量值,该量值与从其中一个态跃迁至另一态的振幅成正比。

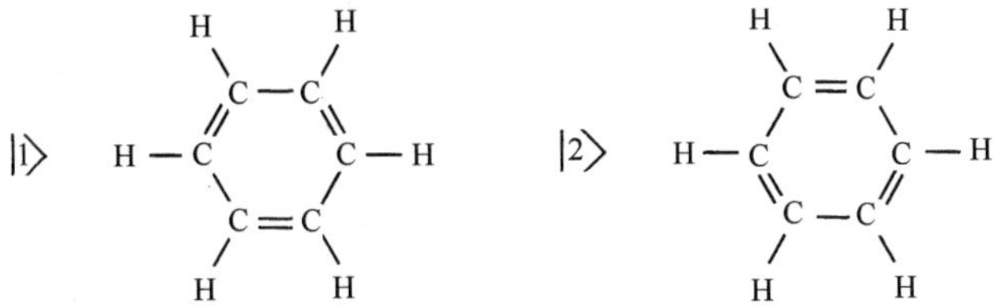

图 15-3　第 10 章中采用的苯分子的两个基础态

现在我们从完全不同的观点——用不同的近似方法来考察这种分子。这两种观点将会给我们不同的答案,但是如果我们改进任何一种近似方法,我们都应得到正确的结果,即对苯分子的有效描述。然而,如果我们不肯费心去改进它们,当然通常往往如此,那么你们就不应该为这两种描述不完全一致而感到惊奇。我们至少将用新的观点来证明,苯分子的最低能量比如图 15-3 所示的任一个三键结构要低。

现在我们采用下面的图像:我们设想苯分子的 6 个碳原子仅以单键相联,如图 15-4 所示。由于一个键代表一对电子,在上述图像中我们已去掉了 6 个电子,它是一个六重电离的苯分子。现在我们来考虑把这 6 个电子放回去会发生什么情况,我们一次放回 1 个电子,并想象每个电子都可以环绕这个环自由运动。我们还假设图 15-4 所示的所有键都满足了,没有必要对之作进一步的考虑。

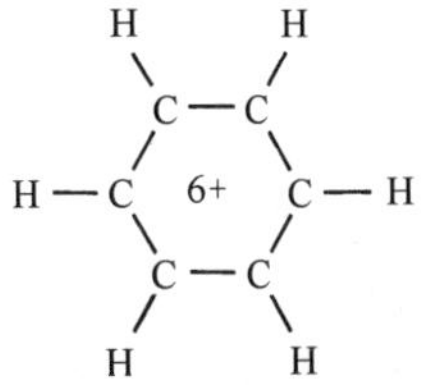

图 15-4　去掉 6 个电子的苯环

当我们把 1 个电子放回到这个分子离子时会发生些什么呢?当然它可能落在环的 6 个位置——相当于 6 个基础态——中的任何一个上。它从一个位置跑到相邻的位置上去应该有一定的振幅,比方说为 A。如果我们分析这些定态,就会有一些可能的能级。这仅仅是对一个电子而言。

接下来把第二个电子放进去,现在我们作一个你所能想象到的最荒谬的近似——一个电子的行为并不影响另一个电子的行为。当然它们实际上是有相互作用的,它们通过库仑力相互排斥,此外当这两个电子在同一位置时,它们所具有的能量必定与只有一个电子在那里时的能量的两倍有很大的差别。当只有 6 个位置,特别是当我们要放进第 6 个电子的时候,独立粒子的近似确实是不合理的。但是,有机化学家们已经能从这种近似中获得许多知识。

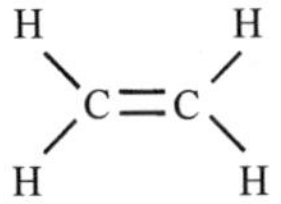

图 15-5　乙烯分子

在我们对苯分子作出详细计算之前,让我们考虑一个更简单的例子——乙烯分子,它只有两个碳原子,在每边都各有两个氢原子,如图 15-5 所示。这分子有一个含有两个电子的"额外"的价键,处在两个碳原子之间。现在去掉这两个电子中的一个,我们得到什么呢?我们可以把它看成是一个两态系统——留下的一个电子可以位于这个碳原子或者另一个碳原子旁。我们可以把它作为一个双态系统来分析。这单个电子可能具有的能量是 $(E_0 - A)$,或 $(E_0 + A)$,如图 15-6 所示。

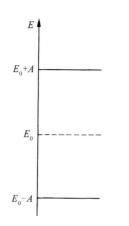

图 15-6 乙烯分子中"额外"电子可能的能级

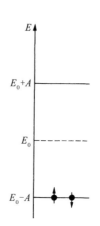

图 15-7 在乙烯分子的额外价键中,可以有两个电子(一个自旋向上,一个自旋向下)占据最低能级

现在我们加进第二个电子。好,如果我们有两个电子,我们可以把第一个电子放在较低的态,而把第二个电子放在较高的状态。不太对,我们忘记了某些事情。每一个状态实际上是双重的。当我们说存在一个能量为 $(E_0 - A)$ 的可能状态时,实际上有两个。如果一个电子的自旋向上而另一个电子的自旋向下的话,则这两个电子可以进入同一个态。(由于不相容原理,不能再放入更多的电子。)所以实际上能量为 $(E_0 - A)$ 的可能状态有两个。我们可以画一个图,如图 15-7 所示,它既表明能级,又表明这些能级被占据的情况。在最低能量条件下,两个电子以相反的自旋一同处在最低状态。如果我们忽略两个电子的相互作用,那么乙烯分子的额外价键的能量是 $2(E_0 - A)$。

现在让我们回过头来讨论苯。图 15-3 中的两个态的每一个都有 3 个双键。每个双键都像乙烯中的键,每个双键贡献 $2(E_0 - A)$ 的能量。其中 E_0 是把一个电子放入苯中某个位置的能量,A 是这个电子跃迁到相邻位置上的能量。所以能量大致应为 $6(E_0 - A)$。但是我们在以前研究苯分子时,得出的能量比有 3 个额外价键结构的能量更低。让我们来看看,根据我们的新观点,是否苯分子的能量比 3 个价键的更低。

我们从六重电离的苯环开始讨论,并加进一个电子。现在我们有一个 6 个态的系统。虽然我们还没有解过这类系统的问题,但是我们知道怎样去解,我们可以写出含有 6 个振幅的 6 个方程等等。但是让我们省一些劳动——我们注意到:当我们算出无限原子线列中的一个电子问题时,我们已经解决了这个问题。当然,苯并不是无限长的直线,它有 6 个原子组成一个环。但是我们设想打开这个环,把它拉成一直线,并且将沿此直线的原子从 1 到 6 予以编号。在无限长直线的情况下,下一个位置应是 7。但是如果我们坚持认为这第七个位置和第一个位置全同,并以此类推,那么情况就和苯环完全相同了。换句话说,我们可以使用无限长直线的解,但有一个附加的要求是这个解具有 6 个原子长的周期性。在第 13 章中我们已知道,处于一直线上的电子,当它在每个位置上的振幅为 $e^{ikx_n} = e^{ikbn}$ 时,它就具有确定能量的状态。对于每个 k,能量为

$$E = E_0 - 2A\cos kb. \tag{15.25}$$

我们现在只要那些每 6 个原子就重复的解。让我们先讨论 N 个原子的环这种一般的情况。如果这个解具有 N 个原子长度的周期性,则 e^{ikbN} 必定为 1,或者,kbN 必定是 2π 的整数倍。令 s 表示任一整数,于是上述条件为

$$kbN = 2\pi s. \tag{15.26}$$

以前我们就已知道,取 $\pm\pi/b$ 范围以外的 k 值是毫无意义的。这意味着:我们取 $\pm N/2$ 范围内的 s 值就得到所有可能的状态。

我们发现,对于这 N 个原子的环来说,存在 N 个确定能量的状态[*],这些态的波数由下式给出

$$k_s = \frac{2\pi}{Nb}s, \tag{15.27}$$

每个态的能量由式(15.25)给定。我们得到了所有可能能级的一组线状谱。苯($N = 6$)的能谱如图 15-8(b)所示。(括号里的数字表示具有相同能量的不同状态数目。)

有一个使这 6 个能级形象化的好方法,如图 15-8(a)所示。想象一个圆,其圆心在能量为 E_0 的能级上,半径为 $2A$。如果从这圆的底部开始量出 6 个相等的弧(在从底点量起角度为 $kb = 2\pi s/N$,对苯来说为 $2\pi s/6$),那么图上这些点的垂直高度就是式(15.25)的解。6 个点代表 6 个可能的状态。最低能级为 $(E_0 - 2A)$,有两个态具有相同的能量 $(E_0 - A)$,等等[**]。这些都是一个电子可能具有的状态。如果电子数超过 1 个,那么每个态可容纳具有相反自旋方向的两个电子。

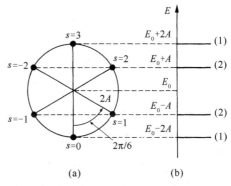

图 15-8　具有 6 个电子位置的环的能级(例如:苯环)

对于苯分子来说,我们必须放进 6 个电子。对基态来说,它们要进入可能最低的能量状态——两个电子处在 $s = 0$,两个电子处在 $s = +1$,另两个电子处在 $s = -1$。按照独立粒子近似,该基态能量为

$$E_{基} = 2(E_0 - 2A) + 4(E_0 - A) = 6E_0 - 8A. \tag{15.28}$$

这个能量的确比 3 个分开的双键能量要少 $2A$。

将苯和乙烯的能量加以比较,就可确定 A。结果为 0.8 eV,或者用化学家们喜欢的单位,每摩尔 18 千卡(1 千卡 = 4 186.8 J)。

我们可以用上面的叙述来计算或了解苯的其他性质。例如,利用图 15-8,我们就可以讨论苯被光激发的情形。如果我们试着去激发苯中的一个电子,那会出现什么情况呢? 这个电子可以跳到一个空着的较高的能量状态上去。最低激发能量应是从最高的被占据能级

---

　　[*]　你们可能以为当 N 是偶数时会有 $N + 1$ 个态。其实并非如此,因为 $s = \pm N/2$ 给出相同的态。

　　[**]　如果有两个态(它们具有不同的振幅分布)具有相同的能量,我们称这两个态是"简并"的。要注意,可以有 4 个电子具有能量 $E_0 - A$。

跃迁到最低空能级的能量,这需要能量 $2A$。当 $h\nu = 2A$ 时,苯将吸收频率为 ν 的光。苯也会吸收能量为 $3A$ 和 $4A$ 的光子。不用说,苯的吸收光谱已经测量过了,谱线图多少与我们的分析相符,只是最低的跃迁在紫外区。为了和实验数据相吻合,A 的值应选取在 $1.4\sim 2.4$ eV 之间。这就是说,A 的数值比根据化学结合能预料的要大两到三倍。

对于这种情况,化学家的处理方法是:分析许多同类的分子,从中得出一些经验规则。例如,他知道:为了计算结合能,要用某一个 A 值,但为了得出大致正确的吸收光谱要用另外一个 A 值。你们可能感到这听起来有点荒谬。从试图根据第一原理来理解自然界的物理学家的观点来说,这种方法不是很令人满意的。但是化学家面临的问题却不同。对于目前尚未制造出来,或者尚未完全了解的分子,化学家在事前必须试着对它们的性质进行猜测。他所需要的是一系列经验规则,至于这些规则是哪里来的则无关紧要。所以他应用理论的方式与物理学家很不相同。他所选用的方程式中含有真理的影子,但是他必须改变其中的常数——作出经验修正。

就苯来说,与实验不一致的主要原因是我们假设电子是独立的——我们作为出发点的理论实际上并不合理。然而,它包含着某些真理的影子,因为它的结果似乎是对路的。有机化学家在选作研究对象的那些复杂事物的困境中,就是利用这样一些方程再加上某些经验规则(包括各种例外情况)奋力进行的。(不要忘记,一个物理学家之所以能够从第一原理出发真正计算一些东西,是因为选择的都只是一些简单问题,他从来没有解决过那些具有 42 个或者即使是只有 6 个电子的问题。至今,物理学家所能作出精确、合理的计算的仅仅是氢原子和氦原子。)

§15-5　其他有机化学分子

现在让我们来看看,怎样才能用这些概念来研究其他分子。考虑像丁二烯(1, 3)这样的分子,在图 15-9 中按照通常的价键图画出了这个分子。

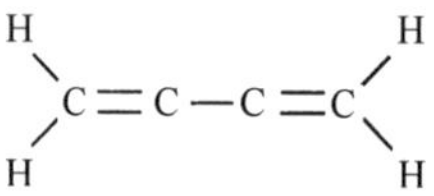

图 15-9　丁二烯(1, 3)分子的价键图 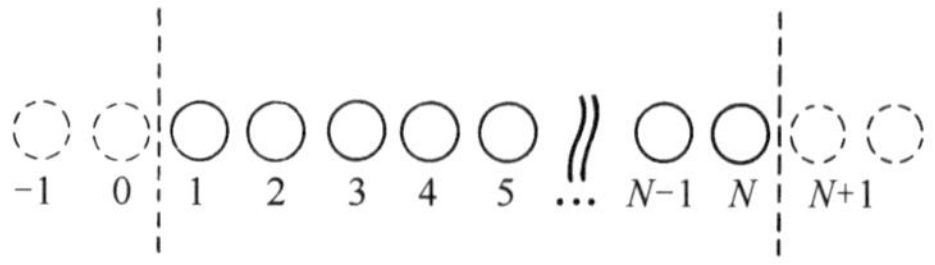　　　　图 15-10　N 个分子排成一直线

对于与两个双键相对应的 4 个额外电子,我们可以用同样的处理方法。如果我们去掉这 4 个电子,就剩下位于一直线上的 4 个碳原子。你们已经知道如何解决一条直线的问题了。你们会说,"啊,不,我只知道如何解无限长直线的问题。"但是无限长线的解也包括有限长线段的解。注意,设在一直线上的原子数目为 N,并将原子按 1 到 N 编号如图 15-10 所示。在写关于位置 1 的振幅方程中你可以不写位置 0 提供的项。同样,有关位置 N 的振幅方程也和无限长情况的方程不同,因为现在不存在由位置 $N+1$ 提供的任何项。但是,这要假定我们能够得到具有下述性质的无限长线的解:位于原子 0 处的振幅为零,位于原子 $N+1$ 处的振幅也为零。那么这些解就能满足有限长线上从 1 到 N 的所有位置上的方程组。你

们可能认为对无限长线不存在这样的解,因为我们的解都是 e^{ikx_n} 那种样式,它在每个地方都有相同的振幅绝对值。但是你得记住:能量只和 k 的绝对值有关。因此对于相同的能量,e^{-ikx_n} 是另一个同样合理的解。这两个解的任何叠加也具有相同的能量。把上面的两个解相减,我们可以得到解 $\sin kx_n$,它满足在 $x=0$ 处振幅为 0 这一要求。这个解仍对应于能量 $(E_0 - 2A\cos kb)$。现在只要适当选取 k 值,我们就可使振幅在 x_{N+1} 处也为零。这要求 $(N+1)kb$ 是 π 的整数倍,或者

$$kb = \frac{\pi}{(N+1)}s, \tag{15.29}$$

式中 s 是从 1 到 N 的整数。(这里我们只选取正的 k 值,因为每个解都包括 $+k$ 和 $-k$;改变 k 的符号又给出同样的态。)对于丁二烯分子来讲,$N=4$,所以有 4 个态,其 k 值由下式决定

$$kb = \frac{\pi}{5}, \frac{2\pi}{5}, \frac{3\pi}{5} \text{ 和} \frac{4\pi}{5}. \tag{15.30}$$

我们也可用一个与苯的情形相似的圆来表示能级。这次我们用分成 5 个相等部分的半圆,如图 15-11 所示。位于底部的点对应于 $s=0$,它根本没有给出什么态,顶上对应于 $s=N+1$ 的一点也是如此。剩下的 4 点给出了 4 个允许的能量。一共有 4 个定态,我们从 4 个基础态出发所期望的正是这一情况,在圆图中,各个角度间隔为 π/5 或 36°。最低能量为 $(E_0 - 1.618A)$。(啊,多奇妙的数学方法!按照这个理论,希腊人* 的黄金分割给了我们丁二烯分子的最低能量态!)

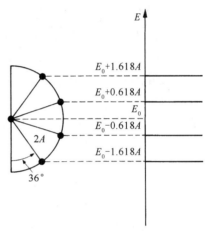

图 15-11 丁二烯的能级

现在我们就可以计算出放进 4 个电子后丁二烯分子的能量。我们用 4 个电子填满最低的两个能级,每个能级上有两个自旋相反的电子。总能量为

$$E = 2(E_0 - 1.618A) + 2(E_0 - 0.618A) = 4(E_0 - A) - 0.472A. \tag{15.31}$$

这个结果看来是合理的。这能量比两个简单双键的能量略低一些,但是结合力没有苯那样强。不管怎么说,这是化学家分析某些有机分子的方法。

化学家不但能够利用能量,而且能够利用概率幅来分析问题。知道了每个态的振幅以及哪些态被占据,他们就能说出在分子中任何地方找到一个电子的概率。电子最可能出现的那些地方,是适合于需要和其他原子团共有一个电子的化学取代中发生反应的地方,别的位置则更可能在取代反应中有产生额外电子给系统的倾向。

上面的这些概念也能使我们对叶绿素这样复杂的分子也有所了解,图 15-12 所示为叶绿素的一种结构。注意,我们用粗线画出的双键和单键构成了具有 20 个间隔的大闭合环,双键上的额外电子可以沿着这个环运动。用独立粒子方法,我们可以得到一整套能级,在光

---

* 如果一个长方形可以分割成一个正方形再加上一个和原形相似的长方形,那么这个长方形的两个邻边之比就称为黄金分割。

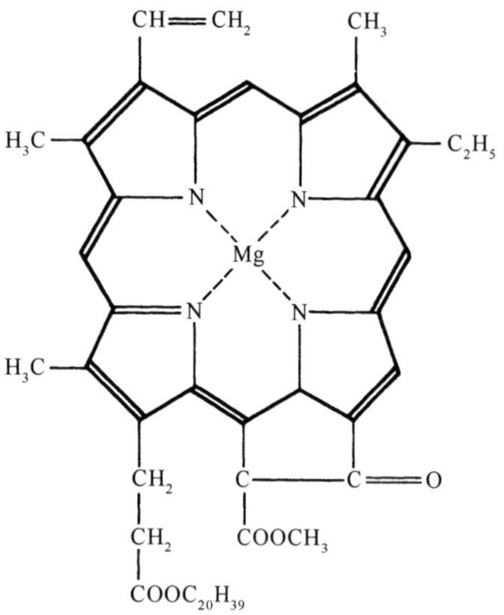

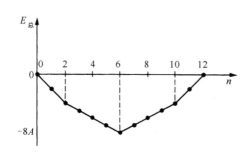

图 15-12 一个叶绿素分子

谱的可见光部分出现这些能级之间的跃迁所产生的强吸收线,这使这种分子具有鲜明的色彩。类似的复杂分子,诸如与使树叶等变红的叶黄素,也可以用同样的方法来研究。

另外一个概念是从这类理论在有机化学的应用中出现的。它或许是最为成功的,或者至少在某种意义上说是最精确的。这个概念和下面的问题有关:在什么条件下我们才能得到特别强的化学键联? 回答是很有趣的。首先以苯为例,我们设想事件发生的次序为:从六重电离分子开始,然后逐步增加电子。于是我们会想到各种苯离子——负的或正的。假定我们把离子(或中性分子)的能量作为电子数目的函数来作图。如果我们取 $E_0 = 0$(因为我们不知道 E_0 是多少),我们得到如图 15-13 所示的曲线。对于最早放入的两个电子,函数的斜率是一条直线,对于相继放入的每一组电子,斜率增加,而各组电子之间的斜率是不连续变化的。当我们刚好填满了一组能量相同的能级,而必须把电子填到下一组能量较高的能级上去的时候,斜率就要改变。

实际上苯离子的能量与图 15-13 的曲线有很大的差异,这是因为有被我们忽略掉的电子间的相互作用和静电能存在。然而,这些修正将以颇为平稳的方式随 n 而变化。即使我们对所有这些都进行了修正,所得出的能量曲线在正好填满某一能级的 n 值处仍有拐折。

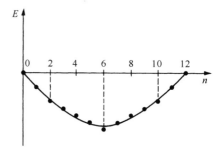

图 15-13 当图 15-8 中的最低能态被 n 个电子占有时,所有电子能量的和(取 $E_0 = 0$)

图 15-14 用一条光滑曲线联结图 15-13 的点。具有 $n = 2, 6, 10$ 的分子比别的态更稳定

现在考虑适合于各点平均的一条非常光滑的曲线,如图 15-14 所示。我们可以说,这曲线上面的各点具有"比正常值高"的能量,而曲线下面各点具有"低于正常值"的能量。通常,我们可以预料,低于正常能量的那些组态有较高的平均稳定性——从化学上说。注意,那些远低于曲线的组态总是出现在直线线段的端点,换句话说,总是出现在有足够电子正好填满所谓的"能量壳层"的情况中。这是理论很准确的预言。当分子或离子中可供填充的电子刚好填满能量壳层时,这个分子或离子(与其他类似的组态相比较)就显得特别稳定。

这个理论解释和预言了一些非常奇特的化学事实。作为一个非常简单的例子,我们考虑一个由 3 个碳原子构成的环。几乎很难令人相信,化学家能够制造出三环并且它是稳定的,但是的确已经制成了。3 个电子的能量圆画在 15-15 中。现在如果你们把两个电子放至较低能态中,这只是 3 个所需的电子中的两个。第三个电子必须放在高得多的能级上,根据我们的论证,这个分子不应该特别稳定,而双电子结构应该是稳定的。事实上:中性三苯基环丙烷基分子确实很难制成,但是图 15-16 所示的正离子就相对地比较容易制造出来。实际上制造三环绝非易事,这是因为当一个有机分子中的键构成一个等边三角形时,总是有很大的应力。要制造一个稳定的化合物,就必须用某种方法使其结构稳定。不管怎样如果在 3 个角上加上 3 个苯环,那么就能够构成一个正离子。(加苯环的理由至今还没有真正搞懂。)

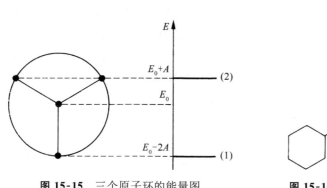

图 15-15 三个原子环的能量图

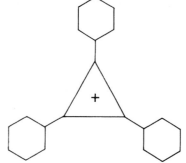

图 15-16 三苯基环丙烷基正离子

具有 5 个边的环也可以用类似的方法来分析。如果你们画出它的能级图,就可以定性地看出 6 个电子的结构应是一种特别稳定的结构,所以这样一种分子应该在成为负离子时最为稳定。现在 5 环已为大家熟知,也容易制造,并且总是作为负离子存在。同样,你们可以很容易地证实:4 环或 8 环并不令人很感兴趣,但是,14 环或 10 环——类似 6 环——的中性分子也应该是特别稳定的。

§15-6　近似方法的其他应用

我们将对另外两种类似的情况作些简单的描述。在考虑原子的结构时,我们认为电子依次填充各个壳层。电子运动的薛定谔理论只有对单个电子在有心力场中运动的情形才能较容易地求解,所谓有心力场就是随到某一点的距离变化而变化的场。那么我们怎样才能知道在一个具有 22 个电子的原子中所发生的情况呢?!一种办法就是利用一种独立粒子近似法。首先你们计算只有一个电子时的情形。你会得到若干能级。把一个电子放到最低的能量状态。作为一个粗糙的模型,继续忽略电子间的相互作用,而把电子依次填入相继的壳层。但是有一种获得更好的答案的方法是计入——至少以一种近似的方式——电子所带电荷的影响。你们每加一个电子就计算该电子处在各个不同位置的振幅,然后用此振幅去估算出一种球对称的电荷分布。用这种分布的场——加上带正电的原子核以及前面加进去的那些电子所产生的场——来计算适合下一个电子的态。这样,你就可以对中性原子以及各种离子态的能量作出合理而正确的估计。你们会发现这里也有能量壳层,就像我们曾看到的环形分子中的电子那样。当原子具有未全部填满的壳层时,该原子就表现出倾向于要获取一个或更多的额外电子,或者倾向于释出一些电子,以使它进入满壳层的最稳定的状态。

这个理论解释了元素周期表中所反映出来的隐含在基本化学性质中的机理。惰性气体就是具有刚好填满的壳层的元素,特别难以使它们发生化学反应。(当然有些惰性气体还是会同例如氟和氧等发生反应,但是这些化合物的结合非常弱,所谓的惰性气体只是近乎惰性而已,)比惰性气体原子多一个或少一个电子的原子很容易失去或者得到一个电子而进入特别稳定的(低能)状态,稳定状态来源于原子具有完全填满的壳层,这些原子是非常活泼的 +1 价或 -1 价元素。

另一种情况出现在原子核物理学中。在原子核中,质子和中子之间的相互作用相当强。即使如此,在分析原子核的结构时仍然可以用独立粒子模型。首先在实验上发现:如果原子核含有某些特殊数目——2, 8, 20, 28, 50, 82——的中子时,这些核特别稳定。含有这些数目质子的核也特别稳定。由于起先对这些数字无法作出解释,因此把它们称为原子核物理中的"幻数"。众所周知,中子和质子间存在着很强的相互作用,因此,当人们发现用独立粒子模型预言的壳层结构得出了前面几个幻数时,感到非常惊奇。这个模型假定每个核子(质子和中子)在一个有心势场中运动,这个有心势场是由所有其他核子的平均效应产生的。但是这个模型不能给出较高幻数的正确值。后来迈耶(Maria Mayer),以及詹森(Jensen)和他的同事们各自独立地发现,只要将独立粒子模型加上所谓"自旋-轨道相互作用",就成为一个能给出所有幻数的改进模型。(如果一个核子的自旋与它在核内运动的轨道角动量的方向相同,则自旋-轨道相互作用将使这个核子的能量降低。)该理论甚至能给出更多的东西——这个所谓原子核的"壳层结构"图像能使我们预言原子核及核反应的某些特性。

独立粒子近似在广泛的学科领域中——固态物理学,化学,生物学,原子核物理学——都得到了应用。虽然它往往只是一种粗略的近似,但是它能使我们了解为什么在壳层里会存在特别稳定的条件。由于其忽略了各单个粒子间相互作用的所有复杂性,因此,它往往完全不能正确地给出许多重要的细节,这是不足为奇的。

第 16 章　振幅对位置的依赖关系

§16-1　一维情形的振幅

现在我们将议论量子力学的概率幅在空间是如何变化的。在前面几章中,你们可能对有些事情被忽略感到不太舒服。例如,当我们谈论氨分子时,我们选取了两个基础态来描述它。我们选择氮原子处于 3 个氢原子所构成的平面之"上"的情形作为一个基础态,氮原子处于 3 个氢原子所构成的平面之"下"的情形作为另一个基础态。为什么我们仅仅挑选这样两个基础态呢? 为什么氮原子就不可能处于 3 个氢原子所构成平面之上 2Å(1Å $= 10^{-10}$ m)处,或者 3Å 或 4Å 处呢? 无疑有许多位置可供氮原子占据。又如当我们谈到氢分子离子时(在此离子中两个质子共有一个电子),我们想象了两个基础态:一个态是电子在第 1 号质子附近,另一个态是电子在第 2 号质子附近。显然我们略去了许多细节。这个电子并不是正好位于第 2 号质子处,而只是在它附近,它可能在这个质子上面的某个地方,或者下面、左面、右面的某个地方。

以前我们故意避免讨论这些细节。我们说,我们只是对问题的某些特征感兴趣,所以我们想象当该电子在第 1 号质子附近时,它就处于某种相当确定的状态。电子处于这个状态时,在质子周围找到它的概率应有某种相当确定的分布,但是我们对此细节不感兴趣。

我们也可以用另一种方法处理这个问题。在我们关于氢分子离子的讨论中,当我们用两个基础态来描述这种情况时,我们采用的是一种近似描述法。实际上存在着许许多多这样的状态。处于质子周围的电子可以占据最低的能量状态,即基态,但是也还存在着许多激发态。对于各个激发态来说,电子在质子周围的分布各不相同。过去我们忽略了这些激发态,说是感兴趣的只是低能量的情形。然而正是这些激发态提供了电子在质子周围各种不同分布的概率。如果我们希望详细地描述氢分子离子,我们就必须把这些可能的基础态也考虑进去,要做到这一点可以有几种方法,一种方法就是去详细地考虑那些较仔细地描述电子在空间位置的状态。

现在我们准备考虑一个比较复杂的程序,通过给出在一定条件下在任何地方找到电子的概率幅,我们就能够详细地讨论电子的位置。这个比较完整的理论为我们以前讨论中所用的近似方法提供了基础。在某种意义上,我们可以把前面的方程作为这种更完整的理论的一种近似而推导出来。

你们可能会感到奇怪,为什么我们不一开始就采用较完整的理论,在讨论过程中再作近似处理。我们感到,从双态近似开始,逐步建立更完善的理论,比起用相反的方式来处理这一问题,更容易使你们理解量子力学的基本机理。正是由于这一原因,我们处理问题的次序和你们在许多书上看到的相反。

当我们深入研究本章的课题时,你们将会注意到我们正在打破我们以往一直遵循的一个规则。无论我们在研究哪一个课题时,总是试图或多或少给出完善的物理描述——尽可能详细地告诉你们这观念通向何处。我们一直既试图去描述理论的一般结果,又试图描述某些具体的细节,从而使你们能看出理论会把我们引向何方。我们现在要打破这个规则,将叙述怎样才能谈论空间的概率幅,并向你们介绍它们所满足的微分方程,而没有时间去继续讨论由这个理论导出的许多明显包含的内容。的确,我们甚至不可能更进一步将这个理论与我们早先使用的某些近似公式(例如关于氢分子和氨分子的近似公式)联系起来。就这一次,我们只好不把讨论进行到底。我们的课程即将结束,只能满足于试图向你们介绍一般的概念以及指出我们至今一直在描述的方法和研究量子力学课题的其他方法之间的关系。我们希望给你们足够的观念,使你们能够自己进行学习,并通过阅读各种书籍学到与我们即将描述的问题有关的许多含义。我们毕竟得留些内容将来再学。

让我们再来复习一下已求出的关于一个电子如何沿原子线列运动的问题。当一个电子具有从一个原子跃迁到相邻原子的振幅时,存在着具有确定能量的状态,在这些态中找到电子的概率幅是以行波的形式沿晶格分布的。对于长波长——即对于波数 k 之值小的情况——态的能量与波数的平方成正比。对于间隔为 b 的晶格,其中电子在单位时间内从一个原子跃迁到相邻原子的振幅为 $iA/\hbar$, 态的能量与 k(对于小的 kb)的关系为

$$E = Ak^2b^2. \tag{16.1}$$

(参见§13-2。)我们也已知道,具有相似能量的这样一群波会形成一个波包,这个波包的行为与一个具质量 $m_{有效}$ 的经典粒子很相似,$m_{有效}$ 为

$$m_{有效} = \frac{\hbar^2}{2Ab^2}. \tag{16.2}$$

既然晶体中的概率幅波行为像一个粒子,我们完全可以期望:一个粒子的一般量子力学描述应显现出我们对晶格观察到的相同类型的波的行为。假定我们考虑的晶格在一直线上,并且想象晶格间隔 b 越来越小。在极限情况下我们会想到电子可以处在该直线的任何地方。我们就过渡到概率幅连续分布的情况。这样我们就有沿此直线在任何地方找到一个电子的振幅。这是描述一个电子在真空中运动情况的一种方法。换句话说,如果设想空间能够用无限个非常靠近的点标记出来,并能求得表示一点的振幅与相邻点振幅之间关系的方程,我们就得到了一个电子在空间运动的量子力学定律。

让我们先回想一下某些量子力学的一般原理。假定一个粒子可以存在于一个量子力学系统各种不同的条件中,我们把任何一个可以在其中找到电子的特殊情况称为"态",并用态矢量例如$|\phi\rangle$来表示。其他一些态可以用别的态矢量,例如$|\psi\rangle$来表示。我们然后引进基础态的概念,说有一组态$|1\rangle$, $|2\rangle$, $|3\rangle$, $|4\rangle$等等,它们具有如下性质:

第一,所有这些态都是完全不同的——我们说它们是正交的。所谓正交意思是指对于任意两个基础态$|i\rangle$和$|j\rangle$,表示一个已知处在态$|i\rangle$的电子同时又处在态$|j\rangle$的振幅$\langle i|j\rangle$等于零——当然除非$|i\rangle$和$|j\rangle$代表同一个态。我们将此符号表示为

$$\langle i | j \rangle = \delta_{ij}. \tag{16.3}$$

你们应记住,若 i 与 j 不等,则 $\delta_{ij} = 0$;若 i 和 j 相等,则 $\delta_{ij} = 1$。

第二,这些基础态$|i\rangle$必定是一个完全集,所以任何态都能用它们表述。这就是说,任何态$|\phi\rangle$都可以由给定的所有振幅$\langle i|\phi\rangle$完整地描述,$\langle i|\phi\rangle$是处在态$|\phi\rangle$的一个粒子也会在态

$|i\rangle$ 找到的振幅。事实上,态矢量 $|\phi\rangle$ 等于各基础态乘上一个系数后的和,这系数就是态 $|\phi\rangle$ 也处在态 $|i\rangle$ 的振幅,即

$$|\phi\rangle = \sum_i |i\rangle\langle i \mid \phi\rangle. \tag{16.4}$$

最后,如果我们考虑任何两个态 $|\phi\rangle$ 和 $|\psi\rangle$,那么要求态 $|\psi\rangle$ 也同时处在态 $|\phi\rangle$ 的振幅,可以先将态 $|\psi\rangle$ 投影到各基础态上,然后再将每个基础态投影到态 $|\phi\rangle$ 上而求得。我们把这写成如下形式:

$$\langle \phi \mid \psi\rangle = \sum_i \langle \phi \mid i\rangle\langle i \mid \psi\rangle. \tag{16.5}$$

式中的求和当然是对整个基础态 $|i\rangle$ 的集进行的。

在第 13 章中,当我们计算位于一直线排列的原子中的电子情况时,我们曾选取过一组基础态,在这些态中电子总被定域于直线上的这个或那个原子上。基础态 $|n\rangle$ 代表电子被定域在第"n"个原子上的情形。(当然,我们把基础态称为 $|n\rangle$ 而不称为 $|i\rangle$ 并没有什么特别的意义。)接着,我们发现用原子的坐标 x_n 要比用原子在排列中的数字编号表示基础态来得方便。态 $|x_n\rangle$ 只是书写态 $|n\rangle$ 的另一种方法。然后,遵循一般规则,任何态,比方说 $|\psi\rangle$,处于 $|\psi\rangle$ 态的电子也可以用在态 $|x_n\rangle$ 中的一个的振幅来描述。为方便起见,我们选用符号 C_n 代表这些振幅

$$C_n = \langle x_n \mid \psi\rangle. \tag{16.6}$$

既然,这些基础态与直线上的位置有关,我们可把振幅 C_n 看作是坐标 x 的函数,并把它写成 $C(x_n)$。一般来说,振幅 $C(x_n)$ 将随时间而改变,因此它也是 t 的函数。通常我们并不费力气去把这种对时间的依赖关系明显地表示出来。

于是我们在第 13 章中提出:振幅 $C(x_n)$ 将以哈密顿方程[式(13.3)]所描述的方式随时间变化。用我们的新符号,该方程为

$$i\hbar\frac{\partial C(x_n)}{\partial t} = E_0 C(x_n) - AC(x_n+b) - AC(x_n-b). \tag{16.7}$$

上式右边最后两项代表位于第 $(n+1)$ 个原子或第 $(n-1)$ 个原子的电子可以输送至第 n 个原子的过程。

我们发现式(16.7)具有与确定能量的状态相对应的解,我们把这些解写成

$$C(x_n) = e^{-iEt/\hbar} \cdot e^{ikx_n}. \tag{16.8}$$

对于那些低能量的状态来说,波长较长(k 较小),且能量与 k 的关系为

$$E = (E_0 - 2A) + Ak^2b^2, \tag{16.9}$$

或者,我们这样选取能量的零点,使 $E_0 - 2A = 0$。那么能量就由式(16.1)给出。

现在我们来看看,要是让晶格间隔 b 趋于零,但保持波数 k 不变,可能会发生些什么。如果所发生的只是上述情况,则式(16.9)中的最后一项正好为零,那就没有物理意义了。但是假如 A 和 b 一起变化,以至当 b 趋于零时乘积 Ab^2 保持恒定*——应用式(16.2),我们将

---

* 你们可以想象,当这些点 x_n 相互趋近时,从 $x_{n\pm1}$ 跃迁到 x_n 的振幅 A 将增加。

把 Ab^2 写成常数 $\hbar^2/2m_{有效}$。在这些情况下,方程式(16.9)将不发生变化,但是微分方程式(16.7)会出现什么情况呢?

首先,我们把方程式(16.7)改写成

$$i\hbar\frac{\partial C(x_n)}{\partial t} = (E_0 - 2A)C(x_n) + A[2C(x_n) - C(x_n + b) - C(x_n - b)]. \quad (16.10)$$

对于我们所选取的 E_0,上式第一项为零。其次,我们可以想象一个连续函数 $C(x)$,它平滑地联接每个 x_n 处 $C(x_n)$ 的固有值。当间隔 b 趋向于零时,这些点 x_n 越来越紧密地靠在一起,而(如果我们使 $C(x)$ 的变化相当平滑的话)在括号中的量正好同 $C(x)$ 的两阶微商成正比,将每一项作泰勒展开后,我们可以写出下列等式

$$2C(x) - C(x + b) - C(x - b) \approx -b^2 \frac{\partial^2 C(x)}{\partial x^2}. \quad (16.11)$$

然后,在取 b 趋于零的极限条件下,保持 b^2A 等于 $\hbar^2/2m_{有效}$,则式(16.7)变成

$$i\hbar\frac{\partial C(x)}{\partial t} = -\frac{\hbar^2}{2m_{有效}} \cdot \frac{\partial^2 C(x)}{\partial x^2}. \quad (16.12)$$

我们就得到了一个方程,它告诉我们:$C(x)$——在 x 处找到电子的振幅——的时间变化率与在相邻点找到电子的振幅有关,它正比于该振幅对位置的两阶微商。

关于电子在自由空间运动的正确的量子力学方程最早是由薛定谔发现的。对于沿一直线运动的电子来说,如果用该电子在自由空间的质量 m 代替 $m_{有效}$,则正确的量子力学方程就和式(16.12)的形式完全一样。在自由空间中沿一直线运动的电子,薛定谔方程为:

$$i\hbar\frac{\partial C(x)}{\partial t} = -\frac{\hbar^2}{2m} \frac{\partial^2 C(x)}{\partial x^2}. \quad (16.13)$$

我们无意使你们认为我们已经导出了薛定谔方程,而只是希望告诉你们一种思考这个问题的方法。当薛定谔第一次写出这个方程式的时候,他的推导是建立在启发性的论证和卓越的直觉猜测上的。他所使用的某些论证甚至是错误的,但是这并没有什么关系,唯一重要的是这个最终的方程给出了对自然界的正确描述。我们讨论这问题的目的,只是想告诉你们,正确的、基本的量子力学方程式(16.13)和你们在电子沿着原子线列运动的极限情况下所得到的方程具有相同的形式。这意味着我们可以把式(16.13)中的微分方程看作是描述概率幅沿此直线从一点到相邻一点的扩散。也就是说,如果一个电子在某一点具有某个振幅,则过一会,它会在邻近一点具有某个振幅。事实上,这个方程看起来有点像我们在第 1 卷中所用的扩散方程。但是存在着一个主要的区别:时间微商前的虚系数使得此方程的性质与普通的扩散(诸如气体沿一细管扩散的情况)完全不同。普通扩散给出实指数的解,而式(16.13)的解却是复波。

§16-2　波　函　数

现在你们对要讨论的将是些什么问题已有了一些概念,我们想从头再来研究描述一个电子沿一直线运动的问题,而不去考虑与晶格上原子有关的态。我们要从头开始来看看:如

果要描述一个自由粒子在空间的运动,我们必须用些什么概念。既然我们对沿一连续直线运动的粒子的行为感兴趣,那就要处理无数个可能的态,你们将会看到,对于我们为处理有限数目的态而发展起来的概念需要作出某些技术性的修正。

我们从设态矢量 $|x\rangle$ 代表一个粒子精确地定位在坐标 x 处的态着手。对于沿直线的每一个 x 值,例如 1.73 或 9.67 或 10.00,都有一个相应的态,我们将取这些态 $|x\rangle$ 作为基础态,而且,要是包括直线上的所有点,我们就有了一维运动的、一个完全集。现在假定我们有一个不同类型的态,譬如 $|\psi\rangle$,在该态中一个电子以某种方式沿此直线分布。描述这种态的一个办法是:给出在每一个基础态 $|x\rangle$ 找到电子的所有振幅。每个 x 值一个振幅,我们必须给出这些振幅的一组无限集合。我们把这些振幅写成 $\langle x|\psi\rangle$。每个这样的振幅都是一个复数,由于对每个 x 值都有这样一个复数,所以振幅 $\langle x|\psi\rangle$ 必定是 x 的函数,我们也把它写成 $C(x)$,

$$C(x) \equiv \langle x \mid \psi \rangle. \tag{16.14}$$

当我们在第 7 章中谈到振幅随时间的变化时,我们已经考虑过这种以连续的方式随坐标变化的振幅。例如,我们在那里曾证明,具有确定动量的一个粒子,它在空间的振幅必定具有特定的变化形式。如果一个粒子具有确定的动量 p 及相应确定的能量 E,则在任何位置 x 找到该粒子的振幅就像

$$\langle x \mid \psi \rangle = C(x) \propto \mathrm{e}^{+ipx/\hbar}. \tag{16.15}$$

这个方程式表达了量子力学的一个重要的普通原理,它把与空间不同位置相对应的基础态与另一个基础态系统,即所有具有确定动量的态联系了起来。对于某些类型的问题来说,使用具有确定动量的态往往比用 x 表示的态更加方便。当然,对于描述量子力学情况,这两组基础态都同样适用。我们在后面还要回过头来讨论这两种态之间的关系。目前我们希望把讨论限于用态 $|x\rangle$ 来描述的方法。

在作进一步讨论之前,我们要稍微改变一下符号,并希望不至于引起太大的混淆。式 (16.14) 定义的函数 $C(x)$ 的表示式当然与我们所考虑的那个态 $|\psi\rangle$ 有关,我们应该用某种方式把这种关系表示出来。我们可以用一个下标,例如 $C_\psi(x)$,来表明我们所讨论的是哪一个函数 $C(x)$。虽然这将是一个完全令人满意的符号,但是它有点麻烦,并且在大多数书中都不采用它。大多数人就直接省去字母 C,而只用符号 ψ 来定义这个函数

$$\psi(x) \equiv C_\psi(x) = \langle x \mid \psi \rangle. \tag{16.16}$$

既然世界上其他人都使用这个符号,你们也会习惯它,你们在别的地方遇到它时也不会被吓住。然而要记住,我们现在有两种不同的使用 ψ 的方式。在式 (16.14) 中 ψ 代表我们给予电子的某一特定物理状态的标记。另一方面,在式 (16.16) 的左边,符号 ψ 被用来定义一个 x 的数学函数,它等于与沿直线上每一点 x 相联系的振幅。我们希望你们一旦习惯了这个概念后不会引起太多的混淆。顺便指出:函数 $\psi(x)$ 通常称为"波函数"——因为它多半具有其变量的复波形式。

既然我们已经把 $\psi(x)$ 定义为处在态 ψ 的电子在位置 x 处的振幅,那么就希望把 ψ 的绝对值平方解释为在位置 x 处找到一个电子的概率。遗憾的是,严格说来在任何特定位置上找到一个电子的概率是零。一般说来,电子将"弥散"在线上的某个区域中,而且,由于任何一小线段上存在无数个点,因此电子在任何一点的概率不可能是有限数值。我们

只能用概率分布*来描述找到一个电子的概率,概率分布给出了在直线上各个位置附近找到这个电子的相对概率。让我们用 prob$(x, \Delta x)$ 这个符号来代表位于 x 附近很小间隔 Δx 中找到电子的机会。如果我们采用在任何物理情况下都足够小的尺度,则概率就会随位置平滑地变化,而在任何小的有限线段 Δx 中找到电子的概率将与 Δx 成正比,我们可以按此考虑来修改我们的定义。

我们可以把振幅 $\langle x | \psi \rangle$ 看作是表示所有基础态 $|x\rangle$ 在一小范围内的一种"振幅密度"。既然在 x 处的小间隔 Δx 中找到一个电子的概率应该与间隔 Δx 成正比,我们可以这样来选取 $\langle x | \psi \rangle$ 的定义,使下述关系成立:

$$\mathrm{prob}(x, \Delta x) = | \langle x | \psi \rangle |^2 \Delta x.$$

因此振幅 $\langle x | \psi \rangle$ 就与处在态 $|\psi\rangle$ 的一个电子在基础态 $|x\rangle$ 中被找到的振幅成正比,而比例常数这样选取,使得振幅 $\langle x | \psi \rangle$ 的绝对值平方给出在任何小范围内找到一个电子的概率密度。我们可以等效地写成

$$\mathrm{prob}(x, \Delta x) = | \psi(x) |^2 \Delta x. \tag{16.17}$$

现在我们必须对前面的某些方程作些修改,使它们与这个新定义相协调。假定一个电子处在 $|\psi\rangle$ 态,而我们希望知道在另一个不同态 $|\phi\rangle$ 中找到此电子的振幅,态 $|\phi\rangle$ 可能对应于该电子的另一个不同分布状况。以前当我们谈论一组有限的分立状态时,我们就用式 (16.5)。在修改我们的振幅定义前我们把这振幅写成

$$\langle \phi | \psi \rangle = \sum_{\text{所有}x} \langle \phi | x \rangle \langle x | \psi \rangle. \tag{16.18}$$

现在如果这些振幅按我们以前所叙述的方法来归一化,那么在 x 处小范围内所有状态的和就相当于乘以 Δx,而对所有 x 值求和就变为对 x 的积分。用我们修改过的定义,这个振幅的正确形式为

$$\langle \phi | \psi \rangle = \int_{\text{所有}x} \langle \phi | x \rangle \langle x | \psi \rangle \mathrm{d}x. \tag{16.19}$$

振幅 $\langle x | \psi \rangle$ 就是我们现在所说的 $\psi(x)$,同样地,我们也选取 $\phi(x)$ 来表示振幅 $\langle x | \phi \rangle$。请记住,$\langle \phi | x \rangle$ 是 $\langle x | \phi \rangle$ 的复共轭,我们可以把式(16.19)写成

$$\langle \phi | \psi \rangle = \int \phi^*(x) \psi(x) \mathrm{d}x. \tag{16.20}$$

按照我们的新定义,如果我们用对 x 的积分来代替对 x 的求和,则所有一切都遵从与以前相同的公式。

对上面我们所说的还应提出一个限制。如果我们要用任何一组合适的基础态来充分地描述所发生的情况,则这组基础态必须是完全的。对于一个一维电子来说,仅仅用基础态 $|x\rangle$ 来描述其实是不够完善的,因为对于每个这样的态中的电子,其自旋可以向上或向下,获得一个完全集的一种办法是在 x 处取两组态,一组对应于向上的自旋,一组对应于向下的自旋。不过,目前我们不必为这种复杂的情形而操心。

---

* 关于概率分布的讨论请参看第 1 卷 §6-4。

§16-3　具有确定动量的态

假定我们有一个电子,它处在用概率幅 $\langle x \mid \psi \rangle = \psi(x)$ 描写的态 $|\psi\rangle$ 中。我们知道电子处于这个态时以一定的分布展开在直线上,从而在位置 x 处小间隔 Δx 中找到电子的概率正好为

$$\text{prob}(x, \, \mathrm{d}x) = |\psi(x)|^2 \mathrm{d}x.$$

关于这个电子的动量,我们能讲些什么呢? 我们要问,这个电子具有动量 p 的概率是多大? 让我们从计算态 $|\psi\rangle$ 在另一个态 $|$动量 $p\rangle$ 中的振幅开始,我们定义态 $|$动量 $p\rangle$ 为具有确定动量 p 的态。利用关于振幅分解的基本方程式(16.19),我们可以求得这个振幅。按态 $|$动量 $p\rangle$ 的定义,我们得

$$\langle \text{动量 } p \mid \psi \rangle = \int_{-\infty}^{\infty} \langle \text{动量 } p \mid x \rangle \langle x \mid \psi \rangle \mathrm{d}x. \tag{16.21}$$

该电子具有动量 p 的概率应由这个振幅绝对值的平方给出。然而,我们又遇到了归一化的小问题。一般说来,我们所能问的只是在动量 p 附近 $\mathrm{d}p$ 的小范围内找到具有该动量的电子的概率。动量严格为某值 p 的概率必定为零(除非这个态 $|\psi\rangle$ 恰巧是一个具有确定动量的态)。只有当我们问到在动量 p 附近的小范围 $\mathrm{d}p$ 内找到这电子的概率时,我们才会得到一个确定的概率。有好几种办法适用于使它归一化,我们选一种我们认为最方便的办法,不过这在目前对你们来说可能不是显而易见的。

我们所作的归一化使概率与振幅的关系满足

$$\text{prob}(p, \, \mathrm{d}p) = |\langle \text{动量 } p \mid \psi \rangle|^2 \frac{\mathrm{d}p}{2\pi\hbar}, \tag{16.22}$$

振幅 $\langle$动量 $p|x\rangle$ 的归一化就按这个定义来确定。当然,振幅 $\langle$动量 $p|x\rangle$ 正好是振幅 $\langle x|$动量 $p\rangle$ 的复共轭,而 $\langle x|$动量 $p\rangle$ 又正是我们在式(16.15)中所写的式子。采用这种归一化,指数前面那个适当的比例常数正好为 1,即

$$\langle \text{动量 } p \mid x \rangle = \langle x \mid \text{动量 } p \rangle^* = \mathrm{e}^{-\mathrm{i}px/\hbar}. \tag{16.23}$$

于是式(16.21)变为

$$\langle \text{动量 } p \mid \psi \rangle = \int_{-\infty}^{\infty} \mathrm{e}^{-\mathrm{i}px/\hbar} \langle x \mid \psi \rangle \mathrm{d}x. \tag{16.24}$$

这个方程加上式(16.22)就能使我们对任何态 $|\psi\rangle$ 求出动量分布。

让我们来看一个特殊的例子——例如一个电子定域在 $x = 0$ 附近某一区域内。假定我们采用如下形式的波函数:

$$\psi(x) = K\mathrm{e}^{-x^2/4\sigma^2}. \tag{16.25}$$

那么这个波函数在 x 处的概率分布是上式绝对值的平方,即

$$\text{prob}(x, \, \mathrm{d}x) = P(x)\mathrm{d}x = K^2 \mathrm{e}^{-x^2/2\sigma^2} \mathrm{d}x. \tag{16.26}$$

式中的概率密度函数 $P(x)$ 是如图 16-1 所示的高斯曲线。大部分概率集中在 $x = +\sigma$

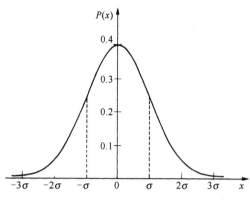

图 16-1　式(16.25)中波函数的概率密度

和 $x=-\sigma$ 之间。我们说这个曲线的"半宽度"为 σ。(更精确地说,σ 等于某事物按此分布弥散时其坐标 x 的方均根值。)通常,我们这样选取常数 K,使概率密度 $P(x)$ 不仅与在 x 处单位长度内找到电子的概率成正比,而且具有这样的标度,使 $P(x)\Delta x$ 等于在 x 附近 Δx 范围内找到电子的概率。可以令 $\int_{-\infty}^{\infty} P(x)\mathrm{d}x = 1$ 来确定常数 K,因为在整个区域内找到电子的概率必定为1。这里,我们得到 $K=(2\pi\sigma^2)^{-1/4}$。(我们用了公式 $\int_{-\infty}^{\infty} \mathrm{e}^{-t^2}\mathrm{d}t = \sqrt{\pi}$,参见第1卷 § 40-4。)

现在我们来求动量分布。令 $\phi(p)$ 代表找到具有动量 p 的电子的振幅,

$$\phi(p) = \langle \text{动量 } p \mid \psi \rangle. \tag{16.27}$$

将式(16.25)代入式(16.24),得:

$$\phi(p) = \int_{-\infty}^{+\infty} \mathrm{e}^{-ipx/\hbar} \cdot K\mathrm{e}^{-x^2/4\sigma^2}\,\mathrm{d}x. \tag{16.28}$$

上述积分也可改写成

$$K\mathrm{e}^{-p^2\sigma^2/\hbar^2} \int_{-\infty}^{+\infty} \mathrm{e}^{-\frac{1}{4\sigma^2}(x+2ip\sigma^2/\hbar)^2}\,\mathrm{d}x. \tag{16.29}$$

现在作代换 $u=x+2ip\sigma^2/\hbar$,这个积分就为

$$\int_{-\infty}^{\infty} \mathrm{e}^{-u^2/4\sigma^2}\,\mathrm{d}u = 2\sigma\sqrt{\pi}. \tag{16.30}$$

(数学家们可能会反对我们在这里的推导方式,但不管怎么说,结果是正确的。)

$$\phi(p) = (8\pi\sigma^2)^{1/4}\mathrm{e}^{-p^2\sigma^2/\hbar^2}. \tag{16.31}$$

我们得到了一个有趣的结果,即对 p 的振幅函数与 x 的振幅函数具有相同的数学形式,只是高斯分布的宽度不同。我们可以把上式写成

$$\phi(p) = (\eta^2/2\pi\hbar^2)^{-1/4}\mathrm{e}^{-p^2/4\eta^2}, \tag{16.32}$$

式中 p 分布函数的半宽度 η 与 x 分布函数的半宽度 σ 有下列关系

$$\eta = \frac{\hbar}{2\sigma}. \tag{16.33}$$

我们所得结果表明:如果使 σ 变小,从而使对 x 的分布宽度变得很小,那么 η 就变得很大,对 p 的分布就散布得非常宽。或者反过来说,如果我们有一个对 p 的狭窄的分布,它必然对应着一个对 x 的散开的分布。要是我们愿意,可以把 η 和 σ 看作是处在我们所研究状态中的电子之位置和动量区域的不确定性的某种量度。如果我们把 η 和 σ 分别称为 Δp 和 Δx,则式(16.33)变为:

$$\Delta p \Delta x = \frac{\hbar}{2}. \tag{16.34}$$

有意思的是,可以证明对于 x 或 p 的任何其他形式的分布来说,乘积 $\Delta p \Delta x$ 不会比我们这里得到的小。高斯分布给出了均方根宽度乘积的最小可能值。一般我们可以说

$$\Delta p \Delta x \geqslant \frac{\hbar}{2}. \tag{16.35}$$

这就是海森伯的不确定性原理的定量表述,对此,我们以前已多次作过定性讨论。通常我们作这种近似表述:乘积 $\Delta p \Delta x$ 的最小值与 $\hbar$ 有相同的数量级。

§16-4　对 x 的态的归一化

当涉及基础态的连续问题时,就需要对我们的基本方程进行修改,现在就来讨论这个问题。当我们所讨论的是有限数目的分立态时,这一组基础态必须满足的基本条件为:

$$\langle i \mid j \rangle = \delta_{ij}. \tag{16.36}$$

如果一个粒子处在一个基础态中,那么它处在另一个基础态中的振幅就为零。通过选取适当的归一化条件,我们定义振幅 $\langle i | i \rangle$ 为 1。这两个条件由式(16.36)描述。现在来看看,当用 $|x\rangle$ 表示在一条直线上的粒子的基础态时,这个关系应如何修改。如果已知这个粒子处在基础态之一 $|x\rangle$ 中,则它同时处在另一个基础态 $|x'\rangle$ 的振幅是多少呢?如果 x 和 x' 是沿直线上两个不同的位置,那么振幅 $\langle x | x' \rangle$ 肯定为 0,从而与式(16.36)一致。但是如果 x 和 x' 相同,而振幅 $\langle x | x' \rangle$ 将不为 1,则仍旧是因为老的归一化问题。为了看清楚我们必须怎样来补救这个问题,回到式(16.19),并把此式用到态 $|\phi\rangle$ 正好是基础态 $|x'\rangle$ 的特殊情况中去。于是我们得

$$\langle x' \mid \phi \rangle = \int \langle x' \mid x \rangle \psi(x) \mathrm{d}x. \tag{16.37}$$

振幅 $\langle x | \phi \rangle$ 正好就是函数 $\psi(x)$。同样,既然振幅 $\langle x' | \phi \rangle$ 是指相同的态 ϕ 而言的,因此它是变量 x' 的相同的函数,即 $\psi(x')$。于是我们可以把式(16.37)改写成

$$\psi(x') = \int \langle x' \mid x \rangle \psi(x) \mathrm{d}x. \tag{16.38}$$

这个方程必须对任何态 $|\phi\rangle$ 都成立,因而对任意函数 $\psi(x)$ 也成立。这个条件将完全确定振幅 $\langle x | x' \rangle$ 的性质——当然,$\langle x | x' \rangle$ 只是与 x 和 x' 有关的函数。

现在我们的任务是找到一个函数 $f(x, x')$,当把它乘以 $\psi(x)$,并对所有 x 积分后正好给出量 $\psi(x')$。结果发现没有一个数学函数能做到这点!至少没有一个我们通常所说的“函数”可以满足这点。

假定我们把 x' 取为一个特殊数目 0,并定义振幅 $\langle 0 | x \rangle$ 为 x 的某个函数,譬如说 $f(x)$。于是式(16.36)就为:

$$\psi(0) = \int f(x) \psi(x) \mathrm{d}x. \tag{16.39}$$

何种类型的函数 $f(x)$ 才能够满足这个方程呢?既然这个积分必须与 x 不为 0 时 $\psi(x)$ 的值

无关,所以很明显,对于 x 不为 0 的所有值,$f(x)$ 必定为 0。但是若 $f(x)$ 处处为 0,则积分也将为 0,因而式(16.39)不会被满足。所以我们遇到了一个不可能的情形:我们希望有一个函数,除了一点外处处为 0,但是其积分仍为有限值。既然我们找不到一个具有这种性质的函数,最方便的出路就是宣称函数 $f(x)$ 就是由式(16.39)定义的。也就是说 $f(x)$ 是能使式(16.39)正确成立的函数。这个函数最早是由狄拉克发明的,所以就用他的名字来命名。我们把它写成 $\delta(x)$。所有我们说的是函数 $\delta(x)$ 具有这样的奇怪性质,就是以它代替式(16.39)中的 $f(x)$,则积分就取 x 为 0 时的 $\psi(x)$ 的值,而且既然这积分与所有 x 不等于 0 的 $\psi(x)$ 值无关,函数 $\delta(x)$ 必定除 $x=0$ 的点外处处为 0。总括起来,我们写成:

$$\langle 0 \mid x \rangle = \delta(x), \qquad (16.40)$$

式中 $\delta(x)$ 由下式定义

$$\psi(0) = \int \delta(x)\psi(x)\mathrm{d}x. \qquad (16.41)$$

注意,如果我们采用特殊的函数"1"作为式(16.41)中的函数 ψ,那么我们就得到

$$1 = \int \delta(x)\mathrm{d}x. \qquad (16.42)$$

这就是说,函数 $\delta(x)$ 具有这样的性质:除了 $x=0$ 外它处处为 0,但是具有等于 1 的有限积分。我们必须把这函数 $\delta(x)$ 想象成在某一点为奇特的无穷,使总面积等于 1。

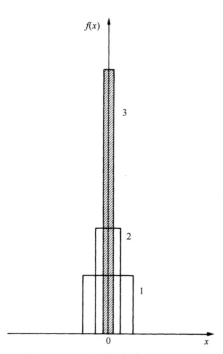

图 16-2 一组面积都为 1 的函数,
看上去越来越像 $\delta(x)$

想象狄拉克 δ 函数的一种方法是设想一系列的矩形——或者你愿意想象的任何峰函数——它变得越来越窄,越来越高,但始终保持面积为 1,如图 16-2 所示。这函数从 $-\infty$ 到 $+\infty$ 的积分恒为 1。如果你们将它乘以任何函数 $\psi(x)$,然后对这个乘积进行积分,那么你们就会近似地得到这个函数 $\psi(x)$ 在 $x=0$ 处的值,当你使用的长方形越来越窄,这一近似就越来越好。如果你们愿意的话,就可以用这种类型的极限过程来想象 δ 函数。但是,唯一重要的事情是:δ 函数被定义为使得式(16.41)对每一个可能的函数 $\psi(x)$ 都成立。这就唯一地定义了 δ 函数。它的性质如上所述。

如果我们把 δ 函数的自变量从 x 变成 $x-x'$,那么相应的关系式为:

$$\delta(x-x') = 0, \ x' \neq x,$$
$$\int \delta(x-x')\psi(x)\mathrm{d}x = \psi(x'). \quad (16.43)$$

如果我们用 $\delta(x-x')$ 来代替式(16.38)中的振幅 $\langle x \mid x' \rangle$,那么该方程被满足。于是我们的结果是:
对 x 的基础态来说,与式(16.36)相对应的条件为

$$\langle x' \mid x \rangle = \delta(x - x'). \tag{16.44}$$

现在我们已经完成了对我们的基本方程所作的必要的修改,在处理对应于直线上那些点的连续基础态问题时需要这些方程。可以直接把这种修改推广到三维的情况。首先我们用矢量 r 代替坐标 x,然后把对 x 的积分变成对 x,y 和 z 的积分,换句话说,变成体积分。最后,一维 δ 函数必须被 3 个 δ 函数的乘积即 $\delta(x-x')\delta(y-y')\delta(z-z')$ 来代替,其中一个以 x、一个以 y、另一个以 z 为变量。把以上这些合在一起,我们就得到在三维空间中粒子振幅的如下一组方程:

$$\langle \phi \mid \psi \rangle = \int \langle \phi \mid r \rangle \langle r \mid \psi \rangle \mathrm{dVol}, \tag{16.45}$$

$$\langle r \mid \psi \rangle = \psi(r),$$

$$\langle r \mid \phi \rangle = \phi(r), \tag{16.46}$$

$$\langle \phi \mid \psi \rangle = \int \phi^*(r)\psi(r) \mathrm{dVol}, \tag{16.47}$$

$$\langle r' \mid r \rangle = \delta(x - x')\delta(y - y')\delta(z - z'). \tag{16.48}$$

如果粒子多于一个将会发生什么情况呢?我们将告诉你们如何处理两个粒子系统的问题,你们就会很容易地看出,如果要处理粒子数目很多的系统时必须做些什么。假定有两个粒子,我们称之为粒子 1 和粒子 2。用什么作为基础态呢?一组能描述这一系统的完美的态为:粒子 1 处在 x_1 和粒子 2 处在 x_2,我们把这个态写成 $|x_1 x_2\rangle$。请注意,只对一个粒子位置的描述不能定义为基础态。每个基础态必须确定整个系统的情况。我们绝不可认为每个粒子都是独立地像波一样在三维空间中运动。任何一个物理态 $|\psi\rangle$,可以通过给出在 x_1 和 x_2 处找到两个粒子的所有振幅 $\langle x_1, x_2 \mid \psi \rangle$ 而确定下来。因此这个广义振幅是两组坐标 x_1 和 x_2 的函数。你们可以看出这样的函数并不是在三维空间中传播的振动这种意义上的波。它一般也不只是两个单独的波——每个粒子一个波——的简单乘积。总的来说,它是由 x_1 和 x_2 所定义的六维空间中的某种波。如果在自然界中存在着两个具有相互作用的粒子,那么我们无法通过试图写出其中一个粒子单独的波函数来描述它发生的过程。我们在前面几章中所讨论的这个著名的佯谬——对一个粒子作测量就可以告知另一个粒子遭遇的事情,或者会破坏两粒子的干涉——已经给人们带来了种种麻烦,因为他们只愿意考虑单独一个粒子的波函数,而不愿去想象以两个粒子的坐标为变量的正确波函数。只有用两个粒子坐标的函数,才能正确地给出完整的描述。

§16-5　薛 定 谔 方 程

到目前为止,我们只是为如何描述涉及一个可以位于空间各处的电子这样的态而操心,现在我们得为如何描述在各种情况下可能发生的物理问题而操心了。和前面一样,我们必须解决态如何随时间变化的问题。如果我们有一个态 $|\psi\rangle$,经一段时间后转变成了另一个态 $|\psi'\rangle$,那么我们只要使波函数——它就是振幅 $\langle r \mid \psi \rangle$——不仅是坐标的函数而且是时间的函数就可描述所有时刻的情况。于是我们可以用一个随时间变化的波函数 $\psi(r, t) = \psi(x, y,$

z,t)来描写在给定情况下的一个粒子。这个随时间变化的波函数描述了随着时间的进展而出现的态的相继变化。这个所谓的"坐标表象"给出了态$|\psi\rangle$在基础态$|r\rangle$上的投影,它应用起来不一定总是最方便的,但是我们将首先讨论它。

在第 8 章中我们曾用哈密顿 H_{ij} 描述态如何随时间变化。我们看到各种振幅的时间变化是用矩阵方程

$$i\hbar\frac{\mathrm{d}C_i}{\mathrm{d}t} = \sum_j H_{ij}C_j \tag{16.49}$$

给出的。这方程告诉我们:每个振幅 C_i 的时间变化与所有其他的振幅成正比,比例系数为 H_{ij}。

当我们用连续基础态$|x\rangle$时,式(16.49)是怎样的呢? 首先让我们记住,式(16.49)也可写成

$$i\hbar\frac{\mathrm{d}}{\mathrm{d}t}\langle i\mid\psi\rangle = \sum_j \langle i\mid\hat{H}\mid j\rangle\langle j\mid\psi\rangle.$$

现在我们很清楚该怎么做。对 x 表象来说,我们认为

$$i\hbar\frac{\partial}{\partial t}\langle x\mid\psi\rangle = \int\langle x\mid\hat{H}\mid x'\rangle\langle x'\mid\psi\rangle\mathrm{d}x'. \tag{16.50}$$

对基础态$|j\rangle$的求和为对 x' 的积分所代替。既然$\langle x|\hat{H}|x'\rangle$应是 x 和 x' 的某个函数,我们就可把它写成 $H(x,x')$——它相当于式(16.49)中的 H_{ij}。于是式(16.50)与式

$$i\hbar\frac{\partial}{\partial t}\psi(x) = \int H(x,x')\psi(x')\mathrm{d}x' \tag{16.51}$$

相同,其中

$$H(x,x') \equiv \langle x\mid\hat{H}\mid x'\rangle.$$

根据式(16.51),ψ 在 x 处的变化率与 ψ 在所有各点 x' 处的 ψ 值有关;因子 $H(x,x')$ 是单位时间内电子从 x' 跃迁到 x 处的振幅。然而,结果是:在自然界中,除了非常靠近 x 的那些点 x' 以外,这个振幅总为 0。这就意味着——正如我们在本章开始所举的原子链的例子(式(16.12))中所看到的那样——式(16.51)的右边可以用在 x 处的 ψ 和 ψ 对 x 的微商完全表示出来。

对于一个不受力的作用和不受干扰而在空间自由运动的粒子来说,正确的物理定律是

$$\int H(x,x')\psi(x')\mathrm{d}x' = -\frac{\hbar^2}{2m}\cdot\frac{\partial^2}{\partial x^2}\psi(x).$$

这一式子我们是从什么地方得来的呢? 没有地方。我们不可能从我们已知的任何事情中导出这个式子,它来源于薛定谔的头脑,是薛定谔在致力于了解对真实世界的各种实验观察的过程中发明的。你们想想我们从研究晶体中电子的传播而导出式(16.12)的过程,或许会获得上式为什么会是这种形式的某些线索。

当然,自由粒子并不十分令人兴奋。如果我们对粒子施以作用力,将会发生些什么呢? 如果粒子所受的力可以用标势 $V(x)$ 来描写——这意味着我们考虑的是电力而不是磁力——如果我们只考虑低能的情况,从而可以忽略那些由相对论性的运动所引起的复杂性,于是适合真实世界的哈密顿给出

$$\int H(x, x')\psi(x')\mathrm{d}x' = -\frac{\hbar^2}{2m} \cdot \frac{\partial^2}{\partial x^2}\psi(x) + V(x)\psi(x). \tag{16.52}$$

同样,要是你们回顾一下电子在晶体中的运动,你们就可以对这个方程的来源获得一些线索;而且,如果从一个原子位置到另一个原子位置电子的能量变化很慢——如果对晶体加上电场,就会出现这种情况——那么你们知道方程要如何修改。这样,式(16.7)中的项 E_0 将随位置缓慢变化,并与式(16.52)中我们所加的新项相对应。

[你们可能感到奇怪,为什么我们直接从式(16.51)到式(16.52),而不是给出关于振幅 $H(x, x') = \langle x | \hat{H} | x' \rangle$ 的正确函数形式。我们这样做是因为:虽然式(16.51)右边的整个积分用我们习惯的方式表示,但是 $H(x, x')$ 只能写成奇特的代数函数。如果你们实在好奇的话,我们可以把 $H(x, x')$ 写成如下形式:

$$H(x, x') = -\frac{\hbar^2}{2m}\delta''(x-x') + V(x)\delta(x-x'),$$

式中 δ'' 表示 δ 函数的二阶微商。这个相当陌生的函数可以用一个稍微方便些的代数微分算符来代替,它是完全等效的:

$$H(x, x') = \left\{ -\frac{\hbar^2}{2m} \cdot \frac{\partial^2}{\partial x^2} + V(x) \right\}\delta(x-x').$$

我们不用这些形式,而直接利用式(16.52)的形式。]

现在,如果我们对式(16.50)中的积分采用式(16.52)中的表示式,那么我们就对 $\psi(x) = \langle x | \psi \rangle$ 得到下列微分方程式:

$$\mathrm{i}\hbar\frac{\partial \psi}{\partial t} = -\frac{\hbar^2}{2m} \cdot \frac{\partial^2}{\partial x^2}\psi(x) + V(x)\psi(x). \tag{16.53}$$

如果我们对三维空间中的运动感兴趣,那么我们很清楚应该用什么方程来代替式(16.53)。唯一的改变是用

$$\nabla^2 = \frac{\partial^2}{\partial x^2} + \frac{\partial^2}{\partial y^2} + \frac{\partial^2}{\partial z^2}$$

来代替$\partial^2/\partial x^2$,以及用 $V(x, y, z)$ 代替 $V(x)$。对于一个在势场 $V(x, y, z)$ 中运动的电子来说,其振幅 $\psi(x, y, z)$ 所遵循的微分方程为

$$\mathrm{i}\hbar\frac{\partial \psi}{\partial t} = -\frac{\hbar^2}{2m}\nabla^2\psi + V\psi. \tag{16.54}$$

上式称为薛定谔方程,是第一个为人所知的量子力学方程。在本书中我们提到的其他量子力学方程被发现之前,薛定谔就写下了这个方程。

虽然我们是沿着完全不同的途径来探讨这一问题的,但是标志物质量子力学描述诞生的伟大历史时刻是 1926 年薛定谔第一次写出他的方程之时。许多年中,物质内部的原子结构曾经是个巨大的谜。没有人能理解是什么原因使物质结合在一起,为什么会有化学键联,特别是原子怎么会是稳定的。虽然玻尔已经能够描述氢原子中电子的内部运动,而且看起来也可以解释所观察到的氢原子辐射出的光谱,但是电子为什么以这种方式运动仍然是一个谜。薛定谔所发现的电子在原子尺度上正确的运动方程提供了一种理论,可以定量、精确

并详细地计算原子现象。原则上,除了涉及磁和相对论的现象外,薛定谔方程能解释所有的原子现象。它解释了原子能级以及所有化学键联的事实。然而这只在原则上成立——除了对最简单的问题,有关的数学立即变得非常复杂而无法精确求解。只对氢原子和氦原子进行了高度精确的计算。但是,用了各种近似方法(有些非常粗糙)后,许多有关更为复杂的原子以及分子化学键联的事实就可以理解了。在前面几章中我们已经给你们介绍过几种这样的近似方法。

我们所写出的薛定谔方程没有把任何磁效应考虑进去。只要在薛定谔方程中加进几项,就可以近似地把这种效应考虑进去。但是正如我们在第 2 卷中所看到的那样,磁性本质上是一种相对论性效应,所以只有用适当的相对论性方程才能正确地描述电子在任意电磁场中的运动,关于电子运动的正确的相对论方程是在薛定谔发明他的方程后一年由狄拉克发现的。它的形式与薛定谔方程有很大的不同。在这里我们根本无法去讨论它。

在我们进一步研究由薛定谔方程所得出的一些结果之前,我们愿向你们说明一下,对于具有大量粒子的系统,薛定谔方程是怎样的。我们并不打算应用这个方程,只是想让你们看一下这个方程,强调一下波函数 ψ 并不仅仅是空间的一个普通的波,而是一个具有许多变量的函数。如果存在许多粒子,薛定谔方程就变成

$$i\hbar \frac{\partial \psi(r_1, r_2, r_3 \cdots)}{\partial t} = \sum_i -\frac{\hbar^2}{2m}\left\{\frac{\partial^2 \psi}{\partial x_i^2} + \frac{\partial^2 \psi}{\partial y_i^2} + \frac{\partial^2 \psi}{\partial z_i^2}\right\} + V(r_1, r_2, r_3 \cdots)\psi. \quad (16.55)$$

式中的势函数 V 相当于经典理论中所有粒子的总势能。如果没有外力作用在粒子上,函数 V 就是所有粒子相互作用的静电能。这就是说,如果第 i 个粒子带有电荷 $Z_i q_e$,则函数 V 就是*

$$V(r_1, r_2, r_3 \cdots) = \sum_{\text{所有粒子对}} \frac{Z_i Z_j}{r_{ij}} e^2. \quad (16.56)$$

§16-6 量子化能级

后面有一章我们将对一个特殊例子详细讨论薛定谔方程的解。但是现在我们想告诉你们薛定谔方程的一个最不寻常的结果是怎样得出来的——即一个只包含空间连续变量的连续函数的微分方程能给出诸如原子中分立能级这样的量子效应这种惊人的事实。我们要了解的基本要点是下述情形怎样发生的:当一个电子被某种类型的势"井"束缚在空间某区域时,它只能具有一组十分确定的分立能量中的这个或那个能量呢?

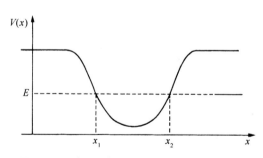

图 16-3 对于一个沿 x 轴运动的粒子的势阱

假定我们设想一个电子处在一维情况中,它的势能随 x 的变化方式如图 16-3 所示。我们设这个势是不变的——它不随时间变化。正如我们以前多次做过的那样,我们希望求出与确定能量、即确定频率的状态相对应

* 这里我们根据前面两卷所用的习惯,取 $e^2 \equiv q_e^2/(4\pi\varepsilon_0)$。

的解。让我们试一下这种形式的解

$$\psi = a(x)\mathrm{e}^{-\mathrm{i}Et/\hbar}. \tag{16.57}$$

如果我们把这个函数代入薛定谔方程,我们发现函数 $a(x)$ 必须满足下面的微分方程

$$\frac{\mathrm{d}^2 a(x)}{\mathrm{d}x^2} = \frac{2m}{\hbar^2}[V(x) - E]a(x). \tag{16.58}$$

这个方程告诉我们:在每个 x 处,$a(x)$ 对 x 的二次微商与 $a(x)$ 成正比,比例系数是量 $\frac{2m}{\hbar^2}(V-E)$。$a(x)$ 的二次微商就是它的斜率的变化率。如果势 V 比粒子的能量 E 大,则 $a(x)$ 斜率的变化率与 $a(x)$ 具有相同的符号。这就意味着,$a(x)$ 这条曲线是凹的,随 x 增大,远离 x 轴而去。也就是说,它多少具有正或负指数函数 $\mathrm{e}^{\pm x}$ 的性质。这意味着在图 16-3 中坐标轴上 x_1 左边 V 大于所设的能量 E 的区域,函数 $a(x)$ 的形状将像图 16-4(a) 中所示的某条曲线。

　　另一方面,如果势函数 V 小于能量 E,则 $a(x)$ 对 x 的二次微商具有与 $a(x)$ 本身相反的符号,$a(x)$ 这条曲线将总是凹向 x 轴,与图 16-4(b) 中所示的那些曲线相似。在这样一个区域中的解逐渐接近于大致的正弦曲线的形状。

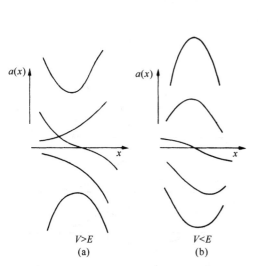

图 16-4　对于 $V > E$ 和 $V < E$ 的情形,波函数 $a(x)$ 的可能形状

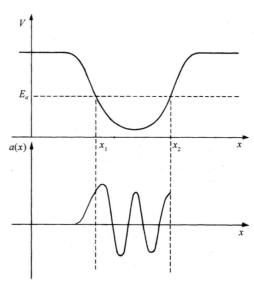

图 16-5　对于能量为 E_a 的波函数,在坐标轴 $x < x_1$ 的区域,它趋近于零

　　现在让我们来看看:我们是否能够用作图的办法求得函数 $a(x)$ 的解,它对应于能量为 E_a 的一个粒子处于如图 16-3 所示的势 V 中。既然我们试图描述一个粒子被束缚在势阱内的情形,因此我们所要找的解,其波振幅在势阱之外的 x 处具有很小的值。我们很容易想象出图 16-5 中所示的那样的曲线,对于大的负 x 值,它趋于零,当它趋于 x_1 的时候,它平滑地增长。既然在 x_1 处 V 等于 E_a,则在该点此函数的曲率变为 0。在 x_1 和 x_2 之间的区域,量 $V - E_a$ 恒为负,所以函数 $a(x)$ 总是凹向 x 轴,而且 E_a 和 V 之间的差值越大,曲率也越大。如果我们将曲线延长至 x_1 和 x_2 之间的区域内,它多少应如图 16-5 所示。

　　现在让我们把这条曲线延伸至 x_2 右边的区域,在那里它弯曲离开坐标轴并趋向大的正

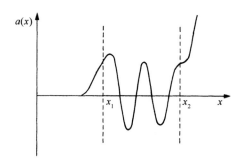

图 16-6 把图 16-5 的波函数 $a(x)$ 继续延长到超过 x_2

值,如图 16-6 所示。对于我们所选取的 E_a,$a(x)$ 的解随着 x 的增加而变得越来越大。事实上,它的曲率也在增加(如果这个势函数继续保持平坦的话)。振幅以极大的比例急剧地增长。这意味着什么呢? 这只表示粒子没有被"束缚"在势阱里,它在阱外找到的可能性比阱内要大得多。对于我们所制造的这个解,在 $x=+\infty$ 处找到这个电子的可能性比其他任何地方大得多。我们没能找到一个束缚粒子的解。

让我们试试另一个能量,譬如一个稍微比 E_a 高些的能量 E_b,如图 16-7 所示。如果我们在同样的情况下从左边开始,那么我们所得到的解就如图 16-7 的下半部分所示。初看起来,这解似乎比较好,其实它的结果与 E_a 的解一样糟——只不过现在当趋于大的 x 值时 $a(x)$ 变得越来越负。

可能这就是线索。既然,把能量 E_a 稍微改变一点到 E_b,就使得这条曲线从坐标轴的一边跳到另一边,那么在 E_a 和 E_b 之间或许存在某个能量,对于这一能量当 x 为很大值时曲线将趋于零。的确有这么一个能量,我们在图 16-8 中粗略地画出了这个解的形式。

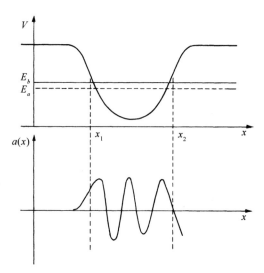

图 16-7 对于能量 E_b 大于 E_a 的波函数 $a(x)$

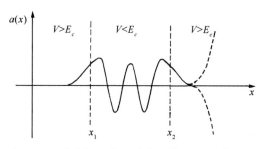

图 16-8 对于在 E_a 和 E_b 之间的能量 E_c 的波函数

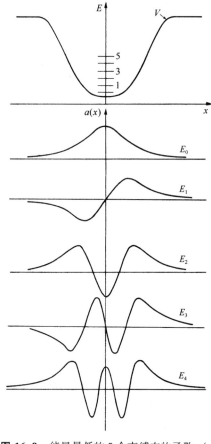

图 16-9 能量最低的 5 个束缚态的函数 $a(x)$

　　你们应该体会到我们在图中画出的解是一个非常特殊的解。如果我们把这个能稍微升高或降低一点，那么函数就会变成图 16-8 所示的两条虚线之一那样的曲线，而我们也就不会有关于一个束缚粒子的适当条件了。这样我们得到了一个结果：如果要使一个粒子被束缚在一个势阱中，只有当它具有一个完全确定的能量才行。

　　这是否意味着，对于一个束缚在势阱中的粒子，它只能具有一个能量呢？不，其他能量也可能，但不是非常靠近 E_c 的能量。注意，我们在图 16-8 中画出的波函数在 x_1 和 x_2 之间穿过坐标轴 4 次。如果我们所选的能量比 E_c 低相当数量的话，那么可以得到一个只与坐标轴相交 3 次、2 次、1 次或不相交的解。这些可能解画在图 16-9 中。（还可能有其他的解，对应于比图中所示的更高的能量值。）我们的结论是：如果一个粒子被束缚在势阱中，它的能量只能取一个分立能谱中的某些特定值。你们看到了，一个微分方程是怎样描述量子物理的基本事实的。

　　我们可以提醒你们注意另一种事。如果能量 E 在这个势阱顶部以上，那么就不再有分立的解，任何可能的能量都是允许的。这种解对应于自由粒子被势阱散射的情形，在讨论晶体中杂质原子的影响时，我们就已经看到过这种解的例子了。

第 17 章 对称性和守恒定律

§17-1 对 称 性

在经典物理学中,许多物理量是守恒的,如动量、能量和角动量。在量子力学中也存在着对应于这些量的守恒定理。从某种意义上来说,量子力学最美妙之处在于它可以从其他一些东西导出这些守恒定理,而在经典力学中它们实际上是各定律的出发点。(在经典力学中,也有类似于我们在量子力学中用的这种处理方法,但这只有在很高深的水平上才能做到。)但是,在量子力学中,许多守恒定律与振幅的叠加原理及物理系统在各种变换下的对称性深刻关联。这就是本章的主题。虽然我们把这些概念主要应用到角动量的守恒上,但是最本质的一点在于:量子力学中所有物理量守恒的定理都与该系统的对称性有关。

因此,我们就从研究物理系统的对称性问题开始。氢分子离子是一个非常简单的例子——当然也可以氨分子为例——它们都有两个态。对氢分子离子来说,我们可把电子定域在第一个质子附近及定域在第二个质子附近这两种状态取作我们的基础态。这两个态——它们称为|1⟩和|2⟩——重画在图17-1(a)上。现在,只要这两个核是完全相同的,那么在这个物理系统中就存在某种对称性。这就是说,如果我们以一个位于两质子距离的一半的中间平面来反射这个系统(所谓反射是指把平面一边的一切东西都移到另一边的对称位置上),则我们得到图 17-1(b)的情形。由于两个质子是完全相同的,因此,

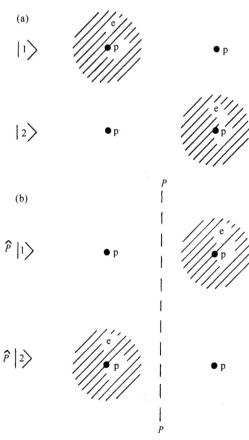

(a)

|1⟩

|2⟩

(b)

$\hat{P}|1⟩$

$\hat{P}|2⟩$

图 17-1　如果态|1⟩和|2⟩对平面 $P\text{-}P$ 反射,则它们分别变成态|2⟩和|1⟩

这种反射操作就使 $|1\rangle$ 变为 $|2\rangle$ 以及 $|2\rangle$ 变为 $|1\rangle$。我们把这个反射操作称为 $\hat{P}$,并写为

$$\hat{P}|1\rangle = |2\rangle, \qquad \hat{P}|2\rangle = |1\rangle. \tag{17.1}$$

所以在这种意义上 $\hat{P}$ 是一个算符,它的"作用"是使一个态成为一个新的态。有趣的是 $\hat{P}$ 作用于任何一个态所产生的是该系统的另外某个态。

与我们以前描述的任何算符一样,$\hat{P}$ 也具有矩阵元,它可以用通常的符号来定义。如果在 $\hat{P}|1\rangle$ 和 $\hat{P}|2\rangle$ 的左边乘以 $\langle 1|$,就得到矩阵元

$$P_{11} = \langle 1|\hat{P}|1\rangle \quad \text{以及} \quad P_{12} = \langle 1|\hat{P}|2\rangle.$$

根据式(17.1),它们为

$$\begin{aligned}\langle 1|\hat{P}|1\rangle &= P_{11} = \langle 1|2\rangle = 0, \\ \langle 1|\hat{P}|2\rangle &= P_{12} = \langle 1|1\rangle = 1.\end{aligned} \tag{17.2}$$

同样的方法可得 P_{21} 和 P_{22}。$\hat{P}$ 对于基础态 $|1\rangle$ 和 $|2\rangle$ 的矩阵为

$$P = \begin{pmatrix} 0 & 1 \\ 1 & 0 \end{pmatrix}. \tag{17.3}$$

我们再次看到在量子力学中算符和矩阵这两个词实际上是可以互相通用的。它们之间只有一些技术性的差别,就像"数字"和"数"的差别一样,但是这种差别有点学究式,我们不必为之操心。所以不论 $\hat{P}$ 定义一个操作,还是实际上用来定义一个数字矩阵,我们可以随意把它称为算符或矩阵。

现在要指出,我们假定整个氢分子离子系统的物理性质是对称的。例如,它并不一定要与邻近的别的事物有关。然而,如果这个系统是对称的话,那么下面的概念肯定是正确的。假设系统在 $t=0$ 时处于态 $|1\rangle$,经过一段时间 t 后,我们发现系统处于一个较为复杂的情况——两个基础态的某种线性组合。记得我们在第 8 章中用乘以算符 $\hat{U}$ 来代表"经过一段时间"。这就是说,系统过一会儿——为明确起见,譬如说15 s——后处在另外某个态。例如,它可能是由 $\sqrt{2/3}$ 的态 $|1\rangle$ 和 $i\sqrt{1/3}$ 的态 $|2\rangle$ 组成的态,我们可写成:

$$|\text{第 15 s 时的 } \psi\rangle = \hat{U}(15,0)|1\rangle = \sqrt{2/3}\,|1\rangle + i\sqrt{1/3}\,|2\rangle. \tag{17.4}$$

现在我们问,如果开始时系统处于对称态 $|2\rangle$,则在同样的条件下经 15 s 后系统会发生什么变化?显然,如果世界是对称的——正如我们所假定的那样——我们将得到与式(17.4)对称的态:

$$|\text{第 15 s 时的 } \psi\rangle = \hat{U}(15,0)|2\rangle = \sqrt{2/3}\,|2\rangle + i\sqrt{1/3}\,|1\rangle. \tag{17.5}$$

图 17-2 表示两个同样的概念。所以如果一个系统的物理性质相对某个平面是对称的,并且我们求得了一个特定态的行为,也就知道了原来的态对此对称平面反射后所得到的态的行为。

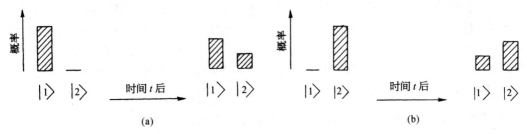

图 17-2　在一对称系统中,如果纯态 $|1\rangle$ 的发展如图(a)所示,则纯态 $|2\rangle$ 的发展必将如图(b)所示

现在我们希望把同样这些事情讲得更为一般化一些——这也就意味着稍微抽象一些。设 $\hat{Q}$ 是任何一个不改变系统物理性质的操作。例如,我们可以把对氢分子的两个原子中间的平面上的反射操作 $\hat{P}$ 取作为 $\hat{Q}$。或者,在一个具有两个电子的系统中,我们可以把交换两个电子的操作看作 $\hat{Q}$。另一个可能的操作是在一个球对称系统中,整个系统绕某个轴转动有限角度的操作,这种操作并不改变系统的物理性质。当然,我们总是对每种特定情况给 $\hat{Q}$ 以某种特殊记号。明确地讲,我们通常把系统"绕 y 轴旋转 θ 角"的操作定义为 $\hat{R}_y(\theta)$。对于 $\hat{Q}$,我们指的就是前面所描述过的,或者其他基本物理情况保持不变的任一操作。

让我们再考虑几个例子。如果一个原子没有加外磁场或外电场,并且如果使坐标轴绕任意一个轴旋转,则它仍然是相同的物理系统。再如氨分子,对于在平行于 3 个氢分子的平面上的反射是对称的——只要不存在电场。如果存在电场,并当我们作反射时,也不得不改变电场,这样就改变了物理问题。但是如果没有外场,这个分子就是对称的。

现在我们来讨论一种一般情况。假设我们由态 $|\psi_1\rangle$ 开始,在给定的物理条件下经过某段时间后,它变成了态 $|\psi_2\rangle$。我们可以写成

$$|\psi_2\rangle = \hat{U}\,|\psi_1\rangle. \tag{17.6}$$

[你可以联想到式(17.4)。]现在设想我们对整个系统施以操作 $\hat{Q}$,态 $|\psi_1\rangle$ 将转变成态 $|\psi_1'\rangle$,我们也可把 $|\psi_1'\rangle$ 写成 $\hat{Q}|\psi_1\rangle$,同样态 $|\psi_2\rangle$ 变成 $|\psi_2'\rangle = \hat{Q}|\psi_2\rangle$。现在如果在 $\hat{Q}$ 作用下系统的物理性质是对称的(不要忘记如果,因为这并不是系统的一般性质),那么在同样的条件下经过相同的时间,我们应得

$$|\psi_2'\rangle = \hat{U}\,|\psi_1'\rangle. \tag{17.7}$$

[与式(17.5)相似。]但是我们可以把 $|\psi_1'\rangle$ 写成 $\hat{Q}|\psi_1\rangle$ 并把 $|\psi_2'\rangle$ 写成 $\hat{Q}|\psi_2\rangle$,因此式(17.7)也可写成

$$\hat{Q}\,|\psi_2\rangle = \hat{U}\,\hat{Q}\,|\psi_1\rangle. \tag{17.8}$$

现在如果用 $\hat{U}|\psi_1\rangle$ 代替 $|\psi_2\rangle$——式(17.6)——我们得到

$$\hat{Q}\,\hat{U}\,|\psi_1\rangle = \hat{U}\,\hat{Q}\,|\psi_1\rangle, \tag{17.9}$$

我们不难理解上面这个式子的意义。就氢离子而言,上式告诉我们:"先反射再等一段时间"[式(17.9)右边所示]与"先等一段时间然后再反射"[式(17.9)左边所示]是相同的。只要在反射的情况下 U 不变,这两种情形就相同。

由于式(17.9)对任何初始状态 $|\psi_1\rangle$ 均成立,所以实际上该式是一个关于算符的方程:

$$\hat{Q}\,\hat{U} = \hat{U}\,\hat{Q}. \tag{17.10}$$

这就是我们希望得出的结果——它是对称性的数学表述。当式(17.10)成立时,我们说算符 $\hat{U}$ 和 $\hat{Q}$ 对易。于是我们就可用下列方式来定义对称性:当 $\hat{Q}$ 与 $\hat{U}$(时间的转移操作)相对易时,物理系统对于操作 $\hat{Q}$ 是对称的。[用矩阵来表示,两个算符的乘积等价于矩阵的乘积。所以,对于在变换 Q 下是对称的物理系统,式(17.10)对矩阵 Q 和 U 也成立。]

顺便指出,因为对于无限小的时间 ϵ 而言,$\hat{U} = 1 - \mathrm{i}\,\hat{H}\,\epsilon/\hbar$,式中 $\hat{H}$ 为通常的哈密顿(参见第 8 章),所以你可以看出,若式(17.10)成立,则下式

$$\hat{Q}\,\hat{H} = \hat{H}\,\hat{Q} \tag{17.11}$$

也成立。因此式(17.11)是关于一个物理情况对操作 $\hat{Q}$ 具有对称性的条件的数学表述。它定义了对称性。

§17-2 对 称 与 守 恒

在应用刚才所得到的结果之前,我们再讨论一些关于对称的概念。假设有一非常特殊的情况:当我们把 $\hat{Q}$ 作用于某一态后,仍得到相同的态。这是一个非常特殊的情形,但是让我们假定碰巧对态 $|\psi_0\rangle$ 这种情形是正确的,即 $|\psi'\rangle = \hat{Q}\,|\psi_0\rangle$ 在物理上和 $|\psi_0\rangle$ 是相同的态。这意味着 $|\psi'\rangle$ 和 $|\psi_0\rangle$ 除相差某个相位因子*外是相等的。怎样才能发生这种情况呢?举例来说,假设我们有一个 H_2^+ 离子处于我们曾称为 $|\mathrm{I}\rangle$ ** 的态中。这个态在基础态 $|1\rangle$ 和 $|2\rangle$ 中具有相同的振幅。它们的概率如图 17-3(a)中的线条图所示。如果我们把反射算符 $\hat{P}$ 作用于 $|\mathrm{I}\rangle$,它将使态翻转,$|1\rangle$ 变成 $|2\rangle$,$|2\rangle$ 变成 $|1\rangle$,其概率如图 17-3(b)所示。但是这正好又是态 $|\mathrm{I}\rangle$。如果我们从态 $|\mathrm{II}\rangle$ 开始,反射前后的概率看上去完全相同。可是,如果考察其振幅,就有所差异了。对于态 $|\mathrm{I}\rangle$ 来说,反射后的振幅没有改变,但对态 $|\mathrm{II}\rangle$ 来说,振幅要反号。换句话说,

$$\hat{P}\,|\mathrm{I}\rangle = \hat{P}\left\{\frac{|1\rangle+|2\rangle}{\sqrt{2}}\right\} = \frac{|2\rangle+|1\rangle}{\sqrt{2}} = |\mathrm{I}\rangle,$$

$$\hat{P}\,|\mathrm{II}\rangle = \hat{P}\left\{\frac{|1\rangle-|2\rangle}{\sqrt{2}}\right\} = \frac{|2\rangle-|1\rangle}{\sqrt{2}} = -|\mathrm{II}\rangle. \qquad (17.12)$$

如果我们写成 $\hat{P}\,|\psi_0\rangle = e^{i\delta}\,|\psi_0\rangle$,则对态 $|\mathrm{I}\rangle$ 来说,$e^{i\delta}=1$,而对态 $|\mathrm{II}\rangle$ 来说,$e^{i\delta}=-1$。

让我们再看一下另一个例子。假设有一个右旋圆偏振光子沿 z 方向传播,如果我们进行绕 z 轴转动的操作,我们知道这只是对振幅乘以 $e^{i\phi}$,其中 ϕ 是转动的角度。所以对于这种情况下的转动操作来说,δ 就等于旋转角。

现在很清楚,如果碰巧算符 Q 在某个时候,譬如 $t=0$,只是改变一个态的相位,那么它

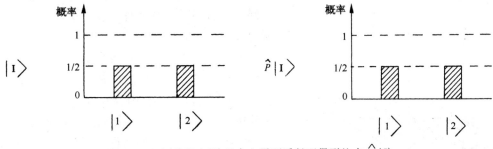

图 17-3 态 $|\mathrm{I}\rangle$ 和由 $|\mathrm{I}\rangle$ 经中心平面反射而得到的态 $\hat{P}\,|\mathrm{I}\rangle$

---

* 顺便指出,你们可以证明 $\hat{Q}$ 必定是一个幺正算符,这意味着如果它作用在 $|\psi\rangle$ 上而给出某个数乘以 $|\psi\rangle$ 的话,这个数一定是 $e^{i\delta}$ 这种形式,这里 δ 是实数。这是个小问题,其证明基于下述观察。诸如反射或转动这样的操作并不失去任何粒子,所以 $|\psi'\rangle$ 和 $|\psi\rangle$ 的归一化必定是相同的,它们只能相差一个纯虚数的相位因子。

** 参见 10-1 节,比之于前面的讨论,在本节中态 $|\mathrm{I}\rangle$ 和 $|\mathrm{II}\rangle$ 是反向的。

永远会改变态的相位。换言之，如果态 $|\psi_1\rangle$ 在一段时间 t 后变成态 $|\psi_2\rangle$，即

$$\hat{U}(t,0)|\psi_1\rangle = |\psi_2\rangle, \tag{17.13}$$

并且如果情况的对称性使得

$$\hat{Q}|\psi_1\rangle = e^{i\delta}|\psi_1\rangle, \tag{17.14}$$

那么下式也成立

$$\hat{Q}|\psi_2\rangle = e^{i\delta}|\psi_2\rangle. \tag{17.15}$$

显然，由于

$$\hat{Q}|\psi_2\rangle = \hat{Q}\hat{U}|\psi_1\rangle = \hat{U}\hat{Q}|\psi_1\rangle,$$

而且如果 $\hat{Q}|\psi_1\rangle = e^{i\delta}|\psi_1\rangle$，则

$$\hat{Q}|\psi_2\rangle = \hat{U}e^{i\delta}|\psi_1\rangle = e^{i\delta}\hat{U}|\psi_1\rangle = e^{i\delta}|\psi_2\rangle.$$

［这一系列等式来自式(17.13)、(17.14)和关于对称系统的式(17.10)，以及来自 $e^{i\delta}$ 这样的数与算符对易这一事实。］

所以由于某些对称性，某个在开始时是正确的事物，在其他任何时候也是正确的。而这不就是守恒定律吗？是的！它表明如果你们考察初态，并且通过稍微作一点计算发现一个操作（系统的对称操作）仅仅导致乘以一个相位因子，那么，你们就知道终态也具有相同的性质——相同的操作使终态乘上相同的相位因子。即使我们也许一点不知道使系统从初态变化到终态的宇宙内部机理，上述结论也总是正确的。即使我们无意考察系统从一个态变到另一个态的机构的具体细节，我们仍可断言：如果一个事物原来处于具有某种对称性的状态，而且如果这一事物的哈密顿在该对称操作下是对称的，那么，这个态在任何时候都具有相同的对称特征。这就是量子力学中所有守恒定律的基础。

看一个特殊例子。让我们回到算符 $\hat{P}$，首先我们要稍微修正一下我们对 $\hat{P}$ 的定义。应该认为 $\hat{P}$ 不仅仅是镜面反射，因为那样需要先定义一个安放镜子的平面。有一种特殊的反射不需要这种明确的平面。假定我们这样来重新定义操作 $\hat{P}$：首先用在 xy 平面上的平面镜来反射，以使 z 变成 $-z$，而 x 仍为 x，y 仍为 y；然后把该系统绕 z 轴旋转 $180°$，于是 x 变为 $-x$，y 变为 $-y$。这整个过程称为反演。每一点都通过原点而被投影到正好相对的位置上，每一点的所有坐标都改变了符号。我们仍用符号 $\hat{P}$ 表示这种操作，如图 17-4 所示。

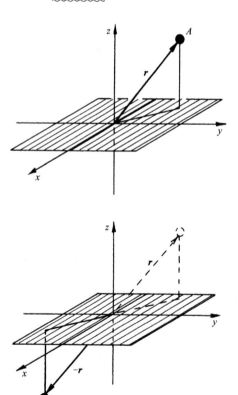

图 17-4 反演操作 $\hat{P}$，位于 (x, y, z) 处的任意点 A 被移至位于 $(-x, -y, -z)$ 处的 A' 点

这比单纯反射要方便一点,因为它不要求你指明用哪个坐标平面来反射,而只要指明位于对称中心的哪个点就行了。

现在设态 $|\psi_0\rangle$ 经反演操作后变为 $e^{i\delta}|\psi_0\rangle$——即

$$|\psi_0'\rangle = \hat{P}\,|\psi_0\rangle = e^{i\delta}\,|\psi_0\rangle. \tag{17.16}$$

然后假设我们再反演一次。两次反演后我们正好又回到开始的状态,根本没有发生什么变化。我们必定得到

$$\hat{P}\,|\psi_0'\rangle = \hat{P}\cdot\hat{P}\,|\psi_0\rangle = |\psi_0\rangle.$$

但

$$\hat{P}\cdot\hat{P}\,|\psi_0\rangle = \hat{P}\,e^{i\delta}\,|\psi_0\rangle = e^{i\delta}\,\hat{P}\,|\psi_0\rangle = (e^{i\delta})^2\,|\psi_0\rangle.$$

由之得到
$$(e^{i\delta})^2 = 1.$$

所以如果反演算符是态的一种对称运算,则 δ 只有两种可能:

$$e^{i\delta} = \pm 1,$$

这就是说

$$\hat{P}\,|\psi_0\rangle = |\psi_0\rangle, \tag{17.17}$$

或

$$\hat{P}\,|\psi_0\rangle = -|\psi_0\rangle.$$

在经典物理学中,如果一个态在反演下是对称的,则反演操作给出原来的态。但是在量子力学中,却有两种可能性:我们得到的是原来的态或是负的原来态。当我们得到原来的态、即 $\hat{P}\,|\psi_0\rangle = |\psi_0\rangle$ 时,我们就说态 $|\psi_0\rangle$ 具有偶宇称;当符号改变 $\hat{P}\,|\psi_0\rangle = -|\psi_0\rangle$ 时,我们就说该态具有奇宇称。(反演算符 $\hat{P}$ 也称为宇称算符。)H_2^+ 的态 $|I\rangle$ 具有偶宇称,而态 $|II\rangle$ 具有奇宇称——参看式(17.12)。当然也有一些态,它们在 $\hat{P}$ 的作用下没有对称性,这些是没有确定宇称的态。例如在 H_2^+ 的系统中,态 $|I\rangle$ 具有偶宇称,态 $|II\rangle$ 具有奇宇称,而态 $|1\rangle$ 的宇称不确定。

当我们谈到像反演这样的操作作用于"物理系统"时,我们可以用两种方式来考虑这个问题。我们可以想象将位于 r 处的任何物理的东西都移动到 $-r$ 处,或者想象从新的参照系 x', y', z' 来考察同一系统,新参照系与原来的参照系 x, y, z 的关系为:$x' = -x$, $y' = -y$, $z' = -z$。同样,当我们考虑转动时,可以想象物理系统作实体转动,或者想象"系统"在空间固定不动,而转动我们对系统作测量的那个坐标系。一般来说,这两种看法实质上是等价的。对转动来说,如果不说系统转过 θ 角而说把参考系转过负 θ 角,这两种观点是等价的。在本讲义中我们通常讨论投影到一组新坐标轴上后发生些什么,这样得到的结果和你把坐标轴固定,而把系统反向转过同样大小的角度后得到的结果是相同的。当你这样做时,角度的符号反过来了*。

许多物理定律——但不是所有的定律——在坐标反射或反演下是不变的。它们对反演是对称的。例如,电动力学的定律,如果我们把所有方程中的 x 变成 $-x$,y 变成 $-y$,z 变成 $-z$,它们都是不变的。重力定律和核物理的强相互作用定律也是如此。只有弱相互作

---

*　在别的书中你可能发现具有不同符号的公式,他们可能采用不同的角度定义。

用——引起 β 衰变的相互作用——不具有这种对称性。(在第 1 卷第 52 章中我们曾详细地讨论过这个问题。)我们现在不考虑 β 衰变。那么在预料 β 衰变不会产生显著影响的任何物理系统中——原子的光发射就是一个例子——哈密顿算符 $\hat{H}$ 将和算符 $\hat{P}$ 对易。在此情形下,我们就有下述命题:如果一个态原来具有偶宇称,并且假如你在以后某个时刻观察其物理情况,它将仍然具有偶宇称。例如,假定一个即将发射光子的原子所处的状态具有偶宇称,在发射光子后,考察包括光子在内的整个系统,它仍然具有偶宇称(如果开始时系统具有奇宇称也一样。)这个原理称为宇称守恒。你可以看出,为什么在量子力学中"宇称守恒"和"反射对称"这两个名词是紧密地互相交织在一起的。虽然直到不多几年以前,大家还认为在自然界中宇称总是守恒的,但现在我们知道这是不正确的。由于 β 衰变反应不具有其他物理定律所具有的反演对称性,才发现以前的看法是错误的。

现在我们可以来证明一个有趣的定理(只要我们能够忽略弱相互作用,这定律就是正确的)。任何具有确定能量的态,只要它不是简并的,它必定具有确定的宇称,它肯定不是具有偶宇称就是具有奇宇称。(记得我们曾看到过这种系统,其中的几个态具有相同的能量——我们称这些态是简并的。我们的定理对它们不适用。)

对于一个具有确定能量的态 $|\psi_0\rangle$ 来说,我们知道

$$\hat{H}\,|\,\psi_0\rangle = E\,|\,\psi_0\rangle, \tag{17.18}$$

式中 E 只是一个数,即这个态的能量。如果任意算符 $\hat{Q}$ 是系统的一个对称算符,则只要 $|\psi_0\rangle$ 是确定能量的唯一一个态,就可以证明

$$\hat{Q}\,|\,\psi_0\rangle = e^{i\delta}\,|\,\psi_0\rangle. \tag{17.19}$$

考虑经 $\hat{Q}$ 作用后所得到的新态 $|\psi_0'\rangle$,如果物理状态是对称的,则 $|\psi_0'\rangle$ 必定与 $|\psi_0\rangle$ 具有相同的能量。但是我们所考虑的是只有一个态,即 $|\psi_0\rangle$,具有这一能量的情形,所以 $|\psi_0'\rangle$ 必定是同一个态——它与 $|\psi_0\rangle$ 只可能相差一个相位。这就是在物理上的论证。

从数学上可以得到同样的结论。式(17.10)或式(17.11)是对称性的定义(这定义对任何态都成立),

$$\hat{H}\hat{Q}\,|\,\psi\rangle = \hat{Q}\hat{H}\,|\,\psi\rangle. \tag{17.20}$$

但是我们考虑的只是一个态 $|\psi_0\rangle$,它是一个具有确定能量的态,所以 $\hat{H}\,|\,\psi_0\rangle = E\,|\,\psi_0\rangle$。由于 E 只是一个数,如果需要,可将它移到 $\hat{Q}$ 的前面,我们得

$$\hat{Q}\hat{H}\,|\,\psi_0\rangle = \hat{Q}E\,|\,\psi_0\rangle = E\hat{Q}\,|\,\psi_0\rangle.$$

因此

$$\hat{H}\{\hat{Q}\,|\,\psi_0\rangle\} = E\{\hat{Q}\,|\,\psi_0\rangle\}. \tag{17.21}$$

故 $|\psi_0'\rangle = \hat{Q}\,|\,\psi_0\rangle$ 也是 $\hat{H}$ 的一个具有确定能量的态——具有同样的 E。但是根据我们的假设,只存在一个这样的态,因此,必定为 $|\psi_0'\rangle = e^{i\delta}\,|\,\psi_0\rangle$。

我们刚才所证明的结果,对于物理系统的任何对称算符 $\hat{Q}$ 都是正确的。所以,在我们只考虑电力和强相互作用的情况下(没有 β 衰变),反演对称是一个许可的近似,我们得 $\hat{P}\,|\,\psi\rangle = e^{i\delta}\,|\,\psi\rangle$。但是我们也已看到,$e^{i\delta}$ 不是 +1 就是 -1。所以任何具有确定能量的态(非简并态),不是具有偶宇称就是具有奇宇称。

§17-3 守 恒 定 律

现在我们转而讨论另一个操作的有趣例子:转动。考虑将原子系统绕 z 轴旋转角 ϕ 这样一种特殊的转动算符,我们称这种算符* 为 $\hat{R}_z(\phi)$。我们假定这样操作并不影响物理系统沿 x 轴和 y 轴的情况。任何电场或磁场都取成平行于 z 轴**,从而,如果整个物理系统绕 z 轴旋转,外界条件不致改变。例如,如果在空间有一个原子,我们将它绕 z 轴转过 ϕ 角,仍然得出相同的物理系统。

有些特殊的状态具有这种性质:上述操作产生的新态是原来的态乘上某个相位因子。让我们顺便很快地证明一下,如果是这样,则相位的变化必定总是与角 ϕ 成正比的。假设你的角 ϕ 转动两次,这与以角 2ϕ 转动一次是一回事。如果转动 ϕ 具有态 $|\psi_0\rangle$ 乘以相位 $\mathrm{e}^{\mathrm{i}\delta}$ 的效果,所以

$$\hat{R}_z(\phi)\,|\,\psi_0\rangle = \mathrm{e}^{\mathrm{i}\delta}\,|\,\psi_0\rangle,$$

那么连续两次这样的转动应对该态乘以因子 $(\mathrm{e}^{\mathrm{i}\delta})^2 = \mathrm{e}^{\mathrm{i}2\delta}$,因为

$$\hat{R}_z(\phi) \cdot \hat{R}_z(\phi)\,|\,\psi_0\rangle = \hat{R}_z(\phi)\mathrm{e}^{\mathrm{i}\delta}\,|\,\psi_0\rangle = \mathrm{e}^{\mathrm{i}\delta}\,\hat{R}_z(\phi)\,|\,\psi_0\rangle = \mathrm{e}^{\mathrm{i}\delta}\mathrm{e}^{\mathrm{i}\delta}\,|\,\psi_0\rangle,$$

相位的变化 δ 必须正比于 ϕ***。我们接着来考虑这样的特殊状态。对该态来说

$$\hat{R}_z(\phi)\,|\,\psi_0\rangle = \mathrm{e}^{\mathrm{i}m\phi}\,|\,\psi_0\rangle, \tag{17.22}$$

式中 m 是某个实数。

我们还知道值得注意的事实是:如果系统对于绕 z 轴的转动是对称的,并且如果原来的状态正好具有满足式(17.22)的性质,那么这个态以后也具有这一性质。所以 m 这个数很重要。如果我们开始时知道它的值,就知道了它结尾时的值。它是一个守恒的数——m 是一个运动常数。我们特别提出 m 进行讨论是因为它与任何特殊角度 ϕ 没有任何关系,并且还因为它与经典力学中的某些量相对应。在量子力学中,对于 $|\psi_0\rangle$ 这样的态,我们决定把 $m\hbar$ 称为绕 z 轴的角动量。如果这样,我们发现在大系统的极限下,上述的量就等于经典力学中角动量的 z 分量。所以,如果有一个态,它绕 z 轴的转动正好产生了一个相位因子 $\mathrm{e}^{\mathrm{i}m\phi}$,那么这个态绕该轴就有确定的角动量,而且角动量是守恒的,它现在是、并且永远是 $m\hbar$。当然,也可以绕任何轴转动,而且得出对不同的轴角动量守恒的结论。你们看到,角动量守恒是与下列事实密切相关的,即当你转动一下系统时你得到相同的态,该态仅具有一个新的相位因子。

我们要指出这个概念是相当普遍的。我们将把它应用到另外两个守恒定律上去,这两条守恒定律与角动量守恒定律在物理概念上是完全一致的。在经典物理中我们还有动量守恒和能量守恒,有趣的是这两个定律也同样与某种物理对称性有关。

---

* 我们将非常明确地把 $\hat{R}_z(\phi)$ 定义为物理系统绕 z 轴转动 $-\phi$,这和把坐标系转动 $+\phi$ 相同。

** 假如在某时刻仅有一个场,并且场的方向保持不变,我们总可以把 z 轴取为沿着场的方向。

*** 要做更严格的证明,我们应对很小的转动角 ϵ 作这种论证。因为任何角 ϕ 都是 n 次 ϵ 角度的转动之和,$\phi = n\epsilon$、则 $\hat{R}_z(\phi) = [\hat{R}_z(\epsilon)]^n$,而总相位的改变就是小角度 ϵ 所产生的相位改变的 n 倍,所以与 ϕ 成正比。

假定有一个物理系统——一个原子、某些复杂的原子核、或一个分子或某个事物——而且假定如果我们将整个系统移动到别的地方,不会对它产生任何影响,那么该系统的哈密顿就具有这种性质:在某种意义上它仅仅与系统的内部坐标有关,而与空间的绝对位置无关。在这种情况下存在一种我们可进行的特殊对称操作,它就是空间的平移。让我们定义 $\hat{D}_x(a)$ 为沿 x 轴移动距离 a 的位移算符,这样,对任何态我们可以进行这一操作而得到一个新的态。但是也可能有一些非常特殊的态,当把它们沿 x 轴移动 a 时,我们仍然得到与原来相同的态,只是相差一个相位因子。我们还可以像上面那样来证明,对于这一情形相位必定正比于 a。所以对这些特殊态 $|\psi_0\rangle$,我们可以写下

$$\hat{D}_x(a)\mid\psi_0\rangle = \mathrm{e}^{ika}\mid\psi_0\rangle, \tag{17.23}$$

系数 k 乘以 $\hbar$ 后称为动量的 x 分量。我们这样称呼的理由是:对于一个大的体系,它和经典动量 p_x 在数值上是相等的。普遍的表述是这样的:当一个系统位移时,若该系统的哈密顿不变,而且如果该系统开始时具有确定的 x 方向的动量,那么,随着时间的推移,系统在 x 方向的动量将一直保持不变。一个系统的总动量在碰撞或爆炸前后将是相同的。

另外还有一个与在空间的位移很相似的操作:即时间的延迟。假设有一个物理系统,不存在与时间有关的外部条件,我们使它在某一时刻从某一状态开始变化。现在在另一次实验中,例如我们在两秒钟以后,或者说延迟了时间 τ 以后开始使此物理系统作同样的变化,而且如果外界条件与绝对时间无关,其演变将相同,所得到的终态也与刚才得到的终态相同,只不过推迟了时间 τ。在那种情形下,我们还可以发现一些特殊的状态,它们随时间的进展具有这种特性,即延迟后的态正好是原来的态乘上一个相位因子。对这些特殊状态来说其相位的变化显然又必定与 τ 成正比。我们可以写成

$$\hat{D}_t(\tau)\mid\psi_0\rangle = \mathrm{e}^{-i\omega\tau}\mid\psi_0\rangle. \tag{17.24}$$

在定义 ω 的时候习惯上使用负号,采用这一习惯,$\omega\hbar$ 就是系统的能量,而且它是守恒的。所以具有确定能量的系统是这样的系统,它经时间位移 τ 后仍旧是它本身再乘以 $\mathrm{e}^{-i\omega\tau}$。(这就是我们在前面定义具有确定能量的量子态时所说的,因此我们是前后一致的。)这意味着,如果一个系统处在确定能量的状态,而且如果其哈密顿与时间 t 无关,那么不论发生什么情况,它在以后所有各时刻都会具有相同的能量。

至此你一定看出了守恒定律与宇宙对称性之间的关系。有关时间位移的对称性意味着能量守恒;有关空间位置 x,y 或 z 的位移对称性意味着动量分量守恒;有关绕 x,y 和 z 轴旋转的对称性意味着角动量的 x,y 和 z 分量守恒;与反映有关的对称性意味着宇称守恒;与两个电子交换有关的对称性意味着某种我们还未命名的守恒,等等。这些原理中的一部分与经典物理中的类似,另一部分在经典物理中没有。量子力学中存在的守恒定律比经典力学中所用的要多,至少比经典力学中通常使用的要多。

为了使你们能够阅读其他量子力学书籍,我们有必要作些小的技术上的说明——介绍一下人们常用的符号。当然,与时间有关的位移操作,就是我们以前谈到的 $\hat{U}$:

$$\hat{D}_t(\tau) = \hat{U}(t+\tau, t). \tag{17.25}$$

大多数人都喜欢用无限小的时间位移、无限小的空间位移或无限小角度的转动来讨论每件事情。既然任何有限位移和角度都可以由一连串的无限小的位移和角度累积而成,所以首

先来分析无限小的情况往往就比较容易。无限小时间位移 Δt 的算符(正如我们在第 8 章中所定义的)为

$$\hat{D}_t(\Delta t) = 1 - \frac{i}{\hbar}\Delta t\,\hat{H}. \tag{17.26}$$

于是 $\hat{H}$ 和称为能量的经典物理量相类似,因为如果 $\hat{H}\,|\psi\rangle$ 刚好是一个常数乘上 $|\psi\rangle$,即 $\hat{H}\,|\psi\rangle = E\,|\psi\rangle$,则该常数就是系统的能量。

对其他操作也作同样处理。如果我们在 x 方向作一小位移,譬如 Δx,一般说来,态 $|\psi\rangle$ 将变成另一个态 $|\psi'\rangle$。我们可以写成

$$|\psi'\rangle = \hat{D}_x(\Delta x)\,|\psi\rangle = \left(1 + \frac{i}{\hbar}\,\hat{p}_x\Delta x\right)|\psi\rangle, \tag{17.27}$$

因为当 Δx 趋近零时,$|\psi'\rangle$ 应正好变为 $|\psi\rangle$,或 $\hat{D}_x(0) = 1$,并且对于小的 Δx 来说,$\hat{D}_x(\Delta x)$ 与 1 之差应该正比于 Δx。按这种方式定义的算符 $\hat{p}_x$ 称为动量算符——当然指的是 x 分量。

同理,人们通常把小的转动写成

$$\hat{R}_z(\Delta\phi)\,|\psi\rangle = \left(1 + \frac{i}{\hbar}\,\hat{J}_z\Delta\phi\right)|\psi\rangle, \tag{17.28}$$

并且称 $\hat{J}_z$ 为角动量的 z 分量算符。对于那些 $\hat{R}_z(\phi)\,|\psi_0\rangle = e^{im\phi}\,|\psi_0\rangle$ 的特殊状态,我们可以对任何小角度 $\Delta\phi$,将该式右边展开至 $\Delta\phi$ 的第一级而得到

$$\hat{R}_z(\Delta\phi)\,|\psi_0\rangle = e^{im\Delta\phi}\,|\psi_0\rangle = (1 + im\Delta\phi)\,|\psi_0\rangle.$$

将此式与式(17.28)中 $\hat{J}_z$ 的定义相比较,我们得到

$$\hat{J}_z\,|\psi_0\rangle = m\hbar\,|\psi_0\rangle. \tag{17.29}$$

换言之,如果你们把 $\hat{J}_z$ 作用到对 z 轴具有确定角动量的态上,则得出 $m\hbar$ 乘以同样的态,其中 $m\hbar$ 为角动量的 z 分量的数值。这与把 $\hat{H}$ 作用在具有确定能量的态上得到 $E|\psi\rangle$ 十分类似。

我们现在要对角动量守恒的概念举些应用的例子,以告诉你们这些概念是怎样起作用的。其意义在于它们实在非常简单。你们以前就知道角动量是守恒的,从本章中你们真正要记住的只是如果一个态 $|\psi_0\rangle$ 具有绕 z 轴转动一角度 ϕ 后变成 $e^{im\phi}\,|\psi_0\rangle$ 这一性质,它的角动量的 z 分量就等于 $m\hbar$。这就是以后我们要做许多有趣工作时所需要的全部知识。

§17-4　偏　振　光

首先我们希望检验一个概念。在 §11-4 中我们已证明,当在绕 z 轴*转过角 ϕ 的坐标系中来观看右旋圆偏振光时,它要乘上 $e^{i\phi}$。这是否意味着该右旋圆偏振的光子沿 z 轴具有一个单位**的角动量呢? 的确是这样。这也意味着,如果我们有一束光,它所含有的大量光子都具有同样的圆偏振——就像经典光束那样——那么这束光就具有角动量。如果在

---

  *　请原谅,这个角与我们在 §11-4 中所用的角差一负号。

  **　通常用 $\hbar$ 为单位来量度原子系统的角动量十分方便。这样,一个自旋 1/2 的粒子对任意轴的角动量为 $\pm 1/2$。或者一般地讲,角动量的 z 分量为 m。你不必老是去重复那个 $\hbar$。

某时刻光束所具有的总能量为 W,那么就有 $N = W/\hbar\omega$ 个光子,每个光子具有角动量 $\hbar$,所以总角动量为

$$J_z = N\hbar = \frac{W}{\omega}. \qquad (17.30)$$

我们能否用经典的方法证明右旋圆偏振光带有与 W/ω 成正比的能量和角动量呢?如果一切都正确的话,这应该是一个经典的命题。这是一个我们可以从量子物理过渡到经典物理的例子。我们应该来看一下经典物理是否证实这一点。它将给予我们一个概念,即是否有权把 m 称为角动量。回忆一下在经典物理中右旋圆偏振光是怎样的。它用一个电场来描写,该电场具有振动的 x 分量和振动的 y 分量,两者的相位差 $90°$,所以合电场矢量 $\mathscr{E}$ 在如图17-5(a)所示的圆上旋转。现在假设这种光照射到一个吸收(或者至少部分吸收)它的墙壁上,并且按照经典物理的观点来考虑墙内的一个原子。我们以前通常把原子中电子的运动看成是一个可以用外场来驱使它振动的谐振子。我们假定该原子是各向同性的,从而它可以在 x 方向上和 y 方向上同样地振动。另外在圆偏振光中,其 x 位移和 y 位移相同,但是一个比另一个落后 $90°$。最后的结果是该电子也在一个圆上运动,如图 17-5(b)所示。该电子离开平衡位置原点有一个位移 r,作圆运动,相对于矢量 $\mathscr{E}$ 它滞后某个相位。$\mathscr{E}$ 和 r 之间的关系如图17-5(b)所示。随着时间的推移,电场不断旋转,而位移则以相同的频率旋转,结果它们的相对取向保持不变。现在让我们观察电场对该电子所作之功。给予这个电子的功率为电子的速度 v 乘上平行于这个速度的 $q\mathscr{E}$ 的分量:

$$\frac{\mathrm{d}W}{\mathrm{d}t} = q\mathscr{E}_t v. \qquad (17.31)$$

但是注意,有角动量注入该电子,因为始终存在着对于原点的力矩。此力矩为 $q\mathscr{E}_t r$,它必定等于角动量的变化率 $\mathrm{d}J_z/\mathrm{d}t$:

$$\frac{\mathrm{d}J_z}{\mathrm{d}t} = q\mathscr{E}_t r. \qquad (17.32)$$

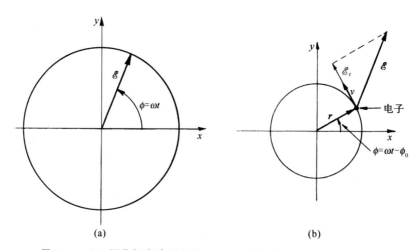

图 17-5 (a) 圆偏振光波的电场 $\mathscr{E}$;(b) 圆偏振光驱动的电子的运动

因 $v = \omega r$，所以我们得

$$\frac{\mathrm{d}J_z}{\mathrm{d}W} = \frac{1}{\omega}.$$

因此，如果我们对吸收的总角动量积分，则它就正比于总能量——比例系数为 $1/\omega$，与式 (17.30) 一致。光的确带有角动量——如果光沿 z 轴是右旋圆偏振的，则为 +1 单位（乘以 $\hbar$），如果是左旋圆偏振的，则沿 z 轴为 -1 单位。

　　现在我们提出如下问题：如果光是在 x 方向线偏振的，那么它的角动量如何？x 方向的偏振光可以用右旋圆偏振光和左旋圆偏振光的叠加来表示。因此，它对角动量为 $+\hbar$ 具有一定的振幅，对角动量为 $-\hbar$ 具有另一振幅，结果它没有确定的角动量。它既有一定的振幅以 $+\hbar$ 出现，又具有相等的振幅以 $-\hbar$ 出现。这样两个振幅的干涉产生了线偏振，但它具有相同的概率以 +1 或 -1 单位的角动量出现。对一束线偏振光的宏观测量表明：它的总角动量为零。因为在大量光子中，右旋圆偏振和左旋圆偏振光子的数目接近相等，它们贡献的角动量相反——平均角动量为零。所以在经典理论中，除非存在着一定的圆偏振，否则你们就测不出角动量。

　　我们曾说过，任何自旋 1 的粒子可以具有 3 个 J_z 值，即 +1，0，-1（即我们在施特恩-格拉赫实验中看到的 3 个态）。但光是螺旋型的，它只有两个态，而没有为零的态。这一奇特的缺漏与光不能静止这个事实有关。对于一个自旋 j 的静止的粒子来说，必定有 $2j+1$ 个可能的态，其 J_z 值以 1 为梯级从 $-j$ 增加到 $+j$。但是可以证明，对某些自旋为 j 而质量为零的粒子来说，只存在沿运动方向的分量为 $+j$ 和 $-j$ 的态。例如，光没有 3 个态，只有两个——虽然光子仍然是一个自旋 1 的客体。这和我们早先根据在空间旋转条件下发生的情况证明的自旋 1 的粒子必须具有 3 个态如何相一致呢？对于一个静止的粒子来说，可以绕任何轴旋转而不改变其动量状态。静止质量为零的粒子（如光子和中微子）不可能静止下来，只有绕沿运动方向的轴旋转才不改变其动量状态。关于只绕一个轴的转动的论证不足以证明需要具有 3 个态，而且其中一个态在旋转角 ϕ 的情况下系按照 $\mathrm{e}^{\mathrm{i}\phi}$ 变化的 *。

　　还有一件值得注意的事。一般说来，对于一个静止质量为零的粒子，相对其运动方向的两个自旋态（$+j$，$-j$）中只有一个是真正必须的。例如中微子——它是自旋 1/2 的粒子——在自然界中只有角动量分量与其运动方向相反的那个态（$-\hbar/2$）才存在 [而反中微子只有沿运动方向的态（$+\hbar/2$）]。当一个系统具有反演对称性（从而宇称守恒，光就是这样的）时，才需要有两个分量（$+j$ 和 $-j$）。

§17-5　Λ^0 的衰变

　　现在我们想举一个例子，说明如何应用角动量守恒定理来处理一个特殊的量子物理问题。我们来看看 Λ^0 粒子的崩裂，它通过"弱"相互作用衰变为一个质子和一个 π^- 介子：

$$\Lambda^0 \rightarrow \mathrm{p} + \pi^-.$$

---

　　* 对于一个质量为零的粒子，我们曾试图至少找到一个证据，以证明其沿运动方向的角动量必定是 $\hbar/2$ 的整数倍，而不是像 $\hbar/3$ 这样的值。我们甚至用遍了洛伦兹变换的所有性质，但还是失败了。或许这种想法本身就不正确。我们不得不去找维格纳（Wigner）教授谈谈，他精通这方面的事情。

假定已知 π^- 介子的自旋为零,质子的自旋为 $1/2$,Λ^0 的自旋为 $1/2$。我们希望解决下列问题:假设 Λ^0 是以一种使其完全极化方式产生的——所谓极化指的是相对某个适当选取的 z 轴,它的自旋"向上"——参看图 17-6(a)。我们的问题是,相对 z 轴以角度 θ 发射质子[如图 17-6(b)所示]的衰变概率是多少? 换言之,衰变的角分布如何? 我们在 Λ^0 是静止的坐标系中来观察这种衰变,即在这个静止参照系中来测量角度,然后,如果需要的话,总可以把测得的结果变换到其他参照系中去。

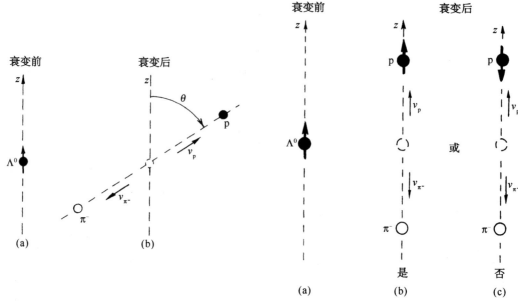

图 17-6 一个自旋向上的 Λ^0 粒子衰变成一个质子和一个 π^- 介子(在质心参考系中)。在角 θ 方向发射质子的概率是多少呢?

图 17-7 一个自旋"朝上"的 Λ^0 粒子,以质子沿 $+z$ 方向飞出的方式衰变的两种可能性。只有(b)角动量才守恒

我们从下面这个特殊情况着手,就是质子发射到沿 z 轴很小的一个立体角 $\Delta\Omega$ 中(如图 17-7)。在衰变前 Λ^0 的自旋向上,如图 17-7(a)所示,经过短时间后——由于至今还不知道的原因,除非与弱衰变有关,——Λ^0 炸裂成一个质子和一个 π 介子。假定质子沿 $+z$ 轴向上运动。于是,根据动量守恒,π 介子必定向下运动。既然质子是自旋 $1/2$ 的粒子,其自旋必定不是"朝上"就是"朝下"——原则上有两种可能,如图中(b)和(c)所示。但是角动量守恒要求质子具有"向上"的自旋。这从下面的论证中很容易明白。一个沿 z 轴运动的粒子,不可能因其运动而对沿这个轴的角动量有贡献,因此只有自旋才能对 J_z 有所贡献。衰变前对 z 轴的自旋角动量为 $+\hbar/2$,因此衰变后也必须是 $+\hbar/2$。我们可以说,既然 π 介子的自旋为零,那么质子的自旋必定"朝上"。

如果你担心这种论证在量子力学中可能不正确,那么我们可以花一点时间来证明一下这种论证是正确的。我们把初态(衰变前的态)称为 $|\Lambda^0,$ 自旋 $+z\rangle$,它具有如下性质:如果把该态绕 z 轴旋转角 ϕ,则态矢量将乘上相位因子 $e^{i\phi/2}$。(在旋转后的参考系中态矢量为 $e^{i\phi/2}|\Lambda^0,$ 自旋 $+z\rangle$。)这就是我们所说的自旋 $1/2$ 粒子自旋"朝上"的意思。由于自然界的行为不取决于我们对坐标轴的选取,所以终态(质子加 π 介子)也必定具有相同的性质。譬如说,我们可以把终态写成

$$| 质子走向 +z, 自旋 +z; \pi 介子走向 -z \rangle.$$

但是我们实在并不需要标明 π 介子的运动,因为在我们所选取的坐标系中它的运动方向总是与质子的相反,所以我们可以把终态的描述简化为

$$| 质子走向 +z, 自旋 +z \rangle.$$

那么如果我们把坐标绕 z 轴旋转角 ϕ,这个态矢量会发生什么变化呢?

　　由于质子和 π 介子都沿 z 轴运动,它们的运动并不因这种旋转而改变。(这就是我们挑选这一特殊情况的原因,否则我们就不可能作这种论证。)再有,π 介子也不受影响,因为它的自旋是 0。然后,质子的自旋是 1/2。如果其自旋"朝上",它将贡献转动引起的 $e^{i\phi/2}$ 的相位变化。(若质子的自旋"朝下",则由于质子相位变化为 $e^{-i\phi/2}$。)但是,如果要角动量守恒,(它必须守恒,因为没有外来因素影响系统的哈密顿。)那么激发前后由于旋转而产生的相位变化必须相同。所以唯一的可能性是质子自旋"朝上"。如果质子向上运动,它的自旋也必定"朝上"。

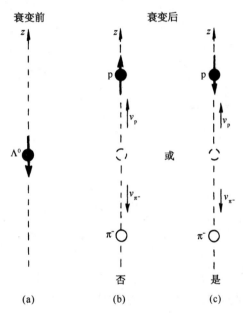

衰变前　衰变后

或

否　是

(a)　(b)　(c)

图 17-8　一个自旋"朝下"的 Λ^0 粒子沿 z 轴的衰变

　　于是,我们得出结论,角动量守恒所允许的过程是图 17-7 中(b)所示的过程,而不允许图中(c)所示过程。既然我们知道,发生了衰变,对于过程(b)——质子向上运动而自旋也"朝上"——就存在某种振幅,让我们用 a 来代表在无限小的时间间隔内以这种方式发生衰变的振幅*。

　　现在让我们来看看,如果开始时 Λ^0 的自旋是"朝下"的,则会发生什么情况呢?我们仍旧要问质子沿 z 轴向上运动的衰变情况,如图 17-8 所示。你们一定知道,如果角动量守恒,则在这种情况下质子的自旋必定"朝下"。令这种衰变的振幅为 b。

　　对于 a 和 b 这两个振幅,我们再不能多说什么了。它们与 Λ^0 的内部机理以及弱衰变有关,迄今还没有人知道如何计算这两个振幅。我们只能从实验中得到它们。但是只用这两个振幅就能够求出所有我们想要知道的衰变的角分布。不过必须始终仔细地、完整地定义我们所谈到的那些态。

　　我们想要知道质子沿与 z 轴成 θ 角的方向(在小立体角 $\Delta\Omega$ 中)飞出去的概率,如图 17-6 所示。让我们在这个方向放置一个新的 z 轴,称为 z' 轴。我们知道如何分析沿这个轴

---

　　*　我们现在假定你们对量子力学的机理已经相当熟悉,因此我们可以用物理方式来讲述有关事情,而不去花时间写出所有的数学细节。如果你们对这里所讲的不很清楚,可以在本节末尾的注释中找到略去的细节。

发生的情况。相对于这个新轴，Λ^0 的自旋不再肯定"朝上"，但它具有自旋"朝上"的某个振幅，还有自旋"朝下"的另一个振幅。我们在第 6 章以及第 10 章式（10.30）早已讨论过这些情形。自旋"朝上"的振幅为 $\cos\theta/2$，而自旋"朝下"的振幅为 * $-\sin\theta/2$。当 Λ^0 的自旋沿 z' 轴为"朝上"时，它将以振幅 a 在 $+z'$ 方向发射一个质子。所以沿 z' 方向找到一个自旋"朝上"的出射质子的振幅为

$$a\cos\frac{\theta}{2}. \tag{17.33}$$

同理，沿正 z' 方向发现一个自旋"朝下"的出射质子的振幅为

$$-b\sin\frac{\theta}{2}. \tag{17.34}$$

这些振幅所代表的两个过程为图 17-9 所示。

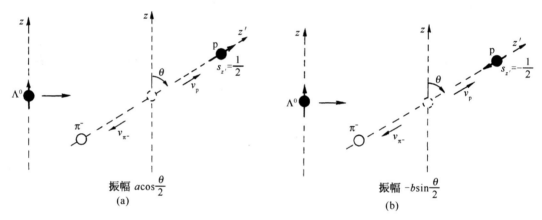

图 17-9 Λ^0 的两个可能的衰变态

现在提一个很容易的问题。假定 Λ^0 沿 z 轴自旋向上，衰变质子在 θ 角方向离开的概率是多少？这两个自旋态（沿 z' 方向"朝上"或"朝下"）是可以区分的，虽然我们不打算去观察它们。所以为了求得这个概率，我们将振幅平方，并把它们相加。在 θ 附近很小的立体角 $\Delta\Omega$ 中找到一个质子的概率 $f(\theta)$ 为

$$f(\theta) = |a|^2\cos^2\frac{\theta}{2} + |b|^2\sin^2\frac{\theta}{2}. \tag{17.35}$$

用 $\sin^2\dfrac{\theta}{2} = \dfrac{1}{2}(1-\cos\theta)$，$\cos^2\dfrac{\theta}{2} = \dfrac{1}{2}(1+\cos\theta)$，我们可将 $f(\theta)$ 写成

$$f(\theta) = \left(\frac{|a|^2+|b|^2}{2}\right) + \left(\frac{|a|^2-|b|^2}{2}\right)\cos\theta. \tag{17.36}$$

因此角分布的形式为

---

* 我们选取 z' 使其在 xz 平面内，并利用有关 $R_y(\theta)$ 的矩阵元。对于任何别的选取，也将得到同样的答案。

$$f(\theta) = \beta(1 + \alpha \cos \theta). \tag{17.37}$$

该概率有一部分与 θ 无关,另一部分随 $\cos \theta$ 而线性变化。通过测量角分布,我们可以求得 α 和 β,从而求得 $|a|$ 和 $|b|$。

现在我们可以回答许多别的问题了。我们是否只对沿原来的 z 轴自旋"朝上"的质子感兴趣呢? 式(17.33)和(17.34)中的各项都给出沿 z' 轴($+z'$ 和 $-z'$)发现自旋"朝上"和自旋"朝下"的质子的振幅。相对原来的轴自旋"朝上"的态 $|+z\rangle$ 可以用基础态 $|+z'\rangle$ 和 $|-z'\rangle$ 来表示。这样,我们就可以把式(17.33)和(17.34)两个振幅用适当的系数($\cos \theta/2$ 和 $-\sin \theta/2$)组合起来,而得到总的振幅:

$$a \cos^2 \frac{\theta}{2} + b \sin^2 \frac{\theta}{2}.$$

它的平方就是质子以与 Λ^0 相同的自旋(沿 z 轴"朝上")、在 θ 角方向出射的概率。

假如宇称是守恒的话,我们就可以再说一件事。图 17-8 中的衰变正好就是图 17-7 中的衰变对 xy 平面的反射*。假如宇称是守恒的话,则 b 就只能等于 a 或 $-a$。于是式(17.37)中的系数 α 就成为零,在各个方向发生衰变的概率就要相等。

但是实验结果表明,衰变中存在着不对称性。测得的角分布的确如我们所预言的那样按 $\cos \theta$ 变化,而不是随 $\cos^2 \theta$ 或 $\cos \theta$ 的任何其他幂次变化。实际上,既然角分布具有这个形式,我们从这些测量中可以推得 Λ^0 的自旋为 $1/2$。而且我们看到宇称并不守恒。事实上,实验上得出的系数 α 为 -0.62 ± 0.05,所以 b 大约为 a 的两倍,很明显,对反射来说不存在对称性。

你们看我们从角动量守恒中能够得到多少东西。在下一章中我们将列举更多的例子。

附注 本节中的振幅 a 指的是:在无限小的时间 dt 内从态 $|\Lambda,$ 自旋 $+z\rangle$ 产生态 $|$质子走向 $+z,$ 自旋 $+z\rangle$ 的振幅,换言之,就是

$$\langle 质子走向 +z, 自旋 +z \mid H \mid \Lambda, 自旋 +z \rangle = i\hbar a, \tag{17.38}$$

这里的 H 是整个宇宙、至少是引起 Λ 衰变的所有事物所构成的那部分宇宙的哈密顿。角动量守恒意味着哈密顿必须具有如下性质

$$\langle 质子走向 +z, 自旋 -z \mid H \mid \Lambda, 自旋 +z \rangle = 0. \tag{17.39}$$

对振幅 b 我们指的是

$$\langle 质子走向 +z, 自旋 -z \mid H \mid \Lambda, 自旋 -z \rangle = i\hbar b. \tag{17.40}$$

角动量守恒意味着

$$\langle 质子走向 +z, 自旋 +z \mid H \mid \Lambda, 自旋 -z \rangle = 0. \tag{17.41}$$

如果式(17.33)和(17.34)中所写出的振幅还不清楚的话,那么我们可以用更为数学化的方式把它们表示如下。对式(17.33)我们指的是自旋沿 $+z$ 轴的 Λ 衰变成一个沿 $+z'$ 方向运动、其自旋也沿 z' 方向的质子的振幅,即振幅

$$\langle 质子走向 z', 自旋 +z' \mid H \mid \Lambda, 自旋 +z \rangle. \tag{17.42}$$

根据量子力学的一般定理,这个振幅可以写成

$$\sum_i \langle 质子走向 +z', 自旋 +z' \mid H \mid \Lambda, i \rangle \langle \Lambda, i \mid \Lambda, 自旋 +z \rangle, \tag{17.43}$$

这里的求和是对静止的 Λ 粒子的各个基础态 $|\Lambda, i\rangle$ 进行的。由于 Λ 粒子为自旋 $1/2$,因此在任何我们希望选取的参考基础中存在两个这样的基础态。如果我们使用相对 $z'(+z', -z')$ 自旋"朝上"和自旋"朝下"这两个态作为基础态,式(17.43)的振幅就等于下列总和:

---

* 我们记得自旋是个轴矢量,它在反射变换中不会反向。

$$\langle\text{质子走向}+z',\text{自旋}+z'|H|\Lambda,+z'\rangle\langle\Lambda,+z'|\Lambda,+z\rangle$$

$$+\langle\text{质子走向}+z',\text{自旋}+z'|H|\Lambda,-z'\rangle\langle\Lambda,-z'|\Lambda,+z\rangle. \tag{17.44}$$

根据式(17.38)的定义,以及根据角动量守恒得到的式(17.41),上式第一项中的第一个因子就是 a,第二项的第一个因子为零。第一项中剩下的因子 $\langle\Lambda,+z'|\Lambda,+z\rangle$ 正好就是一个沿一轴自旋"朝上"的自旋 1/2 粒子,它沿另一成 θ 角的轴也具有"朝上"的自旋的振幅,其值为 $\cos\theta/2$——参看表 6-2。所以式(17.44)刚好为 $a\cos\theta/2$,与我们在式(17.33)所写出的一样。对自旋"朝下"的 Λ 粒子作同样的论证,即得出式(17.34)的振幅。

§17-6　转动矩阵概要

我们现在要把所学过的关于自旋 1/2 和 1 的粒子转动的各种情况综合到一起,以便将来参考。下面你会看到有关自旋 1/2 的粒子和自旋 1 的粒子以及光子(它是自旋 1、静止质量为 0 的粒子)的两个转动矩阵 $R_z(\phi)$ 和 $R_y(\theta)$ 的表格。对每一个自旋,我们将给出绕 z 轴或 y 轴转动的矩阵项 $\langle j|R|i\rangle$。当然,它们和我们在前面几章中所用的 $\langle+T|0S\rangle$ 这类振幅是完全等价的。$R_z(\phi)$ 的意思是把一个态投影到一个绕 z 轴旋转 ϕ 角的新坐标系中去——永远采用右手定则来定义转动的正指向。$R_y(\theta)$ 表示参考系统 y 轴旋转 θ 角。知道了这两种转动后,你当然可以作出任何的转动。我们按惯例这样来写矩阵元,使左边的态是新(转动过)的坐标系的一个基础态,而右边的态是老的(转动前的)坐标系中的基础态。你可以用多种方式来解释表中的各项。例如,表 17-1 中的项 $e^{-i\phi/2}$ 表示矩阵元 $\langle-|R|-\rangle=e^{-i\phi/2}$。它也表示 $\hat{R}|-\rangle=e^{-i\phi/2}|-\rangle$ 或 $\langle-|\hat{R}=\langle-|e^{-i\phi/2}$,它们全都是一回事。

表 17-1　自旋 1/2 的转动矩阵

两个态:$|+\rangle$,沿 z 轴"朝上",$m=+1/2$

$|-\rangle$,沿 z 轴"朝下",$m=-1/2$

$R_z(\phi)$	$|+\rangle$	$|-\rangle$	$R_y(\theta)$	$|+\rangle$	$|-\rangle$
$\langle+|$	$e^{+i\phi/2}$	0	$\langle+|$	$\cos\dfrac{\theta}{2}$	$\sin\dfrac{\theta}{2}$
$\langle-|$	0	$e^{-i\phi/2}$	$\langle-|$	$-\sin\dfrac{\theta}{2}$	$\cos\dfrac{\theta}{2}$

表 17-2　自旋 1 的转动矩阵

三个态:$|+\rangle$,$m=+1$

$|0\rangle$,$m=0$

$|-\rangle$,$m=-1$

$R_z(\phi)$	$|+\rangle$	$|0\rangle$	$|-\rangle$
$\langle+|$	$e^{+i\phi}$	0	0
$\langle0|$	0	1	0
$\langle-|$	0	0	$e^{-i\phi}$

$R_y(\theta)$	$\lvert + \rangle$	$\lvert 0 \rangle$	$\lvert - \rangle$
$\langle + \rvert$	$\dfrac{1}{2}(1+\cos\theta)$	$+\dfrac{1}{\sqrt{2}}\sin\theta$	$\dfrac{1}{2}(1-\cos\theta)$
$\langle 0 \rvert$	$-\dfrac{1}{\sqrt{2}}\sin\theta$	$\cos\theta$	$+\dfrac{1}{\sqrt{2}}\sin\theta$
$\langle - \rvert$	$\dfrac{1}{2}(1-\cos\theta)$	$-\dfrac{1}{\sqrt{2}}\sin\theta$	$\dfrac{1}{2}(1+\cos\theta)$

表 17-3 光子

两个态:$\lvert R \rangle = \dfrac{1}{\sqrt{2}}(\lvert x \rangle + \mathrm{i}\lvert y \rangle)$, $m=+1$(右旋圆偏振)

$\lvert L \rangle = \dfrac{1}{\sqrt{2}}(\lvert x \rangle - \mathrm{i}\lvert y \rangle)$, $m=-1$(左旋圆偏振)

$R_z(\phi)$	$\lvert R \rangle$	$\lvert L \rangle$
$\langle R \rvert$	$\mathrm{e}^{+\mathrm{i}\phi}$	0
$\langle L \rvert$	0	$\mathrm{e}^{-\mathrm{i}\phi}$

第18章 角 动 量

§18-1 电 偶 极 辐 射

上一章,我们发展了量子力学中角动量守恒的概念,并且说明怎样用这些概念来预言 Λ 粒子衰变中质子的角分布。现在我们想给你们举一些其他类似的例子,来说明原子系统中角动量守恒的重要性。我们的第一个例子是原子的光辐射。角动量守恒(除了其他方面)将决定发射光子的偏振情况和角分布。

假设一个原子处于一个有确定角动量(譬如自旋为1)的激发态,当它跃迁到一个角动量为零的低能态时,发射出一个光子。问题是如何计算光子的角分布和偏振情况。(除了现在我们的粒子为自旋 1 而不是 1/2 以外,这个问题和 Λ^0 的衰变几乎完全相同。)因为原子的较高能态自旋为1,所以其角动量的 z 分量有 3 种可能性。m 的值可能为 +1、0 或 −1。在我们的例子中,取 m =+1。一旦你知道了如何处理这一情形,其他情形也就会解决了。我们设想一个原子的角动量沿着+z 轴方向,如图 18-1(a)所示;并且试问它沿 z 轴向上发射右旋圆偏振光、结果原子的角动量变为零的振幅是什么,如图 18-1(b)所示,我们并不知道这个问题的答案,但是我们却知道,对右旋圆偏振光,沿着它的传播方向具有一个单位角动量。所以发射光子后,情况将如图 18-1(b)所示——留下的原子沿 z 轴的角动量为零,因为我们假定了原子在较低能态时自旋为零。我们用 a 代表这一事件的振幅。说得更明确些,我们令 a 为在 dt 时间内、向以 z 轴为中心的小

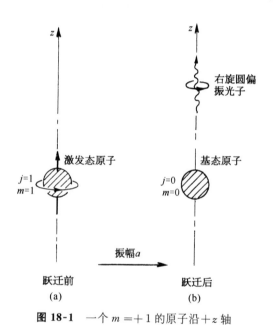

图 18-1 一个 m =+1 的原子沿+z 轴
方向发射一个 RHC 光子

立体角 dΩ 内发射一光子的振幅。注意,在同一个方向发射 LHC(左旋圆偏振)光子的振幅为零。沿 z 轴的净角动量对于这种光子为 −1,而原子为 0,总的角动量为 −1,这将使角动量不守恒。

同样,如果原子的自旋起初是"朝下"的(沿 z 轴为 −1),那它只能在 z 轴正方向发射一个 LHC 光子,如图 18-2 所示。我们用 b 代表这一事件的振幅——意义同样是光子进入某一立体角 ΔΩ 的振幅。另一方面,如果原子处于 m = 0 的状态,则它根本不能在+z 方向发射光子,因为光子沿其运动方向的角动量,只能是+1 或 −1。

其次,我们可以证明 b 与 a 有关。假设我们把图 18-1 的情况作一反演,意思就是我们设想,如果把系统中每一部分移到原点对面的相应的点上去,该系统将会怎样。这并不意味着需要反射角动量矢量,因为它是人为的量。说得更确切些,我们应将对应于这种角动量的实际的运动特性倒转。在图 18-3(a)和(b)中,我们显示了图 18-1 中的过程相对于原子中心反演前后的情况。注意原子转动的指向是不变的*,在图 18-3(b)倒转的系统中,$m = +1$ 的原子向下发射一个 LHC 光子。

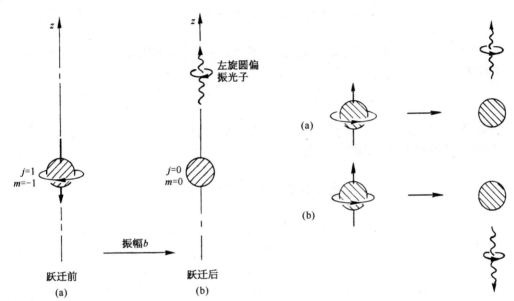

图 18-2　一个 $m = -1$ 的原子沿 $+z$ 轴方向发射一个 LHC 光子

图 18-3　如对(a)中的过程进行对原子中心的反演变换,就出现(b)所示的情形

　　如果现在我们将图 18-3(b)的系统绕 x 轴或 y 轴旋转 180°,那么它就变得和图 18-2 完全一样。反演和旋转的联合操作,使第二个过程成为第一个过程。由表 17-2,我们知道对 y 轴旋转 180°,恰好相当于把 $m = -1$ 的态变成 $m = +1$ 的态,所以除了由于反演可能造成符号改变外,振幅 b 必定和振幅 a 相等。反演中的符号改变将取决于原子的初态和终态的宇称。

　　在原子的过程中,宇称是守恒的,所以整个系统的宇称在光子发射前后应该相同。所发生的情况取决于原子初态和终态的宇称是偶还是奇——对于不同的情况,辐射的角分布将不一样。我们将选取一个一般的情况,初态为奇宇称,而终态为偶宇称,这将给出所谓的“电偶极辐射”。(如果初态和终态具有相同的宇称,我们称其为“磁偶极辐射”,它具有回路中振荡电流的辐射特性。)如果初态的宇称为奇,在使系统从图 18-3 的(a)到(b)的反演中,它的振幅改变符号。原子的终态具有偶宇称,所以其振幅不改变符号。如果在反应过程中宇称守恒,则振幅 b 和振幅 a 必然大小相等,符号相反。

---

　　* 当我们把 x, y, z 变成 $-x, -y, -z$ 时,你可能认为所有矢量都反了向。对于像位移和速度这样的极矢量,这是对的,但对于像角动量或任意由两个极矢量叉乘所得的轴矢量来说,这就不对了。轴矢量在反演后有相同的分量。

我们推断出：如果一个 $m=+1$ 的态向上发射一个光子的振幅是 a，那么对我们所假设的初态和终态的宇称而言，$m=-1$ 的态向上发射一个 LHC 光子的振幅为 $-a^*$。

我们已有了求出与 z 轴成任意角 θ 方向发射光子的振幅所需知道的一切。假设有一原子，原来具有 $m=+1$ 的偏振。我们可以把这个态分解为相对于新的 z' 轴的 $+1$，0，-1 等 3 个态，这新的 z' 轴在光子发射的方向上。对这 3 个态的振幅就是表 17-2 下半部分所给出的。于是在 θ 方向发射出一个 RHC（右旋圆偏振）光子的振幅，为 a 乘以在这个方向具有 $m=+1$ 的振幅，即

$$a\langle+|\ R_y(\theta)\ |+\rangle = \frac{a}{2}(1+\cos\theta). \tag{18.1}$$

在同一方向发射一个 LHC 光子的振幅为 $-a$ 乘以在此新方向具有 $m=-1$ 的振幅，利用表 17-2，即为

$$-a\langle-|\ R_y(\theta)\ |+\rangle = -\frac{a}{2}(1-\cos\theta), \tag{18.2}$$

如果你对其他的偏振感兴趣，你可以将这两种振幅的叠加得出它们的振幅。当然，为了得到作为角度的函数的任何分量的强度，你必须取振幅绝对值的平方。

§18-2 光 散 射

让我们利用这些结果来解决一个稍微复杂、但也较为真实的问题。假设同样的原子处于其基态（$j=0$）上，并将一束入射光散射出去。设光起初沿 $+z$ 轴方向传播，也就是说光子从 $-z$ 方向射向原子，如图 18-4(a) 所示。我们可以认为光的散射分成两个阶段：光子先被吸收，然后再发射出去。如果我们从一个 RHC 光子出发 [如图 18-4(a) 所示]，并且角动量是守恒的，则原子在吸收光子后，就会处于 $m=+1$ 的态，如图 18-4(b) 所示。我们把这过程的振幅称为 c。原子随后能够在 θ 方向发射出一个 RHC 光子，如图 18-4(c) 所示。一个 RHC 光子被散射到 θ 方向的总振幅就是 c 乘以式 (18.1)。如将此振幅称为 $\langle R'|S|R\rangle$，就有

$$\langle R'\ |\ S\ |\ R\rangle = \frac{ac}{2}(1+\cos\theta). \tag{18.3}$$

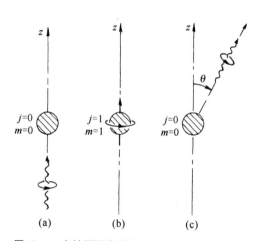

图 18-4 光被原子散射可看作一个两阶段过程

同样，吸收 RHC 光子而发射 LHC 光子也具有一定的振幅。这两个振幅的乘积就是 RHC 光子被散射成为 LHC 光子的振幅 $\langle L'|S|R\rangle$。由式 (18.2) 得

$$\langle L'\ |\ S\ |\ R\rangle = -\frac{ac}{2}(1-\cos\theta). \tag{18.4}$$

---

* 你们有些人可能会根据我们所考虑的终态没有确定的宇称，而反对我们刚才所做的论证。在本章末的附注 2 中，你将找到另一个你可能比较满意的证明。

现在我们要问,如果射进来的是一个左旋圆偏振光子,那将出现什么情况? 当它被吸收后,原子将进入 $m=-1$ 的态,根据我们在上节中所用的同样的论证,可以证明这个振幅必然是 $-c$。一个处在 $m=-1$ 态的原子,在角 θ 方向发射一个 RHC 光子的振幅是 a 乘以振幅 $\langle+|\,R_y(\theta)\,|-\rangle$,它就等于 $\frac{1}{2}(1-\cos\theta)$,所以我们有

$$\langle R'\mid S\mid L\rangle=-\frac{ac}{2}(1-\cos\theta). \tag{18.5}$$

最后,对于一个 LHC 光子被散射为一个 LHC 光子的振幅为

$$\langle L'\mid S\mid L\rangle=\frac{ac}{2}(1+\cos\theta). \tag{18.6}$$

(这里的两个负号相消了。)

如果我们测量关于圆偏振的任何给定组合的散射强度,它将和这 4 个振幅中一个振幅的平方成正比。例如,对于一束入射的 RHC 光,其散射辐射中 RHC 光的强度将随 $(1+\cos\theta)^2$ 而变化。

所有这一切都不错,但是假如从线偏振光出发,那会怎样呢? 如果是 x 向偏振光,则它可以用 RHC 光和 LHC 光的叠加来表示。我们写作(参见 §1-4)

$$|\,x\rangle=\frac{1}{\sqrt{2}}(|\,R\rangle+|\,L\rangle). \tag{18.7}$$

如果是 y 向偏振光,则我们将有

$$|\,y\rangle=-\frac{\mathrm{i}}{\sqrt{2}}(|\,R\rangle-|\,L\rangle). \tag{18.8}$$

现在你想知道什么呢? 你想得到 x 向偏振的光在角 θ 方向被散射为 RHC 光子的振幅吗? 你可以由组合振幅的一般规则得到它。首先用 $\langle R'|S$ 乘式(18.7)以得出

$$\langle R'\mid S\mid x\rangle=\frac{1}{\sqrt{2}}(\langle R'\mid S\mid R\rangle+\langle R'\mid S\mid L\rangle). \tag{18.9}$$

然后对两个振幅利用式(18.3)和(18.5),得到

$$\langle R'\mid S\mid x\rangle=\frac{ac}{\sqrt{2}}\cos\theta. \tag{18.10}$$

如果你要的是 x 向偏振的光子被散射成 LHC 光子的振幅,你将得到

$$\langle L'\mid S\mid x\rangle=\frac{ac}{\sqrt{2}}\cos\theta. \tag{18.11}$$

最后,假设你想知道一个 x 向偏振的光子被散射后仍保持其为 x 向偏振的振幅,你所要求的就是 $\langle x'|S|x\rangle$。它可以写为

$$\langle x'\mid S\mid x\rangle=\langle x'\mid R'\rangle\langle R'\mid S\mid x\rangle+\langle x'\mid L'\rangle\langle L'\mid S\mid x\rangle. \tag{18.12}$$

若再用下列关系

$$| R' \rangle = \frac{1}{\sqrt{2}} (| x' \rangle + i | y' \rangle), \qquad (18.13)$$

$$| L' \rangle = \frac{1}{\sqrt{2}} (| x' \rangle - i | y' \rangle), \qquad (18.14)$$

由此得到

$$\langle x' | R' \rangle = \frac{1}{\sqrt{2}}, \qquad (18.15)$$

$$\langle x' | L' \rangle = \frac{1}{\sqrt{2}}. \qquad (18.16)$$

所以得到

$$\langle x' | S | x \rangle = ac \cos \theta. \qquad (18.17)$$

答案是,一束 x 向偏振光被散射到 θ 方向(在 xz 平面中)的强度和 $\cos^2 \theta$ 成正比。如果你要问关于 y 向偏振光的情况,你会发现

$$\langle y' | S | x \rangle = 0. \qquad (18.18)$$

所以散射光在 x 方向是完全偏振的。

　　现在我们介绍一些有趣的事情。式(18.17)和(18.18)的结果完全和第 1 卷 §32-6 给出的光散射的经典理论相一致。在那里我们想象电子被一线性恢复力束缚于原子中,电子就像一个经典振子。也许你在想:"这问题在经典理论中要容易得多,如果经典理论给出正确的答案,为什么要用量子理论来麻烦自己呢?"有一个理由是,我们至今所考虑的只是具有 $j = 1$ 的激发态及 $j = 0$ 的基态的原子这一特殊 —— 虽然普通 —— 的情况。如果激发态的自旋为 2,你将得到不同的结果。另外,我们并没有理由认为这种挂在弹簧上的电子并被振荡电场驱动的模型也应对单个光子适用。但是我们发现实际上它确实是适用的,所得出的光的偏振性和强度是正确的。所以从某种意义上讲,我们正在使整个课程接近真实情况。在第 1 卷中,我们曾用经典理论讨论过折射率和光散射理论,现在我们证明了量子理论在最一般的情况下给出了同样的结果。例如,我们现在实际上用量子力学论证了天上的光的偏振现象,这是唯一真正合理的方法。

　　当然,所有行得通的经典理论最终总得到合理的量子论据的支持。自然,我们花了很多时间来对你们解释的那些内容都是选自经典物理中对量子力学来说仍然正确的部分。你可能注意到,我们没有详细讨论过电子绕轨道运行的原子模型。这是因为这样的原子模型并不给出和量子力学相一致的结果。但是连在弹簧上的电子(原子"看上去",根本不是这么回事)确实有用,所以我们在折射率的理论中采用了这一模型。

§18-3　电子偶素的湮没

　　下面我们想举一个非常漂亮的例子。它很有趣,虽然稍微复杂些,但我们希望不至于过分复杂。我们的例子是个称为电子偶素的系统,它是由一个电子和一个正电子组成的"原子"——一个 e^+ 和一个 e^- 组成的束缚态。它类似于一个氢原子,只是正电子代替了质子而已。和氢原子一样,它有许多状态。也像氢原子那样,其基态也由于磁矩的相互作用而分裂成"超精细结构"。电子和正电子的自旋都为 1/2,它们可以平行或反平行于任一给定的轴(在基

态不存在由于轨道运动而产生的角动量),所以它有 4 个状态:其中 3 个是自旋 1 的系统的支态,它们具有相同的能量、另一个是具有不同能量、自旋为零的态。不过,能量的分裂比氢的 1 420 兆周要大得多,这是因为正电子的磁矩比质子的磁矩大得多——大 1 000 倍。

然而最重要的区别在于:电子偶素不能一直存在。正电子是电子的反粒子,它们可以互相湮没。这两个粒子完全消失——它们的静止能量转化为辐射能,后者表现为 γ 射线(光子)。在此衰变中,两个具有有限静止质量的粒子,变成了两个或多个静止质量为零的粒子*。

我们从分析处于自旋零的态的电子偶素的衰变开始。它衰变成两个寿命约为 10^{-10} s 的 γ 射线(光子)。起初,正电子和电子靠近,它们的自旋反平行,构成了电子偶素系统。衰变后,有两个光子带着大小相等而方向相反的动量跑开(图 18-5)。它们的动量必须大小相等而方向相反,因

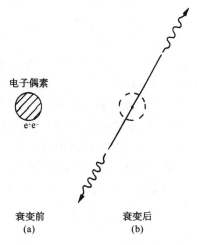

图 18-5 电子偶素的双光子湮没

为,如果我们取的是处于静止状态的湮没这一情形,则衰变后的总角动量必然和衰变前一样为零。如果电子偶素不是处于静止状态,则我们可以跟着它跑,解出这一问题,然后再把每件事变换到实验室坐标系中去。(看,我们现在已经工具齐全,可以做任何事情了。)

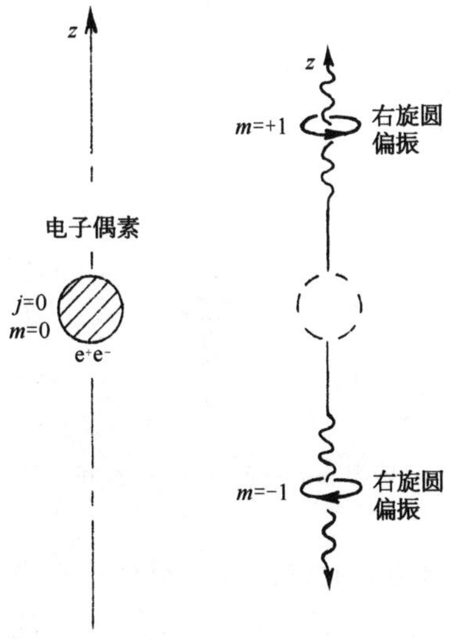

首先,我们注意角分布并不是很感兴趣。因为初态的自旋为零,它没有什么特殊的轴——它对所有的转动都是对称的。于是终态对所有的转动也应该是对称的。这意味着该衰变对每个角度都是同样可能的——光子走向任何方向的振幅都是一样的。当然,一旦我们在某个方向找到一个光子,另一个一定是在相反方向上。

剩下唯一我们要考察的问题是关于光子的偏振。设两个光子运动的方向为正 z 轴和负 z 轴。对于光子的偏振态,可以使用我们所需要的任何表象。我们选取右旋和左旋圆偏振(总是相对运动方向而言的)来描述它。我们可以立即看出,如果向上的光子是 RHC,那么如果向下的光子也是 RHC,则满足角动量守恒。每个光子相对其动量方向来说都携带了 +1 单位的角动量,这就是说沿 z 轴**是 +1 和 -1 单位的角动量。两者的总和为零,衰变后的角动量和衰变前的相同。见图 18-6。

图 18-6 电子偶素沿 z 轴湮没的一种可能性

z 轴**是 +1 和 -1 单位的角动量。两者的总和为零,衰变后的角动量和衰变前的相同。见图 18-6。

---

* 今天在对世界的较深的了解中,我们还没有一种容易的方法,以区分光子的能量是否比电子的能量具有较少的物质性,因为正如你们所知道的,所有粒子的行为非常相似,唯一的区别是光子的静止质量为零。

** 注意,我们总是分析在粒子运动方向的角动量,如果要问及关于任何其他轴的角动量,那我们就要考虑到有"轨道"角动量——来自 $p \times r$ 项。例如,我们不能说光子正好是从电子偶素中心离去的,它们可能会像从旋转的车轮边缘抛出去的两个物体那样离去。但是当我们把轴取在运动方向上时,我们就不必担心这种可能性了。

同样的论证表明,如果向上的光子是 RHC,则向下的光子就不可能是 LHC,否则终态将具有两个单位的角动量。若初态自旋为零,这是不允许的。注意,对于其他自旋为 1 的电子偶素的基态,这样的终态也是不可能的,因为在任何方向角动量的极大值是一个单位。

现在我们要证明,对自旋 1 的态,双光子湮没是根本不可能的。你可能认为,如果取 $j=1$,$m=0$ 的态 —— 它在 z 轴上的角动量为零 —— 它应该与自旋零的态一样,可以衰变成两个 RHC 光子。当然,图 18-7(a)所示的衰变对沿 z 轴的角动量守恒。但是来看一下,如果把此体系绕 y 轴旋转 180°,则会发生什么,我们将得到图 18-7(b)所示的图像。它与图(a)完全相同。我们所做的一切只是把两个光子互换了一下。光子是玻色子,如果把它们互换一下,则振幅不变号,所以(b)部分衰变的振幅必定和(a)部分衰变的振幅相同,但是我们曾假设原来的物体自旋为 1,如果我们把处于 $m=0$ 态、自旋 1 的物体绕 y 轴旋转 180°,则它的振幅将改变符号(见表 17-2,$\theta=\pi$)。所以图 18-7 中(a)和(b)的振幅应具有相反的符号,自旋 1 的态<u>不能衰变为两个光子</u>。

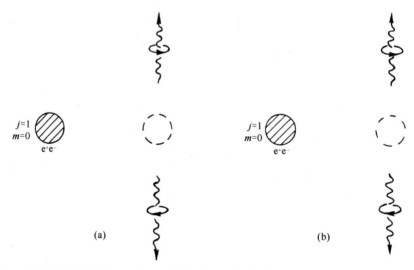

图 18-7 对于电子偶素其 $j=1$ 的态,过程(a)和它绕 y 轴旋转 180°后得到的过程(b)完全相同

当电子偶素形成时,你可能预期它有 1/4 的时间停留在自旋 0 的态,3/4 的时间留在自旋 1 的态(包括 $m=-1$,0 或 +1)。所以有 1/4 的时间你将得到双光子的湮没;另外 3/4 的时间可能没有双光子湮没;但湮没仍会发生,不过将产生 3 个光子。这种情形较难发生,因其寿命要长 1 000 倍——约 10^{-7} s。这是实验观察到的结果。我们不再进一步详细讨论自旋 1 的粒子的湮没。

到现在为止,假如我们只考虑角动量,电子偶素自旋零的态可以变成两个 RHC 光子。另外还有一种可能性:它可以如图 18-8 所示的那样,变成两个 LHC 光子。接下来的问题是,这两种可能的衰变模式的振幅之间有什么关系?我们可以从宇称的守恒得出这种关系。

然而,要这样做,我们必须知道电子偶素的宇称。现在,理论物理学家在某种程度上已证明不容易解释为什么电子和正电子(电子的反粒子)的宇称必须相反,使得处于自旋零的基态的电子偶素的宇称必须为奇。我们只是假设它的宇称为奇,由此我们能得到与实验相符合的结果,我们可以把这作为充分的证据。

让我们看看,如果把图 18-6 所示的过程作一反演,将会发生什么情况。当我们这样做后,两个光子的方向和偏振都反过来了,反演后的情形正如图 18-8 所示。假设电子偶素的宇称为奇,则图 18-6 和图 18-8 中两个过程的振幅必须具有相反的符号。以 $|R_1R_2\rangle$ 代表图 18-6 的终态,其中的两个光子都是 RHC,而以 $|L_1L_2\rangle$ 代表图 18-8 的终态,其中的两个光子都是 LHC。真正的终态——让我们称它为 $|F\rangle$ ——必定是

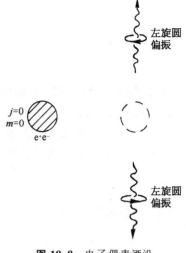

图 18-8 电子偶素湮没的另一种可能过程

$$|F\rangle = |R_1R_2\rangle - |L_1L_2\rangle. \qquad (18.19)$$

于是,反演把 R 变成 L,给出

$$P|F\rangle = |L_1L_2\rangle - |R_1R_2\rangle = -|F\rangle, \qquad (18.20)$$

上式正好是式(18.19)加个负号。所以,终态 $|F\rangle$ 有负的宇称,和电子偶素自旋零的初态一样。这是角动量和宇称都守恒的唯一终态。衰变成这个态的振幅一定存在,但我们现在不必为此操心,因为我们只对偏振感兴趣。

式(18.19)中的终态有什么物理意义呢? 一个意义是:如果我们用两个可以分别计数 RHC 和 LHC 光子探测器来观察发射出来的两种光子,我们将总是看到两个 RHC 光子在一起或两个 LHC 光子在一起。这就是说,如果你站在电子偶素的某一边,另一个人站在相反的一边,你可以测量偏振情况,并告诉另一个人他获得什么样的偏振。你有 50 对 50 的机会捕获一个 RHC 光子或一个 LHC 光子。不管你得到哪一种光子,你都能预料他也会得到同样的光子。

由于 RHC 或 LHC 偏振的机会是 50 对 50,听起来它可能像线偏振。我们要问:如果我们用只能接收线偏振光的计数器观察光子,将会怎样呢? 测量 γ 射线的偏振不像测量光的偏振那样容易。对于这样短的波长,还没有很好的检偏振器。但是为使讨论方便起见,让我们假想有这种偏振器。假设你的计数器只接受 x 偏振的光,而在另一边的一个人只寻找具有 y 偏振的线偏振光。你检测到电子偶素湮没产生的两个光子的机会是多少呢? 我们所要问的是 $|F\rangle$ 在态 $|x_1 y_2\rangle$ 的振幅是多少。换句话说,我们想求振幅

$$\langle x_1 y_2 | F\rangle,$$

当然,它就是

$$\langle x_1 y_2 | R_1 R_2\rangle - \langle x_1 y_2 | L_1 L_2\rangle. \qquad (18.21)$$

虽然我们是在求两个光子的双粒子振幅,但由于每个粒子的行为是相互独立的,所以我们可以像以前处理单粒子振幅那样来处理。这意味着振幅 $\langle x_1 y_2 | R_1 R_2\rangle$ 只是两个独立振幅 $\langle x_1 | R_1\rangle$ 和 $\langle y_2 | R_2\rangle$ 的乘积。由表 17-3,这两个振幅是 $1/\sqrt{2}$ 和 $i/\sqrt{2}$,所以

$$\langle x_1 y_2 | R_1 R_2\rangle = +\frac{i}{2}.$$

同理得
$$\langle x_1 y_2 \mid L_1 L_2\rangle = -\frac{i}{2}.$$

按照式(18.21)，将此两振幅相减得
$$\langle x_1 y_2 \mid F\rangle = +i. \tag{18.22}$$

所以得到一个单位概率*，如果你在 x 偏振的探测器中得到一个光子，那么另外那个人将在他的 y 偏振的探测器中得到另一个光子。

现在假定另外那一个人也用和你一样的 x 偏振的计数器。当你得到一个光子时，他绝不会有计数。如果你从头到尾算一下，就会得到
$$\langle x_1 x_2 \mid F\rangle = 0. \tag{18.23}$$

自然，如果你用 y 偏振的计数器，则只有当他用 x 偏振的计数器时，他才会得到和你一致的符合计数。

现在所有这一切都导致一个有趣的情况。假定你用一块像方解石那样的东西，把光分解为 x 偏振和 y 偏振的光束，并在各光束中放一计数器，我们把一个叫做 x 计数器，另一个叫做 y 计数器。如果在另一边的那个人也这样做，则你总是可以告诉他，他的光子将跑进哪一束光去，每当你和他同时记录到光子时，你可以观察你自己这边哪个计数器捕获到光子，然后告诉他，他的哪一个计数器中有一个光子。我们说：在某次衰变中，你发现一个光子进入你的 x 计数器，则你可以告诉他，他也必定在他的 y 计数器中找到一个光子。

许多按通常(老式)的方式学习量子力学的人都会发现这个困惑，他们总是认为一旦光子被发射出来，它们就像一个具有特定性质的波一样。他们以为既然"任一给定的光子"具有 x 偏振或者 y 偏振的某些"振幅"，那么就在 x 计数器或是在 y 计数器中找到它都应有某种机会，并且这个机会应该和另外那个人找到另一个完全不同光子的机会无关。他们争辩说，"另一个人所做的测量，不应该改变我找到什么的概率。"但是，我们的量子力学告诉我们，根据你对第一号光子所做的测量，你能正确地料到，当检测到第二号光子时它是什么样的偏振。这个观点从未为爱因斯坦所接受，他对之极为烦恼——这成了著名的"爱因斯坦-波多尔斯基-罗森佯谬"。但是，当像我们在这里所作的那样来描述这一情况时，就似乎根本不存在什么佯谬，并且很自然地得出在一个地方测得的结果与在另一个地方所测得的结果相关。关于该结果为佯谬的论证大致是这样的：

(1) 如果你有一个计数器告诉你，你的光子是 RHC 还是 LHC，则你可以精确地预言他将会发现哪一种类型的光子(RHC 或 LHC)。

(2) 因此他所接收到的光子的每一个都必定是纯 RHC 或纯 LHC，有些是这一种，有些是另一种。

(3) 你不能用改变你对你的光子观察的类型，来改变他的光子的物理性质。不论你对你的光子作什么测量，他的光子必定仍然不是 RHC 就是 LHC。

(4) 现在假定他用一块方解石改装的仪器，把他的光子分成两种线性偏振的光束，以至

---
* 我们还没有将我们的振幅归一化，或乘上衰变成任一特殊终态的振幅，但是我们可以知道这个结果是正确的，因为当我们考察另一种选择时，我们得到的概率为零(参见式18.23)。

他的全部光子不是进入 x 偏振的光束,就是进入 y 偏振的光束。根据量子力学,绝对没有一个方法可以说出任一特定的 RHC 光子将进入哪个光束。它进入 x 光束的概率是 50%,进入 y 光束的概率也是 50%。对一个 LHC 光子来说情况也是这样。

(5) 既然每一个光子不是 RHC 就是 LHC——按照(2)和(3)——每个光子必然有 50 对 50 的机会进入 x 光束或 y 光束,那就无法预言它将走哪一条路。

(6) 然而理论却预言,如果你看见你的光子通过 x 起偏振器,则你能够肯定地预言,他的光子将通过他的 y 偏振光束。这与(5)矛盾,所以存在着佯谬。

然而大自然显然没有注意到这个"佯谬"。因为实验表明(6)中的预言实际上是对的。我们在第 1 卷第 37 章 * 关于量子力学的行为的第一次讲课中,已经讨论了这个"佯谬"的关键。在上面的论证中,(1)、(2)、(4)和(6)都是正确的,而(3)和它的推论(5)是错误的。它们不是自然界的正确描述。论证(3)表明,由你的测量(看见一个 RHC 或 LHC 光子),你能决定在他那里发生的是可选择的两个事件中的哪一个(看到一个 RHC 或 LHC 光子),而且,其至不做你的测量,你仍然能讲出他那里所发生的事件将是这个或那个的两者之一。但是第 1 卷第 37 章中的要点恰恰是从一开始就指出在大自然中并非如此。大自然的方式需要用干涉振幅来描述,每一个供选择的事件有一个振幅。测量实际上发生哪一个事件就破坏了这种干涉,但是如果不进行测量,你就不可能再说:"这个或另一个事件仍要发生。"

如果你对你的每一个光子都能确定它是 RHC 还是 LHC,并且也可以确定它是否为 x 偏振(对同一光子),那就真的有佯谬了。但你办不到——这是不确定性原理的一个例子。

你仍然认为有"佯谬"吗? 事实上,要证实大自然的行为的佯谬,可以设计一个假想实验。对于这个假想实验,量子力学理论通过两种不同的论证会预言两个相互矛盾的结果。否则,这"佯谬"只不过是现实和你对"现实应该如何"的感觉之间的冲突。

你认为这虽不是佯谬而仍然是非常奇特的吗? 我们完全同意你们的想法。这就是物理学迷人之处。

§18-4　任意自旋的转动矩阵

至此我们希望你们能看到,角动量概念在了解原子的过程中是多么重要。到目前为止,我们只考虑了自旋(或"总角动量")为 0、1/2 或 1 的系统。当然还存在具有更高角动量的原子系统。为了分析这种系统,我们需要有 §17-6 中那样的转动振幅表。这就是说,我们需要自旋为 3/2,2,5/2,3 等的振幅矩阵。虽然我们不去详细地计算出这些表,但我们希望告诉你们它是怎样算出的,以便你们一旦需要时能自己计算。

正如我们以前看到的,任何具有自旋或"总角动量"j 的系统能够存在于 $2j+1$ 个态中的任一个态,这些态的角动量在 z 轴上的分量,可以是 $j, j-1, j-2, \cdots, -(j-1), -j$(都以 $\hbar$ 为单位) 这一系列分立值中的任何一个值。把任何一个特殊态的角动量的 z 分量称为 $m\hbar$,通过给定两个"角动量量子数"j 和 m 的数值,我们就能定义一个角动量状态。我们以态矢量 $|j, m\rangle$ 来表示该态,在自旋 1/2 粒子的情况下,其两个态就是 $|1/2, 1/2\rangle$ 和 $|1/2, -1/2\rangle$;而对于自旋 1 的系统,其状态用这种记号就被写成 $|1, +1\rangle$、$|1, 0\rangle$ 及 $|1, -1\rangle$;当

---

* 也可参见本卷第一章。

然,自旋零的粒子只有一个态$|0, 0\rangle$。

现在我们想要知道,当我们把一般的态$|j, m\rangle$投影到一组转过一个角度的坐标轴的表象中去时,会发生什么情形。首先我们知道,j 是一个表示该系统特征的数,所以它是不变的。如果我们转动坐标轴,我们所得到的只是关于同一 j 的各个 m 值的混合状态。通常,会有某个系统在转过角度的坐标系中处于态$|j, m'\rangle$的振幅,这里 m' 是新的角动量的 z 分量。所以我们所需要的是对于各种转动的矩阵元$\langle j, m'|R|j, m\rangle$。我们早已知道,如果我们绕 z 轴旋转 ϕ 角将发生些什么。新的态只不过是把原来的态乘上 $e^{im\phi}$ 而已——它仍有相同的 m 值。我们可以把这写为

$$R_z(\phi) \mid j, m\rangle = e^{im\phi} \mid j, m\rangle, \tag{18.24}$$

或者,如果你喜欢可写成

$$\langle j, m' \mid R_z(\phi) \mid j, m\rangle = \delta_{m, m'} e^{im\phi}. \tag{18.25}$$

(式中若 $m' = m$ 则 $\delta_{m, m'} = 1$,否则为 0。)

对于绕任何其他轴的转动,各个 m 态将混合。当然,我们可以尝试求出用欧拉角 β,α 和 γ 描写的任意转动的矩阵元。但比较容易的是记住这种转动最一般的情况可以由 3 个转动 $R_z(\gamma)$,$R_y(\alpha)$ 和 $R_z(\beta)$ 组成,所以如果知道了对 y 轴旋转的矩阵元,我们所需要的一切就都有了。

对于自旋为 j 的粒子,绕 y 轴转动角 θ,我们如何去求其转动矩阵元呢?我们无法告诉你们如何用一种基本的方法(我们已经有的方法)去求。对自旋 1/2 的粒子,我们通过复杂的对称性论证求得其矩阵元。接着对自旋 1 的情形,我们通过由两个自旋 1/2 的粒子组成的自旋 1 的系统这一特例求得其矩阵元。如果你们赞同我们的做法,并且接受这一事实:在一般情况下,答案只与自旋 j 有关,而与自旋为 j 的粒子的内部构造是怎样组合的无关,那么我们可以把自旋 1 的论证推广到任意自旋的情况。例如,我们可以虚构一个自旋为 3/2 的系统,它由 3 个自旋 1/2 的粒子构成。我们甚至可以把它们想象成它们都是可区分的粒子——如一个质子、一个电子和一个 μ 子——以避免复杂性。通过对每一个自旋 1/2 的粒子进行变换,我们就可以知道整个系统发生的情况——记住对于组合态,3 个振幅是相乘的,我们看看,在这种情况下该怎么做。

假定我们取 3 个自旋 1/2 的粒子,其自旋全部朝上,我们可以用$|+++\rangle$表示该态。如果我们从一个绕 z 轴转了 ϕ 角的坐标系来看这个系统,每个正号仍为正号,但要乘上 $e^{i\phi/2}$,我们有 3 个这种因子,所以

$$R_z(\phi) \mid +++\rangle = e^{i3\phi/2} \mid +++\rangle. \tag{18.26}$$

显然,$|+++\rangle$态正是我们所说的 $m = +3/2$ 的态,或$|3/2, +3/2\rangle$态。

如果我们现在绕 y 轴转动此系统,每个自旋 1/2 的粒子具有某个正或负的振幅,所以现在此系统是 8 种可能的组合的混合态,这些态是$|+++\rangle$,$|++-\rangle$,$|+-+\rangle$,$|-++\rangle$,$|+--\rangle$,$|-+-\rangle$,$|--+\rangle$和$|---\rangle$。显然这 8 个态可以分成 4 组,每组与一个特定的 m 值相对应。首先,我们有$|+++\rangle$,其 $m = 3/2$;接着是$|++-\rangle$,$|+-+\rangle$和$|-++\rangle$ 3 个态——每个态都是两个正一个负。因为每个自旋 1/2 的粒子在转动下都有同样的机会变成负,所以在这 3 种组合的每个所占的份量应该相等。于是我们取该组合为

$$\frac{1}{\sqrt{3}}\{|++-\rangle+|+-+\rangle+|-++\rangle\}. \tag{18.27}$$

加入因子 $1/\sqrt{3}$ 是为了使态归一化。如将此态绕 z 轴转动,我们对每个正号得到一个因子 $e^{i\phi/2}$,对每个负号得到因子 $e^{-i\phi/2}$。式(18.27)中的每一项都乘上 $e^{i\phi/2}$,所以有一个公因子 $e^{i\phi/2}$。这个态满足我们对 $m=+1/2$ 态的想法,我们可以断定

$$\frac{1}{\sqrt{3}}\{|++-\rangle+|+-+\rangle+|-++\rangle\}=\left|\frac{3}{2},+\frac{1}{2}\right\rangle. \tag{18.28}$$

同理我们可以写下

$$\frac{1}{\sqrt{3}}\{|+--\rangle+|-+-\rangle+|--+\rangle\}=\left|\frac{3}{2},-\frac{1}{2}\right\rangle, \tag{18.29}$$

它和 $m=-1/2$ 的态相对应。注意,我们只取了那些对称的组合——我们没有取带有负号的任何组合。这些组合将对应于 m 相同但 j 不同的态(这正和自旋 1 的情况相像,在那里我们知道 $(1/\sqrt{2})\{|+-\rangle+|-+\rangle\}$ 是 $|1,0\rangle$ 态,而 $(1/\sqrt{2})\{|+-\rangle-|-+\rangle\}$ 是 $|0,0\rangle$ 态)。最后,我们有

$$\left|\frac{3}{2},-\frac{3}{2}\right\rangle=|---\rangle. \tag{18.30}$$

我们将此 4 个态概括在表 18-1 中。

表 18-1

$\|+++\rangle$	$=\left\|\frac{3}{2},+\frac{3}{2}\right\rangle$
$\frac{1}{\sqrt{3}}\{\|++-\rangle+\|+-+\rangle+\|-++\rangle\}$	$=\left\|\frac{3}{2},+\frac{1}{2}\right\rangle$
$\frac{1}{\sqrt{3}}\{\|+--\rangle+\|-+-\rangle+\|--+\rangle\}$	$=\left\|\frac{3}{2},-\frac{1}{2}\right\rangle$
$\|---\rangle$	$=\left\|\frac{3}{2},-\frac{3}{2}\right\rangle$

现在我们所要做的就是将每个态绕 y 轴转动,并看看它给出多少个其他的态——利用我们已知的关于自旋 1/2 的粒子的转动矩阵。我们的做法和 §12-6 中处理自旋 1 的情形完全相同(只是多一点代数运算罢了)。我们将直接按照第 12 章的思想,所以不必详细重复所有的说明。系统 S 中的态将记为

$$\left|\frac{3}{2},+\frac{3}{2},S\right\rangle=|+++\rangle,\quad\left|\frac{3}{2},+\frac{1}{2},S\right\rangle=\left(\frac{1}{\sqrt{3}}\right)\{|++-\rangle+|+-+\rangle+|-++\rangle\},$$

等等。系统 T 将是绕 S 的 y 轴转过 θ 角的一个系统,T 中的态记为 $|3/2,+3/2,T\rangle$,$|3/2,+1/2,T\rangle$ 等等。当然,$|3/2,+3/2,T\rangle$ 与 $|+',+',+'\rangle$ 相同,带撇的都是指系统 T。与此相类似,$|3/2,+1/2,T\rangle$ 等于 $(1/\sqrt{3})\{|+'+'-'\rangle+|+'-'+'\rangle+|-'+'+'\rangle\}$ 等等。在 T 坐标系中的每个 $|+'\rangle$ 态都是由 S 系统中的两个态 $|+\rangle$ 和 $|-\rangle$ 通过表 12-4 中

的矩阵元变换来的。

当我们有 3 个自旋 1/2 的粒子时,式(12.47)可以由下式代替,

$$|+++\rangle = a^3 \ |+'+'+'\rangle + a^2b\{|+'+'-'\rangle + |+'-'+'\rangle + |-'+'+'\rangle\}$$
$$+ ab^2\{|+'-'-'\rangle + |-'+'-'\rangle + |-'-'+'\rangle\} + b^3 \ |-'-'-'\rangle. \quad (18.31)$$

利用表 12-4 的变换,代替式(12.48),我们得到下列方程

$$\left|\frac{3}{2}, +\frac{3}{2}, S\right\rangle = a^3 \left|\frac{3}{2}, +\frac{3}{2}, T\right\rangle + \sqrt{3}a^2b \left|\frac{3}{2}, +\frac{1}{2}, T\right\rangle + \sqrt{3}ab^2 \left|\frac{3}{2}, -\frac{1}{2}, T\right\rangle$$
$$+ b^3 \left|\frac{3}{2}, -\frac{3}{2}, T\right\rangle. \quad (18.32)$$

这已经给了我们几个矩阵元 $\langle jT|iS\rangle$。为了求得 $|3/2, +1/2, S\rangle$ 的表示式,我们从有两个 "+" 和一个 "-" 的态的变换开始。例如:

$$|++-\rangle = a^2c \ |+'+'+'\rangle + a^2d \ |+'+'-'\rangle + abc \ |+'-'+'\rangle + bac \ |-'+'+'\rangle$$
$$+ abd \ |+'-'-'\rangle + bad \ |-'+'-'\rangle + b^2c \ |-'-'+'\rangle + b^2d \ |-'-'-'\rangle. \quad (18.33)$$

加上 $|+-+\rangle$ 和 $|-++\rangle$ 的两个相似的表示式,并用 $\sqrt{3}$ 去除,我们得到

$$\left|\frac{3}{2}, +\frac{1}{2}, S\right\rangle = \sqrt{3}a^2c \left|\frac{3}{2}, +\frac{3}{2}, T\right\rangle + (a^2d + 2abc) \left|\frac{3}{2}, +\frac{1}{2}, T\right\rangle$$
$$+ (2bad + b^2c) \left|\frac{3}{2}, -\frac{1}{2}, T\right\rangle + \sqrt{3}b^2d \left|\frac{3}{2}, -\frac{3}{2}, T\right\rangle. \quad (18.34)$$

继续这些步骤,我们就得到列在表 18-2 中的所有变换矩阵元 $\langle jT|iS\rangle$。表中的第一列来自式(18.32),第二列来自式(18.34),最后两列也是用相同方法得到的。

表 18-2 一自旋 3/2 粒子的旋转矩阵
(系数 a, b, c 和 d 列于表 12-4 中)

$\langle jT|iS\rangle$	$\left\|\frac{3}{2}, +\frac{3}{2}, S\right\rangle$	$\left\|\frac{3}{2}, +\frac{1}{2}, S\right\rangle$	$\left\|\frac{3}{2}, -\frac{1}{2}, S\right\rangle$	$\left\|\frac{3}{2}, -\frac{3}{2}, S\right\rangle$
$\left\langle\frac{3}{2}, +\frac{3}{2}, T\right\|$	a^3	$\sqrt{3}a^2c$	$\sqrt{3}ac^2$	c^3
$\left\langle\frac{3}{2}, +\frac{1}{2}, T\right\|$	$\sqrt{3}a^2b$	$a^2d + 2abc$	$c^2b + 2dac$	$\sqrt{3}c^2d$
$\left\langle\frac{3}{2}, -\frac{1}{2}, T\right\|$	$\sqrt{3}ab^2$	$2bad + b^2c$	$2cdb + d^2a$	$\sqrt{3}cd^2$
$\left\langle\frac{3}{2}, -\frac{3}{2}, T\right\|$	b^3	$\sqrt{3}b^2d$	$\sqrt{3}bd^2$	d^3

现在假设 T 系统相对 S 绕 y 轴转过角 θ。于是 a, b, c 和 d 的值[参见式(12.54)]为 $a = d = \cos\theta/2$,及 $c = -b = \sin\theta/2$。将这些值代入表 18-2 中,就得到与表 17-2 的第二部分相应的形式,只是现在是关于自旋 3/2 的系统。

我们刚才所做的论证很容易推广到任意自旋 j 的系统上去。$|j, m\rangle$ 态可以由 $2j$ 个粒

子组成,每个粒子都是自旋 1/2(其中有 $j+m$ 个粒子在 $|+\rangle$ 态, $j-m$ 个粒子在 $|-\rangle$ 态)。对所有可以这样做的方式求和就可以了,还要乘以适当的常数使态归一化。你们中喜爱数学的人或许能得出下式 *:

$$\langle j, m' \mid R_y(\theta) \mid j, m \rangle = [(j+m)!(j-m)!(j+m')!(j-m')!]^{1/2}$$

$$\times \sum_k \frac{(-1)^{k+m-m'}\left(\cos\frac{\theta}{2}\right)^{2j+m'-m-2k} \cdot \left(\sin\frac{\theta}{2}\right)^{m-m'+2k}}{(m-m'+k)!(j+m'-k)!(j-m-k)!k!}, \tag{18.35}$$

其中的 k 必须取所有能使阶乘中的项 $\geqslant 0$ 的每个值。

这是一个相当杂乱的式子,但是你可以用它来核对对于 $j=1$ 的表 17-2,并可以自己制定对于更大 j 值的表。有几个特殊的矩阵元特别重要,给了它们专门的名称。例如 $m = m' = 0$,而 j 为整数的矩阵元是著名的勒让德多项式,称为 $P_j(\cos\theta)$:

$$\langle j, 0 \mid R_y(\theta) \mid j, 0 \rangle = P_j(\cos\theta). \tag{18.36}$$

这多项式的前几项为:

$$P_0(\cos\theta) = 1, \tag{18.37}$$

$$P_1(\cos\theta) = \cos\theta, \tag{18.38}$$

$$P_2(\cos\theta) = \frac{1}{2}(3\cos^2\theta - 1), \tag{18.39}$$

$$P_3(\cos\theta) = \frac{1}{2}(5\cos^3\theta - 3\cos\theta). \tag{18.40}$$

§18-5　测量核自旋

我们愿意告诉你们一个应用刚才所述系数的例子,这是一个你们现在能够理解的、新而有趣的实验。有些物理学家想知道 Ne^{20} 原子核处于某激发态的自旋,为此,他们用一束加速的碳离子去轰击碳靶,从下述反应中产生想要的 Ne^{20} 激发态(称为 Ne^{20*}),

$$C^{12} + C^{12} \longrightarrow Ne^{20*} + \alpha_1,$$

式中 α_1 是 α 粒子或 He^4,用这种方式产生的 Ne^{20} 的几个激发态是不稳定的,以下面的反应而衰变

$$Ne^{20*} \longrightarrow O^{16} + \alpha_2,$$

所以在实验中由上述反应产生的 α 粒子有两个,我们称它们为 α_1 和 α_2,因为它们以不同的能量离去,所以它们彼此是可以区分的。再有,通过对 α_1 挑选一个特定的能量,我们就可以选出 Ne^{20} 的任一特定的激发态。

实验的装置如图 18-9 所示。一束 16 MeV 的碳离子射向一片很薄的碳箔。第一个 α 粒子用标明为 α_1 的硅扩散结探测器来计数,该探测器调整成接收具有适当能量且(对 C^{12} 入

---

*　你如想知道细节,可以参看本章的附录。

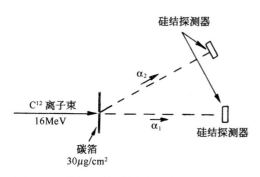

图 18-9 确定 Ne^{20} 的某些态的自旋的实验装置

射束来说)为向前运动的 α 粒子。第二个 α 粒子由对 α_1 的夹角为 θ 的计数器 α_2 来检测。来自探测器 α_1 和 α_2 的符合信号的计数率是按 θ 的函数进行测量。

上述实验的思想如下。首先,你需要知道 C^{12},O^{16} 和 α 粒子的自旋都为零。如果我们把初始时 C^{12} 的运动方向定为 +z 方向,则我们知道 Ne^{20*} 对 z 轴的角动量必为零。没有一个其他粒子有自旋,C^{12} 沿 z 轴射来,α_1 粒子沿 z 轴离开,因此它们对 z 轴不可能有任何角动量。

所以不论 Ne^{20*} 的自旋 j 是什么,我们知道它处于态 $|j, 0\rangle$ 中。那么当 Ne^{20*} 衰变成 O^{16} 和第二个 α 粒子时将发生些什么呢?这个 α 粒子由计数器测得 α_2,为了满足动量守恒,O^{16} 必在相反方向上离去[*]。对通过 α_2 的新轴,不可能有角动量的分量。终态对新轴的角动量分量为零,所以只有当 Ne^{20*} 有某种使 m' 等于零的振幅时,它才能以这种方式衰变,这里 m' 是对新轴的角动量分量的量子数。实际上在 θ 方向观察到 α_2 的概率就是下面这个振幅(或矩阵元)的平方

$$\langle j, 0 \mid R_y(\theta) \mid j, 0 \rangle. \tag{18.41}$$

为了求得本问题中 Ne^{20*} 态的自旋,将第二个 α 粒子的强度作为角度的函数作图,并与不同 j 值的理论曲线相比较。正如我们在上节中所讲的,振幅 $\langle j, 0 \mid R_y(\theta) \mid j, 0 \rangle$ 就是函数 $P_j(\cos\theta)$。所以可能的角分布就是 $[P_j(\cos\theta)]^2$ 的曲线。图 18-10 给出了两个激发态的实验结果。你们可以看到 5.80 MeV 态的角分布曲线与 $[P_1(\cos\theta)]^2$ 曲线重合得非常好,所以它必定是自旋 1 的态。另一方面,5.63 MeV 态的数据却很不一样,它符合 $[P_3(\cos\theta)]^2$ 曲线。这个态的自旋为 3。

从这个实验,我们能求出 Ne^{20*} 的两个激发态的角动量。这个资料又可以用来试图了解该原子核内部质子和中子的位形——神秘的核力又多了一些信息。

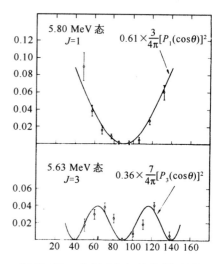

图 18-10 由图 18-9 的装置产生的 Ne^{20*} 的两个激发态发射的 α 粒子角分布的实验结果,[引自 J. A. Kuehner, *Physical Review*, Vol. **125**, p. 1650, 1962.]

§18-6 角动量的合成

当我们在第 12 章中研究氢原子的超精细结构时,我们必须算出由两个自旋都是 1/2 的粒子——电子和质子——组成的系统的内部状态。我们发现这样的一个系统的 4 种可能的

---

[*] 我们可以忽略在第一次碰撞中 Ne^{20*} 得到的反冲,或者更好的是我们把它计算出来并作出修正。

自旋态可以分成两组——一组具有同一个能量,从外界来看它好像是一个自旋 1 粒子,另一个态的行为像一个自旋 0 粒子。这就是说,把两个自旋 1/2 粒子放在一起就形成一个"总自旋"为 1 或 0 的系统。在本节中我们希望用更普遍的方法来讨论由两个任意自旋的粒子组成的系统的自旋态。这是关于量子力学系统的角动量的另一个重要课题。

我们首先将第 12 章中关于氢原子的结果改写成比较容易推广到更为一般情况的形式。我们从两个粒子开始,把这两个粒子称为粒子 a(电子)和粒子 b(质子)。粒子 a 具有自旋 $j_a(=1/2)$,其角动量的 z 分量 m_a 可以具有几个值(实际上有两个,即 $m_a=+1/2$,或 $m_a=-1/2$)中的一个。同样,粒子 b 的自旋态也由其自旋 j_b 以及它的角动量的 z 分量 m_b 来描述。我们可以构成两个粒子自旋态的各种组合。例如,我们可以把 $m_a=1/2$ 的 a 粒子和 $m_b=-1/2$ 的 b 粒子构成一个态 $|a,+1/2;b,-1/2\rangle$。一般地讲,组合态构成一个系统,其"系统自旋",或"总自旋",或"总角动量"J 可以是 1 或者 0。系统可以具有角动量的 z 分量 M,当 $J=1$ 时,M 为 +1,0 或 −1;当 $J=0$ 时,M 为 0。用这种新的语言,我们可以把式 (12.41) 和 (12.42) 改写成表 18-3 所示的形式。

表 18-3 中左边那一列用总角动量 J 和 z 分量 M 描述复合态,右边那一列借助于两个粒子 a 和 b 的 m 值来表明这些态是如何构成的。

表 18-3　两个自旋 1/2 粒子的角动量 ($j_a=1/2$, $j_b=1/2$) 的合成

$$|J=1, M=+1\rangle = \left|a,+\tfrac{1}{2};b,+\tfrac{1}{2}\right\rangle$$

$$|J=1, M=0\rangle = \frac{1}{\sqrt{2}}\left\{\left|a,+\tfrac{1}{2};b,-\tfrac{1}{2}\right\rangle + \left|a,-\tfrac{1}{2};b,+\tfrac{1}{2}\right\rangle\right\}$$

$$|J=1, M=-1\rangle = \left|a,-\tfrac{1}{2};b,-\tfrac{1}{2}\right\rangle$$

$$|J=0, M=0\rangle = \frac{1}{\sqrt{2}}\left\{\left|a,+\tfrac{1}{2};b,-\tfrac{1}{2}\right\rangle - \left|a,-\tfrac{1}{2};b,+\tfrac{1}{2}\right\rangle\right\}$$

现在我们想把这个结果推广到两个具有任意自旋 j_a 和 j_b 的粒子 a 和 b 所组成的态。我们从考虑 $j_a=1/2$ 和 $j_b=1$ 开始,即从氘原子着手。在氘原子中粒子 a 是电子(e),粒子 b 是原子核——氘核(d)。于是我们有 $j_a=j_e=1/2$,氘核由一个质子和一个中子构成,它处于总自旋为 1 的态,所以 $j_b=j_d=1$。我们想要讨论氘的超精细结构(就像对氢所做过的那样)。因为氘核具有 3 种可能的态 $m_b=m_d=+1,0,-1$,而电子有两个态 $m_a=m_e=+1/2,-1/2$,所以存在如下 6 种可能的态(采用记号 $|e,m_e;d,m_d\rangle$):

$$\left|e,+\tfrac{1}{2};d,+1\right\rangle,$$

$$\left|e,+\tfrac{1}{2};d,0\right\rangle; \left|e,-\tfrac{1}{2};d,+1\right\rangle,$$

$$\left|e,+\tfrac{1}{2};d,-1\right\rangle; \left|e,-\tfrac{1}{2};d,0\right\rangle, \tag{18.42}$$

$$\left|e,-\tfrac{1}{2};d,-1\right\rangle.$$

你会注意到,我们已将态按照 m_e 与 m_d 之和的值的递减次序分了类。

现在我们问:如果我们把这些态投影到不同的坐标系时会发生些什么情况? 如果新系

统只是绕 z 轴转过 ϕ 角,则对态 $|e, m_e; d, m_d\rangle$ 乘以

$$e^{im_e\phi}e^{im_d\phi} = e^{i(m_e+m_d)\phi}.$$ (18.43)

(该态可以想象为乘积 $|e, m_e\rangle|d, m_d\rangle$,每个态矢量都独立地贡献出它自己的指数因子。)因子(18.43)为 $e^{iM\phi}$ 的形式,所以态 $|e, m_e; d, m_d\rangle$ 的角动量 z 分量等于

$$M = m_e + m_d.$$ (18.44)

总角动量的 z 分量是各部分角动量 z 分量之和。

所以,在式(18.42)中,第一行中的态 $M = +3/2$,第二行中两个态 $M = +1/2$,再下面一行的两个态 $M = -1/2$,最后一行中的态 $M = -3/2$。我们立即看出组合态的自旋 J(总角动量)必定有一个可能值为 3/2,这就需要 $M = +3/2$,$+1/2$,$-1/2$ 和 $-3/2$ 的 4 个态。

对于 $M = 3/2$,只有一个候选者,所以我们早已知道

$$\left| J = \frac{3}{2}, M = +\frac{3}{2} \right\rangle = \left| e, +\frac{1}{2}; d, +1 \right\rangle.$$ (18.45)

但 $|J = 3/2, M = 1/2\rangle$ 的态是什么呢? 在式(18.42)的第二行中,有两个候选者,事实上,它们的任意线性组合也是 $M = 1/2$。所以,一般地讲,我们必然会预期有

$$\left| J = \frac{3}{2}, M = +\frac{1}{2} \right\rangle = \alpha \left| e, +\frac{1}{2}; d, 0 \right\rangle + \beta \left| e, -\frac{1}{2}; d, +1 \right\rangle,$$ (18.46)

式中 α 和 β 是两个数,它们叫做克莱布希-戈登系数(C-G 系数)。我们下一个问题是求出这些系数。

如果我们还记得氘核是由一个中子和一个质子构成的,并且利用表 18-3 的规则更明确地写出氘核的态,则我们就可以容易地求出这些系数。如果我们这样做了,式(18.42)列出的态就如表 18-4 所示。

表 18-4　氘原子的角动量态

$M = \dfrac{3}{2}$
$\left\| e, \dfrac{1}{2}; d, +1 \right\rangle = \left\| e, +\dfrac{1}{2}; n, +\dfrac{1}{2}; p, +\dfrac{1}{2} \right\rangle$
$M = \dfrac{1}{2}$
$\left\| e, +\dfrac{1}{2}; d, 0 \right\rangle = \dfrac{1}{\sqrt{2}}\left\{ \left\| e, +\dfrac{1}{2}; n, +\dfrac{1}{2}; p, -\dfrac{1}{2} \right\rangle + \left\| e, +\dfrac{1}{2}; n, -\dfrac{1}{2}; p, +\dfrac{1}{2} \right\rangle \right\}$
$\left\| e, -\dfrac{1}{2}; d, +1 \right\rangle = \left\| e, -\dfrac{1}{2}; n, +\dfrac{1}{2}; p, +\dfrac{1}{2} \right\rangle$
$M = -\dfrac{1}{2}$
$\left\| e, +\dfrac{1}{2}; d, -1 \right\rangle = \left\| e, +\dfrac{1}{2}; n, -\dfrac{1}{2}; p, -\dfrac{1}{2} \right\rangle$
$\left\| e, -\dfrac{1}{2}; d, 0 \right\rangle = \dfrac{1}{\sqrt{2}}\left\{ \left\| e, -\dfrac{1}{2}; n, +\dfrac{1}{2}; p, -\dfrac{1}{2} \right\rangle + \left\| e, -\dfrac{1}{2}; n, -\dfrac{1}{2}; p, +\dfrac{1}{2} \right\rangle \right\}$
$M = -\dfrac{3}{2}$
$\left\| e, -\dfrac{1}{2}; d, -1 \right\rangle = \left\| e, -\dfrac{1}{2}; n, -\dfrac{1}{2}; p, -\dfrac{1}{2} \right\rangle$

利用表中的态,我们想形成 $J = 3/2$ 的 4 个态。但是我们已经知道了答案,因为表 18-1 中已经有 3 个自旋为 1/2 的粒子形成的自旋为 3/2 的态。表 18-1 的第一个态为 $|J = 3/2$, $M = +3/2\rangle$,即 $|+++\rangle$ 态。在我们现在所用的记号中,态 $|+++\rangle$ 与 $|e, +1/2;$ n, $+1/2;$ p, $+1/2\rangle$ 或表 18-4 中的第一个态是相同的。但这个态也和式(18.42)中所列的第一个态相同,从而证实了式(18.45)中的陈述。换成我们现在的记号,表 18-1 中第二行表明:

$$\left|J = \frac{3}{2}; M = +\frac{1}{2}\right\rangle = \frac{1}{\sqrt{3}}\left\{\left|e, +\frac{1}{2}; n, +\frac{1}{2}; p, -\frac{1}{2}\right\rangle \right.$$
$$\left. + \left|e, +\frac{1}{2}; n, -\frac{1}{2}; p, +\frac{1}{2}\right\rangle + \left|+e, -\frac{1}{2}; n, +\frac{1}{2}; p, +\frac{1}{2}\right\rangle\right\}. \tag{18.47}$$

显然根据表 18-4 第二格中的两式可将上式右端归并为两项,第一项取 $\sqrt{2/3}$ 倍,第二项取 $\sqrt{1/3}$ 倍,这样式(18.47)等效于

$$\left|J = \frac{3}{2}, M = +\frac{1}{2}\right\rangle = \sqrt{\frac{2}{3}}\left|e, +\frac{1}{2}; d, 0\right\rangle + \sqrt{\frac{1}{3}}\left|e, -\frac{1}{2}; d, 1\right\rangle. \tag{18.48}$$

于是我们就得到式(18.46)中的 C-G 系数 α 和 β:

$$\alpha = \sqrt{\frac{2}{3}}, \beta = \sqrt{\frac{1}{3}}. \tag{18.49}$$

按照同样的步骤,我们可得到

$$\left|J = \frac{3}{2}, M = -\frac{1}{2}\right\rangle = \sqrt{\frac{1}{3}}\left|e, +\frac{1}{2}; d, -1\right\rangle + \sqrt{\frac{2}{3}}\left|e, -\frac{1}{2}; d, 0\right\rangle. \tag{18.50}$$

当然还有

$$\left|J = \frac{3}{2}, M = -\frac{3}{2}\right\rangle = \left|e, -\frac{1}{2}; d, -1\right\rangle. \tag{18.51}$$

这些就是关于自旋 1 和自旋 1/2 组合构成总角动量 $J = 3/2$ 的规则。我们将式(18.45)、(18.48)、(18.50)及(18.51)综合于表 18-5 中。

表 18-5　氖原子 $J = 3/2$ 的态

$$\left|J = \frac{3}{2}, M = +\frac{3}{2}\right\rangle = \left|e, +\frac{1}{2}; d, +1\right\rangle$$

$$\left|J = \frac{3}{2}, M = +\frac{1}{2}\right\rangle = \sqrt{\frac{2}{3}}\left|e, +\frac{1}{2}; d, 0\right\rangle + \sqrt{\frac{1}{3}}\left|e, -\frac{1}{2}; d, +1\right\rangle$$

$$\left|J = \frac{3}{2}, M = -\frac{1}{2}\right\rangle = \sqrt{\frac{1}{3}}\left|e, +\frac{1}{2}; d, -1\right\rangle + \sqrt{\frac{2}{3}}\left|e, -\frac{1}{2}; d, 0\right\rangle$$

$$\left|J = \frac{3}{2}, M = -\frac{3}{2}\right\rangle = \left|e, -\frac{1}{2}; d, -1\right\rangle$$

然而，我们这里只有 4 个态，我们所考虑的系统却有 6 种可能的态。关于式(18.42)中第二行的两个态，我们只用了一种线性组合去形成态 $|J = 3/2, M = +1/2\rangle$，还存在与它正交的另一种线性组合，这种组合态也具有 $M = +1/2$，即

$$\sqrt{\frac{1}{3}} \left| e, +\frac{1}{2}; d, 0 \right\rangle - \sqrt{\frac{2}{3}} \left| e, -\frac{1}{2}; d, +1 \right\rangle. \tag{18.52}$$

同样，式(18.42)中第三行的两个态也可以组合成两个正交的态，每个态具有 $M = -1/2$。与式(18.52)正交的一个态为

$$\sqrt{\frac{2}{3}} \left| e, +\frac{1}{2}; d, -1 \right\rangle - \sqrt{\frac{1}{3}} \left| e, -\frac{1}{2}; d, 0 \right\rangle. \tag{18.53}$$

它们就是剩下的两个态，其 $M = m_e + m_d = \pm 1/2$；而且必定是对应于 $J = 1/2$ 的两个态。所以我们得到

$$\left| J = \frac{1}{2}, M = +\frac{1}{2} \right\rangle = \sqrt{\frac{1}{3}} \left| e, +\frac{1}{2}; d, 0 \right\rangle - \sqrt{\frac{2}{3}} \left| e, -\frac{1}{2}; d, +1 \right\rangle,$$

$$\left| J = \frac{1}{2}, M = -\frac{1}{2} \right\rangle = \sqrt{\frac{2}{3}} \left| e, +\frac{1}{2}; d, -1 \right\rangle - \sqrt{\frac{1}{3}} \left| e, -\frac{1}{2}; d, 0 \right\rangle. \tag{18.54}$$

利用表 18-4，将氘的各部分用质子和中子的态写出来，我们就可以证明上述两个态确实表现得像一个自旋 1/2 粒子的态。式(18.53)中第一个态是

$$\sqrt{\frac{1}{6}} \left\{ \left| e, +\frac{1}{2}; n, +\frac{1}{2}; p, -\frac{1}{2} \right\rangle + \left| e, +\frac{1}{2}; n, -\frac{1}{2}; p, +\frac{1}{2} \right\rangle \right\}$$

$$- \sqrt{\frac{2}{3}} \left| e, -\frac{1}{2}; n, +\frac{1}{2}; p, +\frac{1}{2} \right\rangle, \tag{18.55}$$

它也可写成

$$\sqrt{\frac{1}{3}} \left[\sqrt{\frac{1}{2}} \left\{ \left| e, +\frac{1}{2}; n, +\frac{1}{2}; p, -\frac{1}{2} \right\rangle - \left| e, -\frac{1}{2}; n, +\frac{1}{2}; p, +\frac{1}{2} \right\rangle \right\} \right.$$

$$\left. + \sqrt{\frac{1}{2}} \left\{ \left| e, +\frac{1}{2}; n, -\frac{1}{2}; p, +\frac{1}{2} \right\rangle - \left| e, -\frac{1}{2}; n, +\frac{1}{2}; p, +\frac{1}{2} \right\rangle \right\} \right]. \tag{18.56}$$

现在看一下第一个花括号内的项。设想把 e 和 p 放在一起。它们共同形成一个自旋零态（见表 18-3 末行），对角动量没有贡献。剩下的只有中子，所以在转动时式(18.54)中的第一个花括号整体的行为就像一个中子，也就是说像一个 $J = 1/2$，$M = +1/2$ 的态一样。根据同样的论证，我们看到在式(18.56)的第二个花括号中，电子和中子结合产生了角动量为零的态，只剩下质子的贡献——$m_p = 1/2$。该括号内的项就像一个 $J = 1/2$、$M = +1/2$ 的粒子一样。所以(18.56)整个表式的变换就像 $|J = +1/2, M = +1/2\rangle$ 的态一样，这正是我们所预期的结果。与式(18.53)相对应的 $M = -1/2$ 的态，可以通过将上式中原来的 +1/2 改

为 $-1/2$ 而写成下式

$$\sqrt{\frac{1}{3}}\left[\sqrt{\frac{1}{2}}\left\{\left|e,+\frac{1}{2};n,-\frac{1}{2};p,-\frac{1}{2}\right\rangle-\left|e,-\frac{1}{2};n,-\frac{1}{2},p,+\frac{1}{2}\right\rangle\right\}\right.$$
$$\left.+\sqrt{\frac{1}{2}}\left\{\left|e,+\frac{1}{2};n,-\frac{1}{2};p,-\frac{1}{2}\right\rangle-\left|e,-\frac{1}{2};n,+\frac{1}{2};p,-\frac{1}{2}\right\rangle\right\}\right].$$

$$(18.57)$$

你可以很容易地证明上式就等于式(18.54)中的第二行,如果那两项是一个自旋 1/2 系统的两个态,则它就是预期的。所以我们的结果得到了证实。一个氘核和一个电子可以有 6 个自旋态之中,其中 4 个态与自旋 3/2 粒子的态相像(表18-5),而另两个态与自旋 1/2 粒子的态式(18.54)相同。

表 18-5 和式(18.54)的结果是利用氘核由一个中子和一个质子构成这一事实得到的。这些式子的真实性与那种特殊情况无关。把任何自旋 1 粒子与任何自旋 1/2 粒子放在一起,其合成法则(以及系数)都相同。表 18-5 中的那组公式表示,相对转动的坐标系——例如绕 y 轴转动,从而自旋 1/2 粒子和自旋 1 粒子的态按照表 18-1 和 18-2 变化,则对于自旋 3/2 粒子,表中右边的项的线性组合将以适当的方式改变。在同样的转动下,式(18.54)表示的态将像自旋 1/2 粒子的态那样变化。其结果仅取决于原来两个粒子的自转性质(即自旋态),而与其角动量的起因一点也没有关系。我们仅利用了这个事实,通过选择一个特殊情况来求出这些公式,在这特殊情况中,其中一个组成部分本身就是由处于对称态的两个自旋 1/2 粒子构成的。我们把所有的结果一起列在表 18-6 中,同时把记号"e"和"d"改成"a"和"b",以强调结论的普遍性。

表 18-6　一个自旋 1/2 粒子 ($j_a = 1/2$) 和一个自旋 1 粒子 ($j_b = 1$) 的合成

$$\left|J=\frac{3}{2},M=+\frac{3}{2}\right\rangle=\left|a,+\frac{1}{2};b,+1\right\rangle$$

$$\left|J=\frac{3}{2},M=+\frac{1}{2}\right\rangle=\sqrt{\frac{2}{3}}\left|a,+\frac{1}{2};b,0\right\rangle+\sqrt{\frac{1}{3}}\left|a,-\frac{1}{2};b,+1\right\rangle$$

$$\left|J=\frac{3}{2},M=-\frac{1}{2}\right\rangle=\sqrt{\frac{1}{3}}\left|a,+\frac{1}{2};b,-1\right\rangle+\sqrt{\frac{2}{3}}\left|a,-\frac{1}{2};b,0\right\rangle$$

$$\left|J=\frac{3}{2},M=-\frac{3}{2}\right\rangle=\left|a,-\frac{1}{2};b,-1\right\rangle$$

$$\left|J=\frac{1}{2},M=+\frac{1}{2}\right\rangle=\sqrt{\frac{1}{3}}\left|a,+\frac{1}{2};b,0\right\rangle-\sqrt{\frac{2}{3}}\left|a,-\frac{1}{2};b,+1\right\rangle$$

$$\left|J=\frac{1}{2},M=-\frac{1}{2}\right\rangle=\sqrt{\frac{2}{3}}\left|a,+\frac{1}{2};b,-1\right\rangle-\sqrt{\frac{1}{3}}\left|a,-\frac{1}{2};b,0\right\rangle$$

假定我们有这样一个一般问题,就是求由两个任意自旋的粒子组成之系统的态。譬如一个粒子为 j_a(所以其 z 分量 m_a 有从 $-j_a$ 到 j_a 的 $2j_a+1$ 个值),另一个粒子为 j_b(z 分量 m_b 有从 $-j_b$ 到 j_b 的 $2j_b+1$ 个值)。它们的组合态为 $|a, m_a; b, m_b\rangle$,而且有 $(2j_a+1)\cdot(2j_b+1)$ 个不同的态。那么我们可以得到总自旋为 J 的什么样的态呢?

角动量的总 z 分量 M 等于 $m_a + m_b$，而且各态总可以按照 M 的次序排列 [如式 (18.42)]。最大的 M 只一个，它对应于 $m_a = j_a$ 和 $m_b = j_b$，所以最大的 M 就是 $j_a + j_b$。这就意味着最大的总自旋 J 也等于和 $j_a + j_b$：

$$J = (M)_{\max} = j_a + j_b.$$

对于小于 $(M)_{\max}$ 的第一个 M 值，存在两个态 (m_a 或者 m_b 比它的最大值小一个单位)。其中一个态必定贡献属于 $J = j_a + j_b$ 相对应的一组态，余下的一个态则属于与 $J = j_a + j_b - 1$ 相对应的一组新态。再下一个 M 值(表中从上向下数第3个)可以有3种方法得出(从 $m_a = j_a - 2$，有 $m_b = j_b$；$m_a = j_a - 1$，$m_b = j_b - 1$；以及 $m_a = j_a$，$m_b = j_b - 2$)，其中两个属于上面已经提及的那些组，第3个告诉我们还必须把 $J = j_a + j_b - 2$ 的各个态包括进去。这种论证一直继续到在我们的表中不再能由进一步减小这些 m 中的一个来获得新态为止。

设 j_b 是 j_a 和 j_b 中较小的一个(如果它们相等，则任取一个)，那么需要的只有 $2j_b + 1$ 个 J 值(从 $j_a + j_b$ 整数级变化到 $j_a - j_b$。这就是说，当两个自旋为 j_a 和 j_b 的粒子组合时，系统的总角动量 J 可以等于下列值中的任何一个

$$J = \begin{cases} j_a + j_b \\ j_a + j_b - 1 \\ j_a + j_b - 2. \\ \vdots \\ |j_a - j_b| \end{cases} \tag{18.58}$$

(写作 $|j_a - j_b|$ 而不写 $j_a - j_b$，由此我们可以避免 $j_a \geqslant j_b$ 这个附加条件。)

对每个 J 值，有 $2J + 1$ 个不同 M 值的态，M 从 $+J$ 变到 $-J$。每一个这种态都是由具有适当因子的原来的态 $|a, m_a; b, m_b\rangle$ 线性组合而成，这些因子就是关于每个项的 C-G 系数。我们可以把这些系数看作是态 $|j_a, m_a; j_b, m_b\rangle$ 在态 $|J, M\rangle$ 中所占有的"数量"。所以每个 C-G 系数都有6个指标来确定它在表 18-3 和 18-6 之类的公式中的位置。这就是说，把这些系数称为 $C(J, M; j_a, m_a; j_b, m_b)$。我们可以把表 18-6 中第二行的等式写成

$$C\left(\frac{3}{2}, +\frac{1}{2}; \frac{1}{2}, +\frac{1}{2}; 1, 0\right) = \sqrt{\frac{2}{3}},$$

$$C\left(\frac{3}{2}, +\frac{1}{2}; \frac{1}{2}, -\frac{1}{2}; 1, 1\right) = \sqrt{\frac{1}{3}}.$$

我们在这里不去计算任何其他特殊情况下的这些系数*。但是，你们可以在许多书中找到一些表。你可能想亲自试一试其他的特殊情况。接下来要做的应是两个自旋1粒子的合成，我们只把最后的结果列于表 18-7 中。

这些角动量的合成法则在粒子物理学中非常重要，它们有数不清的应用。遗憾的是，我们没有时间来考虑更多的例子。

---

* 由于我们有了一般的转动矩阵式(18.35)，大部分工作已经完成了。

表 18-7 两个自旋 1 粒子 $(j_a = 1, j_b = 1)$ 的合成

$$|J = 2, M = +2\rangle = |a, +1; b, +1\rangle$$

$$|J = 2, M = +1\rangle = \frac{1}{\sqrt{2}}|a, +1; b, 0\rangle + \frac{1}{\sqrt{2}}|a, 0; b, +1\rangle$$

$$|J = 2, M = 0\rangle = \frac{1}{\sqrt{6}}|a, +1; b, -1\rangle + \frac{1}{\sqrt{6}}|a, -1; b, +1\rangle + \frac{2}{\sqrt{6}}|a, 0; b, 0\rangle$$

$$|J = 2, M = -1\rangle = \frac{1}{\sqrt{2}}|a, 0; b, -1\rangle + \frac{1}{\sqrt{2}}|a, -1; b, 0\rangle$$

$$|J = 2, M = -2\rangle = |a, -1; b, -1\rangle$$

$$|J = 1, M = +1\rangle = \frac{1}{\sqrt{2}}|a, +1; b, 0\rangle - \frac{1}{\sqrt{2}}|a, 0; b, +1\rangle$$

$$|J = 1, M = 0\rangle = \frac{1}{\sqrt{2}}|a, +1; b, -1\rangle - \frac{1}{\sqrt{2}}|a, -1; b, +1\rangle$$

$$|J = 1, M = -1\rangle = \frac{1}{\sqrt{2}}|a, 0; b, -1\rangle - \frac{1}{\sqrt{2}}|a, -1; b, 0\rangle$$

$$|J = 0, M = 0\rangle = \frac{1}{\sqrt{3}}\{|a, +1; b, -1\rangle + |a, -1; b, +1\rangle - |a, 0; b, 0\rangle\}$$

§18-7　附注 1:转动矩阵的推导 [*]

对那些想知道细节的人,我们在这里算出具有自旋(总角动量)为 j 的系统的一般转动矩阵。实在说,算出一般情况下的矩阵并不很重要。一旦你有了概念,你就可以在许多书中的表格里面找到一般的结果。另一方面,在学到这种课程后,你也许喜欢看到你甚至的确能够理解诸如式 (18.35) 这种很复杂的描述角动量的量子力学公式。

我们将 §18-4 中的论证推广到具有自旋 j 的系统上去,我们把该系统看作由 $2j$ 个自旋 1/2 粒子组成。$m = j$ 的态是 $|+++\cdots+\rangle$(j 个正号)。对于 $m = j-1$ 的情况,将有 $2j$ 个像 $|++\cdots+-\rangle$、$|++\cdots+-+\rangle$ 等这样的项。让我们来考虑具有 r 个正号和 s 个负号 $(r+s = 2j)$ 这种一般的情况。在绕 z 轴转动的情况下,r 个正号的每个贡献一个 $e^{i\phi/2}$。结果是相位改变了 $i(r/2 - s/2)\phi$。可见

$$m = \frac{r - s}{2}, \tag{18.59}$$

正像 $J = 3/2$ 的情形那样,每个具有确定 m 值的态,必定是所有具有同样 r 和 s 的态(即与 r 个正号和 s 个负号的各种可能排列相对应的态)以正号的线性组合。我们假定你们能够算出共有 $(r+s)!/r!s!$ 个这样的排列。为使各个态都归一化,我们必须将所得之和除以个数的平方根。我们可以写成

$$\left[\frac{(r+s)!}{r!s!}\right]^{-\frac{1}{2}}\{|\underbrace{+++\cdots++}_{r}\underbrace{---\cdots--}_{s}\rangle + (所有正负号次序的重新排列)\} = |j, m\rangle, \tag{18.60}$$

式中

$$j = \frac{r+s}{2},\ m = \frac{r-s}{2}, \tag{18.61}$$

如果我们现在用另一种记号,则会有助于我们的工作。一旦我们用式 (18.60) 定义了该态,r 和 s 这两个数就完全同 j 和 m 一样定义一个态,如果我们写作

$$|j, m\rangle = \left|\begin{matrix}r \\ s\end{matrix}\right\rangle, \tag{18.62}$$

则有助于我们掌握有关的线索。这里,利用等式 (18.61),有

---

[*] 这篇附录的材料最初包括在本讲义的正文里,我们现在觉得没有必要把这种对于一般情况的详细处理方法包括进去。

$$r = j + m, \quad s = j - m.$$

其次,我们希望用新的特殊的记号把式(18.60)写成

$$|j, m\rangle = \left|\begin{matrix} r \\ s \end{matrix}\right\rangle = \left[\frac{(r+s)!}{r!s!}\right]^{+\frac{1}{2}} \cdot \{|+\rangle^r|-\rangle^s\}_{\text{排列}}. \tag{18.63}$$

注意,我们已把前面因子的指数改成 $+1/2$ 了。我们这样做是因为在花括号内正好有 $N = \dfrac{(r+s)!}{r!s!}$ 个项。比较式(18.63)和式(18.60),显然

$$\{|+\rangle^r|-\rangle^s\}_{\text{排列}}$$

就是下式的一个缩写

$$\frac{\{|++\cdots--\rangle + \text{所有的重新排列}\}}{N}.$$

式中 N 是括号内不同项的数目。这种记号之所以方便的道理在于,我们每进行一次转动,所有的正号贡献相同的因子,所以我们得到这个因子的 r 次幂。同样,不管各项排列的次序如何,s 个负号项总共贡献 s 次幂的因子。

现在假定我们把系统绕 y 轴转过 θ 角,我们想求的是 $R_y(\theta)\left|\begin{matrix} r \\ s \end{matrix}\right\rangle$。当 $R_y(\theta)$ 作用在每一个 $|+\rangle$ 时,得到

$$R_y(\theta)|+\rangle = |+\rangle C + |-\rangle S, \tag{18.64}$$

式中 $C = \cos\dfrac{\theta}{2}$,$S = -\sin\dfrac{\theta}{2}$。当 $R_y(\theta)$ 作用于每一个 $|-\rangle$ 时,给出

$$R_y(\theta)|-\rangle = |-\rangle C - |+\rangle S.$$

所以我们所要求的是

$$R_y(\theta)\left|\begin{matrix} r \\ s \end{matrix}\right\rangle = \left[\frac{(r+s)!}{r!s!}\right]^{\frac{1}{2}} R_y(\theta)\{|+\rangle^r \cdot |-\rangle^s\}_{\text{排列}} = \left[\frac{(r+s)!}{r!s!}\right]^{\frac{1}{2}} \{(R_y(\theta)|+\rangle)^r \cdot (R_y(\theta)|-\rangle)^s\}_{\text{排列}}$$

$$= \left[\frac{(r+s)!}{r!s!}\right]^{\frac{1}{2}} \{(|+\rangle C + |-\rangle S)^r \cdot (|-\rangle C - |+\rangle S)^s\}_{\text{排列}}. \tag{18.65}$$

现在每个二项式都必须展开至适当的幂次,并将这两个表式乘在一起。这样将出现 $|+\rangle$ 的从 0 到 $(r+s)$ 所有幂次的项。我们来看一下所有 $|+\rangle$ 的 r' 次幂的项。他们出现时总是同 $|-\rangle$ 的 s' 次幂项 $(s' = 2j - r')$ 相乘。假定我们把所有这些项集中起来,对一种排列而言,它们有某个包含二项式展开因子以及因子 C 和 S 的数字系数。假定我们把系称为因子 $A_{r'}$,则式(18.65)等同于

$$R_y(\theta)\left|\begin{matrix} r \\ s \end{matrix}\right\rangle = \sum_{r'=0}^{r+s} \{A_{r'} |+\rangle^{r'} \cdot |-\rangle^{s'}\}_{\text{排列}}. \tag{18.66}$$

现在以因子 $[(r'+s')!/r'!s'!]^{1/2}$ 除 $A_{r'}$,并称其商为 $B_{r'}$。式(18.66)就等于

$$R_y(\theta)\left|\begin{matrix} r \\ s \end{matrix}\right\rangle = \sum_{r'=0}^{r+s} B_{r'} \left[\frac{(r'+s')!}{r'!s'!}\right]^{\frac{1}{2}} \{|+\rangle^{r'} \cdot |-\rangle^{s'}\}_{\text{排列}}. \tag{18.67}$$

(我们说,此式定义了 $B_{r'}$,条件是只要式(18.67)给出与(18.65)中相同的表式。)

由 $B_{r'}$ 的这个定义,式(18.67)右边剩下的因子正好就是态 $\left|\begin{matrix} r' \\ s' \end{matrix}\right\rangle$,所以我们有

$$R_y(\theta)\left|\begin{matrix} r \\ s \end{matrix}\right\rangle = \sum_{r'=0}^{r+s} B_{r'} \left|\begin{matrix} r' \\ s' \end{matrix}\right\rangle, \tag{18.68}$$

其中 s' 总是等于 $r+s-r'$。当然,这意味着系数 $B_{r'}$ 就是我们所要求的矩阵元。即

$$\left\langle\begin{matrix} r' \\ s' \end{matrix}\right| R_y(\theta) \left|\begin{matrix} r \\ s \end{matrix}\right\rangle = B_{r'}. \tag{18.69}$$

现在我们只需要完成代数运算来得出各个 $B_{r'}$。比较式(18.63)和(18.67)——并记住 $r'+s' = r+s$ ——我们看到 $B_{r'}$ 就是下式中 $a^r b^s$ 的系数

$$\left(\frac{r'!s'!}{r!s!}\right)^{\frac{1}{2}} (aC + bS)^r (bC - aS)^s. \tag{18.70}$$

剩下来的繁琐工作是将上式依二项式定理展开,并把 a 和 b 的给定幂次的项集中起来,如果你把它全部计算出来,你就得到式(18.70)中 $a^r b^s$ 的系数为

$$\left(\frac{r'! s'!}{r! s!}\right)^{\frac{1}{2}} \sum_k (-1)^k S^{r-r'+2k} C^{s+r'-2k} \cdot \frac{r!}{(r-r'+k)!(r'-k)!} \cdot \frac{s!}{(s-k)! k!}. \tag{18.71}$$

求和遍及所有使阶乘中的项等于或大于 0 的整数 k 值。于是这个表示式就是我们要求的矩阵元。

最后利用

$$r = j + m, \quad r' = j + m', \quad s = j - m, \quad s' = j - m',$$

我们可以回到原来用 j, m 和 m' 表示的记号。作此代换,我们得到 §18-4 中的式(18.34)。

§18-8   附注 2:光子发射中的宇称守恒

在本章 §18-1 中,我们曾考虑过原子从自旋 1 的激发态跃进到自旋 0 的基态时光的发射。如果激发态具有朝上的自旋 $(m = +1)$,它能沿 $+z$ 轴发射一个 RHC 光子,或沿 $-z$ 轴发射一个 LHC 光子。我们称此光子的两种状态为 $|R_{向上}\rangle$ 及 $|L_{向下}\rangle$,这些态没有一个具有确定的字称。设 $\hat{P}$ 为字称算符,$\hat{P}|R_{向上}\rangle = |L_{向下}\rangle$,$\hat{P}|L_{向下}\rangle = |R_{向上}\rangle$。

那么我们以前关于处在确定能量状态的原子,必定具有确定的字称,以及在原子的过程中字称是守恒的证明又怎样了呢?是否这个问题中的终态(发射一个光子后的态)必须要有确定的字称呢?如果我们考虑的整个终态,它包含向所有角度发射光子的振幅,那确实如此。在 §18-1 中,我们所考虑的只是整个终态的一个部分而已。

如果我们希望能只看看那些确实具有确定字称的终态,例如,考虑终态 $|\psi_F\rangle$,它具有某个振幅 α 沿 $+z$ 轴发射 RHC 光子以及某个振幅 β 沿 $-z$ 轴发射 LHC 光子,我们可以写为

$$|\psi_F\rangle = \alpha |R_{向上}\rangle + \beta |L_{向下}\rangle, \tag{18.72}$$

对这个态作字称操作,给出

$$\hat{P}|\psi_F\rangle = \alpha |L_{向下}\rangle + \beta |R_{向上}\rangle. \tag{18.73}$$

若 $\beta = \alpha$ 或 $\beta = -\alpha$,则该态就是 $\pm|\psi_F\rangle$,所以具有偶字称的终态是

$$|\psi_F^+\rangle = \alpha\{|R_{向上}\rangle + |L_{向下}\rangle\}, \tag{18.74}$$

而具有奇字称的终态是

$$|\psi_F^-\rangle = \alpha\{|R_{向上}\rangle - |L_{向下}\rangle\}. \tag{18.75}$$

接下来我们要考虑从奇字称的激发态到偶字称的基态的衰变。如果字称确定守恒,则光子的终态必定具有奇字称,它必定是式(18.75)表示的态。如果发现 $|R_{向上}\rangle$ 的振幅是 α,则发现 $|L_{向下}\rangle$ 的振幅为 $-\alpha$。

现在注意当我们绕 y 轴转动 180° 时会发生什么情况。原子的初始激发态变为一个 $m = -1$ 的态(根据表 17-2 态不改变符号)。终态的转动给出

$$R_y(180°)|\psi_F^-\rangle = \alpha\{|R_{向下}\rangle - |L_{向上}\rangle\}, \tag{18.76}$$

将此式与式(18.75)相比较,你会发现:对于假设的终态字称而言,从 $m = -1$ 的初态得到一个沿 $-z$ 轴的 LHC 光子的振幅,与从 $m = +1$ 的初态得到一个 RHC 光子的振幅相差一个负号。这就同我们在 §18-1 中所得到的结果相一致。

第 19 章　氢原子与周期表

§19-1　氢原子的薛定谔方程

在量子力学的历史上,最引人注目的成就是:对一些简单原子的光谱细节的认识,以及对化学元素表中发现的周期性的认识。在这一章中,我们的量子力学终于讲到这些重要的成就,特别是对氢原子光谱的解释。同时我们将对化学元素的神秘性质作出定性解释。我们将通过详细研究氢原子中电子的行为来做这些——这是我们第一次根据第 16 章所建立的概念详细地计算(振幅)在空间的分布。

为了完整地描述氢原子,我们必须描述质子和电子两者的运动。在量子力学中,也可以像经典力学那样,把每个粒子的运动描述为相对质心的运动。但我们不这样做。我们将只讨论这样一种近似情况,就是认为质子非常重,从而可把它看作固定在原子的中心。

我们还将作另一个近似,就是不考虑电子具有自旋以及不应用相对论力学规律来描述。因为我们采用非相对论性的薛定谔方程并且忽略磁效应,所以对于我们这样的处理,需要作一些小的修正。小的磁效应之所以存在是因为从电子的观点来看,质子是一个环流电荷,它产生一个磁场。在磁场中,自旋朝上的电子和自旋朝下的电子具有不同的能量。原子能量将相对于我们这里所算得的值稍有移动。我们忽略这一小的能量移动。此外,我们还得想象电子犹如一个陀螺仪在空间运动,始终保持相同的自旋方向。因为我们考虑的是一个在空间的自由原子,所以其总角动量守恒。在我们所作的近似中,我们将假定电子自旋角动量保持恒定不变,因此其他一切原子角动量——通常所谓的"轨道"角动量——也守恒。作为一个很好的近似,电子在氢原子中像一个没有自旋的粒子那样运动——运动的角动量是一个常数。

由这些近似,在空间不同地点找到电子的振幅可以用一个空间位置和时间的函数来表示。设 $\psi(x, y, z, t)$ 为时刻 t 在某处找到电子的振幅。根据量子力学,这振幅随时间的变化率由哈密顿算符作用于同一函数上给出,由第 16 章,

$$i\,\hbar\frac{\partial\psi}{\partial t} = \hat{\mathscr{H}}\,\psi, \tag{19.1}$$

而

$$\hat{\mathscr{H}} = -\frac{\hbar^2}{2m}\,\nabla^2 + V(\boldsymbol{r}). \tag{19.2}$$

式中 m 为电子质量,$V(\boldsymbol{r})$ 为电子在质子静电场中的势能。当电子距离质子很远时取 $V=0$,我们可以写出 *

---

　　* 电量 e 与国际单位制电量 q_e(库仑)的关系是,$e^2 = q_e^2/4\pi\varepsilon_0$。

$$V = -\frac{e^2}{r}.$$

波函数 ψ 必满足方程式

$$i\hbar \frac{\partial \psi}{\partial t} = -\frac{\hbar^2}{2m} \nabla^2 \psi - \frac{e^2}{r} \psi. \tag{19.3}$$

我们要求具有确定能量的状态,所以试图得到具有下述形式的解

$$\psi(\boldsymbol{r}, t) = e^{-(i/\hbar)Et} \cdot \psi(\boldsymbol{r}). \tag{19.4}$$

于是函数 $\psi(\boldsymbol{r})$ 必是下面方程之解:

$$-\frac{\hbar^2}{2m} \nabla^2 \psi = \left(E + \frac{e^2}{r}\right)\psi, \tag{19.5}$$

式中 E 是某个常数——原子的能量。

由于势能项只与半径有关,所以在极坐标中解这个方程比在直角坐标中简便得多。在直角坐标中拉普拉斯算符由下式定义

$$\nabla^2 = \frac{\partial^2}{\partial x^2} + \frac{\partial^2}{\partial y^2} + \frac{\partial^2}{\partial z^2}.$$

我们想改用图 19-1 所表示的坐标 r, θ, ϕ,它们与坐标 x, y, z 之间的关系为

$$x = r\sin\theta\cos\phi, \; y = r\sin\theta\sin\phi, \; z = r\cos\theta.$$

代数计算甚为冗长,但最后你可以证明对任意函数 $f(\boldsymbol{r}) = f(r, \theta, \phi)$,

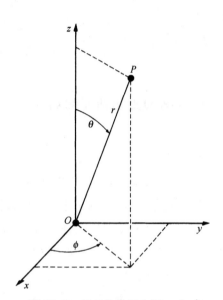

图 19-1 点 P 的球极坐标 r, θ, ϕ

$$\nabla^2 f(r, \theta, \phi) = \frac{1}{r} \frac{\partial^2}{\partial r^2}(rf) + \frac{1}{r^2}\left\{\frac{1}{\sin\theta} \frac{\partial}{\partial \theta}\left(\sin\theta \frac{\partial f}{\partial \theta}\right) + \frac{1}{\sin^2\theta} \frac{\partial^2 f}{\partial \phi^2}\right\}. \tag{19.6}$$

所以用极坐标, $\psi(r, \theta, \phi)$ 所要满足的方程为

$$\frac{1}{r} \frac{\partial^2}{\partial r^2}(r\psi) + \frac{1}{r^2}\left\{\frac{1}{\sin\theta} \frac{\partial}{\partial \theta}\left(\sin\theta \frac{\partial \psi}{\partial \theta}\right) + \frac{1}{\sin^2\theta} \frac{\partial^2 \psi}{\partial \phi^2}\right\} = -\frac{2m}{\hbar^2}\left(E + \frac{e^2}{r}\right)\psi. \tag{19.7}$$

§19-2 球 对 称 解

让我们首先设法找出一些非常简单的函数,它们满足令人讨厌的方程式(19.7)。虽然一般说来,波函数 ψ 不仅与半径 r 有关,而且与角度 θ, ϕ 有关,但是,我们可以看一下是否可能存在一种特殊情况,这时 ψ 与角度无关。对于与角度无关的波函数,如果你转动坐标系,振幅一点也不会改变。这就意味着角动量的所有分量为零。这样的 ψ 必定与总角动量为零的态相对应。(实际上,只是轨道角动量为零,因为电子仍有自旋,但我们忽略这部分角动量。)轨道角动量为零的状态有其特定名称,称为"s 态"——你可以记住"s

是（英文）球对称"的第一个字母 *。

现在如果 ψ 将不依赖于 θ 和 ϕ，那么整个拉普拉斯算符只包含第一项，方程式（19.7）大为简化：

$$\frac{1}{r}\frac{d^2}{dr^2}(r\psi) = -\frac{2m}{\hbar^2}\left(E+\frac{e^2}{r}\right)\psi. \tag{19.8}$$

在开始解这类方程之前，最好作某种标度变换，以除去多余的常数如 e^2、m 和 $\hbar$。这样，代数运算就较为简单。若我们作如下的代换：

$$r = \frac{\hbar^2}{me^2}\rho, \tag{19.9}$$

及

$$E = \frac{me^4}{2\hbar^2}\epsilon, \tag{19.10}$$

则式（19.8）变为（两边乘以 ρ 后）

$$\frac{d^2(\rho\psi)}{d\rho^2} = -\left(\epsilon+\frac{2}{\rho}\right)\rho\psi. \tag{19.11}$$

这些标度变换意味着，我们以"自然"原子单位的倍数来量度距离 r 及能量 E。这就是 $\rho = r/r_B$，这里 $r_B = \hbar^2/me^2$ 称为"玻尔半径"，约为 0.528 Å（1 Å $= 10^{-8}$ cm）。同样，$\epsilon = E/E_R$，其中 $E_R = me^4/2\hbar^2$，此能量称为"里德伯"能量，约为 13.6 eV。

既然方程两边都有乘积 $\rho\psi$，那么计算 $\rho\psi$ 要比计算 ψ 本身来得方便。设

$$\rho\psi = f, \tag{19.12}$$

则我们得到形式上更为简单的方程

$$\frac{d^2 f}{d\rho^2} = -\left(\epsilon+\frac{2}{\rho}\right)f. \tag{19.13}$$

现在我们必须找到某个函数 f，使它满足方程（19.13），——换句话说，我们必须解一个微分方程。遗憾的是，没有一个很有用的解任何微分方程的一般方法。你只能浪费时间。我们的方程并不容易解，但人们发现可以用下面的步骤来求解。首先，用两个函数的乘积来代替 f（它是 ρ 的某一函数），

$$f(\rho) = e^{-\alpha\rho}\cdot g(\rho). \tag{19.14}$$

这只是意味着从 $f(\rho)$ 中分解出因子 $e^{-\alpha\rho}$。无疑对任何函数 $f(\rho)$ 总可以这样做，这就是把我们的问题变为寻找恰当的函数 $g(\rho)$。

将式（19.14）代入式（19.13），我们得到下列关于 g 的方程

$$\frac{d^2 g}{d\rho^2} - 2\alpha\frac{dg}{d\rho} + \left(\frac{2}{\rho}+\epsilon+\alpha^2\right)g = 0. \tag{19.15}$$

---

* 因为这些特定名称是原子物理学常用词汇的一部分，所以你必须记住这些词汇。在本章末，我们将其汇集成一个小"字典"，帮助你记忆。

因 α 可自由选取,所以可设

$$\alpha^2 = -\epsilon, \tag{19.16}$$

于是得到

$$\frac{\mathrm{d}^2 g}{\mathrm{d}\rho^2} - 2\alpha \frac{\mathrm{d}g}{\mathrm{d}\rho} + \frac{2}{\rho} g = 0. \tag{19.17}$$

你们可能认为这个方程并不比式(19.13)更好对付,但令人高兴的是新方程很容易用 ρ 的幂级数解出来。(原则上方程式(19.13)也可以这样解,但要困难得多。)我们讲式(19.17)能为某个 $g(\rho)$ 所满足,$g(\rho)$ 可以写成下列级数:

$$g(\rho) = \sum_{k=1}^{\infty} a_k \rho^k, \tag{19.18}$$

式中的 a_k 是常系数。现在我们所要做的就是找出一组无限多个合适的系数！让我们来验证一下这样的解是可行的。$g(\rho)$ 的一级微商为

$$\frac{\mathrm{d}g}{\mathrm{d}\rho} = \sum_{k=1}^{\infty} a_k k \rho^{k-1},$$

二级微商为

$$\frac{\mathrm{d}^2 g}{\mathrm{d}\rho^2} = \sum_{k=1}^{\infty} a_k k(k-1) \rho^{k-2}.$$

把这些表示式用于式(19.17),得

$$\sum_{k=1}^{\infty} k(k-1) a_k \rho^{k-2} - \sum_{k=1}^{\infty} 2\alpha k a_k \rho^{k-1} + \sum_{k=1}^{\infty} 2 a_k \rho^{k-1} = 0. \tag{19.19}$$

显然还看不出我们已经成功了,我们还得一步一步算下去。如果我们用一个等式来代替第一个求和项,情况会显得好些。既然这个求和中的第一项为零,我们可以将各个 k 换成 $k+1$ 而丝毫不影响这一无限级数,这样改换后,第一个求和完全可以写成

$$\sum_{k=1}^{\infty} (k+1) k a_{k+1} \rho^{k-1},$$

现在我们可以把所有的求和放在一起,得到

$$\sum_{k=1}^{\infty} [(k+1) k a_{k+1} - 2\alpha k a_k + 2 a_k] \rho^{k-1} = 0. \tag{19.20}$$

这一级数必须对所有可能的 ρ 值都为零。这只有当 ρ 的各次幂的系数分别为零时才可能。如果对所有的 $k \geqslant 1$ 我们能找到满足下述方程的一组 a_k,

$$(k+1) k a_{k+1} - 2(\alpha k - 1) a_k = 0. \tag{19.21}$$

则我们将得到氢原子的解。这很容易办到。取任意 a_1,于是由下式产生所有其他系数

$$a_{k+1} = \frac{2(\alpha k - 1)}{k(k+1)} a_k. \tag{19.22}$$

由此式你将得出 a_2,a_3,a_4 等,每一对当然都满足式(19.21),我们得到了一个满足式

(19.17)的级数 $g(\rho)$。我们可以用它构成满足薛定谔方程的 ψ。注意,这个解取决于设定的能量(由 α 表示),但对每个 ϵ 值,都有一个相应的级数。

虽然我们有了一个解,但它在物理上代表什么呢?通过观察远离质子(大的 ρ 值)处发生的情况,我们可以得到一些概念。在远处,级数中的高次项最为重要,所以我们应看一下对于大的 k 会出现什么情况。当 $k \gg 1$ 时,等式(19.22)近似地为

$$a_{k+1} = \frac{2\alpha}{k} a_k,$$

这意味着

$$a_{k+1} \approx \frac{(2\alpha)^k}{k!} a_1{}^*, \tag{19.23}$$

但这些数只是 $e^{+2\alpha\rho}$ 的级数展式中的系数。函数 g 是一个迅速增加的指数函数。即使将它与 $e^{-\alpha\rho}$ 结合以得出 $f(\rho)$——参看式(19.14)——当 ρ 大时,它给出的 $f(\rho)$ 的解仍像 $e^{\alpha\rho}$ 那样。我们找到了一个数学上的解,但它并不是一个物理解。这个解相当于电子靠近质子的可能非常小的情况!在半径 ρ 很大的地方更可能找到电子。而我们知道,当 ρ 大时束缚电子的波函数必须趋于零。

我们必须考虑是否有解决此问题的方法。有的。就是观察!如果碰巧 α 等于 $1/n$,这里 n 是任意整数,则式(19.22)将使得 $a_{n+1} = 0$。所有更高的项也将为零。我们就不再有一个无限级数,而是一个有限的多项式。因任何多项式均比 $e^{\alpha\rho}$ 增加得慢,所以项 $e^{-\alpha\rho}$ 终将迫使 f 下降,当 ρ 大时函数 f 将为零。只有当 $\alpha = 1/n$,$n = 1, 2, 3, 4$ 等等时,才有束缚态的解。

回顾式(19.16),我们看到对于球对称的波动方程,只有当

$$-\epsilon = 1, \frac{1}{4}, \frac{1}{9}, \frac{1}{16}, \cdots, \frac{1}{n^2}, \cdots$$

时,才能存在束缚态解。允许的能量就是这些分数乘以里德伯常数 $E_R = me^4/2\hbar^2$,或者说第 n 个能级的能量是

$$E_n = -E_R \cdot \frac{1}{n^2}. \tag{19.24}$$

顺便指出,对于能量为负值并不难理解。能量之所以为负,是由于当我们选定把势能写成 $V = -e^2/r$ 时,我们把电子在远离质子处的能量取作能量的零点。当电子靠近质子时,它的能量减少,所以在零以下。当 $n = 1$ 时能量最小(最负),它随 n 增加而增至零。

在量子力学发现以前,从氢原子光谱的实验研究得知氢原子的能级可以用式(19.24)来表示,从观察得出的 E_R 约为 13.6 eV。于是玻尔设计了一个(原子)模型,该模型给出了同样的方程,并且预言 E_R 应为 $me^4/2\hbar^2$,而薛定谔理论能从电子运动的基本方程重新得到了这个结果,这是该理论的第一个巨大成就。

现在我们已经解出了第一个原子,让我们看看所得到的解的性质。把各部分合在一起,每一个解都像这样:

---

* 原文少 a_1。——译者注

$$\psi_n = \frac{f_n(\rho)}{\rho} = \frac{e^{-\rho/n}}{\rho} g_n(\rho), \tag{19.25}$$

式中

$$g_n(\rho) = \sum_{k=1}^{n} a_k \rho^k, \tag{19.26}$$

并且

$$a_{k+1} = \frac{2\left(\dfrac{k}{n} - 1\right)}{k(k+1)} a_k. \tag{19.27}$$

只要我们关心的主要是在不同位置找到电子的相对概率,那么对 a_1 可取我们想要的任何数值。我们也可令 $a_1 = 1$。(人们经常选取 a_1 以使波函数"归一化",使得在原子里面任何地方找到电子的概率总和等于 1。目前我们没有必要去这样做。)

就最低的能量状态而言,$n = 1$,并且

$$\psi_1(\rho) = e^{-\rho}. \tag{19.28}$$

对于处在基态(最低能量的状态)的氢原子,在任意位置找到电子的振幅随电子离开质子的距离作指数式下降。电子在质子所在处最容易被发现,其特征扩展距离大约为 1 个 ρ 的单位,或约为一个玻尔半径 r_B。

取 $n = 2$ 得到下一个较高的能级。这个状态的波函数有两项,它为

$$\psi_2(\rho) = \left[1 - \frac{\rho}{2}\right] e^{-\frac{\rho}{2}}, \tag{19.29}$$

再下一个能级的波函数为

$$\psi_3(\rho) = \left[1 - \frac{2\rho}{3} + \frac{2}{27}\rho^2\right] e^{-\frac{\rho}{3}}. \tag{19.30}$$

图 19-2 中画出了前 3 个能级的波函数。你们可以看出总的趋势。所有的波函数在 ρ 大时都振动几次后就很快趋近于零。事实上,"凹凸"的数目正好等于 n——如果你愿意的话也可说 ψ_n 通过零点的次数为 $n - 1$。

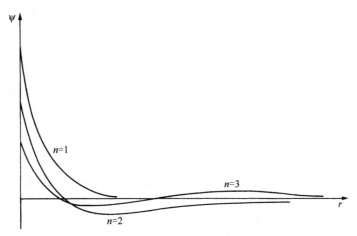

图 19-2 氢原子前 3 个 $l = 0$ 的态的波函数(标度的选择使总概率相等)

§19-3 具有角度依赖关系的状态

对 $\psi_n(r)$ 所描写的状态,我们发现找到电子的概率幅是球对称的——只取决于电子到质子的距离 r。这些状态的轨道角动量为零。现在我们应该查问一下可能与某些角度有依赖关系的状态。

如果愿意,我们可以直接研究怎样去求满足微分方程式(19.7)的、以 r, θ 和 ϕ 为变量的函数这一严格的数学问题——加上附加的物理条件,唯一可接受的函数是当 r 大时趋于零的函数。你们将发现在许多书中都是这样处理的。利用我们已有的关于振幅如何依赖于空间角度的知识,我们打算采取一条捷径。

处于任一特定状态的氢原子,是一个具有确定"自旋"j 的粒子,j 是总角动量量子数。该"自旋"的一部分来自电子的固有自旋,另一部分来自电子的运动。因为这两部分独立地起作用(作为一个很好的近似),所以我们仍将不理自旋部分而只考虑"轨道"角动量。然而这种轨道运动的行为很像自旋。例如,若轨道量子数为 l,则角动量的 z 分量可以为:l, $l-1$, $l-2$, $\cdots$, $-l$。(我们照例以 $\hbar$ 为单位进行量度。)而且,我们已经得出的转动矩阵及其他性质仍旧适用。(从现在起我们真正忽略电子的自旋,当我们谈到"角动量"时,我们仅仅指轨道部分。)

鉴于电子在其中运动的势场 V 仅取决于 r,而与 θ 或 ϕ 无关,哈密顿在所有转动下都是对称的。因此角动量及其所有分量都守恒。(这对在任何"中心力场"——只依赖于 r 的势场——中的运动来说都是正确的,因而并不是库仑势 e^2/r 的独有特性。)

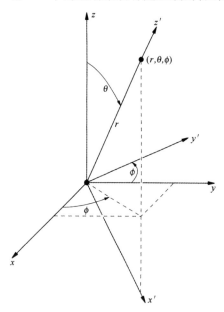

图 19-3 点 (r, θ, ϕ) 位于 x', y', z' 坐标系的 z' 轴上

现在让我们来考虑电子的一些可能状态,这些态的内在角结构由量子数 l 表征。取决于总角动量相对 z 轴的"取向"的角动量 z 分量为 m, m 取 $+l$ 到 $-l$ 之间 $2l+1$ 个可能值中的一个。设 $m=1$,那么在 z 轴上某个距离 r 处找到电子的振幅是多大呢?零。一个在 z 轴上的电子不可能有任何围绕 z 轴的轨道角动量。好,假定 $m=0$,那么在离质子的每一个距离处找到电子的振幅可能不为零,我们称此振幅为 $F_l(r)$,它就是原子处在状态 $|l, 0\rangle$ 时沿 z 轴向上 r 处找到电子的振幅。态 $|l, 0\rangle$ 指的是电子具有轨道自旋 l 及 z 分量 $m=0$。

如果我们知道了 $F_l(r)$,我们就知道了一切。对于任何状态 $|l, m\rangle$,我们知道在原子内部任何地方找到电子的振幅 $\psi_{l, m}(r)$。怎么知道呢?注意,假定原子处在 $|l, m\rangle$ 状态,那么在角度 θ, ϕ 及离原点距离 r 处找到电子的振幅是什么呢?在该角度上放一个新的 z 轴(参看图 19-3),设为 z'。试问在新坐标轴 z' 上 r 处找到电子的振幅是什么呢?我们知道,除非角动量的 z' 分量(称为 m')为零,否则沿 z' 轴不能找到电子。但当 $m'=0$ 时,沿 z' 轴找到电子的振幅为 $F_l(r)$。因此,该结果是

两个因子的乘积。第一个因子是一个沿 z 轴的处于态 $|l, m\rangle$ 的原子相对于 z' 轴处于态 $|l, m' = 0\rangle$ 的振幅。用 $F_l(r)$ 乘这个振幅，就得到相对原来的坐标轴在 (r, θ, ϕ) 处找到电子的振幅 $\psi_{l, m}(r)$。

让我们把这个振幅写出来。我们早先已算出了转动的变换矩阵。为从坐标系 x, y, z 变换到图 19-3 所示的坐标系 x', y', z'，可以先绕 z 轴旋转角度 ϕ，然后绕新的 y 轴 (y') 旋转角度 θ。这个组合转动为乘积

$$R_y(\theta)R_z(\phi).$$

转动后找到 $l, m' = 0$ 的态的振幅为

$$\langle l, 0 \mid R_y(\theta)R_z(\phi) \mid l, m\rangle. \tag{19.31}$$

于是我们的结果为

$$\psi_{l, m}(r) = \langle l, 0 \mid R_y(\theta)R_z(\phi) \mid l, m\rangle F_l(r). \tag{19.32}$$

轨道运动只能具有整数的 l 值。（如果电子能在 $r \neq 0$ 的任何地方被找到，那么在此方向就具有 $m = 0$ 的振幅，而 $m = 0$ 的态仅对整数自旋才存在。）关于 $l = 1$ 的转动矩阵由表 17-2 给出。对于更大的 l，可以用我们在第 18 章所得出的一般公式。$R_z(\phi)$ 和 $R_y(\theta)$ 的矩阵是分别列出的，但是你们知道如何把它们组合起来。一般说来，应先从态 $|l, m\rangle$ 出发，用 $R_z(\phi)$ 作用以得到新的态 $R_z(\phi)|l, m\rangle$（它正好就是 $e^{im\phi}|l, m\rangle$）。然后再将 $R_y(\theta)$ 作用于这个态而得到态 $R_y(\theta)R_z(\phi)|l, m\rangle$。最后乘以 $\langle l, 0 \mid$ 就给出矩阵元式 (19.31)。

转动操作的矩阵元是 θ 和 ϕ 的函数。式 (19.31) 所出现的特殊函数也常出现在许多类型的问题中，这些问题涉及球面几何学中的波，因此给它一个专门名称。注意，并非大家都采用相同的规定，但最常用的一个是

$$\langle l, 0 \mid R_y(\theta)R_z(\phi) \mid l, m\rangle \equiv aY_{l, m}(\theta, \phi). \tag{19.33}$$

函数 $Y_{l, m}(\theta, \phi)$ 称为球谐函数，而 a 只是一个数字因子，它取决于对 $Y_{l, m}$ 所选取的定义。对于通常的定义是

$$a = \sqrt{\frac{4\pi}{2l + 1}}. \tag{19.34}$$

用此记号，氢原子波函数可写成

$$\psi_{l, m}(r) = aY_{l, m}(\theta, \phi)F_l(r). \tag{19.35}$$

角度函数 $Y_{l, m}(\theta, \phi)$ 不仅在许多量子力学问题中是重要的，而且在经典物理的许多出现算符 ∇^2 的领域中，例如电磁学中，也是很重要的。作为它们在量子力学中的应用的另一例子，考虑 Ne^{20} 激发态的衰变（诸如上章所讨论的）。Ne^{20} 通过发射一个 α 粒子而衰变为 O^{16}，即

$$Ne^{20*} \longrightarrow O^{16} + He^4.$$

假定激发态具有某自旋 l（必定是整数），并且角动量的 z 分量为 m。我们现在可以提出如下问题：给定 l 和 m，则发现 α 粒子在与 z 轴成 θ 角、与 xz 平面成 ϕ 角的方向（如图 19-4 所示）上离去的振幅是怎样的？

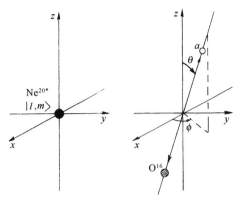

图 19-4 Ne²⁰ 激发态的衰变

为了解此问题,我们首先作下述观察。α 粒子沿 z 轴笔直向上的衰变必然来自 $m = 0$ 的态。这是由于 O^{16} 和 α 粒子两者的自旋均为零的缘故,而且其运动不能有任何对 z 轴的角动量。让我们称这种振幅为 a(单位立体角)。于是为求图 19-4 所示的任意角度上衰变的振幅,我们只需知道给定的初态在衰变方向具有零角动量的振幅。在 θ 和 φ 方向衰变的振幅是 a 乘以相对 z 轴的态 $| l, m \rangle$ 在相对 z′(衰变方向)的态 $| l, 0 \rangle$ 的振幅。这后一振幅正是式(19.31)中所表示的。所以在 θ, φ 方向见到 α 粒子的概率是

$$P(\theta, \phi) = a^2 \, | \langle l, 0 \mid R_y(\theta)R_z(\phi) \mid l, m \rangle |^2.$$

作为一个例子,考虑一个具有 $l = 1$ 以及各个 m 值的初态。由表 17-2 可知其必需要的振幅,它们是:

$$\langle 1, 0 \mid R_y(\theta)R_z(\phi) \mid 1, +1 \rangle = -\frac{1}{\sqrt{2}} \sin \theta e^{i\phi},$$

$$\langle 1, 0 \mid R_y(\theta)R_z(\phi) \mid 1, 0 \rangle = \cos \theta, \tag{19.36}$$

$$\langle 1, 0 \mid R_y(\theta)R_z(\phi) \mid 1, -1 \rangle = \frac{1}{\sqrt{2}} \sin \theta e^{-i\phi}.$$

这些就是 3 个可能的角分布振幅——视初始核的 m 值而定。

像式(19.36)那样的振幅是经常出现的,而且非常重要,所以有几个名称。如果角分布振幅正比于这 3 个函数中的任一个或者正比于它们的任何一种线性组合,我们就称"该系统的轨道角动量为 1"。或者我们可以说,"Ne^{20*} 发射一个 p 波的 α 粒子。"或者说,"α 粒子在 $l = 1$ 的状态被发射。"因为有许多方式来说明同一事情,所以最好有一本字典。如果你希望明了其他物理学家谈论些什么,你就不得不记住这些语言。表 19-1 给出了轨道角动量的字典。

如果轨道角动量为零,那么当你转动坐标系时没有什么改变,而且也不随角度变化——对角度的"依赖关系"就是一常数,比方说 1。这个态也称为"s 态",而且就角度依赖关系来说只有一个这样的态。如果轨道角动量为 1,那么与角度变量有关的振幅可以为上述 3 个函数中的任一个——取决于 m 之值——或者可以是一个线性组合。这些态称为"p 态",共有 3 个。如果轨道角动量是 2,则有 5 个所示的函数。任何线性组合称为"$l = 2$"或"d 波"振幅,现在你们可立即猜出下一个字母——在 s, p, d 以后应出现什么呢?当然是 f, g, h 等,照字母顺序排列下去!这些字母并不代表什么意思。(它们曾代表某些意义——它们分别表示原子光谱中的"锐线"、"主线"、"漫线"及"基线"。但这些是当时人们还不知道这些线的来源所定的名称。f 之后就没有特定的名称,所以我们现在只是按 g, h 等继续下去。)

表中的角函数有几个名称——在定义中有时对前面的数字因子也采用略微不同的规定。这些函数有时称为"球谐函数",并写为 $Y_{l, m}(\theta, \phi)$;有时也写作 $P_l^m(\cos \theta)e^{im\phi}$,如果 $m = 0$,就简单地写为 $P_l(\cos \theta)$。函数 $P_l(\cos \theta)$ 称为以 $\cos \theta$ 为变量的"勒让德多项式",而函数 $P_l^m(\cos \theta)$ 称为"连带勒让德函数"。在许多书中你们都可找到有关这些函数的表。

表 19-1　轨道角动量的字典（$l = j = $一个整数）

轨道角动量 l	z 分量 m	振幅的角度依赖关系	名称	状态数	轨道宇称
0	0	1	s	1	$+$
1	$\begin{cases} +1 \\ 0 \\ -1 \end{cases}$	$\left.\begin{array}{l} -\dfrac{1}{\sqrt{2}}\sin\theta e^{i\phi} \\[2mm] \cos\theta \\[2mm] \dfrac{1}{\sqrt{2}}\sin\theta e^{-i\phi} \end{array}\right\}$	p	3	$-$
2	$\begin{cases} +2 \\ +1 \\ 0 \\ -1 \\ -2 \end{cases}$	$\left.\begin{array}{l} \dfrac{\sqrt{6}}{4}\sin^2\theta e^{2i\phi} \\[2mm] \dfrac{\sqrt{6}}{2}\sin\theta\cos\theta e^{i\phi} \\[2mm] \dfrac{1}{2}(3\cos^2\theta-1) \\[2mm] -\dfrac{\sqrt{6}}{2}\sin\theta\cos\theta e^{-i\phi} \\[2mm] \dfrac{\sqrt{6}}{4}\sin^2\theta e^{-2i\phi} \end{array}\right\}$	d	5	$+$
3 4 5 ...	$\Big\}$	$\left.\begin{array}{l} \langle l,0\mid R_y(\theta)R_z(\phi)\mid l,m\rangle \\ = Y_{l,m}(\theta,\phi) \\ = P_l^m(\cos\theta)e^{im\phi} \end{array}\right\}$	f g h ...	$\Big\}2l+1$	$(-1)^l$

　　顺便请注意，对给定 l 的所有函数都具有这种性质，它们有相同的宇称——在反演时，对奇数 l，它们改变符号；而对偶数 l，它们不改变符号。所以我们可以把轨道角动量为 l 的态的宇称写成 $(-1)^l$。

　　正如我们已经知道的，这些角分布可能涉及核衰变或某种别的过程，或在氢原子中某处找到电子的振幅分布。例如，若一电子处于 p 态（$l=1$），则找到它的振幅可能以多种方式依赖于角度——但都为表 19-1 中 $l=1$ 的 3 个函数的线性组合。让我们看一下 $\cos\theta$ 的情形，这是很有趣的。这意味着在上半部分（$\theta < \pi/2$）振幅是正的，而在下半部分（$\theta > \pi/2$）振幅是负的，当 $\theta = 90°$ 时振幅为 0。将此振幅平方，我们看到，找到电子的概率随角 θ 的变化如图 19-5 所示——与 ϕ 无关。这种角分布说明了这样的事实，在分子键联中，处在 $l=1$ 的态的电子对另一个原子的吸引与方向有关——它是化学吸引的定向原子价的来源。

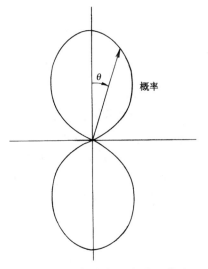

图 19-5　$\cos^2\theta$ 在极坐标中的曲线图。它是处于 $l=1$，$m=0$ 的原子态中，在相对于 z 轴的不同角度处（对一定的 r）找到电子的相对概率

§19-4　氢原子的一般解

　　在式(19.35)中我们已经把氢原子的波函数写为

$$\psi_{l,m}(\boldsymbol{r}) = aY_{l,m}(\theta,\phi)F_l(r). \tag{19.37}$$

这些波函数必定是微分方程式(19.7)的解。让我们看看这意味着什么。将式(19.37)代入(19.7),得:

$$\frac{Y_{l,m}}{r}\frac{\partial^2}{\partial r^2}(rF_l) + \frac{F_l}{r^2\sin\theta}\frac{\partial}{\partial\theta}\left(\sin\theta\frac{\partial Y_{l,m}}{\partial\theta}\right) + \frac{F_l}{r^2\sin^2\theta}\frac{\partial^2 Y_{l,m}}{\partial\phi^2}$$

$$= -\frac{2m}{\hbar^2}\left(E + \frac{e^2}{r}\right)Y_{l,m}F_l. \tag{19.38}$$

现用 r^2/F_l 与上式相乘并重新整理,结果为

$$\frac{1}{\sin\theta}\frac{\partial}{\partial\theta}\left(\sin\theta\frac{\partial Y_{l,m}}{\partial\theta}\right) + \frac{1}{\sin^2\theta}\frac{\partial^2 Y_{l,m}}{\partial\phi^2}$$

$$= -\left\{\frac{r^2}{F_l}\left[\frac{1}{r}\frac{d^2}{dr^2}(rF_l) + \frac{2m}{\hbar^2}\left(E + \frac{e^2}{r}\right)F_l\right]\right\}Y_{l,m}. \tag{19.39}$$

此方程的左边部分仅与 θ, ϕ 有关,而与 r 无关。不论我们对 r 取什么值,左边部分都不变。右边也必然是这样。虽然方括号内的量到处都包含 r,但整个量并不取决于 r。否则此等式就不会对所有的 r 都成立。正如你们可看到的,方括号内的函数也与 θ 及 ϕ 无关。它必为某个常数。该常数的值很可能与我们所研究的态的 l 值有关,因为函数 F_l 必定是一个适合此状态的函数。我们称此常数为 K_l。因此方程(19.35)与两个方程等价:

$$\frac{1}{\sin\theta}\frac{\partial}{\partial\theta}\left(\sin\theta\frac{\partial Y_{l,m}}{\partial\theta}\right) + \frac{1}{\sin^2\theta}\frac{\partial^2 Y_{l,m}}{\partial\phi^2} = -K_l Y_{l,m}, \tag{19.40}$$

$$\frac{1}{r}\frac{\partial^2}{\partial r^2}(rF_l) + \frac{2m}{\hbar^2}\left(E + \frac{e^2}{r}\right)F_l = K_l \cdot \frac{F_l}{r^2}. \tag{19.41}$$

现在来看看我们做了些什么。对于任意的由 l 和 m 描述的态,函数 $Y_{l,m}$ 是知道的,我们可以用式(19.40)来确定常数 K_l。将 K_l 代入式(19.41)就得到一个关于函数 $F_l(r)$ 的微分方程。若能解出关于 $F_l(r)$ 的方程,(19.37)中的所有部分都有了,我们就可给出 $\psi(r)$。

K_l 是什么呢?首先,注意到对各个 m(对应于一个特定的 l)K_l 必然相同,所以对 $Y_{l,m}$ 我们可以随意选取任一 m,并把它代入式(19.40)以解得 K_l。选用 $Y_{l,l}$ 可能最为简单。由式(18.24)可得

$$R_z(\phi) \mid l, l\rangle = e^{il\phi} \mid l, l\rangle. \tag{19.42}$$

$R_y(\theta)$ 的矩阵元也很简单:

$$\langle l, 0 \mid R_y(\theta) \mid l, l\rangle = b(\sin\theta)^l, \tag{19.43}$$

式中 b 为某个数 *。把两式合并,得

---

* 你们可以费些功夫来证明这个数来自式(18.35),但按照 §18-4 的概念也很容易从第一性原理得出这一结果。态 $\mid l, l\rangle$ 可以由 $2l$ 个自旋 $1/2$ 并且全部朝上的粒子组成,而态 $\mid l, 0\rangle$ 应有 l 个自旋朝上,l 个自旋朝下。在转动下,朝上自旋继续保持朝上的振幅为 $\cos\theta/2$,而自旋由朝上变为朝下的振幅为 $-\sin\theta/2$。我们要问的是 l 个朝上自旋仍朝上,而其余的 l 个朝上自旋变为朝下的振幅是多少。这一情况的振幅为 $(-\cos\theta/2 \cdot \sin\theta/2)^l$,与 $\sin^l\theta$ 成正比。

$$Y_{l,l} \propto e^{il\phi}\sin^l\theta. \qquad (19.44)$$

将此函数代入式(19.40)得

$$K_l = l(l+1). \qquad (19.45)$$

K_l 一旦确定,式(19.41)就告诉我们径向函数 $F_l(r)$。当然,式(19.41)就是角度部分被 $K_l F_l/r^2$ 所代替的薛定谔方程。让我们重新将式(19.41)写成式(19.8)的形式,即

$$\frac{1}{r}\frac{d^2}{dr^2}(rF_l) = -\frac{2m}{\hbar^2}\left\{E + \frac{e^2}{r} - \frac{l(l+1)}{2mr^2}\frac{\hbar^2}{}\right\}F_l. \qquad (19.46)$$

势能中增加了很神秘的一项。虽然此项是由数学把戏得到的,但它有一个简单的物理起源。我们可用半经典的论证来给你们一些关于它的出处的概念。这样或许你们就不会觉得它太神秘了。

想象一经典粒子围绕某个力心运动。总能量守恒,并且为势能与动能之和,

$$U = V(r) + \frac{1}{2}mv^2 = 常数.$$

通常可将 v 分解成径向分量 v_r 和切向分量 $r\dot\theta$,于是

$$v^2 = v_r^2 + (r\dot\theta)^2.$$

那么角动量 $mr^2\dot\theta$ 也是守恒的,设其等于 L,于是我们可写成

$$mr^2\dot\theta = L \quad 或 \quad r\dot\theta = \frac{L}{mr},$$

而能量为

$$U = \frac{1}{2}mv_r^2 + V(r) + \frac{L^2}{2mr^2}.$$

如果没有角动量,上式仅有前两项,加进角动量 L 对能量的影响就相当于在势能中加进了项 $L^2/2mr^2$,但这几乎正是式(19.46)中的额外项,唯一的差别是看来角动量为 $l(l+1)\hbar^2$ 而不是我们所期望的 $l^2\hbar^2$。但我们在前面(例如第 2 卷 §34-7)就已经看到,要使准经典的论证同正确的量子力学计算结论相一致通常就得作这个替代。于是,我们可以把这新的项理解为"赝势",它给出转动系统中出现在径向运动方程中的"离心力"项(参考第 1 卷 §12-5 有关"赝力"的讨论)。

我们现在就来解关于 $F_l(r)$ 的方程式(19.46)。它与式(19.8)很相像,所以能用相同的技巧来解。每一步都与以前的做法一样,一直到式(19.19),此时将多出一项

$$-l(l+1)\sum_{k=1}^{\infty}a_k\rho^{k-2}. \qquad (19.47)$$

这一项也可写为

$$-l(l+1)\left\{\frac{a_1}{\rho} + \sum_{k=1}^{\infty}a_{k+1}\rho^{k-1}\right\}. \qquad (19.48)$$

（我们提出第一项，并将求和指数 k 向后移动 1。）代替式(19.20)的是

$$\sum_{k=1}^{\infty}[\{k(k+1)-l(l+1)\}a_{k+1}-2(\alpha k-1)a_k]\rho^{k-1}-\frac{l(l+1)a_1}{\rho}=0. \quad (19.49)$$

只有一项包含 ρ^{-1}，所以这项必为零。系数 a_1 必为零(除非 $l=0$，而 $l=0$ 时我们就得到以前的解)。令方括号对每个 k 皆为零，则其他各项都为零(取代式(19.21))的条件为

$$a_{k+1}=\frac{2(\alpha k-1)}{k(k+1)-l(l+1)}a_k, \quad (19.50)$$

这是对球对称情况的唯一有意义的改变。

　　与前相同，如果我们要有能描述束缚电子的解，则级数必须中断。若 $\alpha n=1$，则级数将在 $k=n$ 处终止。我们又得到关于 α 的相同条件，α 必须等于 $1/n$，这里 n 是某个整数。然而式(19.50)还给出一个新限制，指数 k 不能等于 l，否则分母为零，a_{l+1} 为无限大。这样，因 $a_1=0$，由式(19.50)可知所有相继的 a_k 也都为零，直到不为零的 a_{l+1}。这就意味着 k 必须从 $l+1$ 开始到 n 终止。

　　我们的最终结果为：对任一 l 存在许多可能的解，我们称这些解为 $F_{n,l}$，而 $n>l+1$。每个解具有能量

$$E_n=-\frac{me^4}{2\hbar^2}\left(\frac{1}{n^2}\right), \quad (19.51)$$

具有此能量且角量子数为 l 及 m 的状态，其波函数为

$$\psi_{n,l,m}=aY_{l,m}(\theta,\phi)F_{n,l}(\rho), \quad (19.52)$$

而

$$\rho F_{n,l}(\rho)=e^{-\alpha\rho}\sum_{k=l+1}^{n}a_k\rho^k, \quad (19.53)$$

系数 a_k 由式(19.50)得到。我们最终对氢原子的状态有了一个完整的描述。

§19-5　氢原子波函数

　　让我们回顾一下我们所发现的结果。满足电子在库仑场中的薛定谔方程的状态，由 3 个都为整数的量子数 n，l，m 来表征。电子振幅的角分布只能具有某些确定的形式，称之为 $Y_{l,m}$。它们用总角动量量子数 l，及磁量子数 m 来标记，磁量子数 m 可以从 $-l$ 变到 $+l$。对于每一种角位形，电子振幅的多种径向分布 $F_{n,l}(r)$ 都是可能的，它们用主量子数 n 来标记——n 可以从 $l+1$ 变化到 ∞。状态的能量只与 n 有关，并随 n 的增大而增加。

　　能量最低的状态，或基态，为 s 态。对这个态 $l=0$，$n=1$，$m=0$，它是一个"非简并"态——具有此能量的状态只有一个，其波函数是球对称的。在中心处发现电子的振幅最大，随着离中心的距离增加而单调地减小，我们可以把电子的振幅想象为如图 19-6(a)所示的一个球。

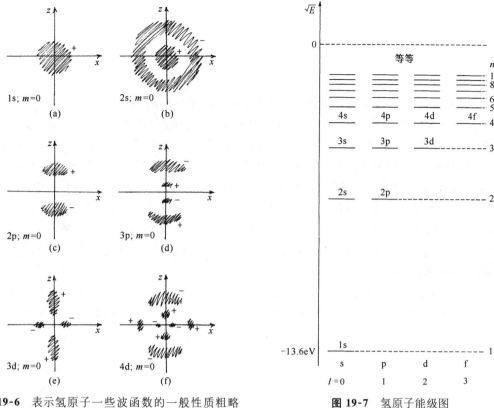

图 19-6 表示氢原子一些波函数的一般性质粗略的草图。暗区表示振幅大的地方。各区的正负号表示该区振幅的相对符号

图 19-7 氢原子能级图

对 $n = 2, 3, 4 \cdots\cdots$ 较高的能量还有其他 s 态。对于每一个能量只有一种形式 $(m = 0)$，且都为球对称。随着 r 的增加，这些态的振幅一次或多次改变符号。这些振幅有 $n-1$ 个球形节面——ψ 趋于零的地方。例如 2s 态 $(l = 0, n = 2)$ 看上去将如图 19-6(b) 中所画的那样。（暗区表示振幅大的地方，正负号表示振幅的相对相位。）图 19-7 中第一列所示即为 s 态的能级。

此外尚有 $l = 1$ 的 p 态。对每个 $n(n$ 必须为 2 或更大)，有 3 个能量相同的状态，对 $m = +1$，$m = 0$ 和 $m = -1$ 各有一个。能级如图 19-7 所示。这些态的角度依赖关系列在表19-1中。例如，对于 $m = 0$，如果当 θ 接近 0° 时振幅为正，则 θ 接近 180° 时，振幅将为负。所以存在一个与 xy 平面重合的节面。对于 $n > 2$，也有球形节面。图 19-6(c) 画出了 $n = 2$，$m = 0$ 振幅的大致情形，图 19-6(d) 画出了 $n = 3$，$m = 0$ 波函数的大致情形。

你们可以想象，既然 m 表示在空间中的某种"取向"，那么应该有振幅峰值沿 x 轴或 y 轴的类似的分布。这些可能是 $m = +1$ 和 $m = -1$ 的态吗？不是。但是既然这 3 个状态的能量相同，那么这 3 个态的任意线性组合也将是具有相同的能量的定态。结果，"x"态——对应于"z"态或图 19-6(c) 的 $m = 0$ 的态，是 $m = +1$ 及 $m = -1$ 的态的线性组合。相应的"y"态为另一组合。明确地讲，我们意指

$$\text{"}z\text{"} = |1, 0\rangle,$$

$$“x”=-\frac{|1,+1\rangle-|1,-1\rangle}{\sqrt{2}},$$

$$“y”=-\frac{|1,+1\rangle+|1,-1\rangle}{i\sqrt{2}}.$$

当以它们的特定坐标轴为参考轴时，这些态都看上去是一样的。

对每一个能量，d 态（$l=2$）有 5 个可能的 m 值，最低能量为 $n=3$。其能级如图 19-7 所示，其对角度的依赖关系更加复杂。例如 $m=0$ 的态有两个圆锥形的节，所以当你们由北极绕至南极时，波函数的相位从 + 到 − 再变到 +。它们分别对于 $n=3$ 以及 $n=4$ 的 $m=0$ 的状态，振幅的大致形式画在图 19-6 的（e）及（f）中。同样较大的 n 的振幅具有球形节。

我们不准备再描述可能的状态了。你们可在许多书中找到有关氢原子波函数的更为详细的描述。有两本很好的参考书，一本是鲍林（L. Pauling）和威尔逊（E. B. Wilson）的《量子力学导论》，另一本是莱顿（R. B. Leighton）的《近代物理原理》。在这些书中你们都会找到一些函数的图形及许多态的表示图。

我们希望提一下，对较高的 l，波函数有一个特点：对 $l>0$ 的情形，在中心处的振幅为零。这并不奇怪，因为当电子的轨道半径非常小时，它很难具有角动量。根据这个道理，l 越大，振幅被"推离"中心的就越远。如果你观察 r 很小时径向函数 $F(r)$ 的变化方式，则由式（19.53）发现

$$F_{n,l}(r)\approx r^l.$$

这种对 r 的依赖关系意味着，对于较大的 l，必须在远离 $r=0$ 的地方才会有可观的振幅，顺便指出，这种性质取决于径向方程中的离心力项，所以同样的结论适用于任何在 r 很小时变化比 $1/r^2$ 更慢的势——大多数原子的势都是这种势。

§19-6 周 期 表

我们现在要以近似的方式应用氢原子的理论来了解一下化学家的元素周期表。原子序数为 Z 的元素，有 Z 个电子被核的电吸引力聚集在一起，而电子之间又互相排斥。为了得到严格的解，我们需求解 Z 个电子在库仑场中的薛定谔方程。对于氦，其方程为

$$-\frac{\hbar}{i}\frac{\partial\psi}{\partial t}=-\frac{\hbar^2}{2m}(\nabla_1^2\psi+\nabla_2^2\psi)+\left(-\frac{2e^2}{r_1}-\frac{2e^2}{r_2}+\frac{e^2}{r_{12}}\psi\right),$$

式中 ∇_1^2 是作用于 r_1 的拉普拉斯算符，r_1 是一个电子的坐标，∇_2^2 作用于 r_2，而 $r_{12}=|r_1-r_2|$（我们再次忽略电子的自旋）。为了得到定态和能级，我们要求如下形式的解

$$\psi=f(r_1,r_2)e^{-(i/\hbar)Et}.$$

几何关系包含在 f 中，它是 6 个变量——两个电子同时的位置——的函数。虽然最低能量状态的解已用数值法求得，但没人能得出解析形式的解。

对具有 3，4 或 5 个电子的原子，想要得到严格解是没有希望的，至于说量子力学已经对周期表给出了精密的解释，那是太过分了。但是，至少可用它——甚至是一种粗糙近似，还要加上一些修正——定性地了解周期表中揭露出来的许多化学性质。

原子的化学性质主要决定于它的最低能量状态。我们可以利用下面的近似理论来求这些态及其能量。首先，除了采纳不相容原理，即任一特定的电子态只能由一个电子占据外，其余情况下我们忽略电子的自旋。这意味着任一特定的轨道组态最多只能有两个电子——一个自旋朝上，另一个自旋朝下。其次在我们的第一级近似中，不考虑电子之间相互作用的细节，而认为每一个电子都在核及其他电子共同组成的有心力场中运动。例如氖，它有 10 个电子，我们说一个电子感受到的平均势是由核加上其他 9 个电子所产生的。于是我们可想象在薛定谔方程里，对每个电子我们给予一个势 $V(r)$，它是来自其他电子的球对称电荷密度修正后的 $1/r$ 势场。

在此模型中，每个电子像独立粒子那样行动。它的波函数对角度的依赖关系与氢原子中的情形完全相同。它有 s 态、p 态等等，并且它们将具有各种可能的 m 值。因为 $V(r)$ 不再与 $1/r$ 相同，所以波函数的径向部分将稍有不同，但在定性方面将相同，所以我们有相同的径向量子数 n。状态的能量也会有点不同。

氢

让我们来看看根据这些概念可得到些什么。氢的基态具有 $l = m = 0$ 及 $n = 1$，我们称该电子的组态为 1s 态。能量为 -13.6 eV。这意味着把电子拉出原子需要 13.6 eV 能量。我们称此能量为"电离能"，用符号 W_I 表示。电离能越大，就越难使电子脱离，一般说来，电离能大的材料其化学性质就不大活泼。

氦

现在来看氦。它的两个电子可处于同一个能量最低的状态（一个自旋朝上，另一个朝下）。在此最低能量状态，电子在一势场中运动，这个势对小的 r 就像 $z = 2$ 的库仑场，而对大的 r，就像 $z = 1$ 的库仑场。结果是一个"类氢"的 1s 态，它的能量稍低。两个电子占据同一 1s 态（$l = 0$，$m = 0$）。所观察到的电离能（移去一个电子）为 24.6 eV。因为现在 1s 壳层已填满了——只允许两个电子占据该壳层——因此电子被其他原子吸引去的趋势实际上并不存在。氦在化学上是惰性的。

锂

锂原子核有 3 个单位的电荷。电子态又是类氢的，3 个电子占据最低的 3 个能级。两个电子进入 1s 态，第三个电子进入 $n = 2$ 的态。但 $l = 0$ 呢还是 $l = 1$？在氢原子中这两个态的能量相同，但在其他原子中则不然，原因如下，还记得 2s 态在核附近有一定的振幅，而 2p 态则没有。这就意味着 2s 态的电子感受到部分锂核的三重电荷，但 2p 电子却待在外面，该处的电场很像单个电荷所形成的库仑场。这额外的吸引力使得 2s 态的能量相对于 2p 态能量有所降低，能级大

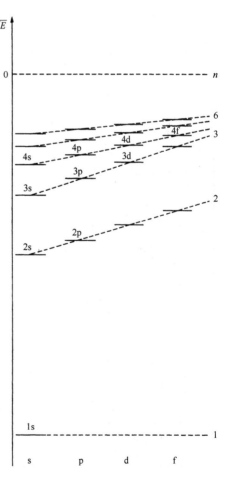

图 19-8 当有其他电子存在时原子中电子能级示意图（标度与图 19-7 不同）

致如图 19-8 所示——你们应将此图与氢原子相应的能级图 19-7 比较。所以锂原子有两个电子在 1s 态，一个电子在 2s 态。因 2s 电子比 1s 电子具有较高的能量，所以 2s 电子比较容易脱离。锂的电离能仅为 5.4 eV，其化学性质非常活泼。

表 19-2　周期表中前 36 个元素的电子组态

原子序数 Z	元素		电离能 W_I (eV)	电子组态									
				1s	2s	2p	3s	3p	3d	4s	4p	4d	4f
1	H	氢	13.6	1									
2	He	氦	24.6	2	处于各个态的电子数								
3	Li	锂	5.4	满壳层 (2)	1								
4	Be	铍	9.3		2								
5	B	硼	8.3		2	1							
6	C	碳	11.3		2	2							
7	N	氮	14.5		2	3							
8	O	氧	13.6		2	4							
9	F	氟	17.4		2	5							
10	Ne	氖	21.6		2	6							
11	Na	钠	5.1	满壳层 (2)	满壳层 (8)		1						
12	Mg	镁	7.6				2						
13	Al	铝	6.0				2	1					
14	Si	硅	8.1				2	2					
15	P	磷	10.5				2	3					
16	S	硫	10.4				2	4					
17	Cl	氯	13.0				2	5					
18	Ar	氩	15.8				2	6					
19	K	钾	4.3	满壳层 (2)	满壳层 (8)		满壳层 (8)			1			
20	Ca	钙	6.1							2			
21	Sc	钪	6.5						1	2			
22	Ti	钛	6.8						2	2			
23	V	钒	6.7						3	2			
24	Cr	铬	6.8						5	1			
25	Mn	锰	7.4						5	2			
26	Fe	铁	7.9						6	2			
27	Co	钴	7.9						7	2			
28	Ni	镍	7.6						8	2			
29	Cu	铜	7.7						10	1			
30	Zn	锌	9.4						10	2			
31	Ga	镓	6.0	满壳层 (2)	满壳层 (8)		满壳层 (18)			2	1		
32	Ge	锗	7.9							2	2		
33	As	砷	9.8							2	3		
34	Se	硒	9.7							2	4		
35	Br	溴	11.8							2	5		
36	Kr	氪	14.0							2	6		

由此你们能够看出逐步显现出来的模式了；我们在表 19-2 中列出了前面 36 种元素，表明每个原子处于基态时电子所占据的状态。表中给出了束缚得最松的电子的电离能以及占

据各个"壳层"的电子数,这里,壳层指的是 n 相同的状态。因为不同 l 的态具有不同的能量,每个 l 值与一个有 $2(2l+1)$ 个可能状态(不同的 m 及电子自旋)的支壳层相对应。除了一些我们忽略的微弱的效应之外,这些态都具有相同的能量。

铍

铍与锂相似,除了在 2s 态有两个电子,还有两个电子在充满的 1s 壳层。

硼到氖

硼有 5 个电子,第五个电子必然进入 2p 态。因为 2p 态有 $2 \times 3 = 6$ 个不同的状态,所以我们可不断增加电子直到总数达到 8 个电子。这样就得到氖。当电子增加时,原子序数 Z 也增加,所以整个电子的分布越来越接近原子核,以至 2p 态的能量下降。到氖时电离能增至 21.6 eV。氖不易失去电子。它已没有多余的低能空位供电子填充,因此它不会试图攫取额外的电子。在化学性质上氖是惰性的。另一方面,氟确实有一个空的可供电子填入的低能状态,所以氟在化学反应中很活泼。

钠到氩

对钠来说,第 11 个电子必须开启一个新的壳层——进入 3s 态。这个态的能级很高,电离能急剧下降,因此钠是一个活泼的化学元素。从钠到氩,$n = 3$ 的 s 态和 p 态完全按照从锂到氖那样的次序来填充,在外面空的壳层里,电子的角度组态具有相同的次序,电离能的变化情况也很相似。由此可以看出为什么随着原子序数的增加化学性质会重复,镁在化学性质上非常像铍,硅像碳,氯像氟,氩像氖那样是惰性的。

你们可能已经注意到,在锂与氖之间,电离能的次序略微有点异常,钠和氟之间也有类似的情况。氧原子对最后一个电子的束缚比我们预期的要稍微弱一些。硫也有类似的情况。这是什么原因呢? 如果我们加进一点各个电子之间的相互作用效应,对这一情形就能理解了。考虑一下将第一个 2p 态的电子放进硼原子的情况。有 6 种可能——3 种可能的 p 态,每个 p 态有两种自旋。想象一自旋朝上的电子进入 $m = 0$ 的状态,这一状态也称为"z"态,因为它紧靠 z 轴。碳的情况将如何呢? 现有 2 个 2p 电子。如果其中一个进入"z"态,第二个电子将进入什么态? 如果它远离第一个电子,它具有较低的能量,譬如说它进入 2p 壳层的"x"态就行。(记住,这个态就是 $m = +1$ 及 $m = -1$ 态的线性组合。)接下来,轮到氮,如果 3 个 2p 态电子分别处于"x","y"和"z"组态,则它们将具有最低的相互排斥能。但是对氧就不同了,第四个电子必须以相反的自旋进入一个已被填充的态。于是它受到已经在这个态的电子的强烈排斥,所以它的能量不如在其他情况下可以达到的那样低,因而更容易被移去。这就解释了出现在氮和氧之间以及磷和硫之间的结合能次序上的中断现象。

钾到锌

在氩以后,你们首先可能认为新加的电子将开始填充 3d 态。但并非如此。根据前面的描述——以及图 19-8 中说明的——角动量较高的状态其能量要上移。到 3d 态时,其能量已比 4s 态的能量高出一些。所以在钾中,最后一个电子进入 4s 态。这个壳层到钙原子被填满后(有两个电子),就开始对钪、钛、钒填 3d 态。

3d 和 4s 态的能量十分接近,所以很小的影响就能使两者的差额由正变负或由负变正。当我们把 4 个电子放入到 3d 时,它们的排斥作用使 4s 态的能量上升到刚好高于 3d 态能量,所以一个电子移回来了。对于铬,我们不是得到预期的 4、2 组合,而是 5、1 组合。增加一个新电子就得到锰,此电子重新填入 4s 壳层,此后 3d 态壳层被一一填满,直到铜为止。

因锰、铁、钴和镍中最外面的壳层具有相同的组态,所以它们都倾向于具有相似的化学性质。(此效应对稀土元素更为明显,它们都具有相同的外壳层,而其逐步填充对化学性质的影响很小的内壳层。)

在铜原子中,一个电子从 4s 态壳层中被夺走,最后将 3d 壳层填满。然而,铜的 10、1 组态的能量与 9、2 组态的能量是如此接近,只要附近有另一个原子存在,就能改变两者的平衡。由于这个原因,铜的最后两个电子差不多是相等的,所以铜可以是 1 价也可以是 2 价。(它有时表现出好像其电子处于 9、2 组态。)在其他地方也发生类似的情况,这说明了其他金属,如铁,在化合时具有两种原子价的事实。到锌为止,3d 和 4s 两壳层都完全填满了。

镓到氪

从镓到氪,填充次序重又正常地继续下去,对 4p 壳层进行填充。外壳层、能量和化学性质重复着从硼到氖及从铝到氩的模式。

氪像氩和氖一样,是有名的"稀有"气体,在化学上这三者都是"惰性的"。这只是意味着,由于能量相对较低的壳层已填满,在与其他元素进行简单化合时,它们在能量上具有优势的情况是很少的。具有一个满壳层是不够的。铍和镁具有填满的 s 壳层,但这些壳层的能量太高,不能使得元素稳定。同样,我们会期望在镍的位置上出现另一个"稀有"元素,假如其 3d 壳层的能量更低些(或 4s 壳层能量更高些)的话。另一方面,氪并非完全惰性,它和氟会形成一弱键化合物。

既然我们所举实例已说明了周期表的大多数主要性质,所以我们就讨论到第 36 号元素为止——还有 70 多个元素!

我们想再指出一点:我们不仅能在一定程度上了解原子价,而且也可以讲些关于化学键的方向性质。取一个原子,如氧,它有 4 个 2p 电子。前 3 个电子处于"x","y","z"态,而第四个电子将重复这些态中的一个,留下两个态——譬如说"x"和"y"——空着。接下来考虑 H_2O 的情形。每一个氢原子都乐意与氧共有一个电子,从而帮助氧填满壳层。这两个电子倾向于进入"x"和"y"的空位。所以水分子应有相对氧原子中心成直角的两个氢原子。实际上这个角度为 105°。我们甚至能理解为什么这一角度大于 90°。由于共有电子,结果氢原子有了净的正电荷。电的排斥作用使波函数"变了形",把角度扩大到 105°。在 H_2S 中也出现同样的情况。但由于硫原子较大,两个氢原子隔得较远,排斥作用较小,所以角度仅扩大到 93°。硒原子更大,故在 H_2Se 中角度非常接近 90°。

我们可以用同样的论证来理解氨(H_3N)的几何结构。氮有再容纳 3 个 2p 电子的空位,对"x","y","z"这三种态各一个。3 个氢原子应彼此联成直角。但构成的角度稍大于 90°——又是电斥力的缘故——但至少我们看到为什么 H_3N 不是扁平的。磷化氢(H_3P)的角度接近 90°,而在 H_3As 中角度更接近 90°。当我们把 H_3N 描述为一个两态系统时,我们假定它不是扁平的。正是由于这种非扁平性才使氨微波激射器成为可能。现在我们已经看到从我们的量子力学也可以理解分子的形状。

薛定谔方程是物理学的巨大成就之一,由于它提供了解原子结构的根本机理的钥匙,从而对原子光谱、化学以及物质的本性作出了解释。

第 20 章 算　　符

§ 20-1　操作与算符

到目前为止,虽然我们不时地告诉你们量子力学量和方程的一些特殊写法,但是我们在量子力学中所做的全部工作都可以用普通代数来处理。现在我们想再讲一些描述量子力学事件的有趣而有用的数学方法。处理量子力学问题有许多不同的方法,而大多数书本所采用的方法都与我们所用的不同。当你们继续阅读其他书籍时,你们可能不会立即看出这些书中所讲的方法与我们所用的方法之间的联系。虽然我们也能得出一些有用的结果,但本章的主要目的在于告诉你们一些描写相同物理事件的不同方法。知道了这些方法,你们就能更好地理解别人所讲的了。当人们最初提出经典力学时,他们总是用 x、y 和 z 分量来写出所有的方程式。以后有人指出,发明矢量记号可以使所有的写法大为简化。的确,当你要计算什么时,常常需要将矢量变换成它的分量。但是当你使用矢量时,一般很容易看出发生些什么,而且许多计算也容易得多。在量子力学中,使用"态矢量"的概念可以用比较简单的方法写出许多事情。当然,"态矢量"$|\psi\rangle$ 并非三维空间中的几何矢量,而是代表物理状态的一种抽象符号,此状态用"标记"或"名字"ψ 来识别。这种概念之所以有用,是因为量子力学的规律可以用这些符号写成代数方程。例如,任何状态都可由基础态的线性组合来构成,这个基本定律就可以写成

$$|\psi\rangle = \sum_i C_i |i\rangle, \tag{20.1}$$

式中 C_i 是一组普通的(复)数——振幅 $C_i = \langle i|\psi\rangle$——而 $|1\rangle$、$|2\rangle$、$|3\rangle$……代表在某个基或表象中的基础态。

如果取某个物理状态并对它作些变动——如转动或等候一段时间 Δt——则得到不同的态。我们说,"对一个状态进行一次操作产生了一个新的态。"我们可以用一个方程式来表示同一概念:

$$|\phi\rangle = \hat{A} |\psi\rangle. \tag{20.2}$$

对态的一次操作产生另一个态。算符 $\hat{A}$ 代表某个特定的操作。当这一操作作用于任一态,譬如态 $|\psi\rangle$ 上,它产生某个其他的态 $|\phi\rangle$。

式(20.2)表示什么意思呢?我们这样来定义它,如果用 $\langle i|$ 乘以式(20.2),并将 $|\psi\rangle$ 按式(20.1)展开,则得到

$$\langle i|\phi\rangle = \sum_j \langle i|\hat{A}|j\rangle\langle j|\psi\rangle. \tag{20.3}$$

(态 $|j\rangle$ 取自和 $|i\rangle$ 相同的一组。)这正是一个代数式。数 $\langle i|\phi\rangle$ 给出了在态 $|\phi\rangle$ 中找到的每个基

础态的量,它是以$|\psi\rangle$在各个基础态中的振幅$\langle j|\psi\rangle$的线性叠加表示的。数$\langle i|\hat{A}|j\rangle$正是表明有多少$\langle j|\psi\rangle$进入每个求和中的系数。算符$\hat{A}$可用一组数或"矩阵"以数字来描述

$$A_{ij} \equiv \langle i \mid \hat{A} \mid j \rangle. \tag{20.4}$$

所以式(20.2)是式(20.3)的高级写法。实际上还不止这样,它含有更多的东西。在式(20.2)中我们完全没有提到一组基础态。式(20.3)是式(20.2)在某一组基础态中的映像,但是,如你们所知,你们可以选用你们想要的任意一组态,而式(20.2)就含有这种概念。算符的写法避免了作任意特定的选择。当然,当你想要得到明确的表示时,你必须选择一组基础态,当你选定后,你就用式(20.3)。因此算符方程式(20.2)是代数方程式(20.3)的更为抽象的写法。这两种写法之间的区别,类似于下面两种写法的差别

$$\boldsymbol{c} = \boldsymbol{a} \times \boldsymbol{b}$$

及

$$c_x = a_y b_z - a_z b_y,$$
$$c_y = a_z b_x - a_x b_z,$$
$$c_z = a_x b_y - a_y b_x.$$

第一种写法要方便得多。然而,当你想要计算结果时,你终究必须相对某组坐标轴给出各分量。同样地,如果你想要说出$\hat{A}$真正表示什么意思,你必须准备根据某组基础态给出矩阵A_{ij}。只要你心中有一组$|i\rangle$,式(20.2)就与式(20.3)相同。(你们还应记住,一旦你知道了对一组特定的基础态的矩阵,你总可以算出相对于任何别的基础态的相应矩阵。你可以将矩阵从一个"表象"变换到另一个"表象"。)

式(20.2)的算符方程也可以用一种新的观点来考虑。如果我们设想某个算符$\hat{A}$,我们就可用它跟任意态$|\psi\rangle$来产生一个新的态$\hat{A}|\psi\rangle$。有时用这种方法得到的"态"可能是很特殊的——它也许不代表我们在自然界中可能遇到的任何物理情况(例如,我们可能得到一个态,它描述单个电子而不归一化)。换言之,我们有时可能得到数学上人为的"态",这种人为的"态"可能仍然有用,或许作为某些计算过程的中间阶段可能是有用的。

我们已经告诉你们许多有关量子力学算符的例子。我们已有了转动算符$\hat{R}_y(\theta)$,它作用于状态$|\psi\rangle$就产生一个新态,从转动后的坐标系来看,新的态就是原来的态。我们已有了宇称(或反演)算符$\hat{P}$,它通过将所有的坐标反向来得到新的态。我们对自旋1/2粒子已有算符$\hat{\sigma}_x$、$\hat{\sigma}_y$和$\hat{\sigma}_z$。

算符$\hat{J}_z$在第17章中是根据小角度ϵ的转动算符来定义的

$$\hat{R}_z(\epsilon) = 1 + \frac{i}{\hbar} \epsilon \hat{J}_z. \tag{20.5}$$

当然这意味着

$$\hat{R}_z(\epsilon) \mid \psi \rangle = \mid \psi \rangle + \frac{i}{\hbar} \epsilon \hat{J}_z \mid \psi \rangle. \tag{20.6}$$

在这个例子中,$\hat{J}_z|\psi\rangle$是把态$|\psi\rangle$转动一个小角ϵ后所得的态减去原来的态后再乘以$\hbar/i\epsilon$。它代表的态是两个态之差。

再举一个例子。我们有一个算符 $\hat{p}_x$——称为动量算符（x 分量），由类似（20.6）的式子定义。如果 $\hat{D}_x(L)$ 是使一个态沿 x 方向移动距离 L 的算符，则 $\hat{p}_x$ 定义为

$$\hat{D}_x(\delta) = 1 + \frac{i}{\hbar}\delta\hat{p}_x, \tag{20.7}$$

式中 δ 是一个小位移。将状态 $|\psi\rangle$ 沿 x 移动一小距离 δ 得出一个新的态 $|\psi'\rangle$，我们说这一新态比原来的态增加了一点新的东西

$$\frac{i}{\hbar}\delta\hat{p}_x \mid \psi\rangle.$$

我们所讨论的算符作用于像 $|\psi\rangle$ 这样的态矢量上，而 $|\psi\rangle$ 是物理状况的抽象描述。它们与作用在数学函数上的 <u>代数</u> 算符大不相同。例如，d/dx 是一个算符，它作用于 $f(x)$ 使 $f(x)$ 变成一个新函数 $f'(x) = df/dx$。另一个例子是代数算符 ∇^2。你们可以看出为什么在两种情况下使用相同的名词。然而你应当记住这两类算符是不同的。量子力学算符 $\hat{A}$ 不作用于代数函数上，而作用于 $|\psi\rangle$ 那样的态矢量上。不久你们就会看到两类算符都用于量子力学中，而且常用于相似类型的方程中。当你们初次学习这一课题时，最好一直记住这些差别，以后对这课题比较熟悉时，你们就会发现保留这两种算符之间的明显区别并不是很重要的。的确如此，你们会发现大多数教科书对这两类算符通常使用相同的记号。

我们现在接下去看看用算符能做些什么有用的事情。但是，首先有一点要特别注意，假设我们有一个算符 $\hat{A}$，对于某基础态的矩阵为 $A_{ij} \equiv \langle i \mid \hat{A} \mid j\rangle$。态 $\hat{A} \mid \psi\rangle$ 又在另一态 $|\phi\rangle$ 中的振幅为 $\langle\phi\mid\hat{A}\mid\psi\rangle$。这个振幅的共轭复数是否有意义呢？你们应该能够证明

$$\langle\phi \mid \hat{A} \mid \psi\rangle^* = \langle\psi \mid \hat{A}^\dagger \mid \phi\rangle, \tag{20.8}$$

式中 $\hat{A}^\dagger$（读作"A 剑号"）是一个算符，其矩阵元为

$$A_{ij}^\dagger = (A_{ji})^*. \tag{20.9}$$

为了得到 $A^\dagger$ 的 i, j 元素，你们可以先求 $\hat{A}$ 的 j, i 元素（要颠倒一下指数），再取它的复数共轭。态 $\hat{A}^\dagger\mid\phi\rangle$ 处于 $|\psi\rangle$ 中的振幅为态 $\hat{A}\mid\psi\rangle$ 处于 $|\phi\rangle$ 中的振幅的复数共轭。算符 $\hat{A}^\dagger$ 称为 $\hat{A}$ 的"厄米伴随"。量子力学中的许多重要算符都具有一种特殊的性质，即当取它们的厄米伴随时仍回到原来的算符。若 $\hat{B}$ 是这种算符，则

$$\hat{B}^\dagger = \hat{B},$$

我们称这种算符为"自伴"算符或"厄米"算符。

§20-2 平 均 能 量

到目前为止，我们主要是使你回忆一下已经知道的东西。现在我们想要讨论一个新问题，如何求一个系统——譬如一个原子——的<u>平均</u>能量？如果一个原子处于某个确定能量的特殊状态，并且你去测量这个能量，则你将得到一个确定的能量 E。如果你继续重复测量所有选定、处在相同状态的每一个原子，则所有测量结果都将是 E，你多次测量的"平均"当然也就是 E。

但是,现在如果你对某个非定态$|\psi\rangle$进行测量,那么会发生什么情况呢?既然系统没有确定的能量,因此一次测量将给出一个能量,对处于同样状态的其他原子所作的相同测量将给出不同的能量,等等。对整个一系列的能量测量求平均,你会得出什么呢?

通过把态$|\psi\rangle$投影到一组具有确定能量的态上,我们就能回答这个问题。为了提醒你这是一组特殊的基础态,我们将这些态称为$|\eta_i\rangle$。态$|\eta_i\rangle$中的每一个都有确定的能量E_i,在这个表象中,

$$|\psi\rangle = \sum_i C_i |\eta_i\rangle. \tag{20.10}$$

当你进行一次能量测量并得到某数值E_i时,你会发现系统处于态$|\eta_i\rangle$。但是对每一次测量,你可能得到不同的数值。有时得到E_1,有时得到E_2,有时为E_3,等等。观察到能量E_1的概率就是该系统处于状态$|\eta_1\rangle$的概率,这当然就是振幅$C_1 = \langle \eta_1 | \psi \rangle$的绝对值的平方。找到各个可能的能量$E_i$的概率为

$$P_i = |C_i|^2. \tag{20.11}$$

这些概率与整个一系列能量测量的平均值有何关系呢?设想我们得到这样一系列的测量结果:E_1, E_7, E_{11}, E_9, E_1, E_{10}, E_7, E_2, E_3, E_9, E_6, E_4,等等;我们继续测量,譬如说测量了 1 000 次。当我们测完后,把所有的能量相加并用 1 000 去除,这就是我们所说的平均。把所有的数加起来也有一条捷径。你可以把得出E_1的次数加起来,譬如说为N_1,然后把得出E_2的次数加起来,称之为N_2,等等,所有能量的总和必定为

$$N_1 E_1 + N_2 E_2 + N_3 E_3 + \cdots = \sum_i N_i E_i.$$

平均能量为此总和除以测量的总次数,总次数就是所有N_i之和,记为N,

$$E_{平均} = \frac{\sum_i N_i E_i}{N}. \tag{20.12}$$

我们已相当接近答案了。我们所指的发生某事的概率,正是我们期望发生的次数除以总的测试次数。对于大的N,比值N_i/N会非常接近于P_i,即非常接近于找到态$|\eta_i\rangle$的概率;由于统计涨落,N_i/N不会严格地等于P_i。让我们把这预测(或期望)的平均能量记为$\langle E \rangle_{平均}$,则有

$$\langle E \rangle_{平均} = \sum_i P_i E_i. \tag{20.13}$$

同样的论证适用于任何测量。测量的量A的平均值应等于

$$\langle A \rangle_{平均} = \sum_i P_i A_i,$$

式中A_i是被观察量的各种可能值,P_i是得到该值的概率。

让我们回到量子力学状态$|\psi\rangle$,它的平均能量为

$$\langle E \rangle_{平均} = \sum_i |C_i|^2 E_i = \sum_i C_i^* C_i E_i. \tag{20.14}$$

注意这里的奥妙!首先,我们将该和写为

$$\sum_i \langle \psi \mid \eta_i \rangle E_i \langle \eta_i \mid \psi \rangle. \qquad (20.15)$$

其次,把左边的$\langle\psi|$当作公"因子",我们可以把这个因子提到求和号外面,并把它写为

$$\langle \psi \mid \left\{ \sum_i \mid \eta_i \rangle E_i \langle \eta_i \mid \psi \rangle \right\},$$

这个表示式具有下列形式:

$$\langle \psi \mid \phi \rangle,$$

这里$|\phi\rangle$是由下式定义的某个"虚构"的态:

$$\mid \phi \rangle = \sum_i \mid \eta_i \rangle E_i \langle \eta_i \mid \psi \rangle. \qquad (20.16)$$

换言之,如果你按数量$E_i \langle \eta_i \mid \psi \rangle$选取各个基础态$|\eta_i\rangle$,你就得到这个态。

现在回想一下态$|\eta_i\rangle$是什么意思。它们假定是定态——所谓定态我们的意思是对每一个态

$$\hat{H} \mid \eta_i \rangle = E_i \mid \eta_i \rangle.$$

因E_i只是一个数,所以上式右边与$|\eta_i\rangle E_i$相同,因而式(20.16)中的求和与下式一样,

$$\sum_i \hat{H} \mid \eta_i \rangle \langle \eta_i \mid \psi \rangle.$$

现在i只出现在缩并为1的熟知的组合中,所以

$$\sum_i \hat{H} \mid \eta_i \rangle \langle \eta_i \mid \psi \rangle = \hat{H} \sum_i \mid \eta_i \rangle \langle \eta_i \mid \psi \rangle = \hat{H} \mid \psi \rangle.$$

真是奇迹!式(20.16)与下式相同:

$$\mid \phi \rangle = \hat{H} \mid \psi \rangle. \qquad (20.17)$$

态$|\psi\rangle$的平均能量可以非常优美地写为

$$\langle E \rangle_{平均} = \langle \psi \mid \hat{H} \mid \psi \rangle. \qquad (20.18)$$

为了得到平均能量,就用$\hat{H}$作用于$|\psi\rangle$上,然后再乘以$\langle\psi|$,结果很简单。

我们所得到的求平均能量的新公式不仅漂亮,而且也很有用。因为现在我们一点也不必提及任何特定的一组基础态了。我们甚至没有必要知道所有可能的能级。当进行计算时,我们需要用某组基础态来描述我们的态,但是如果我们知道了对于这组基础态的哈密顿矩阵H_{ij},我们就能得到平均能量。式(20.18)表明,对任何一组基础态$|i\rangle$,平均能量可以由下式求得

$$\langle E \rangle_{平均} = \sum_{ij} \langle \psi \mid i \rangle \langle i \mid \hat{H} \mid j \rangle \langle j \mid \psi \rangle, \qquad (20.19)$$

式中振幅$\langle i \mid \hat{H} \mid j \rangle$就是矩阵元$H_{ij}$。

让我们对具有确定能量的态$|i\rangle$这种特殊情况来检验一下这个结果。对这种态,$\hat{H} \mid j \rangle = E_j \mid j \rangle$,所以$\langle i \mid \hat{H} \mid j \rangle = E_j \delta_{ij}$,而

$$\langle E \rangle_{平均} = \sum_{ij} \langle \psi \mid i \rangle E_j \delta_{ij} \langle j \mid \psi \rangle = \sum_i E_i \langle \psi \mid i \rangle \langle i \mid \psi \rangle,$$

这一表示式是正确的。

顺便指出,式(20.19)可以推广到其他物理量测量上,只要这些量可以用一个算符来表示。例如,$\hat{L}_z$ 是角动量 $\boldsymbol{L}$ 的 z 分量算符。态 $|\psi\rangle$ 的 z 分量平均值为

$$\langle L_z\rangle_{平均} = \langle\psi\,|\,\hat{L}_z\,|\,\psi\rangle.$$

证明上式的一种方法是,想象某种情况,其能量正比于角动量。于是所有的论证用上述相同的步骤进行。

概括地讲,如果一个物理可观察量 A 与一个适当的量子力学算符 $\hat{A}$ 相联系,对态 $|\psi\rangle$ 来说 A 的平均值为

$$\langle A\rangle_{平均} = \langle\psi\,|\,\hat{A}\,|\,\psi\rangle. \tag{20.20}$$

我们说这个式子表示

$$A_{平均} = \langle\psi\,|\,\phi\rangle, \tag{20.21}$$

而

$$|\,\phi\rangle = \hat{A}\,|\,\psi\rangle. \tag{20.22}$$

§ 20-3 原子的平均能量

假定我们想要知道一原子处在由波函数 $\psi(\boldsymbol{r})$ 所描述的状态的平均能量,我们怎样去求呢? 首先让我们来考虑一维的情况,此时态 $|\psi\rangle$ 由振幅 $\langle x\,|\,\psi\rangle = \psi(x)$ 来定义。我们要求用坐标表象的式(20.19)的特殊情况。依我们常用的步骤,我们用 $|x\rangle$ 和 $|x'\rangle$ 来代替态 $|i\rangle$ 和 $|j\rangle$,并且把求和改成积分,得

$$\langle E\rangle_{平均} = \iint\langle\psi\,|\,x\rangle\langle x\,|\,\hat{H}\,|\,x'\rangle\langle x'\,|\,\psi\rangle\mathrm{d}x\mathrm{d}x'. \tag{20.23}$$

如果愿意,我们可将这积分写为

$$\int\langle\psi\,|\,x\rangle\langle x\,|\,\phi\rangle\mathrm{d}x, \tag{20.24}$$

而

$$\langle x\,|\,\phi\rangle = \int\langle x\,|\,\hat{H}\,|\,x'\rangle\langle x'\,|\,\psi\rangle\mathrm{d}x'. \tag{20.25}$$

式(20.25)中对 x' 的积分与第 16 章中式(16.50)及(16.52)的积分相同,并且等于

$$-\frac{\hbar^2}{2m}\frac{\mathrm{d}^2}{\mathrm{d}x^2}\psi(x) + V(x)\psi(x).$$

因此有

$$\langle x\,|\,\phi\rangle = \left\{-\frac{\hbar^2}{2m}\frac{\mathrm{d}^2}{\mathrm{d}x^2} + V(x)\right\}\psi(x). \tag{20.26}$$

记住 $\langle\psi\,|\,x\rangle = \langle x\,|\,\psi\rangle^* = \psi^*(x)$,利用这一等式,式(20.23)中的平均能量可写成

$$\langle E \rangle_{\text{平均}} = \int \psi^*(x) \left\{ -\frac{\hbar^2}{2m} \frac{\mathrm{d}^2}{\mathrm{d}x^2} + V(x) \right\} \psi(x) \mathrm{d}x. \tag{20.27}$$

给定波函数 $\psi(x)$，你就可通过完成这个积分而得到平均能量。现在你可以开始看出从态矢量的概念发展到波函数概念是怎样来回变换的。

式 (20.27) 括号中的量是一个代数算符 *，我们将其写成 $\widehat{\mathscr{H}}$

$$\widehat{\mathscr{H}} = -\frac{\hbar^2}{2m} \frac{\mathrm{d}^2}{\mathrm{d}x^2} + V(x).$$

用这种记号，式 (20.23) 变为

$$\langle E \rangle_{\text{平均}} = \int \psi^*(x) \widehat{\mathscr{H}} \psi(x) \mathrm{d}x. \tag{20.28}$$

这里所定义的代数算符 $\widehat{\mathscr{H}}$ 当然与量子力学算符 $\hat{H}$ 不同。新算符作用于位置函数 $\psi(x) = \langle x \mid \psi \rangle$ 以给出一个 x 的新函数 $\phi(x) = \langle x \mid \phi \rangle$，而 $\hat{H}$ 作用于态矢量 $|\psi\rangle$ 给出另一态矢量 $|\phi\rangle$，根本不涉及坐标表象或任何特殊表象。即使在坐标表象中，$\widehat{\mathscr{H}}$ 和 $\hat{H}$ 也不严格相同。如果我们选定在坐标表象中进行计算，我们将以矩阵 $\langle x \mid \hat{H} \mid x' \rangle$ 来解释 $\hat{H}$，$\langle x \mid \hat{H} \mid x' \rangle$ 以某种方式取决于两个"指标" x 和 x'，即按照式 (20.25)，我们期望 $\langle x \mid \phi \rangle$ 通过积分而与所有的振幅 $\langle x \mid \psi \rangle$ 联系起来。另一方面，我们发现 $\widehat{\mathscr{H}}$ 是一个微分算符。在 §16-5 中我们就已得出 $\langle x \mid \hat{H} \mid x' \rangle$ 和代数算符 $\widehat{\mathscr{H}}$ 之间的联系。

我们应对我们所得的结果作一限制。我们业已假定振幅 $\psi(x) = \langle x \mid \psi \rangle$ 是归一化的。这个假定的意思是指标度的选取应使

$$\int |\psi(x)|^2 \mathrm{d}x = 1,$$

所以，发现电子在整个 x 区域内的概率是 1。如果你用了未归一化的 $\psi(x)$ 来计算，则应当写成

$$\langle E \rangle_{\text{平均}} = \frac{\int \psi^*(x) \widehat{\mathscr{H}} \psi(x) \mathrm{d}x}{\int \psi^*(x) \psi(x) \mathrm{d}x}. \tag{20.29}$$

结果相同。

注意，式 (20.28) 与式 (20.18) 在形式的相似性，当你使用 x 表象时，这两种描写相同结果的方式是经常出现的。使用任何一个局域算符 $\hat{A}$，你就可以从第一种形式转变到第二种形式。所谓局域算符，是一个在积分

$$\int \langle x \mid \hat{A} \mid x' \rangle \langle x' \mid \psi \rangle \mathrm{d}x'$$

中可以写成 $\hat{A}\psi(x)$ 的算符，这里 $\hat{A}$ 是一个微分代数算符。但是，有的算符就不是这样的；对于这种算符，你必须用式 (20.21) 和 (20.22) 的基本方程。

———————————

* "算符" $V(x)$ 表示"用 $V(x)$ 相乘"。

你们可以很容易地把这种推导推广到三维的情况,结果为*

$$\langle E \rangle_{\text{平均}} = \int \psi^*(\boldsymbol{r}) \widehat{\mathscr{H}} \psi(\boldsymbol{r}) \mathrm{dVol}, \qquad (20.30)$$

而

$$\widehat{\mathscr{H}} = \frac{-\hbar^2}{2m} \nabla^2 + V(\boldsymbol{r}), \qquad (20.31)$$

并且要知道

$$\int |\psi|^2 \mathrm{dVol} = 1. \qquad (20.32)$$

同样的这些式子可以直截了当地推广到具有几个电子的系统上去,而这里我们不再费心去写出这些结果。

应用式(20.30),即使我们不知道原子的能级也能计算原子态的平均能量,我们所需要的只是波函数。这是一个重要的规律。我们将告诉你们一个有趣的应用。假定你们想知道某个系统的基态能量——譬如说氦原子,但因变量太多,所以由解薛定谔方程来求波函数太困难了。然而,假如你猜一下波函数——随便挑选一个函数——而计算其平均能量。这就是说,如果原子真的处在用这个波函数所描述的状态,则你们就可用式(20.29)——推广到三维情况——求出平均能量。这个能量肯定比基态能量高,因为基态能量是原子所可能具有的最低能量**。现在选取另一个函数并计算它的平均能量。要是它低于你第一次选取的波函数所得到的能量,它就比较接近真正的基态能量了。如果你继续试用各种人为的状态,你就可能获得越来越低的能量,它越来越接近基态的能量。如果你很聪明,你会试用某种具有几个可调参量的函数,所算得的能量将以这些参量来表示,通过改变这些参量来得出最低的可能的能量,你试了整个一类函数。你终于发现,要得到更低的能量将越来越困难,并且开始相信已经相当接近最低的可能能量了。氦原子就是用这种方法解出的——不是解一个微分方程,而是造出一个具有许多可调参量的特殊函数,通过选择这些参量最终得出平均能量的最低可能值。

§20-4 位 置 算 符

原子中电子位置的平均值是什么呢?对任何特定的态 $|\psi\rangle$ 坐标 x 的平均值是什么呢?我们将计算一维情况,而由你们自己把这种概念推广到三维情况以及多于一个粒子的系统。设有一以 $\psi(x)$ 描述的状态,我们一次又一次地不断地测量 x,平均值是什么呢?它是

$$\int x P(x) \mathrm{d}x,$$

式中 $P(x)\mathrm{d}x$ 为在 x 处的小范围 $\mathrm{d}x$ 内找到电子的概率。假定概率密度 $P(x)$ 随 x 的变化如图 20-1 所示,则此电子最可能在曲线的峰值附近被发现。x 的平均值也在靠近峰值附近

---

* 我们把体积元写成 dVol。当然,它就是 dxdydz,而对所有 3 个坐标积分都从 $-\infty$ 到 $+\infty$。

** 你也可以这样来考虑,你选用的任何函数(即态)都可写成具有确定能量的基础态的线性组合。既然在此组合中存在最低能量的态与许多较高能量的态的混合,则平均能量就要比基态能量高。

的地方,实际上,它就是曲线所围面积的重心(位置)。

早先我们已看到 $P(x)$ 就是 $|\psi(x)|^2 = \psi^*(x)\psi(x)$,所以我们可以把对 x 的平均写成

$$\langle x \rangle_{平均} = \int \psi^*(x)x\psi(x)\mathrm{d}x. \qquad (20.33)$$

我们所得的 $\langle x \rangle_{平均}$ 的式子与式(20.28)有相同的形式。对于平均能量,能量算符 $\hat{\mathscr{H}}$ 出现在两个 ψ 之间,而对于平均位置,正好是 x。(如果愿意,你可以把 x 当作一个"用 x 相乘"的代数算符。)我们可以把这种对比再加引申,用与式(20.18)相应的形式来表示平均位置。假设我们写出

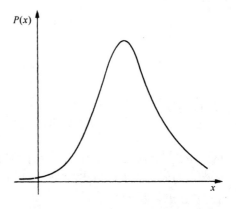

图 20-1 表示一个定域粒子的概率密度曲线

$$\langle x \rangle_{平均} = \langle \psi \mid \alpha \rangle \qquad (20.34)$$

而

$$\mid \alpha \rangle = \hat{x} \mid \psi \rangle, \qquad (20.35)$$

然后看看是否能找到这个产生状态 $|\alpha\rangle$ 的算符 $\hat{x}$,以使式(20.34)与式(20.33)相一致。这就是说,我们必须找到一个 $|\alpha\rangle$,使得

$$\langle \psi \mid \alpha \rangle = \langle x \rangle_{平均} = \int \langle \psi \mid x \rangle x \langle x \mid \psi \rangle \mathrm{d}x. \qquad (20.36)$$

首先,把 $\langle \psi | \alpha \rangle$ 在 x 表象中展开,它为

$$\langle \psi \mid \alpha \rangle = \int \langle \psi \mid x \rangle \langle x \mid \alpha \rangle \mathrm{d}x. \qquad (20.37)$$

现在比较上面最后两式的积分,你们看到在 x 表象中

$$\langle x \mid \alpha \rangle = x \langle x \mid \psi \rangle. \qquad (20.38)$$

将 $\hat{x}$ 作用于 $|\psi\rangle$ 上以得到 $|\alpha\rangle$,相当于用 x 乘 $\psi(x) = \langle x \mid \psi \rangle$ 以得到 $\alpha(x) = \langle x \mid \alpha \rangle$。这样,我们就有了 $\hat{x}$ 在坐标表象中的定义*。

[我们并没有费心去设法得出算符 $\hat{x}$ 在 x 表象中的矩阵。如果你有兴趣,你可设法证明

$$\langle x \mid \hat{x} \mid x' \rangle = x\delta(x - x'), \qquad (20.39)$$

那么你能得到令人高兴的结果

$$\hat{x} \mid x \rangle = x \mid x \rangle. \qquad (20.40)$$

算符 $\hat{x}$ 具有有趣的性质,当它作用于基础态 $|x\rangle$ 时,它相当于用 x 相乘。]

你想要知道 x^2 的平均值吗? 它为

---

* 式(20.38)并不意味着 $|\alpha\rangle = x|\psi\rangle$。你们不可以把 $\langle x|$ 当作"因子"提出来,因为在 $\langle x|\psi\rangle$ 前面的乘子 x 是一个数,它对各个态 $\langle x|$ 都是不同的,它是电子在态 $|x\rangle$ 中的坐标值。参看式(20.40)。

$$\langle x^2 \rangle_{\text{平均}} = \int \psi^*(x) x^2 \psi(x) \mathrm{d}x, \tag{20.41}$$

或者,如果你喜欢,可以写为

$$\langle x^2 \rangle_{\text{平均}} = \langle \psi \mid \alpha' \rangle,$$

并且

$$\mid \alpha' \rangle = \hat{x}^2 \mid \psi \rangle. \tag{20.42}$$

这里 $\hat{x}^2$ 的意思是 $\hat{x} \cdot \hat{x}$ ——两个算符一个接一个地使用。有了第二种形式,你就可以用你想用的任何表象(基础态)来计算 $\langle x^2 \rangle_{\text{平均}}$。如果你想计算 x^n 或任何 x 的多项式的平均值,你会知道如何去求。

§20-5 动 量 算 符

现在我们要计算电子的平均动量——仍限于一维的情形。设 $P(p)\mathrm{d}p$ 为测得动量在 p 到 $p+\mathrm{d}p$ 之间的概率。于是

$$\langle p \rangle_{\text{平均}} = \int p P(p) \mathrm{d}p. \tag{20.43}$$

现在设 $\langle p|\psi \rangle$ 为态 $|\psi\rangle$ 在确定动量的态 $|p\rangle$ 中的振幅,这就是我们在 §16-3 中称为〈动量 $p|\psi$〉的振幅,它是 p 的函数,就像 $\langle x|\psi \rangle$ 是 x 的函数一样。在该处,我们选取归一化的振幅,使得

$$P(p) = \frac{1}{2\pi \hbar} \mid \langle p \mid \psi \rangle \mid^2. \tag{20.44}$$

于是我们有

$$\langle p \rangle_{\text{平均}} = \int \langle \psi \mid p \rangle p \langle p \mid \psi \rangle \frac{\mathrm{d}p}{2\pi \hbar}. \tag{20.45}$$

这个形式和 $\langle x \rangle_{\text{平均}}$ 非常相似。

要是我们愿意,我们完全可用求 $\langle x \rangle_{\text{平均}}$ 同样的方法来处理。首先,我们可以把上面的积分写成

$$\int \langle \psi \mid p \rangle \langle p \mid \beta \rangle \frac{\mathrm{d}p}{2\pi \hbar}. \tag{20.46}$$

你们现在应该看出,此式就是振幅 $\langle \psi | \beta \rangle$ 的展开式——用确定动量的基础态来展开。由式 (20.45),态 $|\beta\rangle$ 在动量表象中由下式定义

$$\langle p \mid \beta \rangle = p \langle p \mid \psi \rangle. \tag{20.47}$$

这样,我们可写出

$$\langle p \rangle_{\text{平均}} = \langle \psi \mid \beta \rangle, \tag{20.48}$$

并且

$$\mid \beta \rangle = \hat{p} \mid \psi \rangle, \tag{20.49}$$

上式中算符 $\hat{p}$ 是根据 p 表象而由式 (20.47) 定义的。

[再者,如果你愿意,可以证明 $\hat{p}$ 的矩阵形式为

$$\langle p \mid \hat{p} \mid p' \rangle = p\delta(p-p'), \tag{20.50}$$

而

$$\hat{p} \mid p \rangle = p \mid p \rangle, \tag{20.51}$$

结果与 x 的情况相同。]

现在出现了一个有趣的问题。虽然我们能像我们对式(20.45)和式(20.48)所做的那样来写出 $\langle p \rangle_{\text{平均}}$，并且知道算符 $\hat{p}$ 在动量表象中的意义，但我们应如何在坐标表象中解释 $\hat{p}$ 呢？就是说，当我们有了某个波函数 $\psi(x)$ 而想要求其平均动量必须知道什么。明白地讲，如果 $\langle p \rangle_{\text{平均}}$ 由式(20.48)给出，我们可以根据动量表象将该式展开而回到式(20.46)。如果我们给出了态的 p 描述——振幅 $\langle p \mid \psi \rangle$，它是动量 p 的代数函数——则我们可以从式(20.47)得到 $\langle p \mid \beta \rangle$，再进一步算出积分。现在问题是：倘若我们给出了态在 x 表象中的描述，即给出了波函数 $\psi(x) = \langle x \mid \psi \rangle$，那我们怎样处理呢？

我们首先将式(20.48)在 x 表象中展开，它为

$$\langle p \rangle_{\text{平均}} = \int \langle \psi \mid x \rangle \langle x \mid \beta \rangle \mathrm{d}x. \tag{20.52}$$

然而，我们需要知道在 x 表象中态 $\mid \beta \rangle$ 是什么，如果我们能求出它，就可算出此积分。所以我们的问题在于求出函数 $\beta(x) = \langle x \mid \beta \rangle$。

我们可用下面的办法求得它。在 §16-3 中我们已知 $\langle p \mid \beta \rangle$ 与 $\langle x \mid \beta \rangle$ 的关系，根据式(16.24)

$$\langle p \mid \beta \rangle = \int \mathrm{e}^{-\mathrm{i}px/\hbar} \langle x \mid \beta \rangle \mathrm{d}x. \tag{20.53}$$

如果我们知道了 $\langle p \mid \beta \rangle$，那就可由此式解出 $\langle x \mid \beta \rangle$。当然，我们所希望的是以某种方式将结果用 $\psi(x) = \langle x \mid \psi \rangle$ 表示出来，$\psi(x)$ 是假定已知的。假设我们由式(20.47)开始，再次利用式(16.24)后写出

$$\langle p \mid \beta \rangle = p\langle p \mid \psi \rangle = p\int \mathrm{e}^{-\mathrm{i}px/\hbar} \psi(x) \mathrm{d}x. \tag{20.54}$$

既然上式是对 x 积分，就可以把 p 放到积分号里去，并写为

$$\langle p \mid \beta \rangle = \int \mathrm{e}^{-\mathrm{i}px/\hbar} p\psi(x) \mathrm{d}x. \tag{20.55}$$

把此式与式(20.53)相比较，你们会说 $\langle x \mid \beta \rangle$ 等于 $p\psi(x)$。不，不对！波函数 $\langle x \mid \beta \rangle = \beta(x)$ 仅与 x 有关，而与 p 无关，这就是整个问题之所在。

但是，某个机灵的人发现式(20.55)中的积分可用分部积分法来进行。$\mathrm{e}^{-\mathrm{i}px/\hbar}$ 对 x 的微商是 $(-\mathrm{i}/\hbar)p\mathrm{e}^{-\mathrm{i}px/\hbar}$，所以式(20.55)中的积分等于

$$-\frac{\hbar}{\mathrm{i}} \int \frac{\mathrm{d}}{\mathrm{d}x}(\mathrm{e}^{-\mathrm{i}px/\hbar}) \psi(x) \mathrm{d}x.$$

如果进行分部积分，它成为

$$-\frac{\hbar}{\mathrm{i}} \left[\mathrm{e}^{-\mathrm{i}px/\hbar} \psi(x) \right]_{-\infty}^{+\infty} + \frac{\hbar}{\mathrm{i}} \int \mathrm{e}^{-\mathrm{i}px/\hbar} \frac{\mathrm{d}\psi}{\mathrm{d}x} \cdot \mathrm{d}x.$$

只要我们讨论的是束缚态,所以当 $x = \pm \infty$ 时 $\psi(x)$ 趋向 0,则括号内就为 0,因而有

$$\langle p \mid \beta \rangle = \frac{\hbar}{i} \int e^{-ipx/\hbar} \frac{d\psi}{dx} dx. \tag{20.56}$$

现在把这结果与式(20.53)比较,你们看到

$$\langle x \mid \beta \rangle = \frac{\hbar}{i} \frac{d}{dx} \psi(x). \tag{20.57}$$

至此,我们已有了能完成式(20.52)积分所必需的关系式。答案为

$$\langle p \rangle_{平均} = \int \psi^* \frac{\hbar}{i} \frac{d}{dx} \psi(x) dx. \tag{20.58}$$

我们求得了式(20.48)在坐标表象中的形式。

现在你应开始看出一个有趣的图式展开。当我们问及态 $|\psi\rangle$ 的平均能量时,我们说它是

$$\langle E \rangle_{平均} = \langle \psi \mid \phi \rangle, \text{而} \mid \phi \rangle = \hat{H} \mid \psi \rangle.$$

在坐标表象中同样的事件被写为

$$\langle E \rangle_{平均} = \int \psi^*(x) \phi(x) dx, \text{而} \phi(x) = \hat{\mathscr{H}} \psi(x).$$

式中 $\hat{\mathscr{H}}$ 为作用于 x 的函数的代数算符。当我们问及 x 的平均值时,我们发现它也能够写成

$$\langle x \rangle_{平均} = \langle \psi \mid \alpha \rangle, \text{而} \mid \alpha \rangle = \hat{x} \mid \psi \rangle.$$

在坐标表象中相应的方程式为

$$\langle x \rangle_{平均} = \int \psi^*(x) \alpha(x) dx, \text{而} \alpha(x) = x\psi(x).$$

当我们问及 p 的平均值时,我们写成

$$\langle p \rangle_{平均} = \langle \psi \mid \beta \rangle, \text{而} \mid \beta \rangle = \hat{p} \mid \psi \rangle.$$

在坐标表象中其等价的表示式为

$$\langle p \rangle_{平均} = \int \psi(x) \beta(x) dx, \text{而} \beta(x) = \frac{\hbar}{i} \frac{d}{dx} \psi(x).$$

在上面 3 个例子中,我们都从态 $|\psi\rangle$ 开始,由量子力学算符产生另一个(假设的)态。在坐标表象中,我们将代数算符作用在波函数 $\psi(x)$ 上来生成相应的波函数。有如下一一对应关系(对一维问题):

$$\begin{aligned}
\hat{H} &\longrightarrow \hat{\mathscr{H}} = -\frac{\hbar^2}{2m} \frac{d^2}{dx^2} + V(x), \\
\hat{x} &\longrightarrow x, \\
\hat{p}_x &\longrightarrow \hat{\mathscr{P}}_x = \frac{\hbar}{i} \frac{\partial}{\partial x}.
\end{aligned} \tag{20.59}$$

表 20-1

物 理 量	算 符	坐标形式
能 量	$\hat{H}$	$\hat{\mathscr{H}} = -\dfrac{\hbar^2}{2m}\nabla^2 + V(\boldsymbol{r})$
位 置	$\hat{x}$	x
	$\hat{y}$	y
	$\hat{z}$	z
动 量	$\hat{p}_x$	$\hat{\mathscr{P}}_x = \dfrac{\hbar}{i}\dfrac{\partial}{\partial x}$
	$\hat{p}_y$	$\hat{\mathscr{P}}_y = \dfrac{\hbar}{i}\dfrac{\partial}{\partial y}$
	$\hat{p}_z$	$\hat{\mathscr{P}}_z = \dfrac{\hbar}{i}\dfrac{\partial}{\partial z}$

在这个表中,我们对代数算符 $(\hbar/i)\partial/\partial x$ 引入符号 $\hat{\mathscr{P}}_x$:

$$\hat{\mathscr{P}}_x = \frac{\hbar}{i}\frac{\partial}{\partial x}, \tag{20.60}$$

我们对 $\hat{\mathscr{P}}$ 加上下标 x 是为了提醒你们,我们只是与动量的 x 分量打交道。

你们很容易地把这结果推广到三维的情况,其余两个动量分量为

$$p_y \longrightarrow \hat{\mathscr{P}}_y = \frac{\hbar}{i}\frac{\partial}{\partial y},$$

$$p_z \longrightarrow \hat{\mathscr{P}}_z = \frac{\hbar}{i}\frac{\partial}{\partial z}.$$

如果愿意,你们甚至可以想到矢量动量的算符,并写为

$$\hat{\boldsymbol{p}} \longrightarrow \hat{\mathscr{P}} = \frac{\hbar}{i}\left(\boldsymbol{e}_x\frac{\partial}{\partial x} + \boldsymbol{e}_y\frac{\partial}{\partial y} + \boldsymbol{e}_z\frac{\partial}{\partial z}\right),$$

式中 $\boldsymbol{e}_x$, $\boldsymbol{e}_y$ 及 $\boldsymbol{e}_z$ 为 3 个坐标方向的单位矢量。如果我们写成如下形式,则看起来更为漂亮,

$$\hat{\boldsymbol{p}} \longrightarrow \hat{\mathscr{P}} = \frac{\hbar}{i}\nabla. \tag{20.61}$$

总的结果是:至少对某些量子力学算符,在坐标表象中有相应的代数算符。我们把到目前为止所得的结果——推广到三维情况——总结列入表 20-1 中。对每一个算符,我们有两个等价的形式 *:

$$|\phi\rangle = \hat{A}|\psi\rangle \tag{20.62}$$

$$\phi(\boldsymbol{r}) = \hat{\mathscr{A}}\psi(\boldsymbol{r}). \tag{20.63}$$

现在我们举一些例子来说明这些概念的应用。第一个例子就是指出 $\hat{\mathscr{P}}$ 和 $\hat{\mathscr{H}}$ 之间的关

---

* 在很多书中,对 $\hat{A}$ 及 $\hat{\mathscr{A}}$ 使用相同的符号,这是因为它们都代表相同的物理量,而且也因为写成不同的字母不方便。你们通常可以从上下文知道该用哪一个。

系。如果使用 $\hat{\mathscr{P}}_x$ 两次,则得

$$\hat{\mathscr{P}}_x\hat{\mathscr{P}}_x = -\hbar^2\frac{\partial^2}{\partial x^2}.$$

这就意味着我们能够写出等式

$$\hat{\mathscr{H}} = \frac{1}{2m}\{\hat{\mathscr{P}}_x\hat{\mathscr{P}}_x + \hat{\mathscr{P}}_y\hat{\mathscr{P}}_y + \hat{\mathscr{P}}_z\hat{\mathscr{P}}_z\} + V(\boldsymbol{r}),$$

或者用矢量符号,上式为

$$\hat{\mathscr{H}} = \frac{1}{2m}\hat{\mathscr{P}}\cdot\hat{\mathscr{P}} + V(\boldsymbol{r}). \tag{20.64}$$

(在代数算符中,任何没有算符符号(^)的项就表示直接相乘。)此式很妙,因为要是你还没有忘记经典物理,就很容易记住它。每个人都知道(粒子的)能量(非相对论性)就是动能 $p^2/2m$ 加势能,而 $\hat{\mathscr{H}}$ 是总能量算符。

这结果给人们留下了很深的印象,所以他们在教学生量子力学之前,试图教给学生的都是经典物理学。(我们的想法不同!)但是这种类比常常引起误解。举个例说,当使用算符时,各种因子的顺序很重要,但在经典方程式中却不是这样的。

在第 17 章中,我们根据位移算符 $\hat{D}_x$ 用下式[参见式(17.27)]定义了算符 $\hat{p}_x$:

$$|\psi'\rangle = \hat{D}_x(\delta)|\psi\rangle = \left(1 + \frac{i}{\hbar}\hat{p}_x\delta\right)|\psi\rangle, \tag{20.65}$$

式中 δ 是一小位移。我们应证明这个式子中的定义与我们新的定义是等价的。按照我们刚才所得出的,上式应与下式

$$\psi'(x) = \psi(x) + \frac{\partial\psi}{\partial x}\cdot\delta$$

有相同的意义。但此式右边正好是 $\psi(x+\delta)$ 的泰勒展开式,如果使态向左移动 δ(或将坐标向右移动相同的数量),你所得到的无疑就是 $\psi(x+\delta)$。所以 $\hat{p}$ 的两个定义相一致!

让我们用这个事实来说明另一些事情。假设有一群粒子处于某个复杂系统中,我们把它们记为 1, 2, 3, $\cdots$。(为了简便起见仍限于一维。)描述此状态的波函数是所有坐标 x_1, x_2, x_3, $\cdots$ 的函数。我们可把它写成 $\psi(x_1, x_2, x_3, \cdots)$。现再将此系统(向左)移动 δ,新的波函数

$$\psi'(x_1, x_2, x_3, \cdots) = \psi(x_1+\delta, x_2+\delta, x_3+\delta, \cdots)$$

可以写成

$$\psi'(x_1, x_2, x_3, \cdots) = \psi(x_1, x_2, x_3, \cdots) + \left\{\delta\frac{\partial\psi}{\partial x_1} + \delta\frac{\partial\psi}{\partial x_2} + \delta\frac{\partial\psi}{\partial x_3} + \cdots\right\}. \tag{20.66}$$

根据式(20.65),态 $|\psi\rangle$ 的动量算符(我们称其为总动量)等于

$$\hat{\mathscr{P}}_{总} = \frac{\hbar}{i}\left\{\frac{\partial}{\partial x_1} + \frac{\partial}{\partial x_2} + \frac{\partial}{\partial x_3} + \cdots\right\},$$

但此式就是

$$\hat{\mathscr{P}}_{总} = \hat{\mathscr{P}}_{x_1} + \hat{\mathscr{P}}_{x_2} + \hat{\mathscr{P}}_{x_3} + \cdots. \tag{20.67}$$

动量算符也遵从总动量为各部分动量之和的规律。一切都很好地联系起来了,并且我们所讲过的许多事情都是相互一致的。

§20-6 角 动 量

让我们随便看一下另一种运算——轨道角动量的运算。在第 17 章中,我们根据 $\hat{R}_z(\phi)$ 定义了算符 $\hat{J}_z$,$\hat{R}_z(\phi)$ 是绕 z 轴旋转角度 ϕ 的算符。这里我们考虑只用一个波函数 $\psi(r)$ 所描述的系统,$\psi(r)$ 只是坐标的函数,并不考虑电子是否有朝上或朝下的自旋。这就是说,我们想暂时不去考虑电子的内禀角动量,而只考虑其轨道部分。为了区分清楚,我们称轨道算符为 $\hat{L}_z$,并且根据转动无限小角 ϵ 的算符由下式将它定义:

$$\hat{R}_z(\epsilon) \mid \psi\rangle = \left(1 + \frac{\mathrm{i}}{\hbar} \epsilon \hat{L}_z\right) \mid \psi\rangle.$$

(记住,这个定义仅适用于不包含内在的自旋变量的态 $\mid\psi\rangle$,它只与坐标 $r = x, y, z$ 有关。)如果我们在一绕 z 轴转过小角 ϵ 后的新坐标系中来看态 $\mid\psi\rangle$,我们所看到新的态为

$$\mid \psi'\rangle = \hat{R}_z(\epsilon) \mid \psi\rangle.$$

如果我们愿意在坐标表象中描写此态 $\mid\psi\rangle$——也就是用它的波函数 $\psi'(r)$ 来描写,我们可以把它写为

$$\psi'(r) = \left(1 + \frac{\mathrm{i}}{\hbar} \epsilon \hat{L}_z\right)\psi(x). \quad (20.68)$$

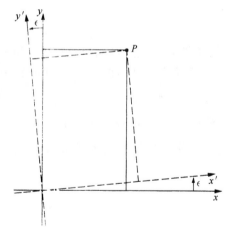

$\hat{L}_z$ 是什么呢? 从图 20-2 可以看出,在新坐标系中 x 和 y(实际上应是 x' 和 y',但我们把撇号省略了)处的一点 P 以前是在 $x-\epsilon y$ 和 $y+\epsilon x$ 处。因为电子位于 P 点的振幅不因坐标转动而改变,我们可以写出

$$\psi'(x, y, z) = \psi(x - \epsilon y, y + \epsilon x, z)$$
$$= \psi(x, y, z) - \epsilon y \frac{\partial \psi}{\partial x} + \epsilon x \frac{\partial \psi}{\partial y}.$$

(记住 ϵ 为小角度。)这意味着

$$\hat{L}_z = \frac{\hbar}{\mathrm{i}}\left(x \frac{\partial}{\partial y} - y \frac{\partial}{\partial x}\right). \quad (20.69)$$

图 20-2 坐标绕 z 轴转动一小角度 ϵ

这就是我们的答案。但是注意,它等价于

$$\hat{L}_z = x\hat{\mathscr{P}}_y - y\hat{\mathscr{P}}_x. \quad (20.70)$$

回到量子力学算符,我们可写为

$$\hat{L}_z = x\hat{p}_y - y\hat{p}_x. \quad (20.71)$$

这公式很容易记忆,因为它很像经典力学中熟知的公式,即它很像

$$L = r \times p \quad (20.72)$$

的 z 分量。

算符问题的一个有趣的方面是把许多经典方程转变为量子力学的形式。哪些方程并非如此呢？最好有一些不成立，因为如果每个式子都这样，则量子力学就没有什么区别了，也就没有新的物理学了。这里有一个式子就不一样，在经典物理中，

$$xp_x - p_x x = 0,$$

在量子力学中它是什么呢？即

$$\hat{x}\,\hat{p}_x - \hat{p}_x\hat{x} = ?$$

让我们在 x 表象中把它算出来。为了明确起见，我们代入某个波函数 $\psi(x)$，于是有

$$x\hat{\mathscr{P}}_x\psi(x) - \hat{\mathscr{P}}_x x\psi(x),$$

或

$$x\,\frac{\hbar}{i}\,\frac{\partial}{\partial x}\psi(x) - \frac{\hbar}{i}\,\frac{\partial}{\partial x}x\psi(x).$$

注意微商作用于它右边的每个部分。我们得出

$$x\,\frac{\hbar}{i}\,\frac{\partial\psi}{\partial x} - \frac{\hbar}{i}\psi(x) - \frac{\hbar}{i}x\,\frac{\partial\psi}{\partial x} = -\frac{\hbar}{i}\psi(x). \tag{20.73}$$

结果不为零。整个运算就等于乘以 $-\hbar/i$：

$$\hat{x}\,\hat{p}_x - \hat{p}_x\hat{x} = -\frac{\hbar}{i}. \tag{20.74}$$

假如普朗克常数为零，则经典结果和量子结果就会相同，那就不必要学量子力学了。

顺便提一下，如果任意两个算符 $\hat{A}$ 和 $\hat{B}$，如下组合起来

$$\hat{A}\hat{B} - \hat{B}\hat{A}$$

而不为零时，则我们说"这两个算符不对易"，而像式(20.74)那样的等式称为它们的"交换定则"。你可以看出 $\hat{p}_x$ 和 $\hat{y}$ 的交换定则为

$$\hat{p}_x\hat{y} - \hat{y}\hat{p}_x = 0.$$

还有另一个与角动量有关的非常重要的交换定则，它为

$$\hat{L}_x\hat{L}_y - \hat{L}_y\hat{L}_x = i\hbar\hat{L}_z. \tag{20.75}$$

作为练习，你可以用算符 $\hat{x}$ 和 $\hat{p}$ 自己来证明它。

有趣的是在经典物理中也有不对易的算符。当我们讨论在空间中的转动时就已见到过这种情况。如果你把某物体，例如一本书，先绕 x 轴旋转 $90°$，然后绕 y 轴转 $90°$，所得的结果与先绕 y 轴旋转 $90°$、然后绕 x 轴转 $90°$ 的结果不同。事实上式(20.75)的根源正是空间的这种性质。

§20-7　平均值随时间的变化

现在我们要向你们说明一些别的事情。平均值如何随时间变化呢？现在假定有一个算

符 $\hat{A}$，它本身并不以明显的方式包含时间，我们的意思是指像 $\hat{x}$ 或 $\hat{p}$ 那样的算符。(我们不考虑像随时间而变化的某种外来势的算符，诸如 $V(x, t)$。)现在我们计算在某态 $|\psi\rangle$ 的 $\langle A\rangle_{平均}$，它为

$$\langle A\rangle_{平均} = \langle\psi|\hat{A}|\psi\rangle. \tag{20.76}$$

$\langle A\rangle_{平均}$ 与时间的关系怎样呢？它为何与时间有关呢？一个原因可能是算符本身明显地与时间有关——例如，如果它涉及像 $V(x, t)$ 这样的随时间变化的势。但是，即使算符与时间 t 无关，譬如说算符 $\hat{A}=\hat{x}$，其相应的平均值也可能与时间有关。粒子的平均位置当然可以移动。如果 $\hat{A}$ 与时间无关，这种运动如何由式(20.76)得出呢？态 $|\psi\rangle$ 可能随时间而变化。对于非定态，我们往往把该态写成 $|\psi(t)\rangle$，以明确地表示它对时间的依赖关系。我们要证明 $\langle A\rangle_{平均}$ 的变化率是由一个称为 $\dot{\hat{A}}$ 的新算符给出的。记住 $\hat{A}$ 是一个算符，所以在 $\hat{A}$ 上加一点并不表示它对时间取微商，而仅为新算符 $\dot{\hat{A}}$ 的一种写法，其定义为

$$\frac{\mathrm{d}}{\mathrm{d}t}\langle A\rangle_{平均} = \langle\psi|\dot{\hat{A}}|\psi\rangle. \tag{20.77}$$

我们的问题是找出算符 $\dot{\hat{A}}$。

首先，我们知道状态的变化率由哈密顿给出，明确地讲为

$$\mathrm{i}\,\hbar\frac{\mathrm{d}}{\mathrm{d}t}|\psi(t)\rangle = \hat{H}|\psi(t)\rangle. \tag{20.78}$$

这正是对我们哈密顿原来的定义的抽象写法：

$$\mathrm{i}\,\hbar\frac{\mathrm{d}C_i}{\mathrm{d}t} = \sum_{ij}H_{ij}C_j \tag{20.79}$$

如果取式(20.78)的复数共轭，它等价于：

$$-\mathrm{i}\,\hbar\frac{\mathrm{d}}{\mathrm{d}t}\langle\psi(t)| = \langle\psi(t)|\hat{H}. \tag{20.80}$$

其次，看看如果我们将式(20.76)对 t 求微商，其结果将如何。既然 ψ 与 t 有关，则有

$$\frac{\mathrm{d}}{\mathrm{d}t}\langle A\rangle_{平均} = \left(\frac{\mathrm{d}}{\mathrm{d}t}\langle\psi|\right)\hat{A}|\psi\rangle + \langle\psi|\hat{A}\left(\frac{\mathrm{d}}{\mathrm{d}t}|\psi\rangle\right). \tag{20.81}$$

最后，用(20.78)及(20.79)两式来代替上式中的微商，我们得到

$$\frac{\mathrm{d}}{\mathrm{d}t}\langle A\rangle_{平均} = \frac{\mathrm{i}}{\hbar}\{\langle\psi|\hat{H}\hat{A}|\psi\rangle - \langle\psi|\hat{A}\hat{H}|\psi\rangle\}.$$

此式与下式相同：

$$\frac{\mathrm{d}}{\mathrm{d}t}\langle A\rangle_{平均} = \frac{\mathrm{i}}{\hbar}\langle\psi|(\hat{H}\hat{A} - \hat{A}\hat{H})|\psi\rangle.$$

将此式与式(20.77)相比较，可看到

$$\dot{\hat{A}} = \frac{\mathrm{i}}{\hbar}(\hat{H}\hat{A} - \hat{A}\hat{H}). \tag{20.82}$$

这就是我们感兴趣的表述，它对任何算符 $\hat{A}$ 都成立。

顺便提一下,如果算符 $\hat{A}$ 本身就与时间有关,则必定有

$$\dot{\hat{A}} = \frac{\mathrm{i}}{\hbar}(\hat{H}\hat{A} - \hat{A}\hat{H}) + \frac{\partial \hat{A}}{\partial t}. \tag{20.83}$$

现在让我们用几个例子来试一下式(20.82),看它是否真的有意义。例如,什么算符与 $\dot{\hat{x}}$ 相对应?我们说,它应该是

$$\dot{\hat{x}} = \frac{\mathrm{i}}{\hbar}(\hat{H}\hat{x} - \hat{x}\hat{H}). \tag{20.84}$$

这是什么呢?找出其意义的一种办法是,用 $\hat{\mathscr{H}}$ 的代数算符在坐标表象中把它算出来。在坐标表象中,对易式为

$$\hat{\mathscr{H}}x - x\hat{\mathscr{H}} = \left\{-\frac{\hbar^2}{2m}\frac{\mathrm{d}^2}{\mathrm{d}x^2} + V(x)\right\}x - x\left\{-\frac{\hbar^2}{2m}\frac{\mathrm{d}^2}{\mathrm{d}x^2} + V(x)\right\}.$$

如果把它作用在任意波函数 $\psi(x)$ 上,并算出所有的微分,经过简单运算,最后可得

$$\frac{-\hbar^2}{m}\frac{\mathrm{d}\psi}{\mathrm{d}x}.$$

然而这正好与

$$-\mathrm{i}\frac{\hbar}{m}\hat{\mathscr{P}}_x\psi$$

相同。所以我们得到

$$\hat{H}\hat{x} - \hat{x}\hat{H} = -\mathrm{i}\frac{\hbar}{m}\hat{p}_x, \tag{20.85}$$

或

$$\dot{\hat{x}} = \frac{\hat{p}_x}{m}. \tag{20.86}$$

这是一个奇妙的结果,它意味着,如果 x 的平均值随时间而改变,则重心的移动等同于平均动量除以 m。与经典力学完全相似。

再举一个例子。一个态的平均动量的变化率是什么?同样处理。它的算符是

$$\dot{\hat{p}} = \frac{\mathrm{i}}{\hbar}(\hat{H}\hat{p} - \hat{p}\hat{H}). \tag{20.87}$$

你仍然可以在 x 表象中运算。记住这时 $\hat{p}$ 变为 $\mathrm{d}/\mathrm{d}x$,而且这意味着你将取势能 V(在 $\hat{\mathscr{H}}$ 中)的微商——但仅在 $\hat{\mathscr{H}}$ 的第二项中。结果这一项是唯一不被消去的一项,你得到

$$\hat{\mathscr{H}}\hat{\mathscr{P}} - \hat{\mathscr{P}}\hat{\mathscr{H}} = -\mathrm{i}\hbar\frac{\mathrm{d}V}{\mathrm{d}x},$$

或

$$\dot{\hat{p}} = -\frac{\mathrm{d}V}{\mathrm{d}x}. \tag{20.88}$$

又是经典的结果。式子的右边是力,所以我们已导出了牛顿定律!但是要记住——这些是关于算符的定律,只给出平均的量,它们并不描述原子内部运动的细节。

  量子力学具有 $\hat{p}\hat{x}$ 不等于 $\hat{x}\hat{p}$ 这一本质上的差别,它们只差一点点——差一个很小的数值 $\hbar$。但是所有如干涉、波动等奇异复杂的现象都来自 $\hat{x}\hat{p} - \hat{p}\hat{x}$ 不完全为零这一点点事实。

  有关这个概念的历史也是很有趣的。在 1926 年的几个月时间里,海森伯及薛定谔各自独立地发现描述原子力学的正确定律。薛定谔发明了他的波函数 $\psi(x)$ 并找到了他的方程。另一方面,海森伯发现自然界可以用经典方程来描述,只是 $xp - px$ 应等于 $\hbar/\mathrm{i}$,这结果可以通过用特殊的矩阵对它们定义而得到。用我们的话来讲,他使用了能量表象及其矩阵。海森伯的矩阵代数和薛定谔的微分方程都能解释氢原子。几个月以后,薛定谔就能证明这两种理论是等价的——如同我们在这里所看到的。但是量子力学的这两个不同的数学形式是各自独立地发明的。

第21章 经典情况下的薛定谔方程：
关于超导电性的讨论会

§21-1 磁场中的薛定谔方程

这一讲只是供消遣的。我想用稍微不同的方式来讲这章——看看怎样解决问题。不要以为我在尽最后一分钟的努力教你们一些新东西，在这种意义上说，这章内容并不是整个课程的一部分。相反，我设想我在对程度较高的听众，对那些已经受过量子力学训练的人，就这个题目举行一次讨论会或作一次研究报告。讨论会和正规讲课之间的主要区别在于，讨论会的报告人不必给出所有的步骤，或者所有的数学运算。他只说："如果你这样那样去做，这就是所得的结果"，而不给出所有的详细证明。所以在这一章里，我将始终叙述概念，并且只给你计算的结果。你应该认识到并不期望你立刻理解每一件事，但相信（或多或少）如果你完成了这些步骤，就会算出这些结果。

撇开这些不谈，以下是一个我想要讲的课题，这是最近的、现代的，并且完全是一个正统的研究讨论班上的报告。我的题目是经典背景中的薛定谔方程——超导情形。

通常，出现在薛定谔方程中的波函数只适用于一个或两个粒子。而且波函数本身并不是具有经典意义的某种东西——不同于电场，或矢势或这种类型的东西。单个粒子的波函数是一种"场"——从它作为位置的函数意义上来说——但一般说来它并不具有经典的意义。然而，在有些情况下，一个量子力学的波函数的确具有经典意义，这就是我想要讲的。物质在小尺度范围内所特有的量子力学行为，在大尺度范围通常感觉不到，除非在标准的方式中它得出牛顿定律——所谓经典力学定律。但是在某些情况中，量子力学的独特性能以特殊的方式在大尺度范围内呈现出来。

在低温情况下，当一个系统的能量减至非常非常低时，所牵涉的只是靠近基态的非常非常少的态，而不是大量的态。在这种情况下，基态的量子力学特征可以在宏观尺度上显示出来。这一讲的目的就是要说明量子力学与大尺度效应之间的联系——不是通常那种由量子力学平均而重新得出牛顿力学的讨论，而是一种特殊情况，在这种情况下，量子力学将在大的或"宏观"的尺度上产生它自己的特征效应。

作为开始，我将使你们想起某些薛定谔方程的性质 *。我想用薛定谔方程来描述一个粒子在磁场中的行为，因为超导现象涉及磁场。外磁场用矢势来描写，而问题在于：在矢势的情况下量子力学的定律是什么？描述矢势情况下的量子力学行为的原理是很简单的。有场存在时，粒子沿一定的路线从一处到另一处的振幅等于无场时沿同一路线的振幅乘以矢

---

* 实际上我不是提醒你们，因为以前我并没有给你们说明过这些方程，但是别忘了这个讨论会的精神。

势的线积分乘上电荷除以普朗克常数[*]后的指数（见图 21-1）：

$$\langle b \mid a \rangle_{在A中} = \langle b \mid a \rangle_{A=0} \cdot \exp\left\{\frac{\mathrm{i}q}{\hbar}\int_a^b \boldsymbol{A} \cdot \mathrm{d}\boldsymbol{s}\right\}. \tag{21.1}$$

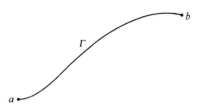

图 21-1　沿路径 Γ 由 a 至 b 的振幅与 $\exp\left(\dfrac{\mathrm{i}q}{\hbar}\displaystyle\int_a^b \boldsymbol{A} \cdot \mathrm{d}\boldsymbol{s}\right)$ 成正比

它是量子力学的一个基本陈述。

在没有矢势时，带电粒子的薛定谔方程（非相对论性，无自旋）为

$$-\frac{\hbar}{\mathrm{i}}\frac{\partial \psi}{\partial t} = \widehat{\mathcal{H}}\psi = \frac{1}{2m}\left(\frac{\hbar}{\mathrm{i}}\boldsymbol{\nabla}\right) \cdot \left(\frac{\hbar}{\mathrm{i}}\boldsymbol{\nabla}\right)\psi + q\phi\psi, \tag{21.2}$$

式中 ϕ 是电势，从而 $q\phi$ 是势能[**]。式（21.1）相当于下列陈述：在磁场中，哈密顿中的梯度在每一种情况下都用此梯度减去 $q\boldsymbol{A}$ 来代替，所以式（21.2）变为

$$-\frac{\hbar}{\mathrm{i}}\frac{\partial \psi}{\partial t} = \widehat{\mathcal{H}}\psi = \frac{1}{2m}\left(\frac{\hbar}{\mathrm{i}}\boldsymbol{\nabla} - q\boldsymbol{A}\right) \cdot \left(\frac{\hbar}{\mathrm{i}}\boldsymbol{\nabla} - q\boldsymbol{A}\right)\psi + q\phi\psi, \tag{21.3}$$

这就是带有电荷 q 的粒子在电磁场 $\boldsymbol{A}$ 和 ϕ 中运动的薛定谔方程（非相对论性，无自旋）。

为了证明这是正确的，我想举一个简单的例子：我们有一列沿 x 轴不连续排列的原子，其间隔为 b，当无外场存在时，电子从一个原子跳到另一个原子的振幅为 K[***]。按照式（21.1），如果在 x 方向有矢势 $A_x(x, t)$，则电子跳跃的振幅将从原来的振幅改变一个因子 $\exp[(\mathrm{i}q/\hbar)A_x b]$，其中的指数是 $\mathrm{i}q/\hbar$ 乘矢势从一个原子到下一个原子的积分。为简便起见，我们令 $(q/\hbar)A_x \equiv f(x)$，因为 A_x 通常取决于 x。如果将位于 x 的原子"n"处找到电子的振幅称为 $C(x) \equiv C_n$，那么振幅的变化率由下列方程给出

$$-\frac{\hbar}{\mathrm{i}}\frac{\partial}{\partial t}C(x) = E_0 C(x) - K\mathrm{e}^{-\mathrm{i}bf\left(x+\frac{b}{2}\right)}C(x+b) - K\mathrm{e}^{+\mathrm{i}bf\left(x-\frac{b}{2}\right)}C(x-b). \tag{21.4}$$

上式右边有 3 个部分。首先，如果电子位于 x 处，则有某个能量 E_0。像通常那样，它给出 $E_0 C(x)$ 这项。其次，存在 $-KC(x+b)$ 这项，它是电子从位于 $x+b$ 处的原子"$n+1$"向后跳一步的振幅。但是这发生在矢势中，该振幅的相位必定按照式（21.1）的规则移动。如果 A_x 在一个原子间隔范围内没有明显改变，那么积分可写为中间点的 A_x 值乘上间隔 b。所以 $(\mathrm{i}q/\hbar)$ 乘积分正好是 $bf(x+b/2)$。因为电子是往回跳的，所以我已证明这种相位移动带一负号。这就给出了第二部分。同样地，存在从另一边跳过来的一定的振幅，但这时我们需用在 x 另一边距离 $b/2$ 处的矢势，乘上距离 b。这就是第三部分。总和即是在矢势中 x 处振幅的方程式。

现在我们知道，如果函数 $C(x)$ 足够平滑（我们取长波长极限）并且如果我们让原子靠得更近些，则式（21.4）将接近于电子在自由空间中的行为。所以下一步是假定 b 很小，将式（21.4）

---

[*]　第 2 卷，§ 15-5。

[**]　注意不要与我们以前使用的关于状态的标记 ϕ 相混淆。

[***]　K 与无磁场时线型晶格问题中称为 $\boldsymbol{A}$ 的量相同。见第 13 章。

的右边以 b 的幂次展开。例如,若 b 为零,则右边正好是 $(E_0 - 2K)C(x)$,所以在零级近似下,能量为 $E_0 - 2K$。接下来是含 b 的项。但是因为两个指数函数具有相反的符号,所以只剩下 b 的偶次幂。因此你如果把 $C(x)$,$f(x)$ 和指数函数作泰勒展开,然后收集 b^2 的项,则得

$$-\frac{\hbar}{i}\frac{\partial C(x)}{\partial t} = E_0 C(x)$$

$$-2KC(x) - Kb^2 \{C''(x) - 2if(x)C'(x) - if'(x)C(x) - f^2(x)C(x)\}. \quad (21.5)$$

("撇号"表示对 x 的微商。)

这个令人讨厌的组合看起来非常复杂,但是在数学上它与下式严格相同,

$$-\frac{\hbar}{i}\frac{\partial C(x)}{\partial t} = (E_0 - 2K)C(x) - Kb^2\left[\frac{\partial}{\partial x} - if(x)\right]\left[\frac{\partial}{\partial x} - if(x)\right]C(x). \quad (21.6)$$

第二个括号作用在 $C(x)$ 上得 $C'(x)$ 减去 $if(x)C(x)$。第一个括号作用在这两项上得 C'' 项和含有 $f(x)$ 的一次微商及 $C(x)$ 一次微商的项。现在记住,零磁场*的解代表一个具有有效质量 $m_{有效}$ 的粒子,$m_{有效}$ 由下式给出

$$Kb^2 = \frac{\hbar}{m_{有效}}.$$

如果令 $E_0 = -2K$,并且代回 $f(x) = (q/\hbar)A_x$,你可以容易地验证式(21.6)与式(21.3)的第一部分相同。(势能项的来源是众所周知的,所以我不再把它包括在这个讨论中。)式(21.1)关于矢势以指数因子的方式改变全部振幅的陈述是与动量算符 $(\hbar/i)\nabla$ 用

$$\frac{\hbar}{i}\nabla - qA$$

来代替的规则相同的,正如你在薛定谔方程式(21.3)中所看到的。

§21-2 概率的连续性方程

现在我转向第二点。单粒子薛定谔方程的一个重要部分是:在某处找到粒子的概率由波函数绝对值的平方给出这一概念。从局域的意义上说概率守恒也是量子力学的特征。当在某处找到电子的概率减少,与此同时在另一处电子的概率增加(保持总概率不变),其中必有某种事情发生。换言之,如果概率在一个地方减少,而在另一处增加,则在其间必有某种流动,从这个意义上说电子具有一种连续性。例如,如果你在其间加一道墙,它就会有影响,概率就不同了。所以仅仅概率守恒并不是守恒定律的完整陈述,正如仅仅说能量守恒并不像局域的能量守恒**那样深刻和重要。如果能量消失了,必定有相应的能量流动。同样,我们希望找出一种概率"流",如果概率密度(单位体积内的概率)有任何改变,就可认为是由于某种流的流入或流出引起的。这种流应该是一个矢量,可以这样来理解这一矢量:其 x 分量是粒子在 x 方向每秒通过平行于 y-z 平面的单位面积的净概率。沿 $+x$ 方向通行的认为

---

* §13-3。

** 第 2 卷 §27-1。

是正流,向相反方向通行的认为是负流。

是否存在这种流呢? 你们知道概率密度 $P(\boldsymbol{r}, t)$ 可用波函数表示为

$$P(\boldsymbol{r}, t) = \psi^*(\boldsymbol{r}, t)\psi(\boldsymbol{r}, t). \tag{21.7}$$

我现在问:是否存在这样的流 $\boldsymbol{J}$

$$\frac{\partial P}{\partial t} = -\boldsymbol{\nabla} \cdot \boldsymbol{J}? \tag{21.8}$$

如果我对式(21.7)求时间的微商,就得到两项

$$\frac{\partial P}{\partial t} = \psi^* \frac{\partial \psi}{\partial t} + \psi \frac{\partial \psi^*}{\partial t}. \tag{21.9}$$

现在对 $\partial\psi/\partial t$ 利用薛定谔方程——式(21.3),并取它的复共轭以得出 $\partial\psi^*/\partial t$——每一个 i 都变号。你就得到

$$\frac{\partial P}{\partial t} = -\frac{\mathrm{i}}{\hbar}\psi^* \frac{1}{2m}\left(\frac{\hbar}{\mathrm{i}}\boldsymbol{\nabla} - q\boldsymbol{A}\right) \cdot \left(\frac{\hbar}{\mathrm{i}}\boldsymbol{\nabla} - q\boldsymbol{A}\right)\psi + q\phi\psi^*\psi$$
$$- \psi \frac{1}{2m}\left(-\frac{\hbar}{\mathrm{i}}\boldsymbol{\nabla} - q\boldsymbol{A}\right) \cdot \left(-\frac{\hbar}{\mathrm{i}}\boldsymbol{\nabla} - q\boldsymbol{A}\right)\psi^* - q\phi\psi\psi^*. \tag{21.10}$$

势的各项和其他许多东西都可以消掉,而剩下的正好能写成一个完整的散度项。整个方程式就相当于

$$\frac{\partial P}{\partial t} = -\boldsymbol{\nabla} \cdot \left\{ \frac{1}{2m}\psi^*\left(\frac{\hbar}{\mathrm{i}}\boldsymbol{\nabla} - q\boldsymbol{A}\right)\psi + \frac{1}{2m}\psi\left(-\frac{\hbar}{\mathrm{i}}\boldsymbol{\nabla} - q\boldsymbol{A}\right)\psi^* \right\}. \tag{21.11}$$

这实际上并不像它看起来那样复杂。它是一个对称组合: ψ^* 乘以对 ψ 的某种运算,加上 ψ 乘以对 ψ^* 的复共轭运算。它是某个量加上它自己的共轭复数,所以其和为实数——它本应如此。这种运算可以这样去记忆:它正好是动量算符 $\hat{\mathscr{P}}$ 减 $q\boldsymbol{A}$。我可以把式(21.8)中的流写为

$$\boldsymbol{J} = \frac{1}{2}\left\{ \psi^*\left[\frac{\hat{\mathscr{P}} - q\boldsymbol{A}}{m}\right]\psi + \psi\left[\frac{\hat{\mathscr{P}} - q\boldsymbol{A}}{m}\right]^*\psi^* \right\}. \tag{21.12}$$

于是就有一个使式(21.8)得以完成的流 $\boldsymbol{J}$ 了。

式(21.11)表明概率是局域守恒的。如果一粒子在一区域消失,而且没有某种东西在中间流动,则它就不可能在另一个区域出现。设想最初的区域被一足够远的封闭面所包围,远到在该面上找到电子的概率为零。在此面内找到该电子的总概率为 P 的体积分。但是根据高斯定理,散度 $\boldsymbol{J}$ 的体积分就等于 $\boldsymbol{J}$ 法向分量的面积分。如果 ψ 在表面处为零,式(21.12)表明 $\boldsymbol{J}$ 亦为零,所以在曲面内找到粒子的总概率不可能改变。只当有些概率向边界靠近时,才会有一些漏出。我们可以说它只能通过表面而漏出——这就是局域守恒。

§21-3 两 类 动 量

关于流的方程是相当有趣的,而且有时也带来不少困扰。你会把流想象为粒子的密度乘上速度那种东西。密度应是 $\psi\psi^*$ 这种东西,这没有问题。式(21.12)中的每一项看上去像是算符

$$\frac{\hat{\mathscr{P}} - q\boldsymbol{A}}{m} \tag{21.13}$$

的平均值的典型形式,所以多半我们会把它想象为流动的速度。看来似乎我们对速度与动量的关系有两种意见,因为我们也认为动量除以质量$\hat{\mathscr{P}}/m$应为速度。这两种速度相差一矢势。

碰巧在经典物理中也发现了这两种可能性,动量可以用两种方式来定义*。一种称为"运动学动量",但为了完全清楚起见,我在这章里称它为"mv动量",这是由质量乘速度而得到的动量。另一个(动量)是更数学化、更抽象的动量,有时称为"动力学动量",而我将称它为"p动量"。这两种可能性是

$$mv \text{ 动量} = mv, \tag{21.14}$$

$$p \text{ 动量} = mv + qA. \tag{21.15}$$

这表明在量子力学里,在存在磁场的情况下,与梯度算符$\hat{\mathscr{P}}$相关的是p动量,所以得到式(21.13)是速度算符的结论。

我想暂时离开本题,告诉你们所有这些是什么意思,为什么在量子力学里必须有某些像式

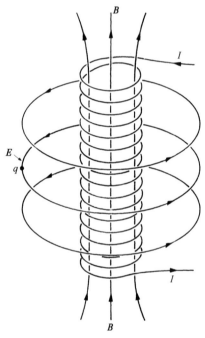

图 21-2 在电流增加的螺线管外面的电场

(21.15)这样的方程式。波函数按照式(21.3)的薛定谔方程随时间而变化。如果我突然改变矢势,波函数在最初的一刻并不改变,只有它的变化率改变。现在考虑一下在下列情况下将发生什么。假定我有一长螺线管,在其中可以产生一磁场(B场)的通量,如图 21-2 所示。同时有一带电粒子待在附近。假定该通量几乎在一瞬间由零增至某个值。我从零矢势开始,然后加进一矢势。这意味着我突然产生了一个周界矢势A。你还记得A绕一回路的线积分与穿过这一回路的B的通量相同**。现在如果我突然加进矢势将发生什么情况呢?根据量子力学方程,A的突然变化并不引起ψ的突变,波函数仍是相同的。所以梯度也不变。

但是记住,当我突然加进磁通量时,在电学方面发生的情况。在通量上升的短时间内,就有一个电场产生,电场的线积分等于磁通量的时间变化率:

$$E = -\frac{\partial A}{\partial t}. \tag{21.16}$$

如果通量迅速变化,则此电场是极大的,同时它给该粒子一作用力,该力为电荷乘电场。所以在通量增加的过程中,粒子获得一等于$-qA$的总冲量(就是mv的变化)。换言之,如果你在电荷处突然加一矢势,则该电荷立即获得一等于$-qA$的动量。但是有些东西并不立即改变,它就是mv和$-qA$之差。所以当你突然改变矢势时,二者之和$p = mv + qA$不改变。此量p就是我所说的p动量,在经典力学的动力学理论中它是一个

* 例如,见 J. D. Jackson. *Classical Electrodynamics*. John Wiley and Sons, Inc. New York (1962), p.408。(中文版:杰克逊 著,朱培豫 译.《经典电动力学》,高等教育出版社§6.8,1978 年 6 月第一版。1983 年第四次印刷。——译者注)

** 第 2 卷第 14 章§14-1。

重要的量,但它在量子力学中也有直接的意义。它取决于波函数的特性,并且认为它与算符

$$\hat{\mathscr{P}} = \frac{\hbar}{i} \nabla$$

是相同的。

§21-4 波函数的意义

当薛定谔最初发现他的方程时,他发现式(21.8)的守恒定律是他的方程的结果。但是他错误地设想 P 是电子的电荷密度,而 $\boldsymbol{J}$ 是电流密度,所以他认为电子是通过这些电荷和电流与电磁场相互作用的。当他对氢原子解出了他的方程并且算得 ψ 时,他并没有计算任何事件的概率——那时还没有振幅——于是解释就完全不同了。原子核是稳定的,但是有电流在其周围流动,电荷 P 和电流 $\boldsymbol{J}$ 将产生电磁场并将辐射光。他在解一些问题时立即发现结果不太正确。正是在这一点上玻恩对我们有关量子力学的观念作出了重要的贡献。玻恩根据概率幅的概念正确地(就我们所知)解释了薛定谔方程中的 ψ,概率幅是一个非常难懂的概念,振幅的平方不是电荷的密度,而只是在某处单位体积内找到电子的概率,而且当你在某处找到电子时,电子的全部电荷就在该处。这整个思想都属于玻恩的。

于是原子里面的电子波函数 $\psi(\boldsymbol{r})$ 并不描述弥散的、具有平滑的电荷密度的电子。电子不是在这里,就是在那儿,或者别的什么地方,但是它无论在什么地方都是一个点电荷。另一方面,我们可以设想一种情况,在这种情况下大量粒子处于完全相同的状态,其中非常多的粒子都具有完全相同的波函数。然后怎样呢? 它们中的一个粒子在这里,另一个在那里,在一给定地点找到其中任何一个粒子的概率正比于 $\psi\psi^*$。但是由于存在如此多的粒子,所以如果我只看任何一个体积 $dxdydz$,那么我通常将找到一个接近 $\psi\psi^* dxdydz$ 的数。所以在大量粒子都处于相同的状态,而 ψ 是其中每一个粒子的波函数的情况下,$\psi\psi^*$ 可以解释为粒子的密度。在这种情况下,如果每个粒子带有相同的电荷 q,那么,事实上我们可以进一步把 $\psi\psi^*$ 解释为电荷密度。正规地说,$\psi\psi^*$ 只给出概率密度的量纲,因此 ψ 应乘 q 才给出电荷密度的量纲。就我们现在的目的而言,我们可以把这个常数因子放到 ψ 中去,而把 $\psi\psi^*$ 本身当作电荷密度。根据这种理解,$\boldsymbol{J}$(我们曾计算过的概率流)就直接变为电流密度了。

所以在许多粒子都处于完全相同状态的情况下,波函数就可能有一种新的物理解释。电荷密度和电流密度可直接从波函数计算出来,且可把波函数的物理意义推广到经典的宏观情况。

对于中性粒子也有类似的情形。当我们有了单个光子的波函数时,该波函数就是在某处找到光子的振幅。虽然我们一直没有写下光子波函数的式子,但是光子波函数也有一个与电子薛定谔方程相似的方程。光子的方程正好与电磁场的麦克斯韦方程组相同,并且它的波函数与矢势 $\boldsymbol{A}$ 相同。光子的波函数就是矢势。因为光子是没有相互作用的玻色子,许多光子可以处于相同的状态——正如你所知道的,它们喜欢处于同一状态,因此量子物理与经典物理是一回事。当有无数光子处于相同状态(也就是处在同一电磁波中)时,你就可以直接测量波函数,即矢势。当然,在历史上沿另一个方向进行。最初的观察是对处于相同状态的许多光子的情况进行的,所以我们可以通过在宏观水准上直接动手观察波函数的性质来发现单个光子的正确方程。

对于电子,问题是你不能在相同状态中放进多于一个的电子。因此,人们长期相信,薛定谔方程的波函数绝不会有一个类似于光子振幅的宏观表示。另一方面,现在认识到超导现象正是给我们显示出这种情况。

§21-5 超 导 电 性

正如你所知,许多金属在低于某一温度(对于不同的金属此温度也不相同)时就变为超导体 *。当把温度降得足够低时,金属导电就没有电阻。这种现象已经在许多种(但不是全部)金属中观察到,而这种现象的理论引起了很多困难。为了了解超导体内部发生的情况曾花费了很长的时间,而就我们目前的目的而言我们只作适当的描述。原来这是由于电子与晶格中原子的振动间的相互作用,使得电子之间有一个微小的净有效吸引,结果使电子合在一起,如果非常定性和粗糙地讲,就是电子形成束缚对。

现在你知道,单个电子是费米粒子。但是一束缚对表现得像玻色子。因为,如果我交换一个对中的两个电子,我就两次改变了波函数的符号,这意味着我没有改变任何东西。因此一个对是一个玻色子。

成对的能量——即净的吸引力——是非常非常弱的,只要有很小的温度升高,热骚动就能使这两个电子分开变回到"正常"电子。但是当你把温度降到足够低,以至它们尽可能进入绝对最低的能量状态时,它们就聚集成对。

我不希望你把束缚对想象成真像一个点粒子那样很紧密地结合在一起。事实上,了解这种现象的最大困难之一的根源就在于事情并非如此。形成对的两个电子实际上散布在一个相当大的距离上,对之间的平均距离相对地小于单个对的大小。几个对在同一时间占据着同一空间。关于在金属中电子形成对的原因以及在形成对时放出的能量的估计,这两者都是最近取得的成就。超导理论中的这个基本要点,首先在巴丁、库珀和施里弗的理论中得到了解释 **,但这不是本章的主题。然而,我们将接受电子确实以这种或那种方式形成对的概念,并且我们可以把这些对想象成或多或少地表现得像粒子,因此我们可以谈论关于一个"对"的波函数。

现在,这种对的薛定谔方程多少有点像式(21.3)。有一个区别是现在的电荷 q 为电子电荷的两倍。同时,我们不知道在晶格中对的惯性或有效质量,所以我们不知道对 m 要代入什么数值。我们也不应该认为如果达到很高频率(或短波长),这也是正确的形式,因为与极其快速变化的波函数相对应的动能可以大到使对解体。在有限的温度下,根据玻尔兹曼理论总有一些束缚对破裂。一个对破裂的概率正比于 $\exp(-E_{对}/kT)$。没有被束缚在对中的电子叫做"正常"电子,它们以普通的方式在晶体内运动。然而,我将只考虑基本上是零度的情况——或者,无论如何,我将不顾那些由不在对中的电子所造成的复杂情况。

因为电子对是玻色子,当一给定的状态中存在着很多电子对时,其他的对具有特别大的

---

* 首先由开米林-昂尼斯(Kamerlingh - Onnes)在 1911 年发现。H. Kamerlingh - Onnes, *Comm. Phys. Lab. Univ. Leyden. Nos.* 119, 120, 122(1911)。你可以在 E. A. Lyuton 所著的 *Superconductivity*, John Wiley and Sons, Inc. , New York, 1962 中找到精彩的最新的讨论。

** J. Bardeen, L. N. Cooper 和 J. R. Schrieffer, *Phys. Rev.* **108**, 1175 (1957)。

振幅进入同一状态。所以几乎所有的对都被锁定在最低能量的完全相同的状态——很不容易使其中一个对进入另一个状态。进入相同状态的振幅比进入未被占据的状态的振幅要大一个著名因子 $\sqrt{n}$，这里 $n-1$ 是最低态的占有数。所以我们认为所有的对都在同一个状态中运动。

那么我们的理论将会像什么呢？我将把 ψ 称为处于最低能量状态的对的波函数。但是，因为 $\psi\psi^*$ 将要与电荷密度 ρ 成正比，我不妨把 ψ 写成电荷密度的平方根乘上某个相因子：

$$\psi(\boldsymbol{r}) = \sqrt{\rho(\boldsymbol{r})}\ e^{i\theta(\boldsymbol{r})}, \tag{21.17}$$

式中 ρ 和 θ 都是 $\boldsymbol{r}$ 的实函数。（当然，任何复数函数也可以写成这样。）当我们谈到电荷密度时，我们的意思指什么是很清楚的，但是，波函数的相位 θ 的物理意义是什么呢？那么，让我们来看一看把 $\psi(\boldsymbol{r})$ 代入方程式(21.12)时发生些什么，并且用这些新变量 ρ 和 θ 来表示电流密度。它仅是变量的变换，我不想写出全部运算步骤，其结果为

$$\boldsymbol{J} = \frac{\hbar}{m}\Big(\boldsymbol{\nabla}\theta - \frac{q}{\hbar}\boldsymbol{A}\Big)\rho. \tag{21.18}$$

因为电流密度和电荷密度对超导电子气具有直接的物理意义，所以 ρ 和 θ 两者都是实在的东西。相位就像 ρ 一样是可观察量，它是电流密度 $\boldsymbol{J}$ 的一部分。绝对的相位不是可观察量，但是如果各处的相位梯度知道的话，相位就知道了，除了差一个常数。你可以在一点上定义相位，并且各处的相位也就确定了。

顺便提一句，当你把电流密度 $\boldsymbol{J}$ 想象为实际上是电荷密度乘上电子流的运动速度即 $\rho\boldsymbol{v}$ 时，就能够把电流方程分析得更精细一些。于是式(21.18)就相当于

$$m\boldsymbol{v} = \hbar\boldsymbol{\nabla}\theta - q\boldsymbol{A}. \tag{21.19}$$

注意 $m\boldsymbol{v}$ 动量有两部分，一部分是来自矢势的贡献，另一部分是来自波函数行为的贡献。换句话说，量 $\hbar\boldsymbol{\nabla}\theta$ 正好就是我们说过的 p 动量。

§21-6　迈斯纳效应

现在我们可以来叙述某些超导现象了。首先是没有电阻，之所以没有电阻是因为所有的电子都聚集在同一状态。在正常的电流中你可把一个电子或别的电子从有规则的电流中打出来，逐渐使整体的动量退化。但是在这里要使一个电子偏离所有其他电子的行为是非常困难的，因为所有玻色子都有进入同一状态的趋势。电流一旦产生了，就永远保持下去。

如果你有一块处于超导态的金属，并且加上一不太强（我们将不去详细地讨论到底有多强）的磁场，则此磁场不能穿过该金属，这现象也是容易理解的。如果你建立起磁场，其中有一部分磁场建立在金属内部，则会有一个产生电场的磁通量的变化率，而根据楞次定律，该电场会立即产生一反抗该通量的电流。既然所有的电子将一起运动，所以一个无限小的电场将产生足够的电流，以完全抵消任何外加的磁场。所以你如果将一金属冷却至超导态后加上磁场，则该磁场将被排除。

一个由迈斯纳通过实验发现的有关现象更为有趣*。如果你有一块处于高温的金属(所以它是正常导体),并且建立一穿过该金属的磁场,然后你把温度降到临界温度(这时金属变为超导体)以下,磁场就被排除出去。换言之,金属中突然出现它自己的电流——其大小正好把磁场推出去。

我们可以在方程中看到关于产生这种现象的原因,我愿意来解释一下。假定我们取一整块超导材料,在任何稳定情况下,电流的散度必然为零,因为电流无处可流。为方便起见我们选取使 $\boldsymbol{A}$ 的散度等于零。(我应该解释一下为什么选择这样的约定不会失去普遍性,但是我不想花这个时间。)取式(21.18)的散度,则拉普拉斯算符作用于 θ 等于零。等一等,请问 ρ 的变化怎样呢?我忘记提及一个要点,由于在金属中存在原子离子的晶格,所以它具有一个正电荷背景。如果电荷密度 ρ 是均匀的,就没有净电荷和电场。如果在一区域内有电子的积累,电荷就不会中和,在那里就有一巨大的排斥力使电子分离**。所以在正常情况下,超导体内电子的电荷密度几乎是完全均匀的——我可以取 ρ 为常数。唯一可使 $\nabla^2\theta$ 在金属块内每一处皆为零的办法是 θ 为一常数。这就意味着 ρ 动量对 $\boldsymbol{J}$ 没有贡献。于是式(21.18)表明电流与 ρ 乘 $\boldsymbol{A}$ 成正比。所以在一块超导物质内的每个地方,电流必定与矢势成正比:

$$\boldsymbol{J} = -\rho\frac{q}{m}\boldsymbol{A}. \tag{21.20}$$

因为 ρ 和 q 有相同的(负)符号,而 ρ 又为常数,所以我可以设 $\rho q/m = -$(某个正常数),于是

$$\boldsymbol{J} = -(\text{某个正的常数})\boldsymbol{A}. \tag{21.21}$$

这个方程最初是由 H. 伦敦和 F. 伦敦***提出来解释超导电性的实验观察结果的,这是在了解此效应的量子力学起因之前很久的事。

现在我们可以把式(21.20)用到电磁的方程中去以求关于场的解。矢势与电流密度的关系为

$$\nabla^2\boldsymbol{A} = -\frac{1}{\epsilon_0 c^2}\boldsymbol{J}. \tag{21.22}$$

如果我对 $\boldsymbol{J}$ 采用式(21.21),则得

$$\nabla^2\boldsymbol{A} = \lambda^2\boldsymbol{A}, \tag{21.23}$$

式中 λ^2 就是一个新常数,

$$\lambda^2 = \rho\frac{q}{\epsilon_0 mc^2}. \tag{21.24}$$

现在我们试着解此方程求 $\boldsymbol{A}$,并且看看出现些什么细节。例如,在一维情况下式(21.23)具有形式为 $e^{-\lambda x}$ 和 $e^{+\lambda x}$ 的指数解。这些解表示当由表面深入到材料内部时,矢势必然指数式减少。(它不能增加,否则将是一个爆炸。)如果金属块比 $1/\lambda$ 大很多,那么磁场只透入表面一

---

* W. Meissner and R. Ochsenfeld, *Naturwiss.* **21**. 787 (1933).

** 事实上,如果电场太强,对将破裂,所产生的"正常"电子将进入任何正电荷存在的区域,以使其中和。还有产生正常电子也需要能量,所以主要的一点是近乎均匀的密度 ρ 在能量上是非常有利的。

*** F. London 和 H. London, *Proc. Roy. Soc.* (London) **A149**. 71 (1935); *physics* **2**, 341 (1935).

薄层——厚度约为 $1/\lambda$。整个内部的其余部分皆无磁场。如图 21-3 所示。这就是迈斯纳效应的解释。

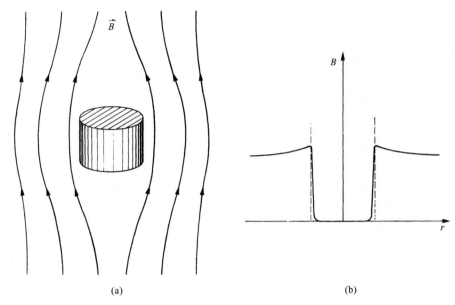

(a)　　　　　　　　　　　　　　(b)

图 21-3　(a) 磁场中的超导圆柱体;(b) 磁场 B 作为 r 的函数

距离 λ 有多大? 记住 r_0 是电子的"电磁半径" (2.8×10^{-13} cm), 它由下式给出

$$mc^2 = \frac{q_e^2}{4\pi\epsilon_0 r_0}.$$

还得记住,式(21.24)中的 q 是电子电荷的两倍,所以

$$\frac{q}{\epsilon_0 mc^2} = \frac{8\pi r_0}{q_e}.$$

把 ρ 写成 $q_e N$,这里 N 是每立方厘米中电子的数目,我们有

$$\lambda^2 = 8\pi N r_0. \tag{21.25}$$

对于像铅这样的金属,每立方厘米有 3×10^{22} 个原子,所以如果每个原子只贡献出一个传导电子,$1/\lambda$ 大致为 2×10^{-6} cm,它给出了这个量的数量级。

§21-7　通量的量子化

伦敦方程(21.21)的提出是为了说明所观察到的包括迈斯纳效应在内的超导电性实验事实。然而近来有了更富有戏剧性的预言。伦敦提出的预言太奇特了,以至到最近才受到人们较多的注意。我现在来讨论它。假定这次我们不用一整块材料,而用一厚度大于 $1/\lambda$ 的环,如果开始我们加一穿过此环的磁场,然后使环冷却到超导状态,接着再移去原来的 **B** 源,我们来看看在这种情况下会发生些什么。事件发生的先后次序画在图 21-4 上。在正常态时环的体内将有场,如图 21-4(a)所示。当环成为超导态时磁场被迫排除在材料之外(正如我们刚才看到的)。还有一些通量穿过环中的孔,如图(b)所示。如果现在移去外磁场,穿过孔的磁力线将被"陷俘",如图(c)所示。穿过中心的通量 Φ 不能减少,因为 $\partial \Phi / \partial t$ 必须等于 E 绕环的线积分,而在超导体内这是零。当外磁场移去后,超导电流开始绕环流动以保持穿过环的通量为一常数。(这是旧的涡流概念,只是电阻为零。)然而,这些电流都靠近表面流动(至 $1/\lambda$ 的深度),同样可以用我们对实心金属块的分析方法来证明。这些电流能够使磁场保持在环体之外,并且产生一个永久的陷俘磁。

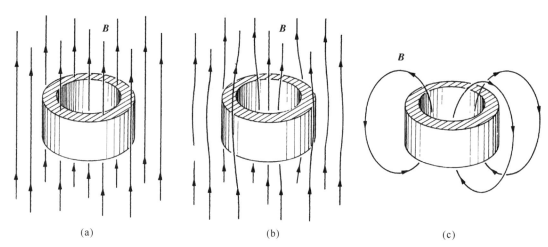

图 21-4 在磁场中的环:(a)处于正常态;(b)处于超导态;(c)外磁场移去后

然而,现在有一个基本的区别,而且我们的方程预言了一个惊人的效应。上面我们所作出的在实心块中 θ 必为一常数的论证,对环不适用,你可以从下面的论证看到。

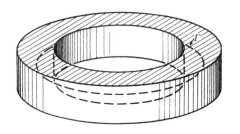

图 21-5 超导环内的曲线 Γ

我们知道在环体内部电流密度 J 为零,所以由方程式(21.18)得

$$\hbar \boldsymbol{\nabla} \theta = q \boldsymbol{A}. \tag{21.26}$$

如果我们取 A 绕曲线 Γ 的线积分,该曲线在环的横截面中心附近绕环一周,所以它绝不会靠近表面,如图 21-5 所示,我们来考虑在这种情况下得到些什么。由式(21.26),

$$\hbar \oint \boldsymbol{\nabla} \theta \cdot \mathrm{d}s = q \oint \boldsymbol{A} \cdot \mathrm{d}\boldsymbol{s}. \tag{21.27}$$

现在你已知道,A 绕任何回路的线积分都等于穿过该回路的 B 通量

$$\oint \boldsymbol{A} \cdot \mathrm{d}\boldsymbol{s} = \Phi.$$

式(21.27)变为

$$\oint \boldsymbol{\nabla} \theta \cdot \mathrm{d}s = \frac{q}{\hbar} \Phi. \tag{21.28}$$

一函数梯度从一点到另一点(譬如从点 1 到点 2)的线积分等于该函数在这两点的值之差。即

$$\int_1^2 \boldsymbol{\nabla} \theta \cdot \mathrm{d}\boldsymbol{s} = \theta_2 - \theta_1.$$

如果我们设此两端点 1 和 2 重合在一起,使积分曲线构成一闭合回路,起初你会认为 θ_2 将等于 θ_1,从而式(21.28)中的积分将为零。对于一简单连接的超导体中的闭合回路,这是对的,但是对于一环状超导体它就未必正确。我们能够作出的唯一物理上的要求是:每一点波函数只可能有一个值。不论 θ 绕环如何变化,当回到出发点时,你必须得到波函数的相同值

$$\psi = \sqrt{\rho}\mathrm{e}^{i\theta}.$$

若 θ 改变 $2\pi n$(n 是任意整数),就出现这一情况。所以如果我们绕环一整圈,式(21.27)的左边必为 $\hbar \cdot 2\pi n$。利用式(21.28),得

$$2\pi n\hbar = q\Phi. \tag{21.29}$$

陷俘磁通量必定总是 $2\pi\hbar/q$ 的整数倍! 如果你把环看作为一个具有理想的完全(即无限大)导电性的经典物体,那么你会认为最初发现的穿过该物体的通量将始终保留在那儿——任何数值的通量能够完全被陷俘。但是超导的量子力学理论告诉我们通量只能是 0,$2\pi\hbar/q$,$4\pi\hbar/q$,$6\pi\hbar/q$,等等,而无介于它们之间的值。它必然是一基本的量子力学单位的倍数。

伦敦 * 预言被一超导环陷俘的通量是量子化的,并指出此通量的可能值由式(21.29)给出,其中 q 等于电子电荷。按照伦敦的预言通量的基本单位应是 $2\pi\hbar/q_e$,约为 4×10^{-7} 高斯·厘米²。为使这种通量形象化,想象一直径为 0.1 mm 的小圆柱,当它含有这样多的通量时,内部磁场大约是地球磁场的百分之一。用一灵敏的磁测量装置应能观察到这一通量。

1961 年迪弗和费尔班克** 在斯坦福大学寻找并发现了这一量子化的通量,差不多与此同时多尔和奈鲍尔*** 在德国也发现了这一量子化的通量。

在迪弗和费尔班克的实验中,超导体的细小圆柱是由 1 cm 长的 56 号 (1.3×10^{-3} cm 直径) 铜线电镀一薄层锡制成的。锡在 3.8 K 以下成为超导体,而铜仍为正常金属。将该导线放在一可控的小磁场中,并将温度降低到锡变成超导为止,然后将磁场外源移去。你会预期由于楞次定律这将产生一电流,结果导线内部的通量保持不变。这时小圆柱应有一与内部通量成正比的磁矩。此磁矩可以通过导线在小圆柱两端的一对小线圈里面上下轻轻跳动(就像缝纫机的针一样,但其频率为 100 Hz)而测得。线圈内的感应电压即为此磁矩的量度。

当迪弗和费尔班克做这个实验时,他们发现通量是量子化的,但是其基本单位只有伦敦所预言的一半大。多尔和奈鲍尔得到相同的结果。起初这是十分难理解的****,但是现在我们已了解为什么会那样了。根据巴丁、库珀和施里弗的超导理论,出现在式(21.29)中的 q 是一电子对的电荷,所以它等于 $2q_e$。基本的通量单位是

$$\Phi_0 = \frac{\pi\hbar}{q_e} \approx 2 \times 10^{-7} \text{ 高斯 · 厘米}^2 \tag{21.30}$$

---

* F. London. *Superfluids*, John Wiley and Sons, Inc., New York, 1950, Vol. I, p. 152.

** B. S. Deaver. Jr and W. M. Fairbank, *Phys. Rev. Letter* **7**, 43 (1961).

*** R. Doll 及 M. Nabauer, *Phys. Rev. Letters* **7**, 51 (1961).

**** 昂萨格(Onsager)曾提出这是可能发生的(Deaver and Fairbank,Ref 11),虽然别人都不了解为什么。

或是伦敦所预言的数值的一半。现在一切都吻合了,并且测量表明在大尺度范围内所预言的纯量子力学效应是存在的。

§21-8　超导动力学

迈斯纳效应和通量量子化是关于我们一般概念的两个证据。只是为了完整起见我希望说明一下,从这个观点出发完整的超导流体方程将是怎样的——这颇为有趣。到现在为止我只把 ψ 的表示式代入电荷密度和电流密度的方程式。如果把它代入完整的薛定谔方程,就得出关于 ρ 和 θ 的方程。因为我们这里有一个具有电荷密度 ρ 和不可思议的 θ 的电子对的"流体",所以看看能导出什么方程是很有趣的——我们可以试试,看一下对这种"流体"能得到什么类型的方程! 所以我们将式(21.17)的波函数代入薛定谔方程(21.3),并记住 ρ 和 θ 是 x, y 和 z 的实函数。如果我们把方程的实部和虚部分开,于是就得到两个方程。为了把它们写成比较简洁的形式,可根据式(21.19)写成

$$\frac{\hbar}{m}\boldsymbol{\nabla}\theta - \frac{q}{m}\boldsymbol{A} = \boldsymbol{v}. \tag{21.31}$$

于是我得到的方程之一是

$$\frac{\partial\rho}{\partial t} = -\boldsymbol{\nabla}\cdot\rho\boldsymbol{v}. \tag{21.32}$$

因为 $\rho\boldsymbol{v}$ 是最初的 $\boldsymbol{J}$,所以这刚好又是连续性方程。我所得到的另一个方程告诉我们 θ 如何变化,它是

$$\hbar\frac{\partial\theta}{\partial t} = -\frac{m}{2}v^2 - q\phi + \frac{\hbar^2}{2m}\left\{\frac{1}{\sqrt{\rho}}\boldsymbol{\nabla}^2(\sqrt{\rho})\right\}. \tag{21.33}$$

如果我们认为 $\hbar\theta$ 是"速度势"——除了应该是流体压缩能的最后一项具有对密度 ρ 的相当特殊的依赖关系外,对流体力学非常熟悉的人(我相信你们中这种人不多)将会认出:这是一个带电流体的运动方程。无论如何,该方程表明:量 $\hbar\theta$ 的变化率由动能项 $mv^2/2$,加上一势能项 $-q\phi$,和另一附加项给出,该附加项包含因子 $\hbar^2$,我们可称之为"量子力学能"。我们已经知道,在超导体内部静电力的作用将 ρ 保持得非常均匀,所以倘若我们只有一个超导区域,那么在所有的具体应用中,我们无疑可以忽略这一附加项。如果两个超导体之间存在一个边界(或者 ρ 值可以急剧变化的其他情况),则这项就变得很重要。

对于不很熟悉流体力学方程的人,我可以利用式(21.31)用 $\boldsymbol{v}$ 表示 θ,从而将式(21.33)重新写成物理意义更为明确的形式。对整个方程式(21.33)取梯度,并利用式(21.31)以 $\boldsymbol{A}$ 和 $\boldsymbol{v}$ 来表示 $\boldsymbol{\nabla}\theta$,我得到

$$\frac{\partial\boldsymbol{v}}{\partial t} = \frac{q}{m}\left(-\boldsymbol{\nabla}\phi - \frac{\partial\boldsymbol{A}}{\partial t}\right) - \boldsymbol{v}\times(\boldsymbol{\nabla}\times\boldsymbol{v}) - (\boldsymbol{v}\cdot\boldsymbol{\nabla})\boldsymbol{v} + \boldsymbol{\nabla}\frac{\hbar^2}{2m^2}\left[\frac{1}{\sqrt{\rho}}\boldsymbol{\nabla}^2\sqrt{\rho}\right]. \tag{21.34}$$

这方程的意义是什么呢? 首先,记住

$$-\boldsymbol{\nabla}\phi - \frac{\partial\boldsymbol{A}}{\partial t} = \boldsymbol{E}, \tag{21.35}$$

其次,注意如果我取式(21.19)的旋度,我得到

$$\nabla \times v = -\frac{q}{m}\nabla \times A,\qquad(21.36)$$

因为梯度的旋度恒为零。但 $\nabla \times A$ 是磁场 B,所以式(21.34)的前两项可以写为

$$\frac{q}{m}(E + v \times B).$$

最后,你应了解$\partial v/\partial t$ 代表流体在一点的速度的变化率。如果你注意一个特定的粒子,它的加速度是 v 的全微商或者在流体动力学中有时称为"共动加速度",它与$\partial v/\partial t$ 的关系* 为

$$\frac{dv}{dt}\Big|_{共动} = \frac{\partial v}{\partial t} + (v \cdot \nabla)v.\qquad(21.37)$$

这一额外的项也出现在方程式(21.34)右边的第三项中,把它移到左边,我可以将式(21.34)写成下列形式:

$$m\frac{dv}{dt}\Big|_{合运动} = q(E + v \times B) + \nabla \cdot \frac{\hbar^2}{2m^2}\left[\frac{1}{\sqrt{\rho}}\nabla^2\sqrt{\rho}\right].\qquad(21.38)$$

由式(21.36)我们有

$$\nabla \times v = -\frac{q}{m}B.\qquad(21.39)$$

这两个方程是超导电子流体的运动方程。第一个方程只不过是带电流体在电磁场中的牛顿定律。它说明流体中的每一个电荷为 q 的粒子的加速度来自普通的洛伦兹力 $q(E + v \times B)$ 再加上一个附加力,该附加力是某个神秘的量子力学势的梯度——除了在两个超导体之间的连接处外,该力不很大。第二个方程说明流体是"理想的"——v 的旋度有零散度(B 的散度恒为零)。这意味着速度可以用速度势来表示。通常对理想流体我们写为 $\nabla \times v = 0$,但是对于在磁场中的理想带电流体来说,应修改成式(21.39)。

所以,超导体内电子对的薛定谔方程给了我们一个带电理想流体的运动方程。超导电性与带电液体的流体动力学问题相同。如果你想解任何有关超导体的问题,你就应用这些对流体的方程[或用与其等价的一对方程式(21.32)和式(21.33)],并将它们与麦克斯韦方程相结合,以求得场。(你用来计算场的电荷和电流当然必须包括从超导体和从外源来的那些电荷和电流。)

顺便说一说,我认为式(21.38)并不十分正确,还应该有一个涉及密度的附加项。这新的项并不取决于量子力学,而是来自与密度变化有关的普通能量。正如在普通流体中那样,应该有一个 ρ 和 ρ_0 的偏差的平方成正比的势能密度,这里 ρ_0 为未受扰动时的密度(它在这里也等于晶格的电荷密度)。因为存在与这个能量的梯度成正比的力,所以在式(21.38)中会有另外一项,其形式为:(常数)$\nabla(\rho - \rho_0)^2$。这一项不能从分析中得到,因为它来自粒子之间的相互作用,而在应用独立粒子近似中我把它忽略了。然而,它正是我在定性分析中所提

---

* 见第 2 卷 § 40-2。

到过的力,那时我指出静电力趋向于使 ρ 在超导体内近乎保持一个常数。

§21-9 约 瑟 夫 森 结

我接下来想讨论一个很有趣的情况,它是约瑟夫森在分析两个超导体间的联结处可能发生些什么时注意到的 [*]。假定我们有两个以一薄层绝缘材料相联结的超导体,如图 21-6

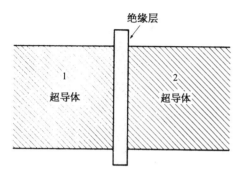

图 21-6 薄绝缘层隔开的两个超导体

所示。这种装置现在称为"约瑟夫森结"。如果绝缘层很厚,则电子不能穿过它,但是,如果绝缘层足够薄,则电子有相当的横跃过此薄层量子力学振幅。这不过是量子力学势垒穿透的另一个例子。约瑟夫森分析了这种情况,并且发现应该出现许多奇异的现象。

为了分析这种结,我将把在一边找到电子的振幅叫作 ψ_1,而在另一边找到它的振幅叫 ψ_2。在超导态,波函数 ψ_1 是所有的电子在一边的共同的波函数,而 ψ_2 是在另一边的相应波函数。我可以对不同种类的超导体来解这个问题,但是让我们取一个非常简单的情况,即两边为相同的材料,从而结既对称又简单。再有,我们暂时假设不存在磁场。于是这两个振幅应该有如下的关系:

$$i\hbar\frac{\partial \psi_1}{\partial t} = U_1\psi_1 + K\psi_2,$$

$$i\hbar\frac{\partial \psi_2}{\partial t} = U_2\psi_2 + K\psi_1.$$

常数 K 是结的一个特征常数。如果 K 为零,这两个方程只描述各个超导体具有能量为 U 的最低能量状态。但是通过振幅 K,两边有耦合,可从一边渗透到另一边。(它就是双态系统的"翻转"振幅。)如果两边相同,则 U_1 应等于 U_2,我就可以把它们消去。但是现在假定我们把两个超导区域联至电池两端,使得结两边有一电势差 V。于是

$$U_1 - U_2 = qV.$$

为了方便起见,我们可定义结的中央为能量的零点,则此两方程为

$$i\hbar\frac{\partial \psi_1}{\partial t} = \frac{qV}{2}\psi_1 + K\psi_2,$$

$$i\hbar\frac{\partial \psi_2}{\partial t} = -\frac{qV}{2}\psi_2 + K\psi_1. \tag{21.40}$$

这是两个量子力学态耦合在一起的标准方程。这次让我们用另一种方法来分析这些方程。我们作下述代换

＊ B. D. Josephson, *Physics Letters* **1**, 251 (1962).

$$\psi_1 = \sqrt{\rho_1}\, \mathrm{e}^{i\theta_1},$$

$$\psi_2 = \sqrt{\rho_2}\, \mathrm{e}^{i\theta_2}. \tag{21.41}$$

式中 θ_1 和 θ_2 是结两边的相位，而 ρ_1 和 ρ_2 是该结两边的电子密度。记住在实际应用中，ρ_1 和 ρ_2 几乎完全相同且等于 ρ_0，ρ_0 为超导材料中电子的正常密度。现在如果你把这个关于 ψ_1 和 ψ_2 的方程代入式(21.40)，并且令每一种情况的实数和虚数部分分别相等，你就得到 4 个方程。为简单起见，设 $(\theta_2 - \theta_1) = \delta$，则结果为

$$\dot{\rho}_1 = +\frac{2}{\hbar}K\sqrt{\rho_2\rho_1}\sin\delta,$$

$$\dot{\rho}_2 = -\frac{2}{\hbar}K\sqrt{\rho_2\rho_1}\sin\delta, \tag{21.42}$$

$$\dot{\theta}_1 = -\frac{K}{\hbar}\sqrt{\frac{\rho_2}{\rho_1}}\cos\delta - \frac{qV}{2\hbar},$$

$$\dot{\theta}_2 = -\frac{K}{\hbar}\sqrt{\frac{\rho_1}{\rho_2}}\cos\delta + \frac{qV}{2\hbar}. \tag{21.43}$$

前面两个方程说明 $\dot{\rho}_1 = -\dot{\rho}_2$。"但是"，你说，"如果 ρ_1 和 ρ_2 皆为常数且等于 ρ_0，则 $\dot{\rho}_1$ 和 $\dot{\rho}_2$ 必定都为零"。这种说法不完全对。这些方程并不是全部的情况。它们只说明<u>如果不存在</u>因电子流体与正离子背景之间的不平衡而造成的额外电力，$\dot{\rho}_1$ 和 $\dot{\rho}_2$ 应该是什么。它们告诉我们密度怎样<u>开始</u>变化，因而描述即将开始流动的电流种类。这个从边 1 到边 2 的电流就是 $\dot{\rho}_1$（或 $-\dot{\rho}_2$），或

$$J = \frac{2K}{\hbar}\sqrt{\rho_1\rho_2}\sin\delta. \tag{21.44}$$

该电流将立即对区域 2 充电。<u>不过</u>我们已经忘记了这两边是由导线联结在电池上的了，因为电流将流动以保持电势恒定，所以流动的电流并不对区域 2 充电（或对区域 1 放电）。这些来自电池的电流不包括在我们的方程中。当它们被包括进去时，ρ_1 和 ρ_2 事实上并不改变，但穿过结的电流仍由式(21.44)给出。

既然 ρ_1 及 ρ_2 确实保持恒定且等于 ρ_0，我们令 $2K\rho_0/\hbar = J_0$，并写成

$$J = J_0 \sin\delta. \tag{21.45}$$

于是和 K 一样，J_0 是表示这一特定结的特征数。

另一对方程式(21.43)告诉我们关于 θ_1 和 θ_2 的情况。我们感兴趣的是用于式(21.45)的差 $\delta = \theta_2 - \theta_1$，我们所得到的是

$$\dot{\delta} = \dot{\theta}_2 - \dot{\theta}_1 = \frac{qV}{\hbar}, \tag{21.46}$$

这意味着我们可以写出

$$\delta(t) = \delta_0 + \frac{q}{\hbar}\int V(t)\mathrm{d}t, \tag{21.47}$$

式中 δ_0 是 $t = 0$ 时的 δ 值。再记住 q 是电子对的电荷，即 $q = 2q_\mathrm{e}$。在式(21.45)和式(21.47)中，我们得到一个重要结果，就是约瑟夫森结的一般理论。

现在来看看结果如何。首先，加一直流电压。如果你加上直流电压 V_0，则正弦的自变

量就变为 $[\delta_0 + (q/\hbar)V_0 t]$。因 $\hbar$ 是一个小的数量(与通常的电压和时间相比),所以此正弦振荡相当迅速,并且没有什么净电流。(实际上,因为温度不为零,所以你会得到一个因"正常"电子的传导而形成的小电流。)另一方面,如果结上的电压为零,你反而能够得到电流! 无电压时的电流可以是 $+J_0$ 和 $-J_0$ 之间的任何值(取决于 δ_0 的值)。但是若在结上试加一电压,电流反而趋于零。这种奇特的行为最近已在实验中观察到 *。

还有另一种获得电流的方法——在直流电压上再加一个频率很高的电压。令

$$V = V_0 + v\cos \omega t,$$

式中 $v \ll V_0$。于是 $\delta(t)$ 为

$$\delta_0 + \frac{q}{\hbar}V_0 t + \frac{q}{\hbar}\frac{v}{\omega}\sin \omega t.$$

对于 Δx 很小的情形,

$$\sin(x + \Delta x) \approx \sin x + \Delta x \cos x.$$

对 $\sin \delta$ 应用这一近似,得

$$J = J_0 \left[\sin\left(\delta_0 + \frac{q}{\hbar}V_0 t\right) + \frac{q}{\hbar}\frac{v}{\omega}\sin \omega t \cos\left(\delta_0 + \frac{q}{\hbar}V_0 t\right) \right].$$

第一项平均为零,但是如果

$$\omega = \frac{q}{\hbar}V_0,$$

则第二项不为零。如果交流电压正好为此频率,则应有电流。夏皮罗** 宣称已观察到这样一种共振效应。

如果你查看一下论述这个题目的文章,你将会发现他们常把电流的公式写成

$$J = J_0 \sin\left(\delta_0 + \frac{2q_e}{\hbar}\int \boldsymbol{A} \cdot d\boldsymbol{s}\right). \tag{21.48}$$

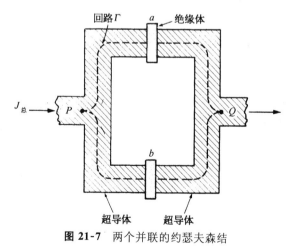

式中积分取为穿过结。写成这样的理由是,当存在穿过结的矢势时,要按照我们以前解释过的方式修改翻转振幅的相位。如果你一直追踪这一额外的相位,则得到上面的结果。

最后,我想描述一个很富有戏剧性而又有趣的实验,它是最近完成的分别来自两个结的电流的干涉实验。在量子力学中我们都很熟悉来自两个不同狭缝的振幅干涉。现在我们来做两个结之间的干涉,它是由电流经过不同路径到达时的相

图 21-7 两个并联的约瑟夫森结

* P. W. Anderson and J. M. Rowell, *Phys. Rev. Letters* **10**, 230 (1963).

** S. Shapiro, *Phys. Rev. Letters* **11**, 80 (1963).

位差异所引起的。在图 21-7 中,我给出了两个并联的不同结"a"和"b"。P 端和 Q 端联至电学仪器上,它测量任何流过的电流。外部的电流 $J_{总}$ 是通过两个结的电流之和,设 J_a 和 J_b 是流过两个结的电流,并设它们的相位为 δ_a 和 δ_b。无论你走这条或那条路线,P 和 Q 之间的波函数的相位差必定相同。沿着通过结"a"的路线,P 和 Q 之间的相位差为 δ_a 加上矢势沿图中上面路线的线积分:

$$\Delta \text{ 相位}_{P\to Q} = \delta_a + \frac{2q_e}{\hbar}\int_{上} \boldsymbol{A} \cdot \mathrm{d}\boldsymbol{s}. \tag{21.49}$$

为什么呢?因为 θ 与 $\boldsymbol{A}$ 的关系为式(21.26)。如果你沿某一路线对该方程进行积分,则左边给出相位的改变,正如我们在这里所写的那样,它正好与 $\boldsymbol{A}$ 的线积分成正比,沿图中下面的路线相位变化可以类似地写为

$$\Delta \text{ 相位}_{P\to Q} = \delta_b + \frac{2q_e}{\hbar}\int_{下} \boldsymbol{A} \cdot \mathrm{d}\boldsymbol{s}. \tag{21.50}$$

这两个相位差必须相等,如果我把它们相减,则得到 δ 的差必然是 $\boldsymbol{A}$ 沿回路的线积分:

$$\delta_b - \delta_a = \frac{2q_e}{\hbar}\oint_{\Gamma} \boldsymbol{A} \cdot \mathrm{d}\boldsymbol{s}.$$

这里积分是沿图 21-7 中穿过两个结的闭合回路 Γ。对 $\boldsymbol{A}$ 的积分就是通过回路的磁通量。所以两个 δ 之差为 $2q_e/\hbar$ 乘上穿过回路的两支路之间区域的磁通量 Φ:

$$\delta_b - \delta_a = \frac{2q_e}{\hbar}\Phi. \tag{21.51}$$

我可以通过改变回路上的磁场来控制这个相位差,所以我能够调节这个相位差,看看流过结的总电流是否显示这两部分的任何干涉。总电流将是 J_a 和 J_b 之和。为了方便起见,我们写成

$$\delta_a = \delta_0 - \frac{q_e}{\hbar}\Phi, \ \delta_b = \delta_0 + \frac{q_e}{\hbar}\Phi.$$

于是

$$J_{总} = J_0\left\{\sin\left(\delta_0 - \frac{q_e}{\hbar}\Phi\right) + \sin\left(\delta_0 + \frac{q_e}{\hbar}\Phi\right)\right\} \tag{21.52}$$
$$= J_0\sin\delta_0\cos\frac{q_e\Phi}{\hbar}.$$

现在我们对 δ_0 一无所知,而大自然能够根据环境随意调节它。尤其是,它将取决于我们加在结上的外加电压。然而,无论我们做什么,$\sin\delta_0$ 永远不可能大于 1。所以对于任何给定的 Φ,电流的极大值为

$$J_{\max} = J_0\left|\cos\frac{q_e\Phi}{\hbar}\right|.$$

这个极大电流将随 Φ 而变化,每当

$$\Phi = n\frac{\pi\hbar}{q_e},$$

时,它本身为最大,此处 n 为整数。这就是说在磁通匝连数正好具有我们在式(21.30)中得出的量子化数值时,电流有极大值!

最近对穿过两个结的约瑟夫森电流,作为两结之间区域内的磁场的函数进行了测量*。其结果如图 21-8 所示。存在一个普遍的背景电流,它们来自各种被我们忽略的效应。但是伴随磁场变化的电流的快速振荡是由式(21.52)中的干涉项 $\cos q_0 \Phi / \hbar$ 引起的。

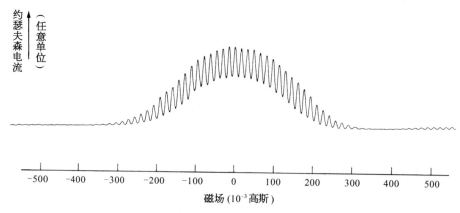

约瑟夫森电流（任意单位）

磁场 (10^{-3} 高斯)

图 21-8 穿过一对约瑟夫森结的电流记录

显示电流是两个结之间区域的磁场的函数(参见图 21-7)。[此记录由福特汽车公司科学实验室的 R. C. Jaklevic, J. Lambe, A. H. Silver 及 J. E. Mercereau 提供。]

在没有场的地方矢势是否存在,这是关于量子力学的一个迷人的问题**。我刚才描述的这个实验,也用置于两个结之间的细小螺线管来做过,此时唯一有效的磁场 **B** 在螺线管的内部,而在超导导线本身上的磁场微不足道。据报道电流的量值根据该螺线管内部的磁通量而振荡,即使该磁场从不接触导线——这是矢势是"物理实在"的又一个证明***。

我们不知道接下来将出现什么。但是来看看能做成些什么吧!首先注意,两个结之间的干涉可以用来做成一个灵敏磁强计。如果把一对结所包围的面积做成,譬如说 1 mm^2,则在图 21-8 的曲线上极大值之间的间隔为 2×10^{-6} 高斯。分辨出两个峰之间距离的 1/10 是完全可能的,所以用这种结测量小到 2×10^{-7} 高斯的磁场应该是没有问题的——或者可以如此精度来测量较大的磁场。我们甚至能走得更远些。例如,假定我们把一组 10 个或 20 个结以相同的间隔放在一起,于是我们就会有 10 个或 20 个狭缝之间的干涉,并且当我们改变磁场时,我们将得到非常尖锐的极大值和极小值。我们可以有一个用于测量磁场的 20 个或者甚至为 100 个狭缝的干涉仪,而不是两个狭缝的干涉。或许我们可以预言,磁场的测量——用量子力学的干涉效应——将最终变得和光的波长测量一样精密。

这些都是关于现代所发生的事情的一些例证——晶体管、激光以及现在的这些结,它们最终的实际应用仍属未知。1926 年所发现的量子力学已经有了近 40 年的发展历史,而且相当突然地开始在许多实用方面得到利用。我们正在非常精美的水准上取得对自然界的控制。

很遗憾,要参加这项冒险活动,尽快学习量子力学是绝对必要的。我们的希望是在这门课程中找到一种方法,使你们能尽早了解这一部分物理学的奥秘。

* Jaklevic, Lambe, Silver and Mercereau, *Phys. Rev. Letters* **12**, 159 (1964).

** Jaklevic, Lambe, Silver and Mercereau, *Phys. Rev. Letters* **12**, 274 (1964).

*** 见第 2 卷第 15 章 § 15-5。

费曼的结束语

好,我已经给你们讲了两年的课,现在我就要停下来了。在有些方面我愿意道歉,而在另一些方面却不必。我希望——事实上,我知道——你们中有二三十人怀着极大的兴趣听懂了所有的内容,并且学习得很愉快。但是我也知道,"除了在那些实际上并非必要的幸运情况下,许多课是很少有成效的"。所以对你们中已经懂得所有内容的二三十人,我可以说,我并没有做什么事,只不过把这些内容告诉了你们。对于其他的人,如果我使你憎恨这门学科,那我感到抱歉。我以前从未教过基础物理,我向你们表示歉意。我只希望我没有给你们带来过多的麻烦,而且希望你不会离开这个令人激动的事业。我希望别的人能以不致使你倒胃口的方法把这些教给你,并使你有朝一日终于发现它并不像看起来那样令人可怕。

最后,请允许我再说一句,我教这门课的主要目的不是替你为应付某种考试作准备——甚至也不是为你参加工业部门或军事部门工作作准备。我极希望告诉你怎样鉴赏这奇妙的世界以及对物理学家看待这一世界的方式,我相信这是真正的现代文化的一个主要部分。(或许其他学科的教授会反对这种看法,但我相信他们是完全错误的。)

你或许不仅欣赏这种文化,甚至还可能想要加入这早已开始了的人类心智最伟大的冒险中来。

索　引

附 录

本书涉及的非法定计量单位换算关系表

单位符号	单位名称	物理量名称	换算系数
bar	巴	压强,压力	$1 \text{ bar} = 10^5 \text{ Pa}$
Cal	大卡	热量	$1 \text{ Cal} = 1 \text{ kcal}$
cal	卡[路里]	热量	$1 \text{ cal} = 4.186\,8 \text{ J}$
dyn	达因	力	$1 \text{ dyn} = 10^{-5} \text{ N}$
f, fa, fathom	英寻	长度	$1 \text{ f} = 2 \text{ yd} = 1.828\,8 \text{ m}$
fermi (fm)	费米	(核距离)长度	$1 \text{ fermi} = 1 \text{ fm} = 10^{-15} \text{ m}$
ft	英尺	长度	$1 \text{ ft} = 3.048 \times 10^{-1} \text{ m}$
G, Gs	高斯	磁通量密度,磁感应强度	$1 \text{ Gs} = 10^{-4} \text{ T}$
gal	加仑	容积	$1 \text{ gal (UK)} = 3.785\,43 \text{ L}$
in	英寸	长度	$1 \text{ in} = 2.54 \text{ cm}$
lb	磅	质量	$1 \text{ lb} = 0.453\,592 \text{ kg}$
mi	英里	长度	$1 \text{ mi} = 1.609\,34 \text{ km}$
Mx	麦克斯韦	磁通量	$1 \text{ Mx} = 10^{-8} \text{ Wb}$
Oe	奥斯特	磁场强度	$1 \text{ Oe} = 1 \text{ Gb/cm} = (1\,000/4\pi) \text{ A/m}$ $= 79.577\,5 \text{ A/m}$
oz	盎司	质量	$1 \text{ oz} = 28.349\,523 \text{ g}$
qt	夸脱	容积	$1 \text{ qt (UK)} = 1.136\,52 \text{ dm}^3$